1分钟秘笈

Photoshop图像处理实战秘技250招

李玲香　李季碧　编　著

清华大学出版社
北　京

内 容 简 介

本书通过250个实战秘技，介绍Photoshop在图像处理应用中的实战技巧，以实战技巧的形式打破了传统的按部就班讲解知识的模式，大量的实战秘技全面涵盖了读者在图像处理中所遇到的问题及其解决方案。

本书共分为13章，分别介绍图像文件操作技巧、图像处理的基本操作、选区的创建与编辑、图层的管理与应用、应用绘画工具美化图像、校正图像色彩和色调、美化与修饰图像画面、图像处理的高级色调、通道与蒙版的使用、路径与文本的应用、神奇的滤镜、图像文件的立体效果、动作与任务自动化等内容。

本书内容丰富、图文并茂，适合广大Photoshop的初学者，以及有志于从事平面设计、插画设计、包装设计、网页制作、三维动画设计、影视广告设计等工作人员使用，同时也适合高等院校相关专业的学生和各类培训班的学员参考阅读。

图书在版编目(CIP)数据

Photoshop图像处理实战秘技250招 / 李玲香，李季碧编著. —北京：清华大学出版社，2018
(1分钟秘笈)
ISBN 978-7-302-48625-1

Ⅰ. ①P… Ⅱ. ①李… ②李… Ⅲ. ①图像处理软件 Ⅳ. ①TP391.413

中国版本图书馆CIP数据核字(2017)第261157号

责任编辑：韩宜波
装帧设计：杨玉兰
责任校对：王明明
责任印制：李红英

出版发行：清华大学出版社
网　址：http://www.tup.com.cn，http://www.wqbook.com
地　址：北京清华大学学研大厦A座　邮　编：100084
社 总 机：010-62770175　邮　购：010-62786544
投稿与读者服务：010-62776969，c-service@tup.tsinghua.edu.cn
质量反馈：010-62772015，zhiliang@tup.tsinghua.edu.cn
印 装 者：三河市君旺印务有限公司
经　销：全国新华书店
开　本：185mm×260mm　印　张：25　字　数：605千字
版　次：2018年3月第1版　印　次：2018年3月第1次印刷
印　数：1~3000
定　价：59.80元

产品编号：074510-01

Photoshop 作为 Adobe 公司旗下最著名的图像处理软件，其应用范围覆盖数码照片处理、平面设计、视觉创意合成、数字插画创作、网页设计、交互界面设计等几乎所有设计方向，深受广大艺术设计人员和电脑美术爱好者的喜爱。

本书的特色包含以下 4 点：

- 快速索引，简单便捷：本书考虑到读者实际遇到问题时的查找习惯，标题即点明要点，从而快速检索出自己需要的技巧。
- 传授秘技，招招实用：本书总结了 250 个使用 Photoshop 处理图像时常见的难题，并对图像处理的每一步操作都进行了详细讲解，从而使读者能够轻松掌握使用操作秘技。
- 知识拓展，学以致用：本书中的每个技巧下都包含有知识拓展内容，是对每个技巧的知识点进行延伸，让读者能够学以致用，在日常工作学习中有所帮助。
- 图文并茂，视频教学：本书采用一步一图形的方式，形象讲解技巧。另外，本书配备了所有技巧的教学视频，能够使读者的图像处理学习更加直观、生动。

本书内容共分为 13 章：

- 第 1 章　图像文件操作技巧：介绍移动工具箱、多功能面板、搜索功能、设置工作区域、自定义彩色菜单命令、查看多个图像等内容。
- 第 2 章　图像处理的基本操作：介绍文件的新建、打开、置入、新建画板、调整图像的大小、旋转与恢复图像、变形图像、内容识别比例缩放图像等内容。
- 第 3 章　选区的创建与编辑：介绍矩形选区、单列 / 单行选区、椭圆选区、随意选区、多边形选区、选区的羽化、选区的变换、选区的运算等内容。
- 第 4 章　图层的管理与应用：介绍图层的新建、选择、复制和删除、修改图层属性、图层混合模式应用、填充图层的应用、编辑填充图层、中性色图层应用等内容。
- 第 5 章　应用绘画工具美化图像：介绍颜色的设置、渐变的类型、填充 / 描边 / 定义图案、画笔面板编辑、历史记录画笔 / 混合器画笔、颜色替换工具等内容。
- 第 6 章　校正图像的色彩和色调：介绍了颜色模式的转换、自动校正图像、定义灰点校正图像、各种调色命令的使用、通道颜色校正、指定配置文件等内容。
- 第 7 章　美化与修饰图像画面：介绍了裁剪工具组、修饰工具组、仿制图章工具组、模糊工具组、加深工具组、橡皮擦工具组、自动命令等内容。
- 第 8 章　图像处理的高级色调：介绍了增效工具 Camera Raw 滤镜处理图像白平衡、调整清晰度和饱和度、修饰斑点、去除红眼、调整画笔、渐变滤镜工具、径向滤镜工具、校正倾斜照片、参数栏调整图像等内容。

- 第 9 章　通道与蒙版的应用：介绍了矢量蒙版、剪贴蒙版、图层蒙版、通道蒙版、从选区生成蒙版、从通道生成蒙版、利用通道特性抠图、混合颜色带等内容。
- 第 10 章　路径与文本的应用：介绍转角曲线、钢笔绘制路径、路径的编辑、载入形状库、创建文字、字符面板的编辑、创建变形文字、编辑路径文字等内容。
- 第 11 章　神奇的滤镜：介绍了智能滤镜的创建、修改、遮盖、删除和各类滤镜的使用技巧等内容。
- 第 12 章　图像文件的立体效果：介绍了 3D 文件的创建、属性更改、拆分和材质的设置、创建 3D 立体文字等内容。
- 第 13 章　视频、动作与任务自动化：介绍了视频短片的创建、文字的创建、添加图层样式、制作动画短片、动作的录制、动作的插入、载入外部动作、批处理图像文件、创建快捷批处理程序等内容。

本书作者

本书由李玲香、李季碧编著，其他参与编写的人员还有张小雪、罗超、李雨旦、孙志丹、何辉、彭蔓、梅文、毛琼健、胡丹、何荣、张静玲、舒琳博等。

由于作者水平有限，书中错误、疏漏之处在所难免。在感谢您选择本书的同时，也希望您能够把对本书的意见和建议告诉我们。

读者服务邮箱为 luyubook@foxmail.com。

编　者

第 1 章　图像文件操作技巧 1

招式 001　利用菜单栏执行命令操作 2
招式 002　移动工具箱增加文档窗口 3
招式 003　巧用工具选项栏改变图像 4
招式 004　准确地选择指定文档 5
招式 005　多功能面板 7
招式 006　显示状态栏了解文档参数 9
招式 007　全新的搜索功能 10
招式 008　在不同的屏幕模式下编辑图像 11
招式 009　在窗口中查看多个图像 12
招式 010　使用旋转视图工具旋转画布 14
招式 011　快速调整窗口比例 15
招式 012　移动画面位置 16
招式 013　快速调整图像的显示位置 18
招式 014　随心所欲设置工作区域 19
招式 015　自定义彩色菜单命令 20
招式 016　自定义工具快捷键 21
招式 017　通过标尺修改原点位置 23
招式 018　使用参考线制作图像分裂 24
招式 019　使用网格线制作发光线 26
招式 020　为图像添加注释 28
招式 021　显示 / 隐藏额外的图像内容 29
招式 022　载入 Photoshop 资源库 30

第 2 章　图像处理的基本操作 32

招式 023　新建文件 33
招式 024　快速打开图像文件 34
招式 025　打开指定的图像文件 35
招式 026　快速打开最近编辑的图像 36
招式 027　在图像中置入文件 37
招式 028　为图像置入矢量图像文件 38
招式 029　统一更改链接对象 39
招式 030　快速创建新建画板 41
招式 031　巧用画板工具新建画板 42
招式 032　快捷方式创建画板 43
招式 033　快速将文件导出为 PNG 格式 44
招式 034　图层复合展示图像 46
招式 035　调整画布的旋转方向 47
招式 036　随意调整图像的大小 49
招式 037　指定参数修改画布大小 50
招式 038　为计算机设置个性桌面 52
招式 039　还原图像的操作步骤 53
招式 040　选择性恢复图像 55
招式 041　创建非线性历史记录 56
招式 042　旋转与缩放图像 57
招式 043　精确变换图像 60
招式 044　斜切与扭曲图像 61
招式 045　变换选区内的图像 62
招式 046　移动控制网格变形图像 63

招式 047 固定旋转角度多次复制图像.............65
招式 048 指定变形模式控制图像.....................66
招式 049 内容识别比例缩放图像.....................68
招式 050 操控变形修改图像............................69

第 3 章 选区的创建与编辑 72

招式 051 设置样式创建矩形选区.....................73
招式 052 巧用快捷键创建椭圆选区 74
招式 053 创建单列 / 单行选区 76
招式 054 徒手绘制选区 78
招式 055 创建多边形选区...............................80
招式 056 自动识别对象边界创建选区..............82
招式 057 根据色调相似创建选区.....................84
招式 058 涂抹图像创建选区 86
招式 059 将选区转换为临时蒙版.....................88
招式 060 根据颜色范围创建选区.....................90
招式 061 羽化和描边选区................................92
招式 062 变换图像的选区................................94
招式 063 图像的全选和反选 96
招式 064 图像选区的运算................................97
招式 065 边界选区绘制单色框 100
招式 066 使用选择性粘贴图像制作花瓶背景....102
招式 067 选区的扩展与收缩 103
招式 068 选择与遮住命令创建选区 105

第 4 章 图层的管理与应用 108

招式 069 创建新图层....................................109
招式 070 选择图层 111
招式 071 复制和删除图层..............................112
招式 072 修改图层的颜色和名称...................114
招式 073 锁定与查找图层..............................115
招式 074 对齐与分布图层..............................117
招式 075 巧用图层混合模式 119
招式 076 图层混合模式修正偏色照片............121
招式 077 图层内容呈现立体效果...................122
招式 078 针对图像大小缩放效果...................125
招式 079 制作绚丽彩条字..............................126
招式 080 自定义纹理制作糖果字...................129
招式 081 巧用调整图层制作摇滚风图像........132
招式 082 使用调整图层制作个性美妆...........133
招式 083 使用纯色填充调整图层制作发黄旧海报...................135
招式 084 使用渐变填充调整图层制作蔚蓝晴空........................136
招式 085 编辑图案填充图层 138
招式 086 使用中性色图层校正照片曝光........139
招式 087 使用中性色图层制作灯光效果........140

第 5 章 应用绘画工具美化图像......142

招式 088 使用拾色器设置颜色......143
招式 089 使用吸管工具吸取颜色......144
招式 090 使用“颜色”面板调整颜色......145
招式 091 使用“色板”面板设置颜色......146
招式 092 使用实色渐变制作纸样水滴......147
招式 093 使用杂色渐变制作放射线背景......150
招式 094 创建透明渐变......151
招式 095 使用油漆桶为卡通画填色......153
招式 096 使用填充命令填充草坪图案......154
招式 097 定义图案制作金线文字......155
招式 098 使用描边命令制作线描插画......157
招式 099 使用画笔工具绘制炫彩背景......159
招式 100 使用前景色绘制线条......161
招式 101 使用颜色替换工具为头发换色......162
招式 102 使用混合器画笔工具制作水粉效果.164
招式 103 使用历史记录画笔恢复局部色彩......165
招式 104 使用历史记录艺术画笔制作手绘效果......166
招式 105 设置画笔笔刷绘制小草文字......167
招式 106 创建自定义画笔......169
招式 107 编辑画笔面板制作光斑艺术字......171
招式 108 载入与复位画笔......173

第 6 章 校正图像的色彩和色调......175

招式 109 转换双色调模式调整人像......176
招式 110 转换 Lab 颜色模式调整阿宝色......177
招式 111 转换位图模式调整艺术色调......178
招式 112 自动校正图像明暗......180
招式 113 自动校正图像对比度......180
招式 114 自动校正图像颜色......181
招式 115 让照片色调清晰明快......182
招式 116 在阈值模式下调整照片清晰度......183
招式 117 定义灰点校正偏色照片......185
招式 118 调整严重曝光不足的照片......186
招式 119 调整图像的鲜艳度......188
招式 120 去除图像全部色彩......190
招式 121 快速调整图像的饱和度......191
招式 122 使用色相 / 饱和度制作趣味照片......192
招式 123 更改图像总体颜色的混合程度......194
招式 124 将彩色图像转换为黑色图像......195
招式 125 模仿相机添加颜色滤镜效果......197
招式 126 删除图像色彩信息调整图像......198
招式 127 针对某一通道创建不同的色调......199
招式 128 将渐变映射到图像调整色彩......200
招式 129 设置不同原色成分......201
招式 130 通过源图像匹配目标图像调整色彩...203
招式 131 替换选定的颜色调整色彩......204
招式 132 使用“颜色查找”命令制作艺术写真....205
招式 133 基于阴影高光局部校正图像......206
招式 134 指定通道调整图像色彩......208
招式 135 使用“指定配置文件”命令调整图像色彩......209

第 7 章 美化与修饰图像画面 211

招式 136 使用裁剪工具裁剪图像大小......212
招式 137 使用透视裁剪工具校正透视畸变 213
招式 138 裁剪并修剪扫描的照片......214
招式 139 使用“裁剪”与“裁切”命令修剪图像......215
招式 140 使用图案进行绘画......216
招式 141 使用仿制图章工具去除多余人物 217
招式 142 使用修复画笔去除鱼尾纹和发丝 219
招式 143 使用污点修复画笔去除面部痘印 220
招式 144 使用修补工具去除杂物......220
招式 145 使用内容感知移动工具制作双胞胎.222
招式 146 使用红眼工具去除人物红眼......223
招式 147 增加曝光度修饰图像的色调反差效果......224
招式 148 修改色彩的饱和度......225
招式 149 使用涂抹工具制作泡泡字......226
招式 150 使用模糊工具突显主体物......228
招式 151 擦除图像制作邮票明信片......229
招式 152 使用背景橡皮擦制作杯中看海......231
招式 153 使用魔术橡皮擦制作公益海报......232
招式 154 使用“液化”滤镜制作大头娃娃 233
招式 155 在透视状态下复制图像......235
招式 156 多张照片拼接成全景图......236
招式 157 多张照片合并为 HDR 图像......238
招式 158 自动校正镜头缺陷......239
招式 159 手动校正照片桶形和枕形失真......240
招式 160 校正出现色差的照片......241
招式 161 校正出现晕影的照片......242
招式 162 使用镜头校正滤镜校正倾斜照片 243
招式 163 使用自适应广角滤镜校正照片......244
招式 164 使用自适应广角滤镜制作大头照 245

第 8 章 图像处理的高级色调......247

招式 165 使用白平衡工具纠正偏色画面......248
招式 166 调整图像的清晰度和饱和度......249
招式 167 修饰人像照片上的斑点......250
招式 168 快速去除红眼......252
招式 169 调整图像的局部色彩......253
招式 170 使用渐变滤镜打造葱绿草地......255
招式 171 使用径向滤镜调亮局部图像......257
招式 172 调整图像的色相......258
招式 173 为黑白照片上色......259
招式 174 消除图像的色差......260
招式 175 制作 LOMO 特效......262
招式 176 校正变形的画面......263
招式 177 校正倾斜照片......264
招式 178 使用色调曲线修复偏色图像......265
招式 179 使用 Camera Raw 滤镜批处理照片......267

第 9 章 通道与蒙版的使用......269

招式 180 创建矢量蒙版制作漂亮日历......270
招式 181 使用矢量蒙版添加形状......271
招式 182 控制图层可见内容......272
招式 183 使用剪贴蒙版制作放大镜......273
招式 184 创建图层蒙版......275
招式 185 从选区中生成蒙版......277
招式 186 从通道中生成蒙版......278
招式 187 使用通道对比制作圣诞贺卡......281
招式 188 使用通道差异性合成音乐会海报......282
招式 189 使用“应用图像”命令制作沙滩海报......284
招式 190 使用通道混合器合成冰雪世界......286
招式 191 使用“计算”命令抠取人物发丝......289
招式 192 使用高级蒙版抠闪电......290
招式 193 使用混合颜色带抠烟花......291

第 10 章 路径与文本的应用......294

招式 194 绘制转角曲线......295
招式 195 创建自定义形状......297
招式 196 使用钢笔工具绘制 LOGO......299
招式 197 复制和删除路径......300
招式 198 填充和描边路径......302
招式 199 路径和选区的转换......304
招式 200 根据图像编辑和绘制路径......305
招式 201 使用历史记录填充路径区域......307
招式 202 使用画笔描边路径......308
招式 203 使用自用钢笔工具制作复古邮票......309
招式 204 绘制几何矢量图形......311
招式 205 载入形状库......313
招式 206 使用文字工具组编写书籍内容......314
招式 207 编辑字符面板制作时尚名片......315
招式 208 创建变形文字......317
招式 209 设置路径文字......318
招式 210 设置特殊字体样式......320
招式 211 制作文字转换路径招聘海报......321

第 11 章 神奇的滤镜......324

招式 212 使用智能滤镜制作网点照片......325
招式 213 修改智能滤镜......326
招式 214 遮盖智能滤镜......328
招式 215 使用滤镜制作抽丝效果照片......329
招式 216 使用液化滤镜为人物瘦身......331
招式 217 呈现油画效果......332
招式 218 呈现绘画和印象派风格效果......334
招式 219 特殊的 3D 人像......336

招式 220　半调网纹风格体育海报....................337
招式 221　使用模糊滤镜制作倒影图形............339
招式 222　将图像进行几何扭曲 341
招式 223　通过颜色相似单元格定义选区 343
招式 224　使用杂色滤镜制作素描图像............345
招式 225　巧用渲染滤镜制作岩石效果............347
招式 226　模仿介质效果贴近绘画和艺术效果 348
招式 227　使用画笔描边滤镜强化突出图像 350
招式 228　模拟具有深度感和物质感的外观 351
招式 229　添加纹理模拟素描和速写效果 353
招式 230　使用其他滤镜制作重影图像............354

第 12 章　图像文件的立体效果 356

招式 231　使用材质吸管设置椅子材质............357
招式 232　通过材质拖放设置 3D 模型材质 359
招式 233　创建 3D 立体文字...........................360
招式 234　使用 3D 凸出创建闹钟....................362
招式 235　从所选路径创建立体对象 364
招式 236　拆分凸出制作散开 3D 字体 365
招式 237　编辑纹理层为圆环贴图案 366
招式 238　通过在目标纹理上绘画制作涂鸦 368

第 13 章　视频、动作与任务自动化 370

招式 239　从视频中获取静帧图像...................371
招式 240　为视频图层添加效果 372
招式 241　制作铅笔素描风格视频短片............373
招式 242　在视频中添加文字和特效 375
招式 243　制作蝴蝶飞舞的动画 378
招式 244　制作图层演示动画 379
招式 245　录制用于处理照片的动作 381
招式 246　在动作中插入命令锐化人物图像 383
招式 247　在动作中插入路径 384
招式 248　载入外部动作制作艺术照片............385
招式 249　用批处理制作一组黑白人像............386
招式 250　创建快捷批处理程序 387

图像文件操作技巧

利用 Photoshop 编辑图像前，应当对 Photoshop 处理图像文件的操作技巧有所了解，才能制作出完美的实例。本章从 Photoshop 操作的技巧出发，用实例的形式讲解处理图像的技法。

招式 001 利用菜单栏执行命令操作

Q 利用 Photoshop 制作实例图像时，会执行某些命令，这些命令应该在哪里找到，又该怎样去运用呢？

A 制作实例图像时，在菜单栏中选择某个命令即可执行该命令，菜单栏位于 Photoshop 工作界面的最顶端。

1. 单击菜单命令

❶ 打开本书配备的“第 1 章 \ 素材 \ 招式 1\ 人物 .jpg”文件。❷ 单击工作界面顶端菜单栏中的“滤镜”|“滤镜库”命令。

2. 设置参数

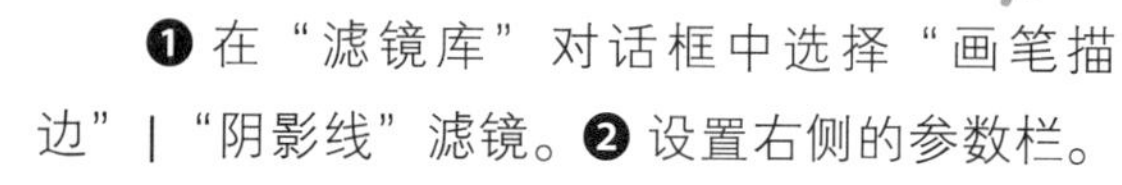

❶ 在“滤镜库”对话框中选择“画笔描边”|“阴影线”滤镜。❷ 设置右侧的参数栏。❸ 单击“确定”按钮关闭对话框，即可将“阴影线”滤镜应用到图像中。

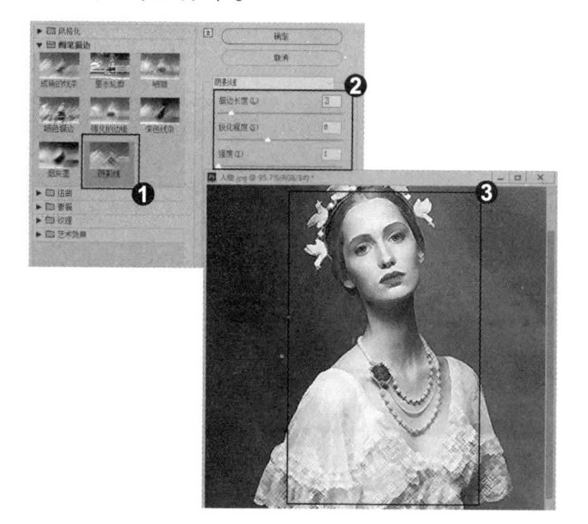

专家提示

如果菜单中的某些命令显示为灰色，表示它们在当前状态下不能使用。例如，在没有创建选区的情况下，“选择”菜单中的多数命令都不能使用。此外，如果一个命令的名称右侧有“...”符号，则表示单击该命令时会弹出一个对话框。

知识拓展

❶Photoshop 菜单栏中包含 11 组菜单，分别是文件、编辑、图像、图层、文字、选择、滤镜、3D、视图、窗口和帮助。❷ 单击相应的菜单，即可打开子菜单。

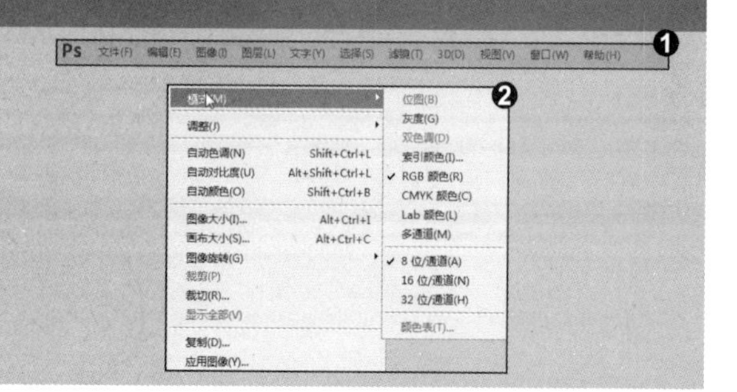

招式 002 移动工具箱增加文档窗口

Q 有时编辑文档时窗口不够用，要对工具箱进行移动才显得空间大，但这样操作起来比较麻烦，有没有快捷的操作方法呢？

A 工具箱位于工作界面的左端，单击并向右拖动鼠标可以将工具箱从停放位置拖出，放在窗口的任意位置，可以增大文档窗口界面。

1. 移动工具箱

❶ 启动 Photoshop 软件，默认情况下工具箱停放在窗口的左侧。❷ 将光标放在工具箱顶部双箭头的右侧，单击并向右侧拖动鼠标。❸ 可以将工具箱从停放位置拖出，放在窗口的任意位置。

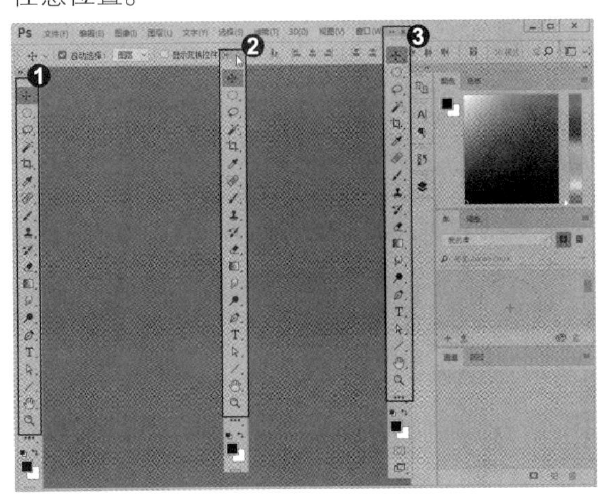

2. 改变工具箱显示方式

❶ 单击工具箱顶部的双箭头按钮，可以将工具箱切换为双排显。❷ 再次单击可切换为单排显示，节省文档窗口空间。

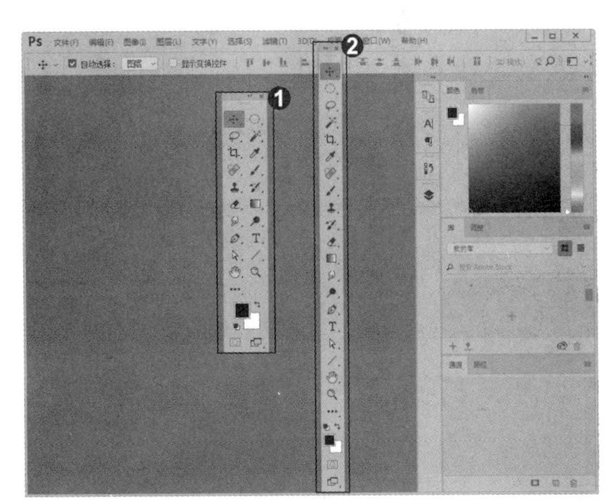

3. 停放工具箱

❶ 单击“窗口”|“工具”命令，可将工具箱隐藏，再次执行即可显示工具箱。❷ 单击并拖动工具箱顶端的黑色区域至原位置，待出现蓝色的竖线。❸ 此时松开鼠标，可还原工具箱的位置。

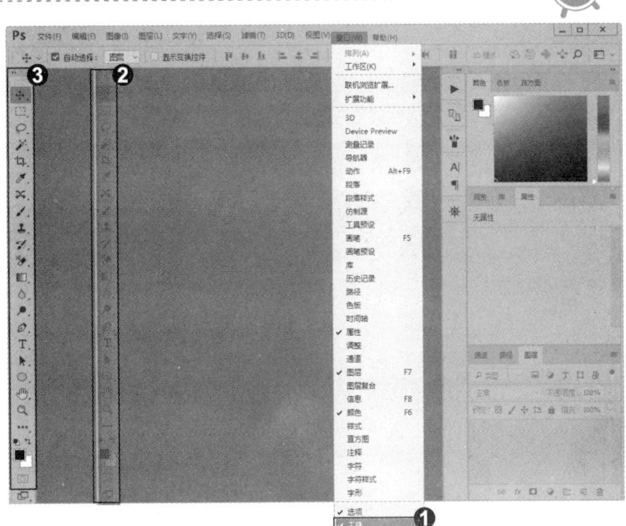

知识拓展

❶ 单击工具箱中的一个工具即可选择该工具。❷ 如果工具右下角带有三角形图标，表示这是一个工具组，在这样的工具上按住鼠标左键可以显示 / 隐藏工具组。❸ 将光标移动到隐藏的工具上释放鼠标，即可选择该工具。

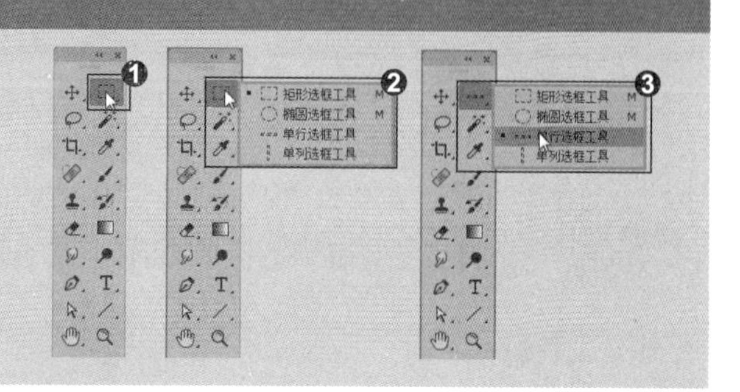

专家提示

在 Photoshop 的工具箱中，常用的工具都有相应的快捷键，因此，我们可以通过快捷键来选择工具。如果要查看快捷键，可将光标放在一个工具上并停留片刻，就会显示工具名称和快捷信息。按 Shift+ 工具快捷键，可在一组隐藏的工具中循环选择各个工具。

招式 003 巧用工具选项栏改变图像

Q 工具选项栏位于菜单栏的下方，它的具体作用是什么呢，还有就是工具选项栏是否都是一成不变的呢?

A 工具选项栏主要用来设置工具的各种选项，它会随着所选工具的不同而变换内容。

1. 单击按钮

❶ 打开本书配备的“第 1 章 \ 素材 \ 招式 3\ 美妆 .jpg”文件。❷ 选择工具箱中的 (裁剪工具)。❸ 在其工具选项栏中单击 不受约束 按钮。

2. 设置工具选项栏参数

❶ 在弹出的下拉列表中选择一个尺寸，❷ 裁剪框会根据工具选项参数的变化而变化，❸ 拖动文档移动图像，确定裁剪的范围。

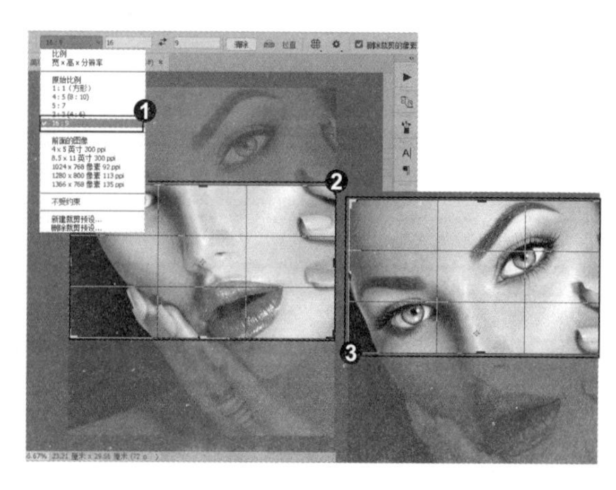

3. 裁剪图像

按 Enter 键确认即可裁剪图像。

知识拓展

在工具选项栏中，单击工具图标右侧的 按钮，即可打开一个下拉面板，里面包含了各种工具预设。例如，❶ 使用“裁剪工具”时，单击 按钮可以打开工具预设。❷ 当使用一个预设后，如果要清除预设，可单击面板右上角的 按钮，打开面板菜单，选择“复位工具”命令即可清除预设。❸ 单击面板中的“创建新的工具预设”按钮 ，可将当前工具的设置状态保存为一个预设。

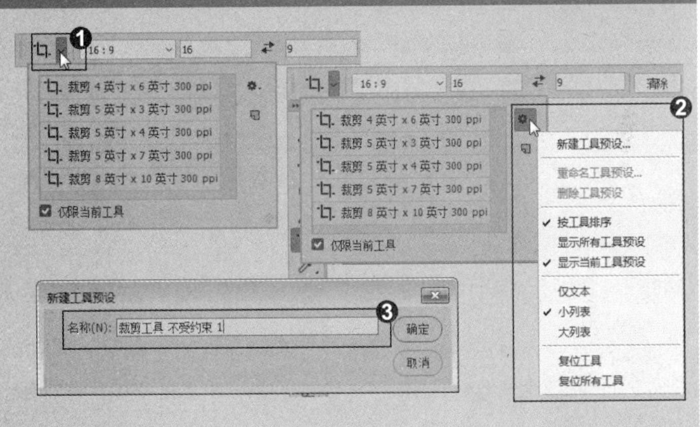

招式 004 准确地选择指定文档

Q 有时候需要使用到的文档特别多，每次都需要一张一张地找文档，特别麻烦，有没有使用快捷键的方法就能解决这个问题?

A 单击选项卡右侧的双箭头按钮，在弹出的下拉菜单中可以选择需要的文档，并且能够将不用的文档先隐藏起来。

1. 选择单一文档

❶ 任意打开本书配备的“第 1 章 \ 素材 \ 招式 4”文件夹中的两张素材照片，单击其中一个文档的名称，可将其设置为当前操作的窗口。❷ 在一个窗口的标题栏上单击并将其从选项卡中拖出，它便成为可以任意移动位置的浮动窗口。

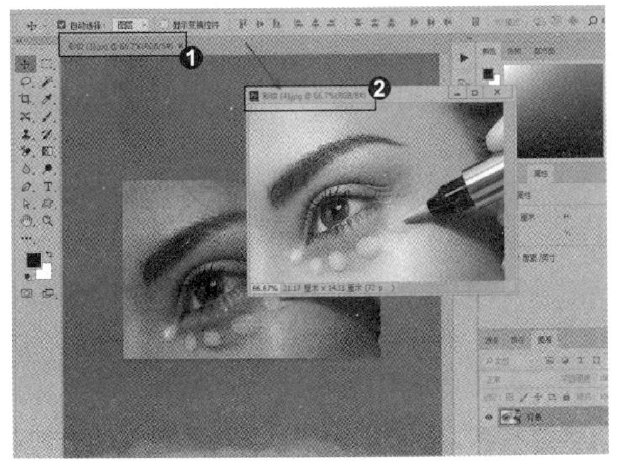

2. 调整文档大小

❶ 拖动浮动窗口的一角，可以调整窗口的大小。❷ 将一个浮动窗口的标题栏拖动到选项卡中，当出现蓝色横线时释放鼠标，可以将窗口重新停放到选项卡中。

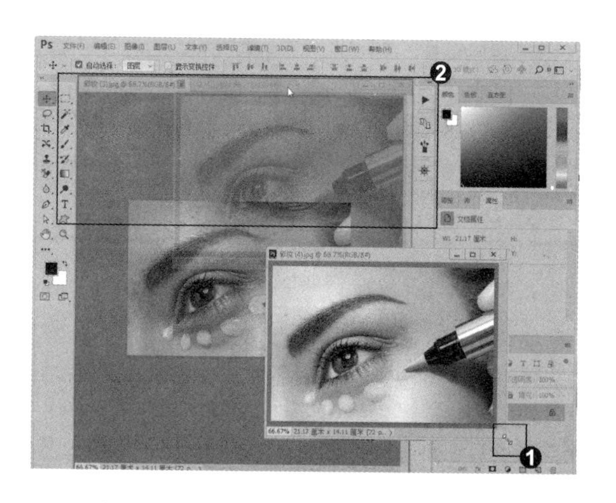

3. 选择指定文件

❶ 打开本书配备的“第 1 章 \ 素材”文件夹中所有的素材图像。❷ 打开的素材较多，导致选项卡中不能显示所有文档的名称，单击选项卡右侧的双箭头按钮 »，在弹出的下拉菜单中选择需要的文档。❸ 沿着水平拖动各个文档，可以调整文档顺序。

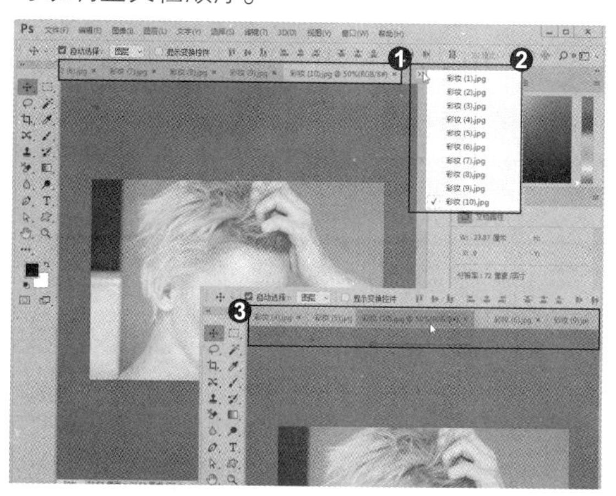

专家提示

按 Ctrl+Tab 快捷键，可按照前后顺序切换窗口；按 Ctrl+Shift+Tab 快捷键，可按照相反的顺序切换窗口。

知识拓展

❶ 单击一个窗口右上角的 × 按钮，可以关闭该文档。❷ 如要关闭所有文档窗口，可以在一个文档的标题栏上右击，弹出快捷菜单，选择“关闭全部”命令即可。

招式 005 多功能面板

Q 有时候处理图像会打开多个面板，特别占版面，如果将其关闭的话，下次使用还要再次把该面板重新打开，非常不方便，可不可将这些面板进行组合呢？

A 当然是可以组合的，不仅能将多个面板进行组合，还可以对面板进行展开、折叠、链接、移动、调整大小等一系列的操作。

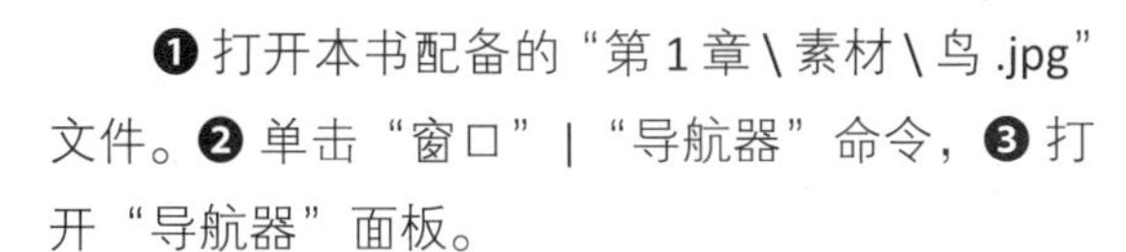

1. 打开面板

❶ 打开本书配备的“第 1 章 \ 素材 \ 鸟 .jpg”文件。❷ 单击“窗口”|“导航器”命令，❸ 打开“导航器”面板。

2. 折叠 / 展开面板

❶ 单击面板组右上角的双箭头按钮 »，可以将面板折叠为图标形状。❷ 单击一个图标可以展开相应的面板，单击面板右上角的按钮，可重新将其折叠为图标状。❸ 拖动面板左边界，可以调整面板组的跨度，让面板的名称显示出来。

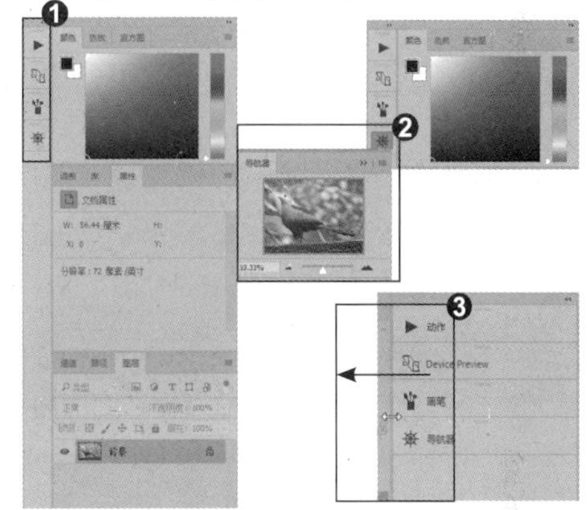

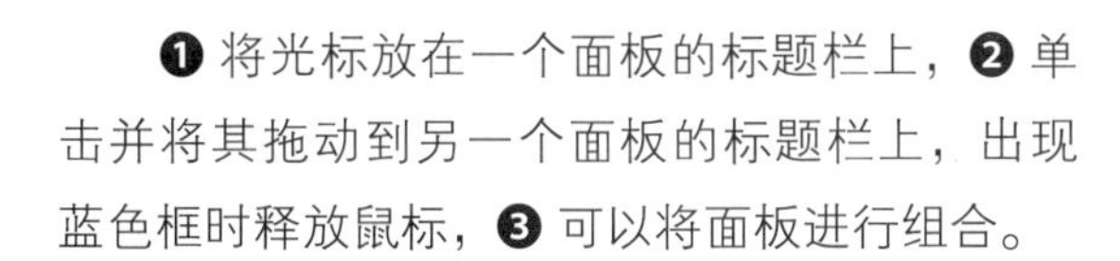

3. 组合面板

❶ 将光标放在一个面板的标题栏上，❷ 单击并将其拖动到另一个面板的标题栏上，出现蓝色框时释放鼠标，❸ 可以将面板进行组合。

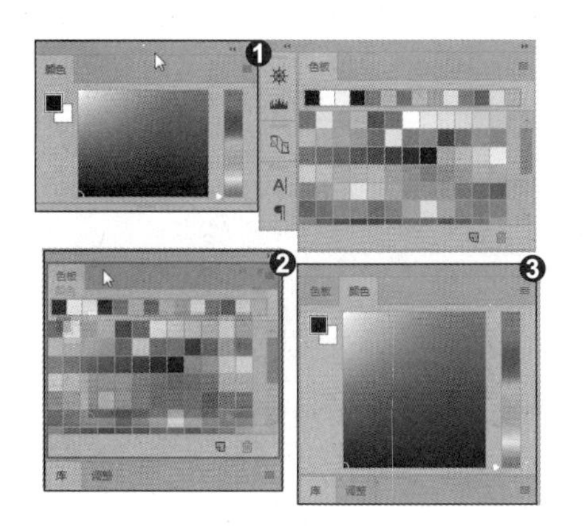

4. 链接面板

❶ 将光标放在面板的标题栏上，❷ 单击并将其拖至另一个面板下方，出现蓝色框时释放鼠标，❸ 可以将这两个面板链接在一起，链接的面板可同时移动或折叠为图标形状。

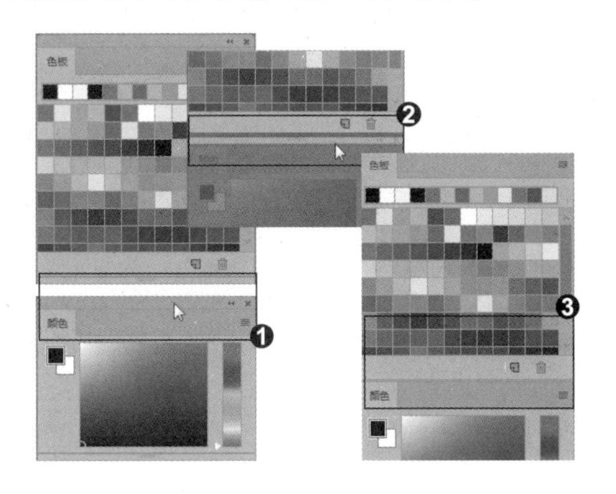

5. 移动面板

❶ 将光标放在面板的名称上，❷ 单击并将其向外拖动到窗口的空白处，❸ 即可将其从面板组或链接的面板中分离出来，使之成为浮动面板。拖动面板的名称，可以将其放在窗口的任意位置。

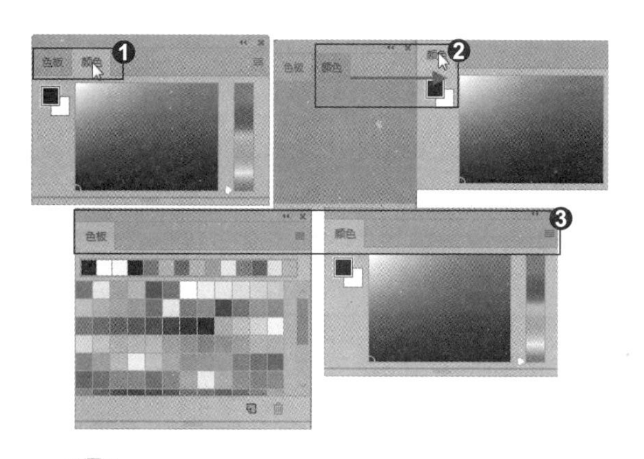

6. 调整面板

❶ 拖动面板右侧边框，可以调整面板的宽度。❷ 拖动面板下方边框，可以调整面板的高度。❸ 拖动面板右下角，可同时调整面板的宽度和高度。

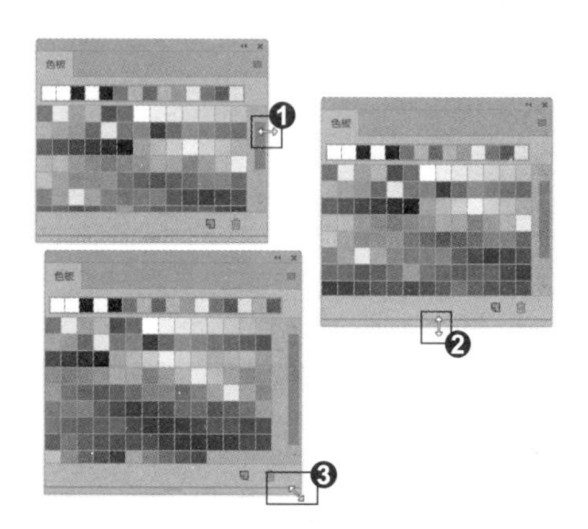

专家提示

通过组合面板的方法将多个面板合并为一个面板组，或者将一个浮动面板合并到面板组中，可以为文档窗口腾出更多的操作空间。

知识拓展

❶ 单击面板右上角的 ☰ 按钮，可以打开面板菜单，菜单中包含了与当前面板有关的各种命令。❷ 在一个面板的标题栏上右击，可以显示快捷菜单。❸ 选择“关闭”命令，可以关闭该面板；选择“关闭选项卡组”命令，可以关闭该面板组。❹ 对于浮动面板，单击标题栏右上角的 ✖ 按钮，可以将其关闭。

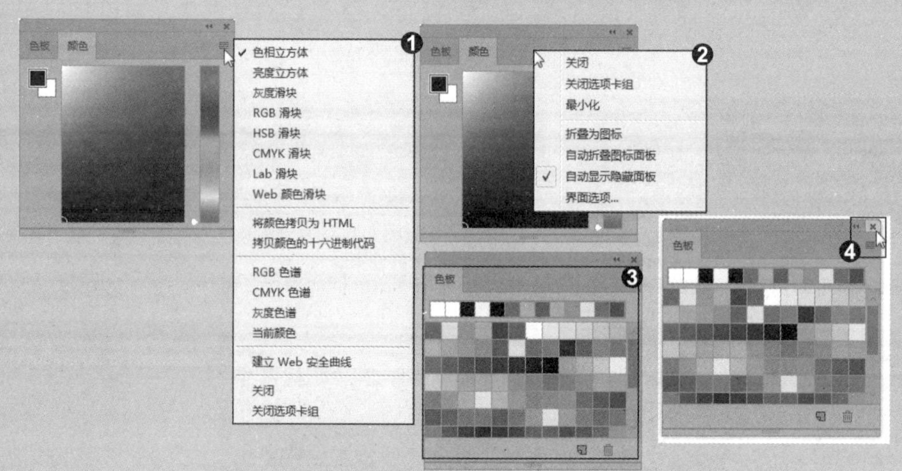

招式 006 显示状态栏了解文档参数

Q 当将文档的单位设置为像素后，却不知道在哪里查看这些参数?

A 在状态栏中更改显示方式为“文档尺寸”，就可以在状态栏上查看文档参数了。

1. 打开下拉菜单

❶ 打开本书配备的“第 1 章 \ 素材 \ 招式 6\ 向日葵 .jpg”文件。❷ 单击文档窗口底部状态栏中的 〉 按钮，❸ 打开状态栏下拉菜单中的显示内容。

2. 显示选项栏参数

❶ 单击状态栏，将显示图像的高度、宽度、通道等信息。❷ 按住 Ctrl 键单击 (按住鼠标左键不放)，可以显示图像的拼贴宽度等信息。❸ 在弹出的下拉菜单中选择“文档尺寸”命令后，状态栏中会出现两组数字。

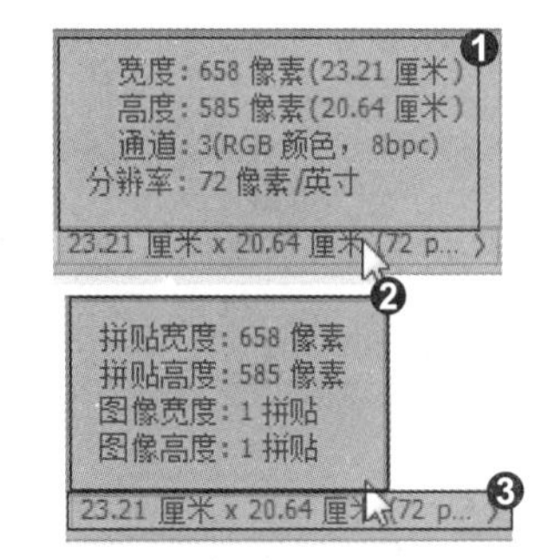

知识拓展

状态栏位于文档窗口底部，它可以显示文档窗口的缩放比例、文档大小、当前使用的工具等信息。下面将逐一了解各个选项的作用。

- Adobe Drive：显示文档的 Version Cue 工作组状态。
- 文档大小：显示有关图像中的数据量的信息。
- 暂存盘大小：显示有关处理图像的内存和 Photoshop 暂存盘的信息。选择该选项后，状态栏中会出现两组数字，左边的数字表示程序用来显示所有打开图像的内存量，右边的数字则表示可用于处理图像的总内存量。如果左边的数字大于右边的数字，Photoshop 将启用暂存盘作为虚拟内存来使用。
- 文档配置文件：显示图像所使用的颜色配置文件的名称。
- 文档尺寸：显示图像的尺寸。
- 测量比例：显示文档的比例。
- 效率：显示执行操作实际花费时间的百分比。当效率为 10% 时，表示当前处理的图像在内存中生成；如果低于 10%，则表示 Photoshop 正在使用暂存盘，操作速度会变慢。
- 计时：显示完成上一次操作所用的时间。
- 当前工具：显示当前使用的工具名称。
- 32 为曝光：用于调整预览图像，以便在计算机显示器上查看 32 位 / 通道高动态范围 (HDR) 图像的选项。只有文档窗口显示 HDR 图像时，该选项才可用。
- 存储进度：保存文件时，显示存储进度。

招式 007 全新的搜索功能

Q 听说最新版本的 Photoshop 增加了搜索功能，这个搜索功能有什么作用，有没有快捷键可以快速打开该功能呢?

A 按 Ctrl+F 快捷键就可以快速地打开搜索面板，就可以去搜索自己想要知道的知识内容了。

1. 打开搜索面板

❶ 启动 Photoshop 软件后，单击工具选项栏后面的“搜索工具、教程和 Adobe Stock 内容”按钮，❷ 打开搜索面板。

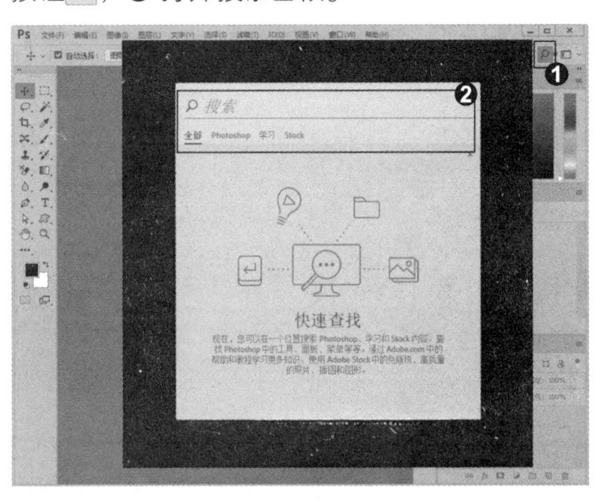

2. 搜索内容

❶ 单击 Photoshop 选项卡，❷ 在搜索栏中输入搜索的内容，面板中会显示在 Photoshop 中搜索到的该内容。❸ 单击“图层复合面板”选项，即可在 Photoshop 中打开“图层复合”面板。

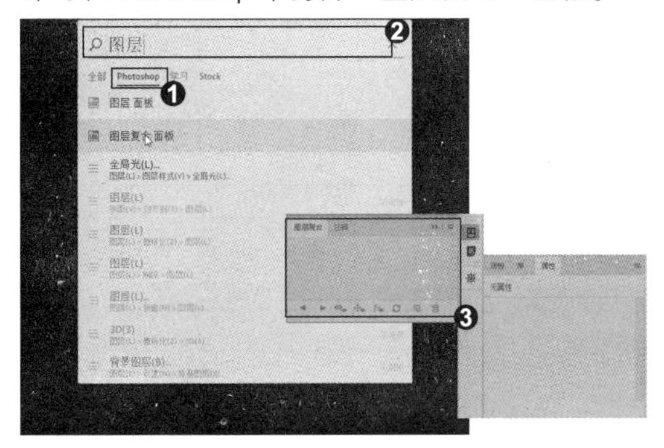

知识拓展

❶ 单击“编辑” | “搜索”命令，❷ 或者按 Ctrl+F 快捷键，均可以打开搜索面板。

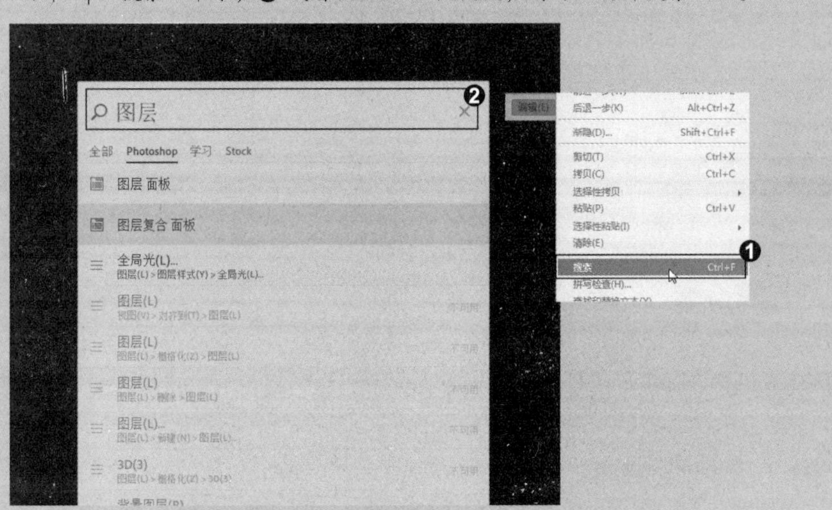

招式 008 在不同的屏幕模式下编辑图像

Q 在 Photoshop 中处理图像时，想以最大的显示方式来编辑图像，该如何进行操作呢？

A 按 F 键，就可以在不同的屏幕模式下编辑图像了。

1. 带有菜单栏的全屏模式

❶ 打开本书配备的“第 1 章 \ 素材 \ 招式 8\ 插花 .jpg”文件。❷ 单击“视图”|“屏幕模式”|“带有菜单栏的全屏模式”命令，❸ 文档会显示有菜单栏和 50% 灰色背景，无标题栏和滚动条的全屏窗口。

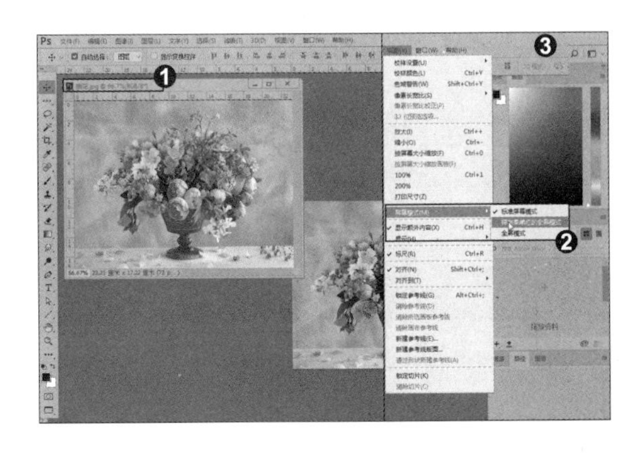

2. 全屏模式显示图像

❶ 单击“视图”|“模式”|“全屏模式”命令，❷ 文档只显示黑色的背景屏幕，无标题栏、菜单栏和滚动条。

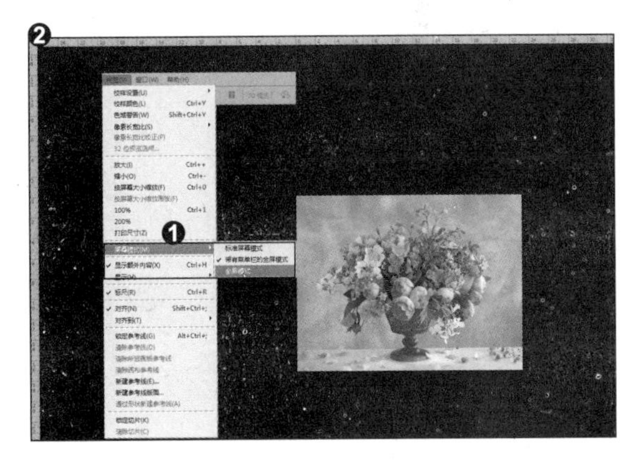

知识拓展

除了选择菜单命令可以切换屏幕外，❶ 单击工具箱底部的“屏幕模式”按钮，❷ 可以显示一组用于切换屏幕模式的按钮，包括“标准屏幕模式”按钮、“带有菜单栏的全屏模式”按钮和“全屏模式”按钮。

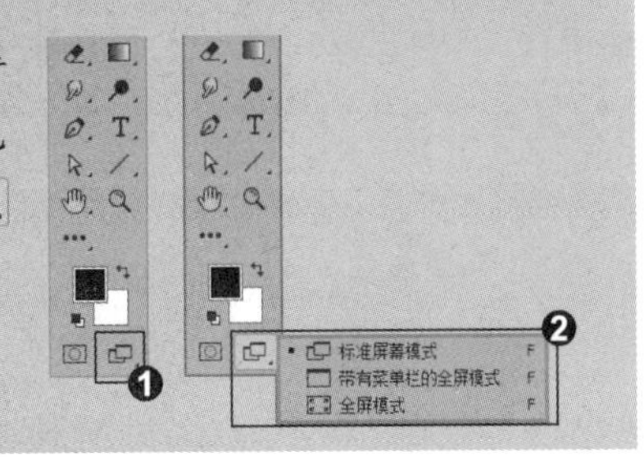

专家提示

按 F 键可在各个屏幕模式之间切换；按 Tab 键可以隐藏 / 显示工具箱、面板和工具选项栏；按 Shift+Tab 快捷键可以隐藏 / 显示面板。

招式 009 在窗口中查看多个图像

Q 在处理图像时，经常会同时打开多个图像文件，那么如何在同一个窗口中查看这些图像呢？

A 单击“窗口”|“排列”子菜单中的命令，就可以选择自己想要的排列来查看图像了。

1. 选择命令

❶ 打开本书配备的“第1章\素材\招式9”文件夹中所有的文件。❷ 单击“窗口”|“排列”命令，打开子菜单。

2. 层叠方式查看图像

❶ 将文件全部从选项卡中拖曳出来。❷ 单击“窗口”|“排列”|“层叠”命令，❸ 从屏幕的左上角到右下角以堆叠和层叠的方式显示文件。

3. 平铺方式查看图像

❶ 单击“窗口”|“排列”|“平铺”命令。❷ 以边靠边的方式显示文件。❸ 关闭一个图像时，其他文件会自动调整大小，以填满可用空间。

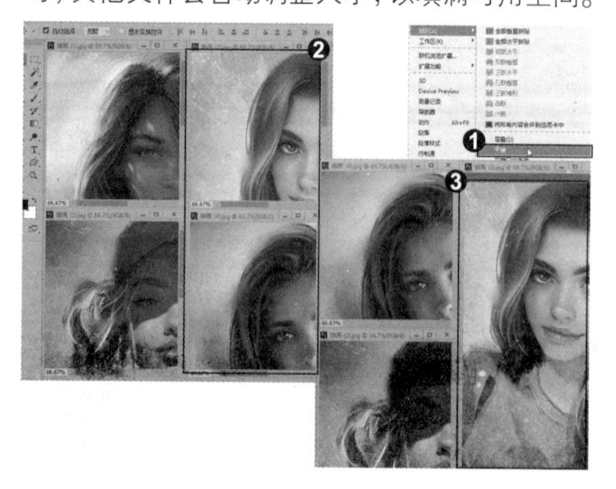

4. 在窗口中浮动

❶ 将文件放置在窗口选项卡中，单击“窗口”|“排列”|“在窗口中浮动”命令。❷ 允许图像自由浮动，也可拖动标题栏移动窗口。

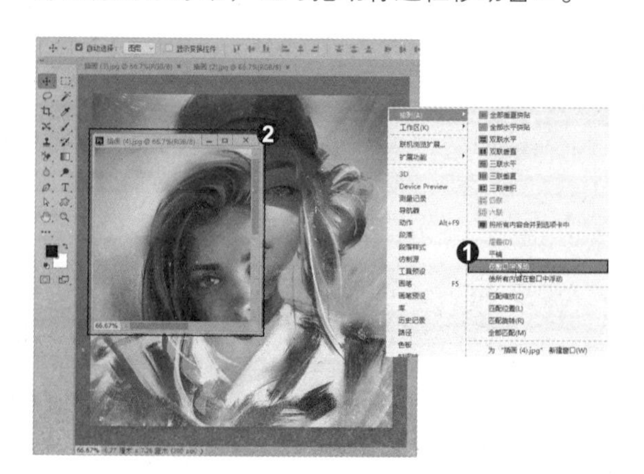

5. 使所有内容在窗口中浮动

❶ 单击“窗口”|“排列”|“使所有内容在窗口中浮动”命令，❷ 使所有文档窗口都可以进行浮动。

6. 将所有内容合并到选项卡中

❶ 单击“窗口”|“排列”|“将所有内容合并到选项卡中”命令，❷ 可恢复为默认的视图状态，即全屏显示一个图像，其他图像最小化到选项卡中。

7. 匹配缩放

❶ 将当前窗口的缩放比例设置为 100%，另一个图像窗口的缩放比例设置为 50%。❷ 单击“窗口”|“排列”|“匹配缩放”命令，❸ 之前设置的 100% 显示图像窗口的显示比例调整为 50%。

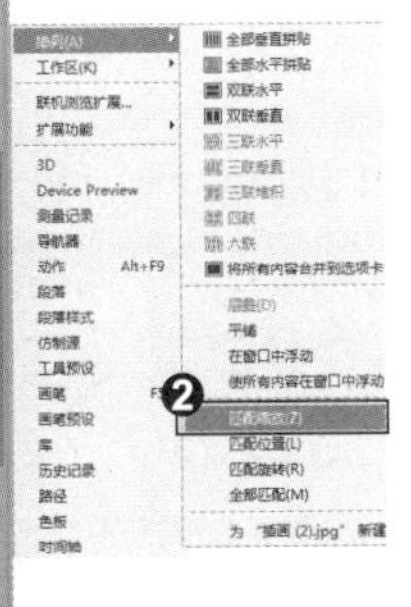

8. 匹配位置

❶ 将文件中的图像移动位置。❷ 单击“窗口”|“排列”|“匹配位置”命令，可以将窗口中所有图像的显示位置都匹配到当前窗口相同位置。

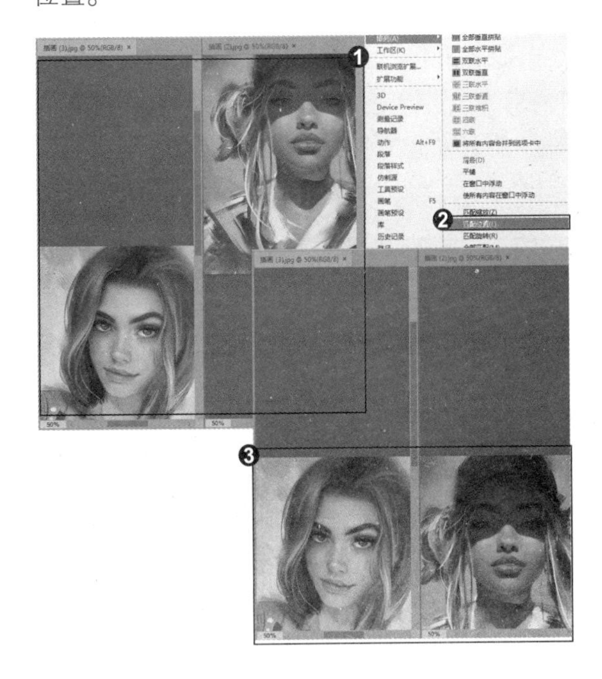

知识拓展

打开多个文件后，可在“窗口”|“排列”子菜单中选择一种文档排列方式，如全部垂直拼贴、双联、三联、四联等。

全部垂直拼贴效果

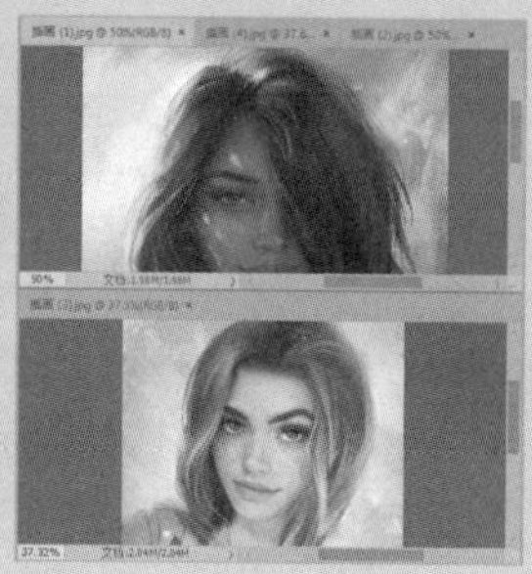

双联效果

三联垂直效果

四联效果

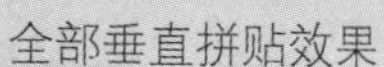

招式 010 使用旋转视图工具旋转画布

Q 在进行绘画和修饰图像时，会使用旋转视图工具来旋转画布，如果想旋转多张图像，旋转视图工具又是如何工作的呢?

A 如果打开了多个图像，在工具选项栏中勾选“旋转所有窗口”复选框，就可以旋转多张图像了。

1. 显示罗盘

❶ 打开本书配备的“第 1 章 \ 素材 \ 招式 10\ 蜂蜜广告 .jpg”文件。❷ 选择工具箱中的 (旋转视图工具)，❸ 在文件窗口中单击，会出现一个罗盘，红色的指针指向北方。

2. 旋转图像

❶ 按住鼠标左键拖动即可旋转画布。❷ 如果要精确旋转画布，可在工具选项栏的“旋转角度”文本框中输入角度值。

专家提示

旋转视图工具能够在不破坏图像的情况下按照任意角度旋转画布，而图像本身的角度并未实际旋转。如要旋转图像，需要单击“图像”|“图像旋转”子菜单中的命令。

知识拓展

如果打开了多个图像文件，❶ 勾选“旋转所有窗口”复选框，❷ 可以同时旋转多个文件中的图像。❸ 如果要将画布恢复到原始角度，可单击“复位视图”按钮或按 Esc 键。

招式 011 快速调整窗口比例

Q 使用 Photoshop 处理图像时，有时需要快速地放大或缩小图像，有没有快捷的方法来进行这个操作呢？

A 其实快速调整窗口的比例很简单，只需要选择工具箱中的缩放工具进行放大、缩小就可以了。

1. 放大图像

❶ 打开本书配备的“第 1 章 \ 素材 \ 招式 11\ 钟表船 .jpg”文件。❷ 选择工具箱中的 （缩放工具），❸ 将光标放置在画面中（光标会变为 🔍 形状），单击可以放大窗口的显示比例。

2. 缩小图像

❶ 按住 Alt 键（光标会变为🔍形状）单击可缩小窗口的比例。❷ 在工具选项栏中勾选“细微缩放”复选框，❸ 单击并向右侧拖动鼠标，能够以平滑的方式快速放大窗口。

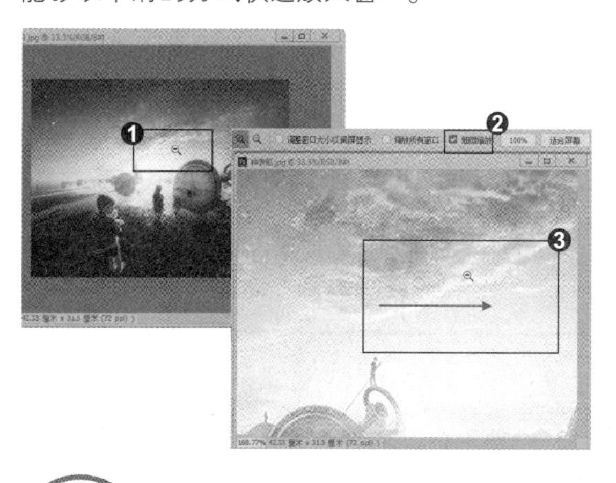

3. 快速缩小

单击并向左侧拖动鼠标，则能够快速缩小窗口比例。

知识拓展

在工具选项栏中，❶ 单击 100% 按钮，图像以实际像素（即 100%）的比例显示，也可双击缩放工具来进行同样的操作。❷ 单击 适合屏幕 按钮，可以在窗口中最大化显示完整的图像，也可以双击抓手工具来进行同样的操作。❸ 单击 填充屏幕 按钮，可在整个屏幕范围内最大化显示完整的图像。

招式 012 移动画面位置

Q 使用缩放工具放大图像后，发现显示区域不是想要的区域，该如何切换到自己想要的区域呢？

A 选择工具箱中的抓手工具，拖动鼠标就可以将图像移动到自己想要的区域了。

1. 缩放图像

❶ 打开本书配备的“第 1 章 \ 素材 \ 招式 12\ 冲浪 .jpg”文件。❷ 选择工具箱中的（抓手工具）。❸ 将光标放置在窗口中，按住 Alt 键单击可以缩小窗口。❹ 按住 Ctrl 键单击可以放大窗口。

2. 查看指定区域

❶ 放大窗口后，单击并拖动鼠标即可移动画面。❷ 按住 H 键的同时单击鼠标，窗口中会显示全部图像并出现一个矩形框，将矩形框定位在需要查看的区域，❸ 释放鼠标和 H 键，可以快速放大并转到该图像区域。

专家提示

按住 Alt 键（或 Ctrl 键）和鼠标左键不放，能够以平滑的、较慢的方式逐渐地缩放窗口。此外，按住 Alt 键（或 Ctrl 键）和鼠标左键，向左（或向右）拖动鼠标，能够以较快的方式平滑地缩放窗口。

使用绝大多数工具时，按住键盘中的空格键都可以切换为（抓手工具）。

知识拓展

❶ 当同时打开多个图像后，勾选“滚动所有窗口”复选框，❷ 移动画面的操作将用于所有不能完整显示的图像。

招式013 快速调整图像的显示位置

Q 除了能够使用缩放工具放大图像外，还有没有其他的放大显示图像的位置呢?

A 单击“导航器”面板下的“缩小”或“放大”按钮也可以放大图像区域。

1. 打开“导航器”面板

❶ 打开本书配备的“第1章\素材\招式13\在路上.jpg”文件。❷ 单击“窗口”|“导航器”命令，❸ 打开“导航器”面板。

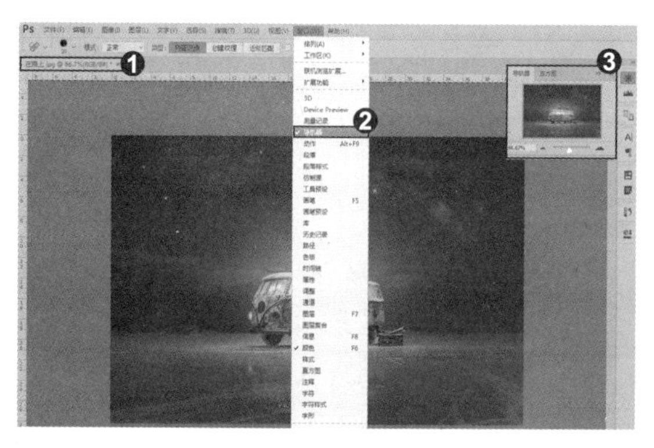

2. 放大并移动画面

❶ 按Ctrl+“+”快捷键放大图像。❷ 将光标放置在导航器的“代理预览区”上，光标变为抓手形状。❸ 此时拖曳鼠标即可移动图像画面。

3. 缩小窗口比例

❶ 在“导航器”面板的“缩放数值框”中输入缩放数值并按Enter键，即可按照设定的比例缩放窗口。❷ 单击“导航器”面板的“缩小”按钮或“放大”按钮，可以缩小或放大窗口的显示比例。

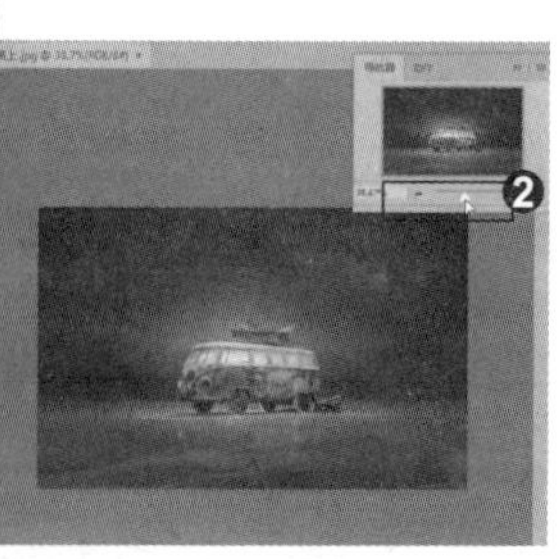

4. 调整窗口大小

在“导航器”面板上拖曳“缩放滑块”，可以向左或向右拖动滑块调整窗口的大小。

专家提示

使用除缩放工具、抓手工具以外的其他工具时，按住Alt键并使用鼠标中间的滚轮也可以缩放窗口。

知识拓展

在图像以外的灰色暂存区域右击，会弹出一个快捷菜单，我们可以选择在灰色、黑色和其他自定义颜色的背景上显示图像。调整照片的色调和颜色，或者进行绘画操作时，最好使用默认的灰色作为背景色，这样不会影响对色彩的判断。

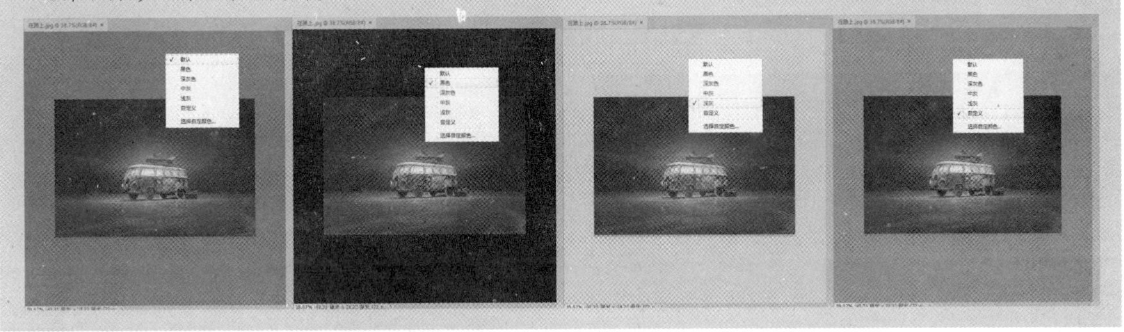

专家提示

选择“导航器”面板下拉菜单中的“面板选项”命令，可在打开的对话框中修改代理预览区域矩形框的颜色。

招式 014 随心所欲设置工作区域

Q 大家都知道在 Photoshop 当中有专门为手绘、摄影师、网页制作提供的专属工作区，那我可不可以设定一个属于自己的工作区呢?

A 当然可以。只需将自己需要使用的面板、工具进行分类组合或是关闭，单击“窗口”|“工作区”|“新建工作区”命令就可以将自己设定的工作区保存下来了。

1. 自定义工作区域

❶ 启动 Photoshop 软件后，在“窗口”菜单中将需要的面板打开，将不需要的面板关闭。❷ 再将打开的面板分类组合。

2. 存储自定义工作区域

❶ 单击“窗口”|“工作区”|“新建工作区”命令，❷ 在打开的“新建工作区”对话框中输入工作区的名称，❸ 勾选“捕捉”选项组中的复选框，可以将键盘快捷键、菜单和工具栏的当前状态保存到自定义的工作区中。

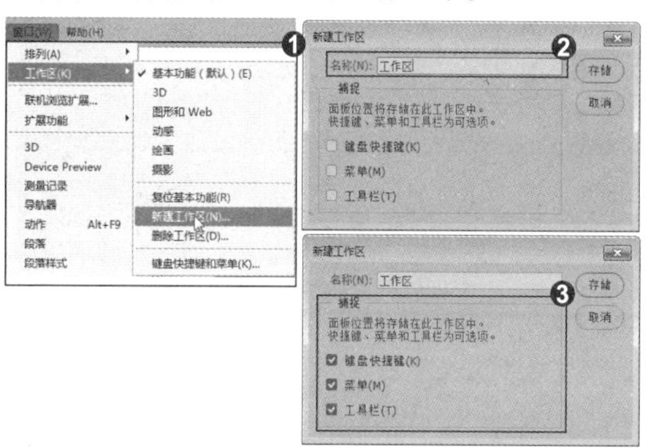

3. 查看自定义工作区域

❶ 单击“窗口”|“工作区”命令，在子菜单中可以看到创建的工作区，❷ 选择不同的命令即可切换为该工作区。

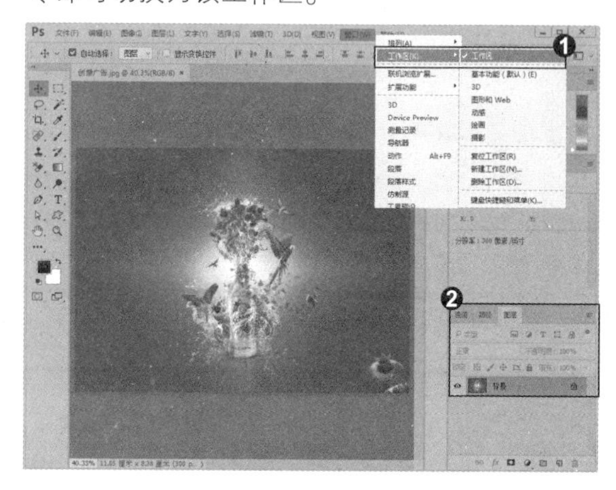

知识拓展

Photoshop 为简化某些任务而专门为用户设计了几种预设的工作区。❶ 单击“窗口”|“工作区”命令，可以切换为 Photoshop 提供的几种预设工作区。❷ 这其中 3D、图形和 Web、动感、绘画、摄影等是针对相应任务的工作区。❸“基本功能(默认)”是最基本的、没有进行特别设计的工作区，如果修改了工作区(如移动了面板的位置)，单击该命令就可以恢复为 Photoshop 默认的工作区。

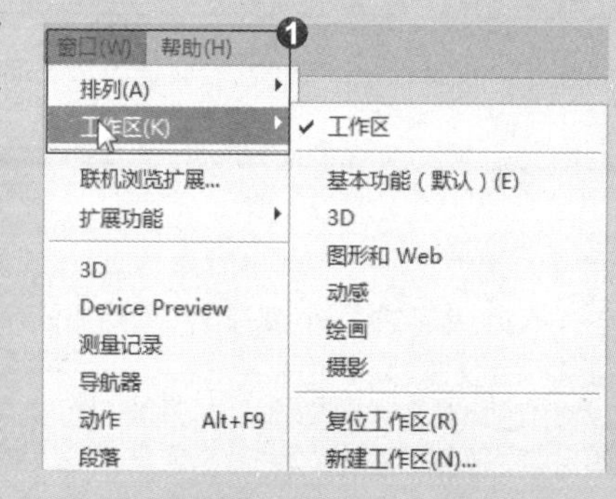

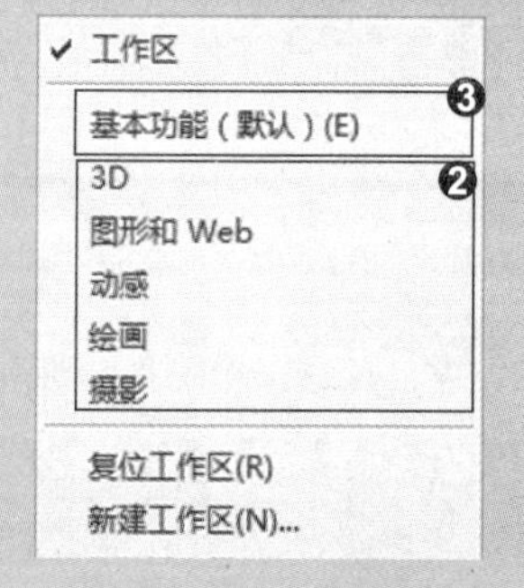

专家提示

如果要删除自定义的工作区，可以单击“窗口”|“工作区”|“删除工作区”命令。

招式 015 自定义彩色菜单命令

Q 在处理图像时，有一些菜单命令是经常会使用到的，可不可以将它们设置得更加个性化一些？

A 这很简单，只需在“键盘快捷键和菜单”对话框中设置就可以设定属于自己的个性化菜单命令。

1. 弹出对话框

❶启动Photoshop软件后，单击“编辑”|“键盘快捷键”命令，❷弹出“键盘快捷键和菜单”对话框，选择“菜单”选项卡。

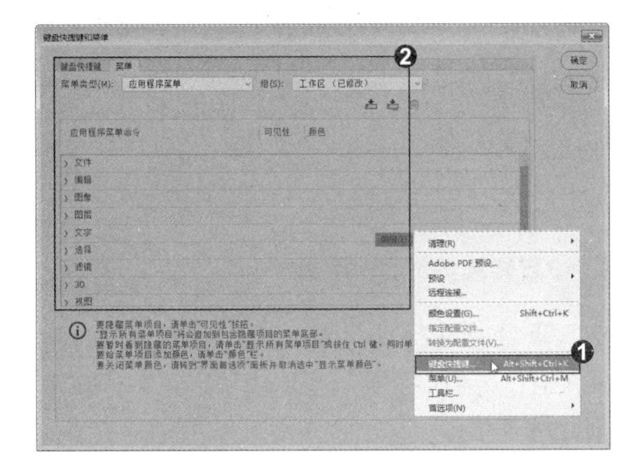

2. 定义彩色菜单命令

❶单击“图像”命令前面的 › 按钮，展开下拉列表，❷选择“模式”选项，在“无”位置处单击，打开下拉列表，选择红色。❸单击“图像”菜单，可以看到“模式”命令已经突显为红色。

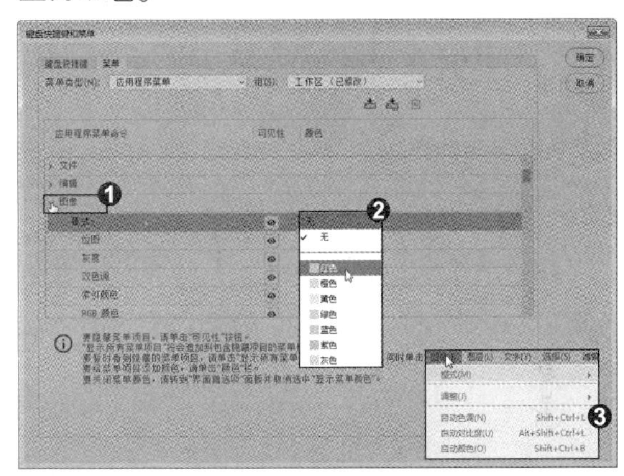

知识拓展

❶在“键盘快捷键和菜单”对话框中，单击中间的“眼睛”图标，隐藏“眼睛”图标，❷将会隐藏菜单中的该命令。

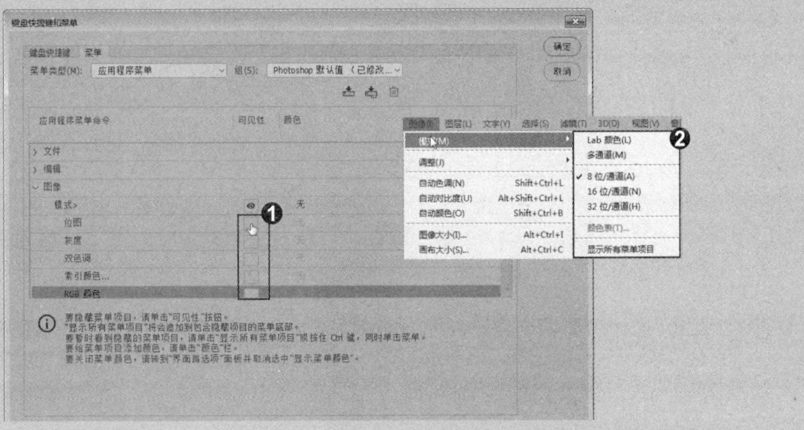

招式 016 自定义工具快捷键

Q 现在工作都比较讲究速率，那在用 Photoshop 处理图像时有没有快速提高工作效率的方法呢？

A 将 Photoshop 中的各种命令、工具进行热键设置，在处理图像时快速按下这些热键来进行操作，不失为一个提高工作效率的好办法。

1. 选择菜单命令

❶启动Photoshop软件后，单击“编辑”|“键盘快捷键”命令，或单击“窗口”|“工作区”|“键盘快捷键和菜单”命令，❷弹出“键盘快捷键和菜单”对话框，❸在“快捷键用于”下拉列表中选择“工具”选项。

2. 设置快捷键

❶在“工具面板命令”列表框中选择抓手工具，可以看到快捷键是H，❷单击右侧的“删除快捷键”按钮，将该工具的快捷键删除。

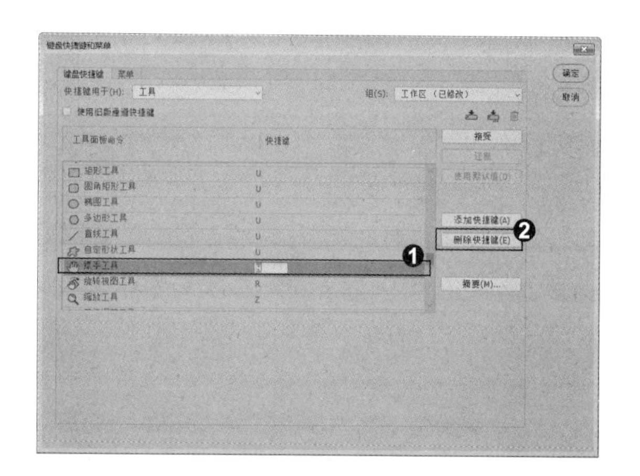

3. 设置转换点工具快捷键

❶选择转换点工具，在显示的文本框中输入H，将抓手工具的快捷键指定给它，❷单击“确定”按钮关闭对话框，在工具箱中可以看到快捷键H已经分配给了转换点工具。

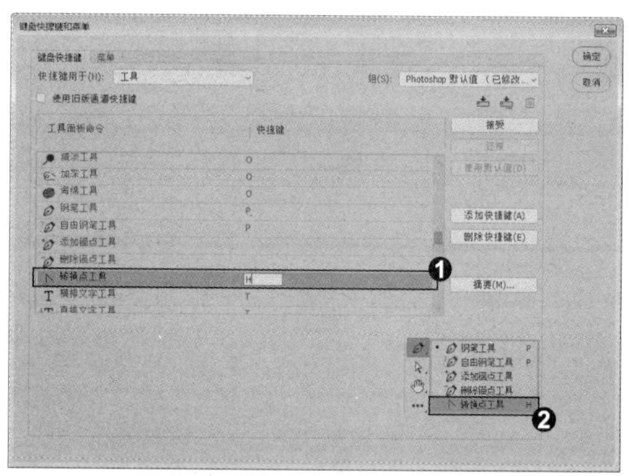

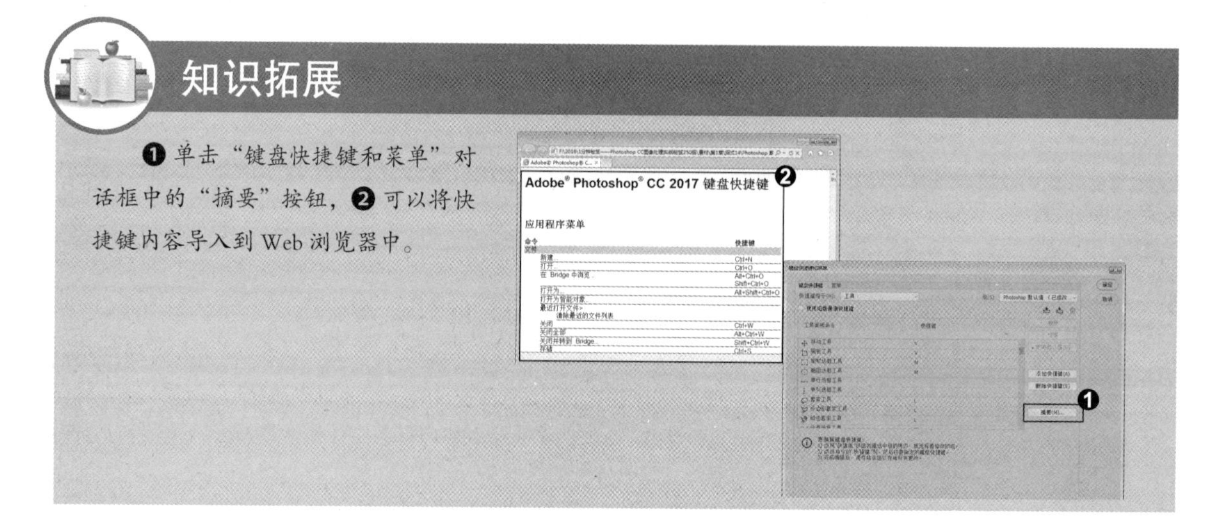

知识拓展

❶单击“键盘快捷键和菜单”对话框中的“摘要”按钮，❷可以将快捷键内容导入到Web浏览器中。

专家提示

在"组"下拉列表中选择"Photoshop 默认值"选项，可以将菜单颜色、菜单命令和工具的快捷键恢复为 Photothsop 默认值。

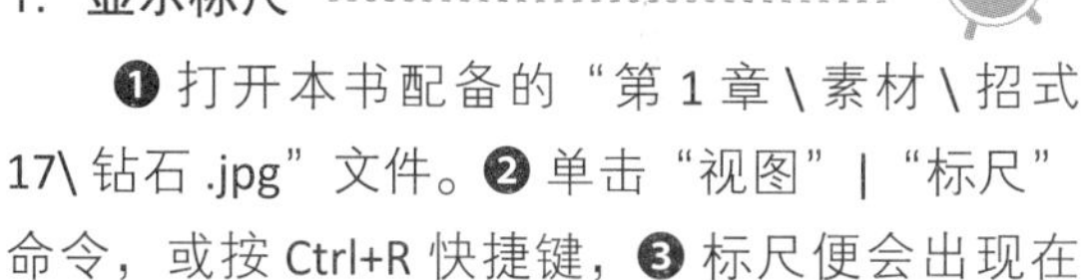

招式 017 通过标尺修改原点位置

Q 使用 Photoshop 中的标尺可以用来编辑图像吗?

A 标尺、参考线、网格和注释工具都属于辅助工具，它们虽然不能用来编辑图像，却可以帮助我们很好地完成选择、定位图像的操作。

1. 显示标尺

❶ 打开本书配备的"第 1 章 \ 素材 \ 招式 17\ 钻石 .jpg"文件。❷ 单击"视图" | "标尺"命令，或按 Ctrl+R 快捷键，❸ 标尺便会出现在窗口的顶部和左侧。

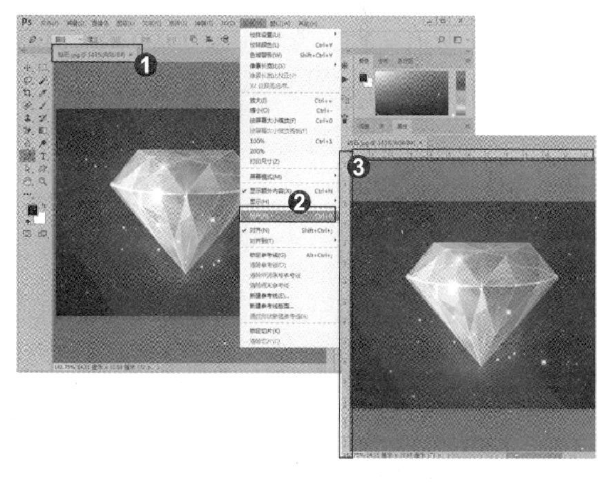

2. 改变原点位置

❶ 默认情况下，标尺的原点位于窗口的左上角，将光标放在原点上，单击并向右下方拖动，画面中会显示出十字线，❷ 将其拖放到需要的位置，该处便成为原点的新位置。

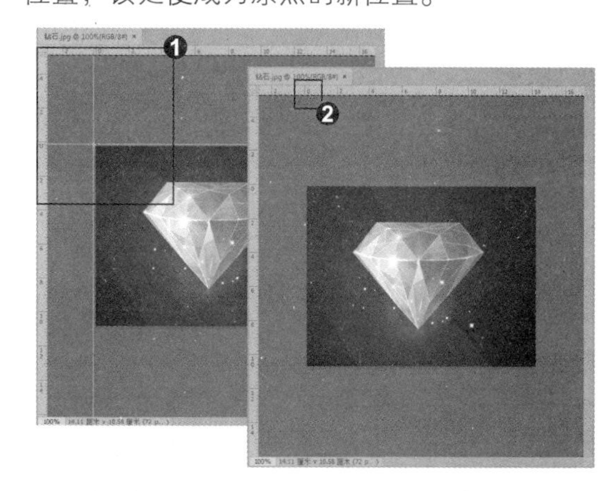

3. 修改测量单位

❶ 在窗口的左上角上双击，可以将原点恢复为默认的位置。❷ 双击标尺，弹出"首选项"对话框，在"单位"选项组中设置测量单位，可以修改标尺的测量单位。

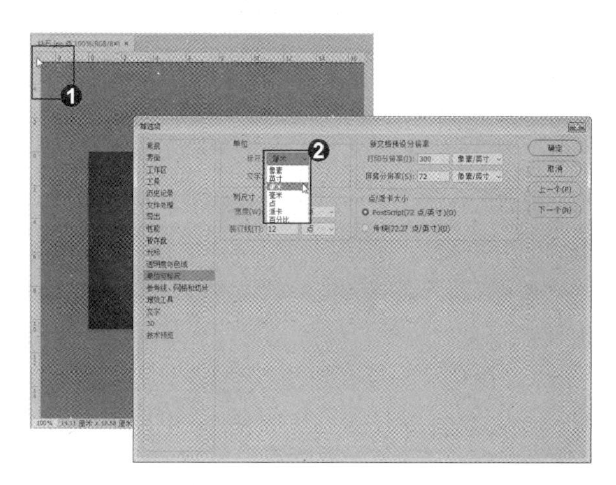

知识拓展

单击“视图”|“标尺”命令，或者按Ctrl+R快捷键可以隐藏标尺。

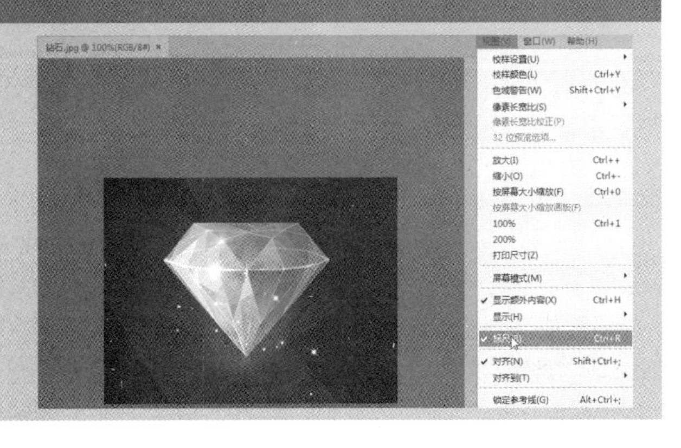

专家提示

在定位原点的过程中，按住Shift键可以使标尺原点与标尺刻度记号对齐。此外，标尺的原点也是网格的原点；因此，调整标尺的原点也就同时调整了网格的原点。

招式018 使用参考线制作图像分裂

Q 在使用Photoshop处理图像时，经常会用到参考线对图像进行辅助，但可不可以使用参考线对图像进行处理呢?

A 这种问题是可以的，只要合理地安排好参考线的位置即可对图像进行处理。

1. 打开素材图像

❶ 打开本书配备的“第1章\素材\招式18\眼睛.psd”文件。❷ 按Ctrl+R快捷键显示标尺。❸ 将光标放置在水平标尺上，单击并向下拖动鼠标可拖出水平的参考线。

2. 拖动参考线

❶ 使用同样的方法可在垂直标尺上拖出垂直参考线。❷ 选择工具箱中的 (移动工具)，将光标放在参考线上，当光标变为 形状时，单击并拖动鼠标即可移动参考线。

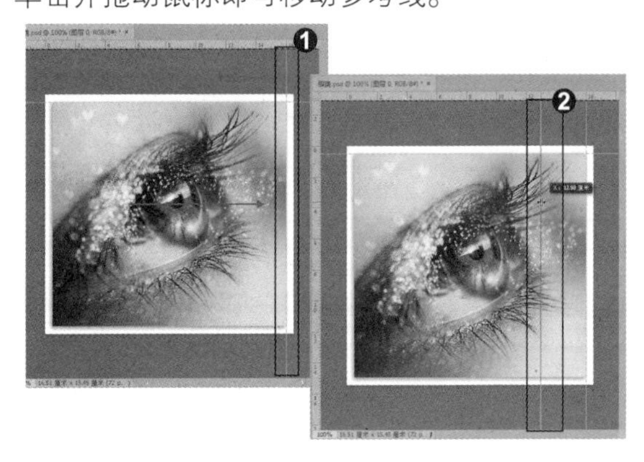

3. 清除参考线

❶ 将参考线拖回标尺，可将其删除。❷ 单击“视图” | “清除参考线”命令，也可以删除所有参考线。

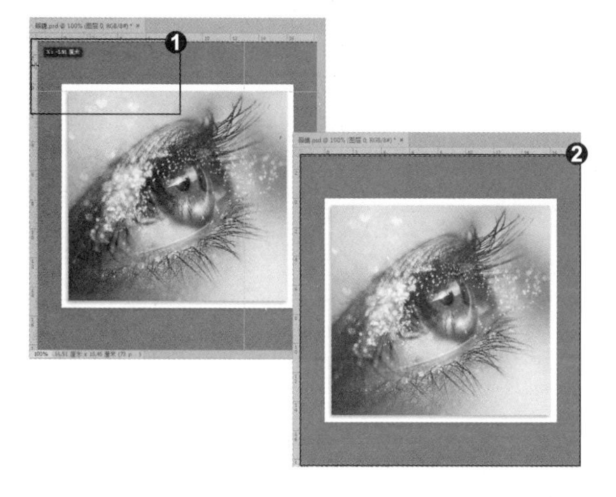

4. 创建选区

❶ 根据标尺建立参考线。❷ 选择工具箱中的 (矩形选框工具)，❸ 在建立的参考线上绘制矩形选区。

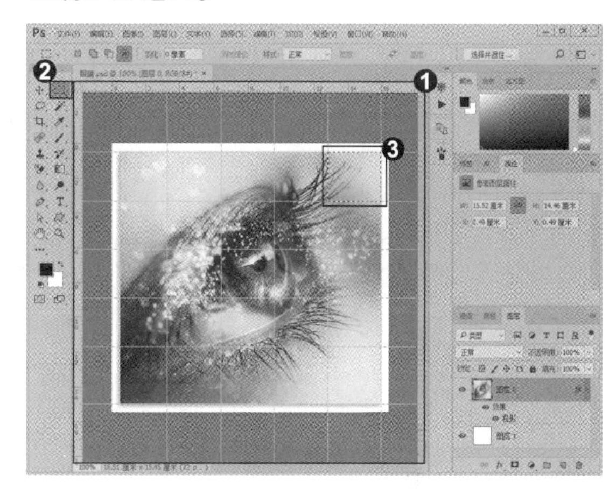

5. 删除选区内容

❶ 按 Ctrl+J 快捷键复制选区内容。❷ 同方法，在“眼睛”图层上复制选区。选择“眼睛”图层，使用 (矩形选框工具) 创建选区。❸ 按 Delete 键删除选区内的图像内容。

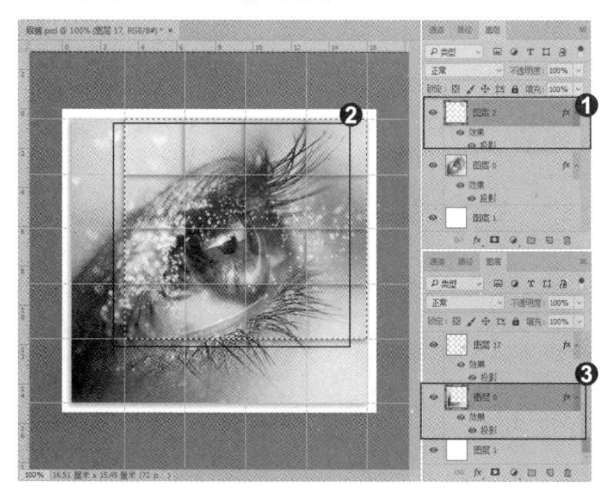

6. 拷贝图像

❶ 按 Ctrl+D 快捷键取消选区。选择工具箱中的 (移动工具)，❷ 移动“图层 2”图层，❸ 同方法，移动其他复制的图层。

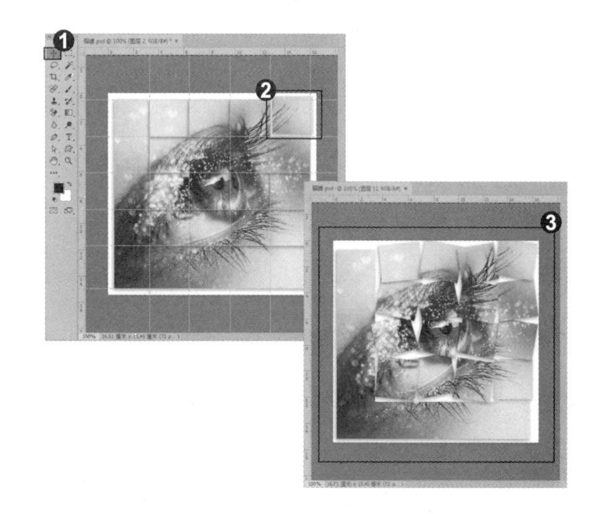

专家提示

单击“视图” | “锁定参考线”命令可以锁定参考线的位置，以防止参考线被移动。再次单击该命令，可取消锁定参考线。

知识拓展

❶ 单击“视图”|“新建参考线”命令。❷ 弹出“新建参考线”对话框，在“取向”选项组中选择创建水平或垂直参考线，在“位置”文本框中输入参考线的精确位置，❸ 单击“确定”按钮，可以在指定的位置上创建参考线。

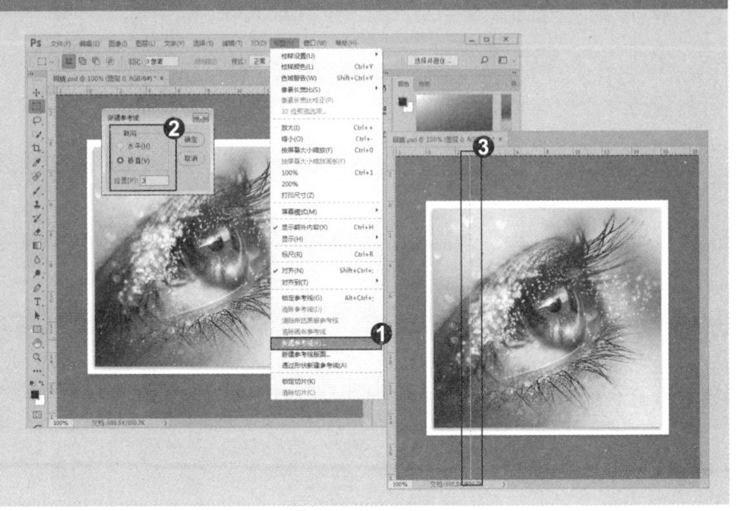

招式019 使用网格线制作发光线

Q 在使用Photoshop处理图像时，可不可以在网格线的辅助下对图像进行处理呢？

A 当然可以，在“首选项”对话框中将网格的颜色、网格线的间隔、网格线的类型等设置完成后，就可以很方便地进行图像处理了。

1. 显示网格

❶ 打开本书配备的“第1章\素材\招式19\背景.jpg”文件。❷ 单击“视图”|“显示”|“网格”命令。❸ 显示网格。

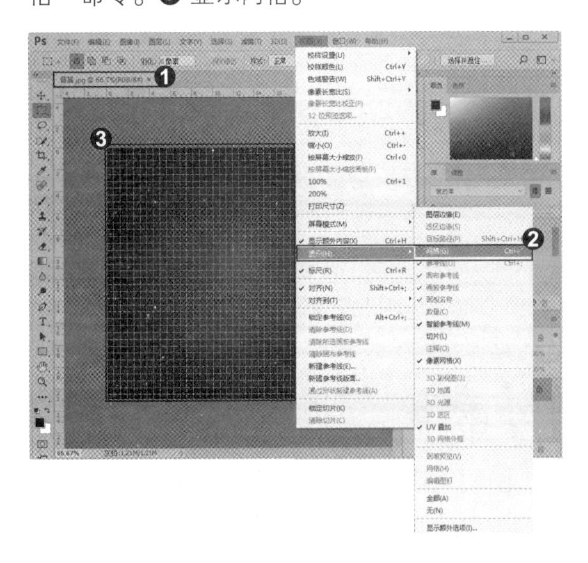

2. 设置网格线间隔

❶ 单击“编辑”|“首选项”|“参考线、网格和切片”命令，❷ 弹出“首选项”对话框，在“网格”选项组中设置“网格线间隔”参数为36.7毫米。

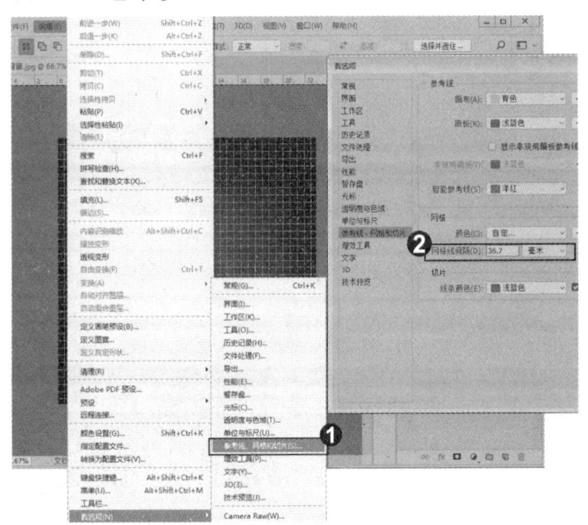

3. 创建单列选区

❶ 单击“确定”按钮关闭对话框，网格线间隙增大。❷ 选择工具箱中的 (单列选框工具)，在工具选项栏中单击“添加到选区”按钮 。❸ 根据网格线创建单列选区。

4. 填充颜色

❶ 同方法，创建单行选区。❷ 单击“图层”面板底部的“创建新图层”按钮 ，新建图层。❸ 设置前景色为青色 (#06c2ef)，按 Ctrl+Delete 快捷键填充前景色，并设置图层的混合模式为“叠加”。

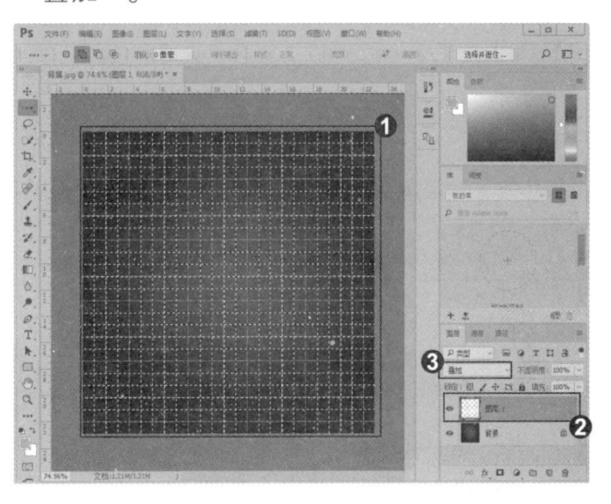

5. 绘制线段

❶ 按 Ctrl+H 快捷键隐藏网格。❷ 将“图层 1”图层拖动至“创建新图层”按钮 上复制图层，增强网格效果。❸ 新建图层，设置前景色为深青色 (#02afd8)，选择工具箱中的 (画笔工具)，设置画笔大小为 15 像素，按住 Shift 键垂直绘制线条。

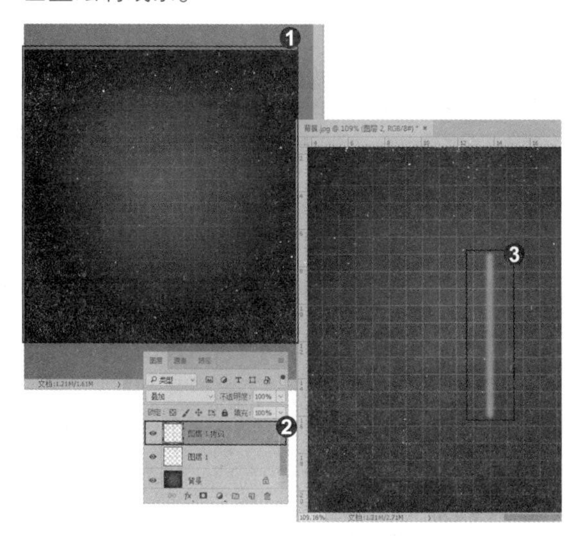

6. 制作发光线

❶ 单击“滤镜”|“模糊”|“动感模糊”命令，在弹出的对话框中设置参数，❷ 单击“确定”按钮关闭对话框，并设置图层的混合模式为“亮光”。❸ 同方法，制作其他的发光光线。

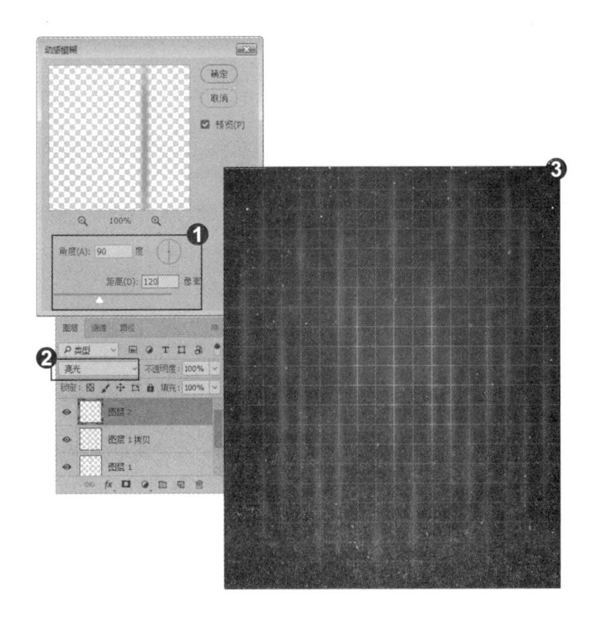

知识拓展

网格默认情况下为线条状，❶单击"编辑"|"首选项"|"参考线、网格和切片"命令，弹出"首选项"对话框，❷在右侧的颜色块中显示了修改后的参考线、智能参考线和网格的颜色，也可修改绘制网格的样式。

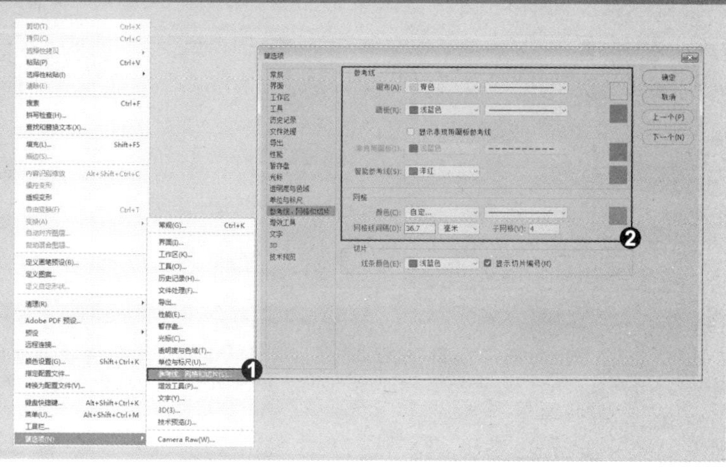

招式020 为图像添加注释

Q 有时一个设计方案搁置得太久，会忘记很多东西，Photoshop中有没有工具可以做记录，提示设计方案的动向呢？

A 这很简单，只需要用注释工具在画面中单击，在弹出的面板中注释好自己的进程就可以了。

1. 输入注释内容

❶打开本书配备的"第1章\素材\招式20\可爱的鸟类.jpg"文件。❷选择工具箱中的（注释工具），❸在画面中单击，打开"注释"面板，输入注释内容。

2. 添加多个注释

❶拖动注释图标可以移动注释位置，❷双击注释图标，在打开的"注释"面板中会显示注释内容。❸在画面中添加多个注释，按下或按钮，可以循环显示各个注释内容。

3. 删除注释

❶ 在注释图标上右击，弹出快捷菜单，选择“删除注释”命令，❷ 在弹出的提示框中单击“是”按钮，即可删除当前选择的注释。❸ 选择“删除所有注释”命令，或单击工具选项栏中的“清除全部”按钮，则可删除所有注释。

知识拓展

在 Photoshop 中可以将 PDF 文件中包含的注释导入到图像中。❶ 单击“文件”|“导入”|“注释”命令，❷ 弹出“载入”对话框，❸ 选择 PDF 文件，单击“载入”按钮即可导入。

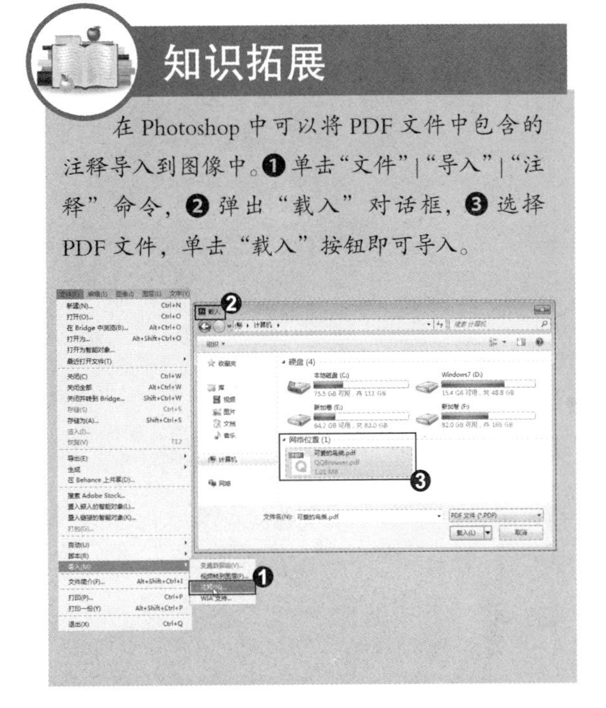

招式 021 显示 / 隐藏额外的图像内容

Q 对于下载的素材图像，想查看有没有特意隐藏起来的内容，该执行什么操作呢？

A 单击“视图”|“显示”子菜单中的命令，就可以查看某些隐藏起来的内容。

1. 显示额外内容

❶ 打开本书配备的“第 1 章 \ 素材 \ 招式 21\ 油漆广告 .jpg”文件。❷ 单击“视图”|“显示额外内容”命令，❸ 可以显示出参考线、网格、目标路径、选区边缘、切片等不会打印出来的额外内容。

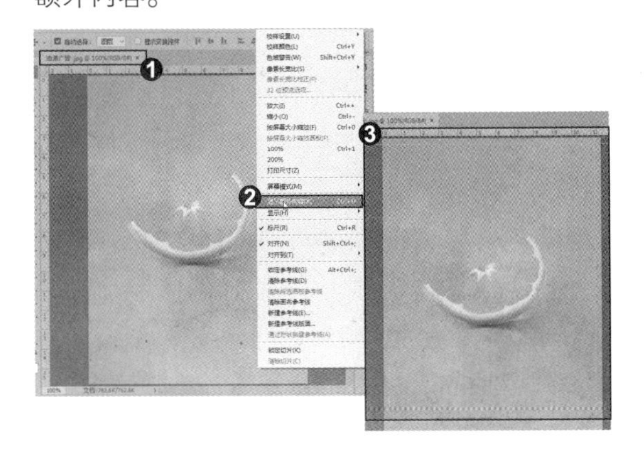

2. 显示单个选项

❶ 单击“视图”|“显示”子菜单中的某一命令，❷ 即可显示该命令对应的内容。❸ 再次选择某一命令，可以隐藏相应的选项，或按 Ctrl+H 快捷键可隐藏额外的内容。

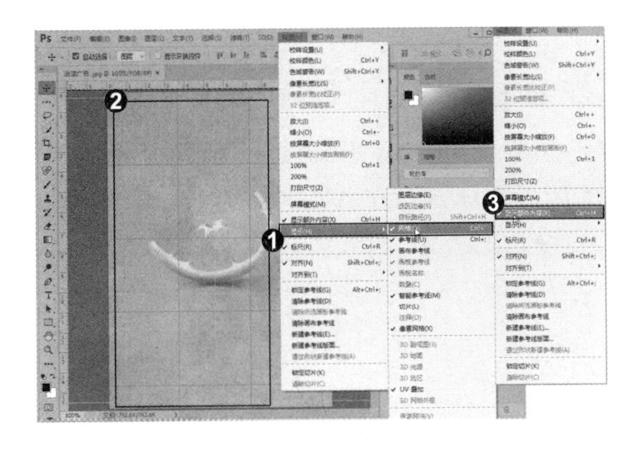

知识拓展

参考线、网格、目标路径、选区边缘、切片、文本边界、文本基线和文本选区都是不会打印出来的额外内容。下面逐一介绍“显示”子菜单中的各项命令。

- 图层边缘：可显示图层内容的边缘。如要查看透明层上的图像边界时，可启用该功能。
- 选区边缘：显示或隐藏选区。
- 目标路径：显示或隐藏路径。
- 网格：显示或隐藏网格。
- 参考线 / 智能参考线：显示或隐藏参考线、智能参考线。
- 数量：显示或隐藏计数数目。
- 切片：显示或隐藏切片的定界框。
- 注释：显示或隐藏创建的注释。
- 像素网格：将文档窗口放大至最大的缩放级别后，像素之间会用网格进行划分；取消该项的选择时，不会显示网格。
- 3D 副视图 /3D 地面 /3D 光源 /3D 选区：在处理 3D 文件时，显示或隐藏 3D 副视图、地面、光源和选区。
- 画笔预览：使用画笔工具时，如果选择的毛刷笔尖，勾选该选项后，可在窗口中预览笔尖效果和笔尖方向。
- 全部：显示以上所有选项。
- 无：隐藏以上所有选项。

招式 022 载入 Photoshop 资源库

Q 有关 Photoshop 方面的图书会赠送许多资源，当想使用这些资源时，该如何载入到软件中呢?

A 在“预设管理器”对话框的“预设类型”下拉菜单中会有多个预设类型，选择自己需要使用的资源库进行载入就可以了。

1. 弹出对话框

❶ 单击“编辑” | “预设” | “预设管理器”命令，❷ 弹出“预设管理器”对话框，❸ 在“预设类型”下拉列表中选择要使用的预设项目。

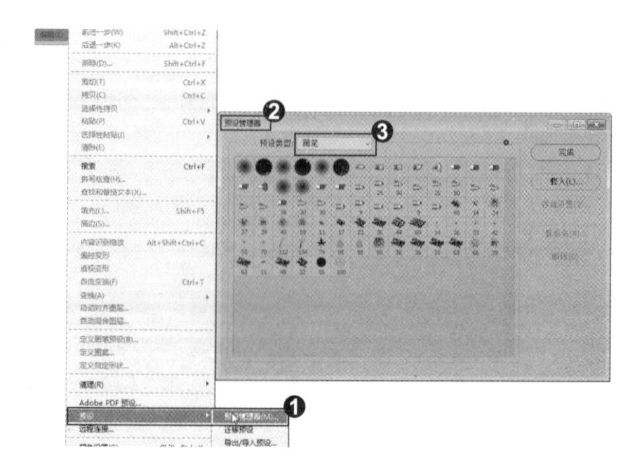

2. 载入资源库

❶ 单击“预设类型”右侧的按钮⚙，弹出下拉菜单，❷ 选择任意一个命令，即可载入 Photoshop 的资源库。

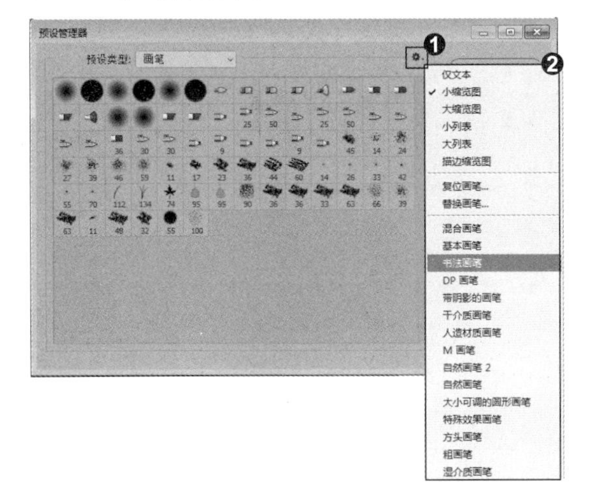

知识拓展

如果要删除载入的项目，恢复为 Photoshop 默认的资源，❶ 可以单击“资源管理器”对话框中“预设类型”右侧的⚙按钮，❷ 弹出下拉菜单，选择“复位画笔”命令。

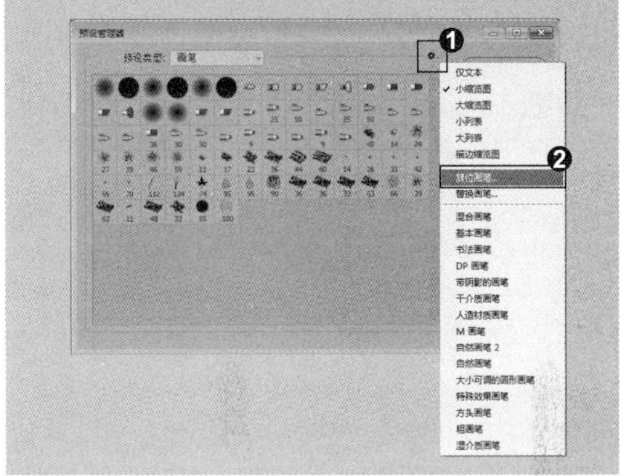

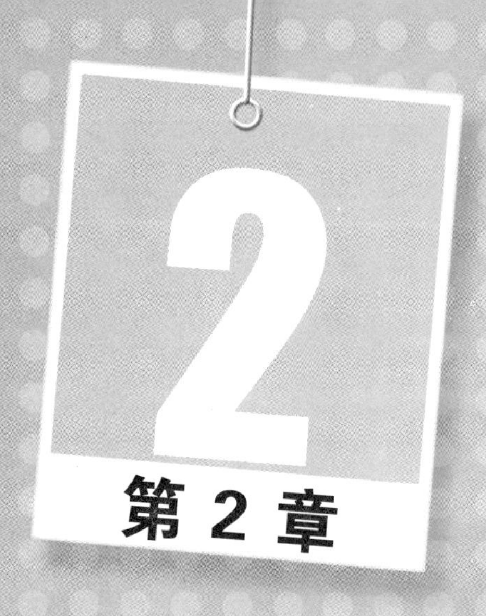

第 2 章

图像处理的基本操作

熟练掌握 Photoshop 的基本操作，可以大大提高工作效率，例如文件的新建、打开、关闭和保存，调整图像和画布的大小，操作的恢复与还原。学习这些基本操作，可以为后面的深入学习打下坚实的基础。

招式 023 新建文件

Q 在 Photoshop CC 2017 版本中，使用了“新建”命令，弹出的“新建文档”对话框感觉和以前用的不一样了，这是新功能吗？

A 对，这是 Photoshop CC 2017 版本的新增功能。改良版本的“新建文档”对话框，能够用简洁的界面体现出其强大的功能。

1. 切换选项

❶ 单击“文件” | “新建”命令，❷ 弹出“新建文档”对话框，在分类预设中单击“照片”按钮。❸ 切换至“照片”选项，此时“模板展示区”展示的模板变成了照片的尺寸。

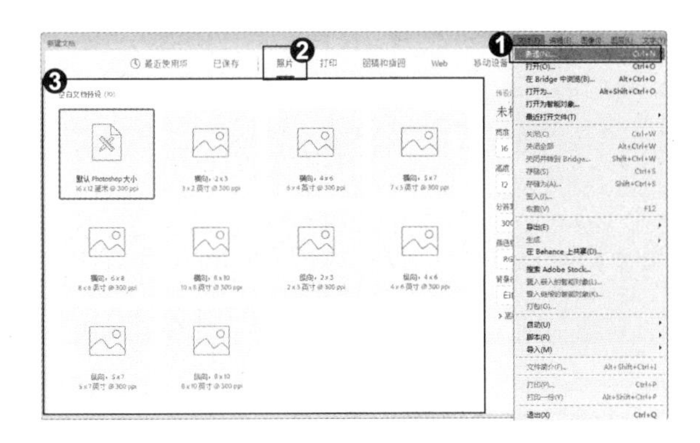

2. 保存为预设文档

❶ 若分类预设中没有想要的尺寸模板，可在右侧的参数设置区设置自定模板参数。❷ 单击“未标题 -1”后面的按钮，❸ 可将设置的参数保存为预设。

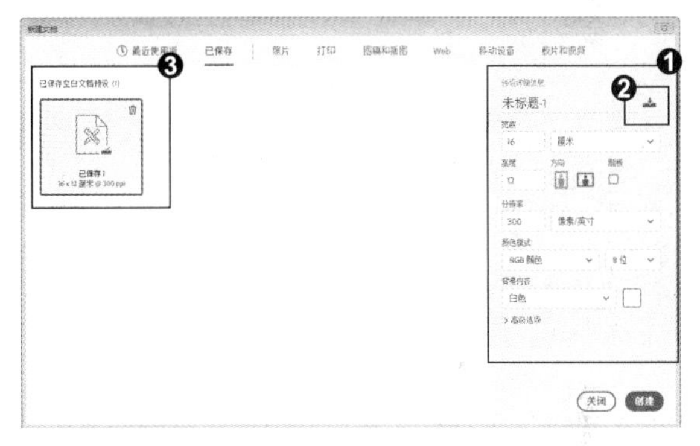

3. 删除预设文档

❶ 单击“已保存 -1”文档右上角的按钮，可以删除保存的空白文档预设。❷ 单击文档参数栏中的按钮或按钮，可以将文档设置为竖向文档或是横向文档。

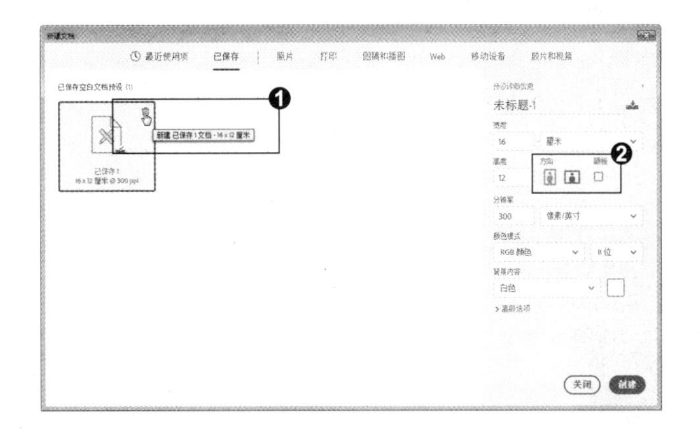

专家提示

如果不习惯新版“新建文档”对话框，可以单击“编辑” | “首选项” | “常规”命令，勾选“使用旧版新建文档界面”复选框，再次执行“新建文档”命令时，弹出的则是旧版对话框。

知识拓展

当编辑文档或是图像完成后，关闭窗口，❶返回到的是全新的开始工作界面，工作界面上会显示以前打开或处理过的图像；若不想显示开始工作界面，❷单击“编辑”|“首选项”|“常规”命令，❸取消勾选“没有打开的文档时显示开始工作区”复选框，再次启动 Photoshop 时该界面不再显示。

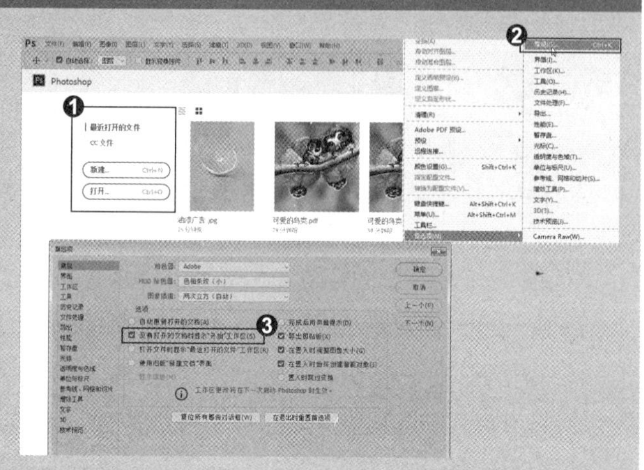

招式 024 快速打开图像文件

Q 在 Photoshop 中打开图像文件的方法有很多，有没有快速而便捷的操作方法呢?

A 当然有啊，只要将文件拖动到 Photoshop 图标上，既能运行 Photoshop 软件又能打开拖动的文档。

1. 拖曳文件运行软件并打开

❶在没有运行 Photoshop 的情况下，打开图像文件所在的文件夹，❷将图像文件拖动到桌面的 Photoshop 应用程序图标上，释放鼠标即可运行 Photoshop 并打开该文件。

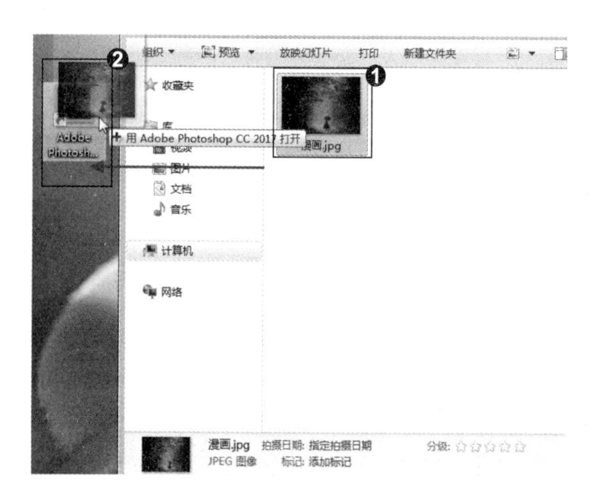

2. 拖曳文件至软件窗口中打开文件

❶运行 Photoshop 软件后，在 Windows 资源管理器中找到图像文件，❷将文件拖曳到 Photoshop 窗口中，便可将其打开。

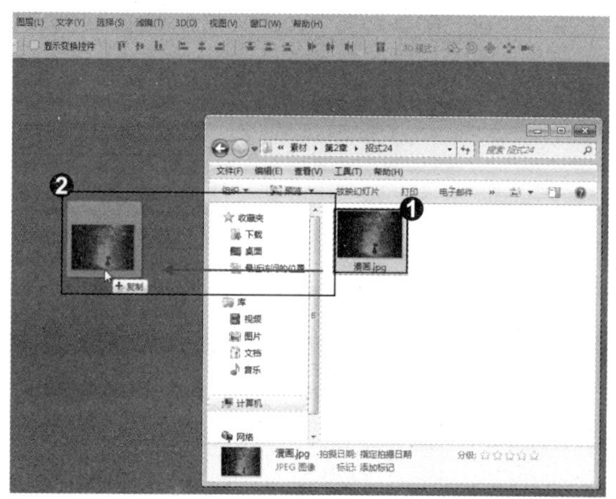

知识拓展

❶单击“文件”|“打开”命令，❷弹出“打开”对话框。❸选择一个文件（如果要选择多个文件，可以按住 Ctrl 键单击它们），单击“打开”按钮，或双击文件即可将其打开。

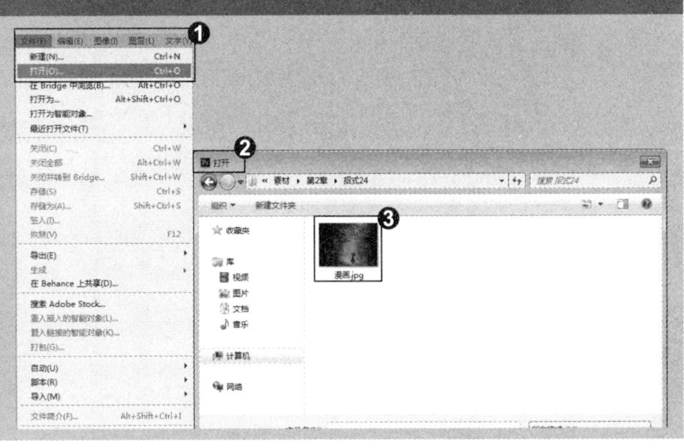

专家提示

按 Ctrl+O 快捷键，或在灰色的 Photoshop 程序窗口中双击，都可以弹出“打开”对话框。

招式 025 打开指定的图像文件

Q 为什么我在打开文件时不能找到需要的文件呢？

A 如果发生这种现象，可能有两个原因。第一个原因是 Photoshop 不支持这种文件格式；第二个原因是“文件类型”没有设置正确（前提是该计算机存在该文件）。

1. 弹出对话框

❶启动 Photoshop 软件后，单击“文件”|“打开为”命令，或按 Ctrl+Shift+Alt+O 快捷键，❷弹出“打开”对话框。

2. 打开指定的文件

❶选择文件，❷在“文件名”右侧的下拉列表中为其指定正确的格式，❸单击“打开”按钮，将其打开。如果这种方法也不能打开文件，则选取的格式可能与文件的实际格式不匹配，或者文件已损坏。

知识拓展

❶ 单击“文件”|“打开为智能对象”命令，❷ 弹出“打开”对话框，选择一个文件将其打开。❸ 该文件可以转换为智能对象（图层缩览图右下角有一个形状图标）。

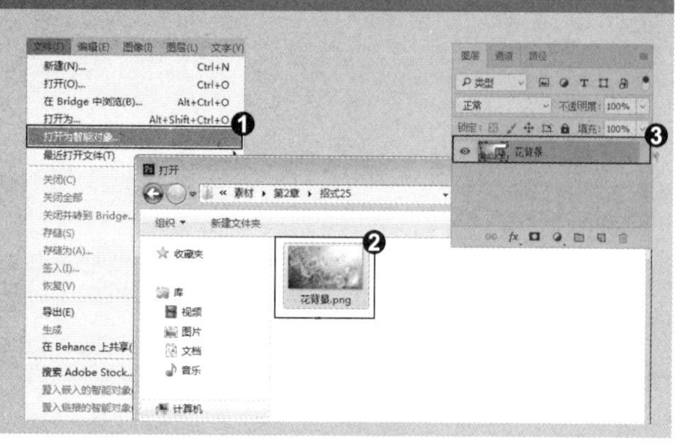

招式 026 快速打开最近编辑的图像

Q Photoshop 可以记录最近使用过的 10 个文件，为什么我的“打开”菜单命令中没有显示“最近打开文件”命令呢?

A 这是因为你是首次启动 Photoshop 或是在使用 Photoshop 的过程中单击“清除最近的文件列表”命令，导致“最近打开文件”命令不会显示。

1. 查看最近打开文件

❶ 启动 Photoshop 软件后，单击“文件”|“最近打开文件”命令，❷ 在其子菜单中保存了最近在 Photoshop 中打开的十几个文件。

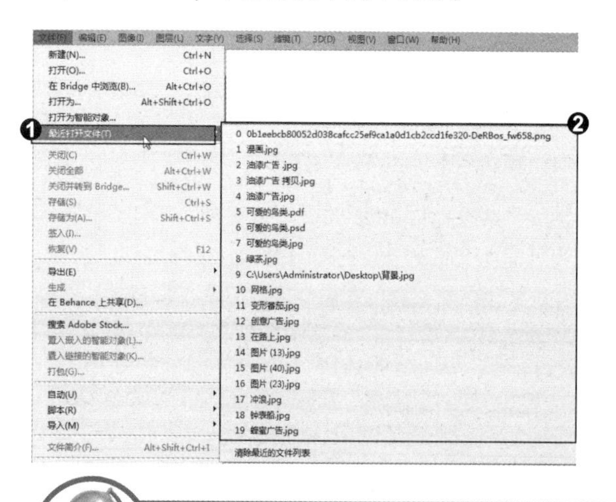

2. 清除最近打开文件

❶ 选择子菜单中的其中一个文件即可直接将其打开。❷ 选择菜单底部的“清除最近的文件列表”命令，可以清除最近打开的文件。

知识拓展

单击“文件”|“在 Bridge 中浏览”命令，可以运行 Adobe Bridge。在 Adobe Bridge 中选择一个文件，双击即可切换到 Photoshop 中并将其打开。

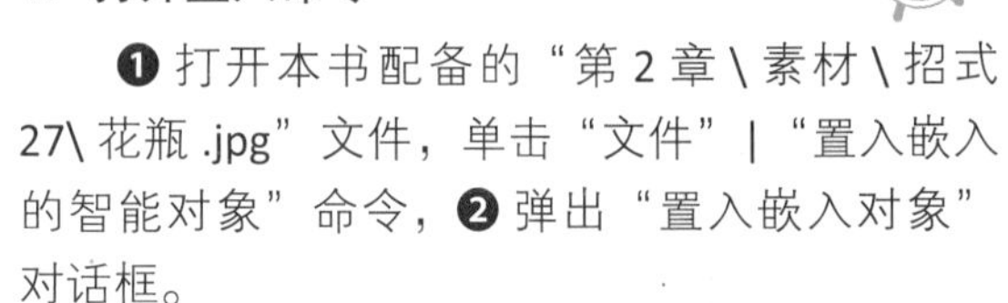

招式 027 在图像中置入文件

Q 想在 Photoshop 中置入一个文件，在“文件”菜单中怎么没有看见“置入”命令呢?

A 在新版本的 Photoshop 中，“置入”命令更改为“置入嵌入的智能对象”命令，执行这个命令一样可以将文件置入到文档中。

1. 打开置入命令

❶ 打开本书配备的“第 2 章 \ 素材 \ 招式 27\ 花瓶 .jpg”文件，单击“文件”|“置入嵌入的智能对象”命令，❷ 弹出“置入嵌入对象”对话框。

2. 选择置入的文档

❶ 选择要置入的图像文件格式，❷ 单击“置入”按钮，将其置入到花瓶文档中。❸ 将光标放在定界框内，单击并拖动鼠标移动置入图像的位置。

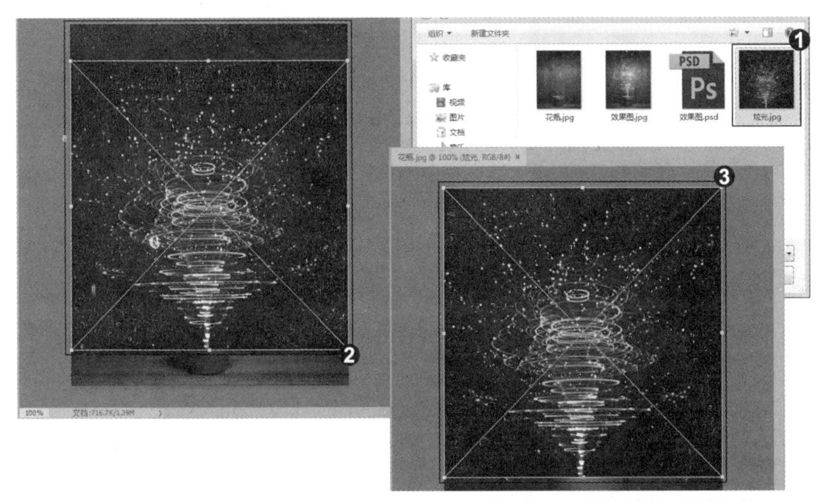

3. 添加炫光效果

❶ 按 Enter 键确认。在“图层”面板中可以看到，置入的素材被创建为智能对象，❷ 设置该图层的混合模式为“线性减淡 (添加)”，❸ 为图像添加炫光效果。

知识拓展

❶ 在“图层”面板中双击置入图像“智能对象缩览图”按钮，❷ 可以将该图像单独进行编辑。将该图像编辑完成后，❸ 单击“编辑”|“存储”命令，或按 Ctrl+S 快捷键，❹ 将更改后的图像关联到添加该素材的文档。

招式 028 为图像置入矢量图像文件

Q Photoshop 具有很强的兼容性，为图像置入矢量文件后还能对其进行编辑吗？

A 当然可以的，置入的文件可以作为智能对象进行缩放、定位、斜切、旋转或变形操作，并不会降低图像的分辨率。操作完成后可将智能对象栅格化，减少设备的负担。

1. 选择 AI 文件

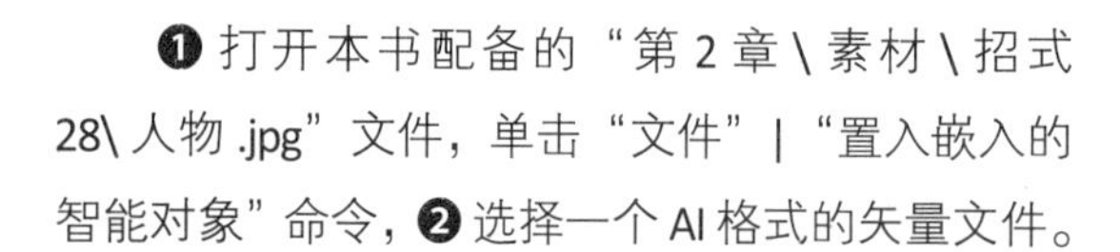

❶ 打开本书配备的“第 2 章 \ 素材 \ 招式 28\ 人物 .jpg”文件，单击“文件”|“置入嵌入的智能对象”命令，❷ 选择一个 AI 格式的矢量文件。

2. 置入矢量图像文件

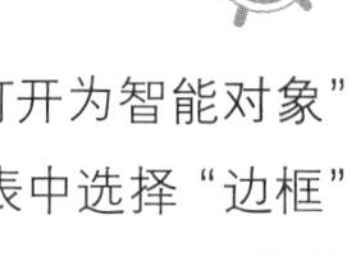

❶ 单击“置入”按钮，弹出“打开为智能对象”对话框，❷ 在“裁剪到”下拉列表中选择“边框”选项，❸ 单击“确定”按钮，将 Illustrator 文件置入人像文档中。

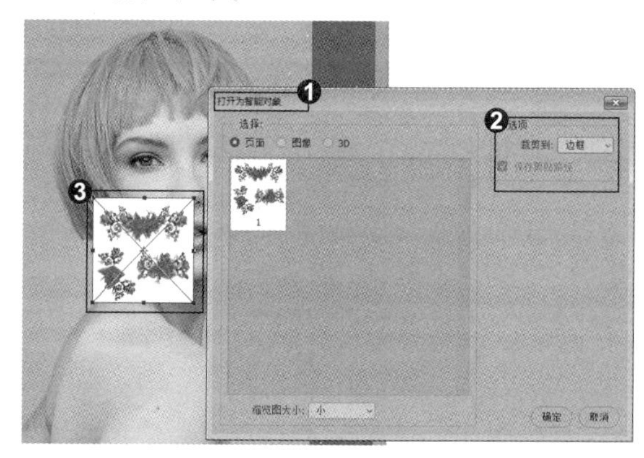

3. 等比例缩小图像

❶ 按住 Shift 键拖动定界框上的控制点对文件进行等比缩放，❷ 按 Enter 键确认，置入的 Illustrator 文件会成为一个智能对象，❸ 设置其图层混合模式为“正片叠底”。

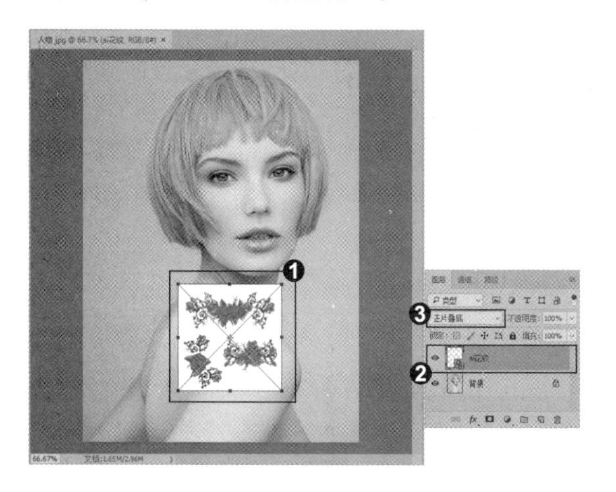

4. 抠图处理

❶ 单击“图层”|“栅格化”|“智能对象”命令，❷ 将智能图层转换为普通图层，选择工具箱中的（橡皮擦工具），擦除多余的花纹。❸ 按 Ctrl+T 快捷键显示定界框，旋转花纹。

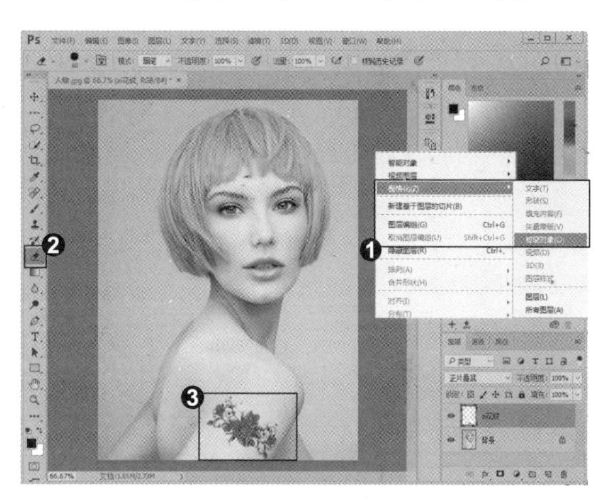

专家提示

在 Illustrator 中修改矢量文件时，Photoshop 中的矢量图形也会同步更新。

知识拓展

在“裁剪到”下拉列表中，“边框”表示可裁剪到包含页面所有文本和图形的最小矩形区域；“媒体框”表示裁剪到页面的原始大小；“裁剪框”表示裁剪到 PDF 文件的剪切区域；“出血框”表示裁剪到 PDF 文件中指定的区域；“裁切框”表示裁剪到为得到预期的最终页面尺寸而指定的区域；“作品框”表示裁剪到 PDF 文件中指定的区域。

招式 029 统一更改链接对象

Q 在制作广告时，会将不同颜色的效果图都进行保存，再拿给客人对比。如果是更改了其中的文件，还要一个文档一个文档地更改，很是浪费时间，有没有快捷的方法呢？

A 将这些效果图重新置入链接的智能对象，再打开源文件，对源文件进行更改，保存后可以将这些效果图全都进行更改。

1. 置入链接的智能对象

❶ 启动 Photoshop 软件后，按 Ctrl+N 快捷键新建一个文档。❷ 单击“文件” | “置入链接的智能对象”命令，❸ 在弹出的对话框中选择要置入的文件。

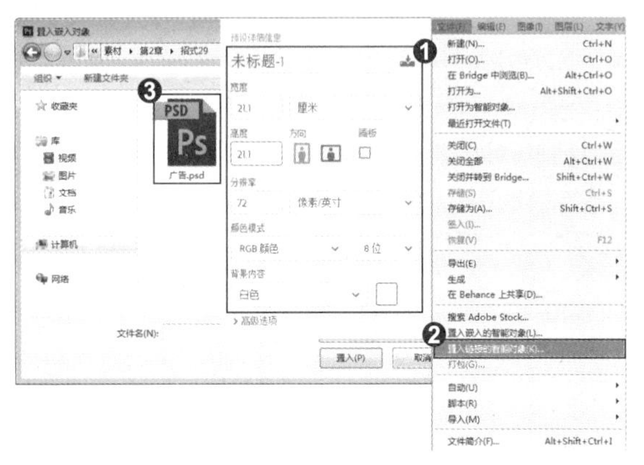

2. 更改链接的内容

❶ 单击“置入”按钮，置入文件。此时图层缩览图右下角会显示一个链接的图标。❷ 在素材路径中找到该素材，单击鼠标右键打开素材。❸ 调整文字的位置。

3. 更新当前文档

❶ 按 Ctrl+W 快捷键保存图片，由于当前文档处于打开状态，在修改智能对象后，会自动同步更新到当前文档中。❷ 多建几个新文档，并置入相同的链接智能对象。❸ 在弹出的对话框中选择要置入的文件。

4. 同时修改多个文档

❶ 按 Ctrl+O 快捷键，打开“广告.psd”文件，更改字体的颜色。❷ 按 Ctrl+W 快捷键关闭文档，此时看到打开的置入链接智能对象的文档的字体全都更新了颜色。

专家提示

链接智能对象可以拥有多个文档中同时使用相同的内容，方便以后随时更改，这样所有链接这个智能对象的文档只要更新一下就能使用相同的内容。

知识拓展

当打开一个图像文件并对其进行编辑之后，可以单击“文件”|“存储”命令，或按 Ctrl+S 快捷键，保存所做的修改，图像会按照原来的格式存储。如果这是一个新建的文件，则单击该命令时会弹出“存储为”对话框。

招式 030 快速创建新建画板

Q 什么是画板，画板有什么作用，有没有快速创建画板的方法?

A 画板这个功能是专门为 UI 和多尺寸图片设计者提供的，它灵活而多变。

1. 新建画板

❶启动 Photoshop 软件后，单击“文件”|“新建”命令，或按 Ctrl+N 快捷键，弹出“新建文档”对话框，❷在右侧参数栏中设置参数，❸并勾选“画板”复选框。

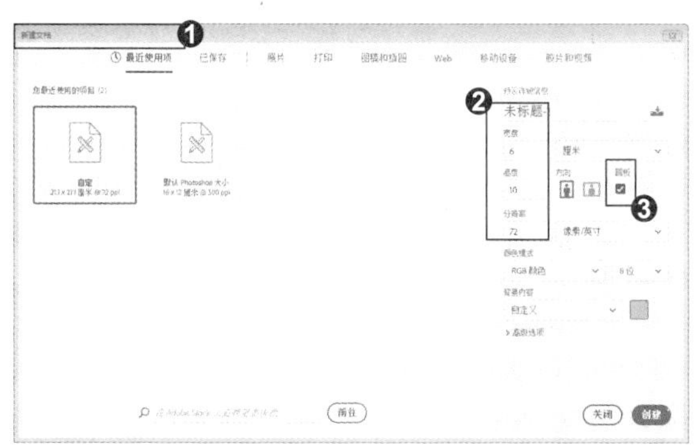

2. 复制画板

❶单击“创建”按钮，即可创建画板。❷在定界框 4 个控制点上单击，此时选中的画板上下左右会出现“+”，❸单击右侧的“+”，可以在画板的右侧新建一个画板。

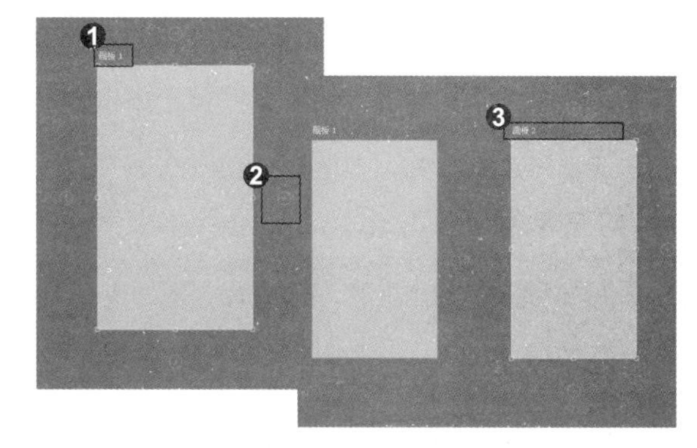

3. 关联画板

❶选择“画板 1”，将参考线从标尺拖动到画布上。❷按住 Alt 键单击“画板 1”左侧的“+”，复制新的画板，此时参考线也会随着画板复制关联。

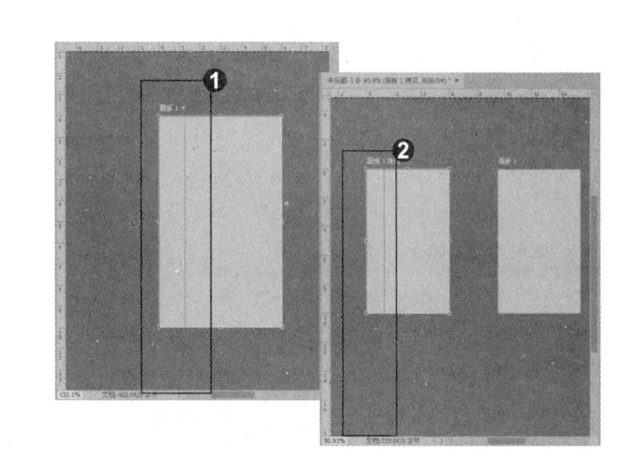

知识拓展

❶ 如果有一个含多个绘图板的复杂文档，需要一种方式在多个绘图板之间进行快速跳转。❷ 在“图层”面板中，通过移动工具单击想导航到的图层，❸Photoshop 就会滚动到相应的画板。

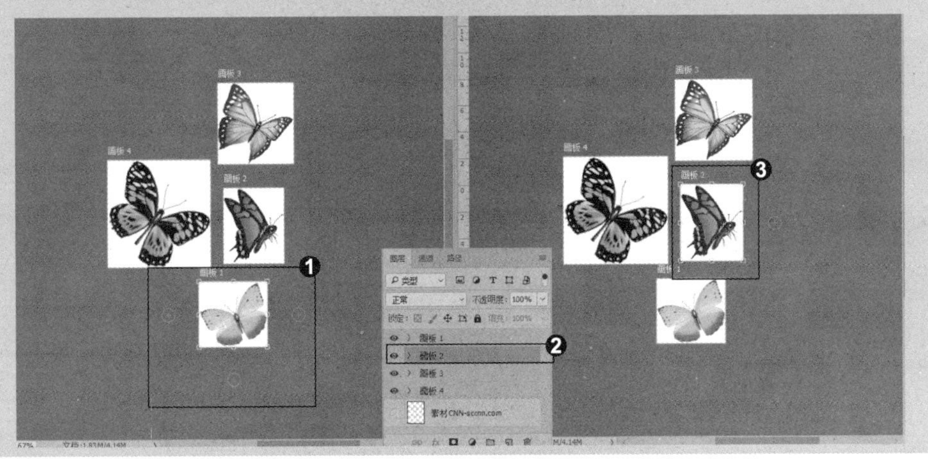

招式031 巧用画板工具新建画板

Q 画板除了使用“新建文档”命令建立外，还有没有其他的操作方法呢?

A 可以在工具箱中选择“画板工具”，拖曳出选框新建画板，并能随时更改画板的尺寸和颜色。

1. 打开素材图像

❶ 打开本书配备的“第 2 章 \ 素材 \ 招式31\ 青葱校园 .jpg”文件。❷ 选择工具箱中的 (画板工具)。

2. 拖曳新建画板

❶ 在文档上拖曳出选框，选定在画板上显示的素材，❷ 释放鼠标，系统按照选取的范围自动生成了画板。

3. 重新设置画板范围

❶ 将光标放置在定界框四周的任一角，拖动定界框，❷ 可以重新设置画板的范围。❸ 单击“窗口”|“属性”命令，打开“属性”面板。

4. 更改画板颜色

❶ 在“将画板设置为预设”下拉列表中可以设置画板的大小；在“画板背景颜色”下拉列表中设置画板的颜色。❷ 此时，画板的尺寸与颜色都进行了更改。

知识拓展

❶ 单击“图层”|“重命名画板”命令，❷ 对“画板 1”重新命名，❸ 也可在“图层”面板中双击“画板 1”图层，对“画板 1”重新命名。

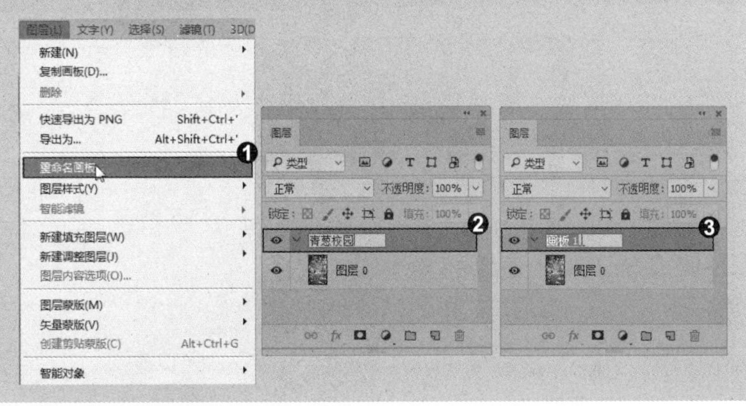

招式 032 快捷方式创建画板

Q 新建画板，我知道除了使用命令与工具外，还可以通过快捷方式创建画板，用这个方法新建画板有什么注意事项吗?

A 使用快捷方式创建画板必须要将背景图层转换为普通图层才可以。

1. 转换为普通图层

❶ 打开本书配备的“第 2 章\素材\招式32\人物.jpg”文件。❷ 在“图层”面板中双击背景图层，弹出“新建图层”对话框，❸ 单击“确定”按钮，将背景图层转换为普通图层。

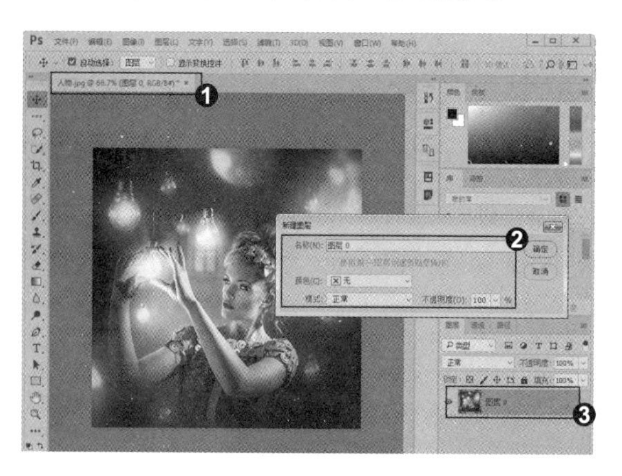

2. 创建新画板

❶ 在图层缩览图上右击，在弹出的快捷菜单中选择“来自图层的画板”命令，❷ 弹出“从图层新建画板”对话框，❸ 单击“确定”按钮，将图层转换为画板。

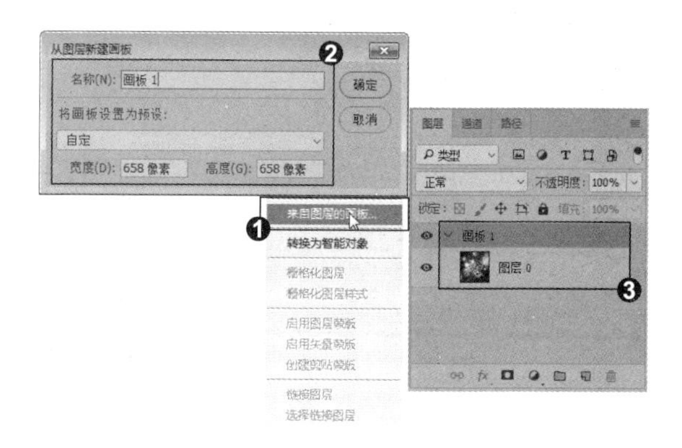

知识拓展

除了可以在已有的图层上绘制画板，也可在图层组上绘制画板，❶ 只需要在图层组缩览图上右击，在弹出的快捷菜单中选择“来自图层组的画板”命令，❷ 即可在图层组上绘制画板。

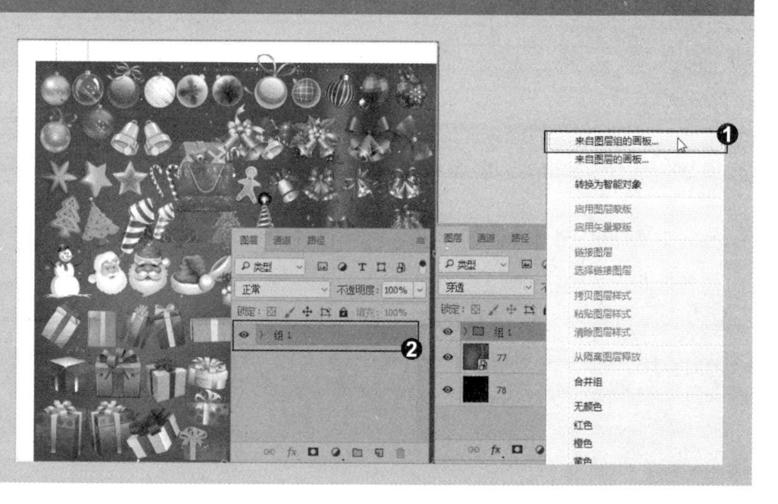

招式 033 快速将文件导出为 PNG 格式

Q 在保存文件时，为什么用 PNG 格式可以保存具有透明底的素材文件呢？

A 由于 PNG 格式可以实现无损压缩，并且背景部分是透明的，因此常用来存储背景透明的素材。

1. 打开素材图像

❶ 打开本书配备的“第 2 章 \ 素材 \ 招式 33\ 宣传海报 .psd”文件，在“图层”面板中找到文字图层。❷ 单击“文件”|“导出”|“快速导出为 PNG”命令。

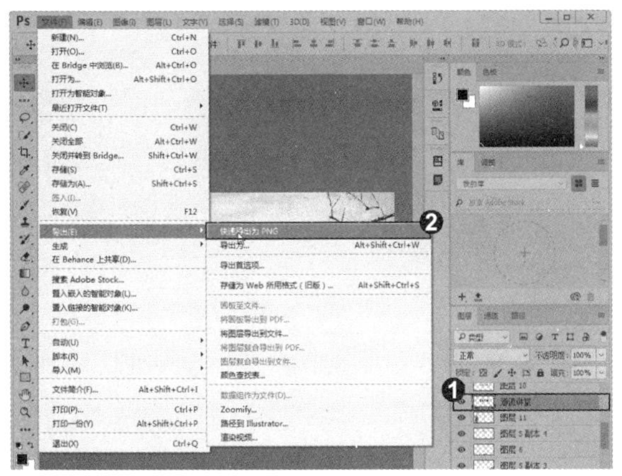

2. 保存 PNG 格式文件

❶ 在弹出的对话框中保存文件。❷ 将保存的 PNG 文件拖动到 Photoshop 中，发现是将整个图片保存为 PNG 格式，和我们想要的素材透明底模式不符合。

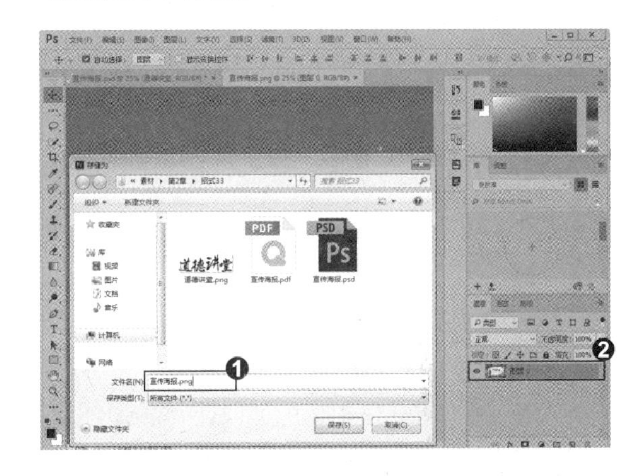

3. 快捷方式导出 PNG 格式

❶ 再次在“图层”面板中选中文字图层，❷ 右击，在弹出的快捷菜单中选择“快速导出为 PNG”命令，选择存储位置。❸ 将存储好的文件拖动到 Photoshop 中，此时保存的图像是带有透明底的 PNG 格式素材。

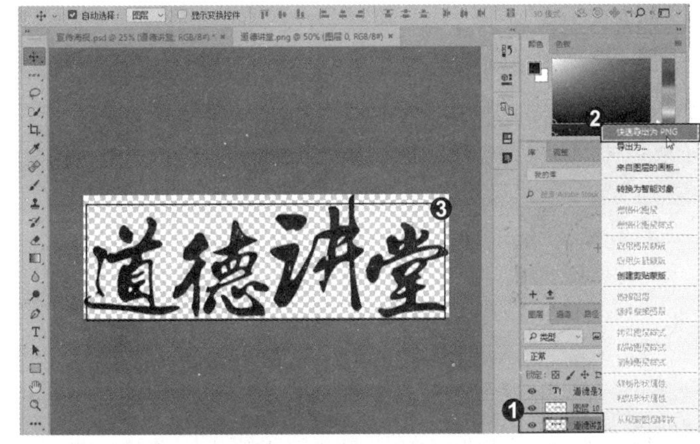

知识拓展

除了可以将图层保存为 PNG 格式外，还可以将画板保存为 PDF 格式文件。❶ 选择任意一个图层，右击，在弹出的快捷菜单中选择“来自图层的画板”命令，将图层转换为绘画画板。❷ 单击“文件”|“导出”|“将画板导出到 PDF...”命令，❸ 弹出“将画板导出到 PDF”对话框，设置存储位置，单击“运行”按钮保存文件。❹ 找到文件的存储路径，此时保存的文件格式为 PDF。

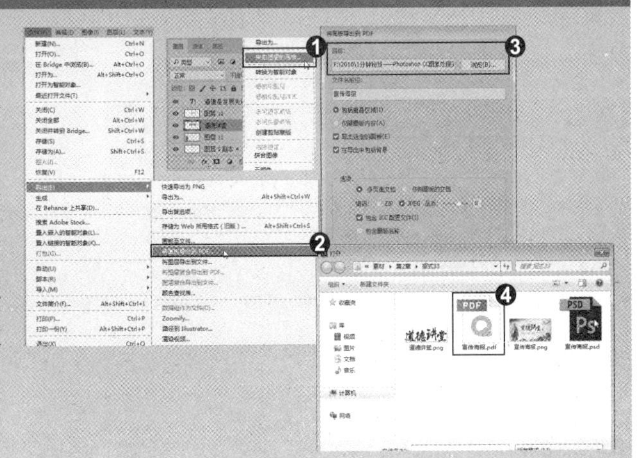

招式 034 图层复合展示图像

Q “图层复合”这个词非常陌生，它是什么意思？又有什么样的用法呢？

A 图层复合是“图层”面板状态的快照，它记录了当前文档中图层的可见性、位置和外光（包括图层的不透明度、混合模式以及图层样式等），通过图层复合可以快速地在文档中切换不同版面的显示状态。比较适合展示多种设计方案。

1. 打开素材图像

❶ 打开本书配备的“第 2 章 \ 素材 \ 招式 34\ 贺新年 .psd”文件。❷ 单击“窗口”|“图层复合”命令，❸ 打开“图层复合”面板。

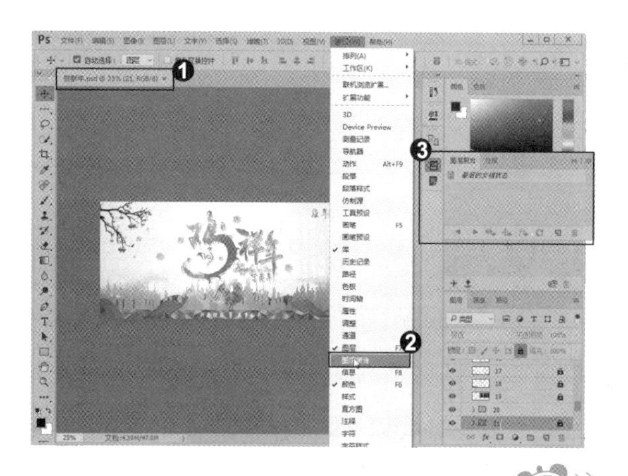

2. 打开“图层复合”面板

❶ 单击“图层复合”面板中的“创建新的图层复合”按钮，❷ 弹出“新建图层复合”对话框，❸ 设置图层复合的名称为“方案 1”，并勾选“可见性”复选框。

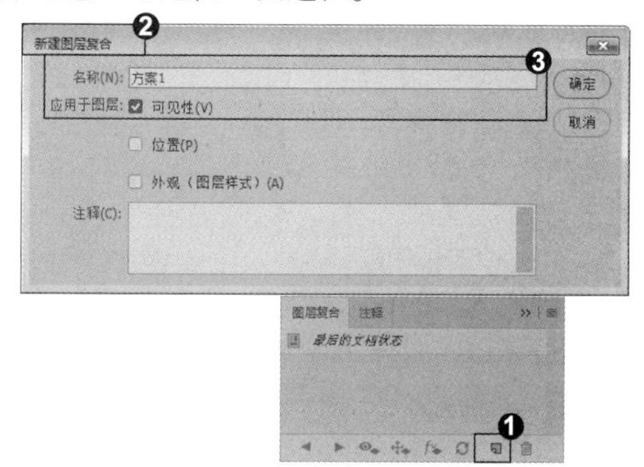

3. 更改字体颜色

❶ 单击“确定”按钮，创建一个图层复合，此复合记录了“图层”面板中图层的当前显示状态。❷ 选择“图层 14”图层，按 Delete 键删除该图层，创建“色相 / 饱和度”调整图层，❸ 调整参数，按 Ctrl+Alt+G 快捷键创建剪贴蒙版，更改字体颜色。

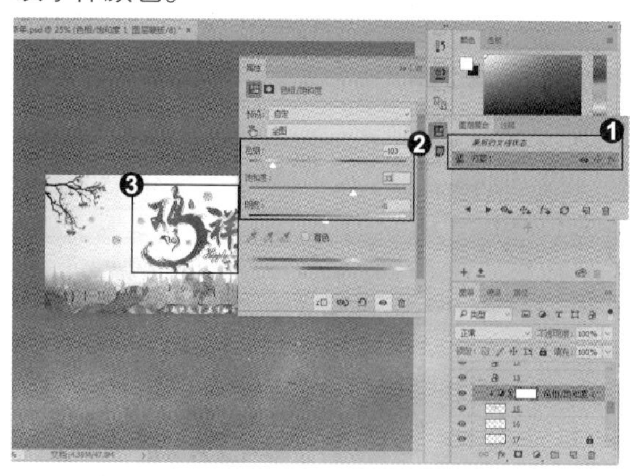

4. 循环切换图像

❶ 单击“图层复合”面板中的“创建新的图层复合”按钮，再创建一个图层复合，设置名称为“方案 2”。展示方案时，可以在“方案 1”与“方案 2”的名称前单击，显示出应用图层复合图标，图像窗口中便会显示此图层复合记录的快照，❷ 也可以单击◂和▸按钮进行循环切换。

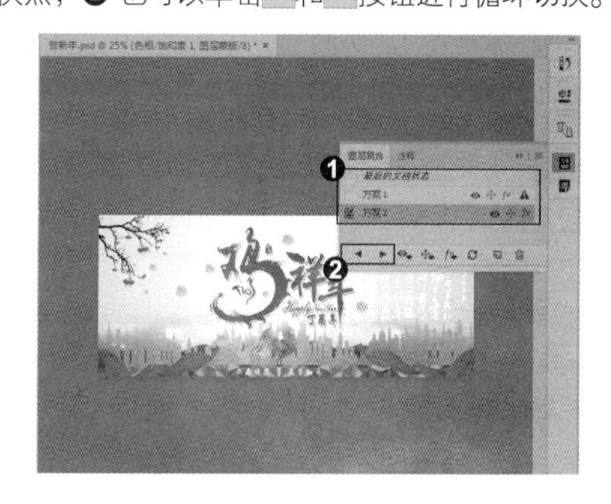

专家提示

在“新建图层复合”对话框中，“名称”用来设置图层复合的名称；“可见性”用来确定记录图层时显示或是隐藏；“位置”记录图层的位置；“外观”记录是否将图层样式应用于图层和图层的混合模式；“注释”可以添加说明性注释。

知识拓展

❶ 如果在“图层复合”面板后出现 ▲ 标志，说明该图层复合不能完全恢复。不能完全恢复的操作包含合并图层、删除图层、转换图层色彩模式等。

如果要清除感叹号警告标志，可以单击该标志，❷ 然后在弹出的提示框中单击“清除”按钮，❸ 也可以在标志上右击，在弹出的快捷菜单中选择“清除图层复合警告”命令或“清除所有图层复合警告”命令。

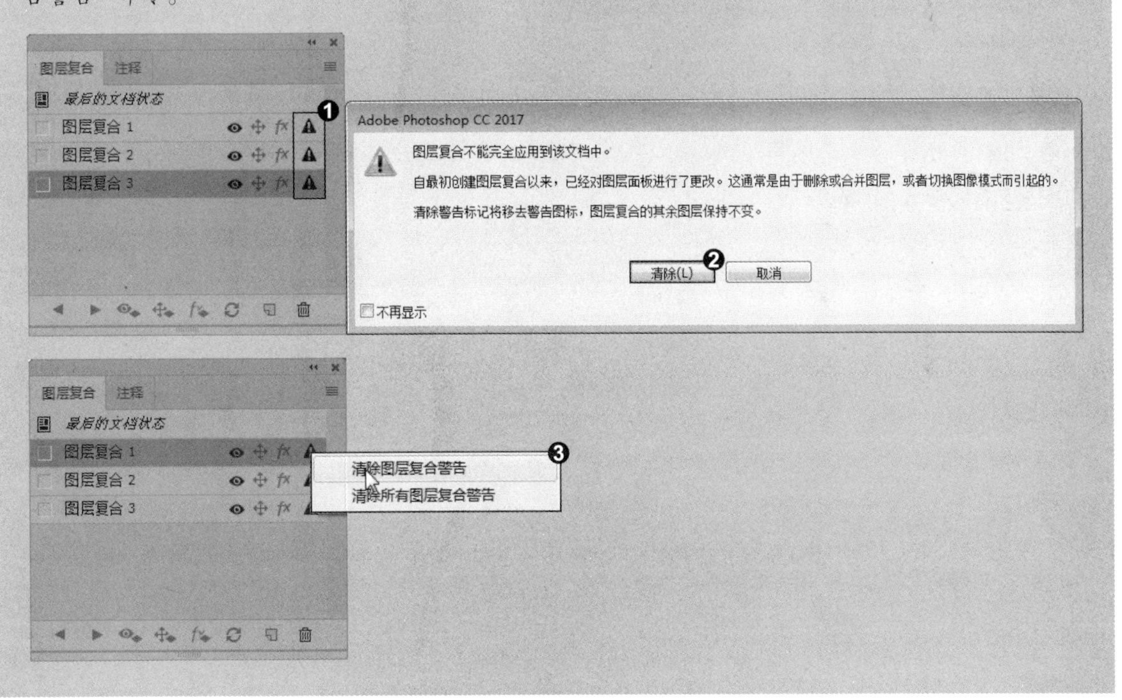

招式 035　调整画布的旋转方向

Q 平时出去玩会拍一些照片回来，在整理照片时有些照片的方向不对，怎么进行调整呢?

A 如果是整张图片可单击“图像旋转”命令进行调整；若图像上还有单个的图层，需要用“自由变换”命令来旋转图层才可以。

1. 垂直翻转图像

❶ 打开本书配备的“第 2 章\素材\招式 35\插画.jpg”文件。❷ 单击“图像”|“图像旋转”|“垂直翻转画布”命令，❸ 可以垂直翻转整个图像。

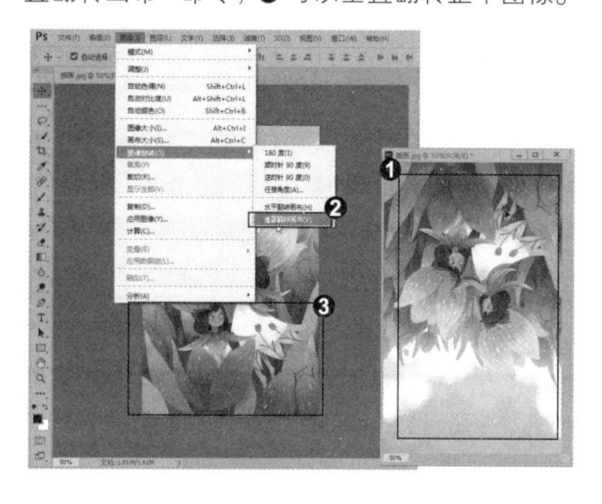

2. 水平翻转素材

❶ 按 Ctrl+O 快捷键打开素材，添加到编辑的文档窗口中，❷ 单击“图像”|“图像旋转”|“水平翻转画布”命令，❸ 此时翻转的是整个图像而不是单个素材。

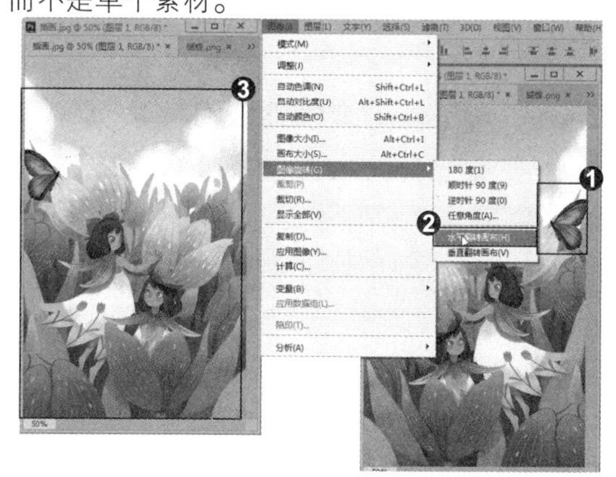

3. 自由变换图像

❶ 如果需要旋转单个图层中的图像，需要单击“编辑”|“自由变换”命令或按 Ctrl+T 快捷键，❷ 显示定界框，❸ 将光标放在定界框内，右击，弹出快捷菜单，选择某个命令即可旋转单个图层中的素材。

知识拓展

❶ 单击“图像”|“图像旋转”|“任意角度”命令，❷ 弹出“旋转画布”对话框，❸ 输入画布的旋转角度，❹ 可以按照设定的角度和方向精确旋转画布。

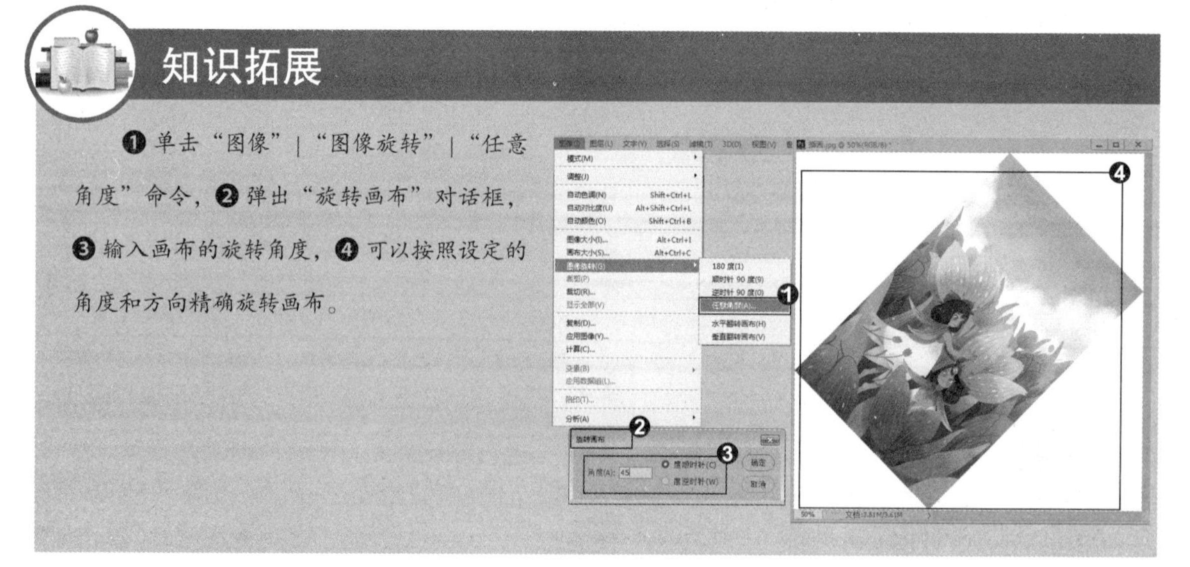

招式 036 随意调整图像的大小

Q “图像大小”命令可以随意放大或缩小图像，“缩放工具”也可以放大或缩小图像，二者有什么区别?

A 当使用“缩放工具”缩放图像时，改变的是图像在屏幕中的显示比例，也就是说，无论怎么放大或缩小图像的显示比例，图像本身的大小和质量并不会发生改变。当调整图像的大小时，改变的是图像的像素大小和分辨率等，因此图像的大小和质量都有可能发生变化。

1. 打开素材图像

❶ 打开本书配备的“第 2 章 \ 素材 \ 招式 36\ 数码艺术 .jpg”文件。❷ 单击“图像” | “图像大小”命令，❸ 弹出“图像大小”对话框。

2. 更改尺寸参数

❶ 单击“尺寸”选项后的“选择尺寸显示单位”按钮，弹出下拉菜单，可以设置该文件的显示尺寸。❷ 在“宽度”文本框中更改尺寸参数，“高度”文本框随之改变。❸ 新文件的大小会出现在对话框的顶部，旧的文件大小在括号内显示。

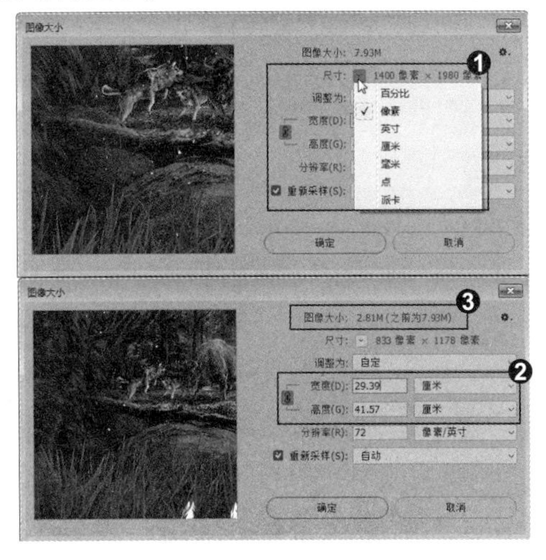

3. 保留图像细节

❶ 重设宽度和高度值，❷ 在“重新采样”下拉列表中选择“保留细节 (扩大)”选项，❸ 拖动“减少杂色”滑块上的百分比，此时查看到预览图放大后，图像仍旧保留细节。

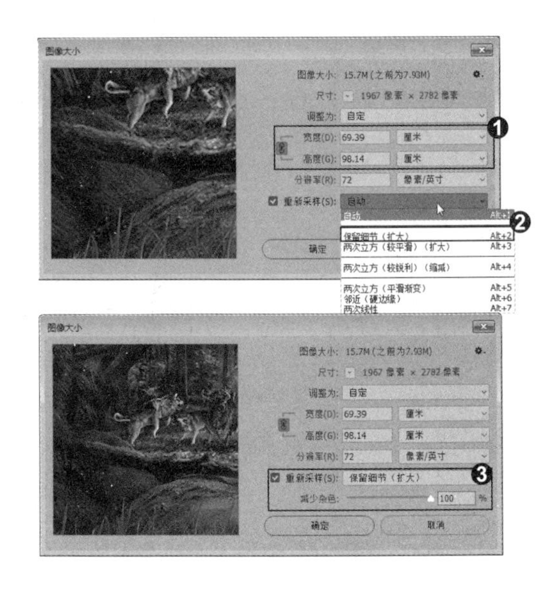

4. 取消勾选复选框

❶ 取消勾选“重新采样”复选框。❷ 修改图像的宽度或高度，减少宽度和高度时，会自动增加分辨率。❸ 增加宽度和高度时就会自动减少分辨率，但图像的视觉大小看起来不会有任何变化，画质也没有变化。

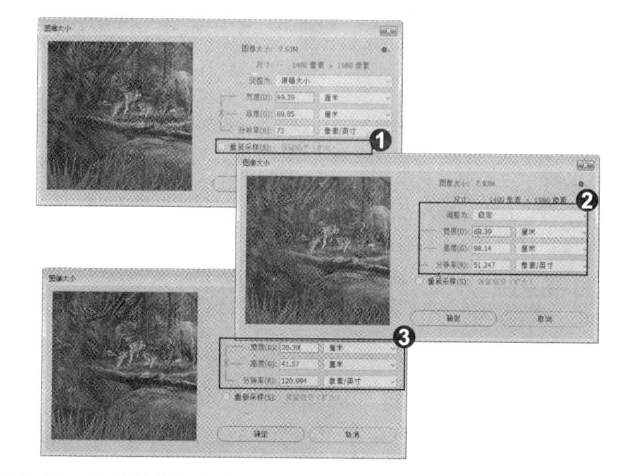

知识拓展

打开“图像大小”对话框后，❶ 将鼠标放在图像预览窗口上，光标变为抓手形状，单击并拖动鼠标可以查看图像任意位置。❷ 单击图像预览窗口上的“缩小”“放大”按钮可以缩小或放大图像。❸ 将鼠标放在图像上，当光标变为□形状时，随意在图像任意位置上单击，即可在“图像大小”预览窗口查看该位置的图像。

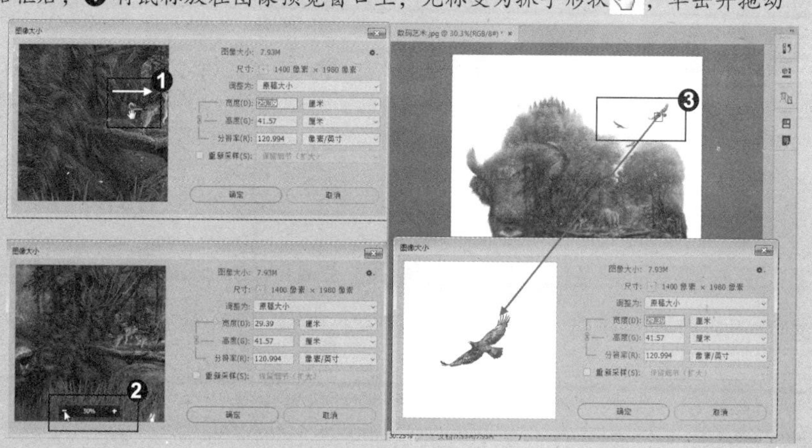

专家提示

分辨率高的图像包含更多的细节。不过，如果一个图像的分辨率较低、细节模糊，我们即使提高它的分辨率也不会使其变得清晰。这是因为，Photoshop只能在原始数据的基础上进行调整，无法生成新的原始数据。

招式 037 指定参数修改画布大小

Q 在“画布大小”对话框中可以对画布的宽度、高度、定位和扩展背景颜色进行调整，画布大小增大后，增大的部分是使用选定的颜色填充的画布，那会对其原始图像大小有影响吗？

A 画布大小和图像大小有着本质的区别。画布大小是指定工作区域的大小，它包含图像和空白区域；图像大小是指图像像素的大小，所以更改画布大小后，不会对原始图像的大小有影响。

1. 打开素材图像

❶ 打开本书配备的“第 2 章\素材\招式 37\双重曝光.jpg”文件。❷ 单击“图像”|“画布大小”命令，或按 Ctrl+Alt+C 快捷键，❸ 弹出“画布大小”对话框。

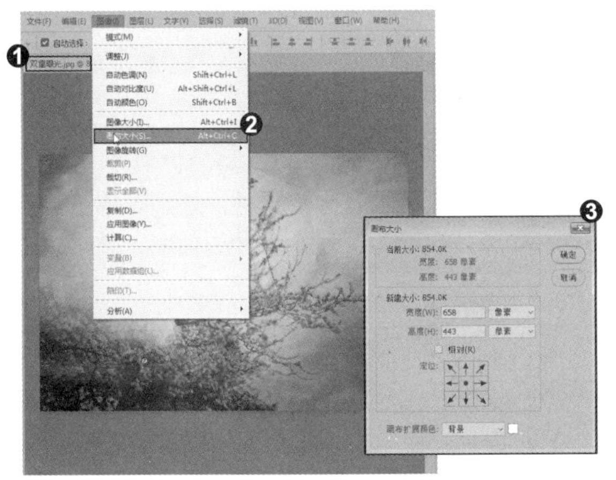

2. 扩展画布

❶ 在“像素”下拉列表中选择合适的尺寸单位。❷ 分别将画布的“宽度”与“高度”多增加一个厘米。❸ 更改扩展的画布背景颜色。

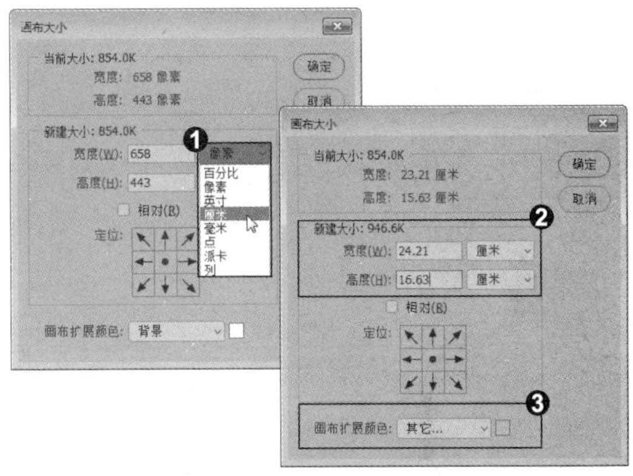

3. 扩展画布后图像效果

单击“确定”按钮，可以查看扩展画布后的图像效果。

知识拓展

打开“画布大小”对话框后，❶ 勾选“相对”复选框后，宽度与高度变为 0 像素，❷ 此时在“宽度”与“高度”文本框中输入 28 像素，❸ 单击“确定”按钮会自动地在画布周围进行扩大。取消勾选“相对”复选框后，恢复到默认值。❹ 在“定位”上单击不同的方格，可以指示当前图像在新画布上的位置。

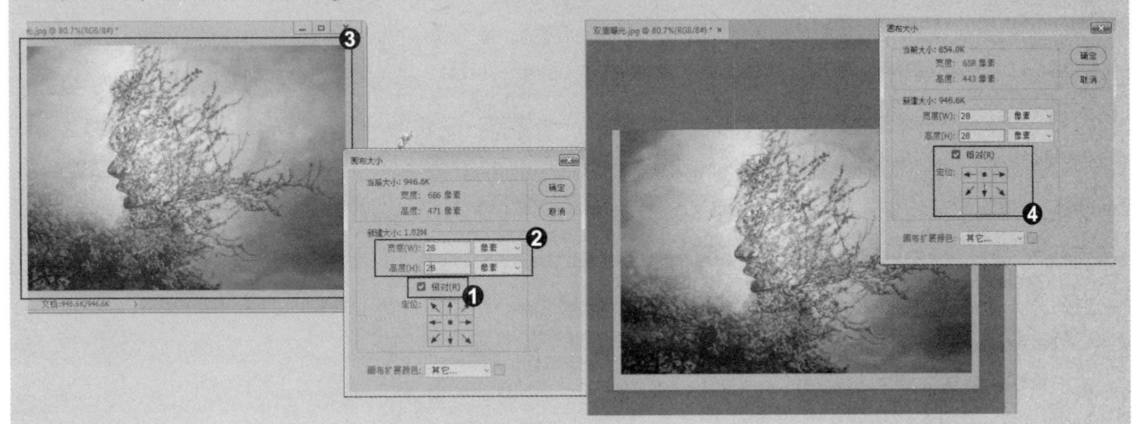

招式 038 为计算机设置个性桌面

Q 在互联网上下载的素材，想作为计算机桌面使用，经常会出现一些与屏幕不符的情况，比如拉伸、扭曲等，Photoshop 能解决这个问题吗?

A 这很简单，只需要按照计算机屏幕的实际尺寸创建文档就可以了。

1. 打开“显示”面板

❶ 在计算机桌面上右击，弹出快捷菜单，选择“个性化”命令，❷ 打开对话框，选择左侧的“显示”选项，❸ 打开“显示”面板。

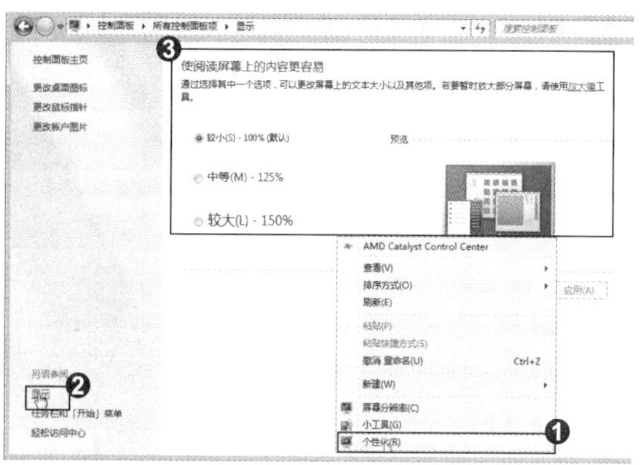

2. 查看计算机分辨率

❶ 在“显示”面板中选择“调整分辨率”选项，❷ 查看计算机的屏幕像素尺寸。

3. 创建与电脑分辨率相同的文档

❶ 启动 Photoshop 软件后，按 Ctrl+N 快捷键，弹出“新建”对话框。❷ 在“宽度”和“高度”选项内输入屏幕像素尺寸。❸ 单击“创建”按钮新建文档。将要设置的桌面照片打开，使用工具箱中的 ✥（移动工具）将其拖入到新建的文档中。

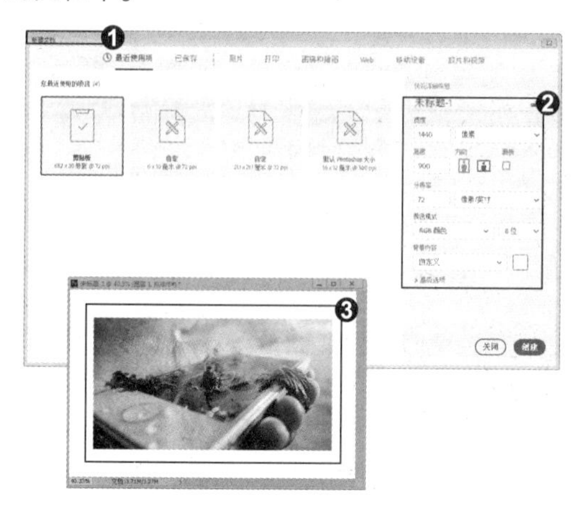

4. 保存文档

❶ 按 Ctrl+T 快捷键显示定界框，按住 Shift 键拖动控制点调整照片大小，按 Enter 键确认操作。❷ 按 Ctrl+E 快捷键合并图层，按 Ctrl+S 快捷键将文件保存为 JPEG 格式。❸ 在计算机中找到保存的照片，右击，在弹出的快捷菜单中选择“设置为桌面背景”命令。

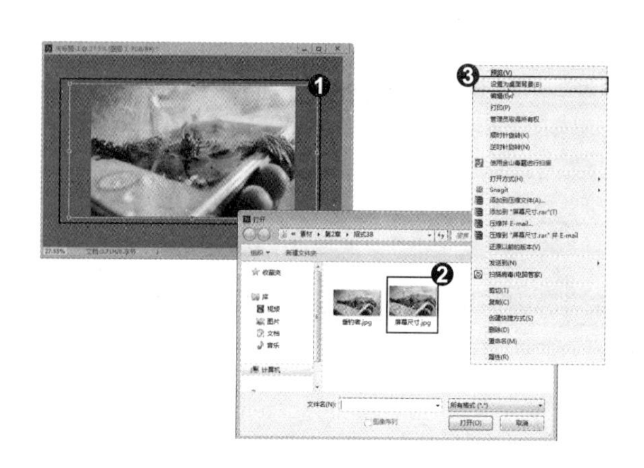

5. 为计算机设计个性桌面

由于是按照计算机屏幕的实际尺寸创建的桌面文档，因此，图像与屏幕完全契合，不会出现拉伸和扭曲。

知识拓展

PSD 是最重要的文件格式，它可以保留文档的图层、蒙版、通道等所有内容，我们编辑图像之后，尽量保存为该格式，以便以后可以随时更改。此外，矢量软件 Illustrator 和排版软件 InDesign 也支持 PSD 文件，这意味着一个透明背景的文档置入到这个程序之后，背景仍然是透明度；JPEG 格式是众多数码相机默认的格式，如果要将照片或图像文件打印输出，或是通过 e-mail 传送，应采用该格式保存；如果图像用于 Web，可以选择 JPEG 或者 GIF 格式；如果要为那些没有 Photohsop 的人选择一种可以阅读的格式，不放使用 PDF 格式保存文件。借助免费的 Adobe Reader 软件即可显示图像，还可以向文件中添加注释。

招式 039 还原图像的操作步骤

Q 在处理图像时，如果出现了步骤错误或是效果不理想，要如何还原图像的操作步骤呢?

A 在“历史记录”面板中会记录下默认的 20 步操作过程，如果图像处理过程超过了这个限定数量，可以通过参加快照来还原图像的操作步骤。

1. 执行滤镜命令

❶ 打开本书配备的“第 2 章 \ 素材 \ 招式 39\ 静物 .jpg”文件。❷ 单击“窗口”|“历史记录”命令，打开“历史记录”面板。❸ 单击“滤镜”|“滤镜库”命令。

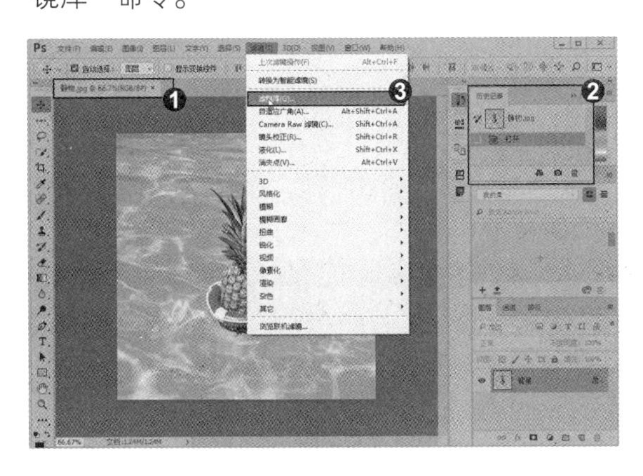

2. 调整曲线参数

❶ 在弹出的对话框中选择“粗糙画笔”滤镜并设置参数，单击“确定”按钮关闭对话框。❷ 按 Ctrl+M 快捷键，弹出“曲线”对话框，在“预设”下拉列表中选择“反冲”选项。

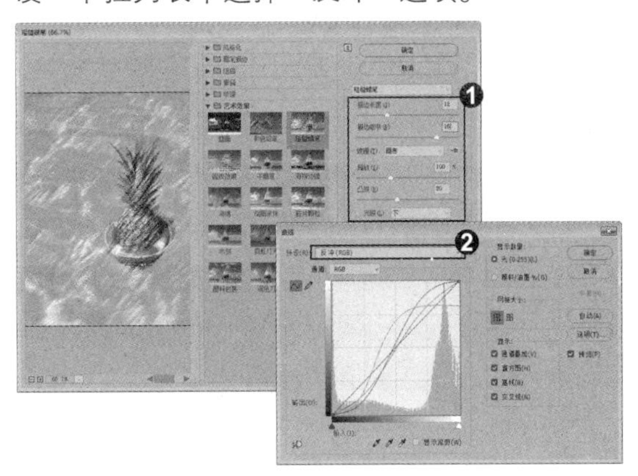

3. 还原图像的操作步骤

❶ 单击"确定"按钮创建反冲效果。❷ 在"历史记录"面板中单击"滤镜库"，即可将图像恢复到该步骤时的编辑状态。

4. 创建快照

❶ 单击文件名时，图像的初始状态会自动登录到快照区，单击可以撤销所有操作，即使中途保存过的文件，也能将其恢复到最初的打开状态。❷ 如果要恢复所有被撤销的操作，可单击最后一步操作。

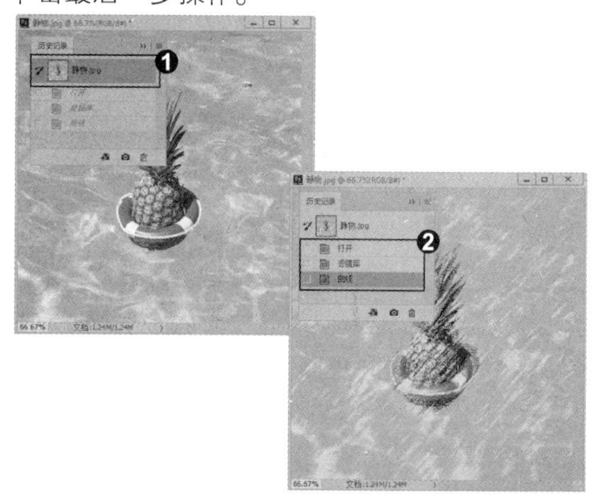

知识拓展

"历史记录"面板只能保存20步操作，而我们使用画笔、涂抹等绘画工具时，每单击一下鼠标都会记录为一个操作步骤，面板中记录的全是画笔单击状态，进行还原时很难找到需要还原的操作步骤。在这种情况下，❶ 单击"编辑" | "首选项" | "性能"命令，❷ 弹出"首选项"对话框，❸ 在"历史记录状态"文本框中增加历史记录的保存数量，但该方法存在问题，因为历史步骤数量越多，占用内存就越多，影响Photoshop的运行速率。

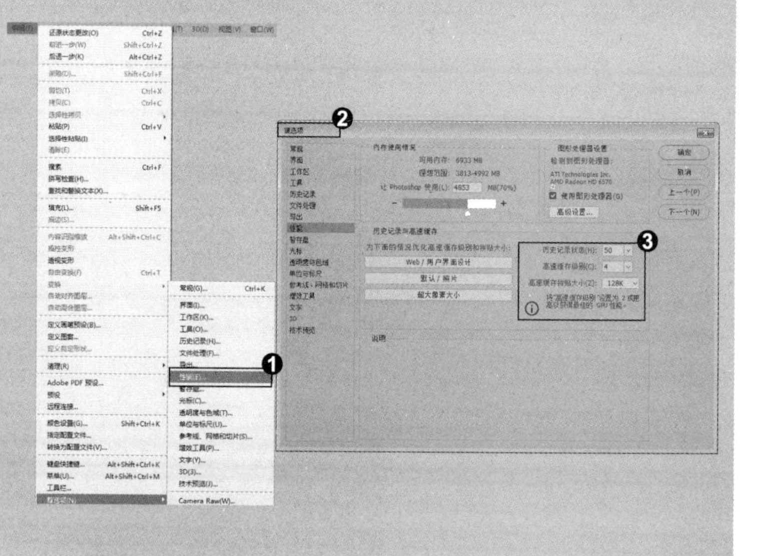

专家提示

在 Photoshop 中对面板、颜色设置、动作和首选项做出的修改不是对某个特定图像的更改；因此，不会记录在"历史记录"面板中。

招式 040 选择性恢复图像

Q 当知道还原图像的操作步骤后，假如只想还原图像的一部分，该如何操作呢?

A 如果只想还原一部分图像，可以使用历史记录画笔工具将还原图像的区域擦除出来。

1. 生成径向模糊效果

❶ 打开本书配备的“第 2 章 \ 素材 \ 招式 40\ 创意合成 .jpg”文件。❷ 单击“滤镜”|“模糊”|“径向模糊”命令，弹出“径向模糊”对话框，❸ 在该对话框中设置参数。

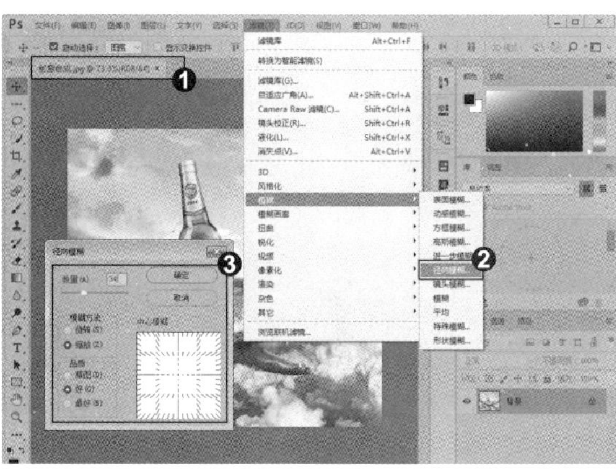

2. 设置历史记录画笔工具参数

❶ 单击“确定”按钮创建径向模糊效果。❷ 选择工具箱中的 （历史记录画笔工具），❸ 在工具选项栏中设置画笔硬度为 0%、“不透明度”为 50%。

3. 调整画笔大小

❶ 在“历史记录”面板中设置恢复的状态为“打开”状态，❷ 移动光标至图像窗口，按“[”和“]”键调整合适的画笔大小，单击鼠标并拖动，进行涂抹，使其恢复到原来的清晰效果。

专家提示

如果要修改快照的名称，可双击它的名称，在显示的文本框中输入新名称即可。

专家提示

快照不会与文档一起存储，因此，关闭文档以后就会删除所有快照。

知识拓展

除了在“首选项”对话框中设置历史记录步骤外，还可以建立快照还原图像。❶ 绘制完重要的效果以后，单击“历史记录”面板中的“创建新快照”按钮，将画面的当前状态保存为一个快照；❷ 以后不论绘制多少步，即使面板中心的步骤已经将其覆盖了，都可以通过单击快照将图像恢复为快照所记录的效果。

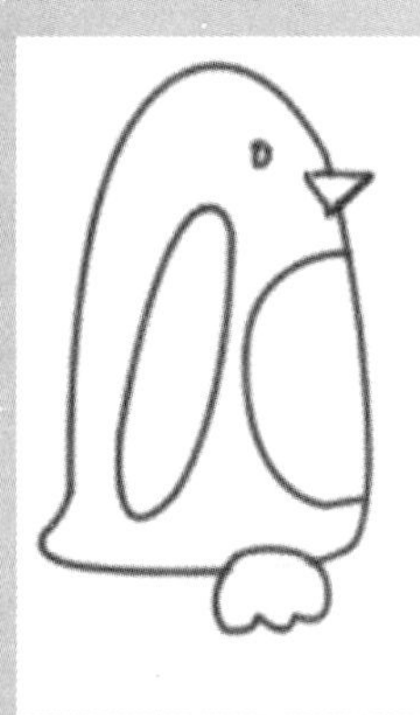

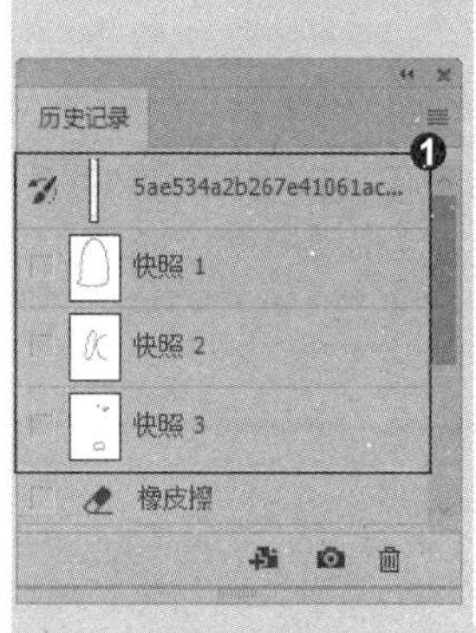

招式 041 创建非线性历史记录

Q “非线性历史记录”这个名词非常陌生，它是什么意思呢？又是如何使用的呢？

A 我们在使用“历史记录”面板中的一个操作步骤来还原图像时，该步骤以下的操作全部变暗。而“非线性历史记录”允许在更改选择的状态时保留后面的操作。

1. 显示“历史记录”面板

❶ 打开本书配备的“第2章\素材\招式41\爱的隧道.jpg”文件。❷ 对图像进行一系列处理，制作出效果图，❸ 显示“历史记录”面板。

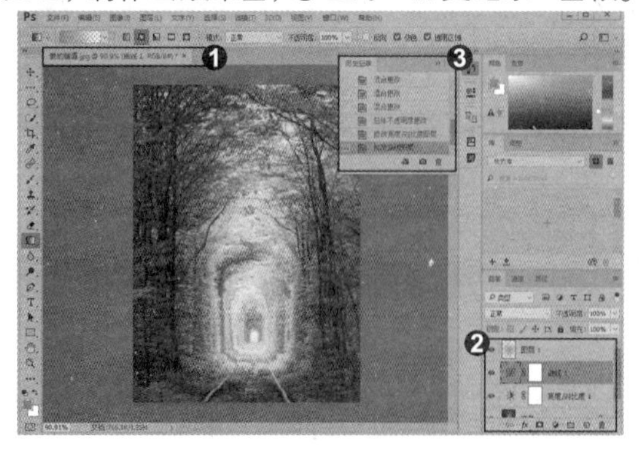

2. 操作图像步骤

❶ 在“历史记录”面板中单击任意一步骤，该步骤一下的操作全部变暗。❷ 如果此时进行其他操作，则该步骤后面的记录都会被新的操作所代替。

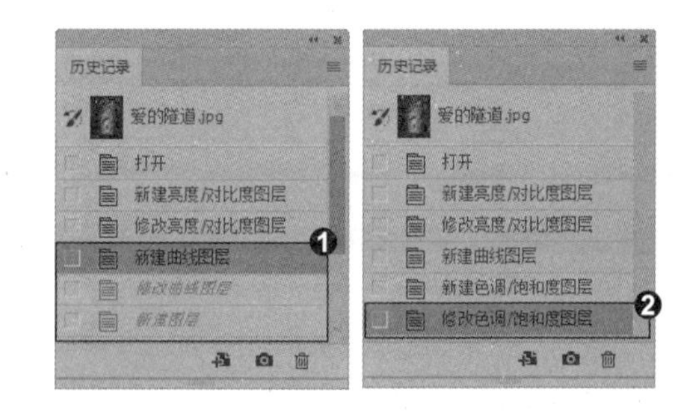

3. 保留最后一步的操作步骤

❶ 单击“历史记录”面板后的按钮，在弹出的快捷菜单中选择“历史记录选项”命令，❷ 弹出“历史记录选项”对话框，选中“允许非线性历史记录”复选框，❸ 再对图像进行处理时，“历史记录”面板会在更改选择的状态时保留后面的操作。

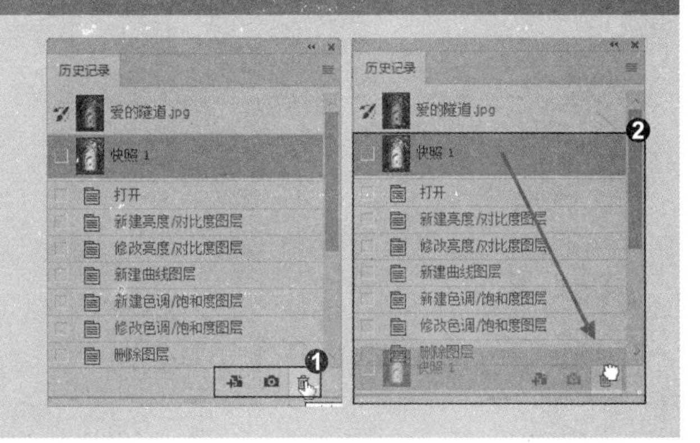

知识拓展

在“历史记录”面板中创建快照后，❶ 选择该快照，单击“删除当前状态”按钮，即可删除快照；❷ 也可将一个快照拖动到“删除当前状态”按钮上，删除快照。

招式 042 旋转与缩放图像

Q 移动、旋转和缩放称为变换操作；扭曲和斜切称为变形操作，在进行旋转与缩放图像时需要注意什么？

A 在使用“自由变换”命令进行旋转和缩放图像时，需要显示出一个定界框后才能进行操作。如果要等比例处理对象，需要结合快捷键一起使用。

1. 创建选区

❶ 打开本书配备的“第 2 章 \ 素材 \ 招式 42\ 剪影 .jpg、蝴蝶 .png”文件。❷ 选择工具箱中的（套索工具），❸ 在“蝴蝶”文档中随意选择蝴蝶。

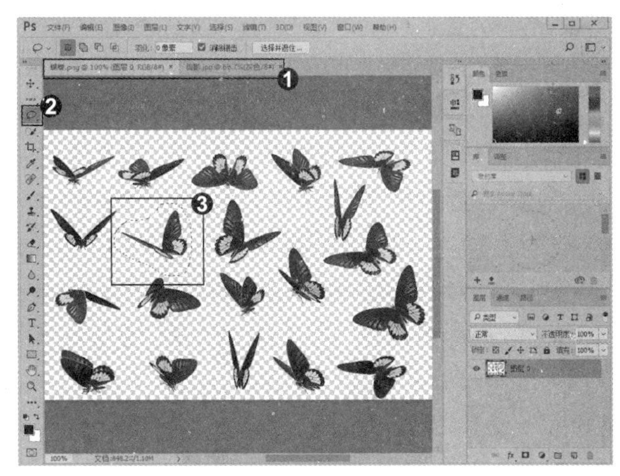

2. 显示定界框

❶ 将光标放置在选区内，按住 Alt 键的同时拖动鼠标至“剪影”图层中，❷ 单击“编辑”|“自由变换”命令，或按 Ctrl+T 快捷键显示定界框，❸ 在定界框内侧右击，弹出快捷菜单。

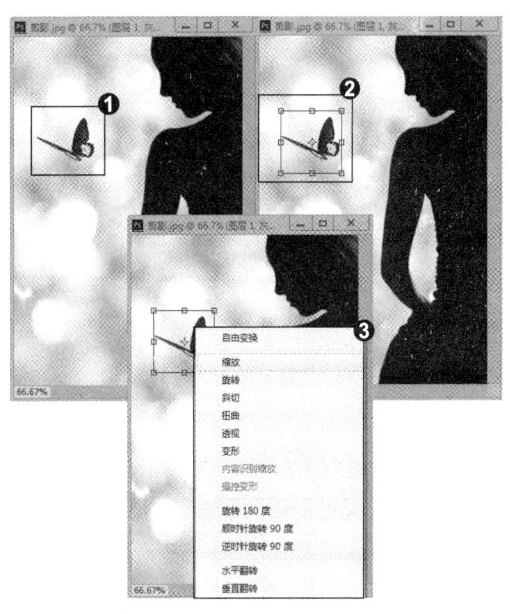

3. 水平翻转图像

❶ 在弹出的快捷菜单中选择“水平翻转”选项，水平翻转图像。❷ 将光标放置在定界框四周的控制点上，❸ 当光标变为 ⤡ 形状时，按住 Shift+Alt 快捷键的同时单击并拖动鼠标等比例缩放对象。

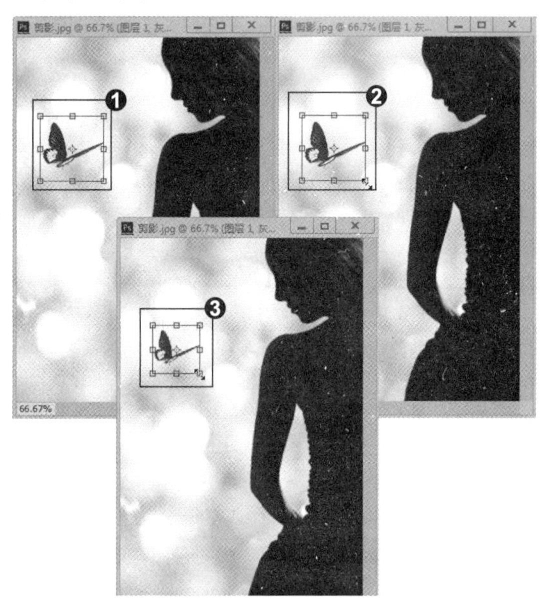

4. 选择取样范围

❶ 将光标放置在定界框外靠近中间位置的控制点上，❷ 当光标变为 ↻ 形状时，单击并拖动鼠标旋转对象，❸ 按 Enter 键确认操作，使用 (移动工具) 移动蝴蝶的位置。

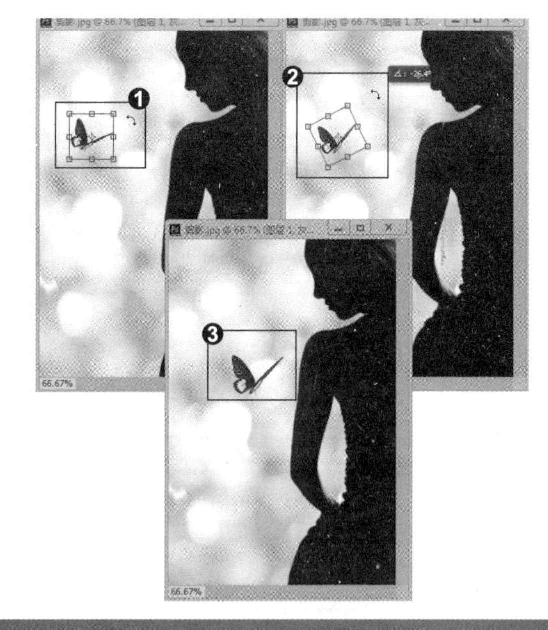

专家提示

将一个图像拖入到另一个文档中时，按住 Shift 键操作，可以使拖入的图像位于当前文档的中心。如果这两个文档的大小相同，则拖入的图像就会与原始文档的边界对齐。

5. 填充颜色

❶ 按住 Ctrl 键，在“图层”面板中单击蝴蝶图层，载入选区，填充黑色。❷ 按 Ctrl+D 快捷键取消选区。同方法，制作其他的蝴蝶剪影。

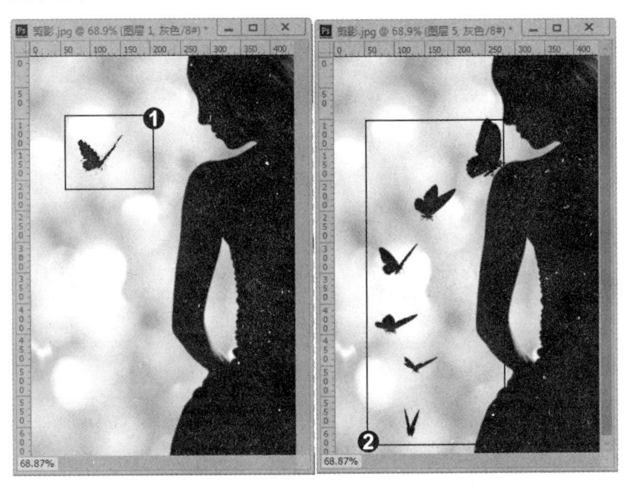

专家提示

单击“编辑” | “变换”子菜单中的“旋转 180 度”“旋转 90 度（顺时针）”“旋转 90 度（逆时针）”“水平翻转”和“垂直翻转”命令时，可直接对图像进行变换，而不会显示定界框。

知识拓展

❶ 在“编辑” | “变换”下拉菜单中包含了各种变换命令，可以对图层、路径、矢量形状，以及选中的图像进行变换操作。❷ 单击这些命令时，当前对象周围会出现一个定界框，定界框中心位置有一个中心点，四周有控制点。❸ 默认情况下，中心点位于对象的中心，它用于定义对象的中心，拖动可以移动其位置。❹ 拖动中心点在不同位置时图像的旋转效果不同。

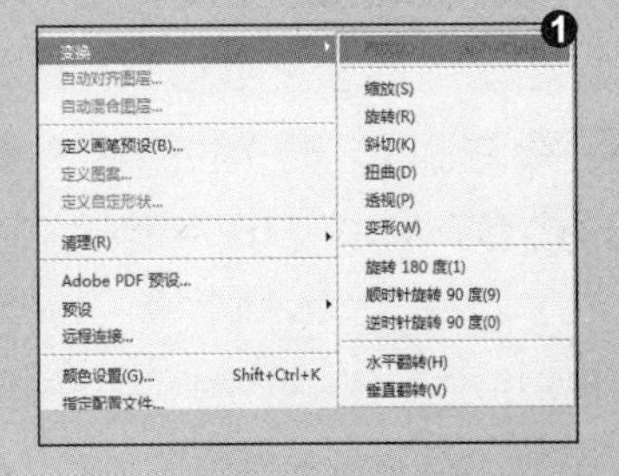

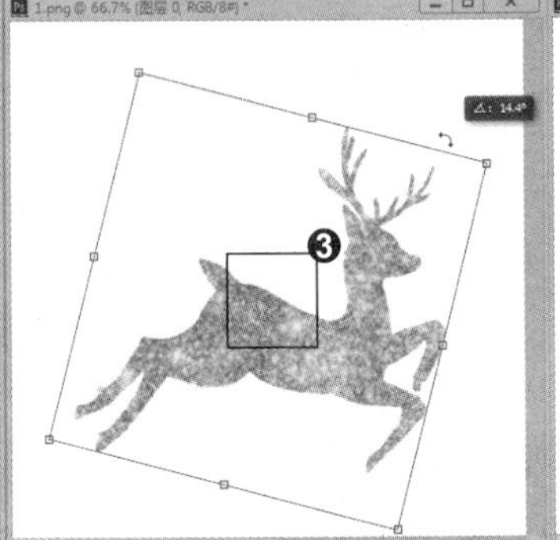

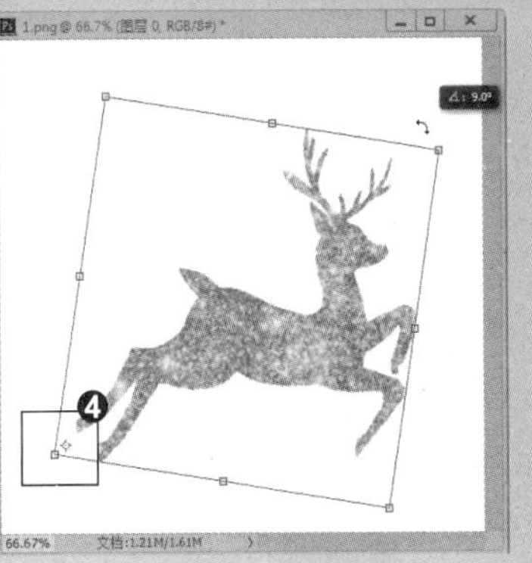

招式 043 精确变换图像

Q 使用"自由变换"命令进行旋转、斜切或是水平翻转图像时，都是随意进行更改的，如果想精确到数字，该怎样操作呢？

A 执行"自由变换"命令后，工具选项栏中会显示各种变换参数文本框，在指定的文本框中输入数值就可以精确地变换图像。

1. 显示定界框

❶ 打开本书配备的"第 2 章\素材\招式 43\人物.psd"文件。❷ 单击"编辑" | "自由变换"命令，或按 Ctrl+T 快捷键显示定界框，❸ 工具选项栏中会显示各种变换选项。

2. 文本框内输入数值

❶ 在 X 文本框中输入数值，可以水平移动图像；❷ 在 Y 文本框中输入数值，可以垂直移动图像；❸ 在 W 文本框中输入数值，可以水平拉伸图像。

3. 输入角度旋转图像

❶ 在 H 文本框中输入数值，可以垂直拉伸图像；❷ 单击 W 与 H 两个选项中的链接按钮，在其中一个文本框中输入数值可对图像进行等比例缩放；❸ 在"旋转"文本框中输入数值，可按输入的数值旋转图像。

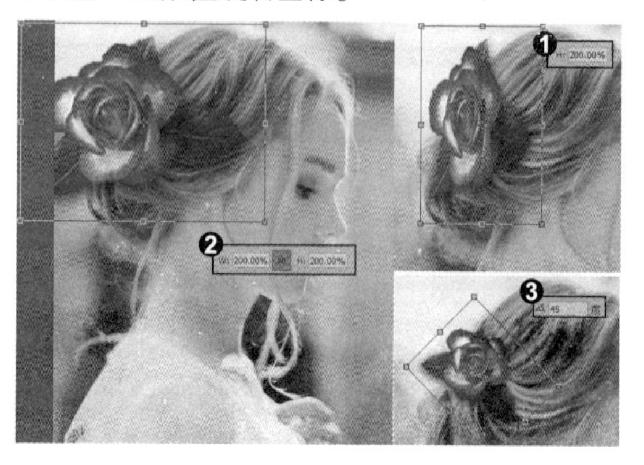

4. 输入数值斜切图像

❶ 在 H 文本框中输入数值，可以水平斜切图像；❷ 在 V 文本框中输入数值，可以垂直斜切图像。

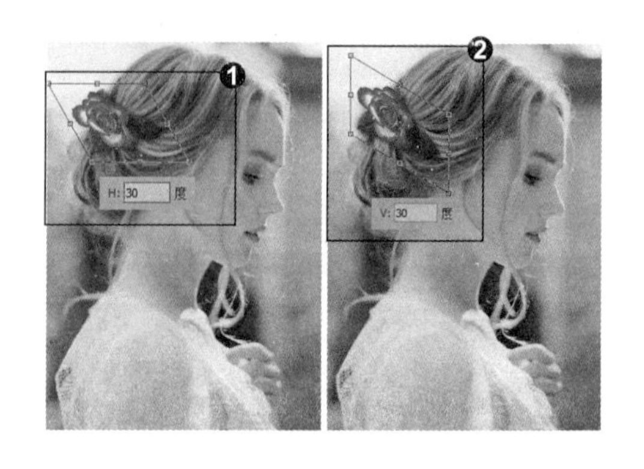

知识拓展

拖动定界框中间的中心点，可以在不同的位置旋转图像。若是要将中间点调整到定界框边界上，可在工具选项栏中单击“参考点定位符”上的小方块，可将中间点移动到不同的位置。

招式 044 斜切与扭曲图像

Q 在使用“斜切”“扭曲”命令变换图像时，如何才能在水平或垂直方向处理图像呢?

A 使用“斜切”“扭曲”命令可以在任意方向上变换图像，按住 Shift 键可以在水平、垂直的方向上斜切或是扭曲图像。

1. 绘制矩形形状

❶ 打开本书配备的“第 2 章 \ 素材 \ 招式 44\ 运动风 .psd”文件。❷ 选择工具箱中的▭(矩形工具)，❸ 设置工具选项栏中的“工具模式”为形状、“填充”为青绿色 (#4bf7b1)、“描边”为白色。❹ 在图像上绘制矩形形状。

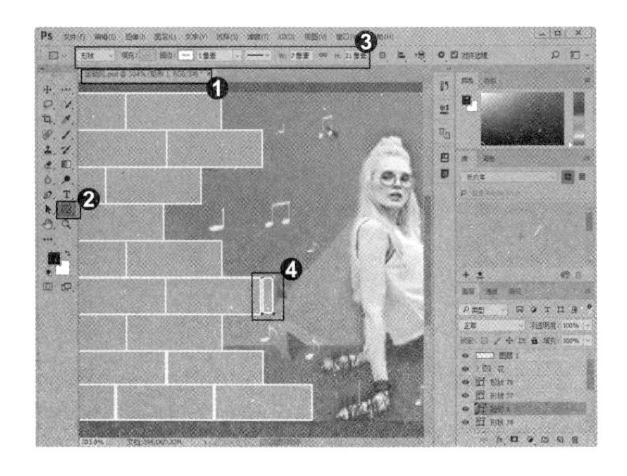

2. 变形矩形形状

❶ 按 Ctrl+T 快捷键显示定界框，❷ 将光标放置在定界框外位于中间位置的控制点上，❸ 按住 Shift+Ctrl 快捷键，当光标变为 形状时，❹ 单击并拖动鼠标沿垂直方向斜切图像。拖动定界框四周的控制点 (光标会变为 形状)，可沿水平方向斜切图像。

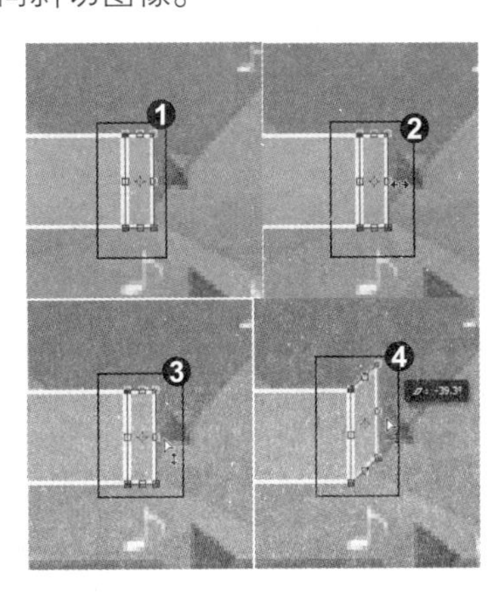

3. 斜切矩形形状

❶ 按 Enter 键切斜图形。同方法，创建另一个矩形。❷ 按 Ctrl+T 快捷键显示定界框，将光标放置在定界框四周的控制点上，按住 Ctrl 键，当光标变为 ▷ 形状时，❸ 单击并拖动鼠标可以扭曲对象。❹ 同方法，制作其他的立体墙体图像。

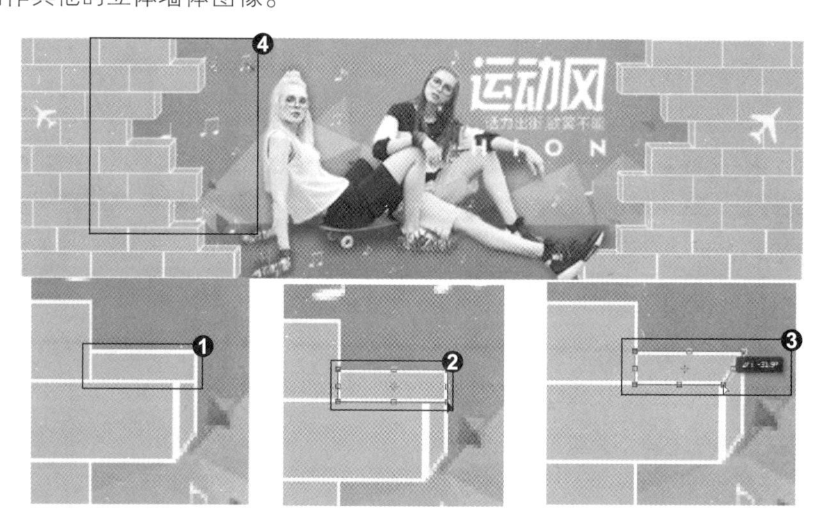

知识拓展

❶ 按 Ctrl+T 快捷键显示定界框。❷ 将光标放置在定界框四周的控制点上，按住 Shift+Ctrl+Alt 快捷键，当光标变为 ▷ 形状时，❸ 单击并拖动鼠标可透视变换图像。

招式 045 变换选区内的图像

Q 如果图像中存在着选区，那么变形的图像是整个文档还是只针对选区区域呢?

A 文档中存在着选区，那么变形的区域肯定是选区区域。

1. 创建选区

❶ 打开本书配备的“第 2 章\素材\招式 45\创意广告.psd”文件。❷ 选择工具箱中的 ⬚（矩形选框工具），❸ 在画面中单击并拖动鼠标创建一个矩形选区。

2. 对选区进行变形

❶ 按 Ctrl+T 快捷键显示定界框，按住相应的按钮，拖动定界框上的控制点可以对选区内的图像进行旋转、❷ 缩放、❸ 斜切等变换操作。

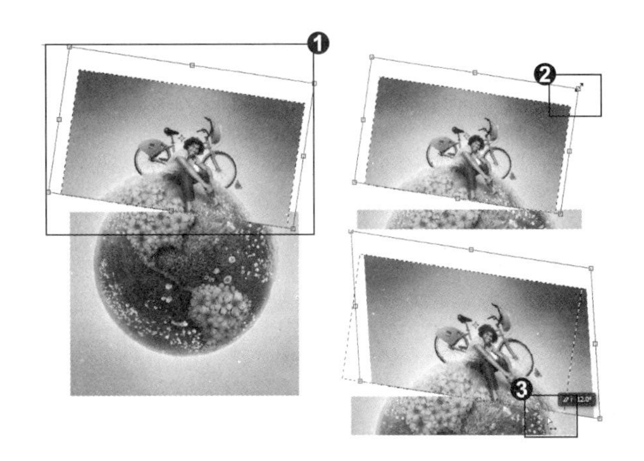

知识拓展

✥（移动工具）是最常用的工具之一，不论是文档中移动图层、选区内的图像，还是将其他文档中的图像拖入当前文档，都需要使用该工具。❶ 在同一图层中移动图像，使用移动工具在画面中单击并拖动鼠标即可移动该图层中的图像；❷ 如果创建了选区，❸ 将光标放在选区内，拖动鼠标可以移动选中的图像。

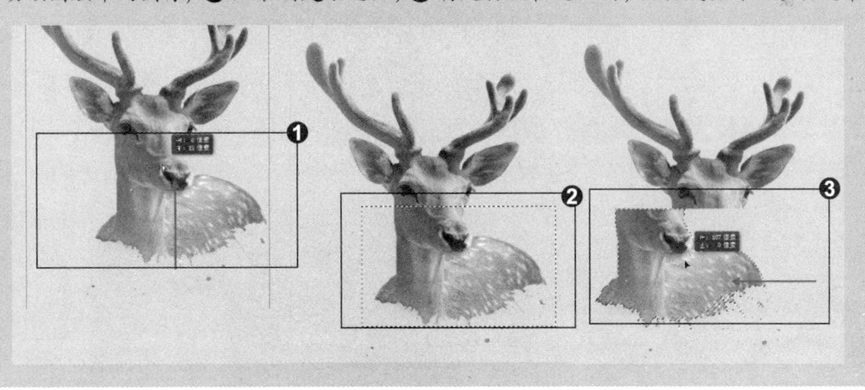

招式 046 移动控制网格变形图像

Q 在变换图像时，除了斜切、翻转、透视等变换外，还有没有更加智能的变形方法？

A “自由变换”子菜单中的“变形”命令，可以显示出变形网格，通过移动锚点和拖动变形网格更加精确地进行变形操作。

1. 显示定界框

❶ 打开本书配备的“第2章\素材\招式46\杯子.jpg、漫画.jpg”文件。❷ 选择工具箱中的（移动工具），将漫画图像拖入“杯子.jpg”文档中，设置漫画图层的“不透明度”为50%。❸ 按Ctrl+T快捷键显示定界框，按住Shift+Ctrl快捷键拖动定界框等比例缩小图像。

2. 拖动锚点变形图像

❶ 在图像上右击，弹出快捷菜单，选择“变形”命令，图像上会显示出变形网格，❷ 将4个角上的锚点拖动到杯体边缘，使之与边缘对齐，❸ 拖动左右两侧锚点上的方向点，使图片向内收缩。

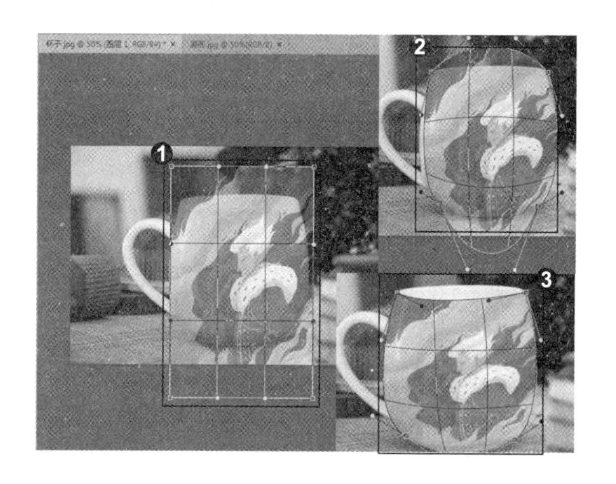

3. 添加图层蒙版

按Enter键确认变形操作。❶ 打开“图层”面板，将“图层1”图层的混合模式设置为“柔光”，❷ 使贴图更加真实。❸ 单击“图层”面板底部的“创建图层蒙版”按钮，为图层添加蒙版。

4. 设置混合模式

❶ 使用（柔角画笔工具）在超出杯子边缘的贴图上涂抹黑色，用蒙版将其遮住。❷ 按Ctrl+J快捷键复制图层，使贴图更加清晰。❸ 按数字键5，将图层的“不透明度”调整为50%。

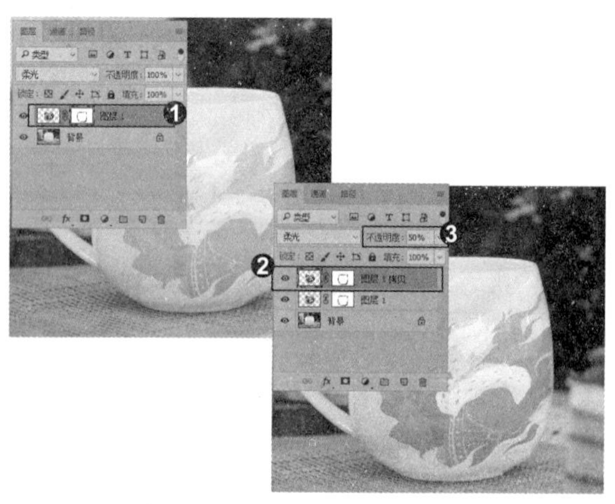

知识拓展

使用移动工具时，按键盘中的→、←、↑、↓键，便可以将对象移动一个像素的距离；如果按住Shift键，再按方向键，则图像每次可以移动 10 个像素的距离。

招式 047 固定旋转角度多次复制图像

Q 按 Ctrl+Alt+T 快捷键对图像进行操作和按 Ctrl+Shift+Alt+T 快捷键对图像进行操作有何区别?

A Ctrl+Alt+T 快捷键叫再次命令，只会对图像应用一次相同的操作；而 Ctrl+Shift+Alt+T 快捷键叫再制命令，可以对图像进行再次复制操作。

1. 绘制白色矩形条

❶ 打开本书配备的“第 2 章 \ 素材 \ 招式 47\ 钟表 .jpg”文件。❷ 选择工具箱中的 (矩形选框工具)，在钟表内绘制矩形选区，新建图层填充白色。❸ 按 Ctrl+J 快捷键复制图层。

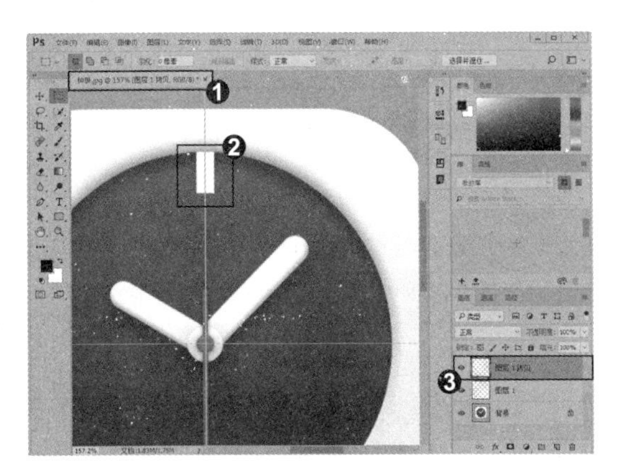

2. 旋转矩形条的角度

❶ 按 Ctrl+T 快捷键显示定界框，将中间点移动到时针与分针的中心点。❷ 在工具选项栏中设置旋转角度为 30 度。❸ 按 Enter 键确认操作，旋转复制的矩形。

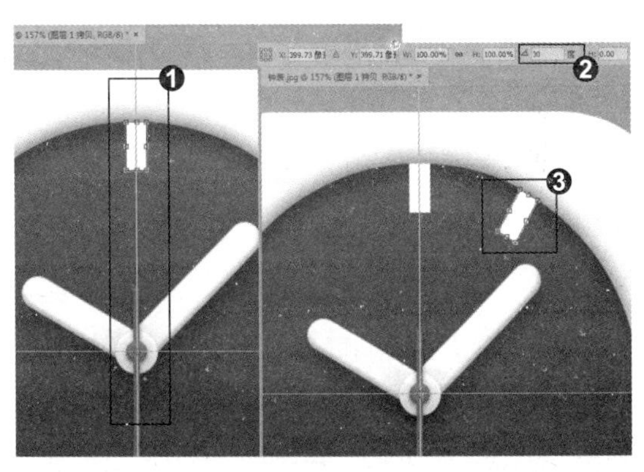

3. 再制复制图像

❶ 连续按 Ctrl+Shift+Ait+T 快捷键 10 次，每按一次，就会复制出一个矩形。❷ 在“图层”面板中按住 Shift 键单击，将所有复制的图层选中。❸ 按 Ctrl+E 快捷键合并图层，制作钟表的刻度表。

知识拓展

对图像进行变换操作后，❶单击"编辑"|"变换"|"再次"命令，或按Shift+Ctrl+T快捷键，对图像再一次应用相同的变换。❷如果按Ctrl+Shift+Alt+T快捷键，不仅会变换图像，还会复制出新的图像内容。

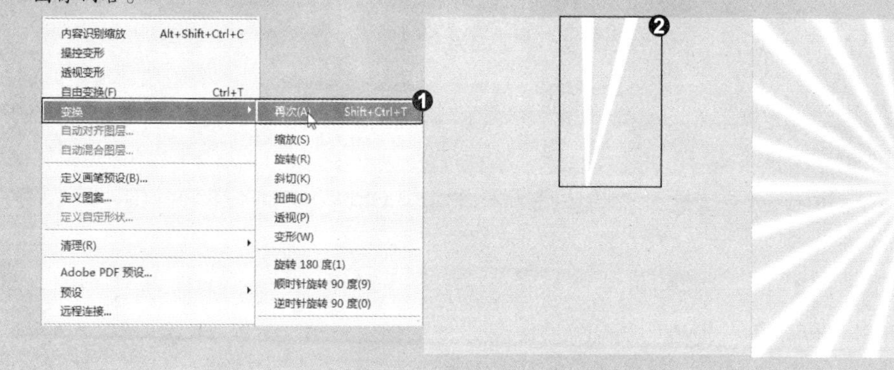

招式048 指定变形模式控制图像

Q 变形图像除了使用变形网格可以变形外，还有没有其他的变形模式呢？

A 将图像显示定界框后，在"自由变换和变形模式之前切换"按钮上单击，即可进入变形模式，对图像可以进行多达15种的变形操作，并可随意设置变形参数。

1. 绘制红色矩形框

❶启动Photoshop软件后，单击"文件"|"新建"命令，设置参数，新建空白文档。❷选择工具箱中的（矩形选框工具），在文档内绘制矩形选区，新建图层并填充红色（#ba0000）。❸按Ctrl+T快捷键显示定界框。

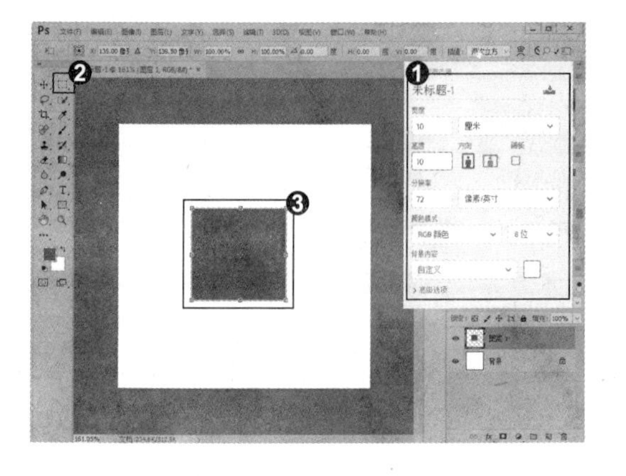

2. 变形图像

❶在工具选项栏上单击"在自由变换和变形模式之间切换"按钮，❷进入变形模式，在"变形"下拉列表中选择"鱼形"选项。❸按Ctrl+T快捷键再次显示定界框，在工具选项栏中设置旋转角度为−90度，旋转图像。

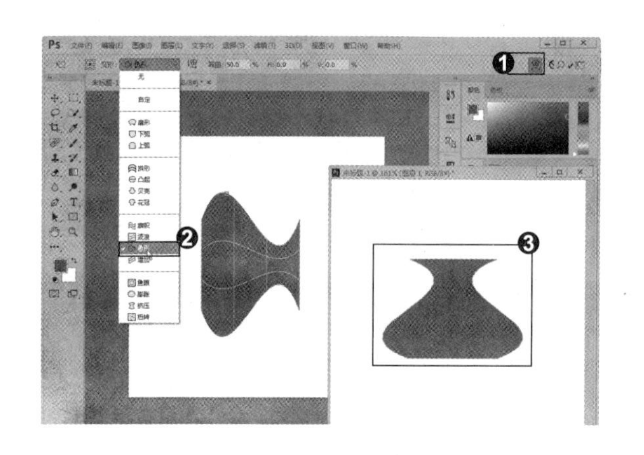

3. 涂抹绘制图像高光与阴影

按 Enter 键确认操作。❶ 新建一个图层，选择工具箱中的（椭圆选框工具），在文档中绘制深红色（#900303）的瓶口与瓶底。❷ 利用加深工具与减淡工具在花瓶瓶身绘制高光与阴影（曝光度值设置为 13%）。

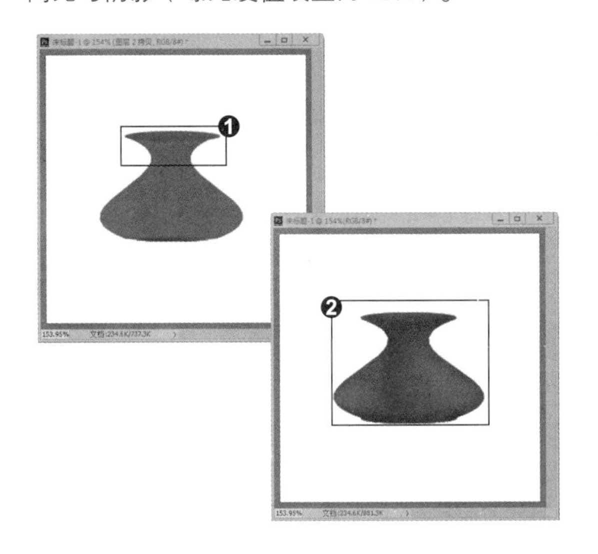

4. 设置渐变参数

❶ 同方法，为瓶口与瓶底添加阴影与高光。❷ 将瓶口图层复制一层，放在瓶口图层下方，移动位置。单击“添加图层样式”按钮，在弹出的下拉菜单中选择“渐变叠加”命令，设置渐变参数。

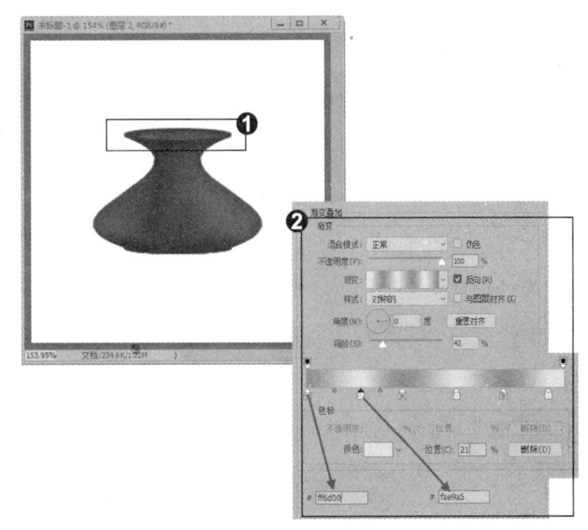

5. 制作瓶口金边

单击“确定”按钮关闭对话框，给瓶口镶上金边。

知识拓展

❶ 单击“在自由变换和变形模式之间切换”按钮，切换到变形模式。❷ 弹出“变形”的下拉菜单，可以设置 15 种变形样式。❸ 在下拉列表中选择“自定”模式，可以随意拖动网格变形图像。

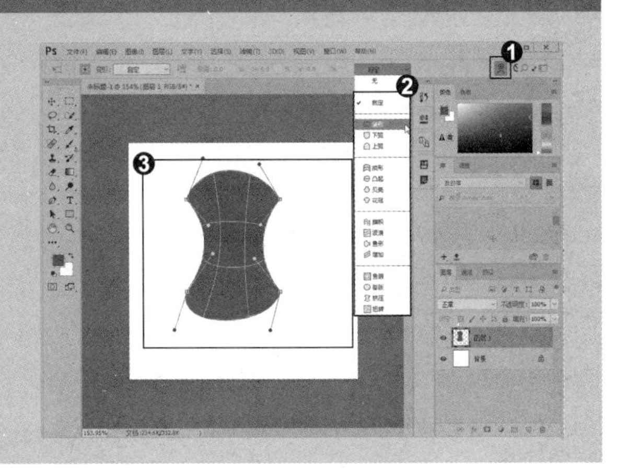

招式 049 内容识别比例缩放图像

Q “内容识别比例”是什么意思，它在处理图像时又是如何使用的呢?

A “内容识别比例”是 Photoshop 中一个非常实用的缩放功能，它可以在不更改重要可视内容（如人物、建筑、动物等）的情况下缩放图像大小。常规缩放在调整图像大小时会影响所有像素，而“内容识别比例”命令主要影响没有重要可视内容区域的像素。

1. 显示内容识别缩放定界框

❶ 打开本书配备的“第 2 章\素材\招式 49\沙滩美女.jpg”文件。❷ 按住 Alt 键单击“背景”图层，将背景图层转换为普通图层。❸ 单击“编辑”|“内容识别缩放”命令，显示定界框。

2. 单击“保护肤色”按钮

❶ 工具选项栏中会显示变换选项，可以输入缩放值，或者向左侧拖动控制点对图像进行手动缩放，❷ 从缩放结果中看到，人物变形非常严重。单击工具选栏中的“保护肤色”按钮，❸Photoshop 会自动分析图像，尽量避免包含皮肤颜色的区域变形。

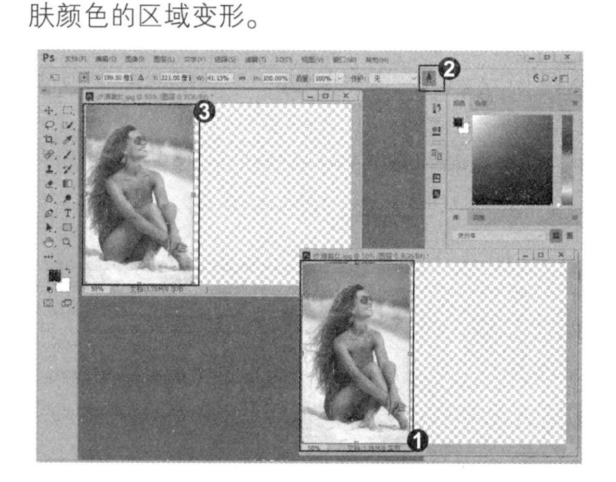

3. 缩放对比图

按 Enter 键确认操作。如果要取消变形，按 Esc 键。通过图像对比，普通方式和用内容识别比例缩放的效果存在巨大差异，内容识别比例功能非常强大。

专家提示

“内容识别缩放”命令不能处理“背景”图层，如果使用该命令，需要将图层转换为普通图层。

专家提示

内容识别比例缩放可以处理图层和选区。但不适合处理调整图层、图层蒙版、通道、智能对象、3D图层、视频图层、图层组，也不能同时处理多个图层。

知识拓展

使用内容识别缩放时，如果 Photoshop 不能识别重要的对象，即使按“保护肤色”按钮也无法改善变形效果，可以通过 Alpha 通道保护图像。❶ 选择工具箱中的（快速选择工具），在文件人物上单击创建选区，❷ 单击“通道”面板上的“将选区存储为通道”按钮，将选区保存为 Alpha 通道。❸ 单击“编辑”|“内容识别缩放”命令，❹ 向左侧拖动控制点，使画面变窄；❺ 单击工具选项栏上的“保护肤色”按钮，使该按钮弹起，在“保护”下拉列表中选择创建的 Alpha1 通道，通道中白色区域所对应的图像（人物）便会受到保护，不会变形。

招式 050 操控变形修改图像

Q 操控变形命令的关键点是什么？使用它进行变形时遵循的宗旨是什么？

A 操控变形是从 Photoshop CS5 新增的图像变形功能，它比变形网格的功能还要强大，也更吸引人。使用该功能时，可以在图像的关键点上放置图钉，然后通过拖动图钉来对图像进行变形操作。

1. 显示变形网格

❶ 打开本书配备的“第2章\素材\招式50\雨中舞者.psd”文件。❷ 单击“编辑”|“操控变形”命令，舞者图像上显示变形网格。❸ 在工具选项栏中将“模式”设置为“正常”，“浓度”设置为“较少点”。

2. 添加图钉

❶ 在舞者身体的关键点单击，添加几个图钉。❷ 取消勾选工具选项栏中的“显示网格”复选框，以便观察图像。❸ 单击图钉并拖动鼠标即可改变舞者的动作。

3. 旋转图钉角度

❶ 单击一个图钉后，在工具选项栏中会显示其旋转角度，可直接输入数值，❷ 单击✓按钮，❸ 旋转角度，并结束操作。

专家提示

“操控变形”命令不能处理“背景”图层。如果要处理“背景”图层，可以先按住Alt键单击该图层，将其转换为普通图层，再进行变形处理。

专家提示

单击一个图钉后，按Delete键可将其删除。此外，按住Alt键单击图钉也可以将其删除。如果要删除所有图钉，可在变形网格上右击，弹出快捷菜单，选择“移去所有图钉”命令。

知识拓展

在拖动图钉旋转图像角度时，选择“自动”选项，Photoshop 会自动对图像内容进行旋转处理。❶ 如果要设置准确的旋转角度，可选择“固定”选项，在其右侧的文本框中输入旋转角度。❷ 此外，选择一个图钉移动，按住 Alt 键会出现变换框，❸ 拖动鼠标也可旋转图像。

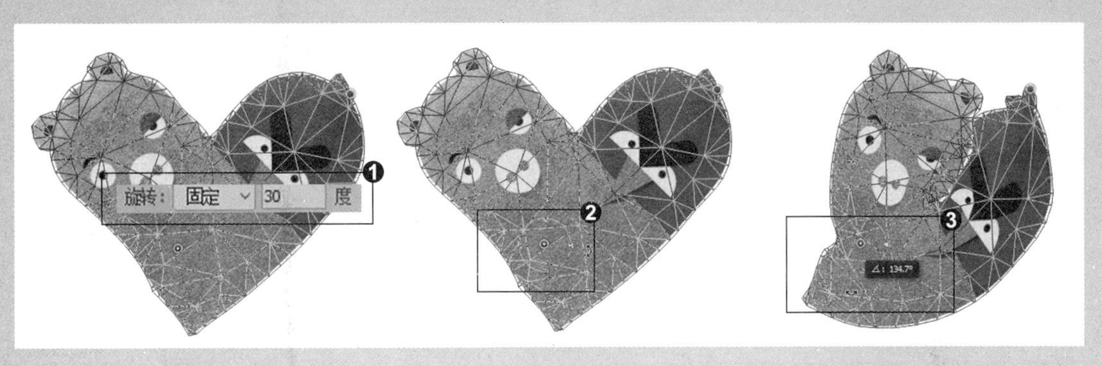

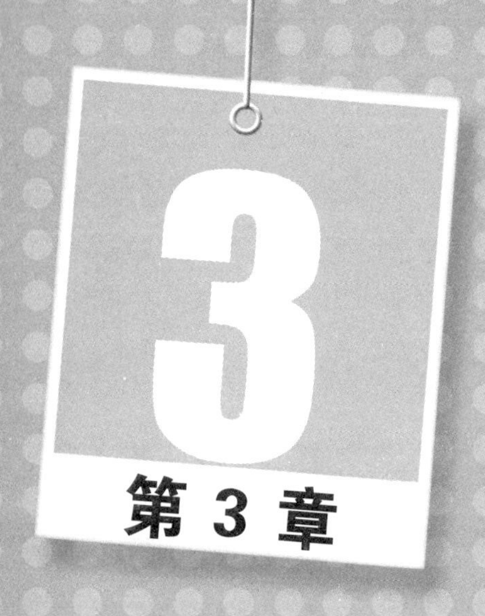

选区的创建与编辑

在 Photoshop 中处理图像时，经常需要针对局部效果进行调整，通过选择特定区域，可以对该区域进行编辑，并保持未选定的区域不会被改动，这时就需要为图像指定一个有效的编辑区域，这个区域就是选区。

招式 051 设置样式创建矩形选区

Q 在 Photoshop 中拖动鼠标可以创建矩形选区，但如果要创建等比高的矩形选区时该如何操作呢?

A 在创建矩形选区时，设置工具选项栏中的“样式”为“固定大小”，就可以创建等比高的矩形选区。

1. 打开图像素材

❶ 打开本书配备的“第 3 章 \ 素材 \ 招式 51\ 海报图 .jpg”文件。❷ 选择工具箱中的 (矩形选框工具)。

2. 选择“样式”选项

❶ 在工具选项栏中单击“样式”下三角按钮，❷ 展开“样式”下拉列表，选择“固定大小”选项，❸ 设置“宽度”和“高度”均为 150 像素。

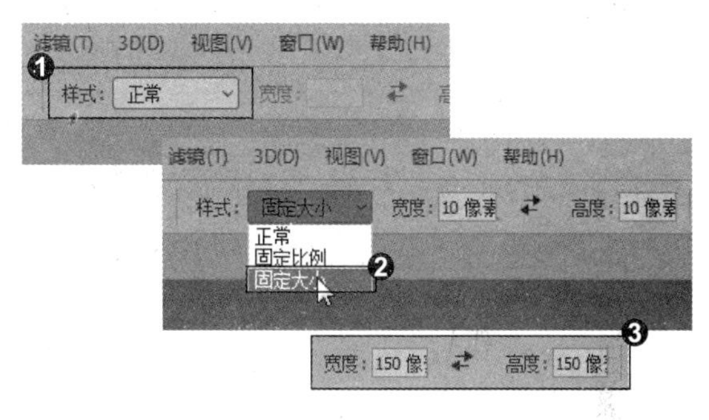

3. 创建等比高矩形选区

❶ 在图像中单击鼠标左键即可创建等比高的矩形选框。❷ 单击“选择” | “变换选区”命令，显示定界框。❸ 设置工具选项栏中的角度为 45 度。

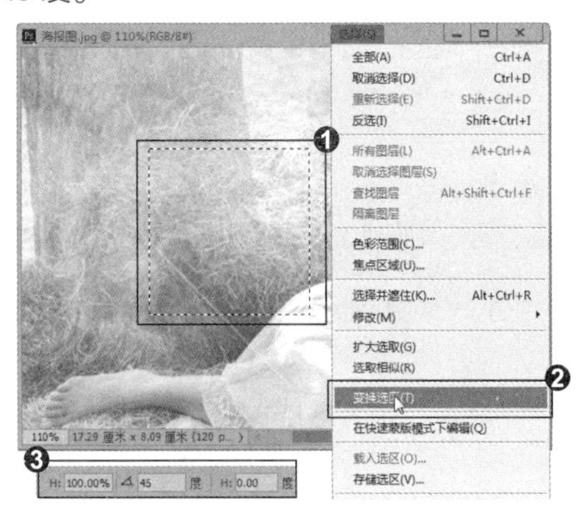

4. 填充颜色

❶ 按 Enter 键确认操作，即可将矩形选区旋转角度。❷ 单击“图层”面板底部的“创建新图层”按钮，新建图层并填充白色。

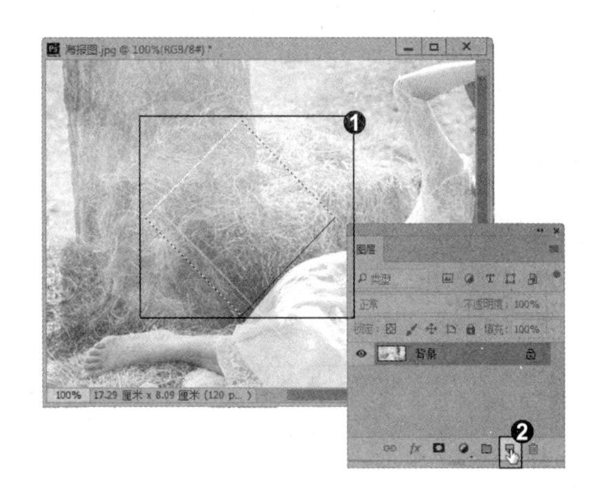

5. 添加素材和文字

❶ 按 Ctrl+O 快捷键，打开图形素材和文字素材，选择工具箱中的 (移动工具)，将素材拖曳到编辑的文档中。❷ 将图形素材放在白色矩形的下方，并设置图层混合模式为“叠加”，将文字素材放置在白色矩形的上方，❸ 移动素材的位置，完成素材的添加。

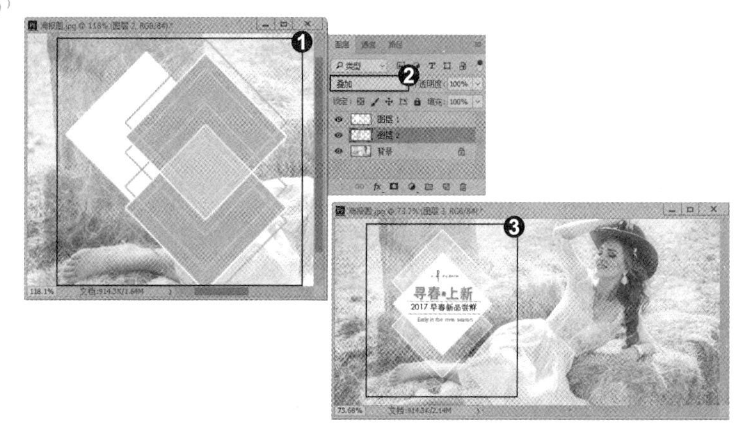

专家提示

按住 Shift 键拖动鼠标可以创建正方形选区；按住 Alt 键拖动鼠标，会以单击点为中心向外创建选区；按住 Shift+Alt 快捷键会从中心向外创建正方形选区。

知识拓展

在设置样式选项时，❶ 选择“正常”选项，可通过拖动鼠标创建任意大小的选区。❷ 选择“固定比例”选项，可在右侧的“宽度”与“高度”文本框中输入数值，创建固定比例的选区。

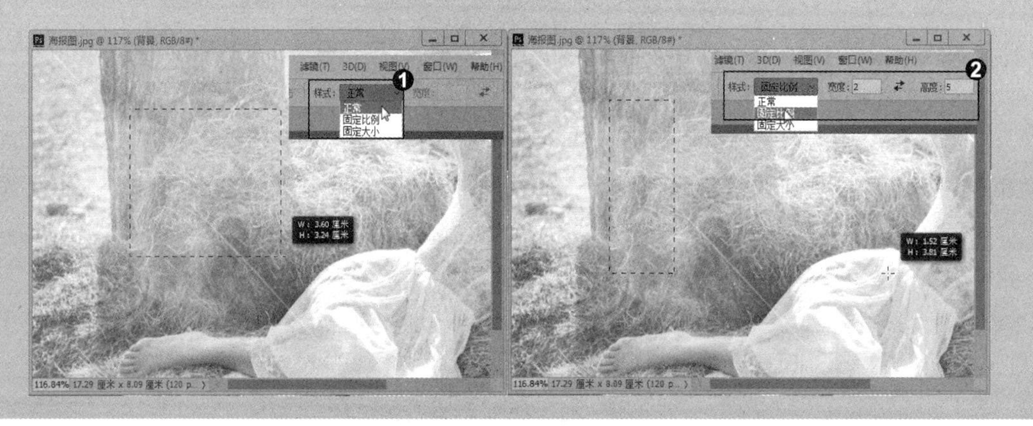

招式 052 巧用快捷键创建椭圆选区

Q 在编辑图像时，如果不想在工具箱中逐一选择工具，还有其他选择工具的方法吗？

A 一般来说，选择工具都是在工具箱中完成，但也可直接按键盘上对应的快捷键快速选择工具。

1. 快速选择椭圆选框工具

❶ 打开本书配备的“第 3 章 \ 素材 \ 招式 52\ 背景 .jpg”文件。❷ 按 M 键，选择工具箱中的 (矩形选框工具)，按 Shift+M 快捷键切换至 (椭圆选框工具)。

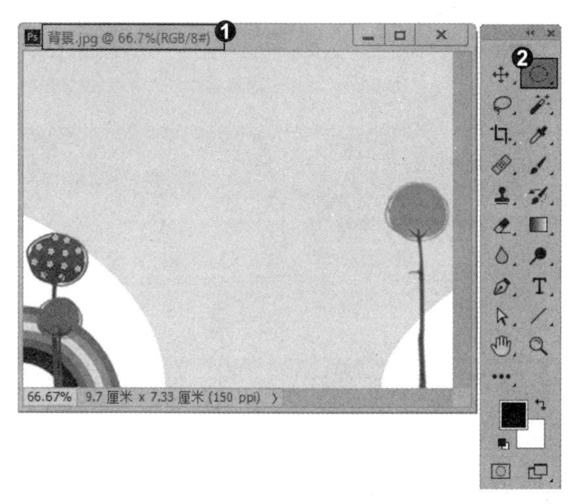

2. 绘制等比例椭圆选区

❶ 单击拖动鼠标绘制椭圆选区，按住 Shift 键绘制的椭圆选区变为等比例的正圆选区。❷ 单击“图层”面板底部的“创建新图层”按钮，新建图层。

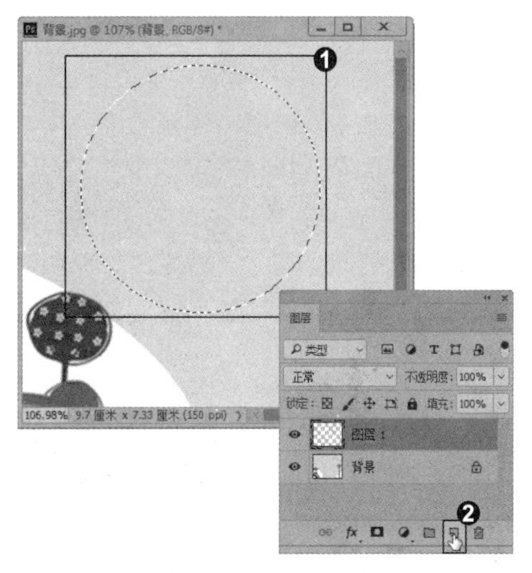

3. 填充选区颜色

❶ 按 Ctrl+Delete 快捷键填充背景色，取消选区。❷ 按 Ctrl+O 快捷键打开“人物 1”素材，选择工具箱中的 (移动工具)，将素材拖动到编辑的文档中，按 Ctrl+T 快捷键显示定界框，调整素材的大小。

4. 绘制等比例椭圆选区

❶ 按 Enter 键确认操作，按住 Ctrl 键单击“图层 1”图层，载入选区。❷ 按 Shift+Ctrl+I 快捷键反选选区，按 Delete 键删除选区外的图像内容。

5. 等比例缩小素材

❶ 按 Ctrl+D 快捷键取消选区，按 Ctrl+T 快捷键，将光标放置在定界框的四周，按住 Shift+Ctrl 快捷键等比例缩小素材图像。❷ 同上操作，依次建立正圆选区，添加素材。

专家提示

使用椭圆选框工具单击并拖动鼠标，可以创建椭圆选区；按住 Alt 键会以单击点为中心向外创建选区；按住 Shift+Alt 快捷键会以单击点为中心往外创建圆形选区。

知识拓展

❶ 在创建圆形、多边形等不规则选区时容易产生锯齿。❷ 勾选工具选项栏中的“消除锯齿”复选框。❸Photoshop 会在选区边缘 1 个像素宽的范围内添加与周围图像相近的颜色，使选区看上去光滑，由于只有边缘像素发生变化，因而消除锯齿不会丢失细节。

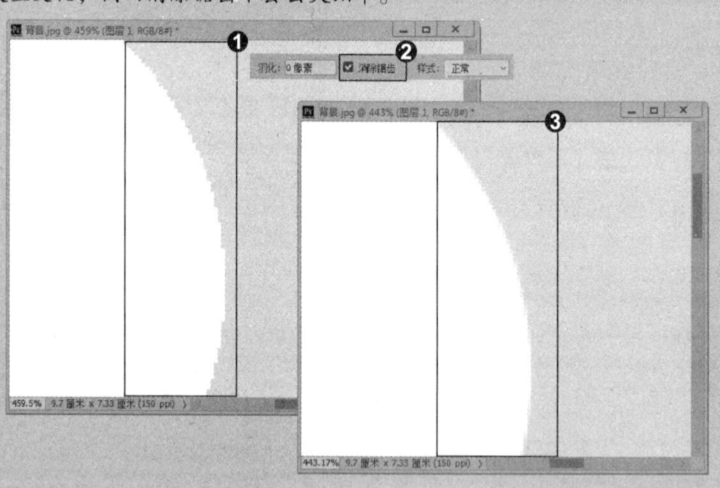

招式 053 创建单列 / 单行选区

Q 在 Photoshop 中，想创建单列与单行只有一个像素的选区，有没有快速的编辑方法呢?

A 当然有，只需使用单行选框工具与单列选框工具就可以快速创建高度为 1 像素的行或宽度为 1 像素的列。

1. 打开素材图像

❶ 打开本书配备的“第 3 章 \ 素材 \ 招式 53\ 人物 .jpg”文件。❷ 单击“视图”|“标尺”命令，显示标尺。❸ 选择工具箱中的 (单列选框工具)。

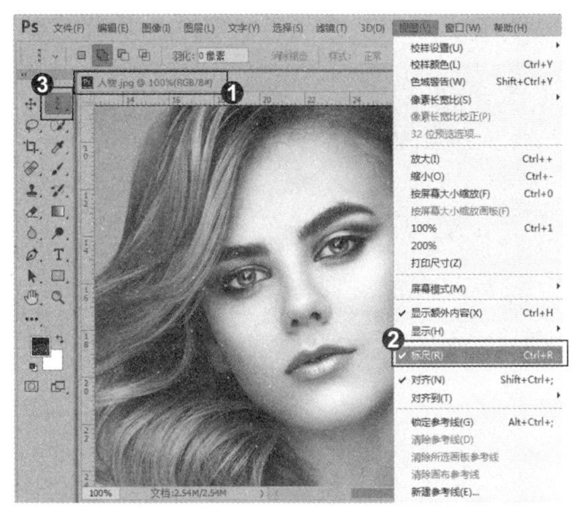

2. 绘制单列选区

❶ 单击工具选项栏上的“添加到选区”按钮，❷ 将光标放置在标尺 16 厘米处单击，创建宽度 1 像素的选区。❸ 同方法，每相隔 5 厘米单击创建单列选区。

3. 绘制单行选区

❶ 选择工具箱中的 (单行选框工具)，❷ 将光标放在垂直标尺 8 厘米处单击创建高度为 1 像素的选区。❸ 单击“图层”面板底部的“创建新图层”按钮，新建一个图层。

4. 删除重合选区

❶ 设置前景色为粉红色 (#cd5b89)，按 Alt+Delete 快捷键填充前景色，按 Ctrl+D 快捷键取消选区。❷ 选择工具箱中的 (矩形选框工具)，在选区重合区域创建选区，按 Shift+Ctrl+I 快捷键反选选区，按 Delete 键删除多余图像，按 Ctrl+D 快捷键取消选区。

专家提示

在按住 Shift 键的状态下，绘制的新选区会直接添加到之前的选区中。

5. 变形图像

❶ 按 Ctrl+T 快捷键显示定界框，在工具选项栏中设置旋转角度为 45 度。❷ 将光标放在定界框内，右击，在弹出的快捷菜单中选择“变形”命令。❸ 调整定界框上控制点的位置，变形图像。

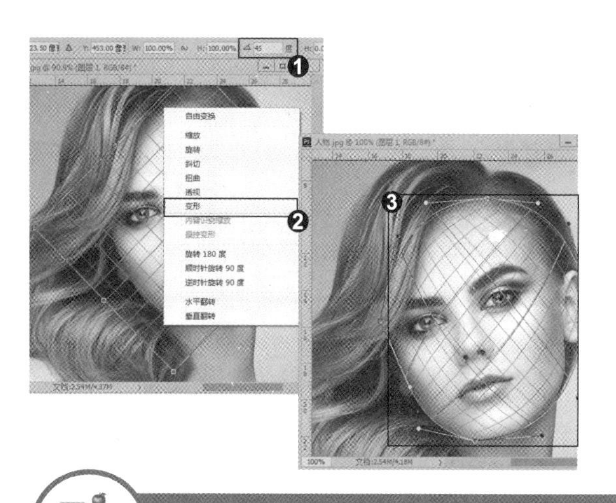

6. 添加素材完成图像

❶ 按 Enter 键确认变形，设置图层的混合模式为“颜色减淡”。❷ 按 Ctrl+O 快捷键打开“蝴蝶”“裂痕”素材，选择工具箱中的 (移动工具)，将素材添加至编辑的文档中，完成图像的制作。

知识拓展

绘制的单列或单行选区位置并不是固定不变的，直接拖动即可更改选区的位置。❶ 创建单列或单行选区后，❷ 将光标放置在选区上，当光标变为 形状时，单击并拖动鼠标即可移动单列或是单行选区。

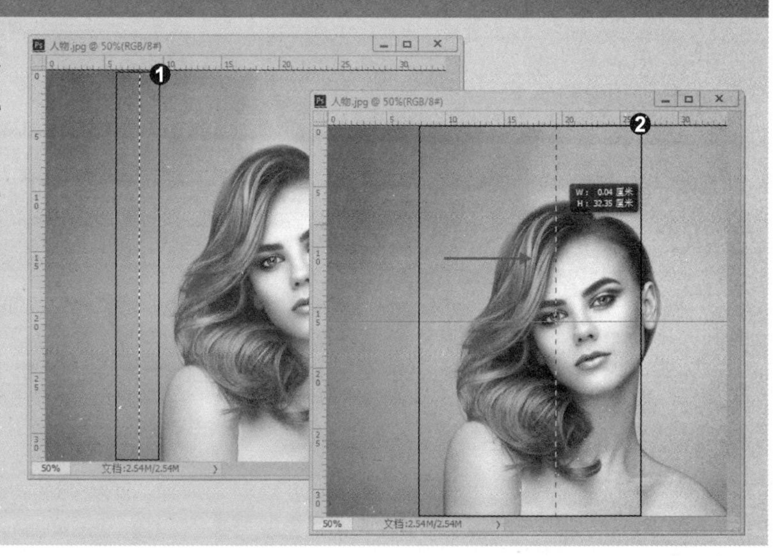

招式 054 徒手绘制选区

Q 在 Photoshop 中创建选区的方法有多种，如果不想根据图像的特点创建选区，还有其他的方法创建选区吗?

A 当然有，使用套索工具就可以徒手绘制选区。

1. 打开素材图像

❶ 打开本书配备的“第 3 章\素材\招式 54\奔腾的马 .jpg”文件。❷ 选择工具箱中的 (套索工具)，在画面中单击并拖动鼠标绘制选区。

2. 徒手绘制选区

将光标移至起点处，释放鼠标可以封闭选区。❶ 按 Shift+F6 快捷键羽化 5 个像素。❷ 按 Ctrl+O 快捷键打开“睡眠的人 .jpg”素材，按住 Alt 键将选区拖曳到素材中。

3. 融合图像

❶ 按 Ctrl+T 快捷键显示定界框，按住 Shift+Alt 快捷键的同时拖动定界框等比例缩小图像，按 Enter 键确认操作。❷ 单击“图层”面板底部的“添加图层蒙版”按钮，添加蒙版。

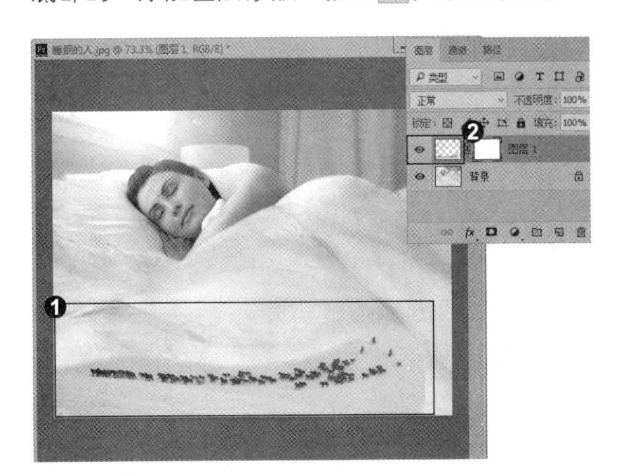

4. 完成素材添加

❶ 选择工具箱中的 (画笔工具)，使用黑色的柔边缘笔刷涂抹马儿素材。❷ 同上述徒手绘制选区添加素材的操作方法，依次添加其他的素材，完成图像的制作。

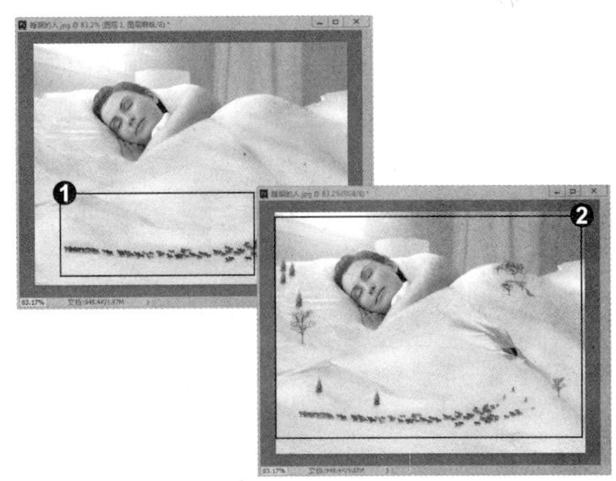

专家提示

如果在拖动鼠标的过程中释放鼠标，则会在该点与起点间创建一条直线来封闭选区。

知识拓展

在绘制选区的过程中，❶按住Alt键，然后释放鼠标可切换为多边形套索工具，此时在画面中单击可以绘制直线。❷释放Alt键可恢复为套索工具，此时拖动鼠标可继续徒手绘制选区。

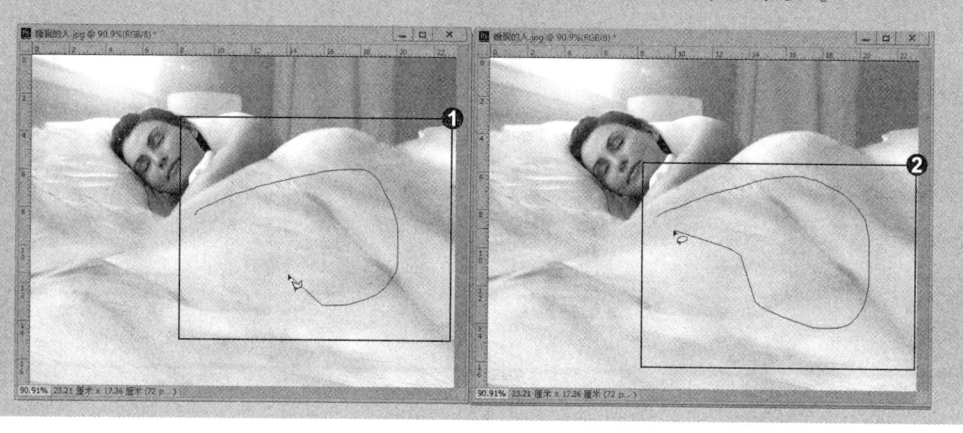

招式055 创建多边形选区

Q 有什么办法可以在创建多边形选区时按照水平、垂直或是以45度角为增量创建选区呢?

A 创建选区时，按住Shift键操作，可以锁定水平、垂直或以45度角为增量进行绘制。如果双击，则会在双击点与起点间连接一条直线来闭合选区。

1. 打开素材图像

❶单击“文件”|“新建”命令，在弹出的“新建文档”对话框中设置参数，单击“创建”按钮新建空白文档。❷按Ctrl+O快捷键打开本书配备的“第3章\素材\招式55\黄昏图片.jpg”文件。

2. 以45度角为增量定义选区

❶选择工具箱中的(多边形套索工具)，❷在画面中单击确定起点，按住Shift键以45度角为增量定义选区范围。

3. 绘制多边形选区

❶ 单击确认转折点，按住 Shift 键拖动鼠标垂直定义选区范围。❷ 同方法，按住 Shift 键水平垂直绘制选区，将光标移至起点处，当光标变为 形状时，单击即可封闭选区。

4. 拖曳选区内容

❶ 将光标放置在选区内，按住 Alt 键单击拖动选区至新建的空白文档上。❷ 同方法，在其他素材图片上创建三角形选区，将选区的内容拖曳至编辑的文档上，并添加文字素材，完成图像的制作。

专家提示

在使用多边形套索工具创建选区时，按住 Alt 键单击并拖动鼠标，可以切换为套索，此时拖动鼠标可徒手绘制选区；释放 Alt 键可恢复为多边形套索工具。

知识拓展

使用多边形套索工具 创建选区时，可以根据物体的边缘创建选区。❶ 在纸盒人的一个边角上单击，❷ 然后沿着边缘的转折处继续单击鼠标，定义选区的范围。❸ 将光标移至起点处单击即可闭合选区。

招式 056 自动识别对象边界创建选区

Q 在抠取素材图片时，有时会遇到对象边缘清晰且与背景对比明显的图片，应该如何创建选区抠取素材呢？

A 磁性套索工具可以自动识别对象的边界，使用该工具就可以抠取边缘清晰的素材了。

1. 选取素材图像

❶ 打开本书配备的“第 3 章 \ 素材 \ 招式 56\ 咖啡杯 .jpg”文件。❷ 选择工具箱中的 (磁性套索工具)，❸ 在咖啡杯的边缘单击，确定起点位置。

2. 拖动光标绘制选区

❶ 释放鼠标后，沿着它的边缘移动光标，Photoshop 会在光标经过处放置一定数量的锚点来连接选区。❷ 如果锚点的位置不准确，则按 Delete 键将其删除，连续按 Delete 键可依次删除前面的锚点。

3. 闭合选区

❶ 将光标移至起点处，单击可以闭合选区。❷ 按 Ctrl+O 快捷键打开“背景 .jpg”素材，切换编辑的文档，按住 Alt 键拖动选区内容至素材文档中，并调整咖啡杯大小。❸ 同方法，将咖啡杯阴影也抠选出来添加至素材文档中。

4. 涂抹选区

❶ 选择咖啡杯阴影图层，单击“滤镜”|“模糊”|“高斯模糊”命令，设置“模糊半径”为 7.5 像素。❷ 选择咖啡杯图层，单击“图层”面板底部的“创建新图层”按钮，新建一个图层。❸ 设置前景色为土黄色 (#e4c271)，使用（画笔工具）在咖啡杯上涂抹。

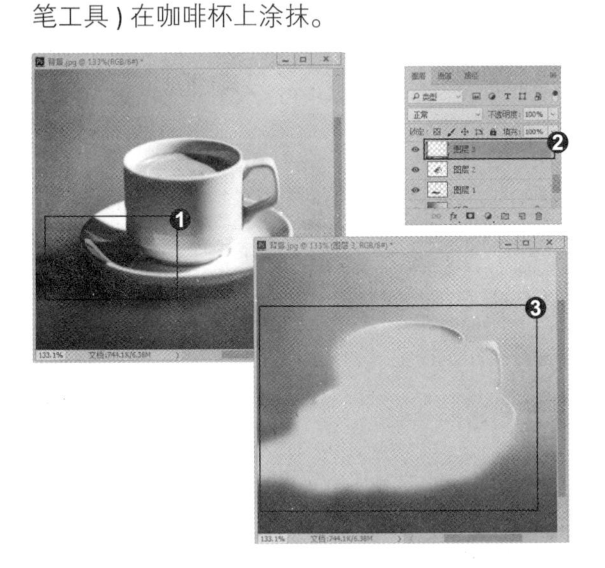

5. 添加素材

❶ 设置土黄色填充图层的混合模式为“亮光”，“不透明度”为 37%，按 Ctrl+Alt+G 快捷键创建剪贴蒙版，更改咖啡杯的色调。❷ 按 Ctrl+O 快捷键打开“沙滩 .jpg”素材，使用（套索工具）将中间的阳光岛屿创建选区添加到咖啡杯杯口。单击“添加图层蒙版”按钮，添加蒙版。❸ 使用黑色的（画笔工具）涂抹阳光岛屿素材四周，使素材与杯口融合。

6. 制作阳光

在阳光岛屿图层下方新建一个图层，填充黑色。❶ 单击“滤镜”|“渲染”|“镜头光晕”命令，设置参数，单击“确定”按钮关闭对话框。❷ 设置图层的混合模式为“颜色减淡”，制作阳光。❸ 按 Ctrl+O 快捷键打开“飞鸟 .png”素材，添加到编辑的文档中，调整大小，载入选区填充黑色，设置“不透明度”为 45%，完成图像的制作。

专家提示

使用（磁性套索工具）绘制选区的过程中，按住 Alt 键在其他区域单击，可切换为（多边形套索工具）；按住 Alt 键单击并拖动鼠标，可切换为（套索工具）。

知识拓展

在使用 (磁性套索工具) 创建选区的过程中会生成许多锚点，工具选项栏中的“频率”决定了锚点的数量。❶ 该值越高时，生成的锚点越多，捕捉到的边界越准确；❷ 反之，捕捉的边界越粗糙。但是，过多的锚点会造成选区的边缘不够光滑。

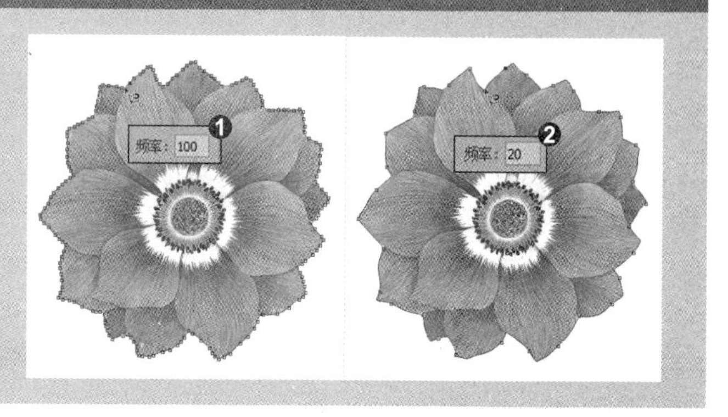

专家提示

使用 (磁性套索工具) 时，按 Caps Lock 键，光标会变为 ⊙ 形状，圆形的大小便是工具能够检测到的边缘的宽度。按↑键和↓键，可以调整检测宽度。

招式 057 根据色调相似创建选区

Q 在 Photoshop 中，什么样的图像使用魔棒工具创建选区最合适呢？

A 当图像的背景颜色变化不大，对象轮廓清晰且与背景色有一定的差异时，只需要在图像上单击，就会选择与单击点色调相似的像素来创建选区。

1. 魔棒创建选区

❶ 打开本书配备的“第 3 章 \ 素材 \ 招式 57\ 雨伞 .jpg”文件。❷ 选择工具箱中的 (魔棒工具)，❸ 在工具选项栏中将“容差”设置为 20，❹ 在白色背景上单击，选中背景。

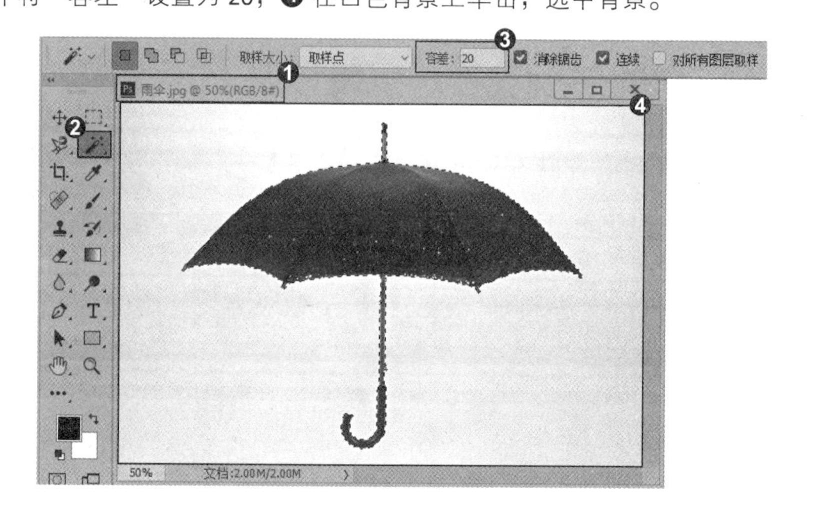

2. 拖曳选区图像

❶ 单击“选择”|“反向”命令，选中雨伞。按 Ctrl+O 快捷键打开“蓝天 .jpg”文档，按住 Alt 键将雨伞拖动到蓝天素材中，调整大小。❷ 同方法，在打开的“玫瑰花 .jpg”文档中，将在玫瑰花上创建选区，按 Shift+Ctrl+I 快捷键反选选区，按 Ctrl+J 快捷键复制，隐藏“背景”图层。

3. 添加花朵素材

❶ 使用工具箱中的 （套索工具）选择其中一朵玫瑰花。❷ 将玫瑰花拖曳至雨伞上，调整大小。❸ 同方法，在雨伞上添加其他花朵素材。

4. 调整花朵颜色

❶ 单击“图层”面板底部的“创建新的填充或调整图层”按钮，创建“色相 / 饱和度”调整图层，按 Ctrl+Alt+G 快捷键创建剪贴蒙版。❷ 创建“曲线”调整图层，调整 RGB 通道参数，按 Ctrl+Alt+G 快捷键调整花朵的色调。

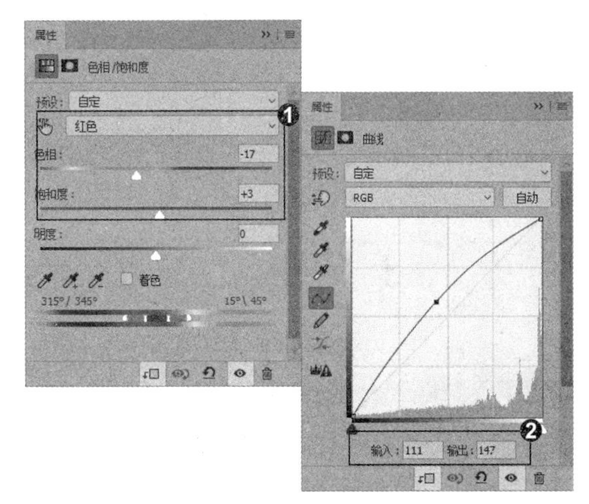

5. 添加其他素材

❶ 在“图层”面板中选择“雨伞”图层，按 Delete 键将其删除。❷ 按 Ctrl+O 快捷键添加护手霜及伞柄素材。❸ 选择最上面的图层，隐藏“背景”图层，按 Ctrl+Alt+Shift+E 快捷键盖印可见图层。

6. 制作倒影

❶ 按 Ctrl+T 快捷键显示定界框，右击，在弹出的快捷菜单中选择“垂直翻转”命令，移动位置。❷ 在“图层”面板中设置“不透明度”为 15%，使用 (橡皮擦工具) 擦除多余倒影。❸ 同方法，添加其他素材，完成图像的制作。

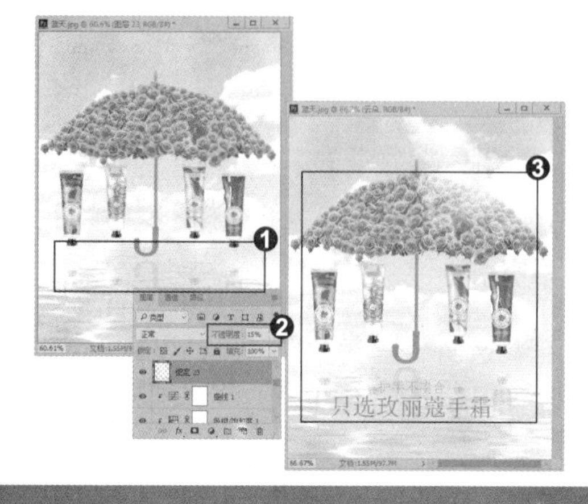

知识拓展

“容差”决定了所选像素之间的相似性或差异性，其取值范围为 0 ~ 255。❶ 数值越低，对像素的相似程度的要求越高，所选的颜色范围就越小；❷ 数值越高，对像素的相似程度的要求越低，所选的颜色范围就越广。

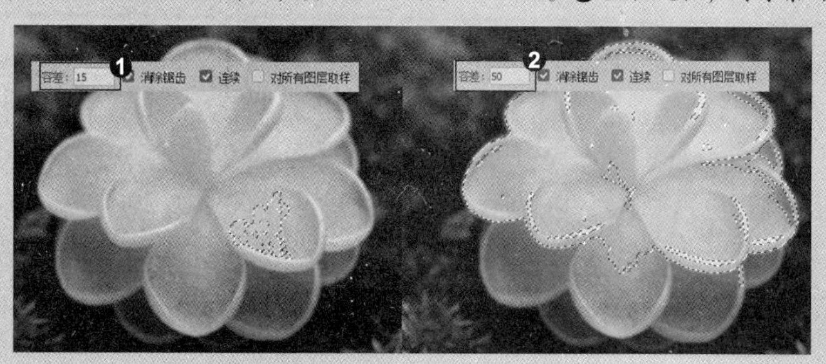

招式 058 涂抹图像创建选区

Q 快速选择的图标是一支画笔 + 选区轮廓，它的使用方法类似画笔工具，那该工具的工作原理是什么呢?

A 该工具跟画笔工具一样可以利用画笔笔尖快速“绘制”选区，通过绘画涂抹出选区。在拖动鼠标时，选区还会向外扩展并自动查找和跟随图像中定义边缘。

1. 选择素材图像

❶ 打开本书配备的“第 3 章 \ 素材 \ 招式 58\ 女孩 .jpg”文件。❷ 选择工具箱中的(快速选择工具)，❸ 在工具选项栏中设置笔尖大小。

2. 涂抹创建选区

❶ 在人物上单击并沿身体拖动鼠标，将人物选中。❷ 现在有些背景也被选中了，按住 Alt 键在选中的背景上单击并拖动鼠标，将其从选区中排除掉。

3. 选择素材图像

❶ 按 Ctrl+J 快捷键复制选区的内容至新的图层中，将背景图层填充为白色。❷ 在文档中拖入树枝素材，按住 Ctrl 键单击树枝素材载入树枝的选区。

4. 创建图层蒙版

❶ 隐藏树枝素材图层，选择人物图层。❷ 单击“创建图层蒙版”按钮，为人物添加图层蒙版。❸ 单击“图层”面板底部的“创建新的填充或调整图层”按钮，创建“色阶”调整图层，调整最左边的滑块，加深图像的色调。

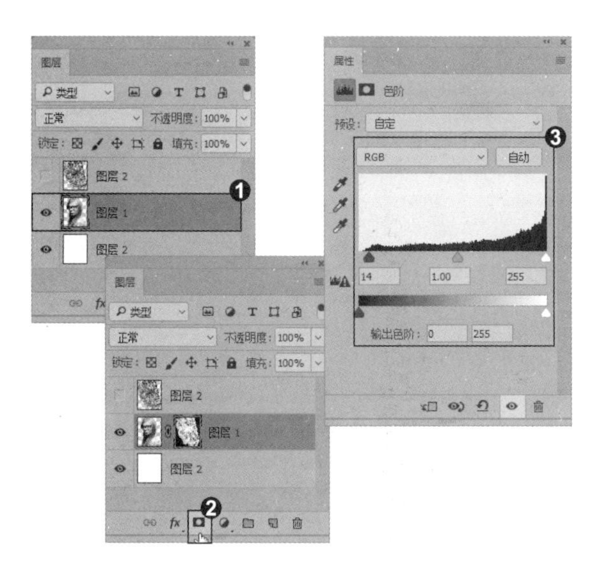

5. 载入选区

❶ 隐藏“背景”图层，选择最上面的图层，按 Ctrl+Alt+Shift+E 快捷键盖印可见图层，拖入树叶素材至盖印的图层下方，隐藏该图层。❷ 选择人物图层，打开“通道”面板，按住 Ctrl 键单击 RGB 复合通道，载入选区。❸ 隐藏人物图层，显示树叶素材图层。

6. 完成图像制作

❶ 单击“创建图层蒙版”按钮，为树叶素材添加图层蒙版。❷ 按Ctrl+I快捷键反相图像。❸ 设置图层的混合模式为“叠加”，显示背景图层，完成图像的制作。

知识拓展

快速选择工具选项栏中带有自动选区运算按钮。❶ 单击“新选区”按钮，可创建一个新的选区；❷ 单击“添加到选区”按钮，可在原选区的基础上添加绘制的选区；❸ 单击“从选区减去”按钮，可在原选区的基础上减去当前绘制的选区。

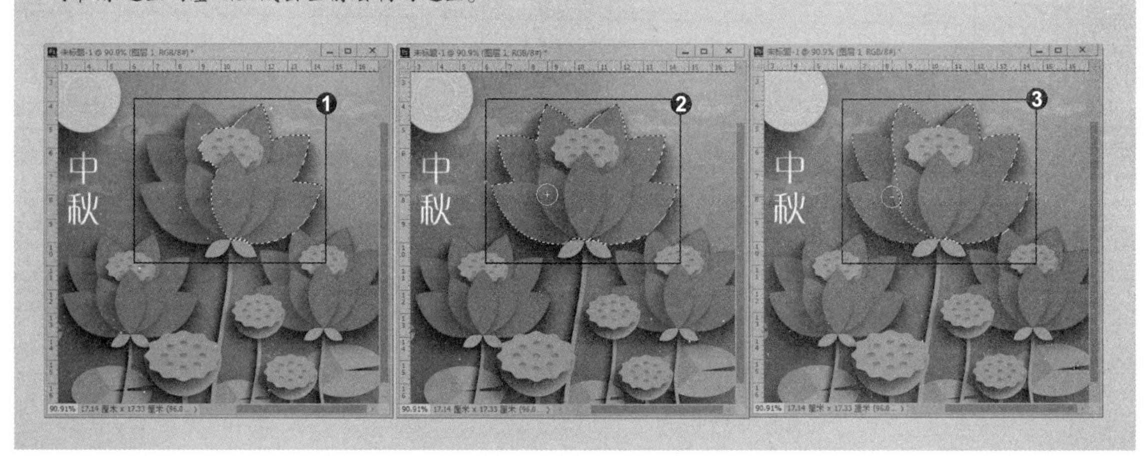

招式059 将选区转换为临时蒙版

Q 在创建选区的多种方法中，有什么方法可以将选区转换为临时蒙版进行编辑呢?

A 快速蒙版是一种选区转换工具，它能将选区转换成为一种临时蒙版图像，这样就能用画笔、滤镜、钢笔等工具编辑蒙版；之后，再将蒙版图像转换为选区，从而实现编辑选区的目的。

1. 选择素材图像

❶ 打开本书配备的"第 3 章\素材\招式 59\烤鸭.jpg"文件。❷ 选择工具箱中的（画笔工具），❸ 单击工具选项栏上的"画笔选取器"按钮，打开"画笔预设"菜单，选择"喷溅 27 像素"笔刷，设置画笔大小为 1300 像素。

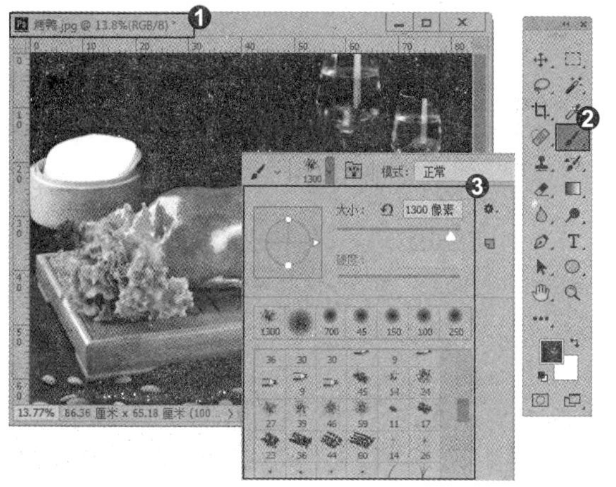

2. 创建临时蒙版

❶ 选择工具箱中的（以快速蒙版模式编辑），进入快速蒙版编辑状态。❷ 使用（画笔工具）在烤鸭素材上涂抹。❸ 单击"选择"|"在快速蒙版模式下编辑"命令，将蒙版转换为选区。

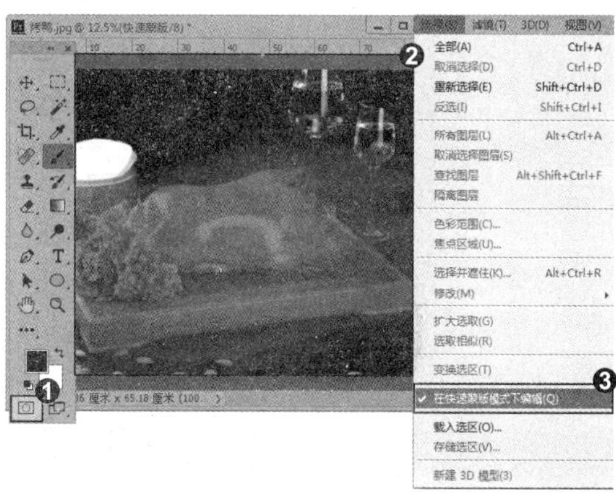

3. 拖曳素材

❶ 单击"选择"|"反选"命令，反选选区。❷ 按 Ctrl+O 快捷键打开"背景"素材，切换至"烤鸭"文档，按住 Alt 键拖曳选区的内容至背景文档中。

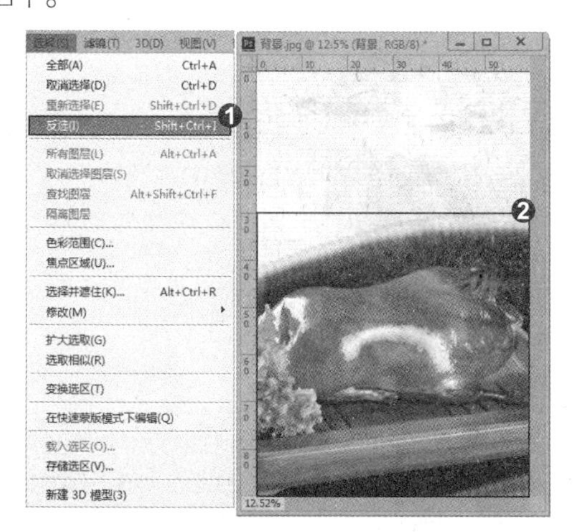

4. 添加文字素材

❶ 按 Ctrl+T 快捷键显示定界框，按住 Alt+Shift 快捷键的同时拖动定界框等比例缩小图像。❷ 按 Ctrl+O 快捷键打开文字素材，将文字添加到文档中。

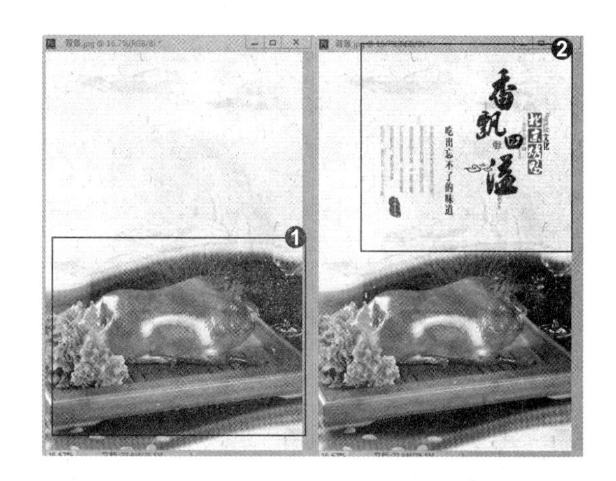

专家提示

按 Q 键可以进入或退出快速蒙版编辑模式。

知识拓展

❶ 创建选区后，❷ 双击工具箱中的◻（以快速蒙版模式编辑按钮），弹出“快速蒙版选项”对话框，选中“被蒙版区域”单选按钮，选择的是选区之外的图像区域，选区之外的图像会被蒙版颜色覆盖，而选中的区域完全显示图像；❸ 选中“所选区域”单选按钮，选择的则是选中的区域，选中的区域将被蒙版颜色覆盖，未被选择的区域显示为图像本身的效果。

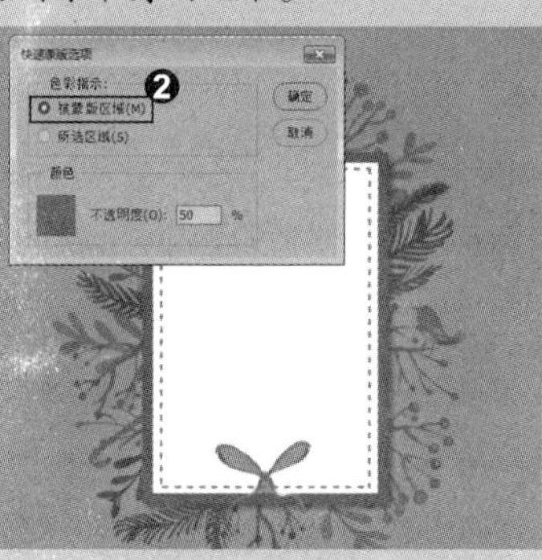

专家提示

使用白色涂抹快速蒙版时，被涂抹的区域会显示出图像，这样可以扩展选区；使用黑色涂抹的区域会覆盖一层半透明的宝石红色，这样可以收缩选区；使用灰色涂抹的区域可以得到羽化的选区。

招式 060 根据颜色范围创建选区

Q “色彩范围”命令与 （魔棒工具）的工作原理相似，都是根据图像的颜色范围创建选区，那二者有何区别?

A “色彩范围”命令相对 （魔棒工具）而言，选择的精准度更高。“色彩范围”命令提供了更多的控制选择，可根据不同的颜色、不同的取样点来创建选区。

1. 选择素材图像

❶ 打开本书配备的“第3章\素材\招式60\伞.jpg”文件。❷ 单击“选择”|“色彩范围”命令，❸ 弹出“色彩范围”对话框。

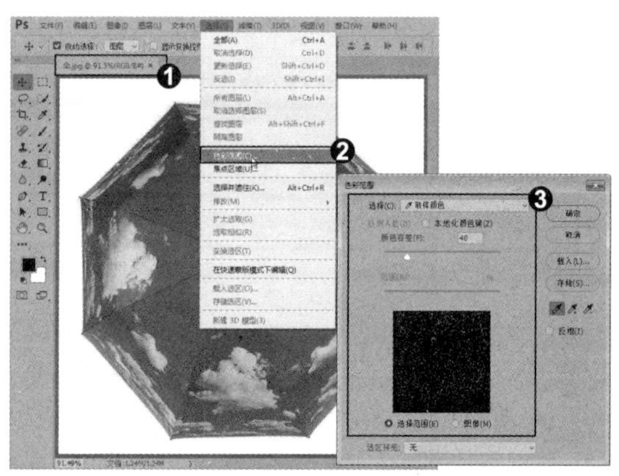

2. 设置取样范围

❶ 在文档窗口中的背景上单击，进行颜色取样，❷ 向左侧拖动“颜色容差”滑块，确定取样的范围。

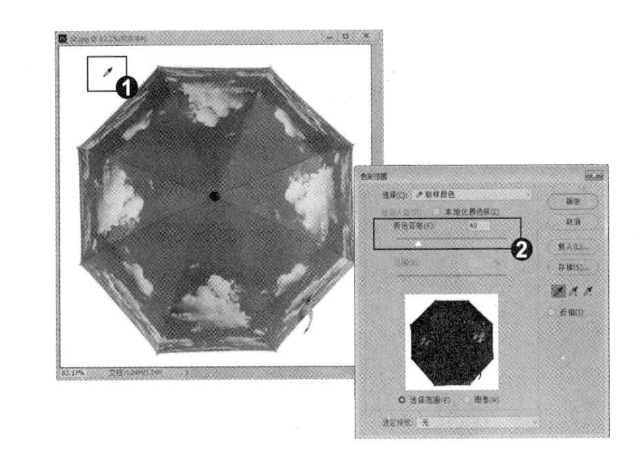

3. 载入选区

❶ 单击“确定”按钮关闭对话框，按 Ctrl+Shift+I 快捷键反选选区，选中雨伞。❷ 单击“选择” | “修改” | “收缩”命令，❸ 在弹出的对话框中设置“收缩量”为 2 像素。

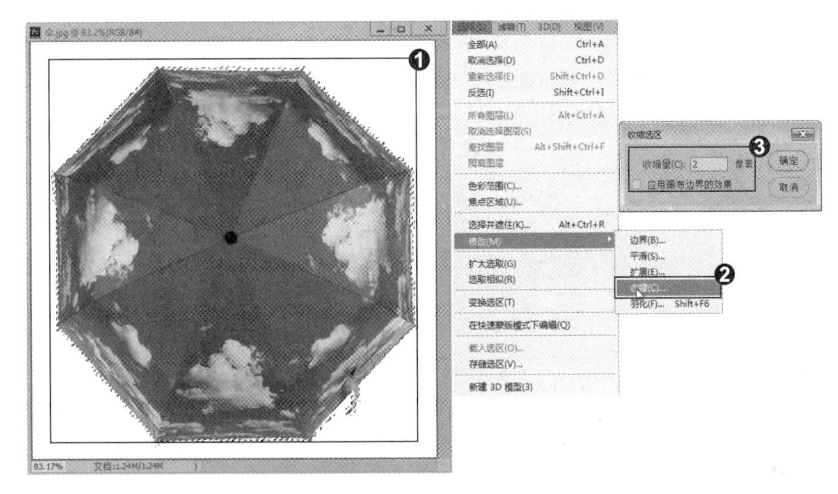

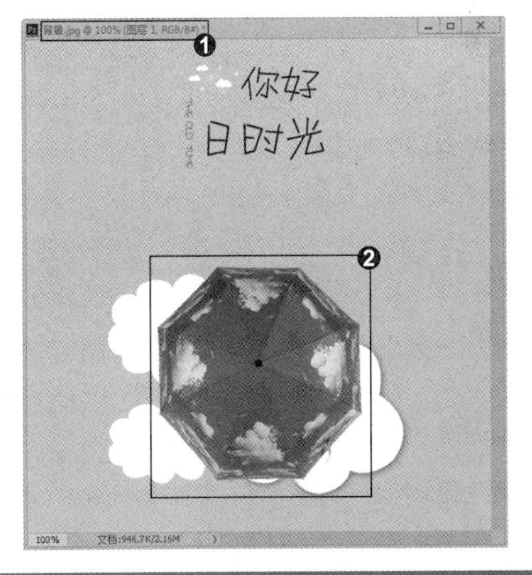

4. 添加背景素材

❶ 按 Ctrl+O 快捷键打开“背景.jpg”素材文件。❷ 切换至“雨伞”文档，选择工具箱中的 (移动工具)，将素材拖到背景素材中，按 Ctrl+T 快捷键调整大小，完成图像的制作。

专家提示

如果在图像中创建了选区，“色彩范围”命令只分析选中的图像。如果要细调选区，可以重复使用该命令。

知识拓展

“色彩范围”对话框中的“选择工具组”用来设置选区的创建方式。❶ 选择“取样颜色”时，在(光标为形状)文档窗口中的图像上，或“色彩范围”对话框中的预览窗口上单击，可以对颜色进行取样；❷ 如果要添加颜色，可单击“添加到取样”按钮，在预览窗口或图像上单击；❸ 如果要减去颜色，可单击“从取样中减去”按钮，在预览窗口或图像上单击。

招式061 羽化和描边选区

Q 在 Photoshop 中创建选区后，该如何让选区的边缘呈现模糊化？使用“描边”命令进行描边时有哪些注意事项？

A 在 Photoshop 中可以用“羽化”命令将选区和选区像素进行模糊处理，让边缘呈现模糊化。在使用“描边”命令对选区进行描边时，要注意描边的位置及混合模式。

1. 新建文档

❶ 单击“文件”|“新建”命令，在弹出的“新建文档”对话框中设置参数，单击“创建”按钮，新建空白文档。❷ 选择工具箱中的(自定形状工具)，设置“工具模式”为路径。❸ 单击工具选项栏中的“自定形状拾色器”按钮，选择“红心形 1”形状。

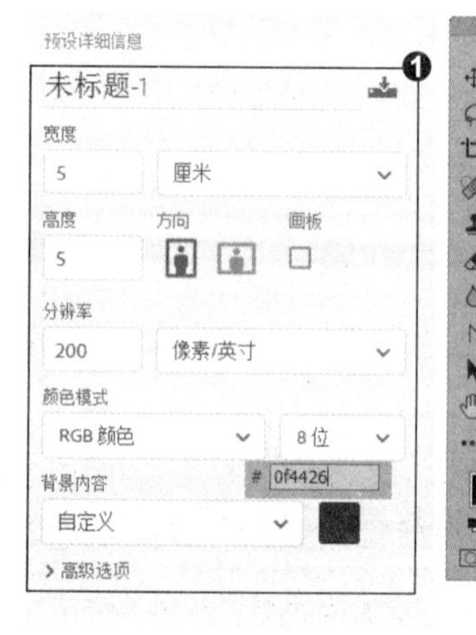

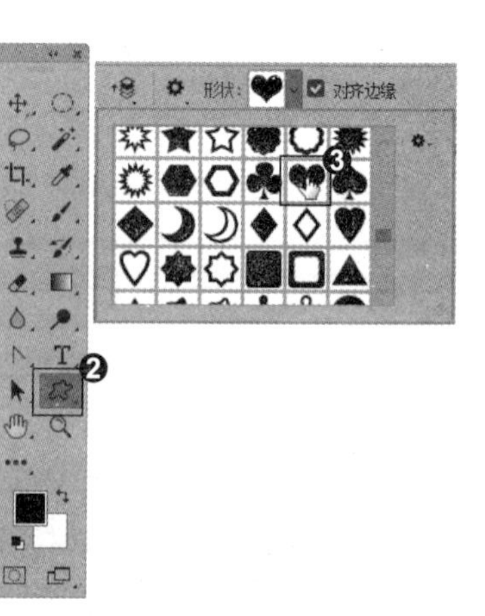

2. 绘制图形

❶ 在文档中拖动鼠标绘制心形路径。❷ 单击“图层”面板底部的“创建新图层”按钮，新建一个图层。❸ 按 Ctrl+Enter 快捷键将路径转换为选区，按 Alt+Delete 快捷键填充背景色。

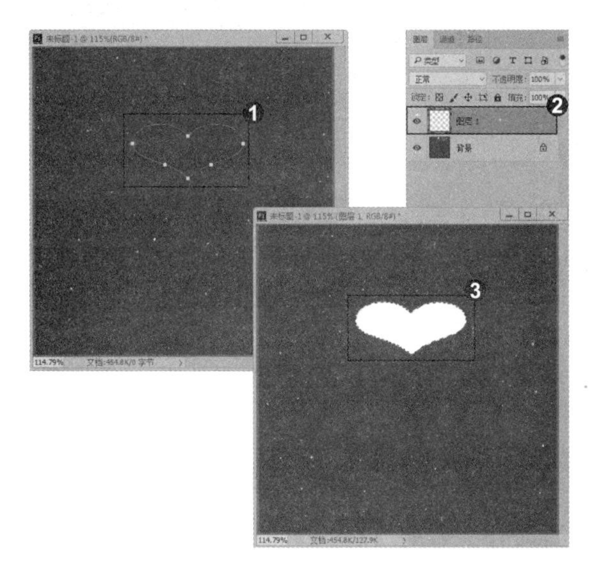

3. 羽化选区

❶ 按 Shift+F6 快捷键，弹出“羽化选区”对话框，设置“羽化半径”为 10 像素，❷ 按 Delete 键删除选区的图像内容，按 Ctrl+D 快捷键取消选区，按 Ctrl+J 快捷键复制图像，❸ 按 Ctrl+T 快捷键显示定界框，将中间的控制点拖到下面控制点的中心位置。

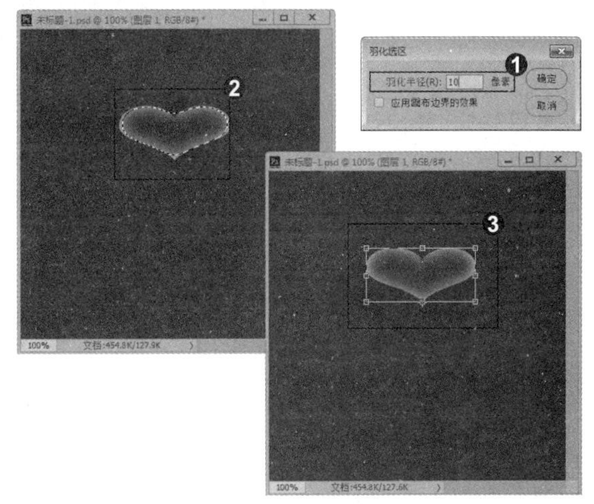

4. 复制图形

❶ 设置工具选项栏上的旋转角度为 45 度，旋转图像，按 Enter 键确认操作。❷ 按 Ctrl+Alt+Shift+T 快捷键再次复制图像 7 次。❸ 在“图层”面板中选中除“背景”图层外的所有图层，按 Ctrl+E 快捷键合并图层，按住 Ctrl 键单击合并的图层，载入选区。

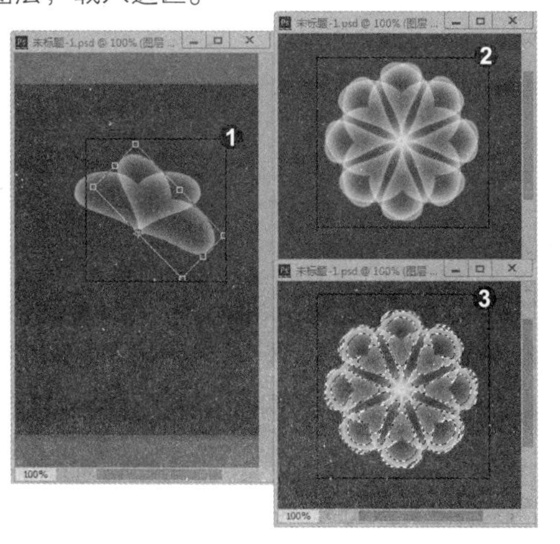

5. 描边图形

❶ 单击“编辑”|“描边”命令，在弹出的对话框中设置参数，单击“确定”按钮关闭对话框。❷ 按 Ctrl+D 快捷键取消选区，完成图像的制作。

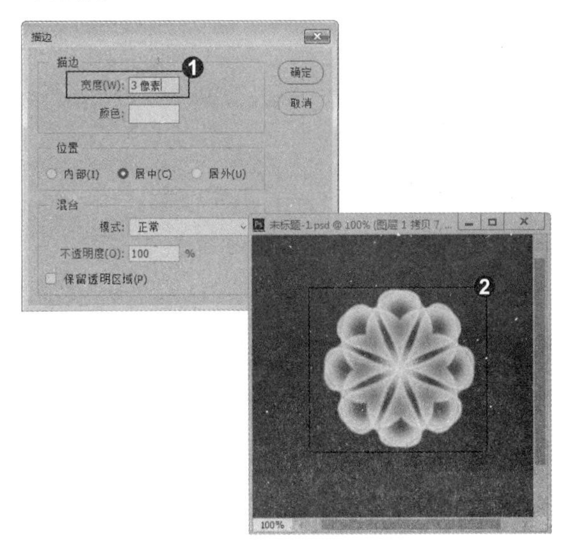

知识拓展

❶ 创建选区后，如果选区较小而羽化半径设置较大，❷ 就会弹出羽化警告提示框，单击“确定”按钮，表示确认当前设置的羽化半径，❸ 这时选区会变得非常模糊，以致在画面中看不到，填充颜色后可以看到选区仍然存在。若不想出现该警告提示框，应减少羽化半径或增大选区的范围。

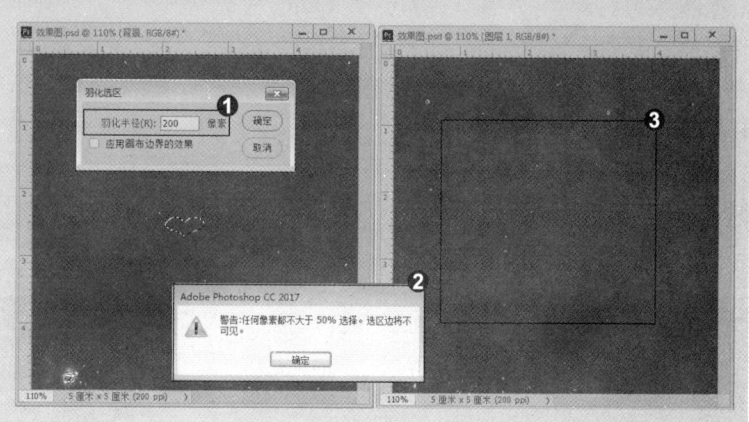

招式 062 变换图像的选区

Q 在 Photoshop 中创建的选区，是否可以和图像的变换一样，对选区进行变换编辑呢?

A 当然可以。在 Photoshop 中创建选区后，右击，在弹出的快捷菜单中选择“变换选区”命令，即可对选区进行缩放、斜切、旋转等变换操作。

1. 选择素材图像

❶ 打开本书配备的“第 3 章 \ 素材 \ 招式 62\ 超人 .jpg”文件。❷ 选择工具箱中的(椭圆选框工具)，❸ 单击拖动鼠标创建椭圆选区。

2. 选区描边

❶ 按 Shift+F6 快捷键，在弹出的对话框中设置“羽化半径”为 2 像素。❷ 单击“图层”面板底部的“创建新图层”按钮，新建一个图层。❸ 单击“编辑” | “描边”命令，在弹出的对话框中设置参数。

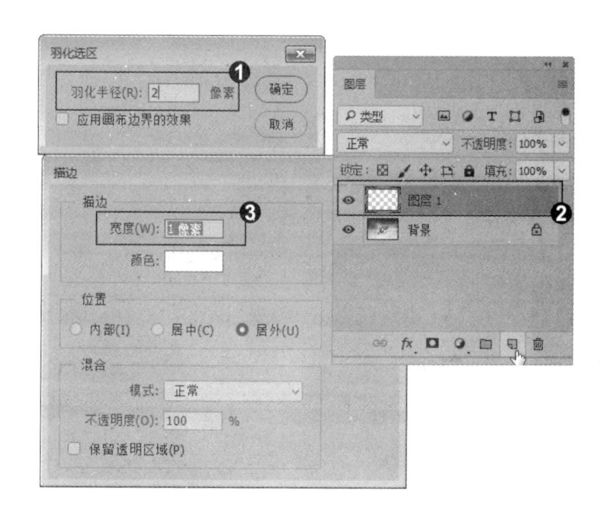

3. 变换选区

❶ 单击“确定”按钮，为选区描边。❷ 单击“选择”|“变换选区”命令，❸ 显示定界框，设置工具选项栏中的旋转角度为 15 度。

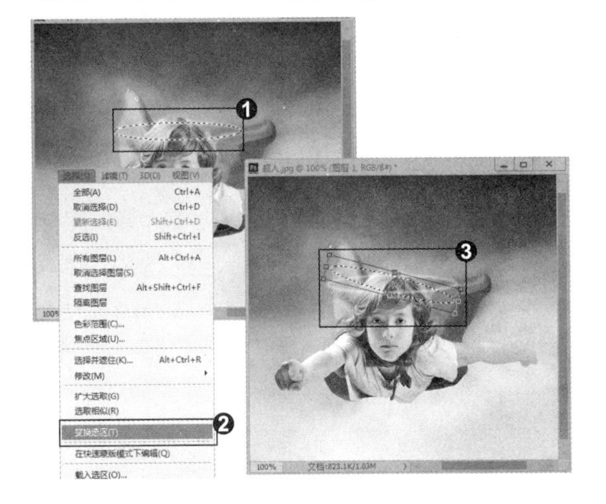

4. 制作光环

按 Enter 键确认操作。❶ 单击“编辑”|“描边”命令，在弹出的对话框中设置参数，制作光环。❷ 同方法，制作其他的光环。❸ 选择工具箱中的 (橡皮擦工具) 擦除多余的光环，完成图像的制作。

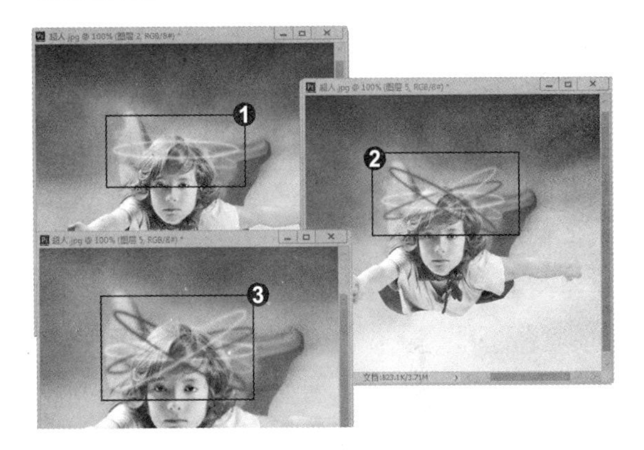

5. 添加外发光效果

❶ 单击“图层”面板底部的“添加图层样式”按钮 fx，在弹出的下拉菜单中选择“外发光”命令，接着在弹出的对话框中设置相关参数。❷ 单击“确定”按钮关闭对话框，完成图像的制作。

知识拓展

❶ 创建选区，执行“选择”|“变换选区”命令，可以在选区上显示定界框。❷ 拖动控制点可对选区进行旋转、缩放等变换操作，选区内的图像不会受到影响。❸ 如果使用“编辑”菜单中的“变换”命令操作，则会对选区及选中的图像同时应用变换。

招式063 图像的全选和反选

Q 在 Photoshop 中，全选选区和反选选区除了执行菜单命令外，还有没有更快捷的操作方法?

A 在 Photoshop 中，可以按 Ctrl+A 快捷键全选选区，按 Ctrl+Shift+I 快捷键反选选区。

1. 创建选区

❶ 打开本书配备的“第3章\素材\招式63\酒.jpg”文件。❷ 选择工具箱中的 （魔棒工具），在白色背景上单击创建选区。❸ 单击“选择”|“反选”命令，或按 Ctrl+Shift+I 快捷键反选选区。

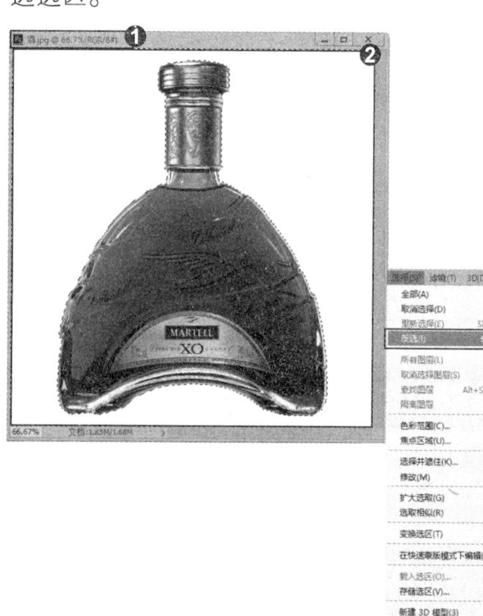

2. 全选选区

❶ 按 Ctrl+J 快捷键复制选区的内容至新的图层，隐藏“背景”图层。❷ 单击“选择”|“全部”命令，或按 Ctrl+A 快捷键全选选区。❸ 按 Ctrl+C 快捷键拷贝选区的内容，按 Ctrl+O 快捷键打开“背景”素材，按 Ctrl+V 快捷键粘贴选区的内容。

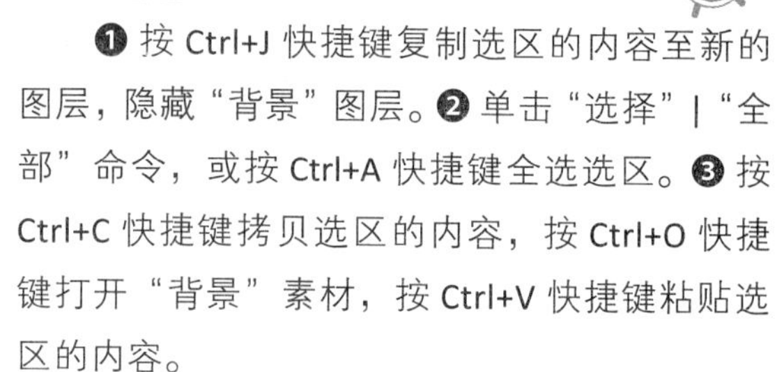

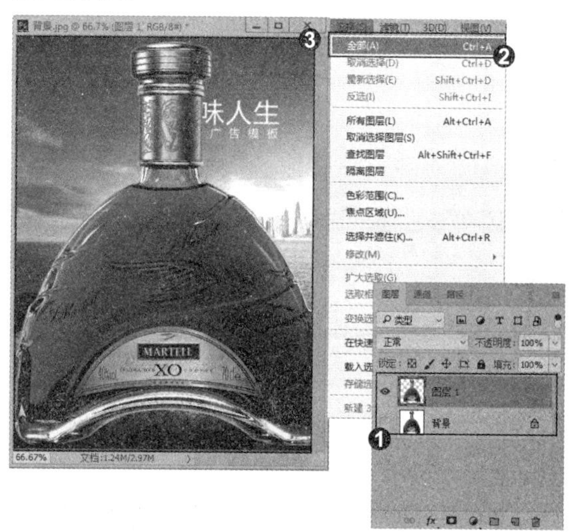

3. 制作倒影

❶ 按 Ctrl+T 快捷键显示定界框，按住 Shift+Alt 快捷键的同时拖动定界框等比例缩放图像，按 Enter 键确认操作。❷ 按 Ctrl+J 快捷键复制图像，单击“编辑”|“变换”|“垂直翻转”命令。❸ 拖动翻转的图像至酒瓶的下方，设置图层的“不透明度”为 30%。

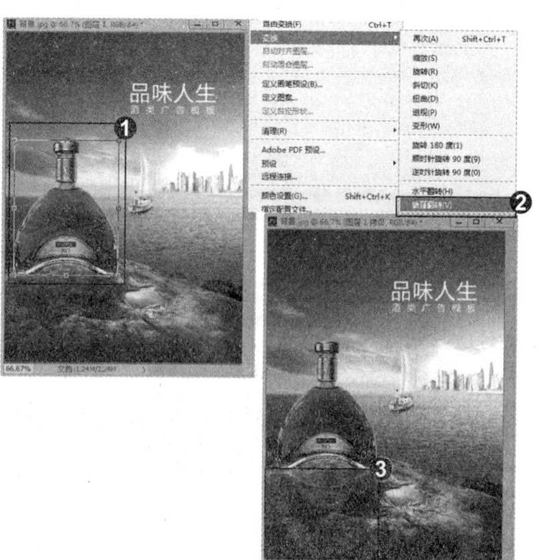

4. 添加图层蒙版

❶ 单击"图层"面板底部的"添加图层蒙版"按钮 。❷ 设置前景色为黑色，按 G 键选择 (渐变工具)，在工具选项栏中选择"黑色到透明色"的渐变，单击"线性渐变"按钮 。❸ 从蒙版的下方往上方拖动鼠标，填充渐变，完成图像的制作。

知识拓展

❶ 如果要复制整个图像，可以单击"选择" | "全部"命令或按 Ctrl+A 快捷键选择当前文档边界的全部内容。❷ 如果文档中包含多个图层，则可按 Ctrl+Shift+C 快捷键合并可见图层后再执行该命令。

招式 064 图像选区的运算

Q 创建选区时，通常情况下一次操作很难将所需的对象完全选中，有没有快速的方法解决这个问题呢?

A 这很简单，只需要在创建选区时，将新选区和现有选区之间进行运算，从而可以生成需要的选区。

1. 选择素材图像

①打开本书配备的“第3章\素材\招式64\底纹.jpg”文件。❷单击“文件”|“置入嵌入的智能对象”命令，❸在弹出的“置入”对话框中选择“花环”文件，置入到素材文档中。

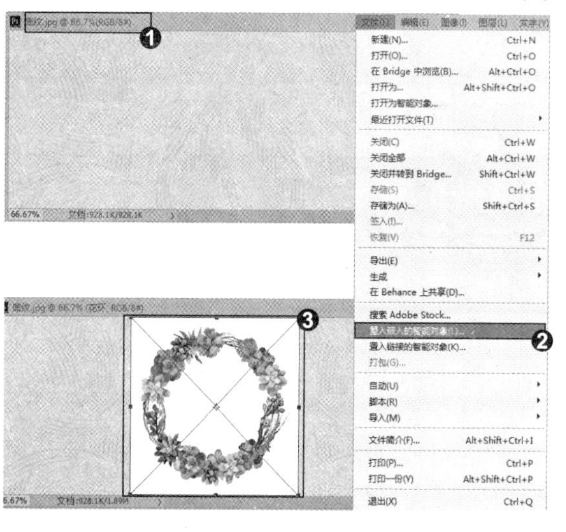

2. 抠取花环素材

按Enter键确认操作。❶选择工具箱中的(魔棒工具)，在花环中间背景上单击创建选区，❷单击工具选项栏中的“添加到选区”按钮，❸在花环白色背景上单击加选选区。

3. 创建矩形选区

❶在“图层”面板中选择“花环”图层，右击，在弹出的快捷菜单中选择“栅格化图层”命令，按Delete键删除选区的图像，按Ctrl+D快捷键取消选区并移动花环文件。❷选择工具箱中的(矩形选框工具)，❸单击鼠标在文档中创建矩形选区。

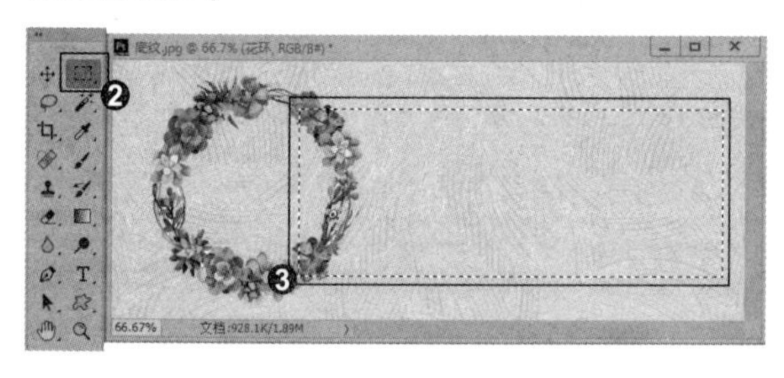

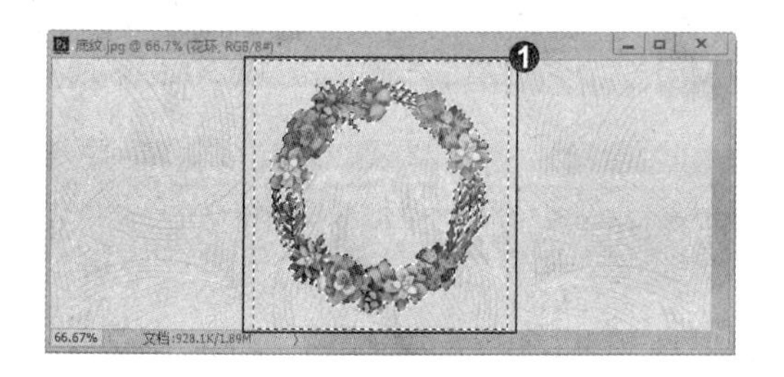

4. 加选选区

❶选择工具箱中的(椭圆选框工具)，单击工具选项栏中的“添加到选区”按钮。❷在文档中单击拖动鼠标绘制椭圆选区，可在矩形选区上添加新的选区。❸新建一个图层，设置前景色为粉色(# f3dddf)，按Alt+Delete快捷键填充前景色。

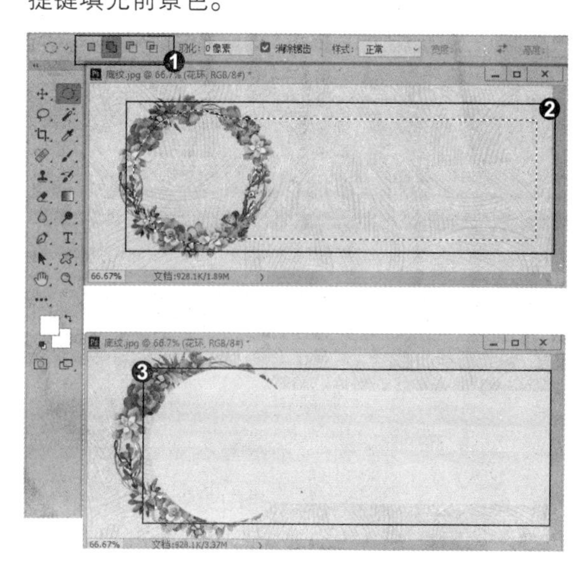

5. 添加投影

按 Ctrl+D 快捷键取消选区。❶ 单击“图层”|“图层样式”|“投影”命令，为图形添加投影。❷ 按 Ctrl 键单击粉色图形载入选区，单击“选择”|“修改”|“收缩”命令，设置“收缩量”为 5 像素。❸ 新建一个图层，单击“编辑”|“描边”命令，设置描边参数。

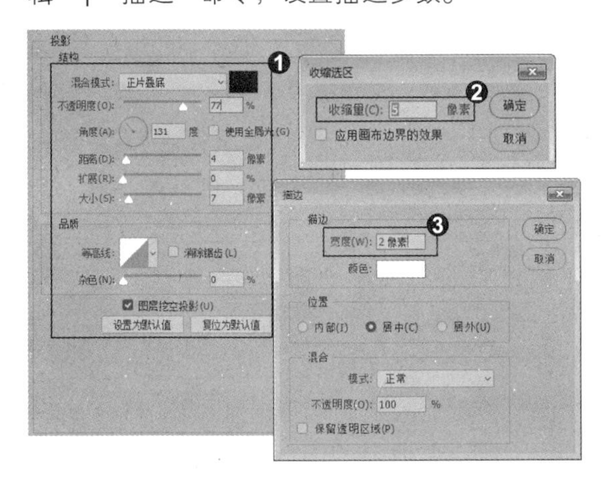

6. 添加素材图片

❶ 按 Ctrl+O 快捷键打开“人物”素材，并添加至编辑的文档中。❷ 按 Ctrl+O 快捷键打开“投影”“文字”素材，添加至编辑的文档中，完成图像的制作。

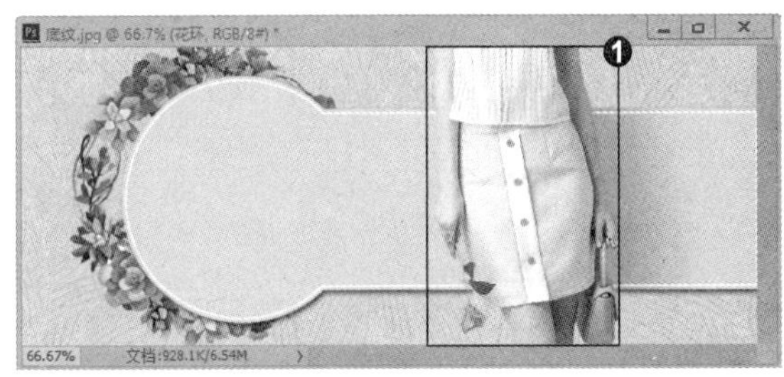

知识拓展

❶ 在工具选项栏中按下“新选区”按钮，可以创建一个选区；❷ 按下“添加到选区”按钮，可在原有选区的基础上添加新的选区；❸ 按下“从选区减去”按钮，可在原有选区中减去新创建的选区；❹ 按下“与选区交叉”按钮，画面中只保留原有选区与新创建的选区相交的部分。

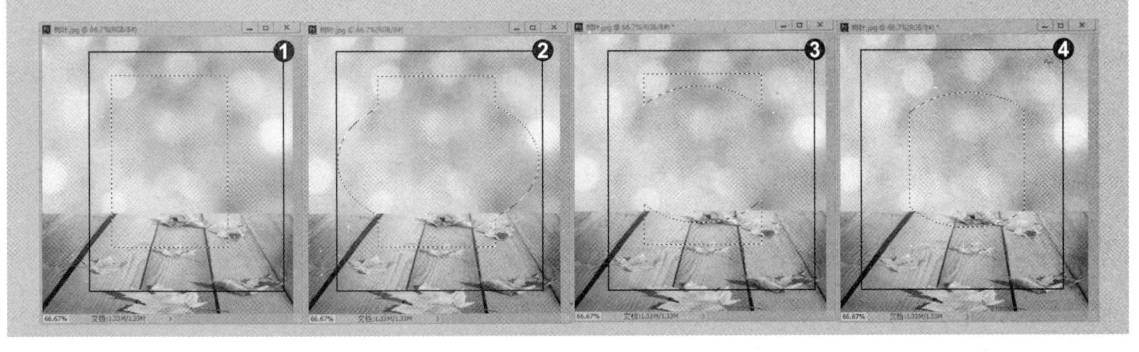

专家提示

如果当前图像中有选区存在，则使用选框工具、套索工具和魔棒工具继续创建选区时，按住 Shift 键可以在当前选区上添加选区，相当于按下“添加到选区”按钮；按住 Alt 键可以在当前选区中减去绘制的选区，相当于按下“从选区减去”按钮；按住 Shift+Alt 快捷键可以得到与当前选区相交的选区，相当于按下“与选区交叉”按钮。

招式 065 边界选区绘制单色框

Q 在 Photoshop 中，“边界”命令的使用频率较低，那这个命令该如何去使用呢？

A 在 Photoshop 中创建选区后，单击“选择”|“修改”|“边界”命令，可以将选区的边界向内或向外进行扩展，形成新的选区。

1. 输入文字

❶ 打开本书配备的“第 3 章\素材\招式 65\背景 .jpg”文件。❷ 选择工具箱中的 (横排文字工具)，设置“字体”为 Engravers MT、“字号”为 150 点、“字体颜色”为蓝色，在文档中输入大写“ZOO”文母。❸ 单击“文字”|“栅格化文字图层”命令，将文字图层栅格化。

2. 创建边界选区

❶ 按住 Ctrl 键单击文字图层载入选区，选择“背景”图层，按 Ctrl+J 快捷键复制背景内容。❷ 隐藏文字图层，载入复制图层的选区，单击“选择”|“修改”|“边界”命令，❸ 设置边界宽度为 5 像素。

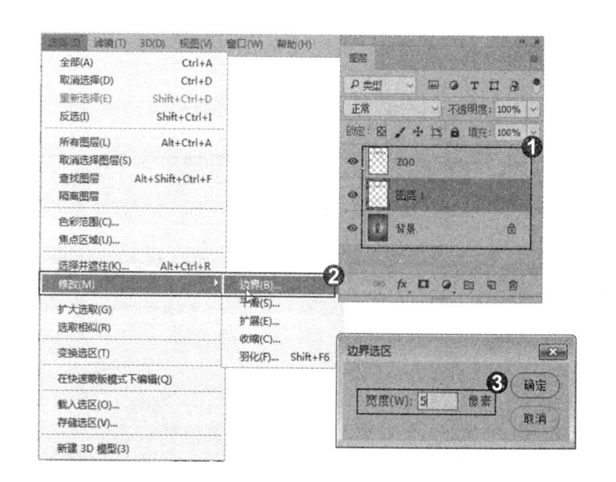

3. 设置图层混合模式

❶ 按 Ctrl+Shift+I 快捷键反选选区，按 Delete 键删除选区的内容，按 Ctrl+D 快捷键取消选区，设置图层的混合模式为“颜色减淡 (添加)”。❷ 选择工具箱中的 (橡皮擦工具)，擦除中间文字。

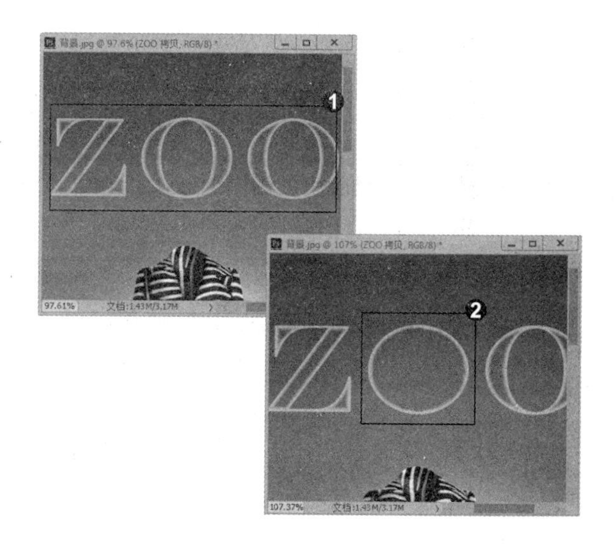

4. 设置图层混合模式

❶ 按住 Ctrl 键单击“ZOO”图层载入选区，选择“背景”图层，按 Ctrl+J 复制背景内容，❷ 设置该图层的混合模式为“颜色减淡”，“不透明度”为 30%。❸ 同方法，擦除中间的文字，选择工具箱中的 (椭圆选框工具)，在中间圆环中创建选区。

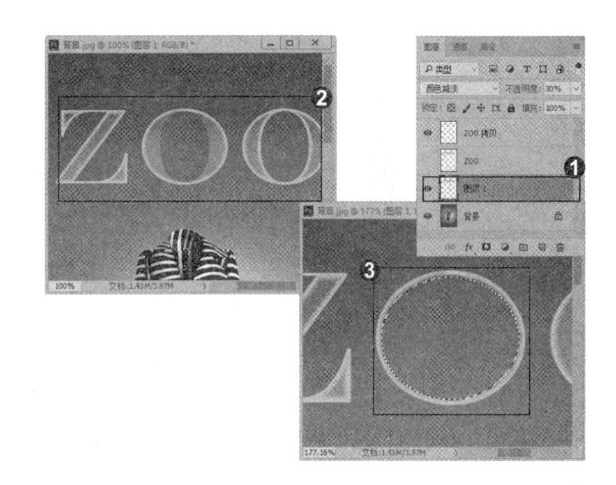

5. 添加素材图像

❶ 选择“背景”图层，按 Ctrl+J 快捷键复制图像，设置图层的混合模式为“颜色减淡”，“不透明度”为 30%。❷ 按 Ctrl+O 快捷键打开“海豚”“鹿”“鸟”“狼”素材，添加到编辑的文档中。❸ 设置“海豚”图层和“鹿”图层的混合模式分别为“叠加”。❹ 按 Ctrl+O 快捷键打开“文字”素材，添加到编辑的文档中。

知识拓展

❶ 在图像中创建选区，弹出“边界选区”对话框，“宽度”用于设置选区扩展的像素值。❷ 例如，将“宽度”设置为 30 像素时，❸ 原选区会分别向外和向内扩展 15 像素。

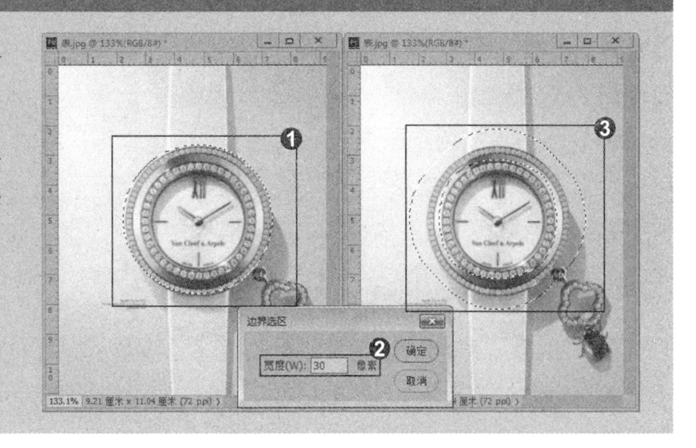

招式 066 使用选择性粘贴图像制作花瓶背景

Q 在 Photoshop 中，想要对指定的内容进行复制粘贴，该如何去操作?

A 可以在指定的内容区域创建选区，按 Ctrl+C 快捷键复制内容，按 Ctrl+V 快捷键粘贴内容即可。

1. 创建选区

❶ 打开本书配备的“第 3 章 \ 素材 \ 招式 66\ 花瓶 .jpg、底纹 .jpg”文件。❷ 选择工具箱中的（磁性套索工具），在花瓶位置创建选区。❸ 按 Ctrl+J 快捷键将选区的内容复制至新的图层。

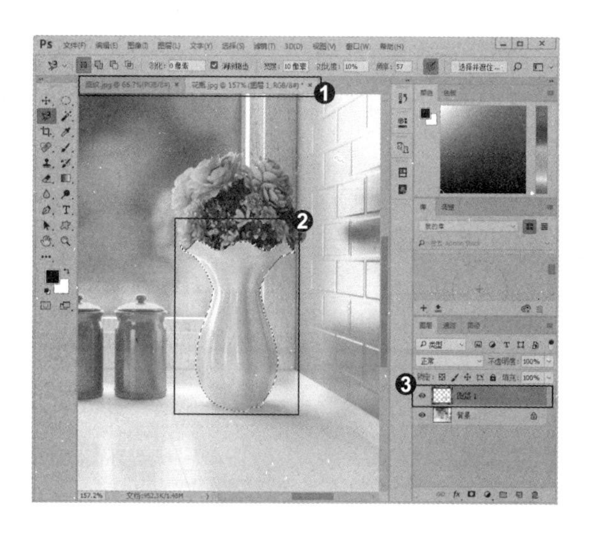

2. 变换选区

❶ 按 Ctrl 键单击复制图层载入选区，将光标放置在选区内，将选区拖到“底纹”素材文档中，❷ 右击，在弹出的快捷键菜单中选择“变换选区”命令。❸ 按住 Ctrl+Shift 快捷键的同时拖动定界框等比例放大图像。

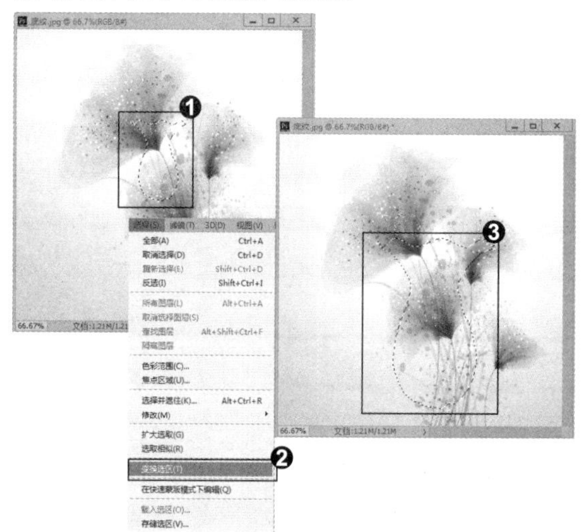

3. 选择性粘贴图像

❶ 按 Enter 键确认操作。按 Ctrl+C 快捷键复制选区内的内容，切换至“花瓶”素材，按 Ctrl+V 快捷键粘贴复制的内容。❷ 按 Ctrl+T 快捷键显示定界框调整图像大小，设置图层的混合模式为“颜色加深”。❸ 按 Ctrl+Alt+G 快捷键创建剪贴蒙版，将内容剪贴到花瓶中。

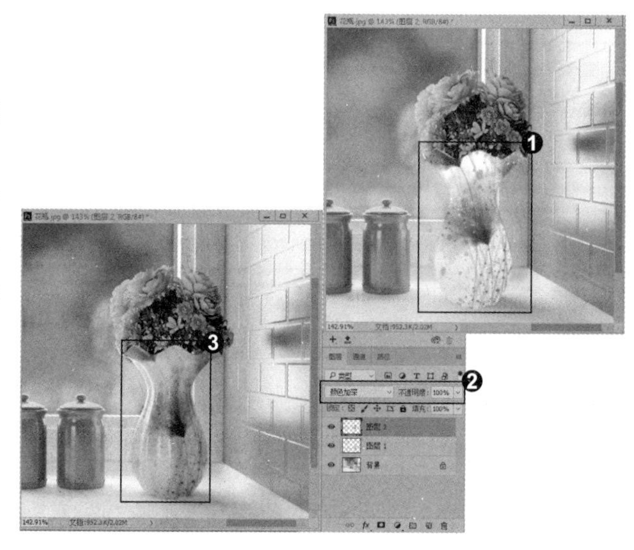

知识拓展

按住 Ctrl 键单击图层缩览图，可以载入选区到图像中。此外，❶ 单击“选择”|“载入选区”命令，❷ 弹出“载入选区”对话框，❸ 单击“确定”按钮也可载入选区。

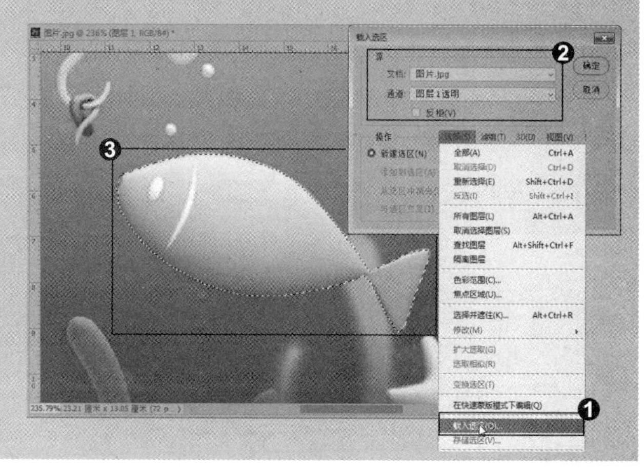

招式 067 选区的扩展与收缩

Q　“扩展”命令和“收缩”命令可以对选区向外扩展、向内收缩，那么，在什么情况下这两个命令才可以使用？

A　“选择”|“修改”子菜单的所有命令必须在有选区存在的情况下才能使用。

1. 创建选区

❶ 单击“文件”|“新建”命令，在“新建文档”对话框中设置参数。❷ 选择工具箱中的 (椭圆选框工具)，按住 Shift 键在画布中绘制正圆。❸ 单击“选择”|“修改”|“收缩”命令，设置“收缩量”为 20 像素。

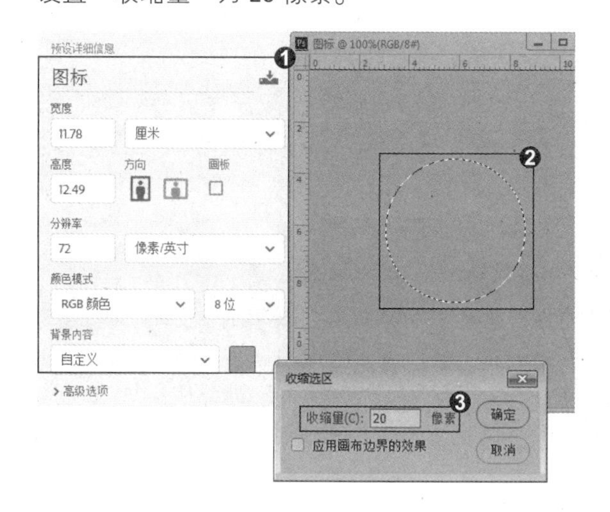

2. 变换选区

❶ 新建一个图层，填充白色。❷ 单击“选择”|“修改”|“扩展”命令，设置“扩展量”为30像素。❸ 再新建一个图层，单击“编辑”|“描边”命令，在弹出的对话框中设置参数。

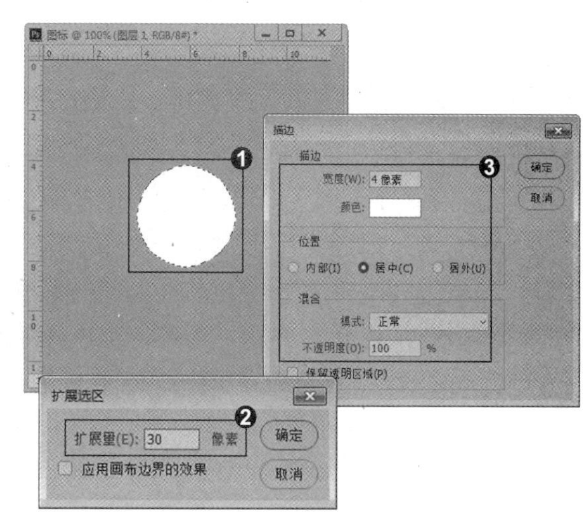

3. 添加素材图片

❶ 按 Ctrl+D 快捷键取消选区。按 Ctrl+O 快捷键打开“铅笔图标”素材，添加到编辑的文档中。❷ 选择工具箱中的 (多边形套索工具)，在文档中创建选区。❸ 按住 Ctrl 键单击“创建新图层”按钮，在铅笔图层下方新建图层，填充黑色。

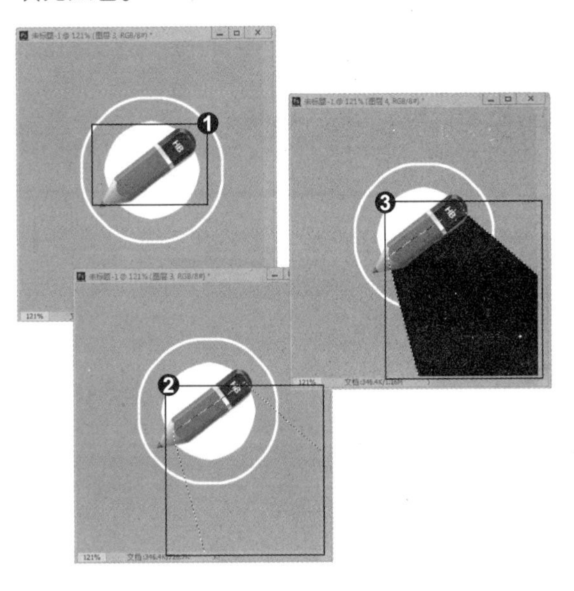

4. 制作阴影区域

❶ 设置图层的“不透明度”为 15%，❷ 单击“添加图层蒙版”按钮，添加图层蒙版，按 G 键选择 (渐变工具)，设置工具选项栏参数，❸ 在蒙版中从黑色阴影的右下方往左上方拖曳鼠标，填充渐变。

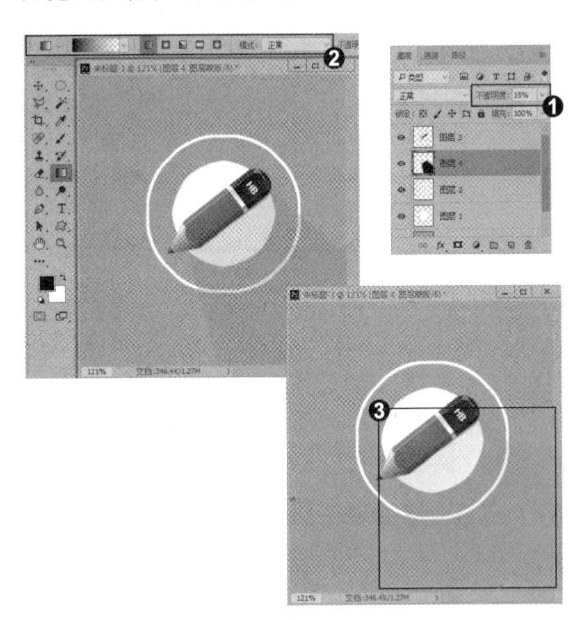

5. 创建阴影区域

❶ 同方法，使用 (多边形套索工具) 创建选区，填充黑色。❷ 按 Ctrl+D 快捷键取消选区，设置图层“不透明度”为 50%，❸ 添加图层蒙版，选择 (渐变工具)，设置“黑色到透明色”的渐变，按“线性渐变”按钮，拖动鼠标拉出渐变。

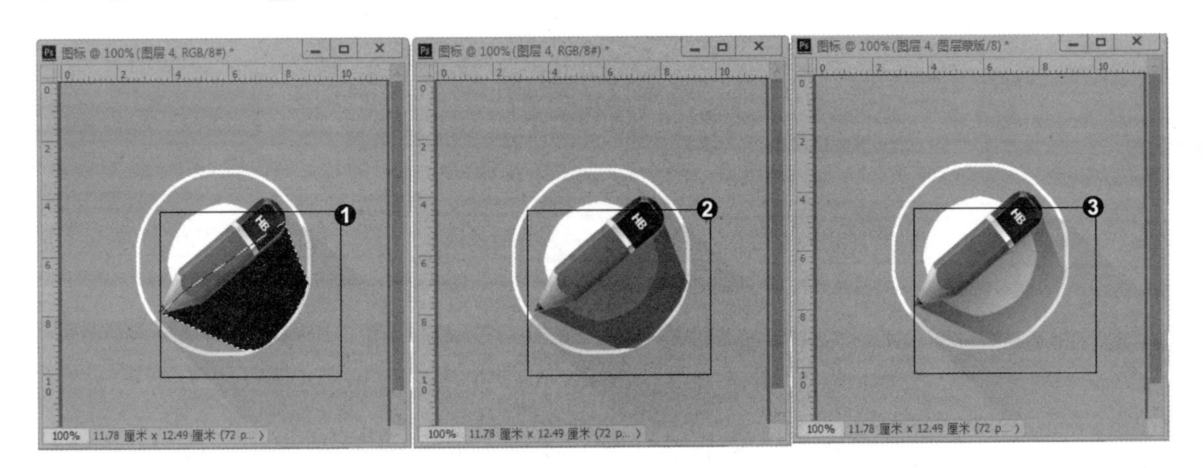

知识拓展

在“修改”命令中，除了“边界”“羽化”“扩展”“收缩”子命令外，还有一个“平滑”子命令。❶创建选区后，❷单击“选择”|“修改”|“平滑”命令，弹出“平滑选区”对话框，设置“取样半径”的数值，❸可以让选区变得更加平滑。

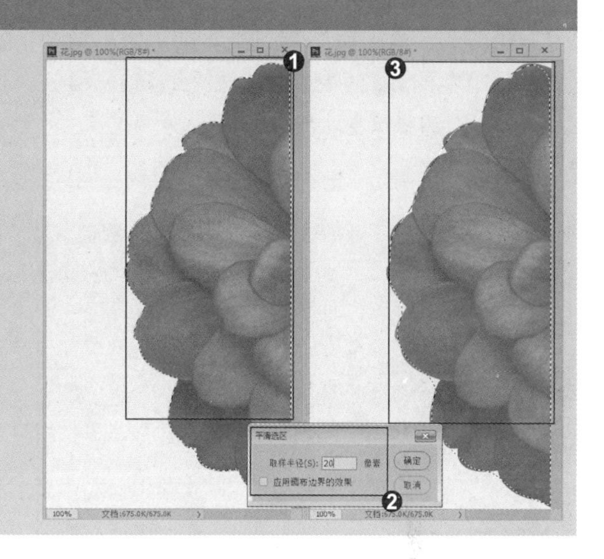

招式 068 选择与遮住命令创建选区

Q 在处理图像时，想使用“调整边缘”命令来进行抠取处理，怎么在该版本中没有发现该命令？

A 在 Photoshop 的新版本中，将“调整边缘”命令已经取消，增加了“选择并遮住”命令，该命令的使用方法和“调整边缘”命令大致一样，但“选择并遮住”更加智能，可以在弹出的对话框中针对某个区域创建选区。

1. 打开素材图像

❶打开本书配备的“第3章\素材\招式68\人物.jpg”文件。❷单击“选择”|“选择并遮住”命令，或按 Alt+Ctrl+R 快捷键，❸弹出“选择并遮住”对话框。

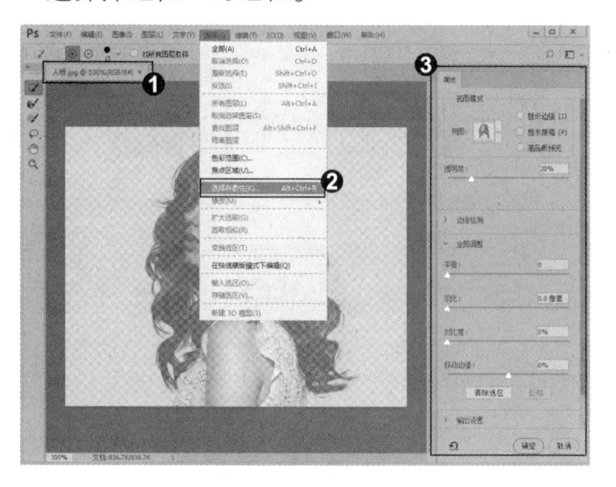

2. 选择取样范围

❶选择左侧工具箱中的(快速选择工具)。❷在右侧的面板中设置各项参数。❸使用快速选择工具在人物背景上单击，确定选取的范围。

3. 细化选区

❶ 继续单击，将灰色背景全部选中。❷ 选择工具箱中的 (调整边缘画笔工具)，❸ 在人物的头发边缘涂抹，细化选区。

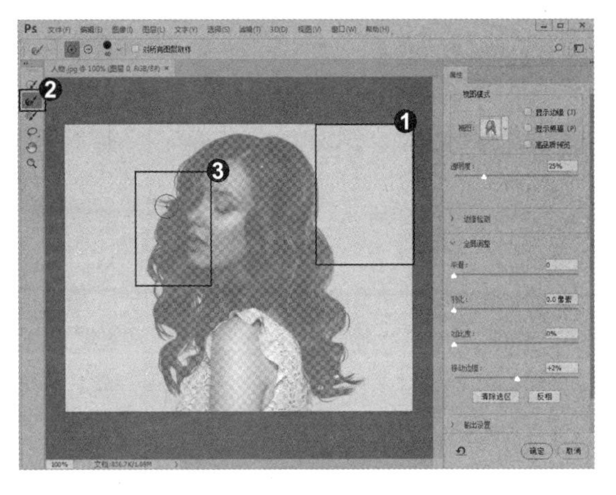

4. 抠取选区

❶ 单击“属性”面板中的“反相”按钮，将图像反相，❷ 单击“确定”按钮关闭对话框，将人物抠取出来。❸ 按 Ctrl+O 快捷键打开“背景”素材，将抠取出来的人物拖到素材文档中。

5. 调整人物色调

❶ 选择工具箱中的 (画笔工具)，设置前景色为黑色，涂抹人物底部与头发边缘(涂抹过程中注意画笔的不透明度)。❷ 单击“创建新填充或调整图层”按钮 ，创建“曲线”调整图层，按 Ctrl+Alt+G 快捷键创建剪贴蒙版，只调整人物的亮度。❸ 选择工具栏中的 (套索工具)，选择人物嘴唇选区，创建“色相/饱和度”调整图层，调整“色相”和“饱和度”的参数，调整嘴唇的颜色。

6. 制作彩色发色

❶ 新建一个图层，创建剪贴蒙版，选择 (画笔工具)，在人物头发边缘涂抹白色，设置图层的混合模式“叠加”、“不透明度”为 40%，提亮头发边缘。❷ 新建一个图层，创建剪贴蒙版，设置图层的混合模式为“叠加”，用各种不同颜色的画笔涂抹头发，制作五光十色的绚丽发色。❸ 按 Ctrl+O 快捷键打开“羽毛”“文字”素材，将其添加到编辑的文档中，完成图像的制作。

知识拓展

“选择并遮住”命令相当于旧版 Photoshop 的“调整边缘”命令，❶ 在“选择并遮住”命令中依然可以选择合适的视图模式。❷ 可对选区进行平滑、羽化、扩展等处理。❸ 也可以消除选区边缘的杂色、设置选区的输出方式。

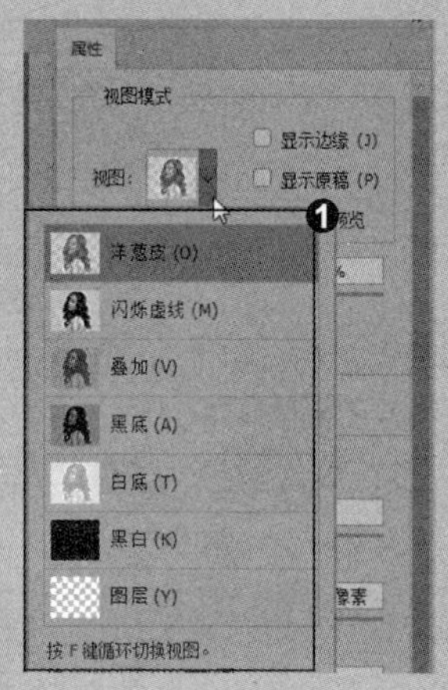

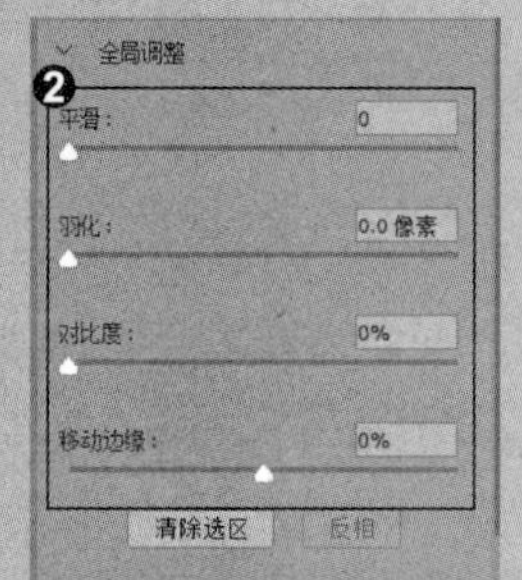

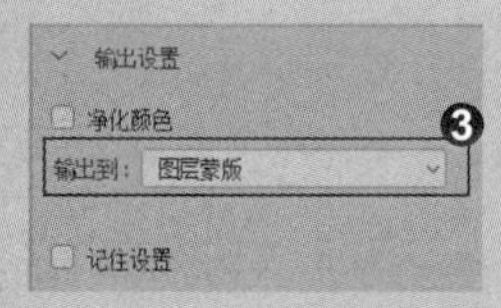

专家提示

修改选区时，可以按下“]”/“[”键，将笔尖调大/调小，也可以用对话框中的缩放工具 在图像上单击放大视图比例，以便观察图像细节，用抓手工具 移动画面，调整图像的显示位置。

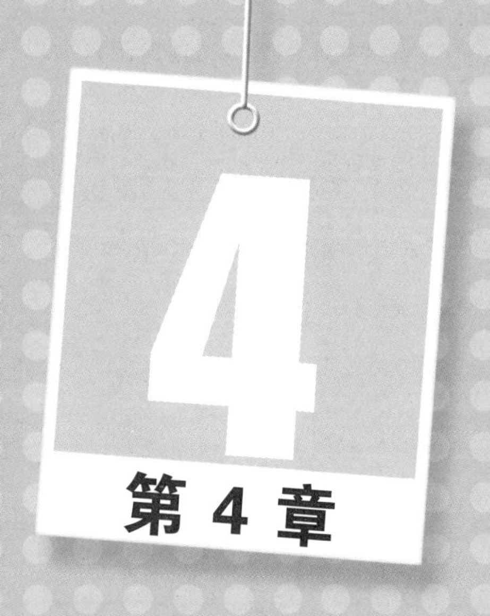

图层的管理与应用

图层是 Photoshop 最为核心的功能功能，它承载了几乎所有的编辑操作。在 Photoshop 中，通过图层的堆叠与混合可以制作出多种多样的效果，用图层来实现效果是一种直观而简便的方法。有了“图层”这一功能不仅能够更加快捷地达到目的，更能够制作出意想不到的效果。

招式 069 创建新图层

Q “图层”是用于创建、编辑和管理图层以及图层样式的一种直观的“控制器”，那它的原理是什么？

A 图层的原理其实非常简单，图层就如同堆叠在一起的透明纸，每一张纸（图层）上都保存着不同的图像，我们可以透过上面图层的透明区域看到下面的图层内容，并且每个图层的内容可以单独移动，互不影响。

1. 在“图层”面板中创建图层

打开本书配备的“第 4 章 \ 素材 \ 招式 69\ 超级玛丽 .jpg”文件。❶ 单击“图层”面板底部的“创建新图层”按钮，❷ 即可在当前图层上方新建一个图层，新建的图层会自动成为当前图层。❸ 如果要在当前图层的下面新建图层，按住 Ctrl 键单击“创建新图层”按钮，即可建立新图层。

2. 使用“新建”命令创建图层

❶ 单击“图层”|“新建”|“图层”命令，或按 Ctrl+Shift+N 快捷键，❷ 可以设置创建图层的属性，如名称、颜色和模式等，❸ 或按住 Alt 键单击“创建新图层”按钮，弹出“新建图层”对话框进行设置。

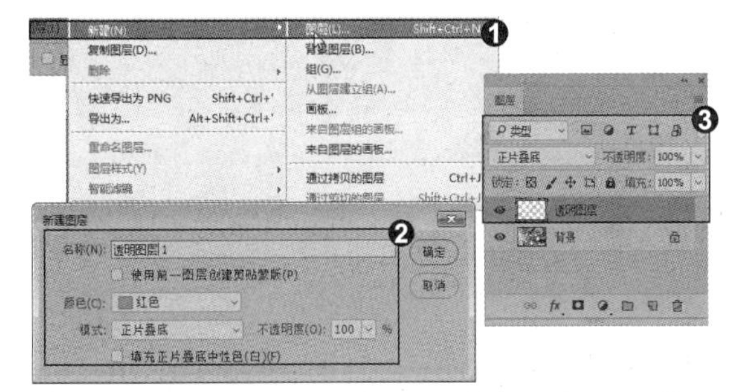

3. 使用“通过拷贝的图层”命令创建图层

❶ 使用（矩形选框工具）在图像中创建选区。❷ 单击“图层”|“新建”|“通过拷贝的图层”命令，或按 Ctrl+J 快捷键，❸ 可以将选中的图像复制到一个新的图层中，原图层内容保持不变。❹ 如果没有创建选区，则单击该命令复制的就是当前图层。

4. 使用“通过剪贴的图层”命令创建图层

❶ 使用选择工具随意创建选区后，单击“图层”|“新建”|“通过剪贴的图层”命令，或按 Ctrl+Shift+J 快捷键，❷ 将选区内的图像从原图层中剪贴到一个新的图层中。

5. 创建“背景”图层

❶ 新建文档时，使用白色或背景色作为背景内容。❷ 如果文档中没有“背景”图层时，选择一个图层，❸ 单击“图层”|“新建”|“背景图层”命令，可以将其转换为“背景”图层。

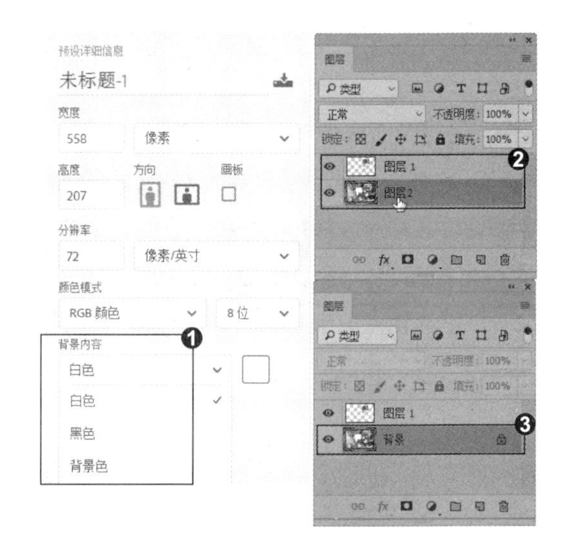

专家提示

“颜色”下拉列表中选择一种颜色后，可以使用颜色标记图层。使用颜色标记图层在 Photoshop 中成为颜色编码。使用某些图层或图层组设置一个可以于其他图层或组的颜色，便于有效地区分不同用途的图层。

知识拓展

“背景”图层是比较特殊的图层，它永远在“图层”面板的最底端，不能调整堆叠顺序，并且不能设置不透明度、混合模式，也不能添加效果。要进行这些操作，需要先将“背景”图层转换为普通图层。❶ 双击“背景”图层，❷ 弹出“新建图层”对话框，在该对话框中输入名称（也可以使用默认的名称），❸ 单击“确定”按钮即可将其转换为普通图层。

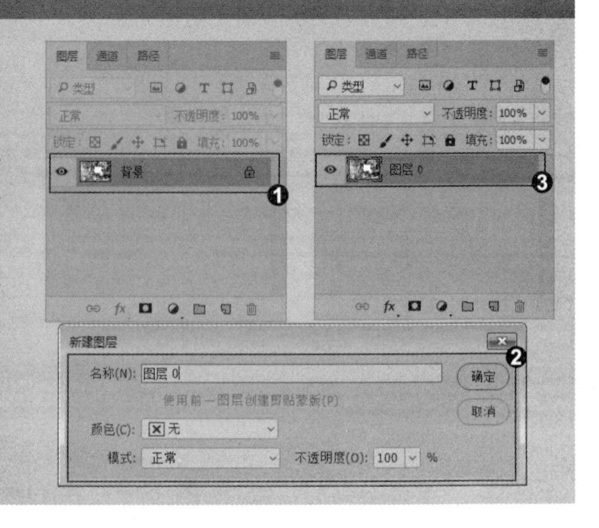

招式 070 选择图层

Q Photoshop 中创建图层的方法有多种，包括在“图层”面板中创建、编辑图层等，那如何在“图层”面板中选择图层呢？

A 在“图层”面板中单击鼠标即可选择想要的图层；按住 Ctrl 键单击可选择不相邻的图层；按住 Shift 键单击鼠标可选择多个图层。

1. 选择一个或多个图层

❶ 打开本书配备的“第 4 章\素材\招式 70\逗比的猫.psd”文件。❷ 在“图层”面板中随意单击图层，即可选择该图层。❸ 单击第一个图层后，按住 Shift 键单击最后一个图层，可以选择多个图层。❹ 按住 Ctrl 键单击这些图层可以选择多个不相邻的图层。

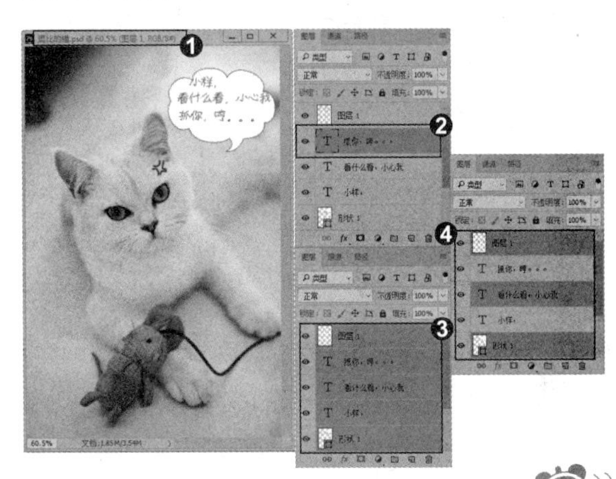

2. 选择所有或链接的图层

❶ 单击“选择”|“所有图层”命令，❷ 可以选择“图层”面板中的所有图层。❸ 在“图层”面板中随意选择两个图层。右击，在弹出的快捷菜单中选择“链接图层”命令，将选中的图层链接起来。❹ 选择一个链接图层，单击“图层”|“选择链接图层”命令，可以选择与之链接的所有图层。

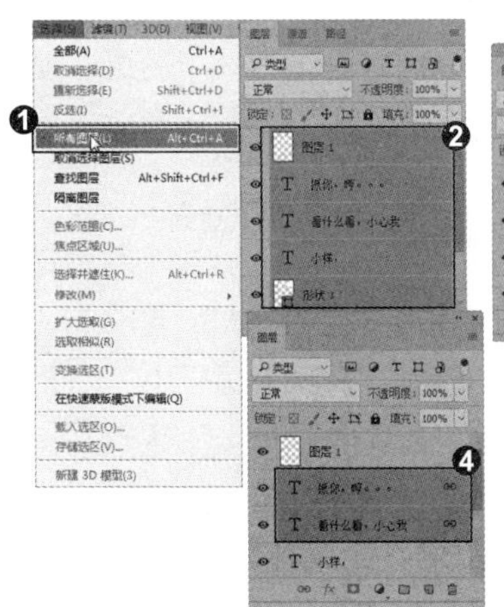

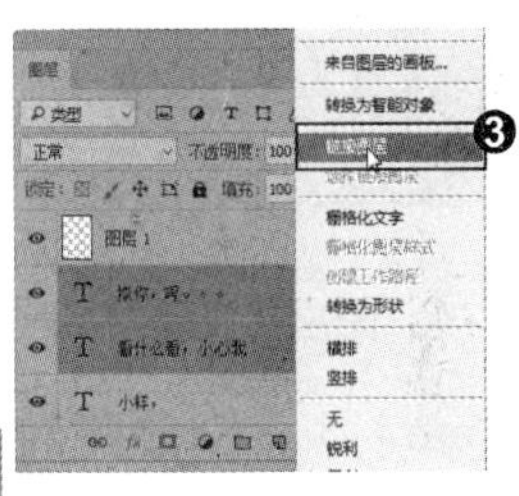

3. 取消选择图层

❶ 如果不想选择任何图层，在“图层”面板下的空白处单击，取消选择的图层，❷ 或单击“选择”|“取消选择图层”命令也可以取消选择。

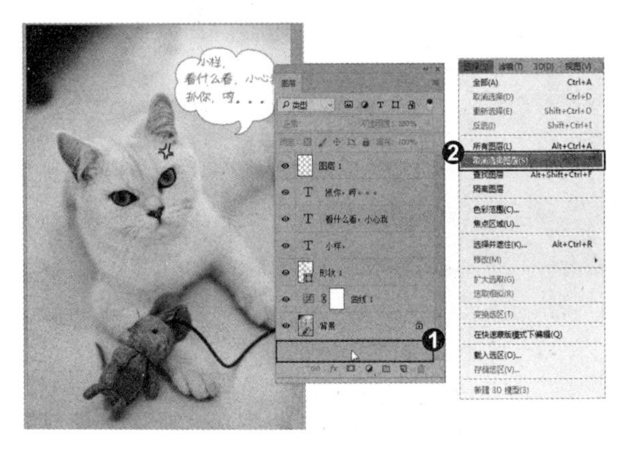

知识拓展

❶ 选择一个图层后，❷ 按 Alt+] 快捷键，可以将当前图层切换为与之相邻的上一个图层；❸ 按 Alt+[快捷键，则可将当前图层切换为与之相邻的下一个图层。

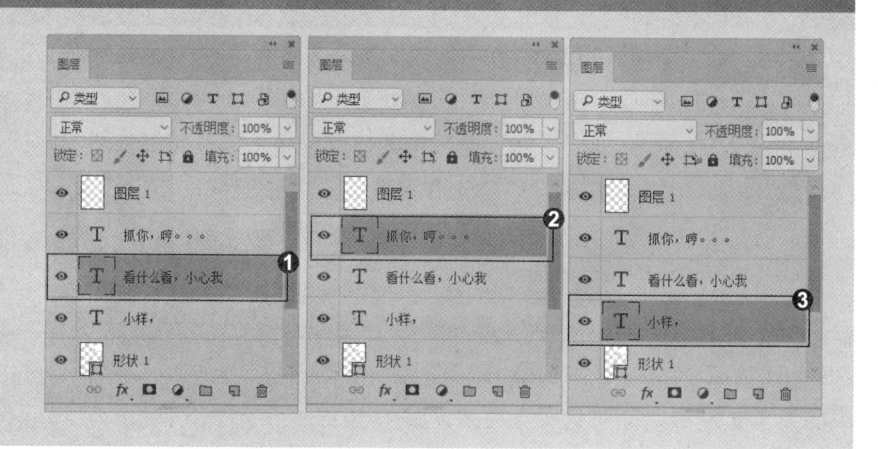

招式 071 复制和删除图层

Q 图层的复制是不是和图像文件的复制一样呢?

A 是一样的，除了通过“图层”面板复制图层外，还可以通过快捷键和执行命令来复制图层。

1. 在“图层”面板中复制图层

❶ 打开本书配备的“第 4 章 \ 素材 \ 招式 71\ 树叶铁路 .jpg”文件。❷ 在“图层”面板中将需要复制的图层拖动到“创建新图层”按钮上，即可复制该图层，❸ 或者按 Ctrl+J 快捷键也可复制图层。

2. 通过命令复制图层

❶ 选择一个图层，单击“图层” | “复制图层”命令，❷ 弹出“复制图层”对话框，输入图层名称并设置选项，❸ 单击“确定”按钮，即可复制该图层。

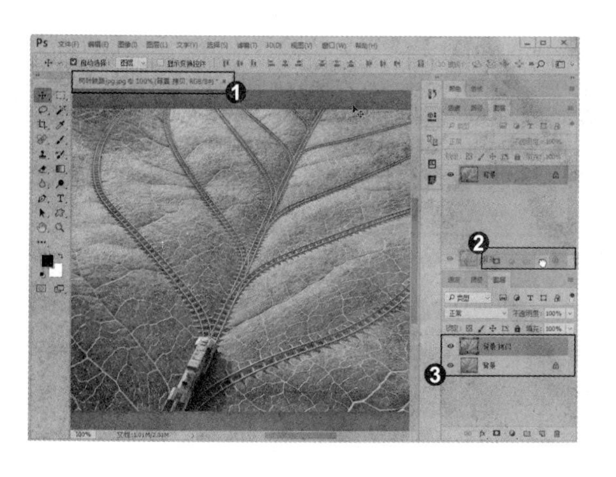

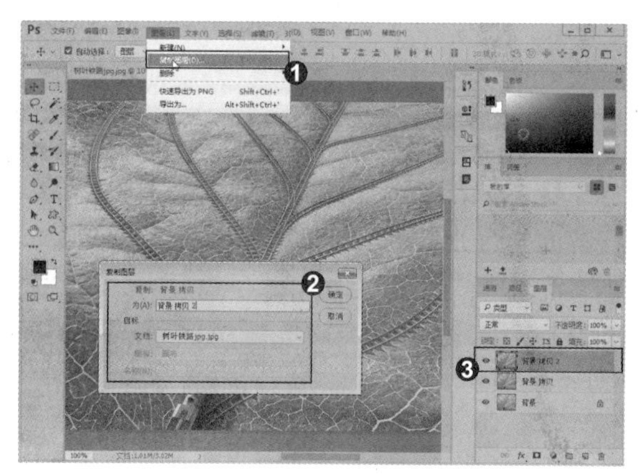

3. 删除图层

❶ 将需要删除的图层拖动到“图层”面板底部的“删除图层”按钮上，❷ 即可删除图层。❸ 单击“图层”|“删除”子菜单中的命令，弹出提示框，单击“是”按钮可以删除当前图层，或“图层”面板中隐藏的图层。

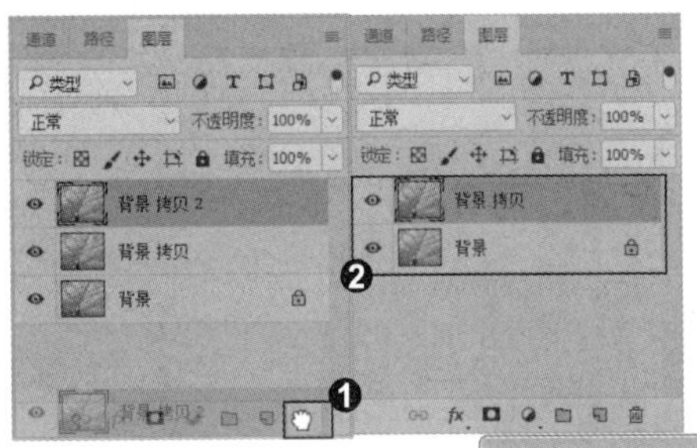

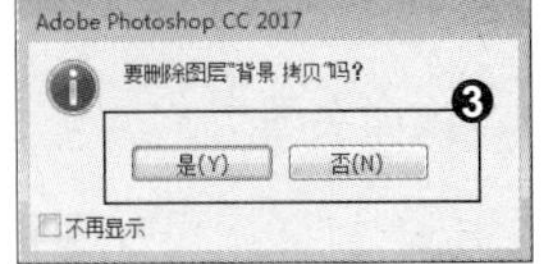

专家提示

创建选区后，按 Ctrl+C 快捷键复制选中的图像，粘贴（按 Ctrl+V 快捷键）图像时，可以创建一个新的图层；如果打开了多个文件，则使用移动工具将一个图层拖至另外的图像中，可将其复制到目标图像，同时创建一个新的图层。需要注意的是，在图像中复制图像时，如果两个文件的打印尺寸和分辨率不同，则图像在两个文件间的视觉大小会有变化。例如，在相同打印尺寸的情况下，源图像的分辨率小于目标图像的分辨率，则图像复制到目标图像后，会显得比原来小。

知识拓展

如果要同时处理多个图层中的图像，例如，同时以移动、应用变换或者剪贴蒙版，则可将这些图层链接在一起再进行操作。❶ 在“图层”面板中选择两个或多个图层，❷ 单击“链接图层”按钮，或单击“图层”|“链接图层”命令，即可将它们链接。❸ 如果要取消链接，可选择一个图层，单击“图层链接”按钮，即可取消图层链接。

招式 072 修改图层的颜色和名称

Q 在制作图像时，会创建许多图层，有什么办法来区别各个图层呢？

A 可以将图层重命名来进行区分，也可以更改图层的显示颜色来区分图层。

1. 重命名图层

❶ 打开本书配备的“第 4 章 \ 素材 \ 招式 72\ 创意合成 .psd”文件。❷ 在“图层”面板中选择一个图层，单击“图层”|“重命名图层”命令，❸ 或直接双击该图层的名称，在显示的文本框中输入新名称即可对图层重命名。

2. 快捷菜单选择颜色

❶ 在“图层”面板中选择一个图层，右击，❷ 在弹出的快捷菜单中选择颜色，❸ 可以修改图层的颜色。

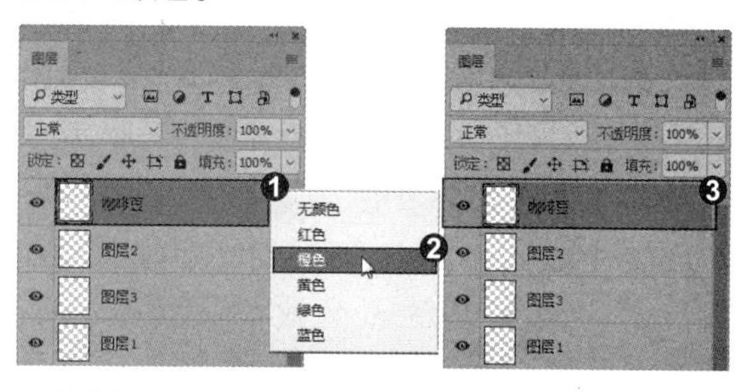

专家提示

单击“图层”|“隐藏图层”命令，可以隐藏当前选择的图层。如果选择了多个图层，则单击该命令可以隐藏所有被选择的图层。

知识拓展

❶ 图层缩览图前面的眼睛图标用来控制图层的可见性。有该图标的图层为可见的图层，无该图标的是隐藏的图层。❷ 单击一个图层前面的眼睛图标，可以隐藏该图层，如果要重新显示图层，在原眼睛处单击即可显示图层。❸ 将光标放在一个图层的眼睛图标上，单击并在眼睛图标列拖动鼠标，可快速隐藏（或显示）多个相邻的图层。

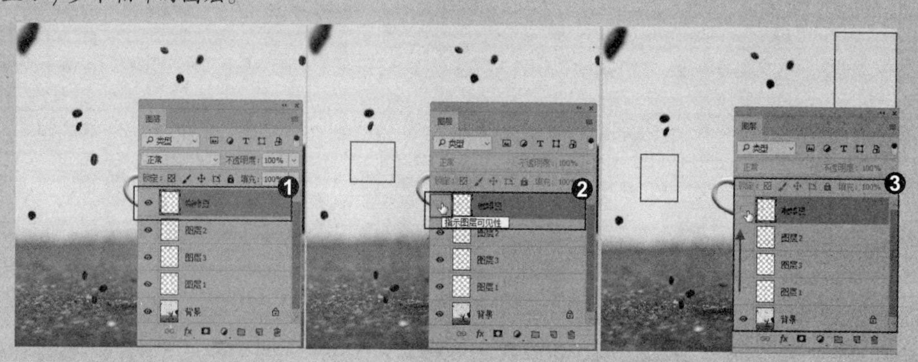

招式 073 锁定与查找图层

Q “图层”的锁定功能包括哪些？是不是执行了锁定命令后，该图层就无法进行操作了呢？

A “图层”面板中提供了用于保护图层透明区域、图像像素和位置等属性的锁定功能。锁定图层并不是将图层进行了锁定就无法进行操作，而是锁定了图层的某些功能，这些功能通过锁定可以得到保护。

1. 栅格化图层

❶ 打开本书配备的“第 4 章\素材\招式 73\文字 .psd”文件。❷ 在“图层”面板中选择一个英文文字图层，单击“图层”|“栅格化”|“文字”命令，❸ 将文字图层转换为普通图层。

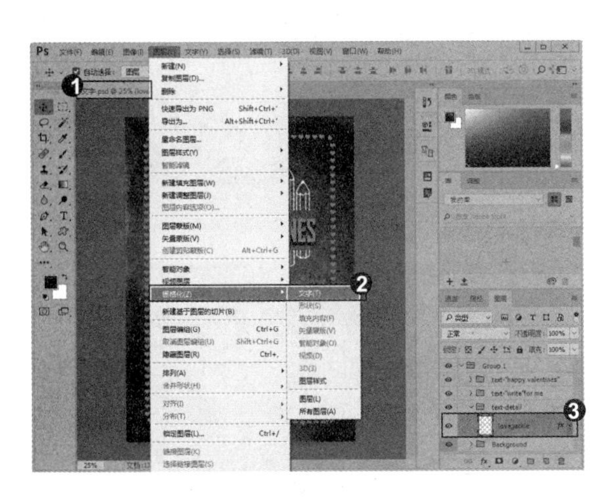

2. 锁定透明像素

❶ 单击“图层”面板上的“锁定透明像素”按钮，可以将编辑范围限定在图层的不透明区域，图层的透明区域会受到保护。❷ 设置前景色为红色 (#f26b6c)，选择工具箱中的 (画笔工具)，❸ 在文字图层上涂抹，文字以外的透明区域不会受到影响。

3. 锁定图像像素

❶ 按 Ctrl+Z 快捷键返回上一步操作。取消“锁定透明像素”按钮，单击“锁定图像像素”按钮，❷ 将光标放在图像上，此时光标改变了形状，继续使用画笔工具在文字图层上涂抹，弹出提示框，不能在图层上绘画、擦除或应用滤镜。❸ 按 Ctrl+T 快捷键显示定界框，可以按住 Ctrl+Shift 快捷键拖动定界框等比例缩放图像。

4. 锁定图层组内的图层

❶ 在“图层”面板中选择图层组，❷ 单击“图层” | “锁定组内的所有图层”命令，弹出“锁定组内的所有图层”对话框。❸ 在该对话框中显示了各个锁定选项，通过它们可以锁定组内所有图层的一种或者多种属性。

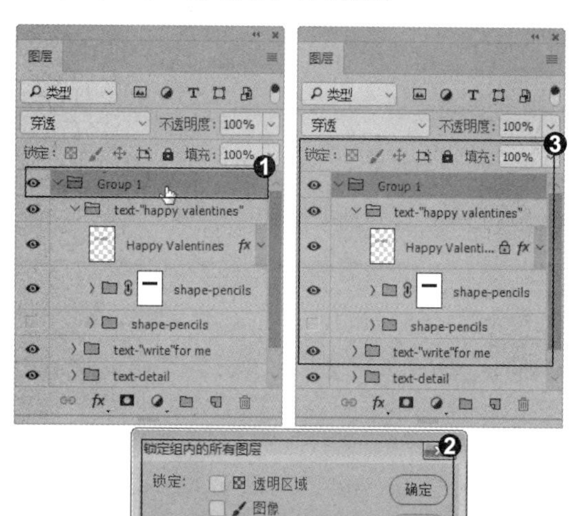

5. 单击命令查找图层

❶ 当图层数量较多时，想要快速找到某个图层，单击“选择” | “查找图层”命令，或按 Ctrl+Shift+Alt+F 快捷键，❷ “图层”面板顶部会出现一个文本框，❸ 输入该图层的名称，面板中便会显示该图层。

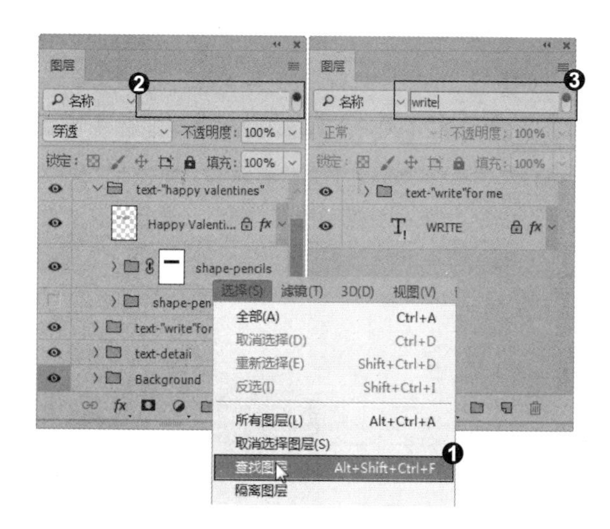

6. 面板显示图像属性

❶ 在“图层”面板顶部的“类型”下拉列表中选择“效果”选项。❷ 翻滚右侧下拉列表的选项。❸ 面板中会显示添加了某种效果的图层。

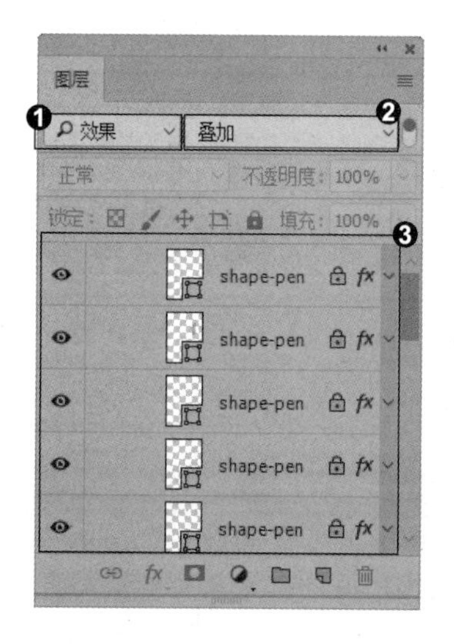

专家提示

如果想停止图层过滤，在“图层”面板中显示所有图层，可单击面板右上角的“打开 / 关闭图层过滤”按钮。

知识拓展

如果要使用绘画工具和滤镜编辑文字图层、形状图层、矢量蒙版或智能对象等包含矢量数据的图层，需要先将其栅格化，让图层中的内容转化为栅格图像，才能够进行相应的编辑。❶选择需要栅格化的图层，单击“图层”|“栅格化”子菜单中的命令即可栅格化图层，❷也可在“图层”面板中右击，在弹出的快捷菜单中选择“栅格化图层”命令，栅格化图层。

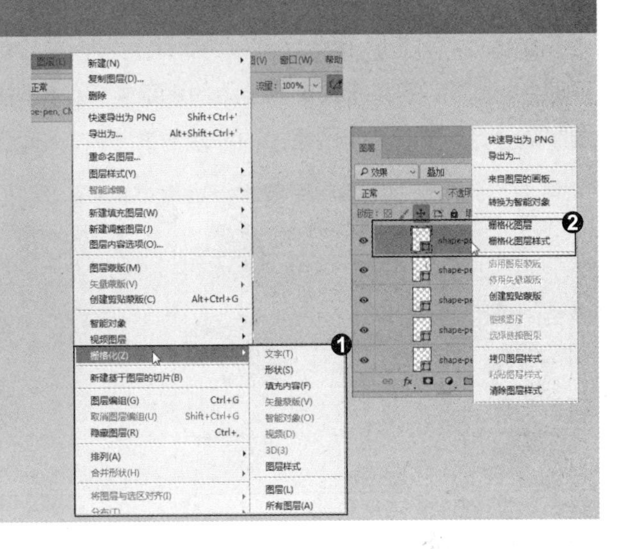

招式 074 对齐与分布图层

Q “图层”面板中的图层是按照创建的先后顺序进行堆叠排列的，我们可不可以重新调整图层的堆叠顺序呢？可不可以选择多个图层将它们对齐或按照相同的间距进行分布呢？

A 当然是可以的，不过使用对齐命令的图层必须是可见图层，而分布图层必须要 3 个或更多的图层才能使用。

1. 顶边对齐

❶打开本书配备的“第 4 章 \ 素材 \ 招式 74\ 愤怒的小鸟 .psd”文件。❷按住 Ctrl 键单击图层，将它们全部选中，❸单击“图层”|“对齐”|“顶边”命令，可以将选定图层上的顶端像素与所有选定图层上最顶端的像素对齐。

2. 垂直居中与底边对齐

❶单击“垂直居中”命令，可以将每个选定图层上的垂直中心像素与所有选定图层的垂直中心像素对齐。❷单击“底边”命令，可以将选定图层上的底端像素与所有选定图层的底端像素对齐。

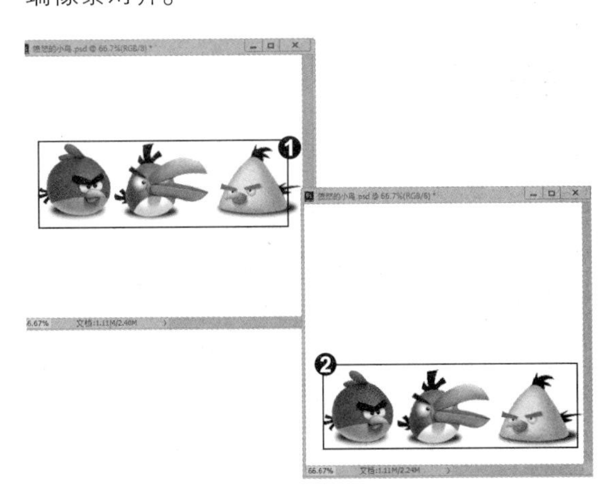

3. 左边、水平居中于右边对齐

❶ 单击“左边”命令，可以将选定图层上左端像素与最左端图层的左端像素对齐。❷ 单击“水平居中”命令，可以将选定图层上的水平中心像素与所有选定图层的水平中心像素对齐。❸ 单击“右边”命令，可以将选定图层上的右端像素与所有选定图层上的最右端像素对齐。

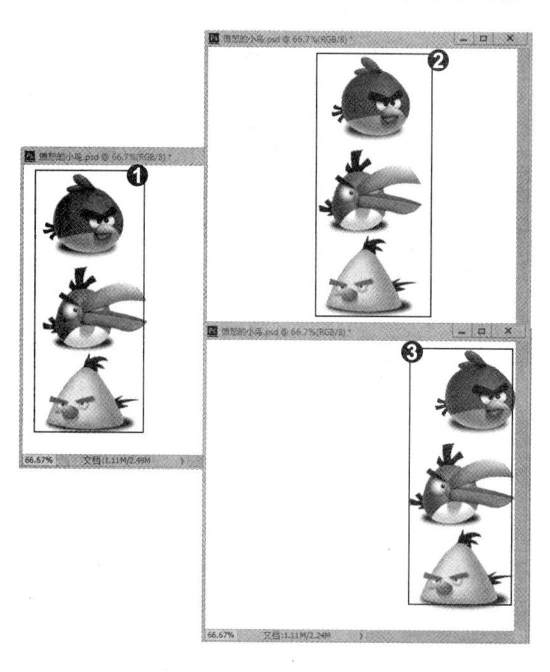

4. 以基准对齐

❶ 将图层全部链接，❷ 单击其中任意一个图层，❸ 单击“对齐”菜单中的命令，则会以该图层为基准进行对齐。

5. 顶边、水平居中分布

取消链接，全选图层。❶ 单击“图层”|“分布”|“顶边”命令，❷ 可以从每个图层顶端像素开始间隔均匀地分布图层。❸ 单击“图层”|“分布”|“水平居中”命令，可以从每个图层的水平中心开始，间隔均匀的分布图层。

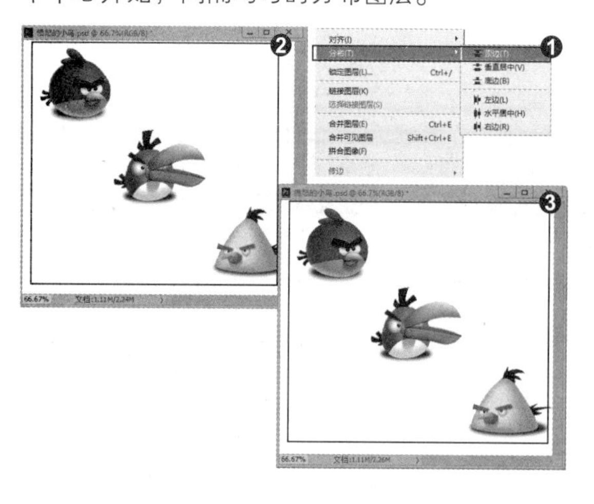

6. 将图层与选区对齐

❶ 打开“卡通鸟.psd”素材，在画面中创建选区。❷ 选择一个图层，单击“图层”|“将图层与选区对齐”子菜单中的命令，❸ 可基于选区对齐所选图层。

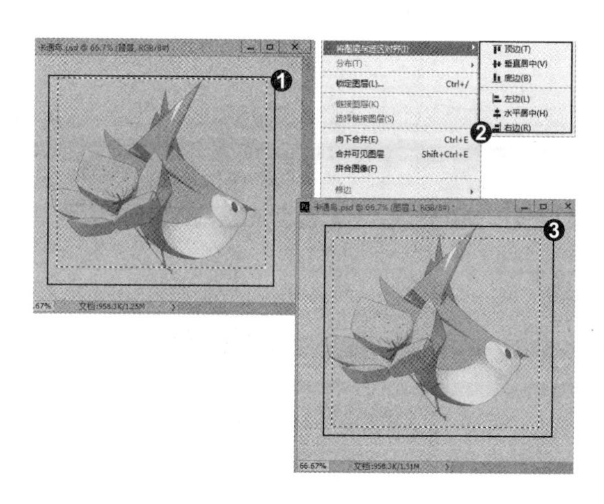

专家提示

如果选择的图层位于图层组中，单击“置为顶层”和“置为底层”命令时，可以将图层调整到当前图层组的最顶层或最底层。

知识拓展

在“图层”面板中，图层是按照创建的先后顺序堆叠排列的。❶ 将一个图层拖动到另外一个图层的上面（或下面），即可调整图层的堆叠顺序。❷ 选择一个图层，单击“图层”|“排列”子菜单中的命令，❸ 也可以调整图层的堆叠顺序。

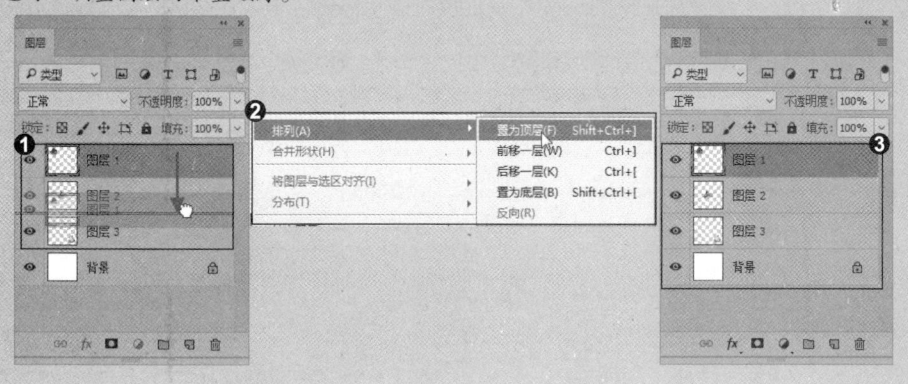

招式 075 巧用图层混合模式

Q Photoshop 中的许多工具和命令都包含混合模式设置选项，如“图层”面板、绘画和修饰工具的选项栏等，那么混合模式的方向又有哪些呢？

A 混合模式可以用于混合图层，控制当前图层与其他图层的像素混合；用于混合像素，混合模式只会将所添加的内容与当前操作的图层混合；还可以用于混合通道，用来创建特效的图像合成和制作选区。

1. 选择渐变色

❶ 打开本书配备的“第 4 章 \ 素材 \ 招式 75\ 树林 .jpg”文件。❷ 单击“图层”|“新建调整图层”|“渐变映射”命令，在“属性”面板中双击“点按可编辑渐变”渐变条。❸ 弹出“渐变编辑器”对话框，在对话框中选择“紫、黄渐变”的渐变。

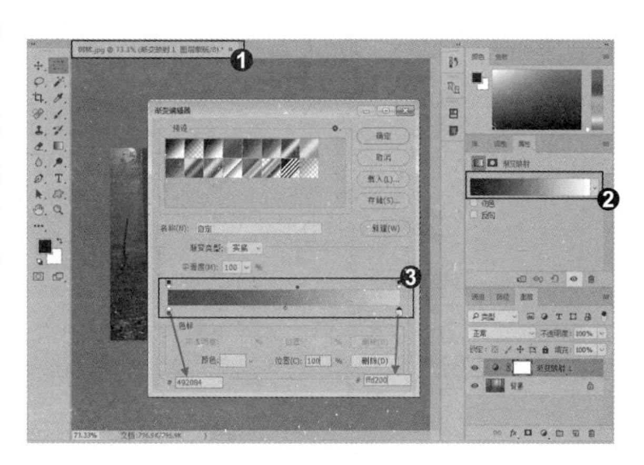

2. 填充前景色

❶ 单击“确定”按钮关闭对话框，设置图层的“不透明度”为 20%。❷ 新建一个图层，设置前景色为深紫色 (#320227)，填充前景色，并设置该图层的混合模式为“排除”。❸ 调整树林中树干的颜色色调。

3. 调整色彩平衡

❶ 单击“图层”|“新建调整图层”|“色彩平衡”命令，在打开的“属性”面板中设置“中间调”与“高光”的参数。❷ 为图像增加黄色与红色。

4. 调整曲线

❶ 创建“曲线”调整图层，调节 RGB 参数，增加画面的对比度。❷ 设置前景色与背景色为白色到黑色，新建一个图层，选择工具箱中的 (渐变工具)。

5. 增强光源点

❶ 在工具选项栏的“渐变编辑器”中选择“白色到透明色”的渐变，按下“径向渐变”按钮。❷ 在图像的光源点从里往外拖动鼠标填充径向渐变。❸ 设置图层的混合模式为“叠加”，“不透明度”为 50%，增强光源点。

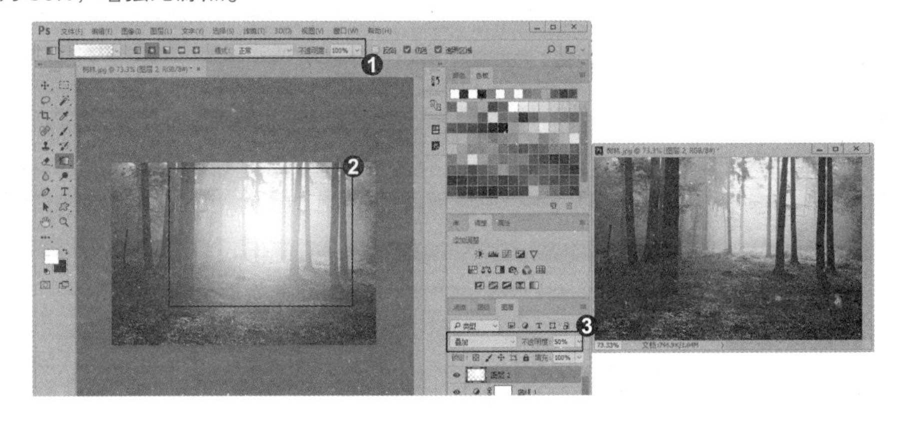

知识拓展

❶“不透明度”用于控制图层、图层组中绘制的像素和形状的不透明度，如果对图层应用了图层样式，则图层样式的不透明度也会受到该值的影响。❷“填充”只影响图层中绘制的像素和形状的不透明度，不会影响图层样式的不透明度。

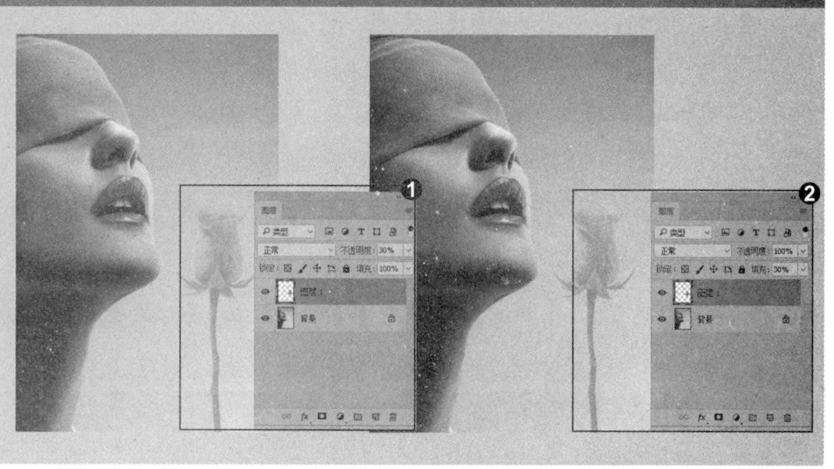

招式 076 图层混合模式修正偏色照片

Q 混合模式是 Photoshop 的核心功能之一，它决定了像素的混合方式，可用于合成、制作选区和特殊效果，那能不能调整偏色的照片呢?

A 当然可以用于调整偏色的照片，不过在调色前需要了解照片的偏色方向，然后根据颜色互补原理进行调整。

1. 创建纯色调整图层

❶打开本书配备的“第 4 章 \ 素材 \ 招式 76\ 猫咪 .jpg”文件。❷单击“图层”面板底部的“创建新的填充或调整图层”按钮，❸在弹出的下拉菜单中选择“纯色”命令，设置“拾色器 (纯色)”对话框中的颜色为青色 (#a3fcf7)。

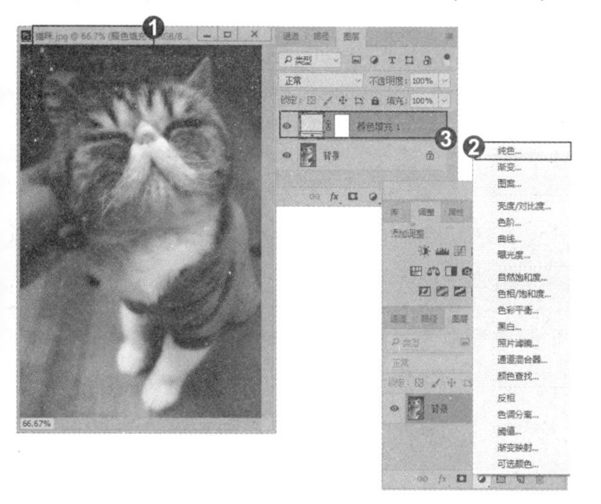

2. 设置图层混合模式

❶设置调整图层的混合模式为“颜色加深”，“不透明度”为 50%，去除图像中的红色。❷同方法，添加浅蓝色的纯色渐变，设置该调整图层的混合模式为“柔光”，“不透明度”为 80%，❸去除图像中的黄色。

3. 调整图像明暗程度

❶ 再次创建白色纯色调整图层，❷ 设置调整图层的混合模式为“柔光”，“不透明度”为 50%，❸ 调整图像的明暗程度。

知识拓展

混合模式是 Photoshop 的核心功能之一，它决定了像素的混合方式，可用于处理图像合成、创建选区和特效制作，但不会对图像造成任何实质性的破坏。❶ 在“图层”面板中，混合模式用于控制当前图层中的像素与它下面图层中的像素如何混合。❷ 在绘画和修饰工具选项栏，以及“渐隐”“填充”“描边”命令和“图层样式”对话框，混合模式只将所添加的内容与当前操作的图层混合，而不会影响其他图层。❸ 在“应用图像”和“计算”命令中，混合模式用来混合通道，可以创建特殊的图像合成效果，也可以用来创建选区。

招式 077 图层内容呈现立体效果

Q 在 Photoshop 中，许多文字效果都是用“图层样式”制作的。那么，“图层样式”能不能制作出 3D 立体字呢？

A “图层样式”对话框中的“斜面和浮雕”选项，通过设置合理的参数与等高线，就能设计出属于自己风格的立体字体。

1. 安装字体

❶ 打开本书配备的“第 4 章 \ 素材 \ 招式 77\ 背景 .jpg”文件，❷ 在“素材”文件夹中找到“字体”文件格式，右击，在弹出的快捷菜单中选择“安装”命令，将字体安装。❸ 选择工具箱中的 T（横排文字工具），设置字体样式为安装的字体、“字体大小”为 180px、“字体颜色”为黑色。

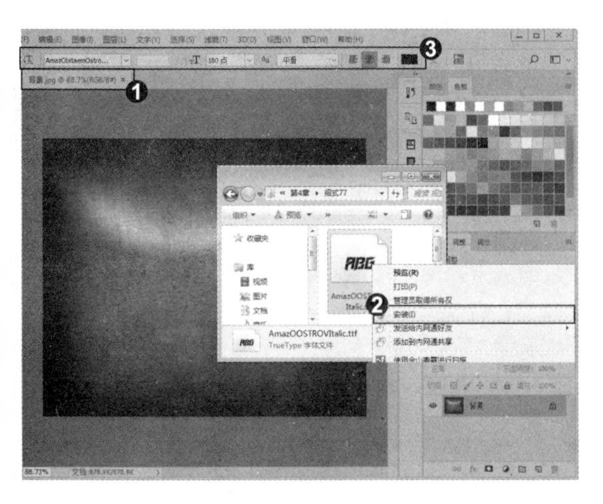

2. 输入英文字母

❶ 在背景上单击输入大写英文字母，按 Ctrl+J 快捷键复制两次，选择最上面的文字图层。❷ 单击“图层”面板底部的“添加图层样式”按钮 fx，在弹出的下拉菜单中选择“图案叠加”命令，❸ 设置“图案叠加”选项的各项参数，为字体添加图案样式。

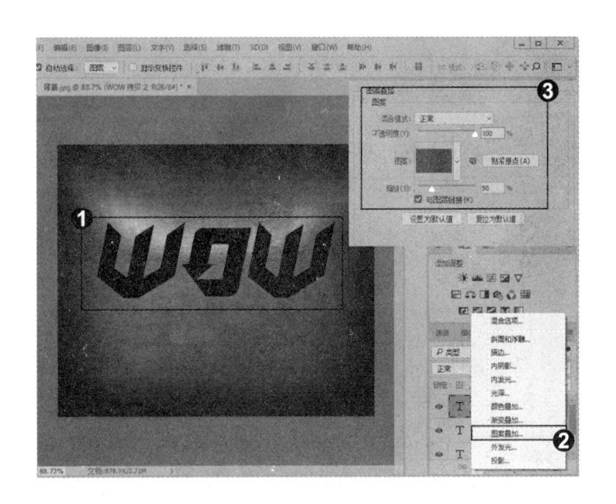

3. 添加图层样式

❶ 单击“添加图层样式”按钮 fx，弹出“投影”对话框，设置参数为文字添加投影。❷ 设置“渐变叠加”参数，更改字体颜色。❸ 设置“斜面和浮雕”参数，制作光线效果。

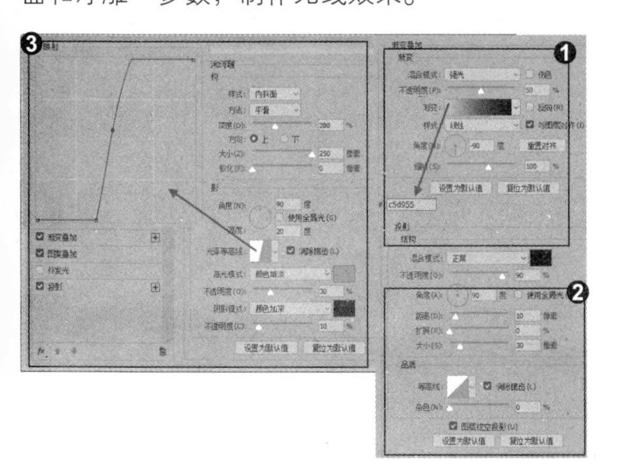

4. 设置参数

❶ 设置“光泽”参数，提亮文字。❷ 设置“内发光”参数，制作字体金属质感。❸ 设置“描边”参数，加强外轮廓，使文字更加清晰。❹ 设置“外发光”参数，增加文字的立体感。

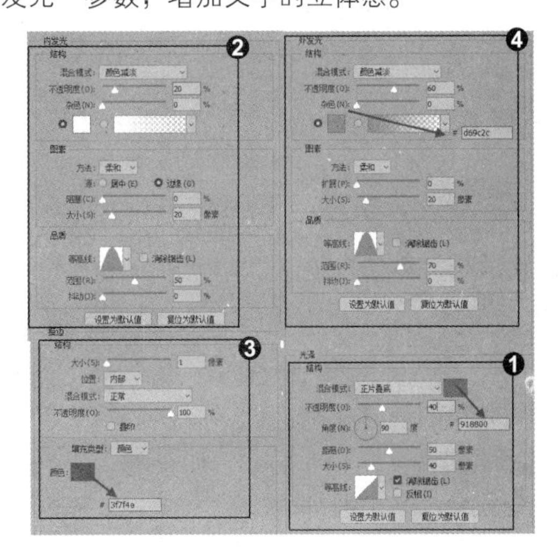

5. 选择并设置参数

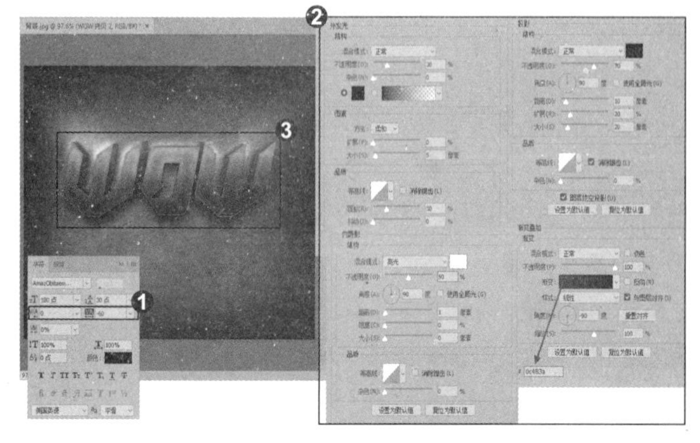

❶ 选择中间文字所在图层，单击工具选项栏中的“切换字符和段落”面板 ，设置“字距”为 −60。❷ 双击文字图层，弹出“添加图层样式”对话框，设置“内阴影”“渐变叠加”“外发光”“投影”参数。❸ 选择工具箱中的 (画笔工具)，在字体未连接处涂抹深绿色 (#0e492c)。

6. 对文字进行模糊

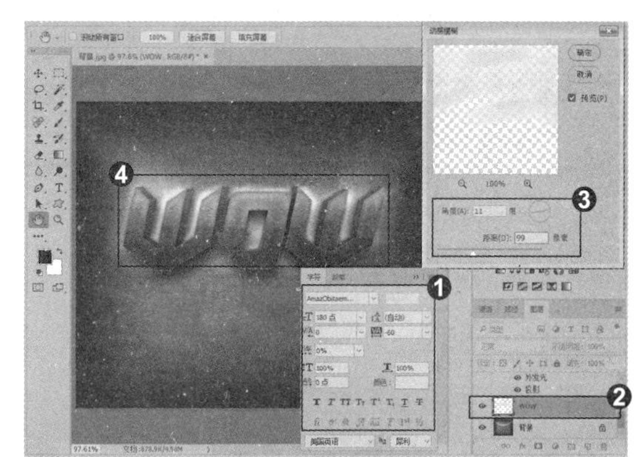

❶ 选择“图层”面板中的最后一个文字图层，同方法选中文字，打开“字符”面板，设置参数。❷ 单击“图层”|“栅格化”|“文字”命令，将文字图层更改为普通图层。❸ 单击“滤镜”|“模糊”|“动感模糊”命令，在弹出的对话框中设置参数，❹ 单击“确定”按钮关闭对话框，对文字进行动感模糊。

专家提示

图层样式不能用于“背景”图层。但可以按住 Alt 键双击“背景”图层，将其转换为普通图层，然后为其添加效果。

知识拓展

如果要为图层添加样式，❶ 可以单击“图层”|“图层样式”子菜单，选择一个效果命令，弹出“图层样式”对话框，并进入到相应的效果设置面板；❷ 也可在“图层”面板中单击“添加图层样式”按钮 fx，弹出下拉菜单，选择一个效果命令，可以弹出“图层样式”对话框并进行相应的效果设置面板；❸ 也可以双击需要添加效果的图层，弹出“图层样式”对话框，在对话框左侧选择要添加的效果，即可切换到该效果的设置面板。

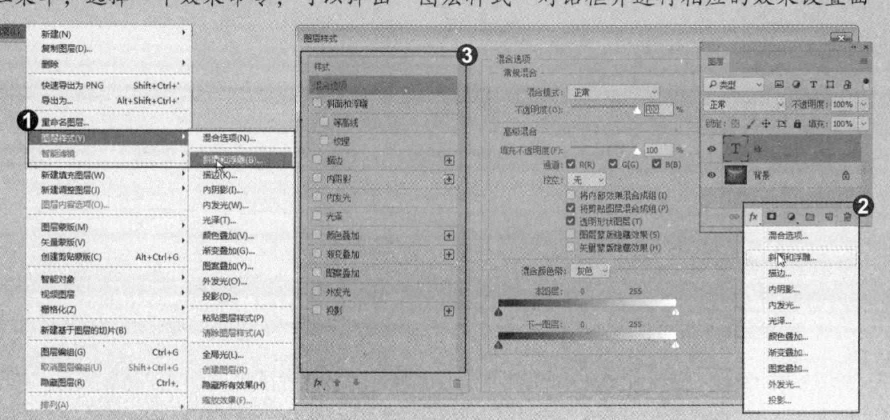

招式 078 针对图像大小缩放效果

Q 当对添加的效果对象进行缩放时，效果仍然保持着原来的比例，不会随着对象大小的变化而变化，这是怎么回事呢？

A 图层效果与对象是两个单独的个体，如果只是变化对象而不对效果进行设置，是不会进行改变的，若要获得一致的比例，需要分别对效果进行缩放才行。

1. 选择素材图像

❶ 打开本书配备的“第 4 章 \ 素材 \ 招式 78\ 蓝色背景 .jpg、字体 .psd”文件。❷ 选择工具箱中的 ✥ (移动工具)，将文字拖入到另一个文档中。❸ 按 Ctrl+T 快捷键显示定界框，在工具选项栏中设置缩放为 120%，将文字放大。

2. 缩放图层样式效果

❶ 在“图层”面板中选择其中一个文字图层，单击“图层”|“图层样式”|“缩放效果”命令，❷ 弹出“缩放图层效果”对话框，将效果的“缩放”设置为 120%。❸ 同方法，将其他的文字图层也更改缩放效果，这样效果就与文字相匹配了。

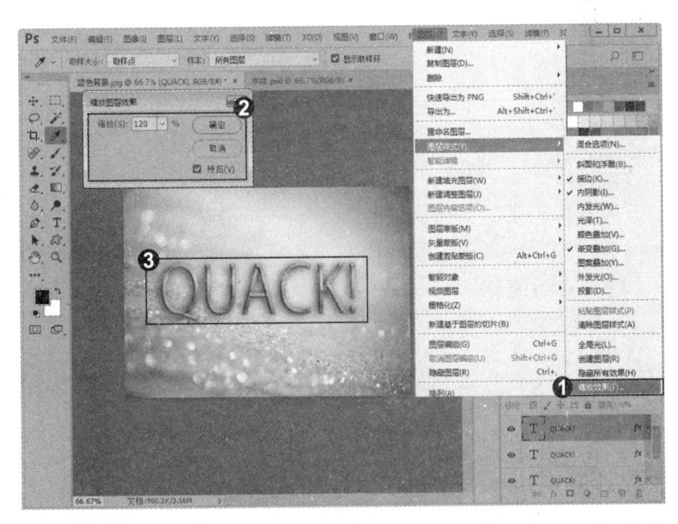

专家提示

“缩放效果”命令只能缩放效果，而不会多添加效果的图层。

知识拓展

图层样式虽然丰富，但要想进一步对其进行编辑，如在效果内容上绘画或应用滤镜，则需要先将效果创建为图层。❶随意打开一张素材，单击“添加图层样式”按钮fx，随意添加一种效果。❷单击“图层”|“图层样式”|“创建图层”命令，将效果剥离到新建的图层中，❸选择剥离的图层，单击“滤镜”|“模糊”|“高斯模糊”命令，对图像进行处理。

招式 079 制作绚丽彩条字

Q 图层样式是非常灵活的一种功能，可以随时修改效果的参数、隐藏效果或者删除效果，这些操作会不会对图像造成影响？

A 不会的。在“图层”面板中，效果前面的眼睛图标用来控制效果的可见性，如果要隐藏一个图层中的所有效果，需要单击效果前的眼睛图标才行。

1. 打开素材图像

❶打开本书配备的“第4章\素材\招式79\椰树背景.jpg”文件。❷选择工具箱中的(横排文字工具)，设置工具选项栏中的“字体样式”为Algerian、“字号”为100px、“字体颜色”为黑色，❸在背景上输入大写英文字母。

2. 变形文字

❶ 同方法，在背景中输入其他文字。❷ 在“图层”面板中选择最先输入的大写英文字母，按 Ctrl+T 快捷键显示定界框，单击工具选项栏中的“在自由变换和变形模式之间切换”按钮，进入变形模式，在“变形”下拉菜单中选择“扇形”命令，设置“弯曲”参数为 20%，❸ 对文字进行变形处理。

3. 绘制图形

❶ 按 Enter 键确认变形，同方法，变形另一大写英文字母。❷ 选择工具箱中的（圆角矩形工具），设置“工具模式”为形状、“填充”为黑色、“描边”为无，在年份上绘制圆角矩形。❸ 将鼠标放置在“属性”面板中的图标上，当光标变为形状时，单击鼠标并向右拖动鼠标，调节圆角矩形的角半径。

4. 添加图层样式

❶ 载入数字选区，将形状图层转换为普通图层，按 Delete 键删除选区的图像，隐藏数字图层，出现一个镂空的数字图层。❷ 按住 Ctrl 键单击两个大写图层，按 Ctrl+G 快捷键将选中的图层编组。❸ 按 Ctrl+D 快捷键取消选区，单击“图层”面板底部的“添加图层样式”按钮，在弹出的下拉菜单中选择“图案叠加”命令。

5. 设置参数

❶ 在弹出的对话框中设置参数，为文字添加粘毛效果。❷ 双击左侧的“渐变叠加”选项，设置参数调整文字的颜色。❸ 设置“投影”面板中的参数，制作文字阴影效果。❹ 设置“光泽”面板参数，提亮字体的光泽度。

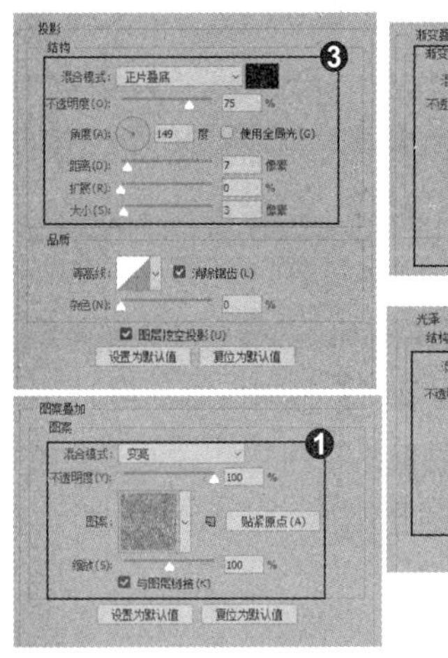

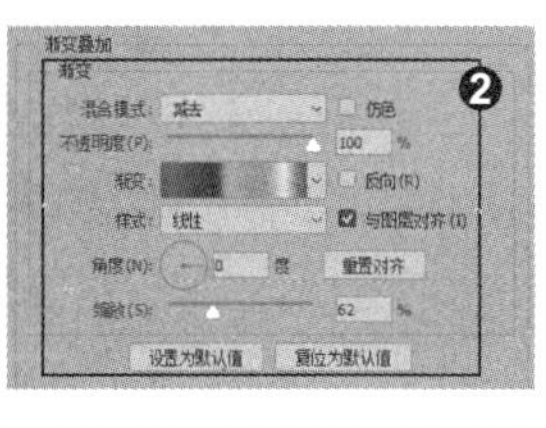

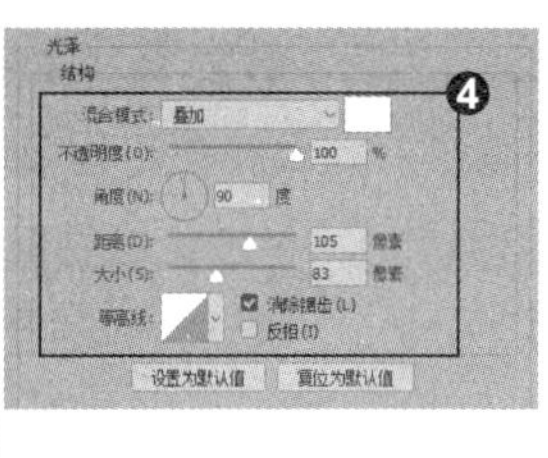

6. 转换选区为路径

❶ 按住 Ctrl+Shift 快捷键的同时选择组内图层，加选选区。❷ 单击“路径”面板底部的“将选区生成工作路径”按钮，将选区转换为路径。❸ 选择工具箱中的（画笔工具），单击“切换画笔面板”按钮，在弹出的面板中设置参数，制作出虚线笔刷。

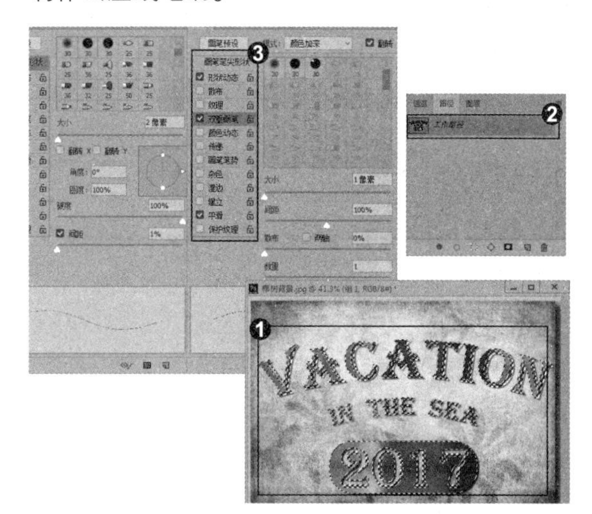

7. 添加虚线描边

❶ 切换至“图层”面板，单击“创建新图层”按钮，新建一个图层，将前景色设置为白色，背景色设置为黑色。❷ 选择工具箱中的（钢笔工具），将光标放在路径上右击，在弹出的快捷菜单中选择“描边路径”命令，❸ 弹出“描边路径”对话框，选择“工具”为画笔，❹ 单击“确定”按钮关闭对话框，为文字添加白色虚线描边。

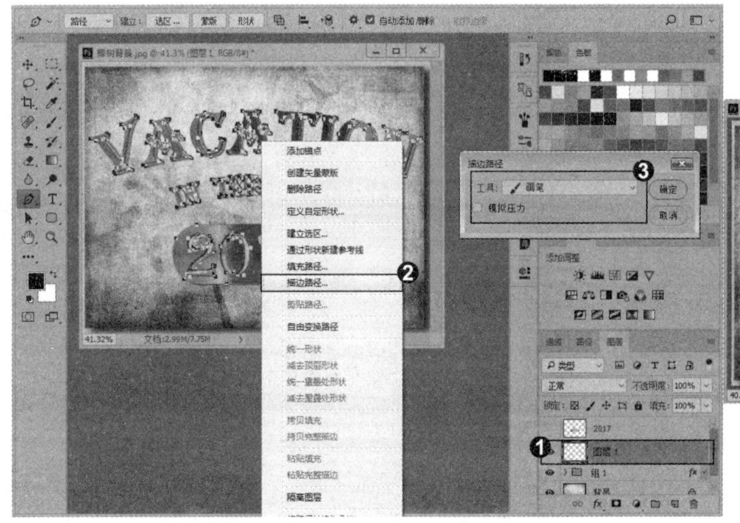

知识拓展

❶添加图层样式后，选择添加了图层样式的图层，❷右击，在弹出的快捷菜单中选择“拷贝图层样式”命令，选择其他图层，单击“图层”|“图层样式”|“粘贴图层样式”命令，可以将效果粘贴到所选图层中。❸或者，按住 Alt 键将效果图标从一个图层拖动到另一个图层，可以将该图层的所有效果都复制到目标图层中。❹如果只需要复制一个效果，可以按住 Alt 键拖动该效果的名称至目标图层，如果没有按住 Alt 键，则可以将效果转移到目标图层，原图层不再有效果。

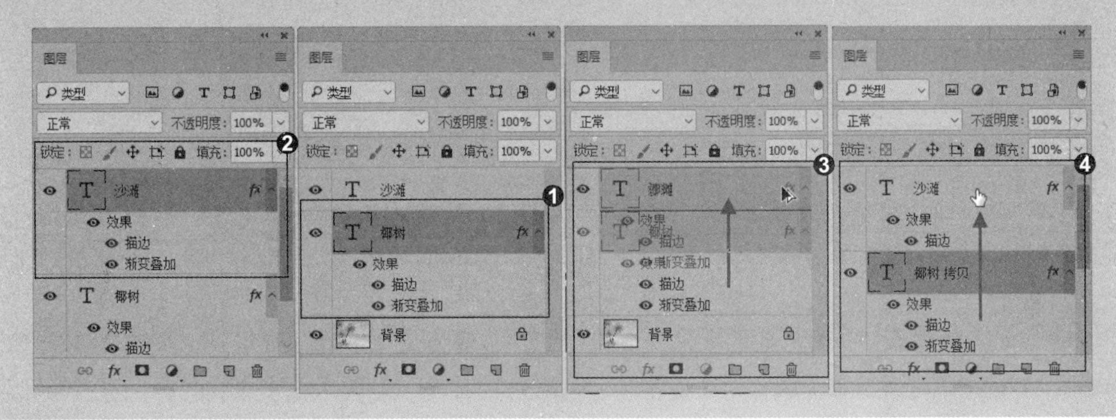

招式 080　自定义纹理制作糖果字

Q　“图案叠加”效果可以在图层上叠加指定的图案，并且可以缩放图案、设置图案的不透明度和混合模式，那么，从网上下载的图案也可以进行这些操作吗？

A　当然可以，不过前提条件要将网上下载的图案载入到系统中，才能进行使用和操作。

1. 输入文字

❶打开本书配备的“第 4 章\素材\招式 80\背景.jpg”文件。❷选择工具箱中的 T（横排文字工具），设置“字体样式”为 Bauhaus93、“字号”为 80px、“字体颜色”为白色，在文档中输入大写英文字母。❸将两个文字图层分别进行复制图层，并设置复制的文字图层的“填充”为 0%。

2. 载入图案

❶ 选择最下面的文字图层，并双击该图层，弹出“图层样式”对话框，在左侧列表框中双击“图案叠加”选项，切换至“图案叠加”面板。❷ 单击“图案拾色器”按钮，在弹出的下拉菜单中选择“载入图案”命令，❸ 选择素材文件中提供的图案，添加图案。

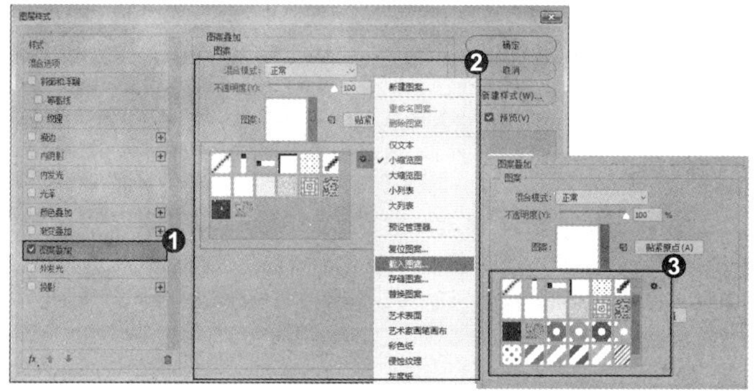

3. 设置参数

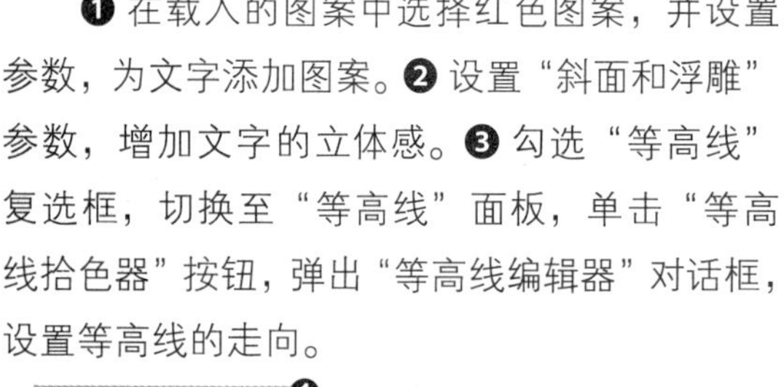

❶ 在载入的图案中选择红色图案，并设置参数，为文字添加图案。❷ 设置“斜面和浮雕”参数，增加文字的立体感。❸ 勾选“等高线”复选框，切换至“等高线”面板，单击“等高线拾色器”按钮，弹出“等高线编辑器”对话框，设置等高线的走向。

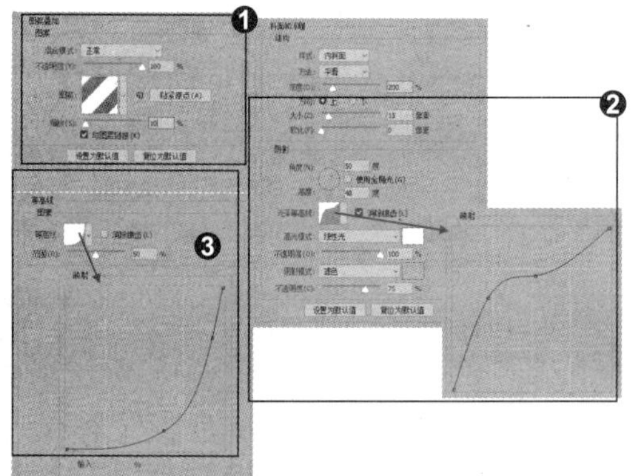

4. 选择选区并设置参数

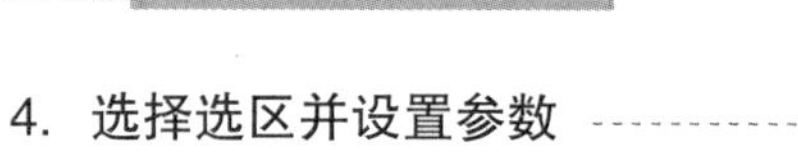

❶ 勾选“纹理”复选框，切换至“纹理”参数面板，选择合适的纹理，给文字添加细微的质感。❷ 设置“内阴影”参数，强化整体效果的透明感。❸ 设置“内发光”参数，增加高光区域的透明感。❹ 设置“光泽”参数，为文字添加光源。

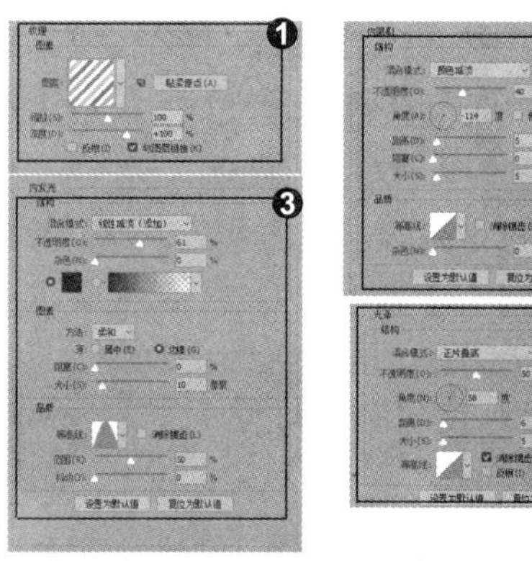

5. 设置图层样式后的文字效果

❶ 设置“颜色叠加”参数，凸显文字细节。❷ 设置“渐变叠加”参数，让文字更具立体感。❸ 设置“投影”参数，为文字添加投影效果，让文字更加丰富。

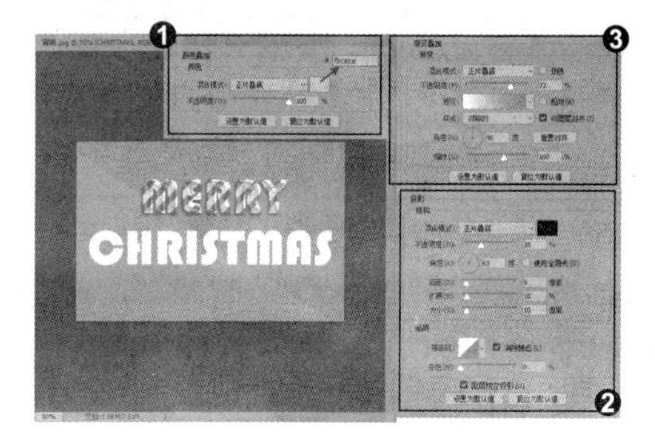

6. 复制图层样式

❶ 按住 Alt 键复制“斜面和浮雕”样式至“MERRY 拷贝”图层上，更改“斜面和浮雕”“等高线”的参数，制作文字的高光区域。❷ 按住 Alt 键将图层样式复制到 CHRISTMAS 文字图层上，完成糖果字的制作。

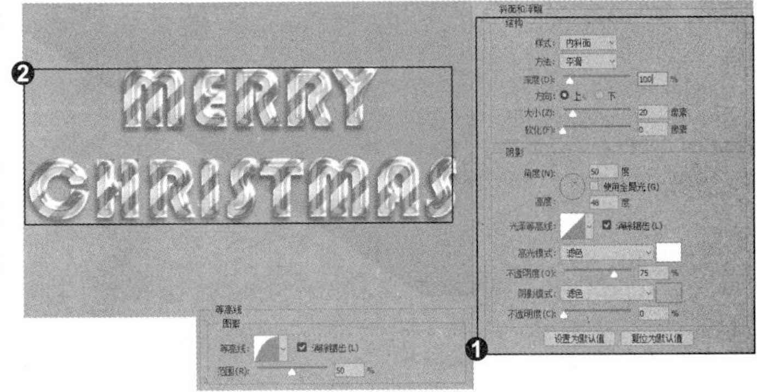

7. 绘制图形

❶ 选择工具箱中的 ◯（椭圆工具），设置“工具模式”为形状、“填充”为白色、“描边”为无，在文字周边绘制椭圆。❷ 按住 Alt 键将图层样式复制到椭圆形状图层上，丰富画面。

专家提示

“颜色叠加”“渐变叠加”和“图案叠加”效果类似于“纯色”“渐变”和“图案”填充图层，只不过它是通过图层样式的形式进行内容叠加的。

知识拓展

❶ 在“图层样式”对话框中，单击“等高线”选项右侧的 按钮，可以在打开的下拉面板中选择一个预设的等高线样式。❷ 如果单击等高线缩览图，可以弹出“等高线编辑器”对话框，该对话框与“曲线”对话框非常的相似，可以添加、删除和移动控制点来修改等高线的形状，从而影响“投影”“内发光”等效果的外观。

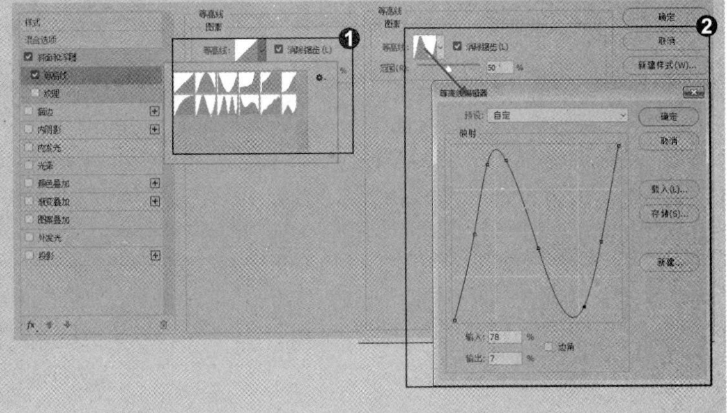

招式 081 巧用调整图层制作摇滚风图像

Q 调整图层是一种特殊的图层，它可以将颜色和色调应用于图像，那它和调整菜单中的色彩命令有何区别呢?

A 图像调整菜单中的命令进行色彩调整后参数就不能进行更改了，而调整图层还会对原数据进行保存。

1. 创建“色调分离”调整图层

❶ 打开本书配备的“第4章\素材\招式81\唱歌的男人.jpg”文件。❷ 单击“图层”面板底部的“创建新的填充或调整图层”按钮，创建“色调分离”调整图层。❸ 拖动“属性”面板中的滑块，将色阶调整为3。

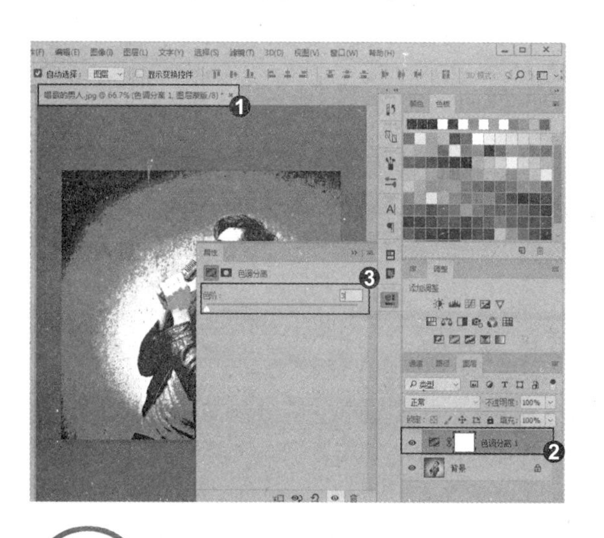

2. 制作摇滚风

❶ 单击“调整”面板中的按钮，创建“渐变映射”调整图层。❷ 设置紫色(#470045)到白色的渐变颜色。❸ 按Ctrl+O快捷键打开“斑驳”素材，使用（移动工具）将其拖入到人像文档中，设置图层混合模式为“叠加”，“不透明度”为76%，制作颓废感。

知识拓展

创建调整图层后，可以随时修改调整参数。❶ 在“图层”面板中单击调整图层，可以打开“属性”面板，❷ 在该面板中会显示调整参数选项，拖动滑块就可以修改颜色。

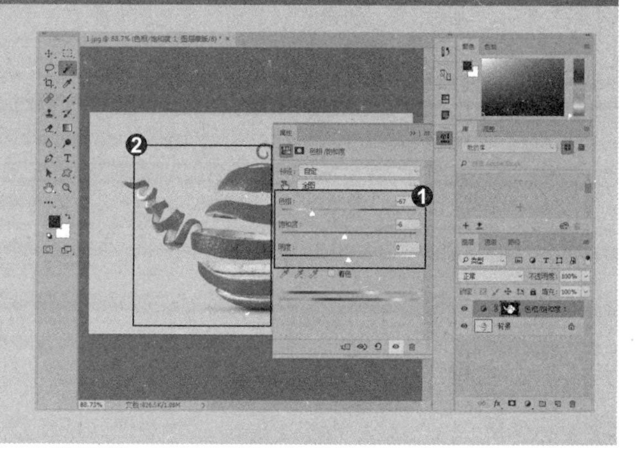

招式 082 使用调整图层制作个性美妆

Q 在 Photoshop 中，如果要用调整图层进行色彩调整，有哪几种打开的方式呢？

A 单击“图层” | “新建调整图层”子菜单中的命令，或者使用“调整”面板以及单击“图层”面板底部的“创建新的填充或调整图层”按钮都可以创建调整图层。

1. 打开素材图像

❶ 打开本书配备的“第 4 章 \ 素材 \ 招式 82\ 人物 .psd”文件。❷ 单击“调整”面板中的按钮，创建“色相 / 饱和度”调整图层。❸ 单击面板底部的“创建渐变蒙版”按钮，创建剪贴蒙版。

2. 涂抹唇彩和指甲油

❶ 调整“色相”和“饱和度”参数，更该图像颜色。❷ 按 Ctrl+I 快捷键将调整图层的蒙版反相成为黑色，图像会恢复为调整前的效果。❸ 将前景色设置为白色，选择工具箱中的 (画笔工具)，在人物嘴唇和指甲上涂抹出唇彩和指甲油。

3. 绘制眼影

❶ 同方法，再次创建“色相 / 饱和度”调整图层，调整参数并将蒙版反相。❷ 选择“色相 / 饱和度 1”调整图层，用白色的画笔涂抹人物眼睛上方，绘制眼影。

4. 涂抹人物头发

❶ 选择“色相 / 饱和度 1”调整图层，用白色画笔涂抹人物头发，制作挑染发色。❷ 选择“色相 / 饱和度 2”调整图层，用白色画笔涂抹人物头发，让头发呈现多色漂染效果。

知识拓展

在 Photoshop 中，图像色彩的调整共有两种方式，❶ 一种是直接单击“图像” | “调整”子菜单下的调色命令进行调色，这种方式属于不可修改方式，一旦调整了图像的色调，就不可以重新修改调色命令的参数了。❷ 另一种方式是使用调整图层，这种方式可修改，即如果对调色效果不满意，可以重新对调整图层的参数进行修改，直到满意为止。

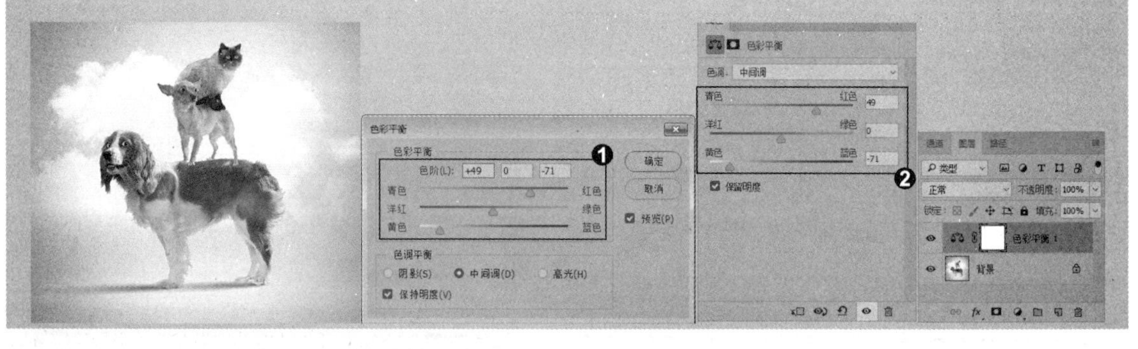

专家提示

因为调整图层包含的是调整数据而不是像素，所以它们增加的文件大小远小于标准像素图层。如果要处理的文件非常大，可以将调整图层合并到像素图层中来减小文件的大小。

招式 083 使用纯色填充调整图层制作发黄旧海报

Q 在 Photoshop 中使用纯色调整图层调整图像，只能添加整块的颜色图层，有什么方法显示图像呢？

A 在使用纯色填充调整图层、渐变填充调整图层以及图案填充调整图层调整图像时，需要结合混合模式及不透明度一起使用，从而修改其他图像颜色或生成各种图像效果。

1. 打开素材图像

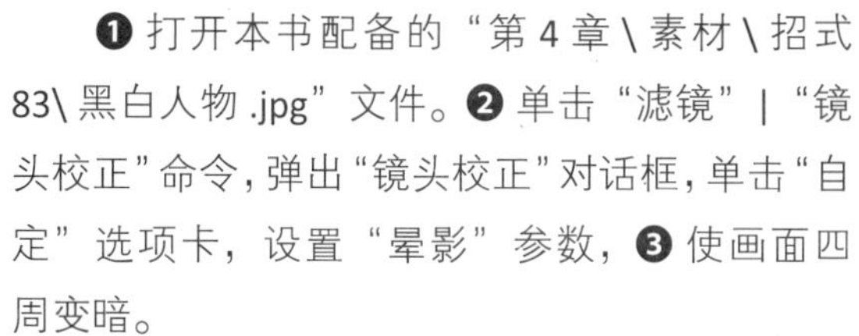

❶ 打开本书配备的“第 4 章 \ 素材 \ 招式 83\ 黑白人物 .jpg”文件。❷ 单击“滤镜”|“镜头校正”命令，弹出“镜头校正”对话框，单击“自定”选项卡，设置“晕影”参数，❸ 使画面四周变暗。

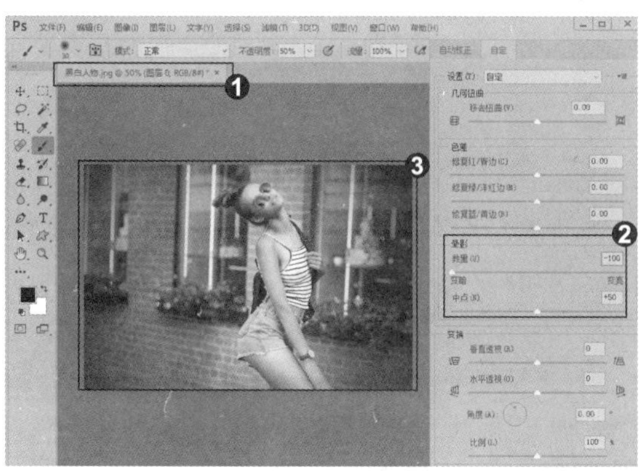

2. 添加杂色

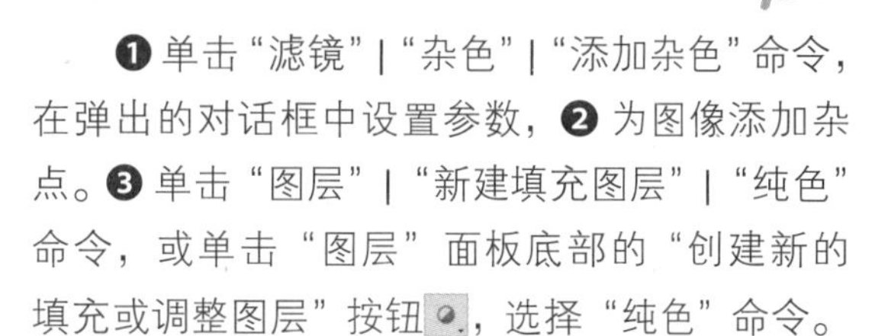

❶ 单击“滤镜”|“杂色”|“添加杂色”命令，在弹出的对话框中设置参数，❷ 为图像添加杂点。❸ 单击“图层”|“新建填充图层”|“纯色”命令，或单击“图层”面板底部的“创建新的填充或调整图层”按钮，选择“纯色”命令。

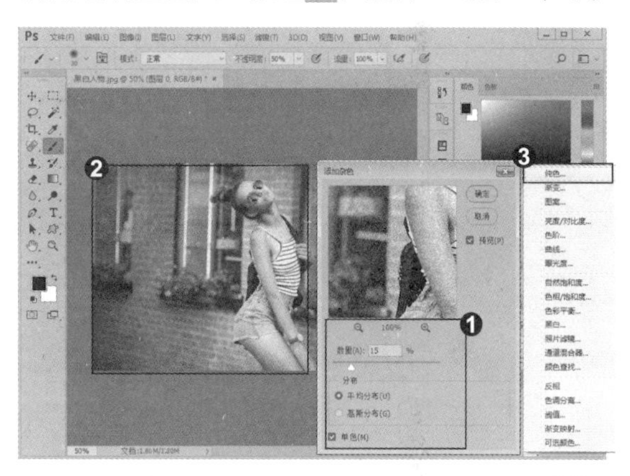

3. 设置图层混合模式

❶ 弹出“拾色器(纯色)”对话框，设置颜色，单击“确定”按钮关闭对话框，创建纯色填充图层，❷ 将填充图层的混合模式设置为“颜色”。

4. 添加划痕效果

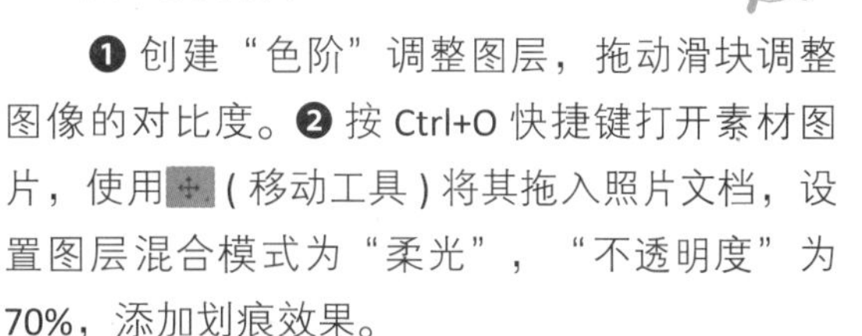

❶ 创建“色阶”调整图层，拖动滑块调整图像的对比度。❷ 按 Ctrl+O 快捷键打开素材图片，使用（移动工具）将其拖入照片文档，设置图层混合模式为“柔光”，“不透明度”为 70%，添加划痕效果。

知识拓展

在“图层”面板中选择一个图层，单击“设置图层的混合模式”下三角按钮，在打开的下拉列表中可选择混合模式，混合模式分为 6 组，共 27 种，每一组的混合模式都可以产生相似的效果或有着相近的用途。❶ 组合模式组中的混合模式需要降低图层的不透明度才能产生作用。❷ 加深模式组中的混合模式可以使图像变暗，在混合过程中，当前图层中的白色将被底层较暗的像素替代。❸ 减淡模式组与加深模式组产生的效果截然相反，它们可以使图像变亮，图像中的黑色会被较亮的像素替换，而任何比黑色亮的像素都可能加亮底层图像。❹ 对比模式组中的混合模式可以增强图像的反差。在混合时，50% 的灰色会完全消失，任何亮度值高于 50% 灰色的像素都可能加亮底层的图像，亮度低于 50% 灰色的像素则可能使底层图像变暗。❺ 比较模式组中的混合模式可以比较当前图像与底层图像，然后将相同的区域显示为黑色，不同的区域显示为灰度层次或彩色。❻ 使用色彩模式组中的混合模式时，Photoshop 会将色彩分为 3 种成分（色相、饱和度和亮度），然后再将其中的一种或两种应用在混合的图像中。

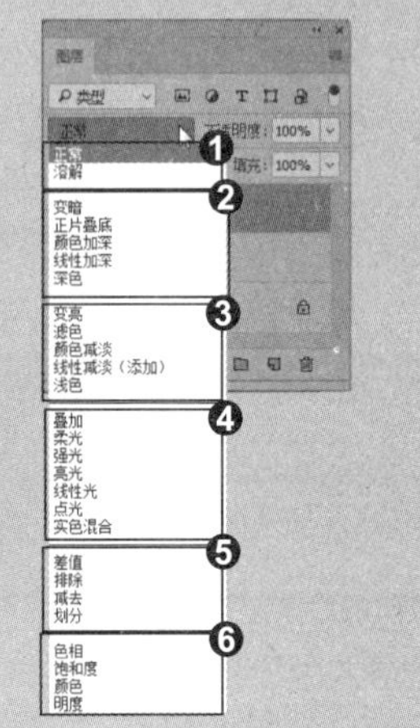

招式 084 使用渐变填充调整图层制作蔚蓝晴空

Q 使用渐变填充调整图层编辑图像时，它的使用方法与渐变工具是一样的吗？

A 大致上差不多，但是还是有区别的。使用渐变工具填充渐变时，无法设置角度方向，需要人为的拖曳；而渐变填充调整图层填充渐变时，可以在文本框中直接输入角度来填充渐变。

1. 创建选区

❶ 打开本书配备的“第 4 章\素材\招式 84\海景 .jpg”文件。❷ 选择工具箱中的 （快速选择工具），选择天空。❸ 单击“图层”面板底部的 按钮，选择“渐变”命令。

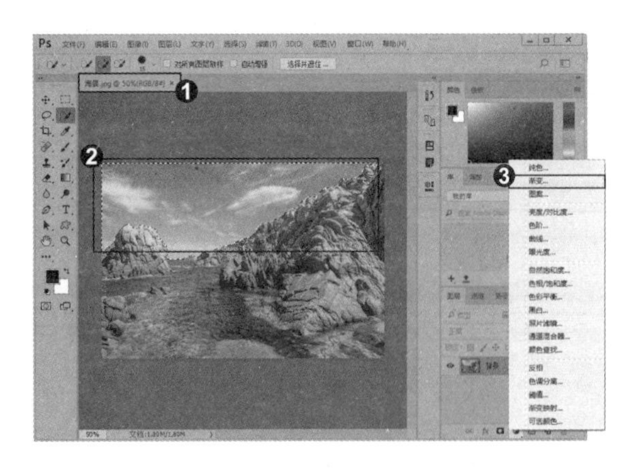

2. 创建渐变填充图层

❶ 弹出“渐变填充”对话框，单击“渐变”选项右侧的渐变色条。❷ 弹出“渐变编辑器”对话框，调整渐变颜色。❸ 单击“确定”按钮返回到“渐变填充”对话框，再单击“确定”按钮，创建渐变填充图层。

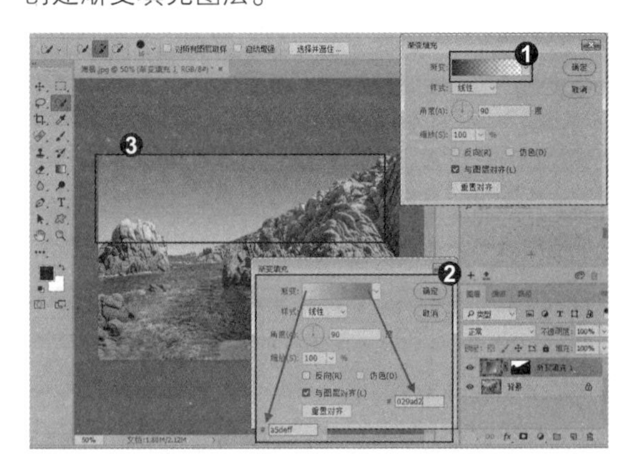

3. 制作光源

❶ 按住 Alt 键单击“图层”面板底部的“创建新图层”按钮，弹出“新建图层”对话框，在“模式”下拉列表中选择“滤镜”选项，勾选“填充屏幕中性色 (黑)”复选框。❷ 创建一个中性色图层。单击“滤镜” | “渲染” | “镜头光晕”命令，弹出“镜头光晕”对话框，在缩览图的右上角单击定位光晕中心，设置参数。❸ 滤镜会添加到中性色图层上，不会破坏层上的图像，使用黑色画笔工具，降低不透明度涂抹光源点，减退光源强度。

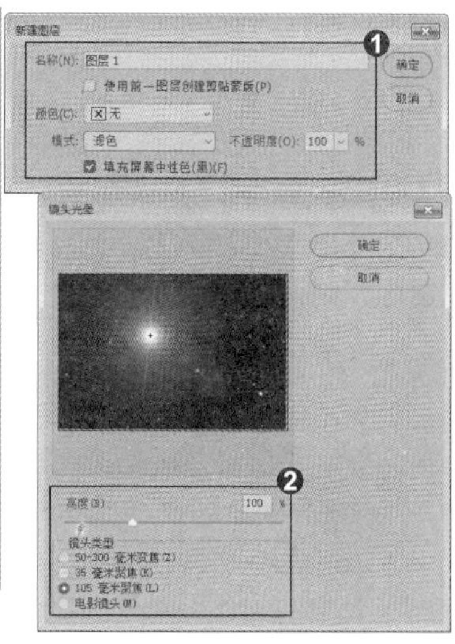

知识拓展

单击“图层” | “新建填充图层” | “渐变”命令，或者单击图层面板底部的“创建新的填充或调整图层”按钮，在弹出的菜单中选择“渐变填充”命令，可以创建“渐变填充”调整图层。❶ 渐变编辑器：如果要使用 Photoshop 预设的渐变颜色，可单击渐变颜色条右侧的三角按钮，打开下拉面板选择渐变，如果要设置自定义渐变颜色，可单击渐变颜色条，在弹出的“渐变编辑器”对话框中调整颜色。❷ 样式：在该选项下拉列表中可以选择一种渐变样式。❸ 角度：可以指定应用渐变时使用的角度。❹ 缩放：可以调整渐变的大小。❺ 方向：可以反转渐变的方向。❻ 仿色：对渐变应用仿色减少带宽，使渐变效果更加平滑。❼ 与图层对齐：使用图层的定界框来计算渐变填充，使渐变与图层对齐。

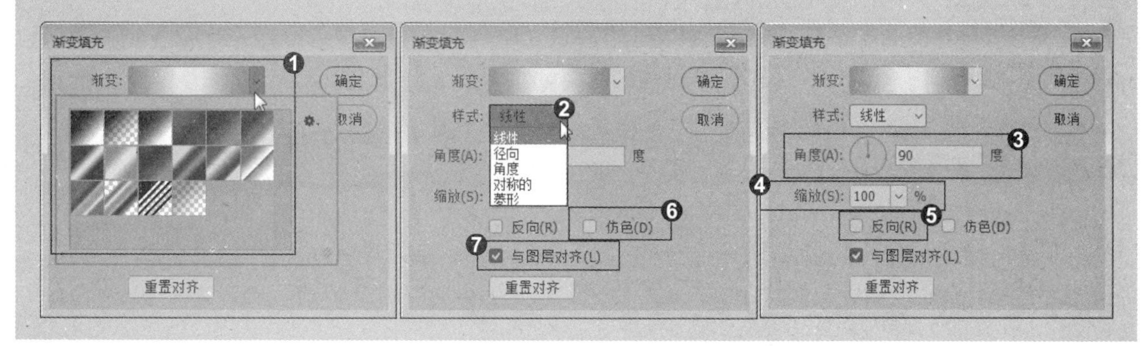

招式 085 编辑图案填充图层

Q 在处理图像时，在图层样式中载入进来的图案，在图案填充调整图层当中能不能用呢？

A 这是可以用的，因为直接将图案载入到 Photoshop 系统当中了，无论是使用图层样式、图案叠加或是图案填充都是可以用的。

1. 定义图案

❶打开本书配备的“第 4 章\素材\招式 85\白衣女子 .jpg、图案 .jpg”文件。❷将图案设置为当前文档，单击“编辑”|“定义图案”命令，弹出“图案名称”对话框。❸单击“确定”按钮将图案定义为图案。按 Ctrl+Tab 快捷键切换到人物文档中，选择工具箱中的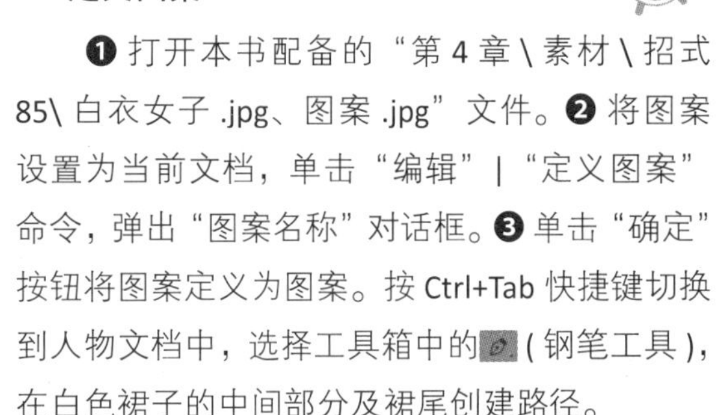（钢笔工具），在白色裙子的中间部分及裙尾创建路径。

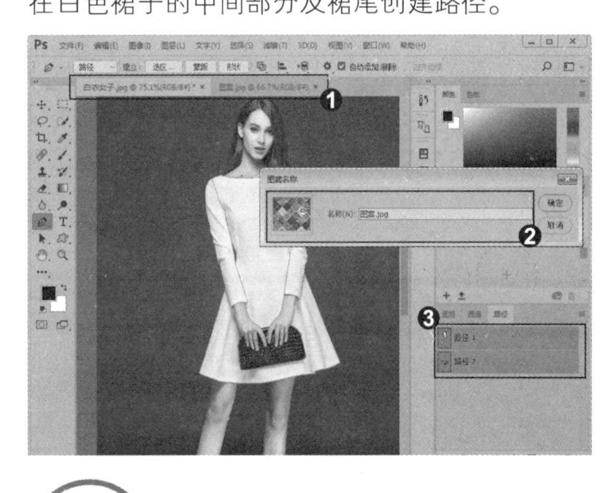

2. 填充图案

❶按住 Ctrl+Shift 快捷键的同时单击路径，加选选区。❷单击“图层”|“新建填充图层”|“图案填充”命令，弹出“图案填充”对话框，选择图案。❸创建“图案填充”图层，将图案贴在衣服上，并设置“图案填充”图层的混合模式为“颜色加深”。❹同方法，在白色裙子袖子部分也添加图案。

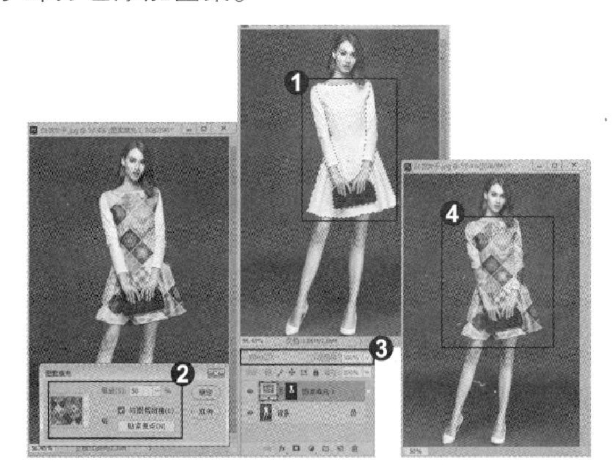

知识拓展

在“图案填充”对话框中，❶缩放：可以对填充的图案进行缩放。❷贴紧原点：可以使图案的原点与文档的原点相同。❸与图层链接：如果希望图案在图层移动时随图层一起移动，可勾选该复选框，然后还可以将光标放在图像上，拖动鼠标来移动图像。

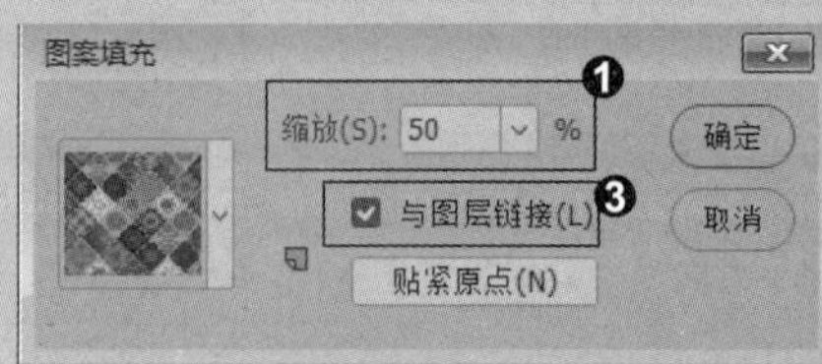

招式 086 使用中性色图层校正照片曝光

Q 什么是中性色图层，它在处理图像时又有何特点，可以用于图像处理的哪些方面呢？

A 中性色图层是一种填充了中性色的特殊图层，它通过混合模式对下面的图像产生影响，中性色图层可用于修饰图像以及添加滤镜，所有操作都不会破坏其他图层上的像素。

1. 设置混合模式

❶ 打开本书配备的“第 4 章 \ 素材 \ 招式 86\ 古风照 .jpg”文件。❷ 将人物背景图层拖曳至“创建新图层”按钮上，复制背景图层。❸ 设置复制图层的混合模式为“滤色”，提亮人物。

2. 创建中性色图层

❶ 单击“图层”|“新建”|“图层”命令，打开“新建图层”对话框，在“模式”下拉列表中选择“柔光”选项，勾选“填充柔光中性色”复选框。❷ 创建一个柔光模式的中性色图层。

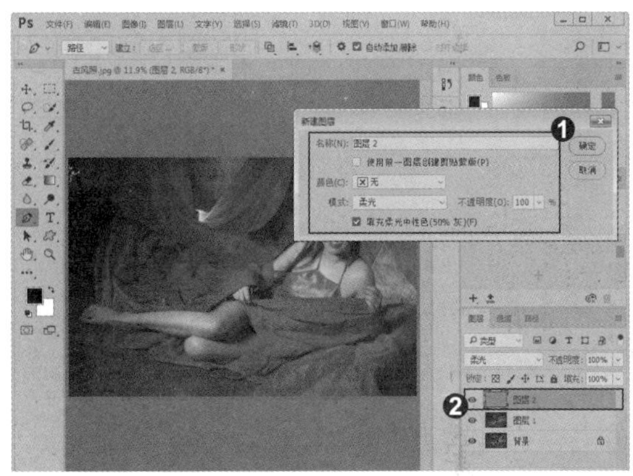

3. 加深背景图像

❶ 按 D 键，将前景色设置为黑色。选择一个柔角画笔，在工具选项栏中将工具的“不透明度”设置为 20%。❷ 在人物后面的背景上涂抹，对图像进行加深处理。

4. 减淡人物肤色

❶ 按 X 键将前景色切换为白色，在人物身体上涂抹，进行减淡处理。❷ 单击“调整”面板中的按钮，创建“曲线”调整图层，在曲线上单击，添加两个控制点，拖动控制点以调整图像的对比度。

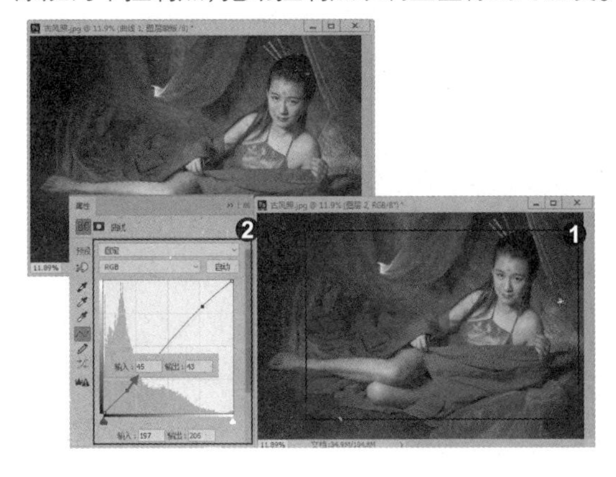

知识拓展

❶ 在 Potoshop 软件中，黑色、白色和灰色都是中性色。❷ 可创建中性色图层时，Photoshop 会用这 3 种中性色中的一种来填充图层，并为其设置特定的混合模式，在混合模式的作用下，图层中的中性色不可见，就像我们新建的透明图层一样，如不应用效果，中性色图层不会对其他图层产生任何影响。

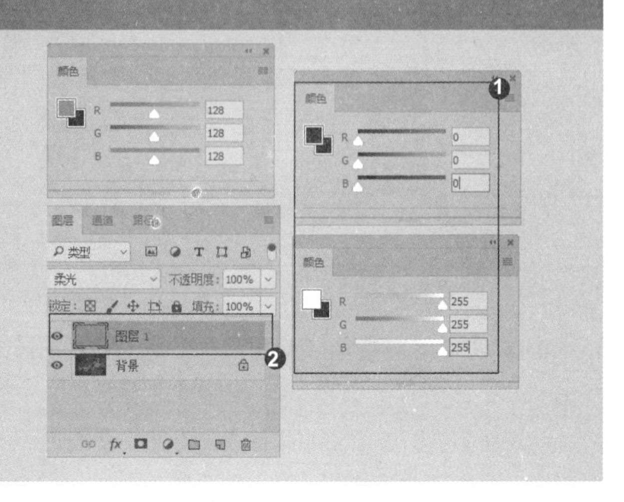

招式 087 使用中性色图层制作灯光效果

Q 中性色图层可以用哪些工具涂抹？修改中性色后会不会影响其他图像的色调？

A 在中性色图层上可以用画笔、加深、减淡等工具进行涂抹，在涂抹的过程中并不会影响其他图像的色调。

1. 创建中性色图层

❶ 打开本书配备的“第 4 章 \ 素材 \ 招式 87\ 汽车海报 .jpg”文件。❷ 按住 Alt 键单击“创建新图层”按钮，弹出“新建图层”对话框，在“模式”下拉列表中选择“叠加”选项，勾选“填充叠加中性色”复选框。❸ 创建中性色图层。

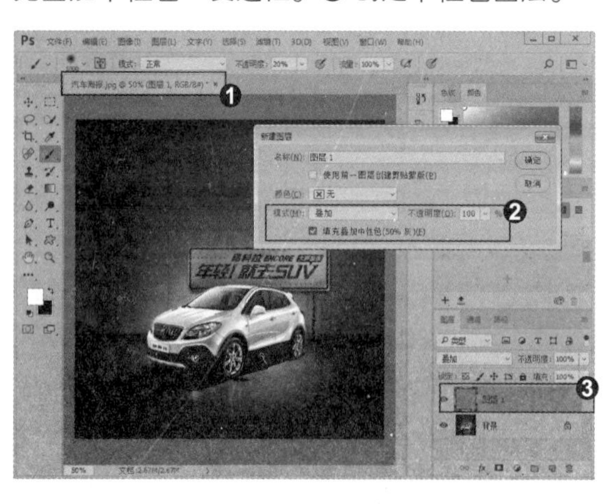

2. 设置光源

❶ 单击“滤镜”|“渲染”|“光照效果”命令，弹出“光照效果”对话框，在“预设”下拉列表中选择“RGB 光”。❷ 将光标放在红色光源的控制点，显示出“缩放宽度”字样。❸ 拖动鼠标扩大光源的照射范围。

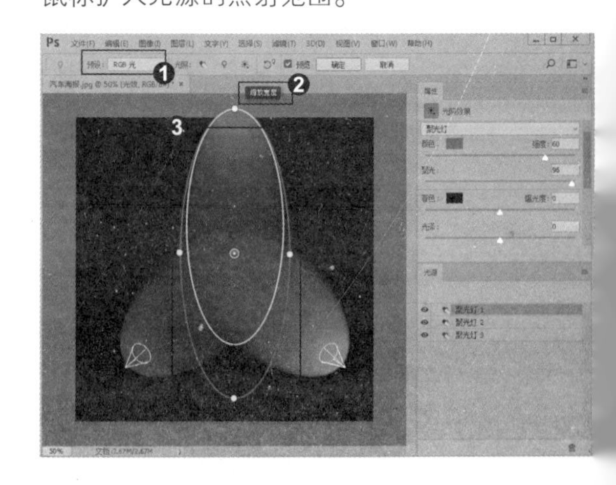

3. 在中性色图层上应用滤镜

❶ 同方法，拖动绿色与蓝色光源点，调整光源的照射范围。❷ 单击“确定”按钮关闭对话框，即可在中性色图层上应用滤镜。

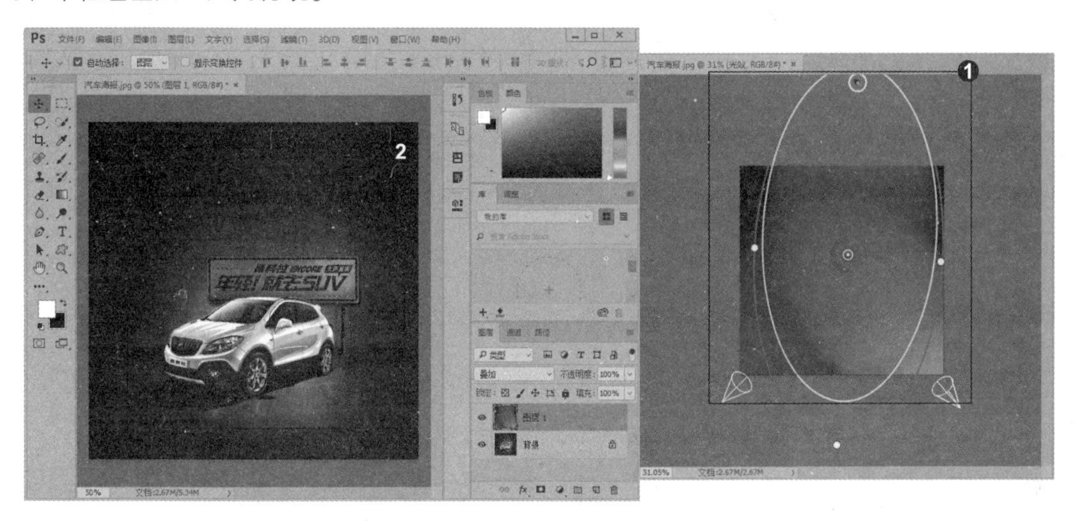

知识拓展

应用在中性色图层上的滤镜、图层样式等可以进行编辑和修改。例如，我们可以移动滤镜或效果的位置，也可以通过不透明度来控制效果的强度，或者用蒙版遮盖住部分效果。

第5章 应用绘画工具美化图像

Photoshop CC 在制作图像或美化图像的过程中，离不开绘画与修饰工具的使用。随着 Photoshop 软件的不断完善，绘画工具与修饰工具也得到不断的强化，使用这些绘画工具，再配合画笔面板、混合模式、图层等 Photoshop 其他功能，就能创造出传统绘画技巧难以制作的作品。

招式 088 使用拾色器设置颜色

Q 任何图像都离不开颜色，我知道在 Photoshop 当中如何设置颜色，如果要是想将前景色与背景色恢复为默认色，一定要手动设置吗?

A 当然不需要这样麻烦的操作，只需要单击工具箱中颜色图标下方的按钮即可恢复默认的前景色和背景色，也可以按 D 键。

1. 定义颜色范围

❶ 启动 Photoshop 软件后，单击工具箱中的前景色图标 (如果要设置背景色则单击背景色图标)。❷ 打开“拾色器 (前景色)”对话框，在竖直的渐变条上单击，可以定义颜色范围。❸ 在色域中单击可以调整颜色的深浅。

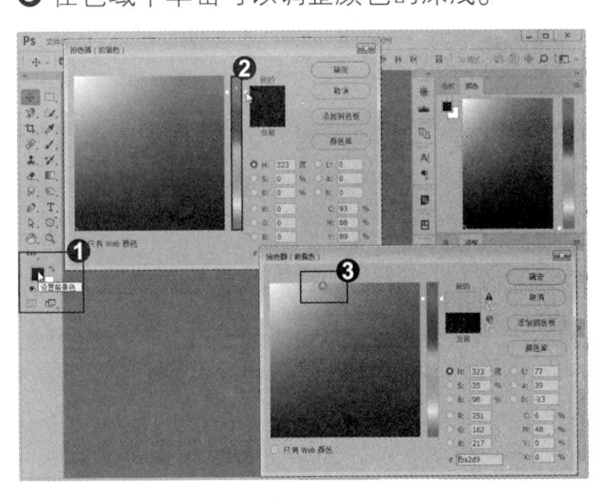

2. 调整颜色和亮度

❶ 在对话框中选中 S 单选按钮，拖动渐变条可以调整颜色饱和度。❷ 选中 B 单选按钮，拖动颜色条可以调整颜色的亮度。

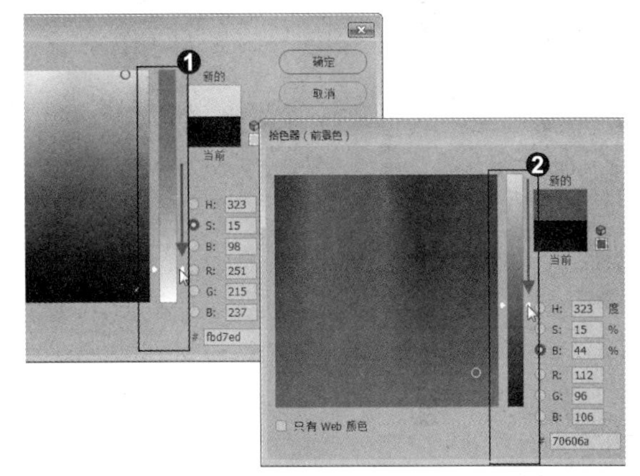

3. 选区“颜色库”色系

❶在“拾色器 (前景色)”对话框中单击“颜色库”按钮，弹出“颜色库”对话框。❷ 在“色库”下拉列表中选择一个颜色系统。❸ 然后在光谱上选择颜色范围。❹ 在颜色列表中单击需要的颜色，即可将其设置为前景色

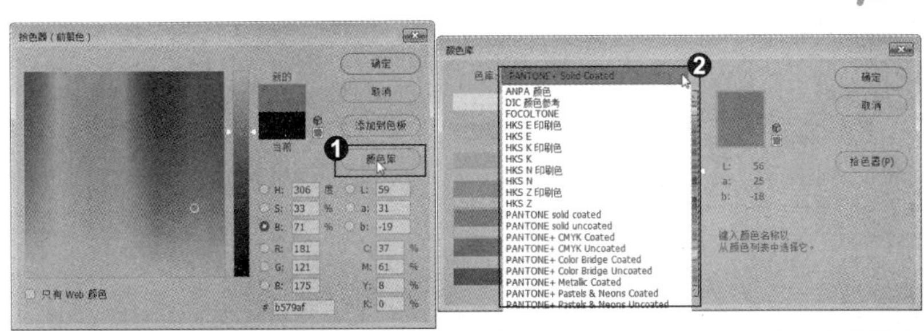

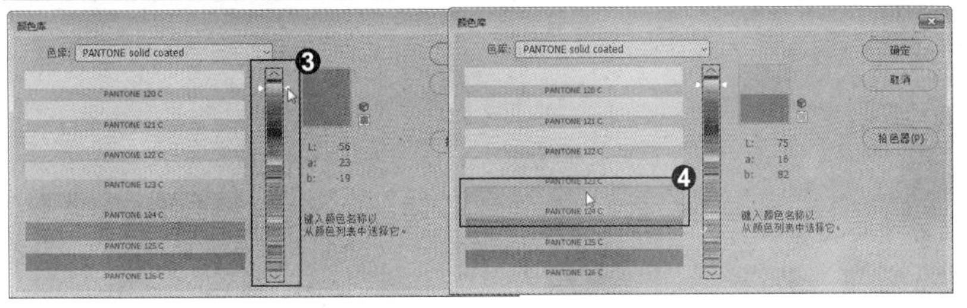

专家提示

如果知道所需颜色的色值，可在颜色模型右侧的文本框中输入数值来精确定义颜色。例如，可以指定 R(红)、G(绿)和 B(蓝)的颜色值来确定显示颜色，可以指定 C(青)、M(品红)、Y(黄)和 K(黑)的百分比来设置印刷色。

知识拓展

在默认情况下，前景色为黑色，背景色为白色。❶ 单击设置前景色或背景色图标，可以打开“拾色器”对话框修改它们的颜色。❷ 单击切换前景色和背景色图标或按 X 键，可以切换前景色和背景色的颜色；❸ 修改了前景色和背景色后，单击默认前景色和背景色图标，或按 D 键可以将它们恢复为系统默认的颜色。

专家提示

如果要切换到“拾色器”对话框，可单击“颜色库”对话框中的“拾色器”按钮。

招式 089 使用吸管工具吸取颜色

Q 在编辑图像时，想取得图像某个区域的颜色，该怎么解决这个问题呢？

A 如果想要利用图像的某种颜色，可以用吸管工具吸取该区域的颜色即可。

1. 用吸管吸取前景色

❶ 打开本书配备的“第 5 章 \ 素材 \ 招式 89\ 绘画 .jpg”文件。❷ 选择工具箱中的（吸管工具）。❸ 将光标放置在图像上，单击鼠标可以显示一个取样环，并吸取单击点的颜色并将其设置为前景色。

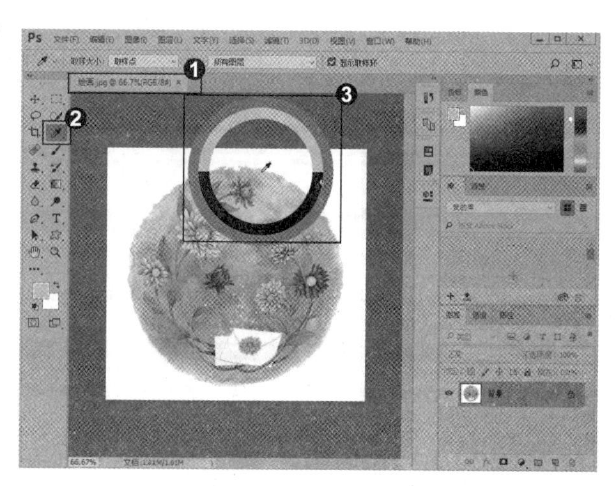

2. 用吸管吸取背景色

❶ 按住鼠标移动，取样环中会出现两种颜色，下面的是前一次吸取的颜色，上面是当前吸取的颜色。❷ 按住 Alt 键单击，可吸取单击点的颜色并将其设置为背景色。

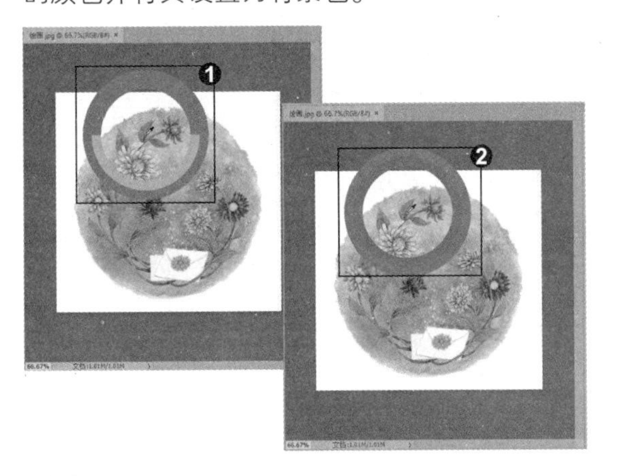

3. 吸取界面颜色

如果将光标放置在图像上，然后按住鼠标在屏幕上拖动，则可吸取窗口、菜单栏和面板的颜色。

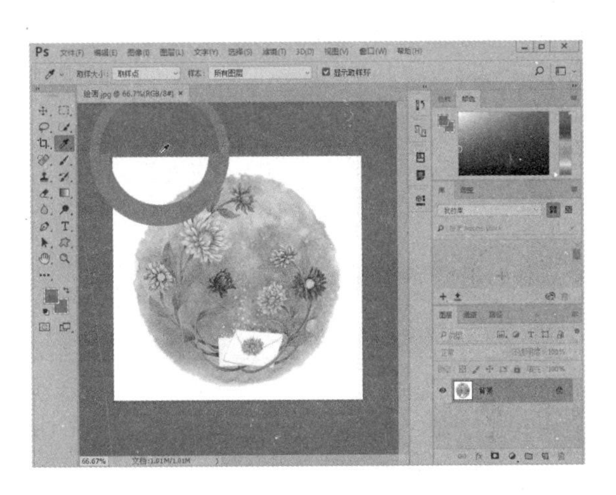

知识拓展

❶ 工具选项栏上的“取样大小”选项可以设置吸管工具的取样范围。❷ 选择“取样点”选项可拾取光标所在位置像素的精确颜色；选择“3×3 平均”选项可拾取光标所在位置 3 个像素取样内的平均颜色；选择“5×5 平均”选项可拾取光标所在位置 5 个像素取样的平均颜色。

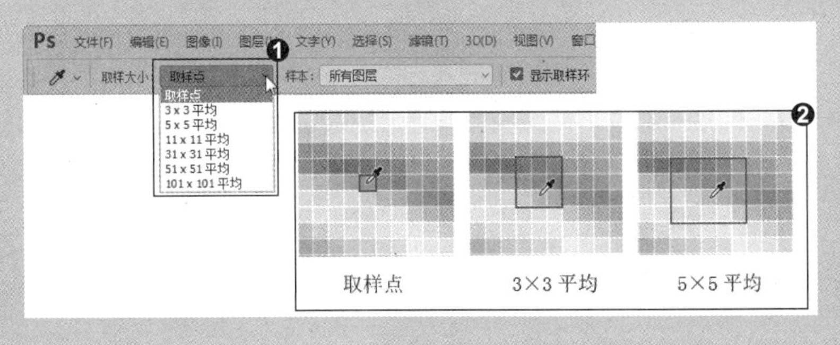

招式 090 使用“颜色”面板调整颜色

Q “颜色”面板相当于一个小的拾色器对话框，那它的使用方法是否和拾色器对话框一样呢?

A 在“颜色”面板中可以拖动滑块来设置颜色值，也可用四色曲线图来设置颜色。

1. 在“颜色”面板中设置颜色

❶启动 Photoshop 软件后，单击“窗口”|“颜色”命令，打开“颜色”面板，编辑前景色可单击前景色色块。❷若编辑背景色单击背景色色块即可。❸在 R、G、B 文本框中输入数值或者拖动滑块也可调整颜色。

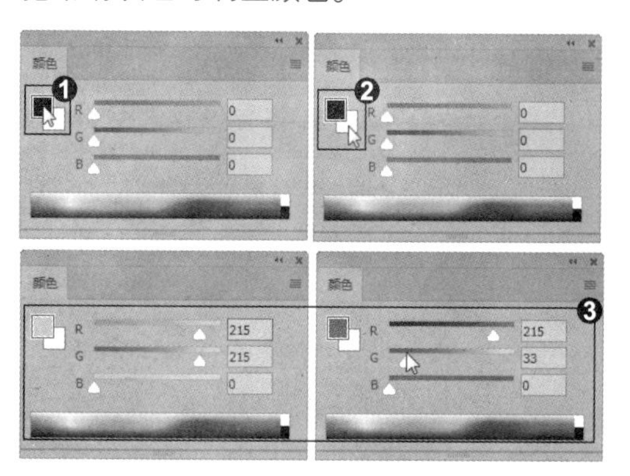

2. 修改四色曲线图

❶将光标放置在面板下面的四色曲线上，光标会变为吸管状。❷单击可采集色样。❸打开面板菜单，选择不同命令可修改四色曲线图的模式。

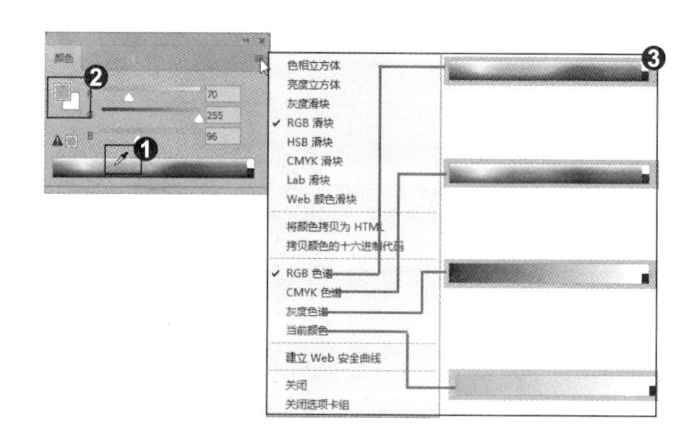

知识拓展

颜色系统没有一个统一的标准，许多国家都定制了符合自己规范的颜色系统。

- PANTONE 用于专色重现。PANTONE 颜色参考和芯片色标薄会印在涂层、无涂层和哑面纸上，以确保精确显示印刷结果并更好地进行印刷控制，另外，还可以在 CMYK 下印刷 PANTONE 纯色。
- DIC 颜色参考通常在日本用于印刷项目。
- FOCOLTONE 有 763 种 CMYK 颜色组成，通过显示补偿颜色的压印，可避免印前陷印和对齐问题。
- HKS 在欧洲用于印刷项目。每种颜色都有指定的 CMYK 颜色，可以从 HKS E(适用于连续静物)、HKS K(适用于光面艺术纸)、HKS N(适用于天然纸)和 HKS Z(适用于新闻纸)中选择，有不同缩放比例的颜色样本。
- TOYO Color Finder 由基于日本最常用的印刷油墨的 1000 多种颜色组成。
- TRUMATCH 提供了可预测的 CMYK 颜色，它们与 2000 多种可实现的、计算机生成的颜色相匹配。

招式 091 使用“色板”面板设置颜色

Q 在 Photoshop 中可以用拾色器对话框设置颜色、吸管工具吸取样色、颜色面板调整颜色，那还有没有其他设置颜色的方法呢?

A 可以在“色板”面板中单击颜色样本来设置颜色，如果 Photoshop 面板上没有“色板”面板，可单击“窗口”|“色板”命令打开该面板。

1. 单击色板设置颜色

❶ 启动 Photoshop 软件后，单击“窗口”|“色板”命令，打开“色板”面板，其中的颜色都是预设好的，单击一个颜色样本，❷ 即可将它设置为前景色，❸ 按住 Ctrl 键单击则可将它设置为背景色。

2. 载入其他颜色

❶ 单击“色板”面板右上角的按钮，弹出下拉菜单。❷ 在该菜单中选择一个色板库，弹出提示信息框。❸ 单击“确定”按钮，载入的色板库会替换面板中的原有颜色。

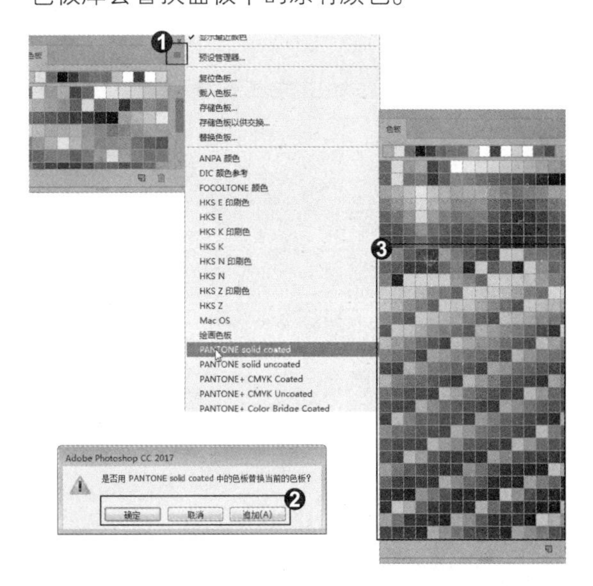

知识拓展

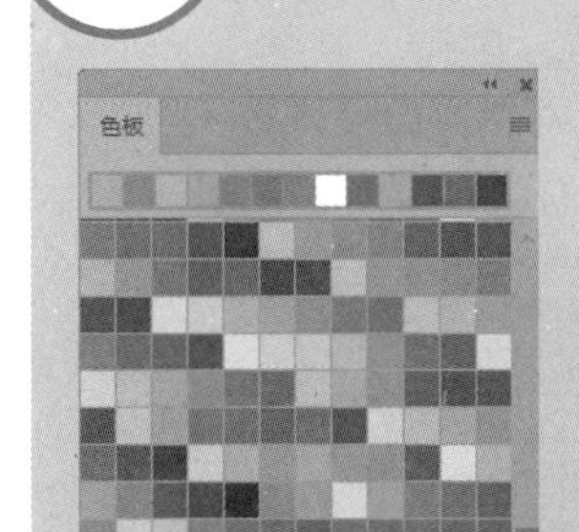

在“色板”面板中，❶ 单击面板底部的“创建前景色的新面板”按钮，可将当前设置的前景色保存到面板中。❷ 如果要删除一种颜色，可将颜色拖动到“删除”按钮，删除颜色。

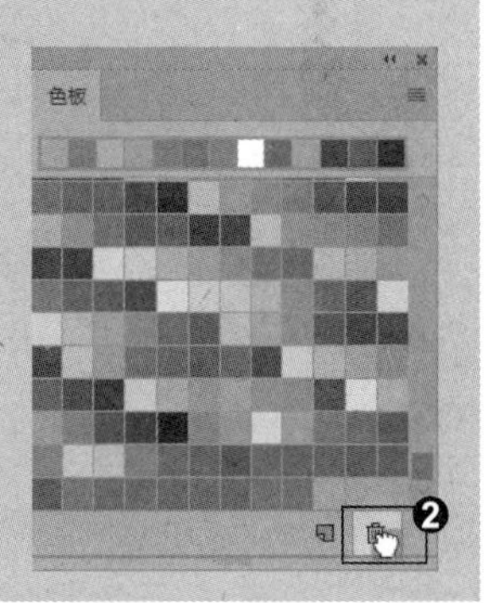

招式 092 使用实色渐变制作纸样水滴

Q 在渐变编辑器中设置颜色时，有时需要设置两种颜色以上的渐变，但渐变编辑器当中只有两个色标，那么如何设置其他的颜色色标呢?

A 在渐变预设条上，选中某个位置，单击即可在该位置添加一个色标，双击色标可以设置该色标的颜色。

1. 绘制水滴路径

❶ 打开本书配备的“第 5 章\素材\招式92\纸样背景.jpg”文件。❷ 选择工具箱中的 (钢笔工具)，设置“工具模式”为路径，在背景绘制水滴路径。❸ 新建图层，选择工具箱中的 (渐变工具)，在工具选项栏中按下“线性渐变”按钮，单击渐变颜色条，打开“渐变编辑器”对话框。

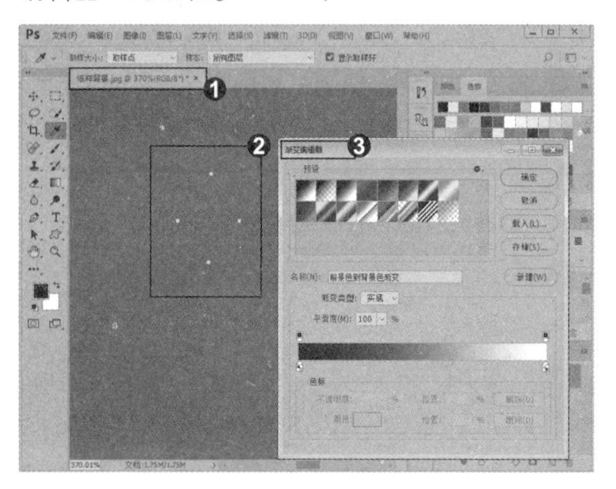

2. 设置渐变颜色

❶ 在“预设”区域中选择一个预设的渐变，它会出现在下面的渐变条上。❷ 单击渐变条下的色标图标，可以将其选中。❸ 单击“颜色”选项右侧的颜色块，或者双击该色标都可以打开“拾色器”对话框，在其中调整色标的颜色。

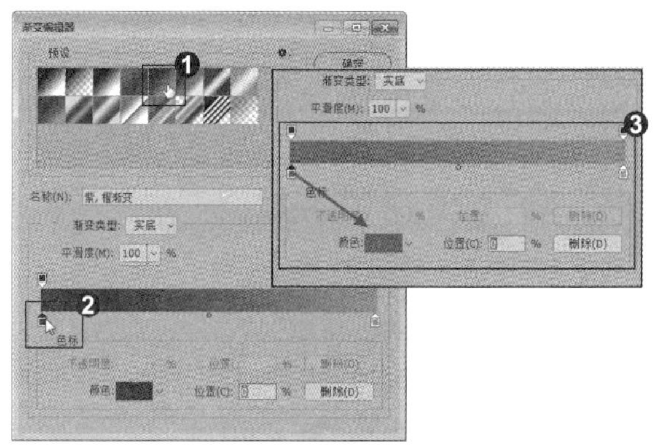

3. 添加色标

❶ 在渐变条下方单击可以添加新色标。❷ 选择添加的色标并拖动，或在“位置”文本框中输入数值，可以改变渐变色的混合位置。❸ 拖动两个渐变色标之前的菱形图标(中点)，可以调整该点两侧颜色的混合位置。

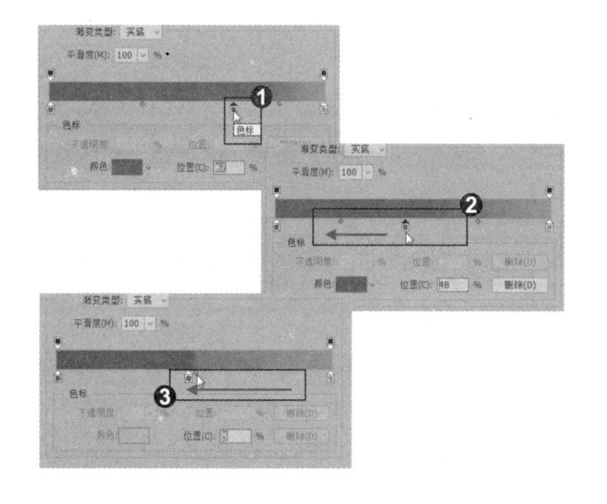

4. 填充渐变

❶ 选择一个色标，单击“删除”按钮或者直接将其拖到渐变色条外，可以删除该色标。❷ 单击“确定”按钮确定渐变颜色，按 Ctrl+Enter 快捷键将路径转换为选区，新建图层，在选区内从下往上拖曳鼠标，填充线性渐变。

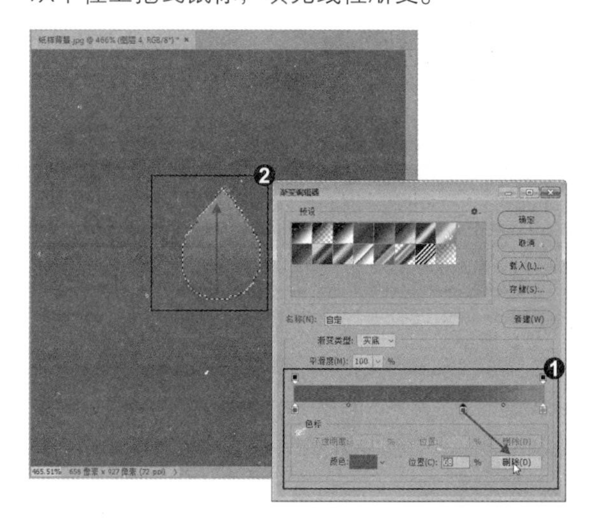

5. 制作水滴高光与阴影

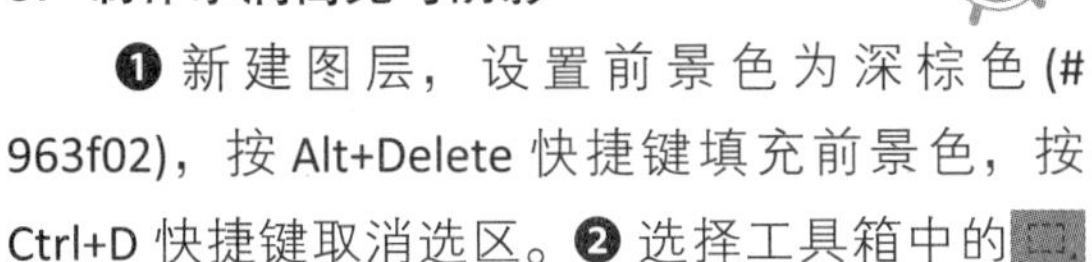

❶ 新建图层，设置前景色为深棕色 (#963f02)，按 Alt+Delete 快捷键填充前景色，按 Ctrl+D 快捷键取消选区。❷ 选择工具箱中的 (矩形选框工具)，在深棕色水滴上创建选区。❸ 按住 Alt 键单击“添加图层蒙版”按钮，隐藏选区内的内容。❹ 将渐变水滴复制一层，放置在添加图层的水滴图层上方。

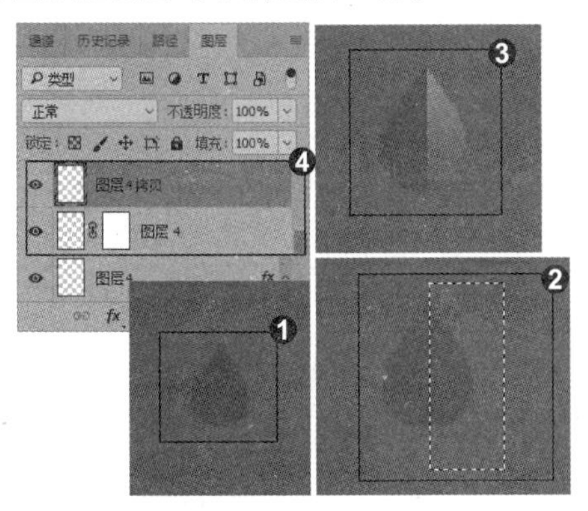

6. 制作其他水滴图形

❶ 按 Ctrl+T 快捷键显示定界框，将光标放在中间控制点上，向左向右拖动定界框变形水滴图形。❷ 按 Enter 键确认变形。选择工具箱中的 (渐变工具)，按下“角度渐变”按钮。❸ 载入图层选区，在选区内从上往下拖动鼠标填充角度渐变。

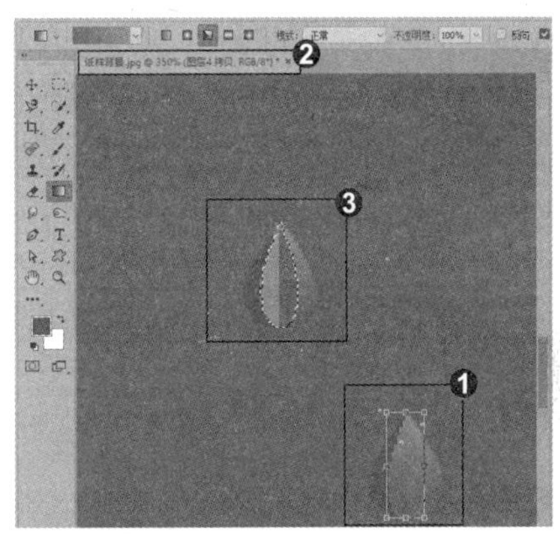

7. 添加投影完成图像制作

❶ 按 Ctrl+D 快捷键取消选区。利用图层样式，为水滴添加投影。❷ 同样的方法，制作其他颜色的水滴。

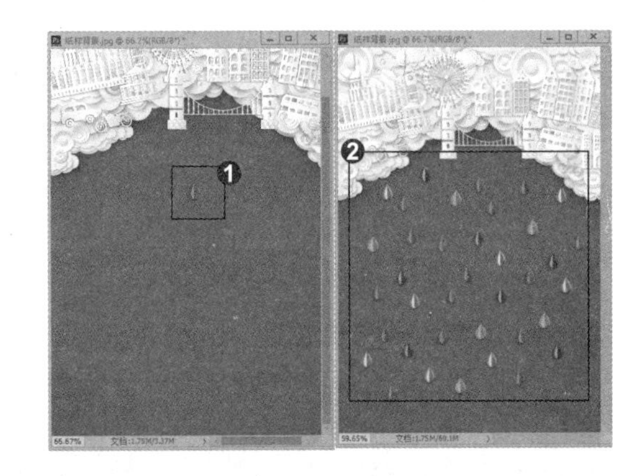

专家提示

渐变条中最左侧的色标代表了渐变颜色的起点颜色位置。

知识拓展

渐变色条中显示了当前的渐变颜色，❶ 单击右侧的按钮，可以在打开的下拉面板中选择一个预设渐变。❷ 按下工具选项栏中的“线性渐变”按钮，可创建以直线从起点到终点的渐变；按下“径向渐变”按钮，可创建以圆形图案从起点到终点的渐变；按下“角度渐变”按钮，可创建围绕起点以逆时针扫描方式的渐变；按下“对称渐变”按钮，可创建使用均衡的线性渐变在起点的任意一侧渐变；按下“菱形渐变”按钮，则会以菱形方式从起点向外渐变，终点定义菱形的一个角。

招式 093 使用杂色渐变制作放射线背景

Q 在 Photoshop 中，要制作出放射线的图像效果，可以用渐变工具来制作吗？

A 杂色渐变包含了在指定范围内随机分布的颜色，它颜色的变化效果非常丰富，在“渐变类型”下拉列表中选择“杂色”选项，就可以利用杂色制作放射线。

1. 设置杂色渐变

❶ 启动 Photoshop 软件后，按 Ctrl+N 快捷键弹出“新建文档”对话框，在弹出的对话框中设置参数。❷ 单击“确定”按钮新建文档。按 D 键，将前景色设置为黑色。选择工具箱中的 (渐变工具)，按下“角度渐变”按钮，单击渐变色条，弹出“渐变编辑器”对话框。❸ 在“渐变类型”下拉列表中选择“杂色”选项，设置“粗糙度”为 100%。

2. 填充杂色渐变

❶ 新建图层，将光标放置在文档中心，从中心往四周拖动鼠标，填充渐变。❷ 按 Ctrl+U 快捷键，弹出“色相 / 饱和度”对话框，拖动“色相”与“饱和度”滑块，调整渐变颜色。❸ 单击“确定”按钮关闭对话框，并设置该图层的混合模式为“叠加”。单击“图层”面板底部的“填充图层蒙版”按钮，为该图层添加一个蒙版。

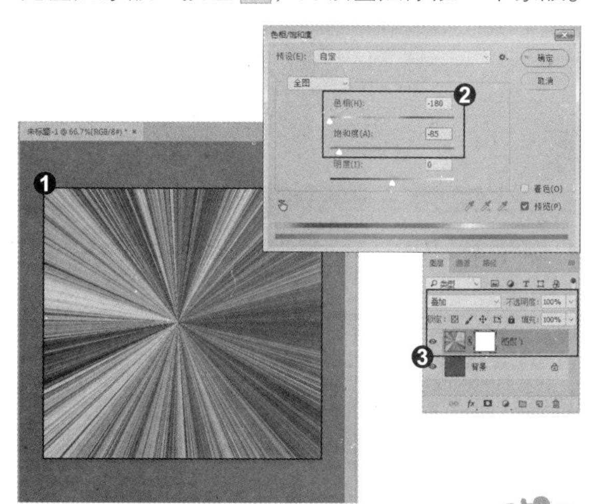

3. 添加素材完成制作

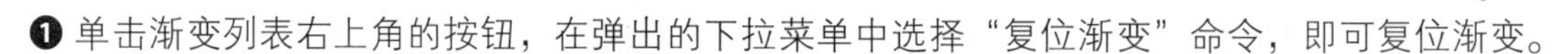

❶ 单击渐变列表右上角的按钮，在弹出的下拉菜单中选择“复位渐变”命令，即可复位渐变。❷ 选择黑色到透明色的渐变，按下“径向渐变”按钮，从文档中心往四周拖动鼠标，填充渐变隐藏部分射线。❸ 单击“调整”面板中的“色阶”按钮，创建“色阶”调整图层，按 Ctrl+Alt+G 快捷键创建剪贴蒙版，并调整色阶参数。❹ 按 Ctrl+O 快捷键打开“素材”文件，使用 (移动工具) 将素材添加到编辑的文档中，完成图像的制作。

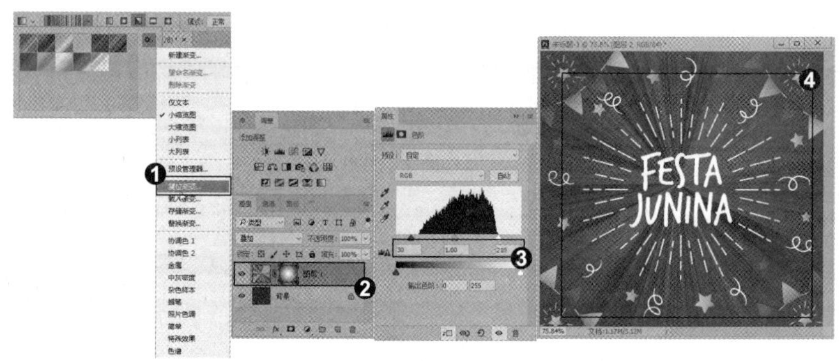

知识拓展

❶在“渐变编辑器”对话框中，单击渐变列表右上角的按钮，可以打开一个下拉菜单，菜单底部包含了 Photoshop 提供的预设渐变库。❷选择一个渐变库，会弹出一个提示对话框，单击“确定”按钮可载入渐变并替换列表中原有的渐变，单击“追加”按钮可在原有渐变基础上添加载入的渐变；单击“取消”按钮则取消操作。❸单击“渐变编辑器”对话框中的“载入”按钮，可以打开“载入”对话框，选择光盘中的渐变，单击“载入”按钮即可将其载入使用。❹在“渐变编辑器”对话框中载入渐变或删除渐变后，如果想要恢复为默认的渐变，可单击渐变列表右上角的按钮，在弹出的下拉菜单中选择“复位渐变”命令，弹出一个提示框，单击“确定”按钮即可恢复默认的渐变。

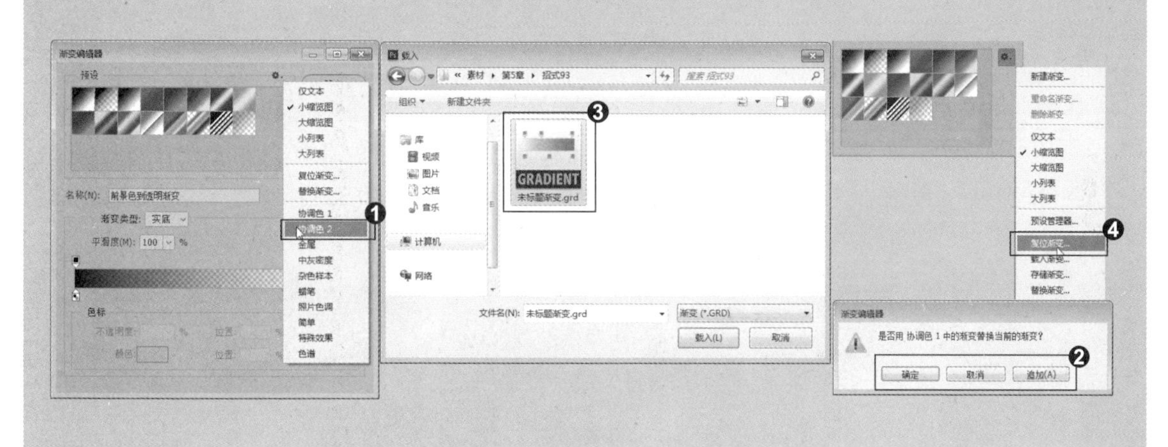

招式 094 创建透明渐变

Q 在“渐变编辑器”对话框中往往会存在一个黑白默认的渐变、其他预设渐变，还有一个黑色到没有颜色的渐变，这个渐变时什么渐变，它有何用处呢?

A 这个黑色到没有颜色的渐变，是我们经常使用的透明渐变，透明渐变是指包含了透明像素的渐变。它经常与蒙版功能结合使用。

1. 创建选区

❶打开本书配备的“第 5 章\素材\招式 94\圆形球体 .jpg”文件。❷单击“图层”面板底部的“创建新图层”按钮，新建一个图层。❸选择工具箱中的 (椭圆选框工具)，在球体上创建选区。

2. 填充透明渐变

❶ 设置前景色为白色，选择工具箱中的 (渐变工具)，在工具选项栏中选取前景色到透明的渐变，按下“线性渐变”按钮。❷ 在选区内从上往下填充线性渐变，按 Ctrl+D 快捷键取消选区。❸ 使用 (橡皮擦工具) 擦除多余高光，设置图层混合模式为“叠加”。

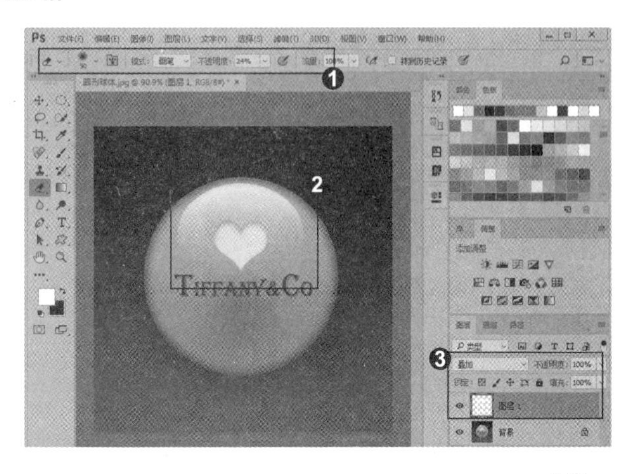

3. 制作图形高光

❶ 选择工具箱中的 (钢笔工具)，设置“工具模式”为路径，在圆形球体上绘制月亮形状的路径。❷ 按 Ctrl+Enter 快捷键将路径转换为选区，新建图层，选择工具箱中的 (渐变工具)，在选区内填充白色到透明色的线性渐变，制作月亮形状的高光。❸ 同上述制作高光的操作方法，制作其他地方的高光。

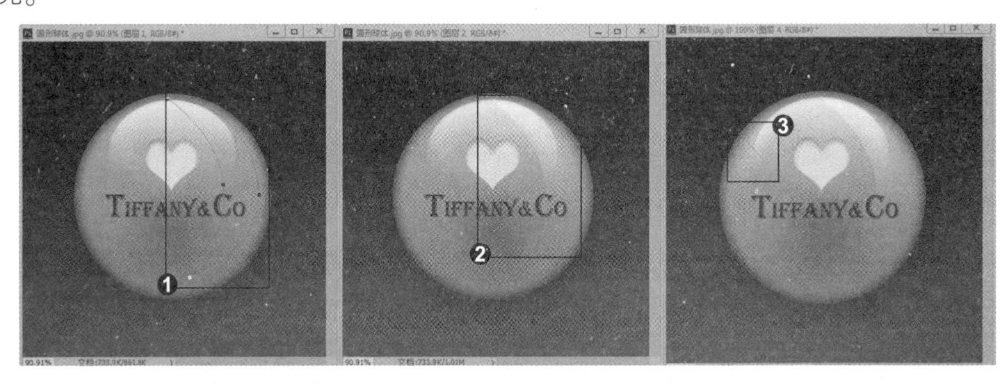

知识拓展

打开“渐变编辑器”对话框，选择一个预设的实色渐变，❶ 选择渐变条上方的不透明度。❷ 调整它的“不透明度”值，即可使色标所在位置的渐变颜色呈现透明效果。❸ 拖动不透明度色标，或者在“位置”文本框中输入数值，可以调整色标的位置。❹ 拖动中点(菱形图标)，则可以调整该图标一侧颜色与另一侧透明色的混合位置。

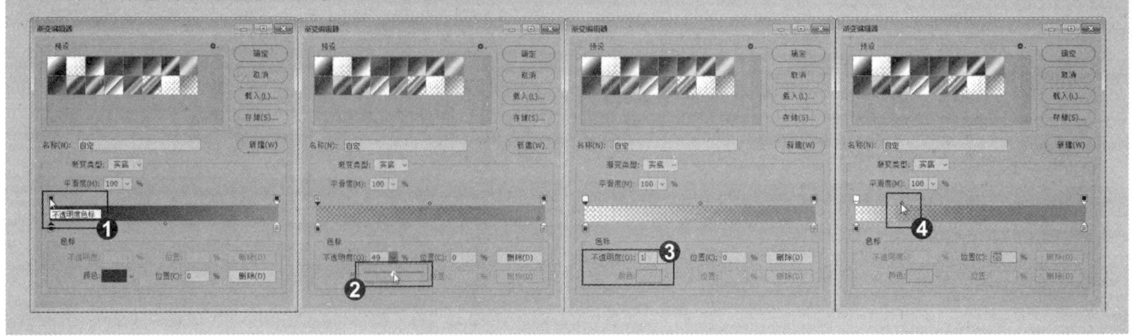

招式 095 使用油漆桶为卡通画填色

Q 众所周知，利用画笔工具为图像进行填色需要涂抹，而利用快捷键方式填色需要载入选区，有没有一种方法或是工具直接在画面中单击就可以为图像进行填色处理?

A 使用油漆桶工具，不需要对图像进行涂抹也不需要创建选区，只需要在选中的区域单击就可以为图像进行填色处理。

1. 设置填充颜色

❶ 打开本书配备的“第 5 章 \ 素材 \ 招式 95\ 简笔画 .jpg”文件。❷ 选择工具箱中的 (油漆桶工具)，在工具选项栏中设置“填充”为“前景”，“容差”为 32。❸ 在“颜色”面板中设置前景色为红色 (#ff2e31)。

2. 油漆桶填色

❶ 在简笔画的帽子和衣服上单击，即可填充前景色。❷ 调整前景色，为袋子填色。❸ 同上述填色的操作方法，继续给简笔画进行填色处理。

知识拓展

油漆桶工具的工具选项栏中的参数具有各自的意义。❶ 填充内容：单击油漆桶图标右侧的按钮，可以在下拉列表中选择填充内容，包括“前景”和“图案”。❷ 模式 / 透明度：用来设置填充内容的混合模式和不透明度。如果将“模式”设置为“颜色”，则填充颜色时不会破坏图像中原有的阴影和细节。❸ 容差：用来定义必须填充的像素的颜色相似程度。低容差会填充颜色值范围内与单击点像素非常相似的像素，高容差则填充更大范围的像素。❹ 消除锯齿：可以平滑填充选区的边缘。❺ 连续的：只填充与鼠标单击点相邻的像素，取消勾选时可填充图像中的所有相似像素。❻ 所有图层：选择该项，表示基于所有可见图层中的合并颜色数据填充像素，取消勾选则仅填充当前图层。

招式 096 使用填充命令填充草坪图案

Q 在填充图案的众多方法中，有什么方法可以直接将图案进行填充呢？

A “填充”命令可以在当前图层或选区内填充颜色或图案，在填充时还可以设置不透明度和混合模式，但是文本层和被隐藏的图层是不能进行填充的。

1. 创建路径

❶ 打开本书配备的“第5章\素材\招式96\背景.jpg”文件。❷ 选择工具箱中的 (钢笔工具)，设置“工具模式”为路径，在人物白色裙子上创建路径。❸ 按Ctrl+Enter快捷键将路径转换为选区。

2. 填充图案

❶ 单击“图层”面板底部的“创建新图层”按钮，新建图层，单击“编辑”|“填充”命令，打开“填充”对话框。在“内容”下拉列表中选择“图案”选项，❷ 单击“自定图案”后的按钮，弹出图案面板，单击按钮，在弹出的下拉列表中选择“自然图案”命令，载入该图案。

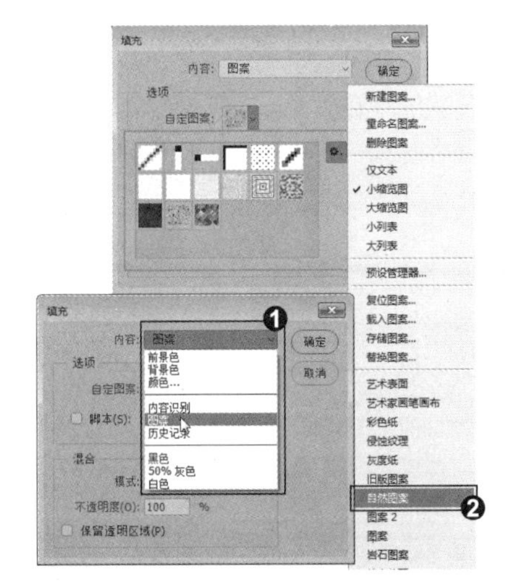

3. 调整图案颜色

❶ 单击“确定”按钮在选区内填充图案。❷ 设置该图层的混合模式为“线性加深”。❸ 按Ctrl+D快捷键取消选区，按Ctrl+U快捷键打开“色相/饱和度”对话框，调整“色相”和“饱和度”的参数，调整添加图案的色调。

4. 画笔涂抹图像

❶ 单击“图层”面板底部的“添加图层蒙版”按钮，为该图层添加蒙版。❷ 选择工具箱中的（画笔工具），用黑色的柔边缘笔刷涂抹裙子边缘，使裙子与草地融为一体。

知识拓展

“填充”命令不仅可以使用“前景色”“背景色”以及“图案”对选区进行填充，还可以使用附近相近的像素填充选区。❶ 打开一张图片，利用选区工具在文字上创建选区。❷ 单击“编辑”|“填充”命令，在“内容”下拉列表中选择“内容识别”选项。❸ 单击“确定”按钮，Photoshop 会用选区附近的图像填充选区，并对光影、色调等进行融合，使填充区域的图像就像是原本就不存在一样。

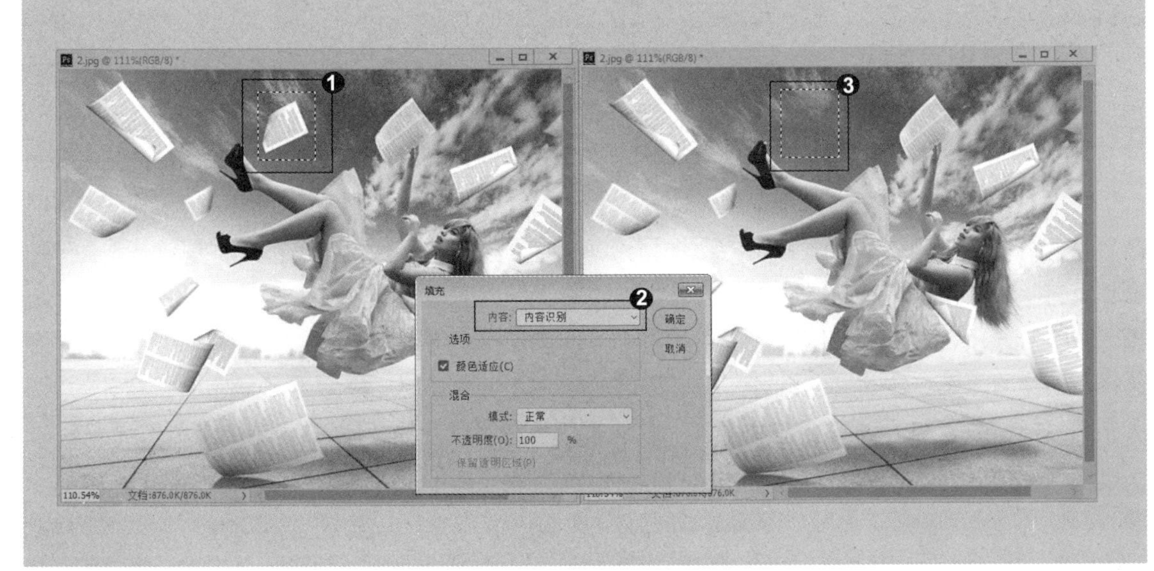

招式 097 定义图案制作金线文字

Q 在众多的预设图案当中，没有一种图案满足我的要求，我想从外部载入我想要的图案来处理图像，该如何载入图案呢？

A 如果是可以载入的图案格式可以直接载入，若是想要的图案是一张素材，那么就需要将该素材定义为图案格式后，才能开始使用。

1. 调整素材色调

❶ 打开本书配备的“第 5 章 \ 素材 \ 招式 97\ 金属闪光片 .jpg”文件。❷ 新建一个图层，设置前景色为浅黄色 (#b69617)，按 Alt+Delete 快捷键填充前景色，设置该图层的混合模式为“柔光”，设置“不透明度”为 50%。❸ 单击 按钮，创建“色阶”调整图层，拖动滑块调整图片的亮度。

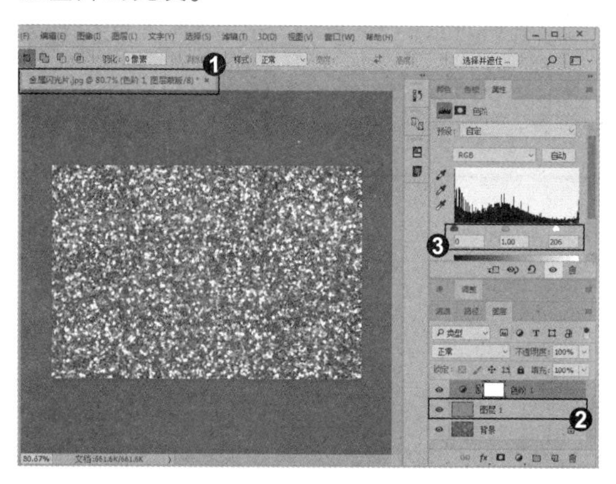

2. 定义图案

❶ 按 Ctrl+Alt+Shift+E 快捷键盖印可见图层。❷ 单击“编辑” | “定义图案”命令，弹出“图案名称”对话框，输入图案的名称。❸ 单击“确定”按钮，将处理后的图片创建为自定义的图案。按 Ctrl+O 快捷键打开“帆布背景”素材，选择工具箱中的 T（横排文字工具），在背景上输入文字。

3. 填充定义的图案

❶ 按住 Ctrl 键单击文字图层，载入选区。❷ 新建图层，单击“编辑” | “填充”命令，弹出“填充”对话框，在“内容”下拉列表中选择“图案”选项，在“自定图案”下拉列表中选择新创建的图案。❸ 单击“确定”按钮即可填充图案。

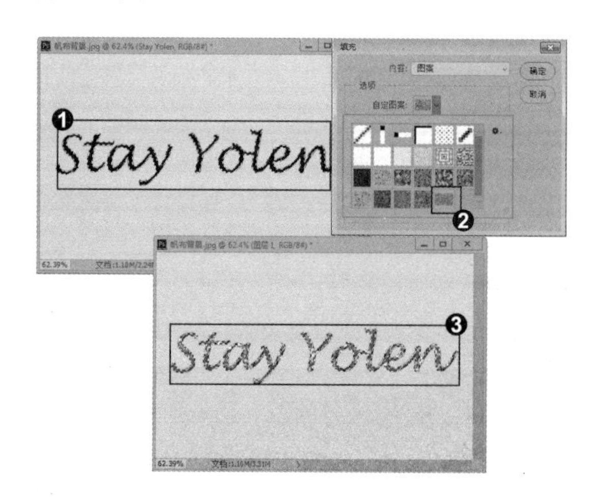

4. 添加图层样式效果

❶ 按 Ctrl+D 快捷键取消选区。单击“图层”面板底部的“添加图层样式”按钮 fx，在弹出的下拉菜单中选择“投影”命令并设置参数。❷ 设置“斜面和浮雕”及“纹理”参数，调整文字的立体感。❸ 单击“确定”按钮关闭对话框，制作金线字体。

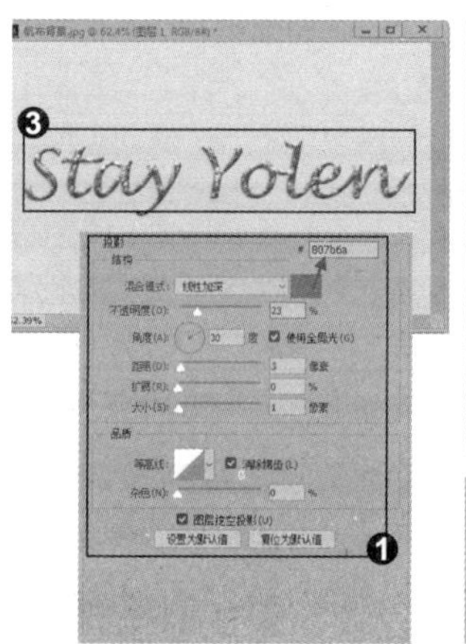

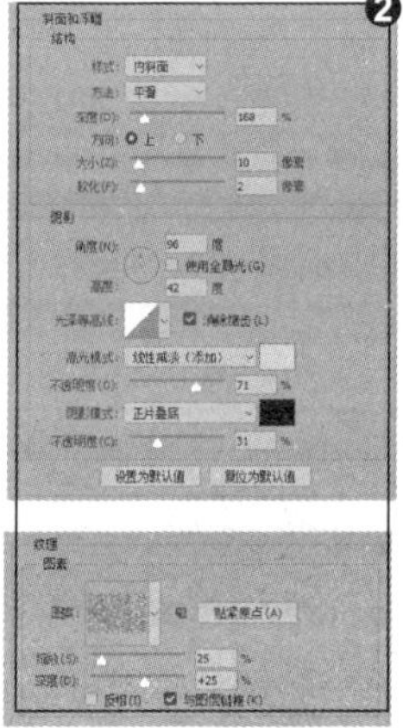

知识拓展

在 Photoshop 中将一张图片定义为图案后，❶ 单击“编辑”|“填充”命令，在“内容”下拉列表中选择“图案”选项，可以填充定义的图案。❷ 单击“图层”面板底部的“创建新的填充或调整图层”按钮，在弹出的下拉菜单中选择“图案填充”选项，会自动将定义的图案进行填充。❸ 双击图层，打开“图层样式”对话框，在右侧效果列表中选择“图案叠加”选项，也可以将定义的图案进行填充。

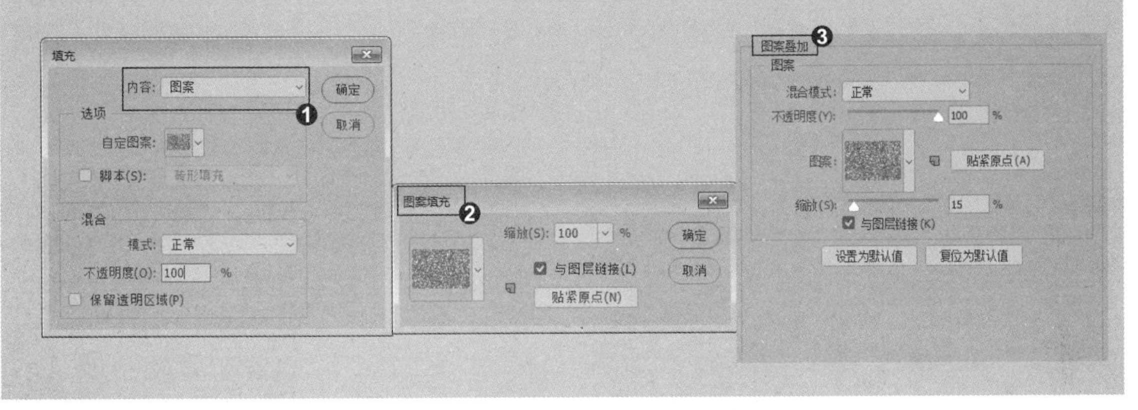

招式 098 使用描边命令制作线描插画

Q 编辑图像时，有时想直接为图像添加简单的边框效果，我可以使用“描边”命令直接来进行编辑吗，使用“描边”命令绘制边框需要注意什么？

A 如果只是制作一些简单的边框完全可以用“描边”命令制作，但是，必须有选区的存在才能使用该命令。

1. 创建选区

❶ 打开本书配备的“第 5 章 \ 素材 \ 招式 98\ 人物 .jpg”文件。❷ 选择工具箱中的 (魔棒工具)，在背景中单击选择背景。❸ 按 Ctrl+Shift+I 快捷键反选，选中人物，新建图层，单击“编辑”|“描边”命令，打开“描边”对话框。

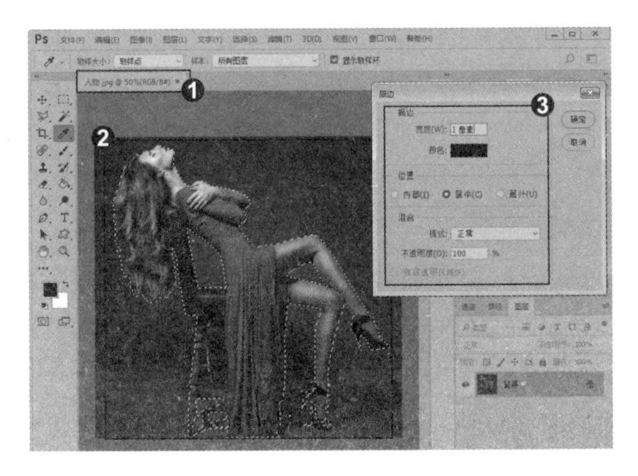

2. 设置描边参数

❶ 在弹出的对话框中设置“宽度”为2像素、“位置”为“居中”、“颜色”为黑色。❷ 单击“确定”关闭对话框，对人物进行描边。❸ 在工具选项栏中设置魔棒工具的“容差”为30，勾选“对所有图层取样”复选框，在人物眼睛上、身体上单击创建选区。

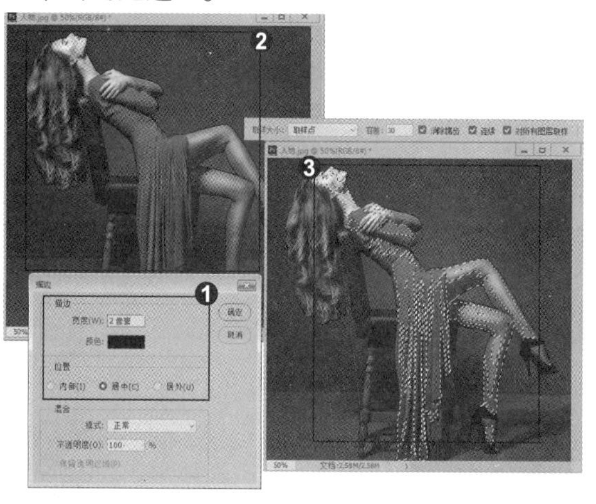

3. 图像描边效果

❶ 新建图层，设置前景色为浅粉色(#f2cec0)，按Alt+Delete快捷键在选区内填充前景色。❷ 将前景色设置为洋红色(#fb8da4)，单击“编辑”|“描边”命令，设置参数。❸ 用前景色描边选区，按Ctrl+D快捷键取消选区，对填充的粉色区域进行描边处理。

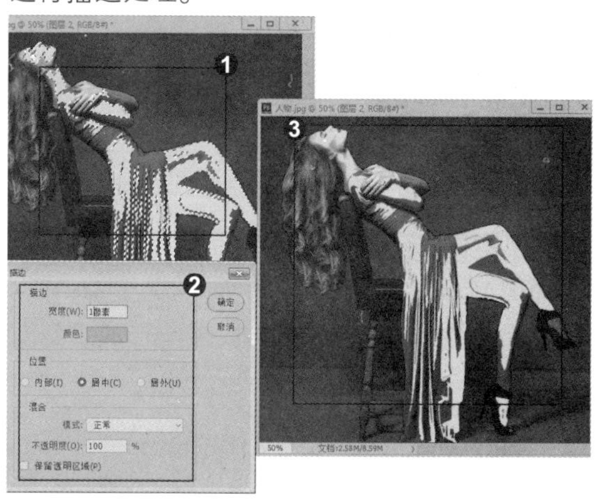

4. 设置黑色描边参数

❶ 在“背景”图层上新建图层并填充白色，隐藏白色图层，利用魔棒工具在人物嘴唇上创建选区，显示白色图层，按住Alt键单击“创建图层蒙版”按钮，显示人物唇色。❷ 选择“图层1”图层，按下“填充”面板顶部的“锁定透明像素”按钮锁定该图层的透明区域。

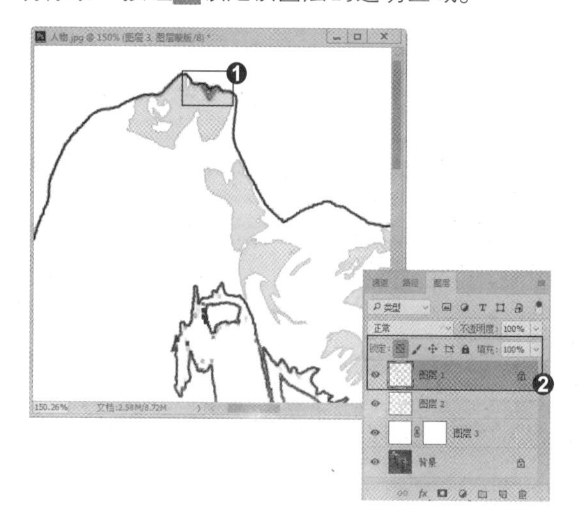

5. 添加图形完成图像

❶ 将前景色设置为粉色(#f2cec0)，使用(画笔工具)将人物垂下来头发的黑线涂为粉色。❷ 按Ctrl+O快捷键打开文字和图形素材，使用(移动工具)将其拖入到人物图像中，作为装饰。

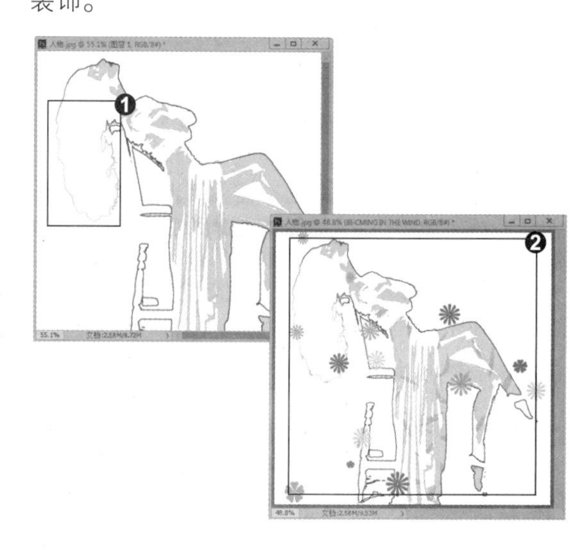

知识拓展

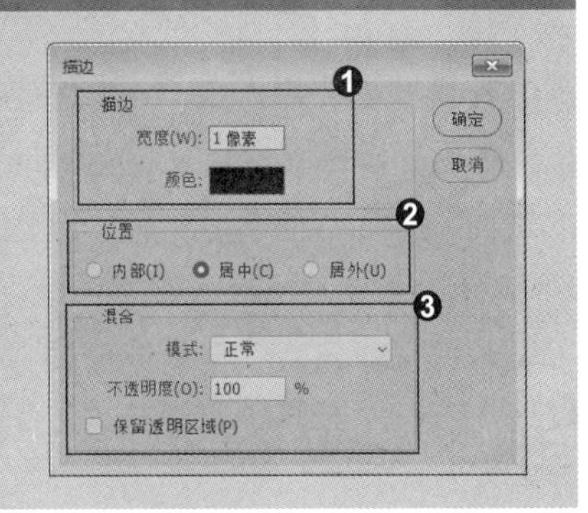

在“描边”对话框中，❶在“宽度”文本框中可以设置描边宽度；单击“颜色”右侧的颜色块，可以在打开的“拾色器”对话框中设置描边颜色。❷在“位置”选项组中可以设置描边相对于选区的位置，包括“内部”“居中”和“局外”。❸可在“混合”选项组中设置描边颜色的混合模式和不透明度，勾选“保留透明区域”复选框，表示只对包含像素的区域描边。

招式 099 使用画笔工具绘制炫彩背景

Q 在编辑图像时，画笔工具是我们常用的工具之一，可以简单地说说画笔工具的使用方法吗？

A 画笔是个简单且使用较频繁的工具，其使用方法也很简单，设置好颜色，选择该工具直接单击即可用画笔绘制颜色，不过在单击过程中要设置好画笔的笔尖。

1. 添加云彩效果

❶启动 Photoshop 软件后，单击“文件”|“新建”命令，在弹出的对话框中设置参数。❷单击“确定”按钮新建一个空白文档。新建图层，单击“滤镜”|“渲染”|“云彩”命令，为文档添加云彩效果。❸单击“滤镜”|“像素化”|“马赛克”命令，弹出“马赛克”对话框。

2. 制作马赛克背景

❶在“马赛克”对话框中设置“单元格大小”为 35，单击“确定”按钮为图像添加马赛克效果。❷按 Ctrl+T 快捷键显示定界框，单击右键并在弹出的快捷菜单中选择“斜切”命令，按住 Alt 键用鼠标拖动定界框四周控制点的其中一点，斜切图像。

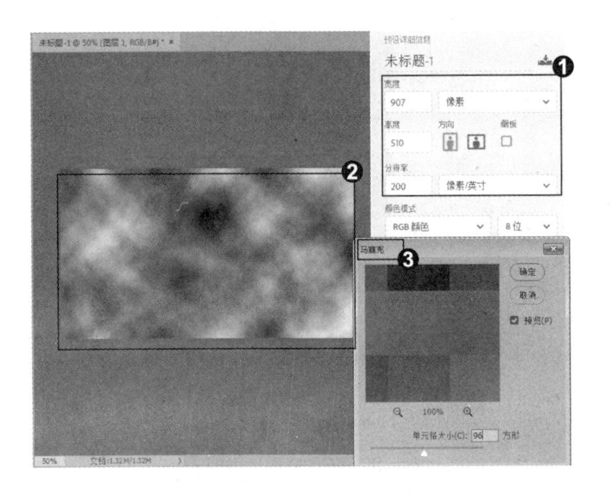

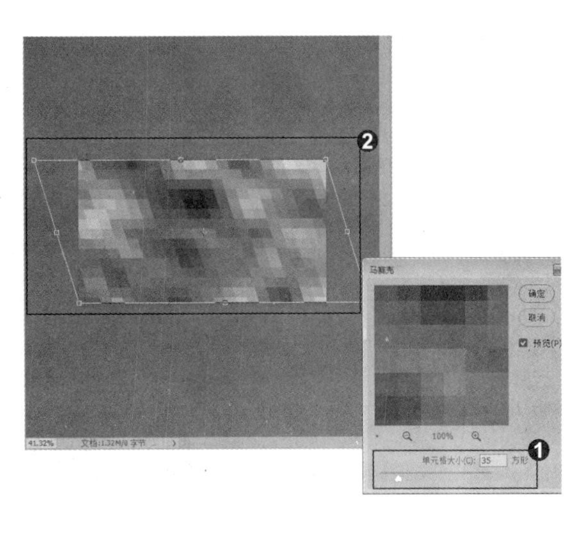

3. 设置画笔参数

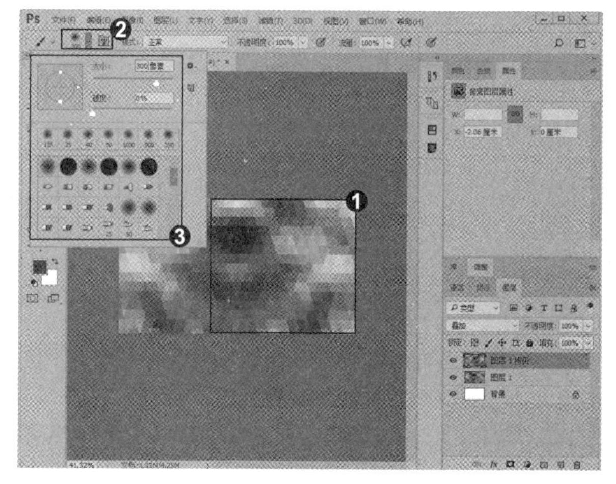

❶ 按 Enter 键确认操作，按 Ctrl+J 快捷键复制马赛克效果图层，按 Ctrl+T 快捷键显示定界框，水平翻转图像，设置该图层的混合模式为“叠加”。❷ 新建图层，设置前景色为蓝色 (# 1300cc)，选择工具箱中的 (画笔工具)，单击工具选项栏中的“画笔预设选取器”按钮。❸ 在弹出的下拉菜单中选择柔边缘笔刷，并设置画笔的大小。

4. 高斯模糊色块

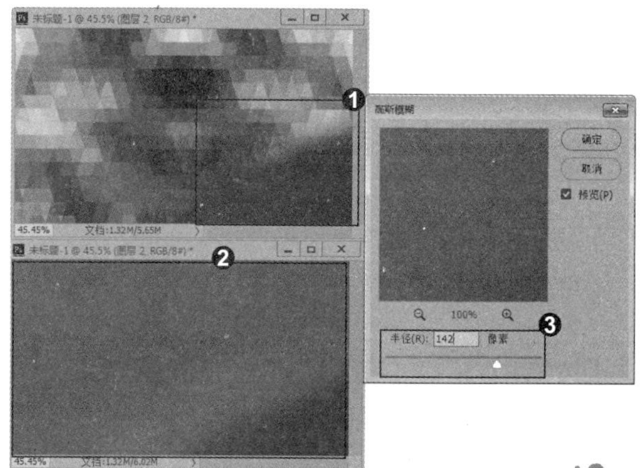

❶ 使用画笔在文档中绘制蓝色色块。❷ 同方法，在文档中绘制洋红色 (# ce3dbc)、玫红色 (# d70532) 及橙色 (# cf3904) 色块。❸ 单击“滤镜”|“模糊”|“高斯模糊”命令，在弹出的“高斯模糊”对话框中设置“半径”为 142 像素，模糊绘制的色块。

5. 添加文字素材

❶ 单击“确定”按钮，设置图层的混合模式为“颜色减淡 (添加)”，制作马赛克背景。❷ 按 Ctrl+O 快捷键打开“文字”素材，使用 (移动工具) 将素材添加到马赛克背景上，完成图像的制作。

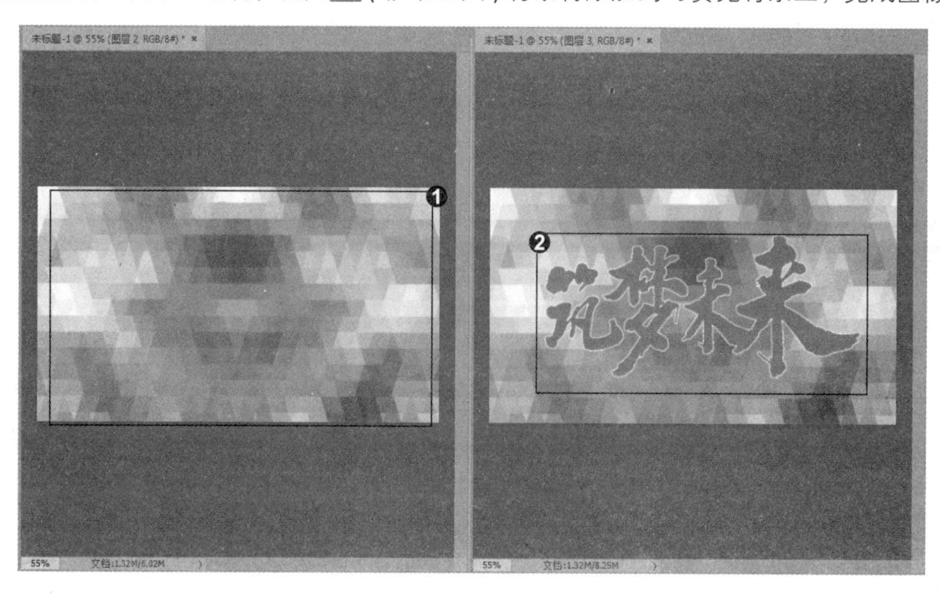

知识拓展

❶ 单击画笔下拉面板右上角的⚙按钮，或单击“画笔预设”面板右上角的≡按钮，可以打开完全相同的下拉菜单。❷ 在弹出的下拉菜单中可以设置画笔在面板中的显示方式，选择“仅文本”命令会显示画笔的名称。❸ 选择“小缩览图”命令和“大缩览图”命令会显示画笔的缩览图和画笔大小。❹ 选择“小列表”命令和“大列表”命令则以列表的形式显示画笔的名称和缩览图。❺ 选择“描边缩览图”命令可以显示画笔的缩览图和使用时的预览效果。

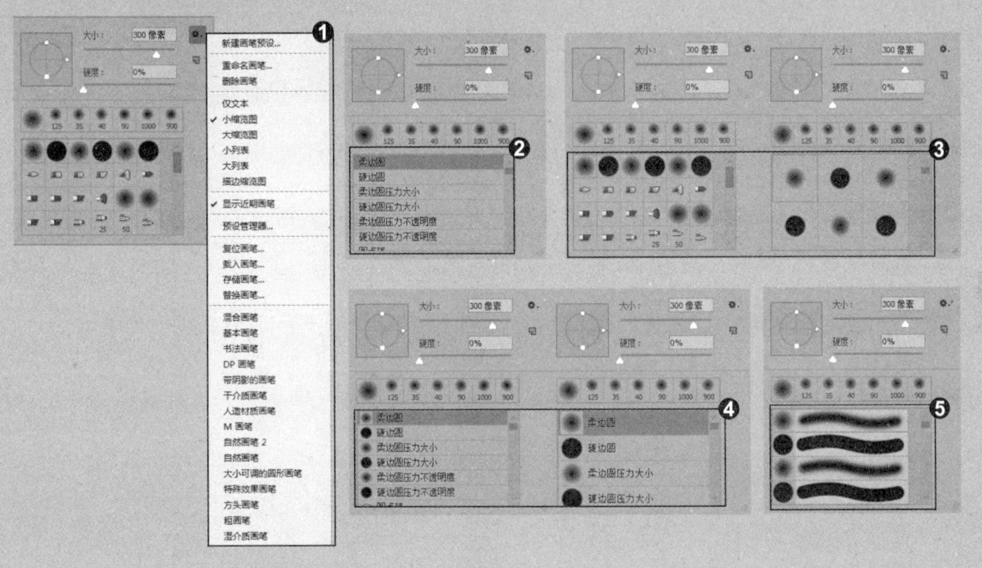

招式 100　使用前景色绘制线条

Q 我知道铅笔工具也是使用前景色来绘制线条的，那它与画笔工具有何区别呢？

A 画笔工具可以绘制带有柔边效果的线段，而铅笔工具只能绘制硬边线条。

1. 设置铅笔参数

❶ 打开本书配备的“第 5 章 \ 素材 \ 招式 100\ 彩笔广告 .jpg”文件。❷ 单击“图层”面板底部的“创建新图层”按钮，新建图层。❸ 选择工具箱中的（铅笔工具），单击“画笔预设选取器”按钮，在弹出的面板中设置画笔大小为 1 像素。

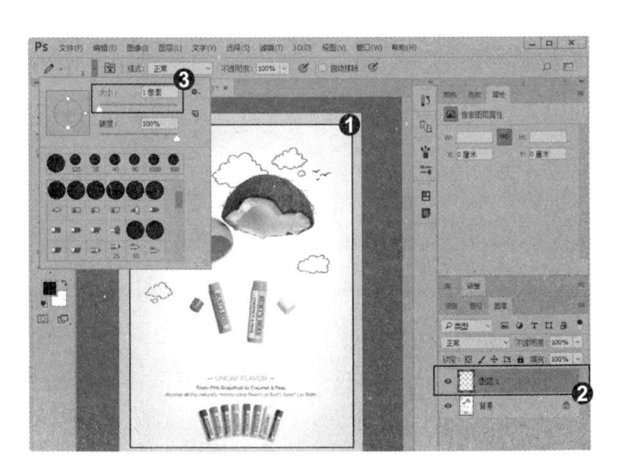

2. 绘制直线段

❶ 在椰壳上单击确定起点，按住 Shift 键向下拖动鼠标，绘制一条直线段。❷ 按 Ctrl+T 快捷键显示定界框，旋转直线段。❸ 按 Enter 键确认操作，用同样方法制作其他直线段，完成降落伞线条的制作。

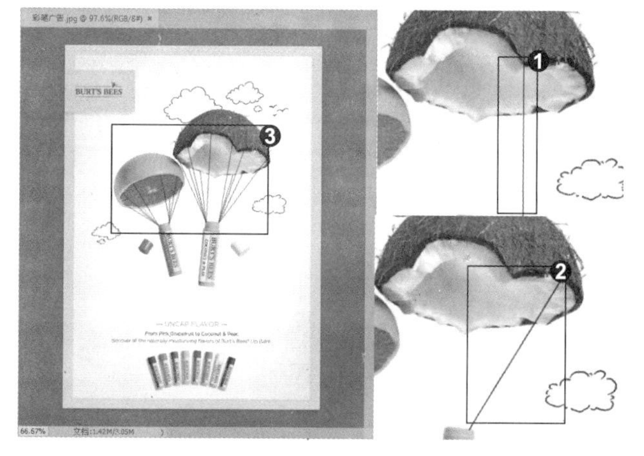

专家提示

使用画笔工具时，在画面中单击，然后按住 Shift 键单击画面中任意一点，两点之间会以直线链接。按住 Shift 键还可以绘制水平、垂直或以 45 度为增量的直线。

知识拓展

❶ 在铅笔工具选项栏中勾选“自动抹除”复选框。❷ 拖动鼠标，如果光标的中心在包含前景色的区域上，可将该区域涂抹成背景色。❸ 如果光标的中心在不包含前景色的区域上，则可以将该区域涂抹成前景色。

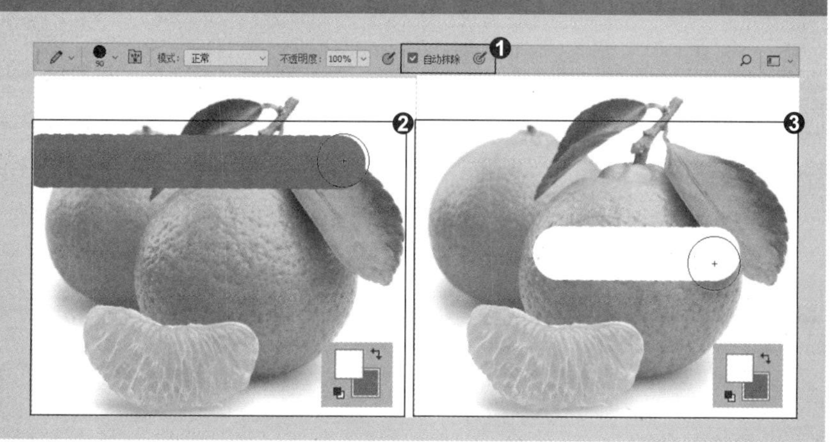

招式 101 使用颜色替换工具为头发换色

Q 颜色替换工具可以用前景色来替换图像中的颜色，那么是不是所有的图像都可用这个工具来替换颜色呢？

A 当然不是的，当图像的模式为位图、索引或多通道时，该工具是不能使用的。

1. 设置颜色替换工具参数

❶ 打开本书配备的“第 5 章 \ 素材 \ 招式 101\ 模特 .jpg”文件。❷ 在“颜色”面板中调整前景色。❸ 选择工具箱中的 (颜色替换工具)，在工具选项栏中选择一个柔角笔尖并按下“连续”按钮，将“限制”设置为“连续”，“容差”设置为 30。

2. 替换头发颜色

❶ 在模特头发上涂抹，替换头发颜色。在操作过程中应注意，光标中心的十字线不要碰到模特的脸部和衣服。❷ 按键将笔尖调小，在头发边缘涂抹，进行细致加工。

知识拓展

在颜色替换工具的工具选项栏中，❶“模式”用来设置替换颜色的属性，包括“色相”“饱和度”“颜色”和“明度”。❷“取样”用来设置颜色取样的方式，按下“连续”按钮在拖动鼠标时可连续对颜色进行取样；按下“一次”按钮只替换包含第一次单击颜色区域中的目标颜色；按下“背景色板”按钮只替换包含当前背景色的区域。❸“限制”下拉列表中选择“不连续”选项可替换出现在光标下任何位置的样本颜色；选择“连续”选项只替换与光标下的颜色邻近的颜色；选择“查找边缘”选项可替换包含样本颜色的连续区域，同时保留形状边缘的锐化程度。❹“容差”用来设置工具的容差，颜色替换工具只替换鼠标单击点颜色容差范围内的颜色，因此，该值越高包含的颜色范围越广。❺ 勾选“消除锯齿”复选框，可以为校正的区域定义平滑的边缘，从而消除锯齿。

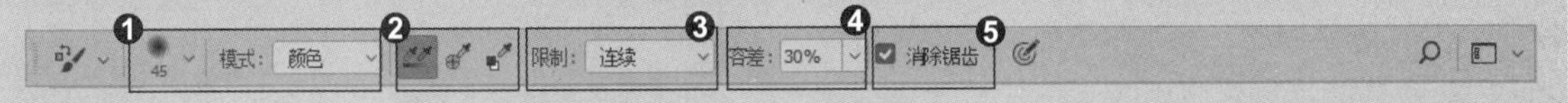

专家提示

按 [键可将画笔调小，按] 键则可将其调大。对于实边圆、柔边圆和书法画笔，按 Shift+[快捷键可减小画笔的硬度，按 Shift+] 快捷键则增加画笔的硬度。

招式 102 使用混合器画笔工具制作水粉效果

Q 在处理图像时，混合器画笔这个工具用得比较少，那么这个工具主要是用来干吗的？

A 混合器画笔工具可以混合像素，创建类似于传统画笔绘画时颜料之间相互混合的效果。

1. 复制选区图像

❶ 打开本书配备的“第 5 章 \ 素材 \ 招式 102\ 孩子 .jpg”文件。❷ 按 Ctrl+J 快捷键复制“背景”图层，更改图层名称为“天空”。❸ 隐藏“背景”图层，使用（套索工具）框选天空部分的选区，按 Ctrl+Shift+I 快捷键反向选择，按 Delete 键删除选区的图像。

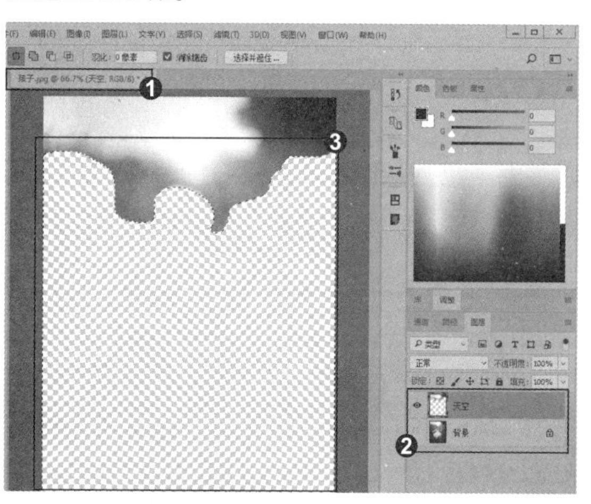

2. 用混合器画笔涂抹天空

❶ 按 Ctrl+D 快捷键取消选区。选择工具箱中的（混合器画笔工具），在其工具选项栏中选择一种毛刷笔刷，设置相关参数。❷ 设置前景色为土黄色 (#cd8f44)。❸ 使用混合器画笔涂抹天空的大体轮廓和走向。

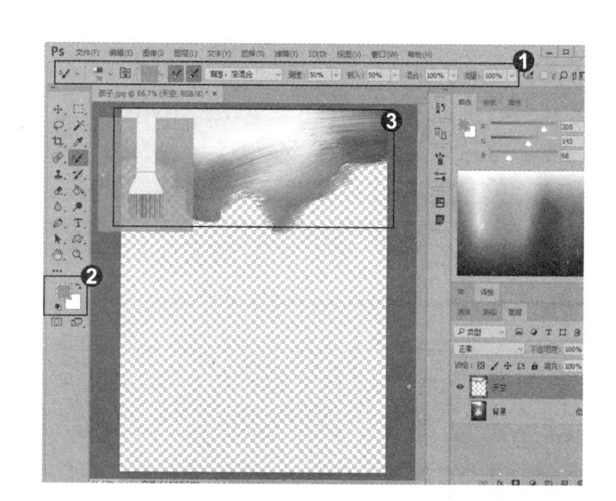

3. 用混合器画笔涂抹草地

❶ 隐藏“天空”图层，显示“背景”图层。❷ 使用（磁性套索工具）在草地上创建选区，按 Ctrl+J 快捷键复制选区内的图像，并重命名为“草地”。❸ 隐藏“背景”图层，选择（混合器画笔工具），选择另一种毛刷画笔，设置前景色为白色，绘制出风吹草地的色块效果。

4. 显示人物

❶ 显示“背景”与“天空”图层，在“天空”与“草地”图层上添加图层蒙版，用黑色的画笔涂抹人物，隐藏多余的色块。❷ 在人物的四周继续用混合器画笔工具涂抹，完善风吹草地的效果。

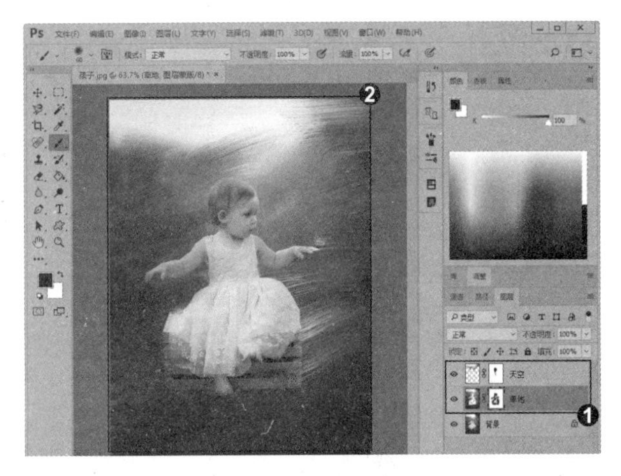

知识拓展

在“混合器画笔”工具的工具选项栏中，❶ 潮湿：能够控制画笔从画布拾取的油彩量，较高的设置会产生较长的绘画条痕。❷ 载入：能够指定载入的油彩量，载入速率较低时，绘画描边干燥的速度会更快。❸ 混合：能够控制画布油彩量与储槽油彩量的比例，当混合比例为 100% 时，所有油彩将从画布中拾取，当混合比例为 0% 时，所有油彩都来自储槽。❹ 流量：可以控制混合画笔的流量大小。❺ 对所有图层取样：能拾取所有可见图层中的画布颜色。

招式 103 使用历史记录画笔恢复局部色彩

Q 历史记录画笔工具可以恢复到编辑过程当中的某一步，或者将图像恢复为原样，那这个工具是如何操作的，需要面板配合一起使用吗？

A 使用历史记录画笔之前，先要在“历史记录”面板中选择需要恢复的某一个步骤，再进行涂抹时才会还原图像。

1. 人物去色

❶ 打开本书配备的“第 5 章 \ 素材 \ 招式 103\ 人物 .jpg”文件。❷ 按 Ctrl+J 快捷键复制“背景”图层。❸ 单击“图像”|“调整”|“去色”命令，或按 Ctrl+Shift+U 快捷键对人物图像进行去色处理。

2. 还原图像局部色彩

❶ 打开“历史记录”面板，在复制图层该操作步骤前单击，所选步骤前面会显示历史记录画笔的原图标。❷ 选择工具箱中的 (历史记录画笔工具)，❸ 在人物的嘴唇、指甲和丝巾上涂抹，还原局部色彩。

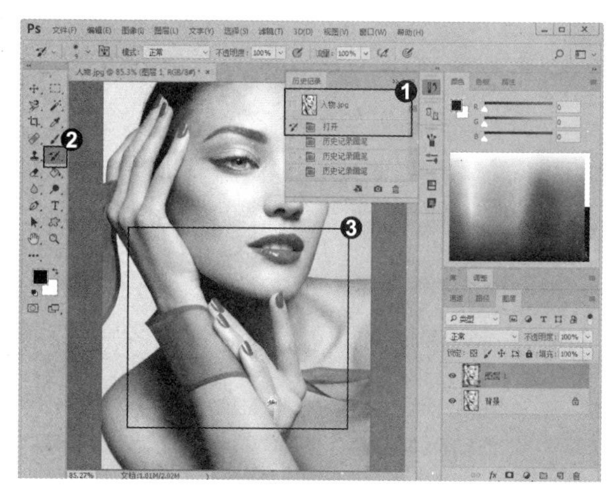

知识拓展

在历史记录画笔工具选项栏中，❶ 单击画笔选项右侧的按钮，可以打开画笔下拉面板，在面板中可设置笔尖、大小和硬度参数。❷ 在“模式”下拉列表中可选择画笔笔迹颜色与下面的像素的混合模式。❸ 在“不透明度”设置框中可设置画笔的不透明度，该值越低，线条的透明度越高。❹ 在“流量”选项中可以设置光标移动到某个区域上方时应用颜色的速率。❺ 按下“喷枪”按钮 可以启用喷枪功能；按下“绘图板压力”按钮 ，在使用数位板绘画时，光笔压力可覆盖“画笔”面板中的不透明度和大小设置。

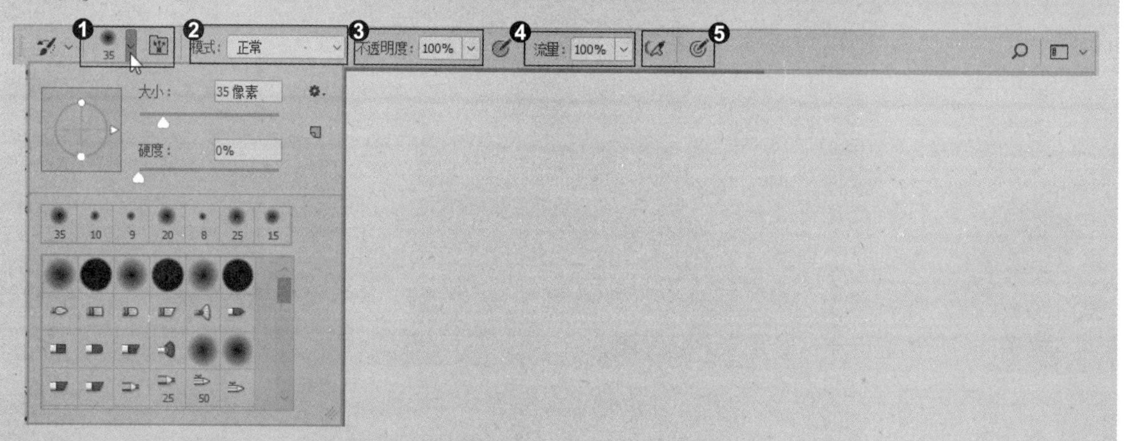

招式 104 使用历史记录艺术画笔制作手绘效果

Q 在处理图像时，历史记录艺术画笔有何作用，一般都利用这个工具做什么样的效果特效呢？

A 历史记录艺术画笔工具与历史记录画笔工具工作方式完全相同，但它在恢复图像的同时会进行艺术化处理，创建出独具特色的艺术效果。

1. 设置历史记录艺术画笔参数

❶ 打开本书配备的“第 5 章 \ 素材 \ 招式104\ 荷花 .jpg”文件。❷ 选择工具箱中的 （历史记录艺术画笔工具），在画笔下拉面板中选择“硬布画蜡笔”。❸ 在样式下拉列表中选择“绷紧短”选项。

2. 历史记录艺术画笔涂抹效果

❶ 在图像上拖动鼠标涂抹（包括边缘），进行艺术化处理。❷ 按 Ctrl+M 快捷键打开“曲线”对话框，拖动曲线 RGB，调整图像的亮度。

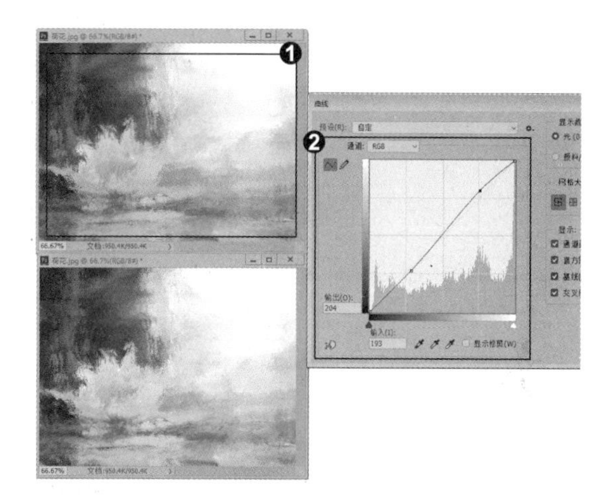

知识拓展

在历史记录艺术画笔工具选项栏中，在“样式”下拉列表中选择一个选项可以控制绘画描边的形状，包括 ❶“绷紧短”、❷“绷紧中”、❸“松散中等”、❹“轻涂”、❺“松散卷曲”等。

招式 105 设置画笔笔刷绘制小草文字

Q 在使用画笔工具涂抹图像时，想要选择特殊的画笔笔刷来涂抹图像，要在哪里进行设置呢?

A 按 F5 键，打开“画笔”面板，在其中可以选择特殊的笔刷，并在“画笔预设”中设置相应的参数，就能用设定好的画笔样式涂抹图像。

1. 设置画笔参数

❶ 打开本书配备的“第5章\素材\招式105\木牌与草地.jpg”文件。❷ 选择工具箱中的（画笔工具），单击工具选项栏中的“画笔预设拾色器”按钮，在弹出的面板中选择“沙丘草”笔刷。❸ 单击“切换画笔面板”按钮，打开“画笔”面板对话框。

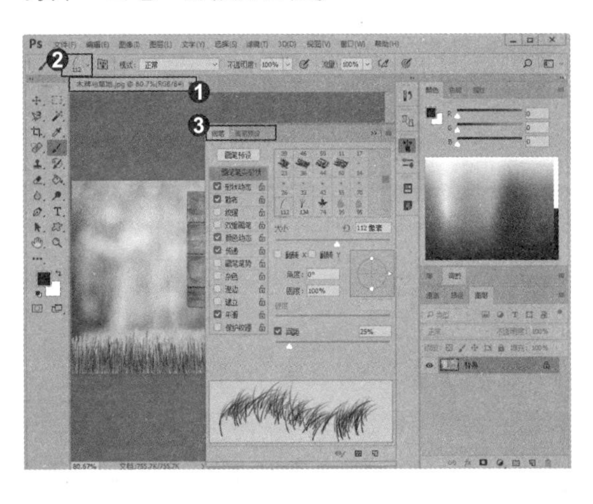

2. 画笔涂抹

❶ 在“画笔”面板中单击“形状动态”选项，打开“形状动态”参数栏，设置“形状动态的”参数。❷ 同方法设置“散步”选项的参数。❸ 关闭该面板，设置前景色为绿色(#225f00)。选择工具箱中的（横排文字工具）在木牌上输入文字。

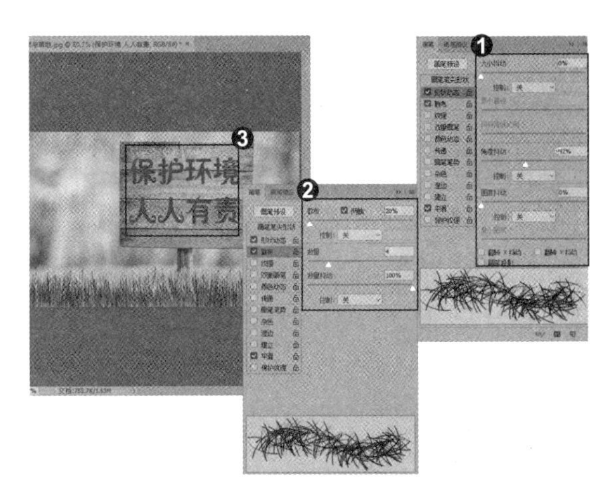

3. 为图像添加投影效果

❶ 按住Ctrl键单击文字图层，载入选区，并隐藏文字图层，单击“图层”面板底部的“创建新图层”按钮，新建图层。❷ 使用（画笔工具）在选区上涂抹，制作小草字体。❸ 按Ctrl+D快捷键取消选区，单击“添加图层样式”按钮，在弹出的菜单中选择“投影”命令，设置参数，为小草字体添加投影效果。

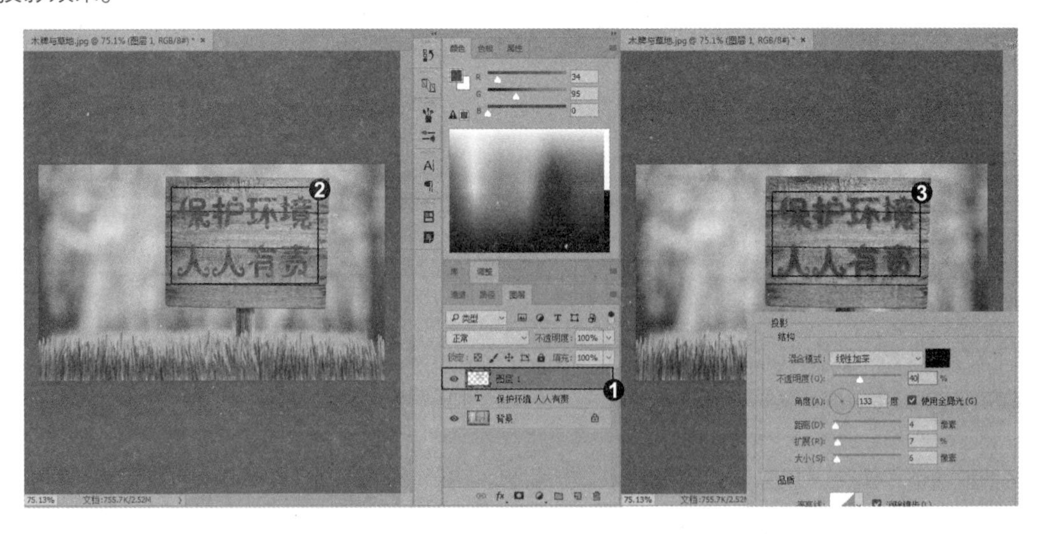

知识拓展

Photoshop 提供了 3 种类型的笔尖：❶ 圆形笔尖、❷ 非圆形的图像样本笔尖、❸ 毛刷笔尖。圆形笔尖包含尖角、柔角、实边和柔边几种样式，❹ 使用尖角和实边笔尖绘制的线条具有清晰的边缘；❺ 而所谓的柔角和柔边，就是线条的边缘柔和，呈现逐渐淡出的效果。

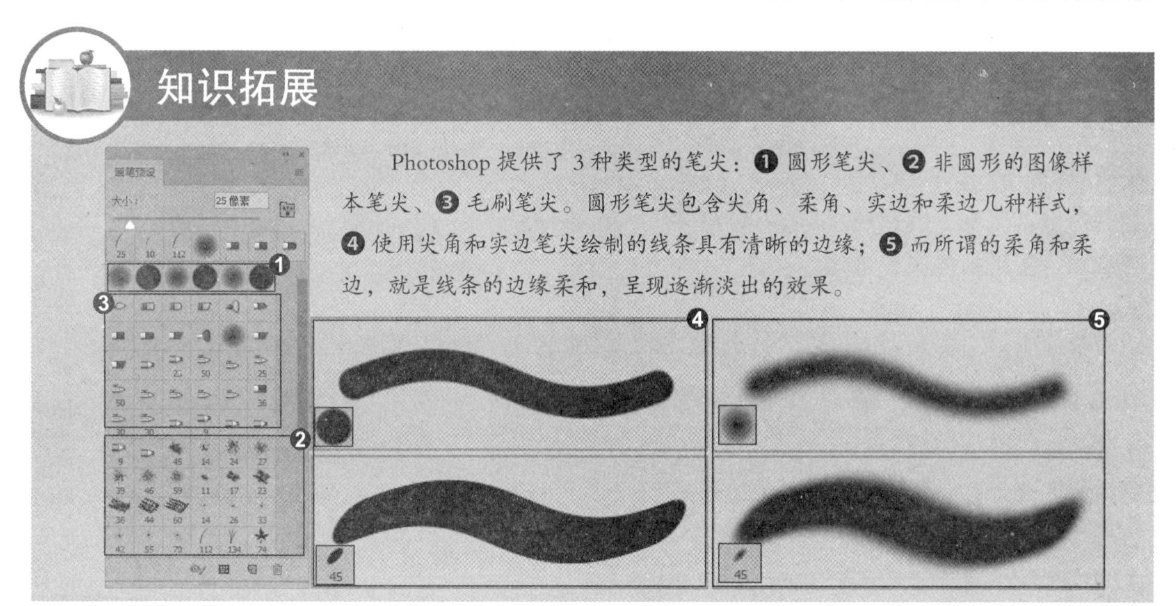

招式 106 创建自定义画笔

Q 处理图像时，我想用自己创建的画笔笔刷来处理图像，要怎样操作才能在“画笔”面板中找到该笔刷呢？

A 将制作好的笔刷，通过“定义画笔预设”命令，将笔刷添加到画笔预设当中，就可以使用了。

1. 新建文档

❶ 启动 Photoshop 软件后，按 Ctrl+N 快捷键，打开“新建文档”对话框，单击 Web 选项，选择 Web 最常用尺寸。❷ 单击“确定”按钮创建空白文档。将前景色设置为 50% 灰色。❸ 新建图层，选择工具箱中的 （画笔工具），设置画笔大小为 290 像素、硬度为 100%。

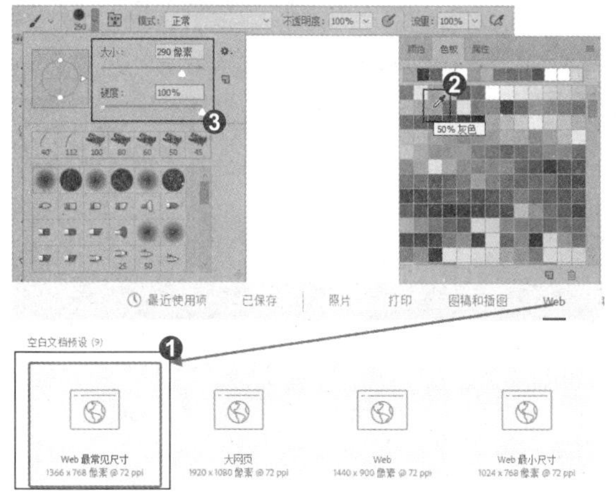

2. 定义画笔预设

❶ 新建图层，使用画笔工具在空白文档上单击，创建一个灰色的圆形。❷ 双击该图层，打开“图层样式”对话框，添加“描边”效果。❸ 单击“编辑”|“定义画笔预设”命令，弹出“画笔名称”对话框，输入画笔名称。❹ 删除“图层 1”图层，选择工具箱中的 （渐变工具），打开“渐变编辑器”设置渐变颜色。

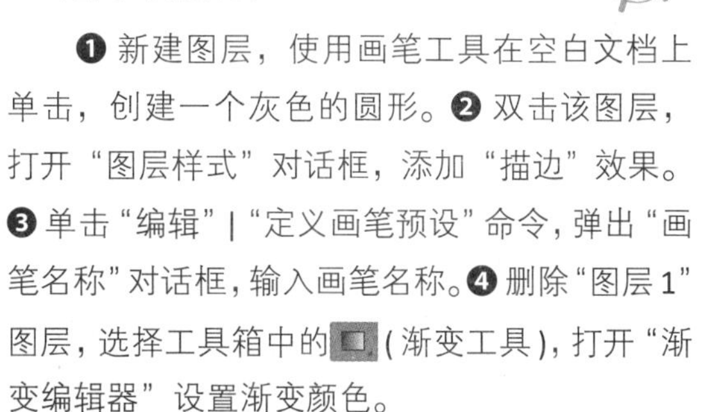

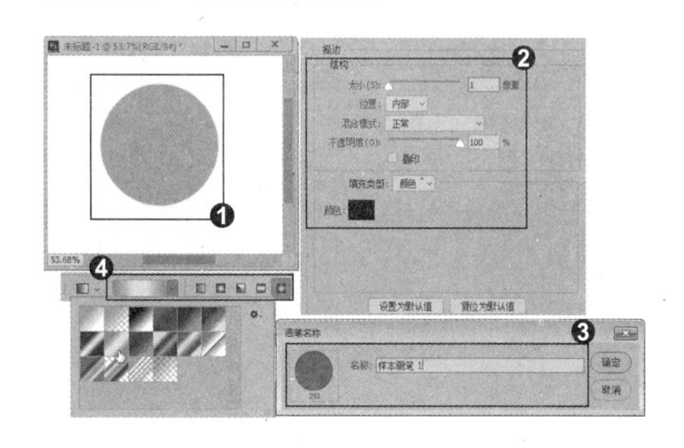

3. 设置画笔参数

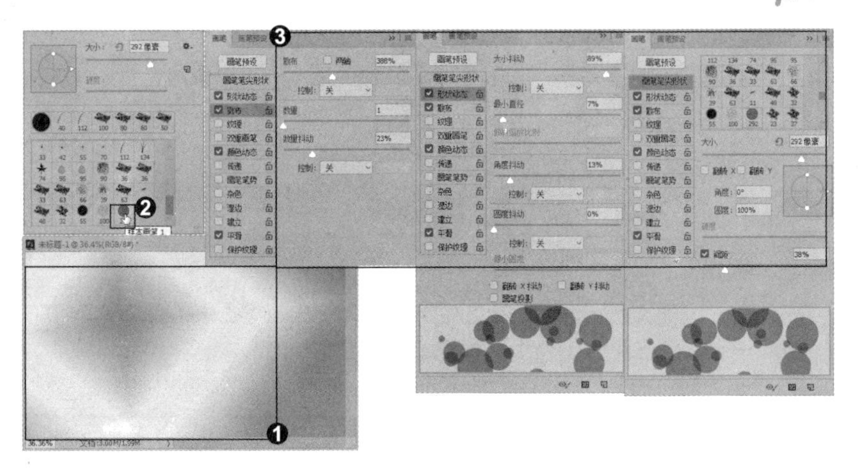

❶ 按下“菱形渐变”按钮，从画布的中心往右上角拖动鼠标，填充菱形渐变。❷ 将前景色设置为青色，选择画笔工具，在工具选项栏中选择新建的画笔。❸ 按 F5 键，打开“画笔”面板，分别对画笔的间距、形状动态、散步和颜色动态进行调整。

4. 画笔涂抹

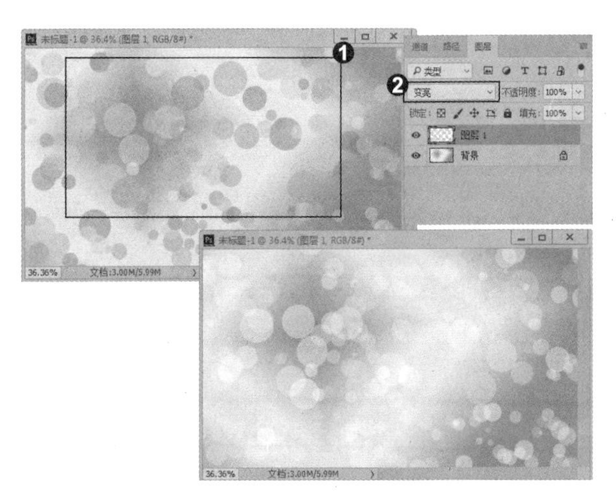

❶ 新建图层，在窗口水平拖动鼠标，绘制出随意的泡泡状图形，绘制时要注意圆形的大小和层次，可采用单击的方法，在个别区域添加圆形来调整圆形的分布动态。❷ 将该图层的混合模式设置为“变亮”。

5. 添加人物素材

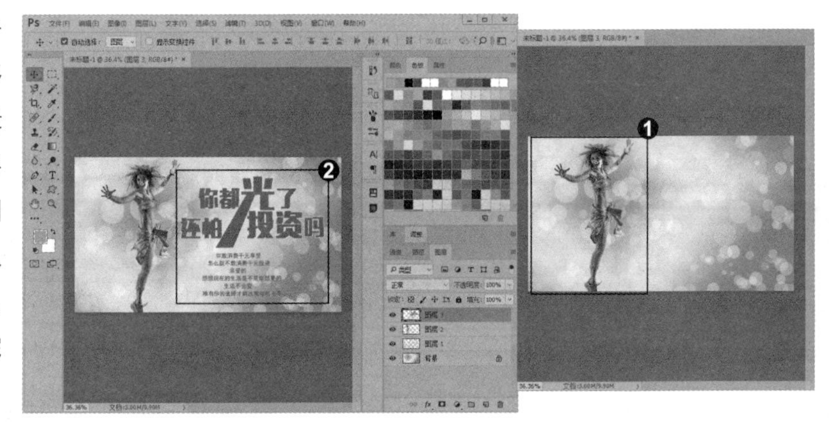

❶ 按 Ctrl+O 快捷键打开“人物”素材，使用（移动工具）将素材拖曳至编辑的文档中，单击“添加图层蒙版”按钮，选择柔边圆笔刷，涂抹人物头发，让人物融入到背景中，❷ 同方法，添加文字及护肤品素材，完成图像的制作。

知识拓展

“形状动态”决定了描边中画笔的笔迹如何变化，可以使画笔的大小、圆度等产生随机变化的效果。❶ 在“画笔”面板中调整“大小抖动”参数，可以设置画笔笔迹大小的改变方式，该值越高，轮廓越不规则；❷ 在“控制”下拉列表中可以选择抖动的改变方式，选择“关”选项表示无抖动；❸ 选择“渐隐”选项，可按照指定数量的步长在初始直径和最小直径之间渐隐画笔笔迹，使其产生逐渐淡出的效果。

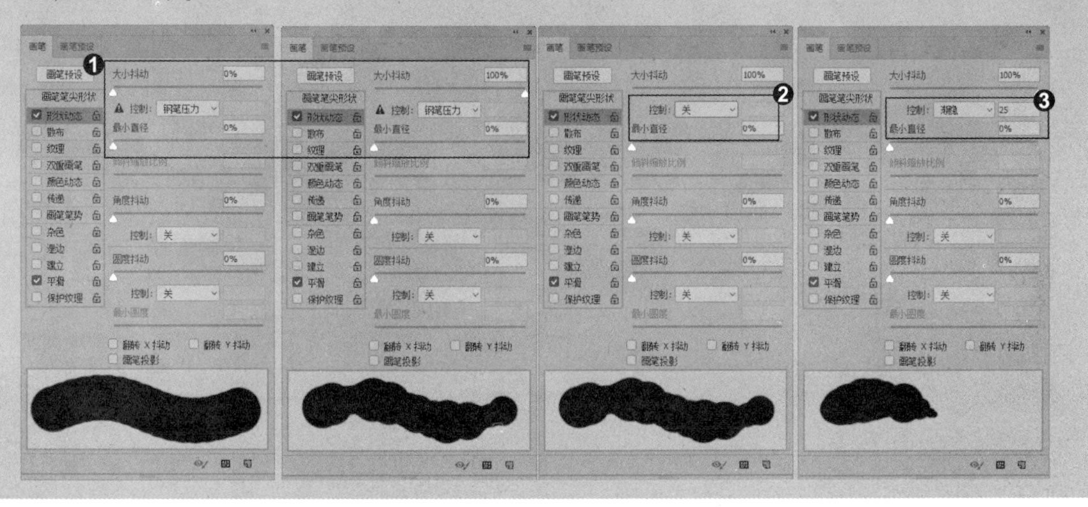

招式 107　编辑画笔面板制作光斑艺术字

Q 将自己做好的笔刷通过“定义画笔预设”命令添加到预设画笔当中去了，那我如何编辑我制作的笔刷呢？

A 在“画笔预设”面板中通过“动态”“散步”“平滑”等选项可以设置笔刷的间距、大小、角度方向等。

1. 新建渐变文档

❶ 按 Ctrl+N 快捷键，打开“新建文档”对话框，设置“宽度”与“高度”参数，❷ 单击“确定”按钮新建一个空白文档。设置前景色为深紫色 (# 271c2d)、背景色为深灰色 (# 141416)，❸ 选择工具箱中的(渐变工具)，在“渐变编辑器”中设置前景色到背景色的渐变，按下“径向渐变”按钮，从文档的中心往右上角拖曳填充径向渐变。

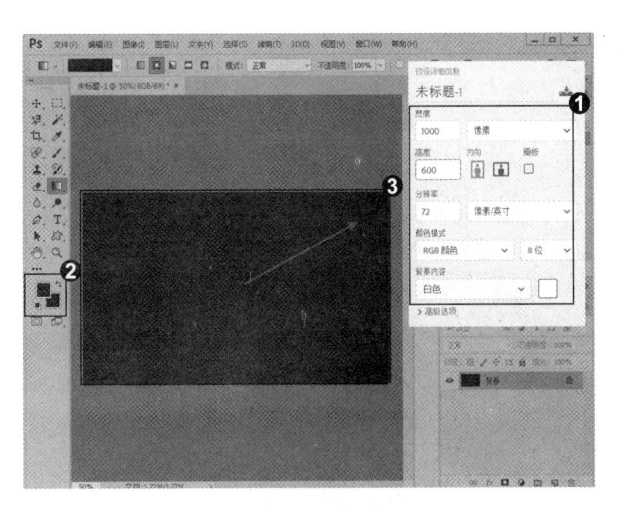

2. 输入文件

❶将“紫色光晕”素材拖曳到编辑的文档中，按 Enter 键确认，置入一个智能对象，设置该图层的混合模式为“叠加”。❷选择工具箱中的T（横排文字工具），设置字体样式为 Arial Rounded MT B，在文档中输入文字，❸选择工具箱中的画笔图标（画笔工具），在“画笔预设选取器”中选择一个圆形硬刷，设置画笔笔尖形态。

3. 设置笔刷动态

❶设置“形状动态”“散步”“颜色动态”和“传递”参数栏的参数，❷在文字图层上右击，在弹出的快捷菜单中选择“创建工作路径”命令，创建文字的工作路径。

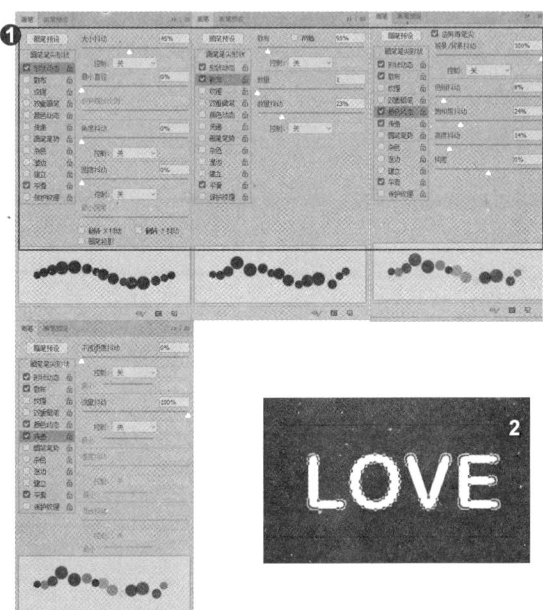

4. 描边路径

❶隐藏文字图层上的眼睛图标，新建图层。❷设置前景色为粉色(#f06eaa)、背景色为青色(#6dcff6)，❸选择工具箱中的钢笔图标（钢笔工具），在“路径”面板中右击，在弹出的快捷键菜单选择中“描边路径”命令。

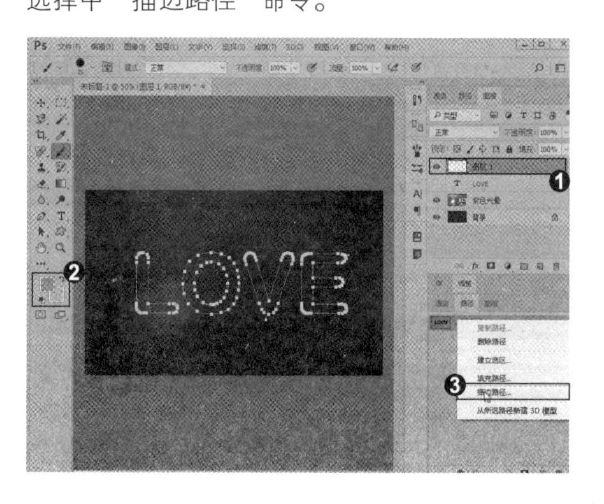

5. 用画笔笔刷描边路径

❶弹出“描边路径”对话框，设置“工具”为“画笔”，取消勾选“模拟压力”复选框，❷单击“确定”按钮关闭对话框，按 Ctrl+H 快捷键隐藏工作路径，即可制作出光斑艺术字。

知识拓展

单击“画笔”面板左侧的“颜色动态”选项，可以让绘制出来的线条的颜色、饱和度和明度等产生变化。❶在“颜色动态”对话框中的“前景/背景抖动”选项用来指定前景色和背景色之间的油彩变化方式；❷“色相抖动”用来设置颜色变化范围；❸“饱和度抖动”用来设置颜色的饱和度变化范围；❹“亮度抖动”用来设置颜色变化范围；❺“纯度”用来设置颜色的纯度。

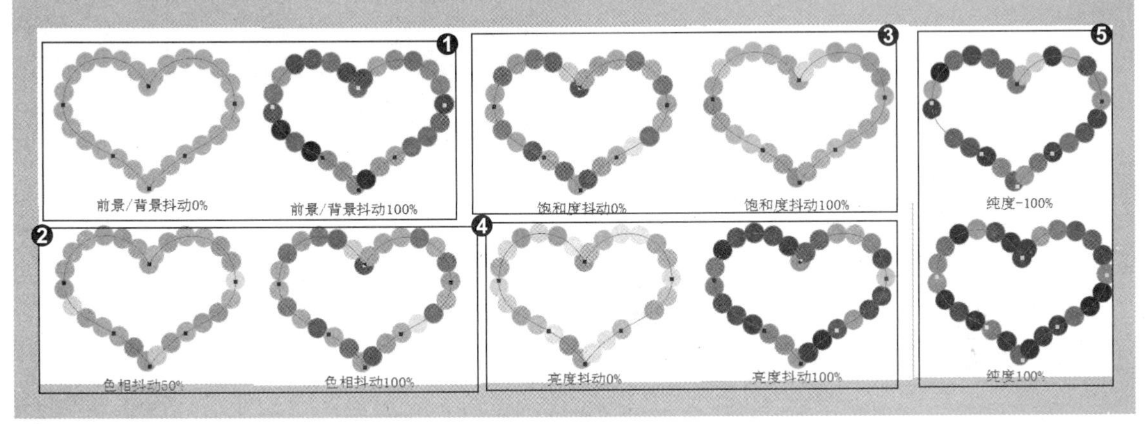

招式 108 载入与复位画笔

Q 在网上下载的笔刷，要如何将其载入到预设笔刷当中去呢？还有就是，画笔笔刷太多时要如何简化“画笔”面板呢？

A 在“画笔预设”面板中单击“载入画笔”命令就能将下载的画笔载入到预设笔刷当中，单击“复位画笔”命令，可以将面板恢复为默认状态。

1. 载入画笔

❶启动 Photoshop 软件后，选择工具箱中的（画笔工具），单击工具选项栏中的“画笔选取器”按钮，单击右上角的按钮，弹出一个下拉菜单，❷在弹出的下拉菜单中选择“载入画笔”命令，❸打开“载入”对话框，选择一个画笔文件，❹单击“载入”按钮即可载入该画笔。

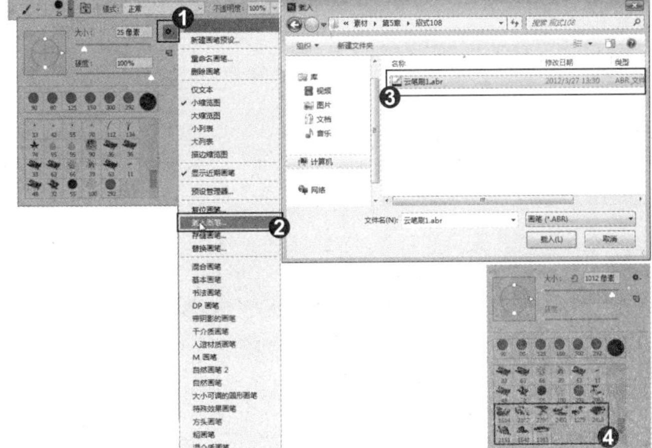

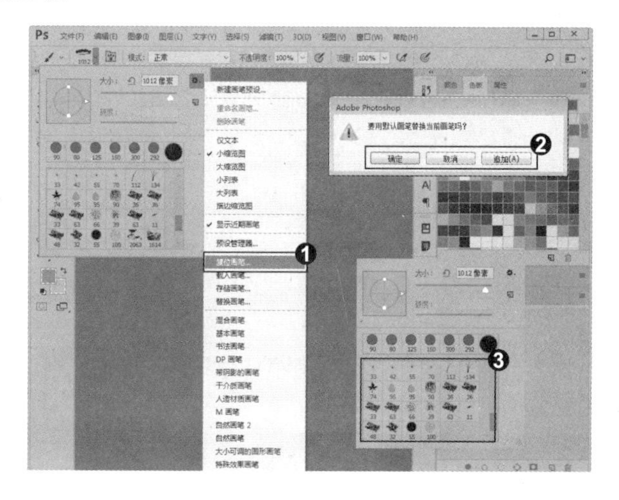

2. 复位画笔

❶单击工具选项栏中的“画笔选取器”按钮，单击右上角的⚙按钮，在弹出的下拉菜单中选择“复位画笔”命令。❷弹出一个复位画笔的提示对话框，❸单击“确定”按钮关闭对话框会将载入的画笔进行复位。

知识拓展

画笔面板菜单底部是Photoshop提供的各种预设的画笔库。❶选择一个画笔库，❷弹出提示信息框，单击“确定”按钮，❸可以载入画笔并替换面板中原有的画笔；❹单击“追加”按钮，❺可以将载入的画笔添加到原有的画笔后面。单击“取消”按钮则取消载入操作。

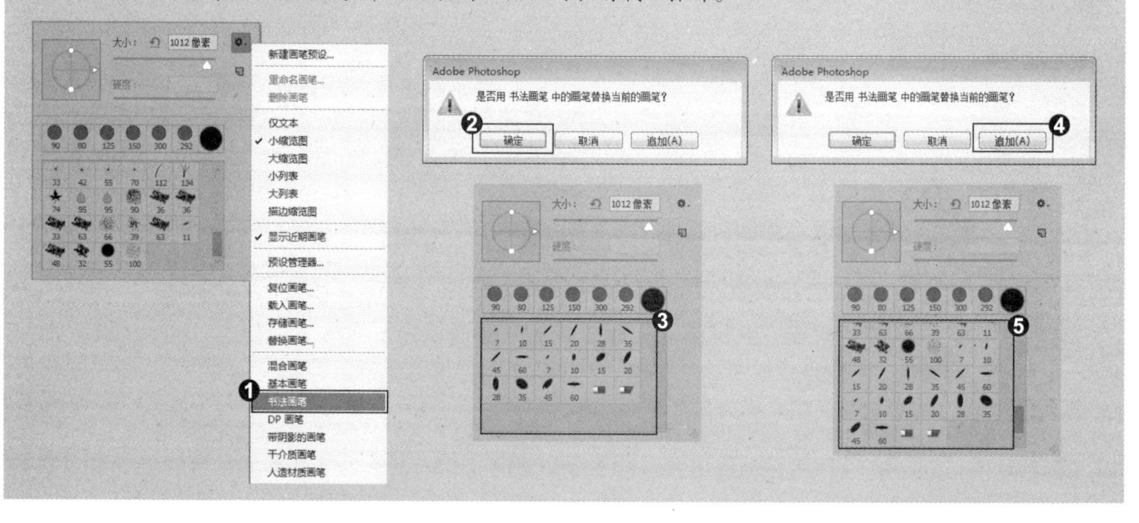

第 6 章

校正图像的色彩和色调

在一张图像中，色彩不只是真实记录下物体，还能够带给我们不同的心理感受。创造性地使用色彩，可以营造出各种独特的氛围和意境，使图像更具表现力。Photoshop 提供了大量色彩和色调调整工具，可用于处理图像和数码照片。本章就来详细介绍这些工具的使用方法。

招式 109 转换双色调模式调整人像

Q 双色调模式是采用曲线调整各种颜色油墨而实现色彩的模式，将图像转换为双色调需要什么要求?

A 转换为双色调前需要将图像转换为灰色模式，否则不能使用该模式。

1. 转换为灰度模式

❶ 打开本书配备的“第 6 章\素材\招式 109\人像.jpg”文件。❷ 单击“图像”|“模式”|“灰度”命令，在弹出的提示框中单击“扔掉”按钮，❸ 将图像转换为灰度模式。

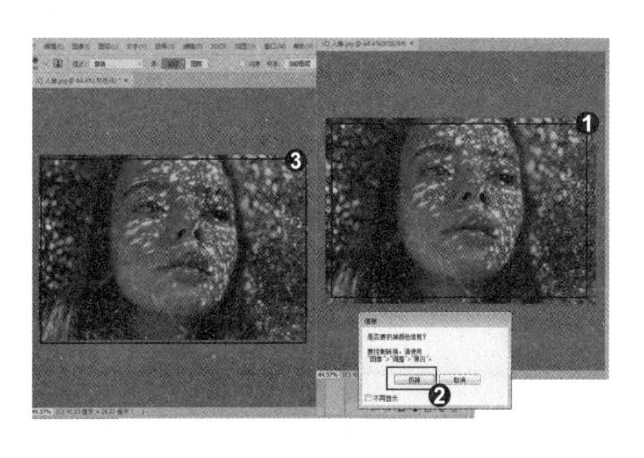

2. 选择双色调模式

❶ 单击“图像”|“模式”|“双色调”命令，弹出“双色调选项”对话框，在对话框中单击“预设”右侧的按钮，可以打开其下拉列表，❷ 在菜单中任意选择一种颜色模式，即可为图像添加效果。

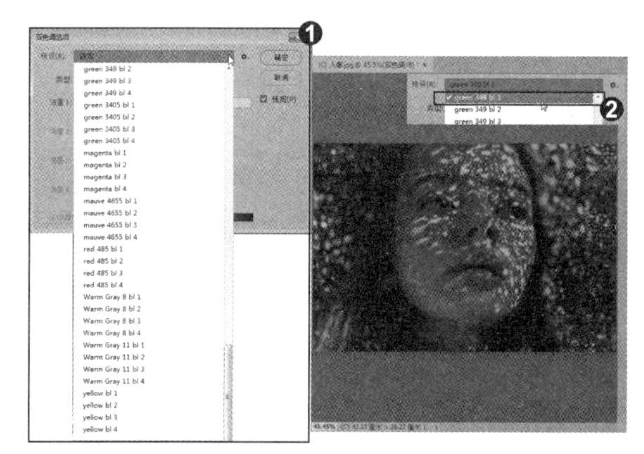

3. 编辑颜色块

❶ 单击“油墨 1”右侧的颜色块，可以打开“拾色器墨水颜色 1”对话框，在对话框中可以随意选择颜色，❷ 单击“确定”按钮，单击“油墨 2”右侧的颜色块，打开“颜色库”对话框，单击颜色条上的滑块可以调整颜色，❸ 随意选择一种颜色，即可改变图像的颜色效果。

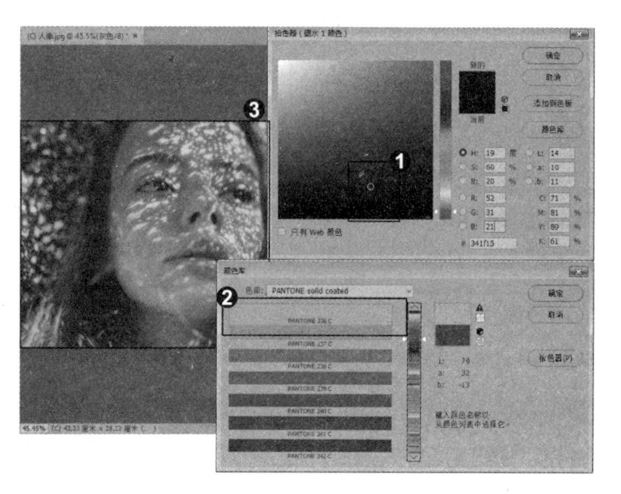

4. 编辑双色调曲线

❶ 单击“确定”按钮关闭对话框。单击“油墨 2”右侧的曲线区，❷ 弹出“双色调曲线”对话框，调整曲线可以改变油墨的百分比。❸ 在“类型”下拉列表中选择“三色调”选项，可以编辑三种油墨，同方法改变颜色块及油墨的百分比，并进行重命名。❹ 单击“确定”按钮，完成图像的调整。

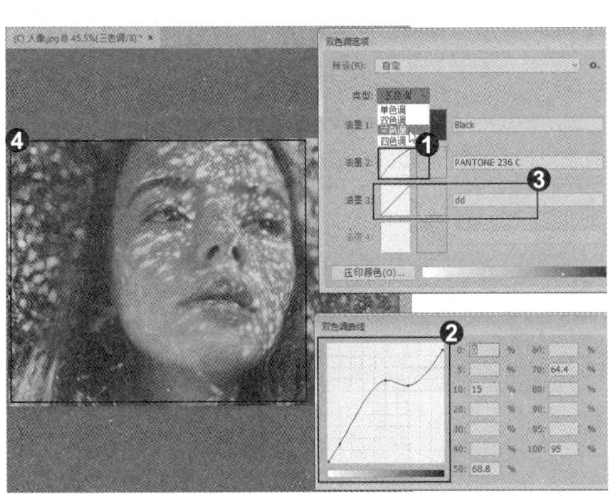

5. 调整图像对比度

❶ 单击“图层”面板底部的“创建新的填充或调整图层”按钮，创建“色阶”调整图像，调整左侧与右侧的参数，❷ 调整人物的整体亮度，让人像对比更加强烈。

专家提示

只有灰度模式的图像才能转换为双色调模式。

知识拓展

灰度模式的图像由 256 级的灰度组成，不包含颜色。彩色图像转换为该模式后，Photoshop 将删除原图像中所有颜色信息，而留下像素的亮度信息。灰度模式图像的每一个像素能够用 0 到 255 之间的亮度值来表现，因而其色调表现力较强，0 代表黑色，255 代表白色，其他值代表了黑、白之间过渡的灰色。在 8 位图像中，最多有 256 级灰度，在 16 和 32 位图像中，图像中的级数比 8 位图像要大得多。

招式 110 转换 Lab 颜色模式调整阿宝色

Q 阿宝色是网络上非常流行的色调，许多摄影师都很擅长调整该色调，那么这种色调该如何调整呢？

A 调整这种色调前，需要将颜色模式转换为 Lab 颜色模式，然后通过通道的复制来实现阿宝色。

1. 转换为 Lab 颜色模式

❶ 打开本书配备的“第 6 章 \ 素材 \ 招式 110\ 手与果实 .jpg”文件。❷ 单击“图像”|“模式”|“Lab 颜色”命令，转换为 Lab 颜色模式。❸ 切换到“通道”面板，此时面板显示通道为“明度”、a 与 b。

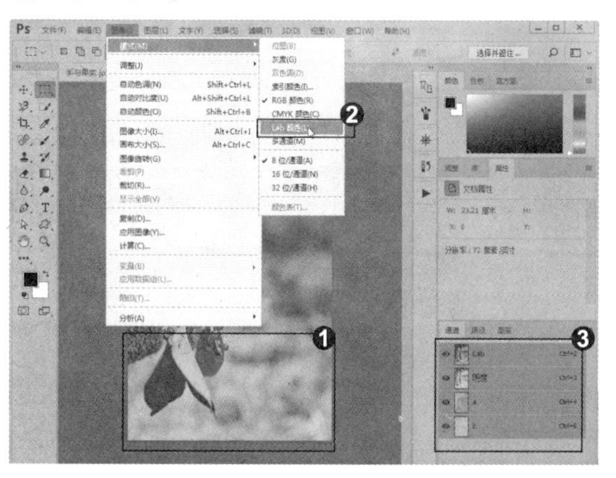

2. 复制粘贴颜色通道

❶ 选择 a 通道，按 Ctrl+A 快捷键，全选通道内容，❷ 再按 Ctrl+C 快捷键复制选区内容，选择 b 通道，按 Ctrl+V 快捷键，粘贴选区内容。❸ 按 Ctrl+D 快捷键，取消选区，按 Ctrl+2 快捷键，切换到复合通道，完成阿宝色的调整。

知识拓展

在 Lab 颜色模式中，L 代表了亮度分量，它的范围为 0 ~ 100；a 代表了由绿色到红色的光谱变化；b 代表了由蓝色到黄色的光谱变化。颜色分量 a 和 b 的取值范围均为 +127 ~ −128。Lab 模式在照片调色中有着非常特别的优势，处理明度通道时，可以在不影响色相饱和度的情况下轻松修改图像的明暗信息；处理 a 和 b 通道时，则可以在不影响色调的情况下修改颜色。

招式 111 转换位图模式调整艺术色调

Q 将图像转换为位图模式，是不是也和双色调模式一样，必须是灰度模式才能转换为该模式？

A 位图模式只有黑色和白色两种颜色，在进行颜色模式转换时，只有灰度和双色调模式才能够转换为位图模式。

1. 转换为位图模式

❶ 打开本书配备的“第 6 章 \ 素材 \ 招式 111\ 艺术写真 .jpg”文件，❷ 单击“图像”|“模式”|“灰度”命令，将它转换为灰度模式。❸ 再单击“图像”|“模式”|“位图”命令，弹出“位图”对话框。

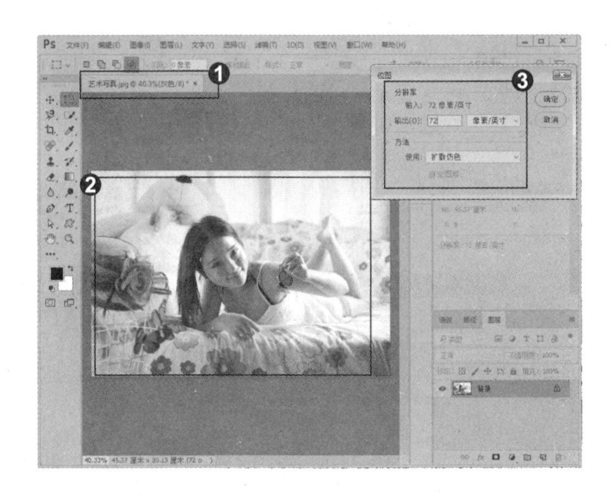

2. 制作半调网屏效果

❶ 在“输出”文本框中设置图像的输出分辨率，然后在“使用”下拉列表中选择“半调网屏”选项，❷ 单击“确定”按钮会弹出“半调网屏”对话框，在该对话框中可以设置“半调网屏”的各项参数，❸ 单击“确定”按钮，就为艺术写真添加了半调网屏的图像效果。

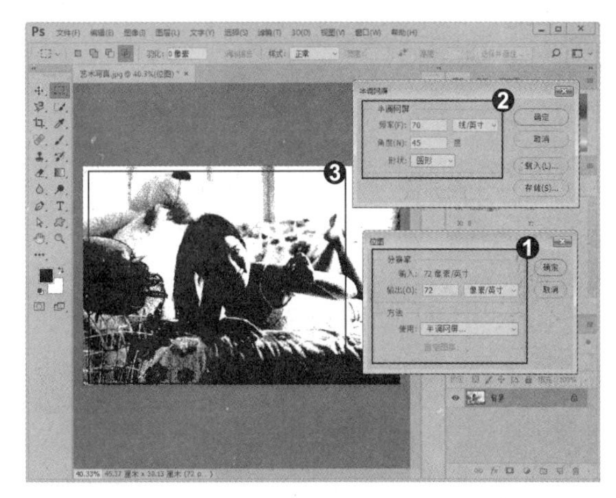

知识拓展

在“位图”对话框中，“使用”下拉列表中有多种转换方法。❶“50% 阈值”选项是将 50% 色调作为分界点，灰色值高于中间色阶 128 的像素转换为白色，灰色值低于色阶 128 的像素转换为黑色；❷“图案仿色”选项可以用黑白点图案模拟色调；❸“扩散仿色”选项通过使用从图形左上角开始的误差扩散过程来转换图像，由于转换过程的误差原因，会产生颗粒状的纹理；❹“半调网屏”选项可模拟平面印刷中使用的半调网点外观；❺“自定图案”选项可选择一种图案来模拟图像中的色调。

招式 112 自动校正图像明暗

Q 我才接触 Photoshop，对各种调色都不太熟悉，我现在要处理一张图片的明暗关系，哪种工具适合我使用呢？

A “图像”菜单中的“自动对比度”命令无须设置参数，非常适合初学者使用。

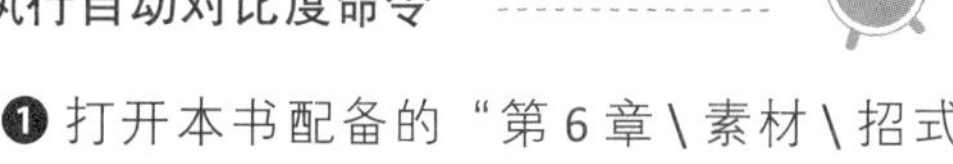

1. 执行自动对比度命令

❶ 打开本书配备的“第 6 章 \ 素材 \ 招式 112\ 图片 .jpg”文件，❷ 单击“图像” | “自动对比度”命令。

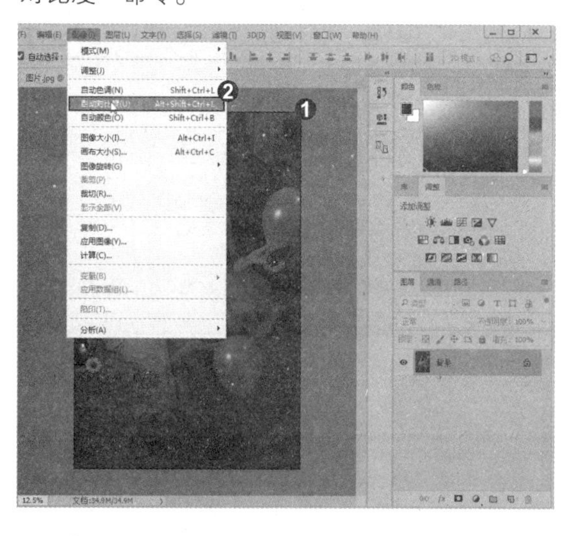

2. 自动调整图像对比度

按 Ctrl+Shift+Alt+L 快捷键，系统会自动调整图像的对比度。

知识拓展

“自动对比度”命令不会单独调整通道，它只会调整色调，而不会改变色彩平衡，因此，也不会产生色偏，但也不能用于消除色偏。该命令可以改进彩色图像的外观，但无法改善单色图像。

招式 113 自动校正图像对比度

Q 我在整理自己拍摄的照片时，有些照片的意境很好，但是拍摄时曝光没设置好，将它丢弃实在可惜，有没有自动调整图像对比度的简单命令呢？

A “自动色调”命令可以自动调整图像中的黑场和白场，将每个颜色通道中最亮和最暗的像素映射到纯白和纯黑，中间像素值比例重新分布，从而增强图像的对比度。

1. 执行“自动色调”命令

❶ 打开本书配备的“第 6 章\素材\招式 113\人像.jpg”文件，❷ 单击“图像”|“自动色调”命令，可以对图像的对比度进行校正。

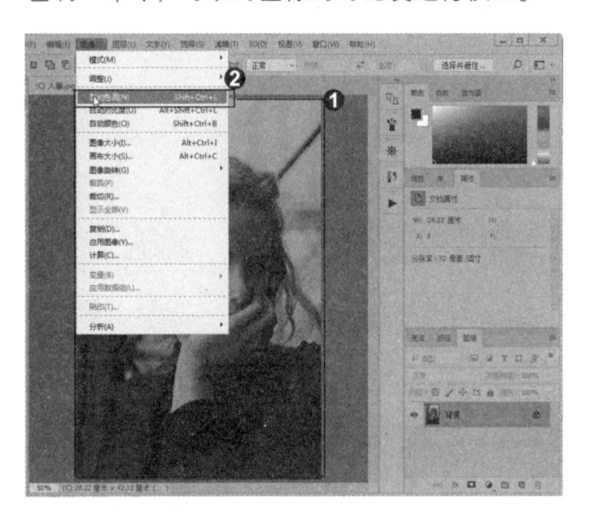

2. 自动调整图像对比度

按 Ctrl+Shift+L 快捷键可以快速校正图像的对比度。

知识拓展

“自动色调”命令可让 Photoshop 自动快速地扩展图像色调范围，使图像最暗的像素变黑(色阶为 0)，最亮的像素变白(色阶为 255)，并在黑白之间所有范围上扩展中间色调。

“自动色调”命令调整明显缺乏对比度、发灰、暗淡的图像效果较好。由于它是分别设置每个颜色通道中的最亮和最暗像素为黑色和白色，然后按比例重新分配各像素的色调值，因此可能会影响色彩平衡。

招式 114 自动校正图像颜色

Q 在处理偏色照片时，我没有系统地学习过颜色的有关知识，无法辨识照片偏向哪个色调，怎么办?

A 可以用“自动颜色”命令来校正图像的对比度和偏色，这样就可以快速地分辨图像的偏色方向。

1. 执行自动颜色命令

❶ 打开本书配备的"第 6 章 \ 素材 \ 招式 114\ 女孩与白马 .jpg"文件。❷ 单击"图像"|"自动颜色"命令，即可自动校正图像的颜色。

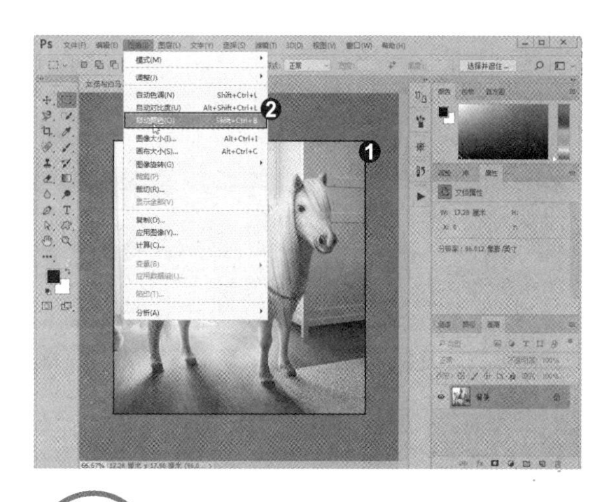

2. 自动调整图像颜色

按 Ctrl+Shift+B 快捷键可快速校正图像的颜色。

知识拓展

"自动颜色"命令可以通过搜索图像来标识阴影、中间调和高光，从而调整图像的对比度和颜色。一般可以使用该命令来校正出现色偏的照片。

招式 115 让照片色调清晰明快

Q 在"调整"命令当中我发现"自动对比度"命令和"亮度 / 对比度"命令都是处理图像光影的命令，它们有何区别?

A 使用"自动对比度"命令时，可以自动调整图像的对比度；而使用"亮度 / 对比度"命令时，通过对图像的色调范围进行调整，能够灵活地利用滑块调整图像的色调和饱和度。

1. 选择素材图像

❶ 打开本书配备的"第 6 章 \ 素材 \ 招式 115\ 趣味摄影 .jpg"文件。❷ 单击"图像"|"调整"|"亮度 / 对比度"命令，❸ 弹出"亮度 / 对比度"对话框。

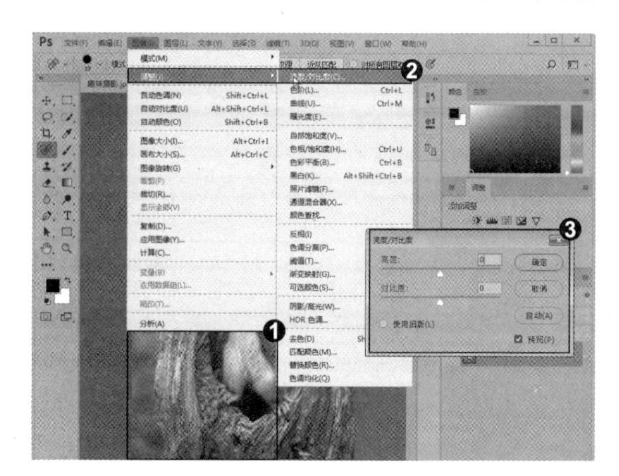

2. 调整“亮度 / 对比度”参数

❶ 在“亮度 / 对比度”对话框中单击“自动”按钮，自动调整图像的对比度。❷ 拖动对话框中“亮度”与“对比度”下的滑块也可以调整图像的对比度。

知识拓展

在“亮度 / 对比度”对话框中，❶ 勾选“使用旧版”复选框，拖动“亮度”与“对比度”滑块，可以得到与 Photoshop CS3 以前的版本相同的调整结果，即进行线性调整。❷ 取消勾选“使用旧版”复选框进行调整对比，旧版对比度更强，但图像细节也丢失得更多。

招式 116 在阈值模式下调整照片清晰度

Q 在使用“色阶”命令进行调整图像时，听说可以转换为阈值模式，要怎样去操作?

A 只需要按住 Alt 键拖动最左端或最右端的滑块，就可以临时切换为阈值模式。

1. 选择素材图像

❶ 打开本书配备的“第 6 章 \ 素材 \ 招式 116\ 古风情 .jpg”文件。❷ 单击“图像” | “调整” | “色阶”命令，或按 Ctrl+L 快捷键打开“色阶”对话框，❸ 观察直方图，山脉的右端没有延伸到直方图的端点上，说明图像亮度不够，图像显得比较沉闷。

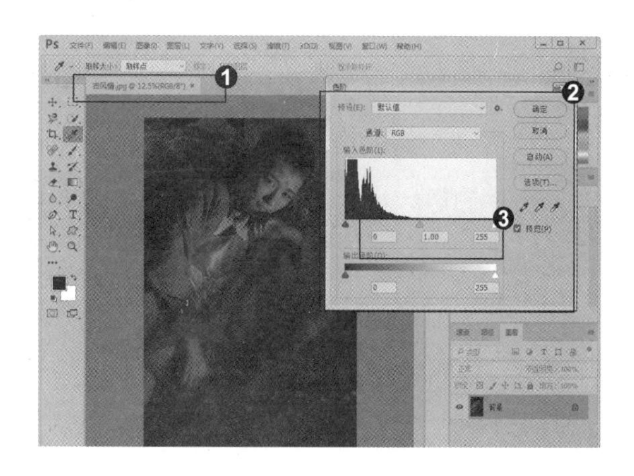

2. 在阈值模式下调整色阶

❶ 按住 Alt 键向左拖动高光滑块，临时切换为阈值模式。❷ 继续往左侧拖动滑块（不要释放 Alt 键），当画面出现少量高光对比度图像时释放滑块，这样可以比较准确地将滑块定位在直方图右侧的端点上。

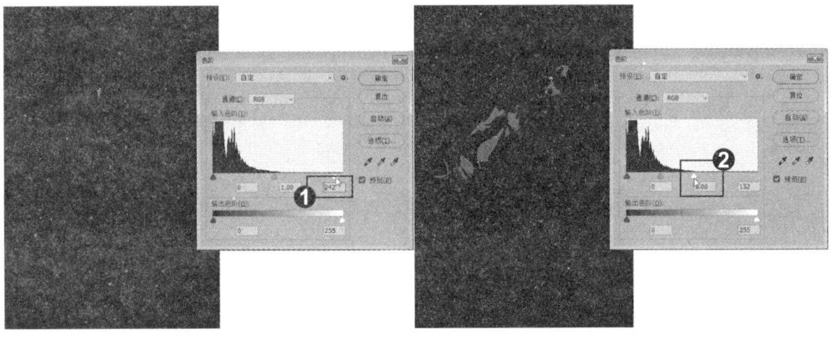

3. 阈值调整图像明暗度

❶ 释放 Alt 键，再将中间调滑块向左拖动（大概定位在 1.42 处），❷ 将画面适当调亮，使图像的暗调与亮调过渡自然。

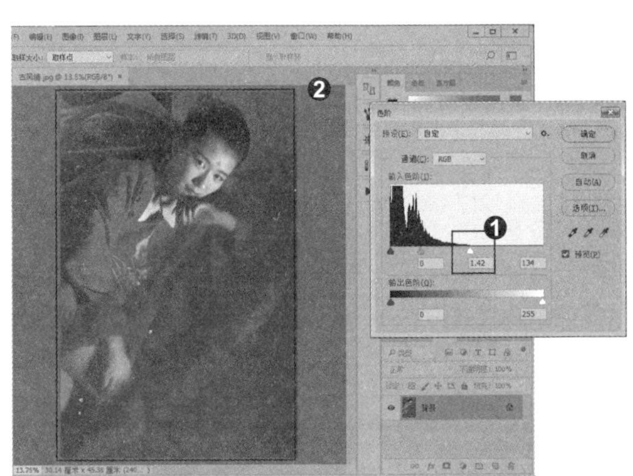

专家提示

本实例采用的技术是在“色阶”对话框中将图像临时切换为阈值状态，然后再进行调整。这种方法不能用于调整 CMYK 模式的图像。

知识拓展

在“色阶”对话框中，❶ 当“输入色阶”选项组中的阴影滑块位于色阶 0 处时，它所对应的像素是纯黑的，如果向右移动阴影滑块，Photoshop 就会将滑块当前位置的像素值映射为色阶 0，也就是说，滑块所在位置左侧的所有像素都会变为黑色。❷ 当滑块位于 255 高光位置时，所对应的像素是纯白的，如果向左移动高光滑块，滑块当前位置的像素值就会映射为 255，因此，滑块所在位置右侧的所有像素都会变为白色。

招式 117 定义灰点校正偏色照片

Q 在拍摄照片时，会受到室内人工照明的影响，让照片出现偏色，这种偏色该如何处理呢?

A 可以在偏色的照片中定义灰点来校正照片的偏色。

1. 吸取颜色信息

❶ 打开本书配备的“第 6 章 \ 素材 \ 招式 117\ 滑板女孩 .jpg”文件。❷ 观察图像，浅色或中性图像区域比较容易确认色偏。选择工具箱中的 (颜色取样器工具)，在灰色公路上单击，建立取样点，弹出的“信息”面板中会显示取样的颜色值。

2. 颜色信息含义

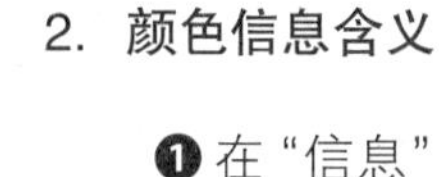

❶ 在“信息”面板中，取样点的颜色值是 R：214、G：224、B：225。❷ 在 Photoshop 中，等量的红、绿、蓝生成灰色。如果照片中原本应该是灰色的区域的 RGB 数值不一样，说明它不是真正的灰色，它一定包含了其他颜色。

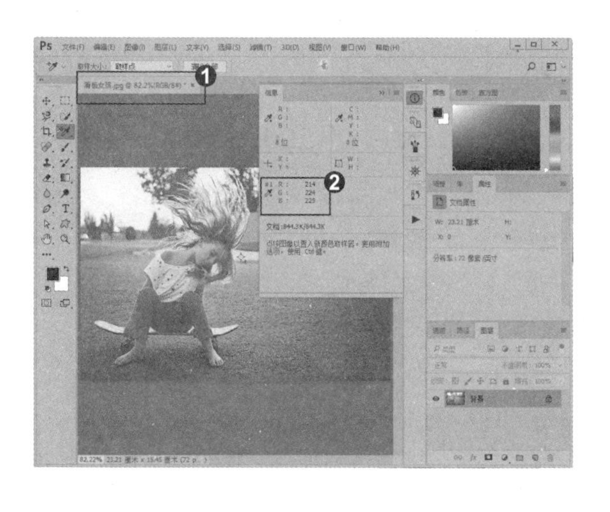

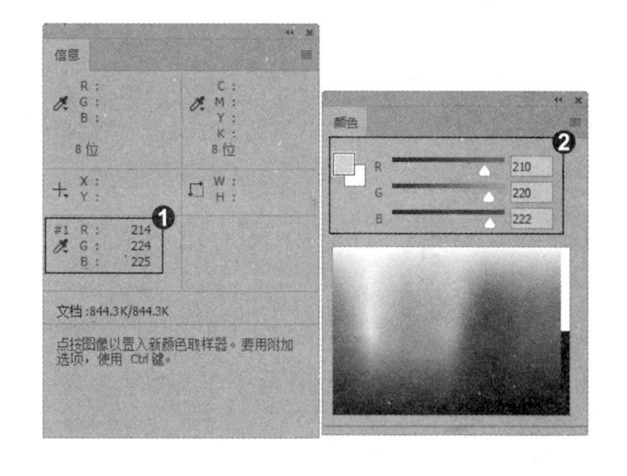

3. 设置灰场调整色偏

❶ 单击“图像”|“调整”|“色阶”命令，或按 Ctrl+L 快捷键打开“色阶”对话框，单击“在图像中取样以设置灰场”按钮 ，❷ 将光标放在取样点上单击鼠标，❸Photoshop 会计算出单击点像素 RGB 的平均值，根据该值调整其他中间色调的平均亮度，从而校正色偏。

专家提示

夕阳下的黄金色调、室内温馨的暖色调、摄影师使用镜头滤镜拍摄的特殊色调等可以增强图像的视觉效果，这样的色偏是不需要校正的。

知识拓展

校正偏色时，如果单击的区域不是灰色区域，则可能导致更严重的色偏，或出现其他颜色的色偏。此外，同样是在灰色区域单击，单击位置不同，校正结果也会有所差异。由此可见，校正色偏是一个比较感性的工作，我们只要凭着对照片的直观感受，将其调整到最佳的视觉效果就可以了。

招式 118 调整严重曝光不足的照片

Q 平时在拍摄照片时，相机的曝光值没有设置好，导致拍摄出来的照片比较黑，在 Photoshop 中可以调整曝光不足的照片吗？

A 调整曝光不足的照片是 Photoshop 中常见的操作，直接用“曝光度”命令就可以调整图像的曝光。

1. 提高图像曝光数值

❶ 打开本书配备的“第 6 章 \ 素材 \ 招式 118\ 照片 .jpg”文件。❷ 单击“图像”|“调整”|“曝光度”命令，弹出“曝光度”对话框，在“预设”下拉列表中选择“加 1.0”选项。❸ 提亮人物的色调。

2. 单击白场调整曝光

❶ 按住 Alt 键，复位参数。拖动参数滑块也可调整图像的对比度。❷ 按住 Alt 键，复位参数，单击“在图像中取样已设置白场”按钮，❸ 在图像的石头上单击，自动调整图像的曝光度。

3. 调整图像偏色

❶ 单击“确定”按钮关闭对话框，单击“图像”|“调整”|“色阶”命令，打开“色阶”对话框，单击“在图像中取样以设置灰场”按钮，❷ 在石头上单击，调整图像的偏色。❸ 在“通道”下拉列表中选择“红”通道，减少暗部的红色调，提亮高光区域的红色调，调整偏色图像。

知识拓展

使用“色阶”与“曲线”进行调色时，通常会配合着“直方图”来进行调整，直方图用图形表示了图像的每个亮度级别的像素数量，展现了像素在图像中的分布情况。在“直方图”面板中 ❶“紧凑视图”为默认的显示方式，它显示的是不带统计数据和控件的直方图。❷“扩展视图”显示的是带有统计数据和控件的直方图。❸“全部通道视图”显示的是带有统计数据和控件的直方图，同时还显示每一个通道的单色直方图（不包括 Alpha 通道、专色通道和蒙版）。❹ 如果选择面板菜单中的“用原色显示直方图”命令，可以用彩色方式查看通道直方图。

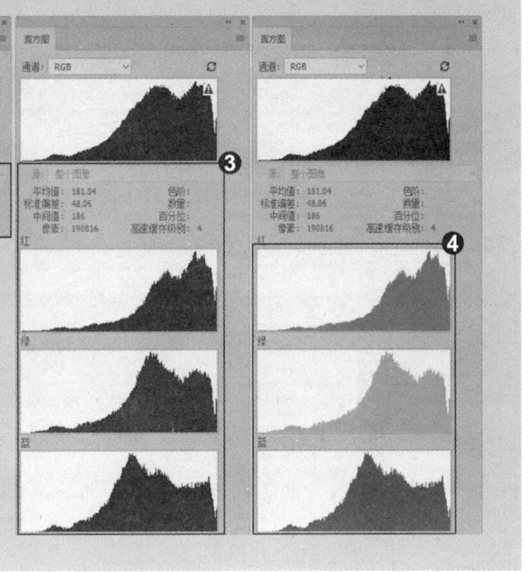

招式 119 调整图像的鲜艳度

Q 拍摄风景照时，由于天气的原因导致拍摄出来的照片颜色平平，那在 Photohop 当中我该如何处理这类照片呢?

A 可以先用调色工具调整图像的对比度，再调整它的饱和度就可以还原图像原有的鲜艳度了。

1. 提升照片亮度

❶ 打开本书配备的“第 6 章 \ 素材 \ 招式 119\ 桃花 .jpg”文件。❷ 按 Ctrl+J 快捷键复制“背景”图层，设置混合模式为“线性减淡”，设置“不透明度”为 20%，提亮画面的色调。❸ 单击“图层”面板底部的“添加图层蒙版”按钮，为该图层添加一个蒙版，选择工具箱中的（画笔工具），选择一个黑色柔边缘笔刷，降低画笔不透明度，在桃花花朵上涂抹，恢复花朵的细节。

2. 曲线调整对比度

❶ 单击“调整”面板中的“创建新的曲线调整图层”按钮，创建“曲线”调整图层，先在曲线的中间单击添加一个控制点；❷ 然后在曲线左下角单击添加一个控制点并将该点向下移动，将阴影色调调暗，增加对比度，使图像变得清晰；❸ 用同样方法，在曲线右上角添加一个控制点，拖动该点位置将上半部曲线尽量恢复原状，只增加中间调和阴影的对比度。

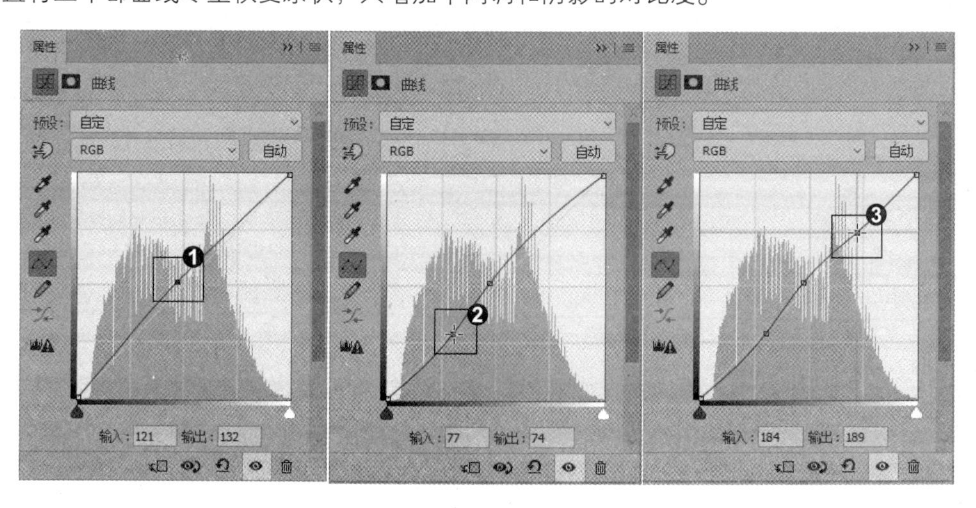

3. 调整图像的饱和度

❶单击“调整”面板中“创建新的色相/饱和度调整图层”按钮，创建“色相/饱和度”调整图层，拖动饱和度滑块，增加全图色彩的饱和度。❷再分别选择“红色”与“绿色”，增加红色与绿色的饱和度，调整图像的鲜艳度。

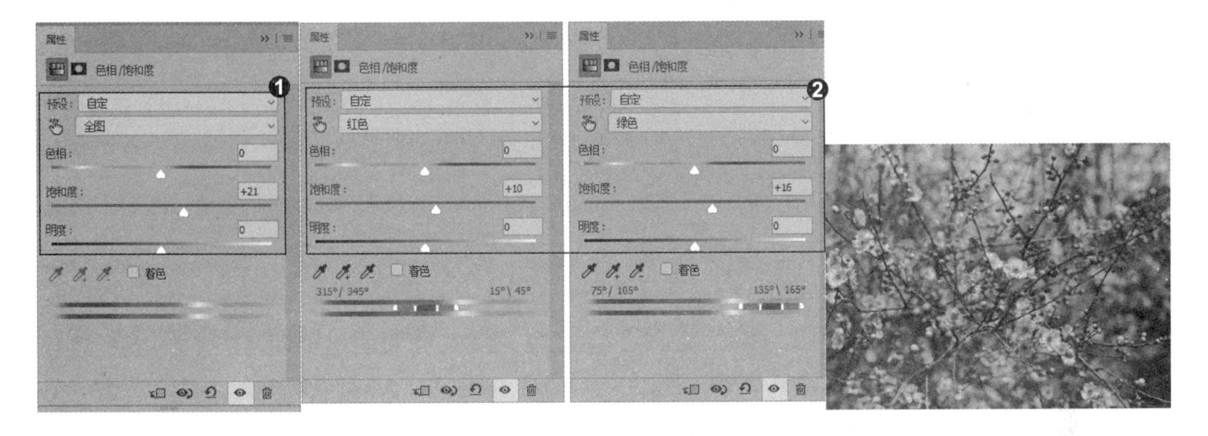

知识拓展

❶曲线上面有两个预设的控制点，其中“阴影”可以调整照片中的阴影区域，它相当于“色阶”中的阴影滑块；“高光”可以调整照片的高光区域，它相当于“色阶”中的高光滑块。❷如果在曲线的中央(1/2处)单击，添加一个控制点，该点可以调整照片的中间调，相当于“色阶”的中间滑块。

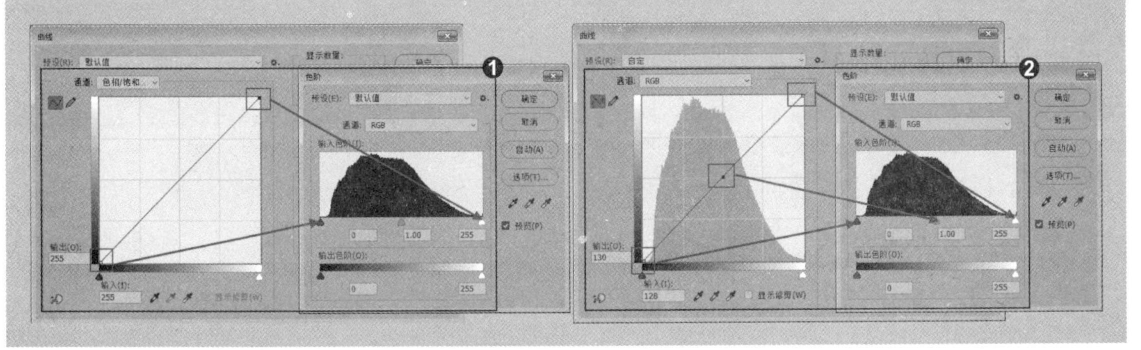

专家提示

选择曲线上添加的控制点，按方向键(→、←、↑、↓)可轻易调整控制点。如果要选择多个控制点，可以按住Shift键单击它们(选中的控制点为实心黑色)。通常情况下，编辑图像时，只需要对曲线进行小幅度的调整即可实现目的，曲线的变形幅度越大，越容易破坏图像。

招式 120 去除图像全部色彩

Q 在网上经常看到黑白色的人像照片，除了在相机里设置参数拍摄黑白照片外，我在 Photoshop 中可以将彩色图像转换为黑白色吗？

A 当然可以的，只需要执行“去色”命令就可以将彩色图像转换为黑白图像。

1. 对素材图像去色

❶ 打开本书配备的“第 6 章 \ 素材 \ 招式 120\ 美丽的女孩 .jpg”文件。❷ 单击“图像” | “调整” | “去色”命令，或按 Ctrl+Shift+U 快捷键，删除图像的颜色。❸ 按 Ctrl+J 快捷键复制“背景”图层，得到“图层 1”图层，设置该图层的混合模式为“正片叠底”、不透明度为 50%，凸显出人物的眼睛。

2. 调整图像对比度

❶ 选择工具箱中的 (套索工具)，沿着人物戴的帽子创建选区。❷ 按 Shift+F5 快捷键，在弹出的“羽化选区”对话框中设置“羽化半径”为 20 像素。❸ 单击“确定”按钮关闭对话框。单击“调整”面板中的“创建新的曲线调整图层”按钮，创建“曲线”调整图层，拖动上下亮度的控制点，调整选区内图像的对比度。

3. 增加图像清晰度

❶ 按 Ctrl+Shift+Alt+E 快捷键盖印可见图层。❷ 单击“滤镜” | “锐化” | “USM 锐化”命令，在弹出的“USM 锐化”对话框中设置参数，❸ 单击“确定”按钮关闭对话框，增加图像的清晰度，使人物眼睛更加明亮。

知识拓展

打开"曲线"对话框中，❶ 单击"通过添加点来调整曲线"按钮，可以在曲线中单击添加新的控制点，拖动控制点可以改变曲线形状。❷ 单击"使用铅笔绘制曲线"按钮后，可绘制手绘效果的自由曲线。❸ 绘制完成后，按下"通过添加点来调整曲线"按钮，曲线上会显示出控制点。❹ 单击对话框左下角的"图像调整工具"按钮，将光标放置在图像上，曲线上会出现一个空的圆形图形，它代表了光标处的色调在曲线上的位置。❺ 在画面中单击并拖动鼠标可添加控制点并调整相应的色调。

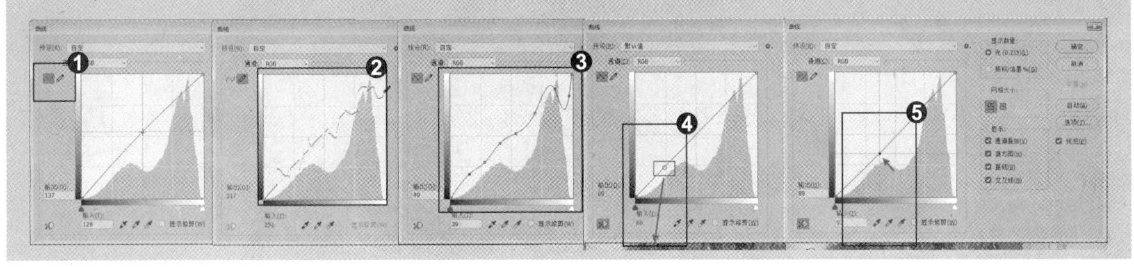

招式 121 快速调整图像的饱和度

Q 在"自然饱和度"对话框中，有两个调整饱和度的滑块，它们有什么区别，有一个滑块不就可以了吗，为什么还要使用两种饱和度？

A 拖动"自然饱和度"滑块，增加饱和度时即使将饱和度调整到最高值，Photoshop 也不会生成过于饱和的颜色。而拖动"饱和度"滑块，在增加饱和度的同时会增加图像的对比度和亮度，容易丢失一些颜色信息。

1. 调整饱和度效果

❶ 打开本书配备的"第 6 章 \ 素材 \ 招式 121\ 植物与七星瓢虫.jpg"文件。❷ 观察图像发现，七星瓢虫不够红润，色彩平淡。单击"图像" | "调整" | "自然饱和度"命令，弹出"自然饱和度"对话框，❸ 在该对话框中拖动"饱和度"滑块时，可以增加 (或减少) 所有颜色的饱和度。

2. 调整自然饱和度效果

❶ 按住 Ctrl 键，"取消"按钮会变为"复位"按钮。❷ 单击"复位"按钮，将图像进行还原。拖动"自然饱和度"滑块，增加饱和度时 Photoshop 不会生成过于饱和的颜色，即使将饱和度调整到最高值，七星瓢虫变得饱和后，仍能保持自然、真实的效果。

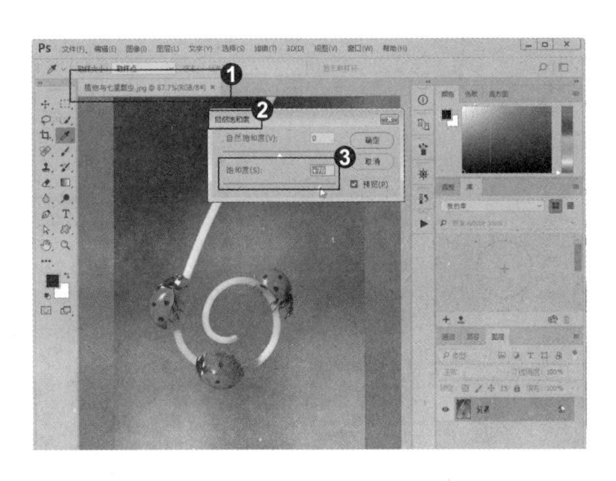

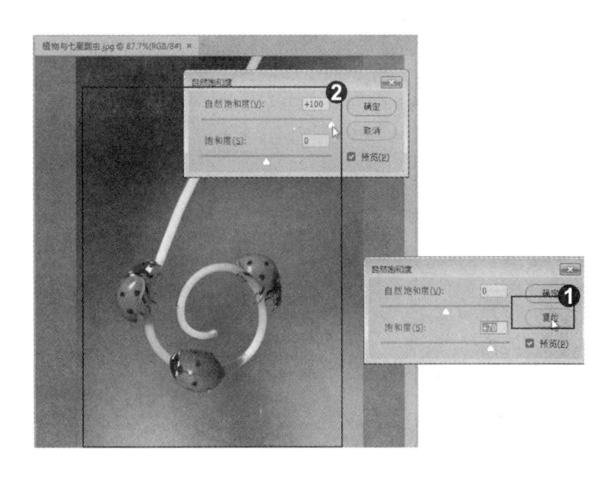

知识拓展

显示器的色域(RGB 模式)要比打印机(CMYK 模式)的色域广，因此，我们在显示器上看到或调出的颜色有可能打印不出来，那些不能被打印机准确输出的颜色称为“溢色”。❶打开一张图片，单击“视图”|“色域警告”命令。❷画面中被灰色覆盖的区域便是溢色区域。❸打开“拾色器”对话框后单击“色域警告”命令，则该对话框中的溢色也会显示为灰色。❹上下拖动颜色滑块，可以观察将 RGB 图像转换为 CMYK 后，哪个色系丢失的颜色最多。

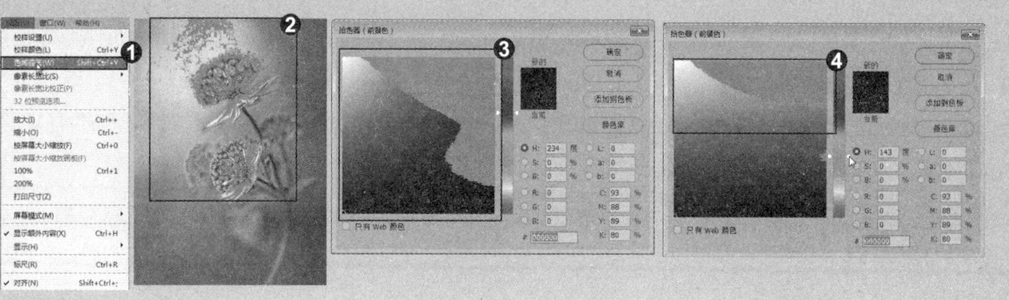

招式 122 使用色相/饱和度制作趣味照片

Q 在使用“色相/饱和度”命令调整图像时，除了可以调整图像的饱和度外，还能够调整图像的其他颜色属性吗?

A “色相/饱和度”命令既可以单独调整单一颜色的色相、饱和度和明度，也可以调整图像中所有颜色的色相、饱和度和明度。

1. 拖曳素材图像

❶打开本书配备的“第 6 章\素材\招式 122\放大镜.png、图片.jpg”文件。❷选择工具箱中的(移动工具)，将放大镜拖入图片文档中，按 Ctrl+T 快捷键显示定界框，旋转放大镜图像。❸选择工具箱中的(魔棒工具)，在放大镜中间位置单击，选中白色区域。

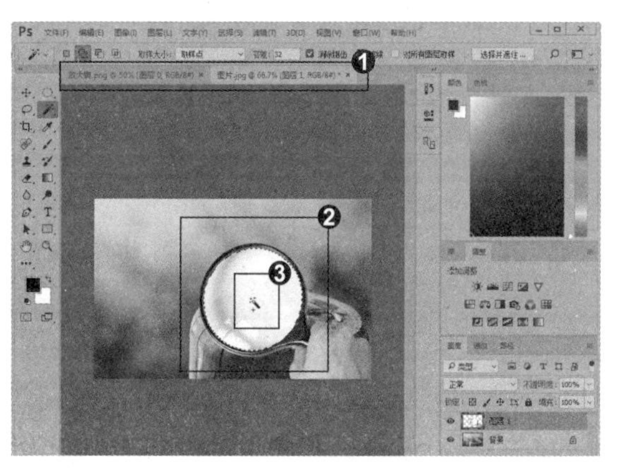

2. 添加图层蒙版

❶按住 Alt 键单击“添加图层蒙版”按钮，隐藏选区内的图像内容。❷按住 Ctrl 键单击添加的蒙版，载入选区，按 Ctrl+Shift+I 快捷键反选选区。❸在“图层”面板中选择背景图层，按 Ctrl+J 快捷键复制选区内的图像，按 Ctrl+Shift+] 快捷键将复制的图层置入最顶层。

3. 变形图像

❶ 按 Ctrl+T 快捷键显示定界框，单击工具选项栏中的“在自由变化和变形模式之间进行切换”按钮，进行变形模式。❷ 单击“变形”选项，在弹出的下拉列表中选择“膨胀”选项，制作放大镜放大图像的效果。❸ 按 Enter 键确认操作。按住 Ctrl 键单击图层蒙版，载入选区，按 Delete 键删除选区内的图像。

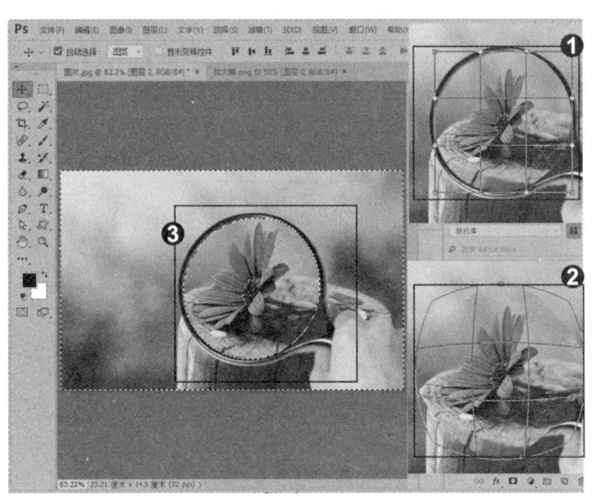

4. 调整色相 / 饱和度

❶ 按 Ctrl+D 快捷键取消选区。单击“滤镜”|“滤镜库”命令，弹出“滤镜库”对话框，在滤镜库内调整“海报边缘”滤镜的参数。❷ 单击“确定”按钮关闭对话框。双击图层，打开“图层样式”对话框，添加“内发光”效果。❸ 单击“调整”面板中的“创建新的色相 / 饱和度调整图层”按钮，创建“色相 / 饱和度”调整图层。

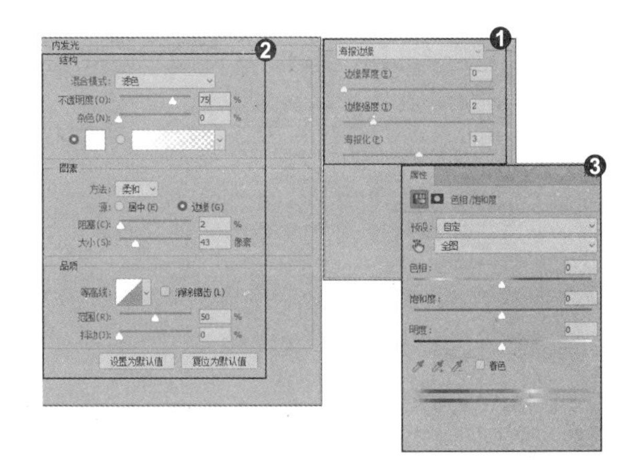

5. 创建剪贴蒙版

❶ 在对话框中勾选“着色”复选框，拖动滑块调整颜色。❷ 按 Ctrl+Alt+G 快捷键创建剪贴蒙版，使调整图像只影响它下面一个图层，而不会影响其他图层。

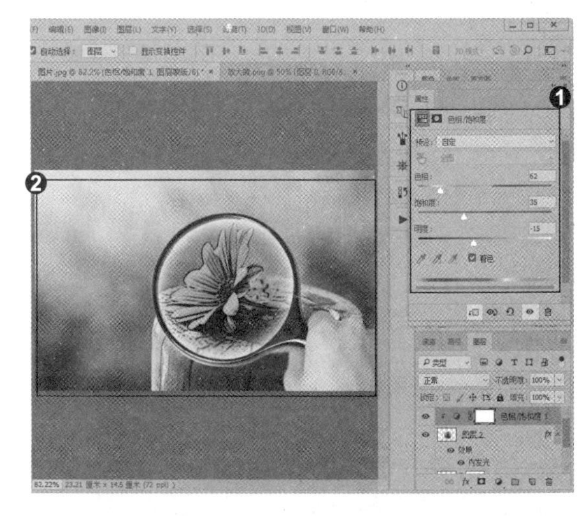

专家提示

色相是指色彩的相貌，如光谱中的红、橙、黄、绿、蓝、紫等为基本色相；明度是指色彩的明暗度；纯度是指色彩的鲜艳度，也称饱和度；以明度和纯度共同表现的色彩的程度称为色调。

知识拓展

❶ 在“色相 / 饱和度”的“全图”下拉列表中选择一种颜色后，❷ 单击面板上的“吸管”工具 在图像上单击，此时“全图”选项中会出现吸管的颜色范围，❸ 定义颜色范围后，拖动滑块可以调整所选颜色的色相、饱和度和明度。❹ 单击“添加到取样”按钮，在图像中单击可以扩展颜色范围；单击“从取样中减去”按钮，在图像中单击可以减少颜色。

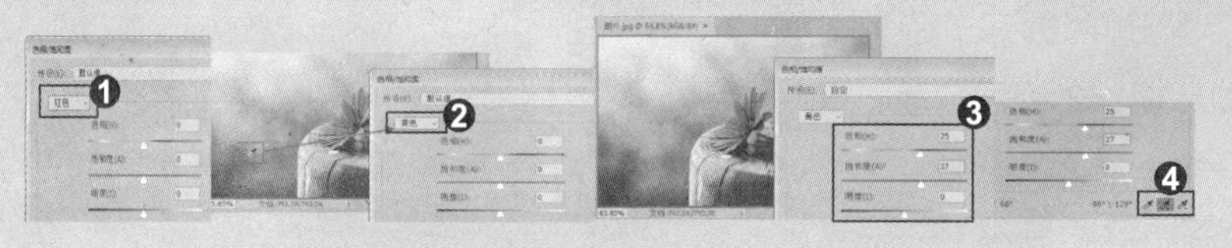

招式 123 更改图像总体颜色的混合程度

Q 在使用“色彩平衡”命令调整图像时，勾选“保留明度”复选框与取消勾选“保留明度”复选框有何区别？

A 勾选“保留明度”复选框，可以保持图像的色调不变，防止亮度值随颜色的更改而改变。

1. 调整图像色彩平衡

❶ 打开本书配备的“第 6 章 \ 素材 \ 招式 123\ 合成 .psd”文件，❷ 观察这个合成图，周围环境颜色不一致，导致意境没有出来。在“图层”面板中选择背景图层，单击“图像”|“调整”|“色彩平衡”命令，或按 Ctrl+B 快捷键打开“色彩平衡”对话框，❸ 选中“中间调”单选按钮，拖动滑块调整图像中间调中的蓝色成分。

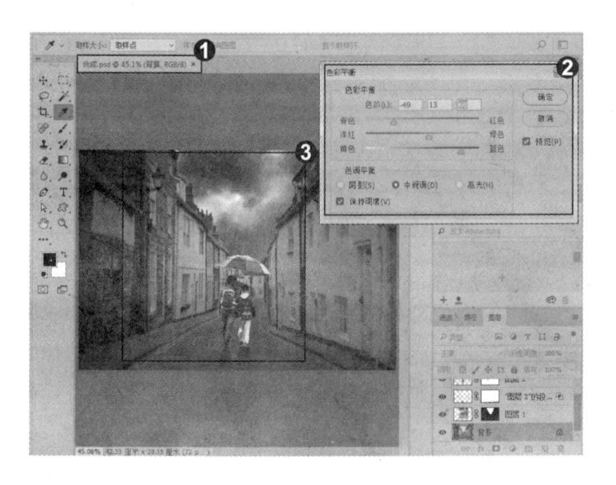

2. 加深四周暗角区域

❶ 选中“阴影”单选按钮，在暗调中适当增加蓝色，制作环境光，❷ 再选中“高光”单选按钮，调整高光中的蓝色调。❸ 单击“图层”面板底部的“创建新图层”按钮，在背景图层上新建一个图层，设置前景色为黑色，选择工具箱中的（渐变工具），在“渐变编辑器”中选择黑色到透明色的渐变，按下“径向渐变”按钮，勾选“反向”复选框，从背景的中心向四周拖曳填充径向渐变。

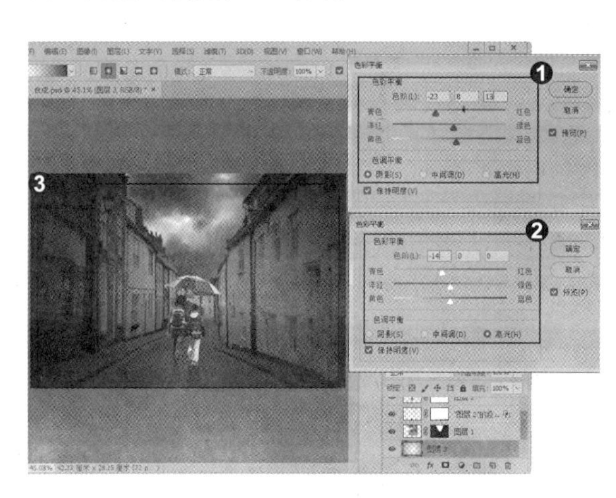

3. 调整色相 / 饱和度

❶ 设置渐变图层的混合模式为“柔光”，加深图像中暗角。❷ 同方法，分别选中“乌云”与“人物”图层，按 Ctrl+B 快捷键打开“色彩平衡”对话框，调整参数，让整个画面融为一体。❸ 选择“图层”面板中的最上面一个图层，单击“调整”面板中的“创建新的色相 / 饱和度调整图层”按钮，创建“色相 / 饱和度”调整图层，调整“饱和度”及“色相”的参数，让这个环境色呈现出一种冷色调。

知识拓展

按 Ctrl+B 快捷键打开“色彩平衡”对话框。❶ 在“色阶”文本框中输入数值，或拖动滑块可以向图像中增加或减少颜色；❷ 在“色调平衡”选项组中可以选择一种色调来进行调整，包括“阴影”“中间值”和“高光”；❸ 勾选“保留明度”复选框，可以保持图像的色调不变，防止亮度值随颜色的更改而改变。

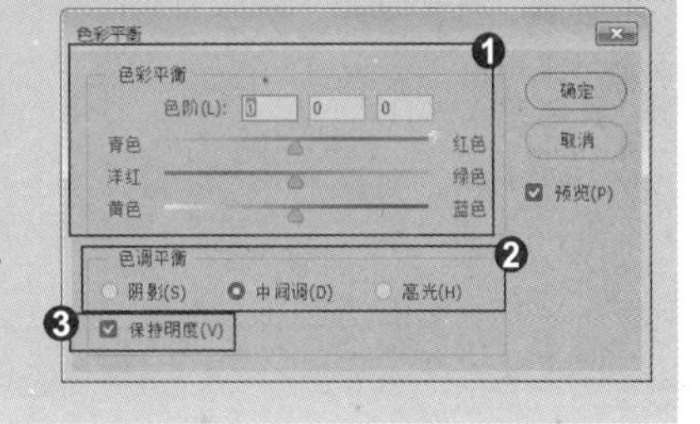

招式 124 将彩色图像转换为黑色图像

Q 彩色照片转换为黑白图像时，红色和绿色的灰度非常相似，色调层次感就会很容易被削弱，有什么办法可以解决这个问题呢?

A “黑白”命令是专门用于制作黑白照片和黑白图像的工具，它可以控制每一种颜色的色调深浅。使用“黑白”命令分别调整这两种颜色的灰度，将它们区分开，使色调的层次丰富、鲜明。

1. 转为黑白效果

❶ 打开本书配备的“第 6 章 \ 素材 \ 招式 124\ 国外模特 .jpg”文件。❷ 单击“图像”|“调整”|“黑白”命令，打开“黑白”对话框，使用默认的参数。❸ 单击“确定”按钮关闭对话框，将背景调整为黑白效果。

2. 填充颜色

❶ 单击“图像”|“调整”|“色阶”命令，或按 Ctrl+L 快捷键打开“色阶”对话框，拖动滑块，增加色调的对比度。❷ 单击“确定”按钮关闭对话框，单击“创建新图层”按钮，新建图层，设置前景色为天蓝色 (# 00bbff)，❸ 按住 Alt+Delete 快捷键填充天蓝色。

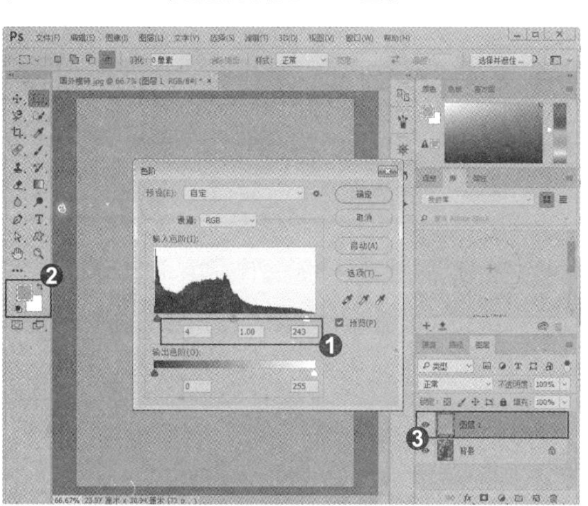

3. 输入文字

❶ 设置天蓝色图层的混合模式为“柔光”、“不透明度”为 50%，使图像色调偏向冷色调。❷ 选择工具箱中的 T (横排文字工具)，在图像上输入文字，制作杂志封面。

知识拓展

打开“黑白”对话框，❶ 如果要对颜色进行细致的调整，可以将光标定位在该颜色区域的上方，当光标会变为 形状时，❷ 单击并拖动鼠标可以使该颜色变暗或变亮，❸ 同时，“黑白”对话框中的相应颜色滑块也会自动移动位置；❹ 在对话框中还可拖动各个原色的滑块调整图像中特定颜色的灰色调。

专家提示

按住 Alt 键单击某个色卡可将单个滑块复位到其初始设置。另外，按住 Alt 键时，对话框中的“取消”按钮将变为“复位”按钮，单击“复位”按钮可复位所有的颜色滑块。

招式 125 模仿相机添加颜色滤镜效果

Q “照片滤镜”命令是模拟相机的滤镜镜头来进行颜色的调整，那相机的滤镜镜头是什么呢？

A 滤镜是相机的一种配件，将它安装在镜头前面可以保护镜头，降低或消除水面或非金属表面反光，或者改变色温。

1. 应用木刻效果

❶ 打开本书配备的“第 6 章 \ 素材 \ 招式 125\ 模特写真 .jpg”文件。❷ 单击“滤镜”|“滤镜库”命令，在弹出的“滤镜库”对话框中选择“木刻”滤镜，设置参数。❸ 单击“确定”按钮关闭对话框，制作出木刻画的效果。

2. 添加照片滤镜效果

❶ 单击“图像”|“调整”|“照片滤镜”命令，弹出“照片滤镜”对话框，在“滤镜”下拉列表中选择“黄”选项，“浓度”设为 58%，勾选“保留明度”复选框。❷ 单击“确定”按钮为图像添加复古效果。

知识拓展

❶ 在“照片滤镜”对话框中如果要自定义滤镜颜色，单击“颜色”选项右侧的颜色块，弹出“拾色器”对话框调整颜色。❷“浓度”可调整应用到图像中的颜色量，该值越高，颜色的应用强度就越大。❸ 勾选“保留明度”复选框时，可保持图像的明度不变，取消勾选则会添加滤镜效果而使图像的色调变暗。

招式 126 删除图像色彩信息调整图像

Q 在众多颜色调整命令当中，有哪个命令是利用删除图像的色彩信息来调整图像的颜色色调?

A “阈值”命令可以将彩色图像转换为只有黑白两色。适合制作单色照片，或者模拟类似于手绘效果的线稿。

1. 应用阈值调整图像

❶ 打开本书配备的“第 6 章 \ 素材 \ 招式 126\ 跳跃人物 .jpg”文件，❷ 单击“调整”面板中的“创建新的阈值调整图层”按钮，创建“阈值”调整图层，❸ 面板中的直方图显示了图像像素的分布情况，输入“阈值色阶”值或拖动直方图下面的滑块可以指定某个色阶作为阈值，所有比阈值亮的像素会转换为白色，所有比阈值按的像素会转换为黑色。

2. 制作手绘线稿

❶ 将“背景”图层拖动到“创建新图层”按钮上进行复制，❷ 按 Shift+Ctrl+] 快捷键，将该图层调整到面板顶层。❸ 单击“滤镜”|“风格化”|“查找边缘”命令，按 Ctrl+Shift+U 快捷键去除颜色，并将该图层的混合模式设置为“正片叠底”。

3. 添加图片素材

❶ 按 Ctrl+Shift+E 快捷键合并所有图层，选择工具箱中的(套索工具)选中人物。❷ 打开一个背景文件，使用(移动工具)将人物拖入该文档，设置混合模式为“正片叠底”，可以隐藏人物图像中的白色背景，将人物合成到新的背景文档中，制作成一幅时尚的海报。

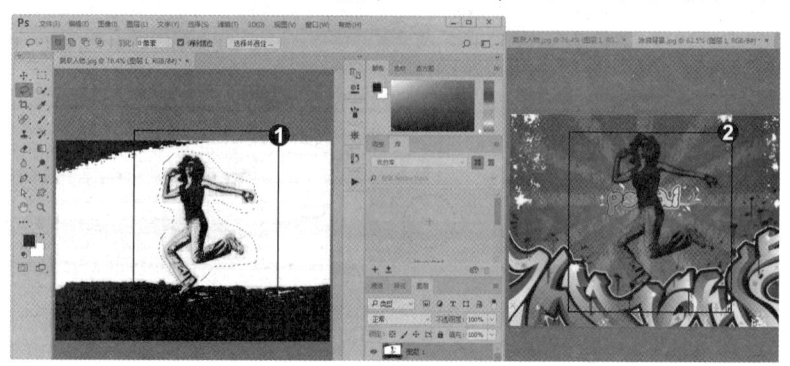

知识拓展

Photoshop 中的阈值，实际上是基于图片亮度的一个黑白分界值，默认值是 50% 中性灰，即 128，亮度高于 128(<50% 的灰) 会变白，低于 128(>50% 的灰) 会变黑 (可以使用“滤镜”|“其他”|“高反差保留”命令，再用阈值效果会更好)。

招式 127 针对某一通道创建不同的色调

Q 在“通道”面板中，各个颜色通道都保存着图像的色彩信息，那我们调整这些颜色通道时会不会改变图像的颜色呢?

A 利用“通道混合器”修改颜色通道中的光线量，影响颜色的含量，从而就会改变图像的色彩。

1. 调整“红”通道

❶ 打开本书配备的“第 6 章 \ 素材 \ 招式 127\ 人物 .jpg”文件。❷ 单击“图像”|“调整”|“通道混合器”命令，弹出“通道混合器”对话框，❸ 在“输出通道”下拉列表中选择“红”通道，拖动各个滑块调整图像颜色。

2. 调整“绿”“蓝”通道

❶ 分别选择“绿”“蓝”通道，拖动滑块调整图像颜色。❷ 单击“确定”按钮关闭对话框。单击“编辑”|“渐隐通道混合器”命令，弹出“渐隐”对话框，设置混合模式为“叠加”、“不透明度”为 50%，❸ 单击“确定”按钮关闭对话框，降低调整强度。

3. 填充渐变

❶ 单击“图像”|“调整”|“色相 / 饱和度”命令，或按 Ctrl+U 快捷键打开“色相 / 饱和度”对话框，在对话框中通过调整“全图”与“黄色”进行调整。❷ 新建图层，设置前景色为米色 (#f8f4ea)，选择工具箱中的 (渐变工具)，在工具选项栏中选择前景色到透明色的渐变。❸ 按下“线性渐变”按钮，在画面左侧填充线性渐变，❹ 添加文字素材，营造质朴、低调的氛围。

知识拓展

在“通道混合器”对话框，❶“预设”下拉列表中包含了Photoshop提供的预设调整设置文件，可用于创建各种黑白效果；❷“源通道”用来设置输出通道中源通道所占的百分比；❸“总计”显示了源通道的总计；❹“常数”用来调整输出通道的灰度值。

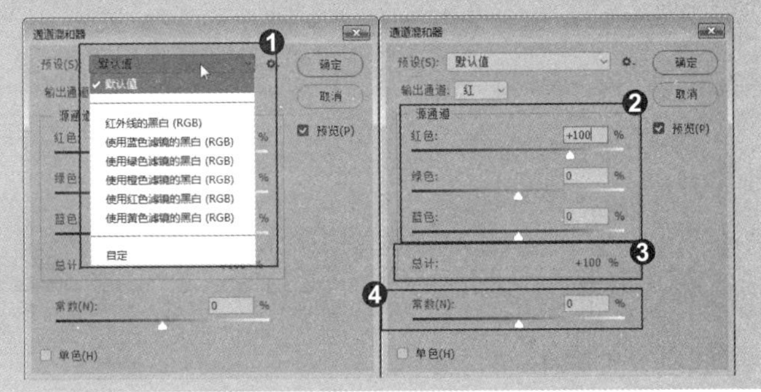

招式128 将渐变映射到图像调整色彩

Q 在使用“渐变映射”命令调整图像色彩时，可不可以自己设置渐变颜色呢？

A “渐变映射”命令可以将图像转换为灰色，再用设定的渐变色替换图像中的各级灰度。单击预设渐变条，可以打开“渐变编辑器”对话框，双击色标就可以自定义渐变颜色，用法和渐变工具设置渐变用法一样。

1. 创建“渐变映射”调整图层

❶打开本书配备的“第6章\素材\招式128\繁花.jpg”文件，❷单击“调整”面板上的“创建新的渐变映射调整图层”按钮，创建“渐变映射”调整图层，❸单击渐变颜色条右侧的按钮，打开下拉面板。

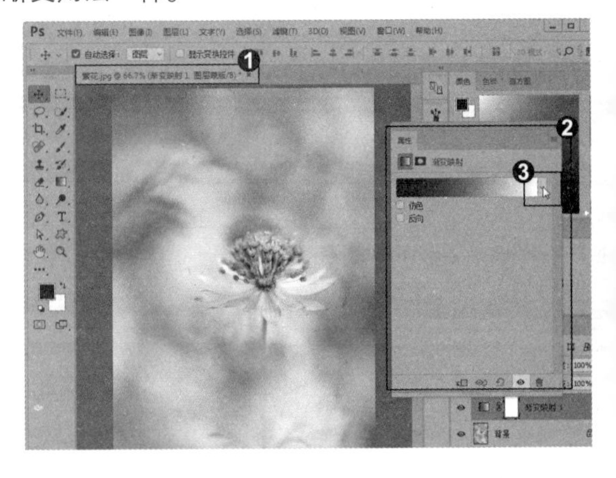

2. 添加色谱渐变

❶ 单击“属性”面板中的⚙按钮，❷ 在弹出的下拉菜单中单击“协调色 1”，追加渐变，选择“中等色谱”，❸ 设置该调整图层的混合模式为“柔光”，为图像添加一个柔光效果。

3. 添加素材文字

❶ 再次创建“渐变映射”调整图层，选择“浅色谱”颜色渐变，❷ 设置图层混合模式为“柔光”、“不透明度”为 50%，❸ 选择工具箱中的 T（横排文字工具），在文档中输入文字，制作一幅小清新效果图。

知识拓展

❶ 渐变映射会改变图像的对比度。要避免出现这种情况，❷ 可以使用“渐变映射”调整图层，将调整图层的混合模式设置为“颜色”，❸ 使它只改变图像的颜色而不会影响亮度。

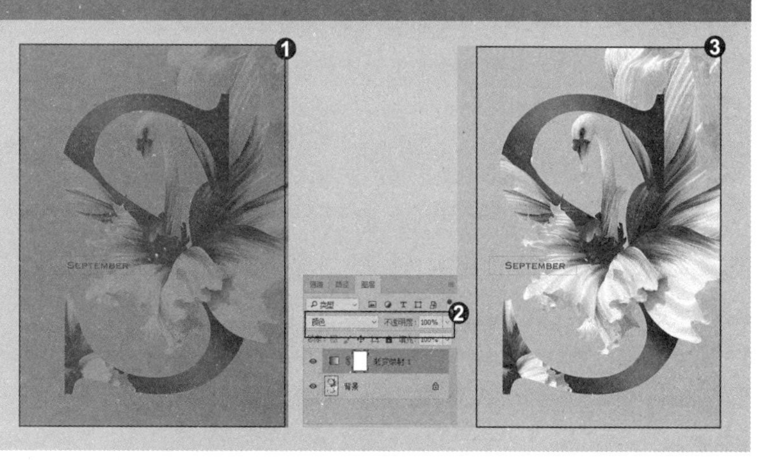

招式 129 设置不同原色成分

Q “可选颜色”命令是通过调整印刷油墨的含量来控制颜色的，那么印刷色是由什么组成的呢?

A 印刷色由青、洋红、黄、黑四种油墨混合而成，使用“可选颜色”命令可以有选择性地修改主要颜色中的印刷色含量，但不会影响其他主要颜色。

1. 调整人物亮度

❶打开本书配备的“第6章\素材\招式129\人物.jpg”文件，❷将“背景”图层拖动到“创建新图层”按钮上，复制背景图层，❸设置拷贝图层的混合模式为“滤色”、“不透明度”为40%，调整人物亮度。

2. 通过“可选颜色”调整图层

❶单击“调整”面板中的“创建新的可选颜色调整图层”按钮，创建“可选颜色”调整图层，在“颜色”下拉列表中分别选择“白色”“中性色”选项进行调整。❷调整图像的整体。

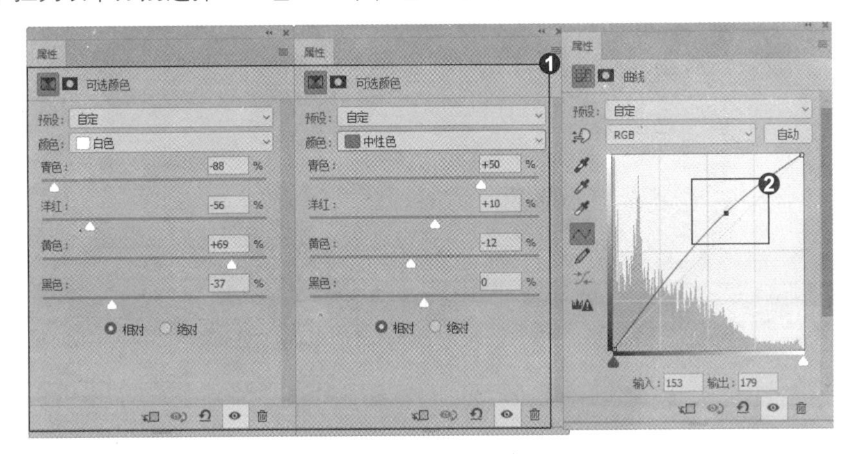

3. 添加淡黄色光线

❶按Ctrl+Alt+2快捷键载入图像高光区域，❷单击“调整”面板上的“创建新的照片滤镜调整”按钮，创建“照片滤镜”调整图层，在弹出的对话框中设置参数。❸为人物的高光区域添加淡淡的黄色调，营造光线。

专家提示

在“可选颜色”对话框中，即使只设置一种颜色，也可以改变图像效果。但使用时必须注意，若对颜色的设置不合适的话，会打乱暗部和亮部的结构。

知识拓展

在“颜色”下拉列表中选择要修改的颜色，拖动下面的各个滑块，可调整可选颜色中青色、洋红色、黄色和黑色的含量。

招式 130　通过源图像匹配目标图像调整色彩

Q　“匹配颜色”命令可以将一个图像的颜色与另一个图像的颜色相匹配，那么我们在使用这个命令时应注意哪些地方？

A　使用该命令时，对“图层”与“源”选项需要分析清楚，了解颜色的参考值。

1. 打开“匹配颜色”对话框

❶ 打开本书配备的“第 6 章 \ 素材 \ 招式 130\ 夕阳 .jpg、海景 .jpg”文件。❷ 选择“海景”素材，❸ 单击“图像” | “调整” | “匹配颜色”命令，弹出“匹配颜色”对话框，在“源”下拉列表框中选择“夕阳 .jpg”选项。

2. 设置各项参数

❶在图像选项中分别调整“明亮度”“颜色强度”“渐隐”参数，❷单击“确定”按钮关闭对话框，可使海景图像与夕阳的色彩风格相匹配，让照片的色彩成分主要由黄色、橙色组成。

知识拓展

在“匹配颜色”对话框中，❶“目标图像”显示了被修改的图像的名称和颜色模式；❷“图像选项”可以调整图像的亮度、饱和度和渐隐；❸“源”可选择要将颜色与目标图像中的颜色相匹配的源图像；❹“图层”用来选择需要匹配颜色的图层。

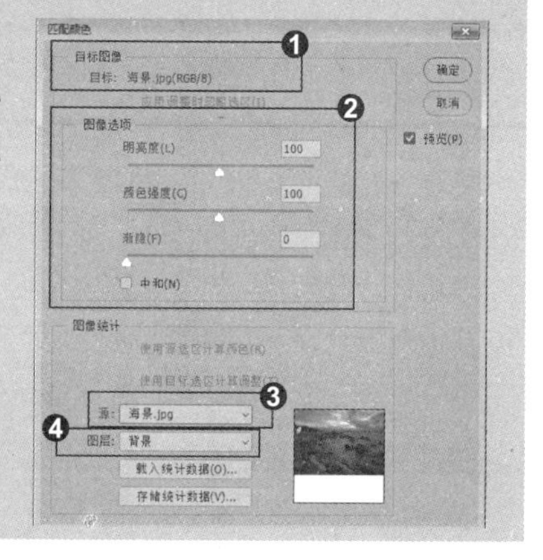

招式131 替换选定的颜色调整色彩

Q 处理图像时，如果拍摄的某个景物绿色不够绿时，要怎样去调整这种颜色呢？

A 可以利用“替换颜色”对话框，先用吸管工具选中需要替换的颜色，然后修改其色相、饱和度和明度来调整图像的颜色。颜色选择方式类似于“色彩范围”命令，颜色调整方式类似于“色相/饱和度”命令。

1. 吸取颜色

❶打开本书配备的“第6章\素材\招式131\花环.jpg”文件，❷单击“图像”|“调整”|“匹配颜色”命令，弹出“替换颜色”对话框，❸选择吸管工具，在红色花环处单击选择需要替换的颜色。

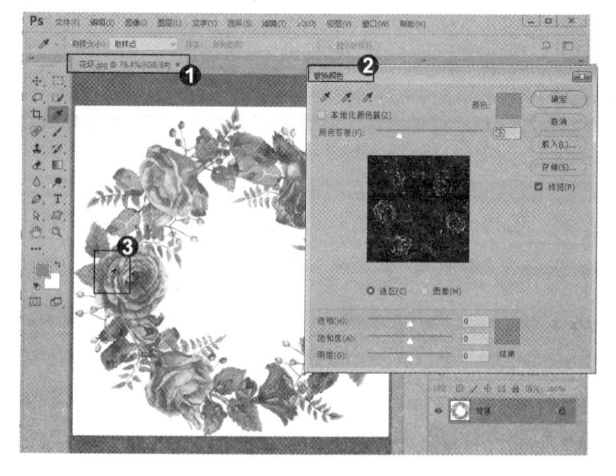

2. 替换颜色

❶ 拖动“颜色容差”滑块，选取相近的颜色，❷ 在“替换”选项组中设置相应参数。❸ 单击“添加到取样”按钮，在花朵的不均匀处单击，添加替换颜色区域。

知识拓展

在“替换颜色”对话框中，❶ 选择对话框中的吸管工具，单击图像中要选择的颜色区域，使该图像中所有与单击处相同或相近的颜色被选中。❷ 如果需要选择不同的几个颜色区域，可以在选择一种颜色后，单击“添加到取样”吸管工具，在图像中单击其他需要选择的颜色区域。❸ 如果需要在已有的选区中去除某部分选区，可以单击“从取样中减去”吸管工具，在图像中单击需要去除的颜色区域。❹ 拖动颜色容差滑块，调整颜色区域的大小。❺ 拖动“色相”“饱和度”和“明度”滑块，更改所选颜色直至得到满意效果。

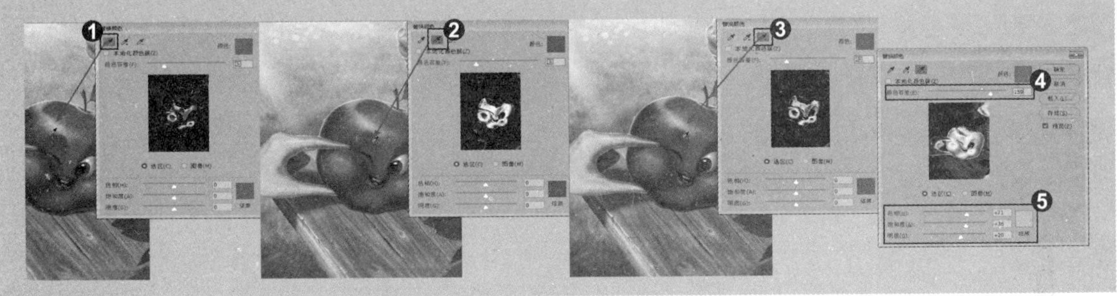

招式 132 使用“颜色查找”命令制作艺术写真

Q “颜色查找”命令可不可以用自己制作的颜色模式来进行存储呢？

A 不能，“颜色查找”命令只能用系统存在的颜色模式进行调整，如果要载入颜色模式，需要载入指定的配置文件。

1. 扩大画布

❶ 打开本书配备的“第 6 章 \ 素材 \ 招式 132\ 艺术写真 (2).jpg”文件，❷ 选择工具箱中的(裁剪工具)，在图像四周显示裁剪框，将光标放在裁剪框左侧，按下鼠标向左拖动，扩大画布的尺寸。❸ 再打开另一幅照片和文字素材，使用(移动工具)将照片和素材拖到当前文档，放在画面左侧的空白区域。

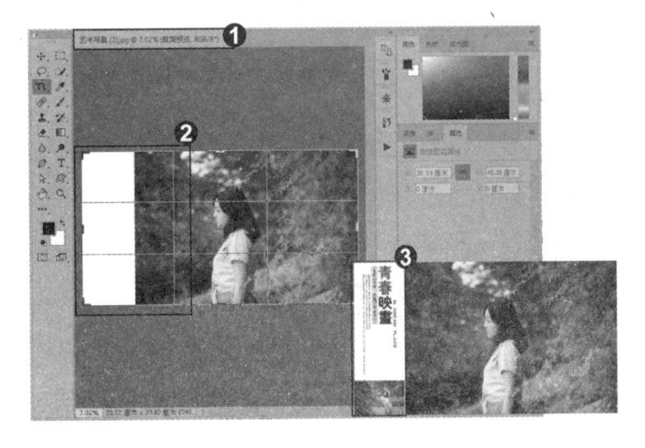

2. 查找颜色

❶ 选择“艺术写真 (1)”素材图层，单击“创建图层蒙版”按钮，添加蒙版，选择工具箱中的（渐变工具），设置黑色到透明色的渐变，按下“径向渐变”按钮，从四周往中心填充，隐藏素材边缘。❷ 单击“调整”面板中的“创建新的颜色查找调整图层”按钮，创建“颜色查找”调整图层，在“3DLUT 文件”下拉列表中选择 2Strip.look 选项，以两种颜色表现画面的色彩关系，营造低调、浪漫的风格。

3. 调整图像暗调

❶ 单击“调整”面板中的“创建新的色阶调整图层”按钮，创建“色阶”调整图层，❷ 向右拖动黑色滑块，将图像适当调暗。

知识拓展

查找表 (Look Up Table，LUT) 在数字图像处理领域应用广泛。例如，在电影数字后期制作中，调色师需要利用查找表来查找有关颜色数据，它可以确定特定图像所要显示的颜色和强度，将索引号与输出值建立对应关系。

招式 133 基于阴影高光局部校正图像

Q 使用数码相机逆光拍摄时，经常会因为亮调不能过曝光，就会导致暗调区域过暗，看不清内容，形成高反差，这种照片该如何进行调整呢？

A 处理这种照片的最好方式就是使用“阴影 / 高光”命令来单独调整阴影区域，非常适合校正由强逆光而形成的剪影照片，也可校正由于太接近闪光灯而有些发白的焦点。

1. 提亮阴影区域

❶ 打开本书配备的“第 6 章 \ 素材 \ 招式 133\ 照片 .jpg”文件。❷ 按 Ctrl+J 快捷键复制背景图层，得到“图层 1”图层，设置该图层的混合模式为“滤色”，提亮图像的色调。❸ 单击“图像”|“调整”|“阴影 / 高光”命令，打开“阴影 / 高光”对话框，Photoshop 会给出一个默认的参数来提亮阴影区域的亮度。

2. 拖动滑块调整图像

❶ 勾选“显示更多选项”复选框，显示完整的选项。❷ 将“数量”滑块拖动到最右侧，提高调整强度，使画面更亮。❸ 再向右拖动“色调”和“半径”滑块，将更多的像素定义为阴影，以便 Photoshop 对其应用调整，从而使色调变得平滑，消除不自然。❹ 向右拖动“颜色”与“中间调”滑块，增加颜色的饱和度。

3. 校正偏色照片

❶ 单击“确定”按钮关闭对话框。单击“图像”|“调整”|“色阶”命令，打开“色阶”对话框，单击“在图像中取样以设置灰场”按钮，在树干上单击，校正偏色照片。❷ 拖动最左侧与最右侧的滑块，调整图像的对比度，让图像对比更加强烈。

知识拓展

我们普通的数码相机一般都是将照片存储为 JPEG 格式，这种格式会压缩图像的信息。而单反数码相机则提供了 Raw(原始数据格式)格式用于拍摄照片。Raw 文件与 JPEG 不同，它包含相机捕获的所有数据，如 ISO 设置、快门速度、光圈值、白平衡等，是未经处理也未经压缩的格式，因此，也称为“数字底片”。Photoshop Camera Raw 是专门处理 Raw 文件的程序，它可以解释相机原数据文件，使用有关相机的信息及图像元数据来构建和处理彩色图像。此外，该程序也可以处理 JPEG 和 TIFF 图像。

招式 134 指定通道调整图像色彩

Q 学习了那么多的调色命令，到底有多少命令可以单独调整通道的颜色呢?

A “曲线”“色阶”“通道混合器”“色相 / 饱和度”“可选颜色”“黑白”命令都可以单独调整各个通道的颜色。

1. 打开“图像”对话框

❶ 打开本书配备的“第 6 章 \ 素材 \ 招式 134\ 图片 .jpg”文件，❷ 单击“图像”|“调整”|“曲线”命令，或按 Ctrl+M 快捷键打开“曲线”对话框，打开“预设”下拉列表，❸ 在下拉列表中选择“强对比度”选项，加强图像的对比度。

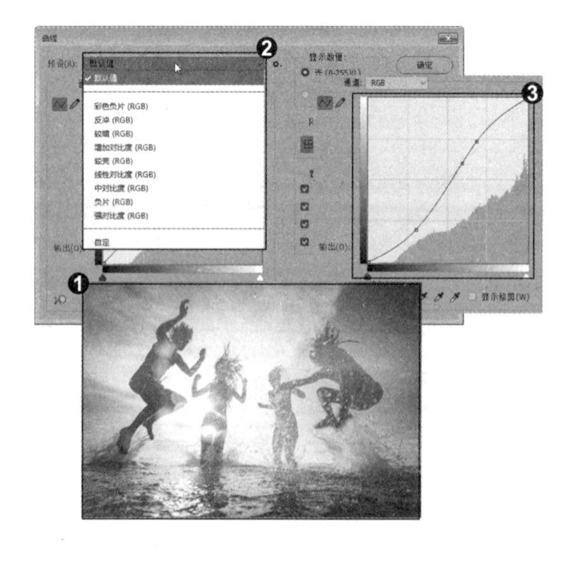

2. 针对通道调整图像

❶ 在“通道”下拉列表中选择“蓝”选项，单击在曲线上添加控制点，并向下拖动，减少图像的蓝色调，增加黄色调。❷ 再选择“红”通道，增加红色调，减少青色调，使图像向黄昏色调更近一步。

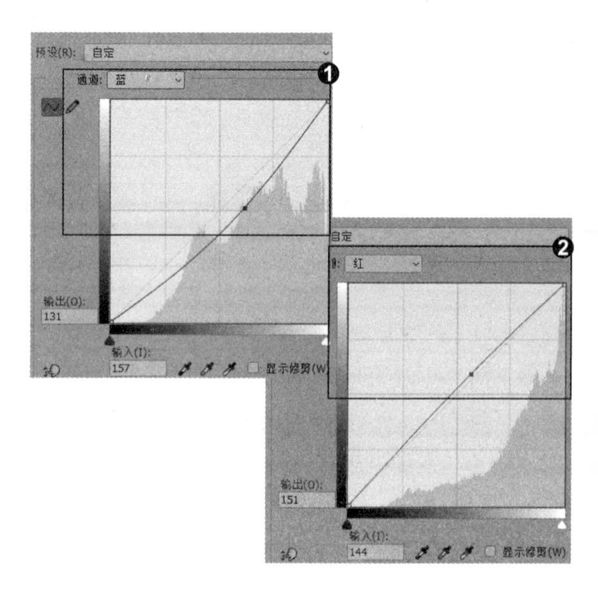

3. 单独调整颜色通道

❶ 选择“绿”通道，单击 RGB 取消确定控制点，向上拖动曲线，❷ 增加绿色调，减少洋红色调，制作黄昏效果。

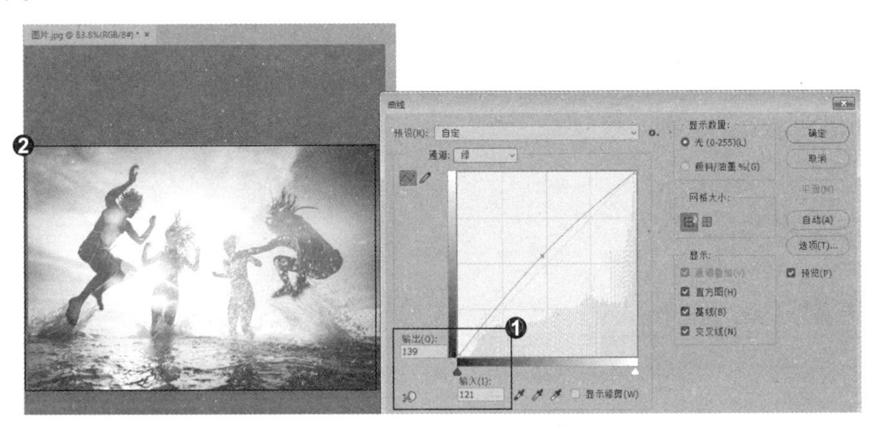

知识拓展

在“曲线”对话框右侧，❶“显示数量”选项组可反转强度值和百分比的显示。❷ 按下“简单网格”按钮田，会以 25% 的增量显示网格。❸ 按下“详细网格”按钮▦，则以 10% 的增量显示网格，在详细网格状态下，可以更加准确地将控制点对齐到直方图上，按住 Alt 键单击网格，可以在这两种网格之间切换。❹ 在“显示”选项组中，可以以“通道叠加”“直方图”“基线”和“交叉线”的方式添加曲线。

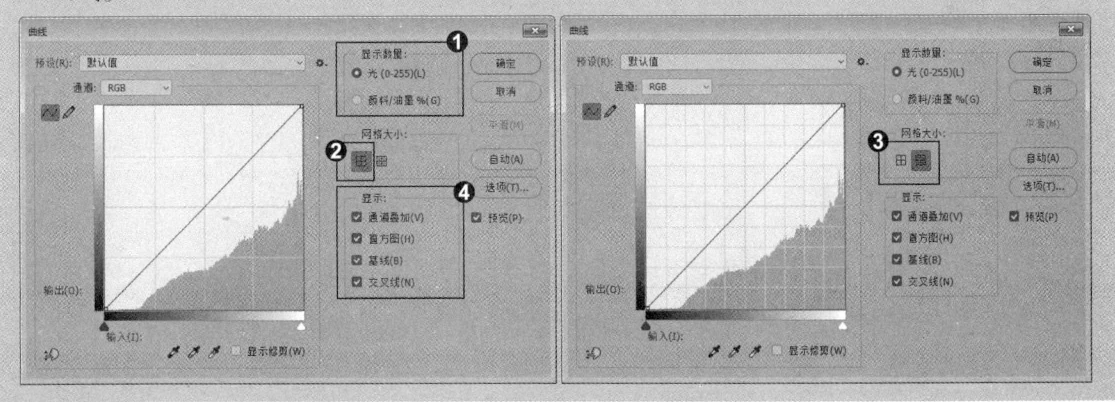

招式 135　使用“指定配置文件”命令调整图像色彩

Q　“指定配置文件”与“转换为配置文件”这两个命令涉及颜色输入，能简单地阐述一下这两个命令的区别吗？

A　执行“指定配置文件”时图像外观会发生改变，内部数据不会发生变化，将指定的配置文件删除后，文件能够恢复到指定文件以前的状态。执行“转换配置文件”，则文件的数据发生改变，其外观也会有一定程度的改变，且将无法回到起初状态。

1. 打开素材图像

❶ 打开本书配备的“第6章\素材\招式135\人物.jpg”文件。❷ 单击“编辑”|“指定配置文件”命令，打开“指定配置文件”对话框。❸ 在对话框中选中“配置文件”单选按钮，在其下拉列表中选择Adobe RGB(1998)选项。

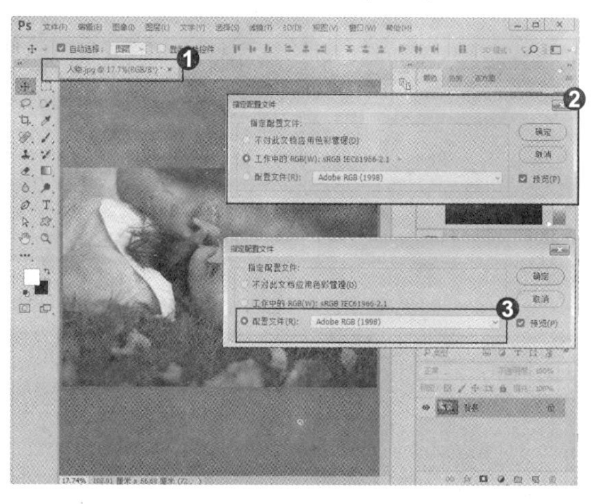

2. 选择取样范围

❶ 单击“确定”按钮，用指定的配置文件调整图层。单击“编辑”|“转换为配置文件”命令，在弹出的对话框中选择合适的配置文件。❷ 单击“确定”按钮关闭对话框，将指定的配置文件进行转换。

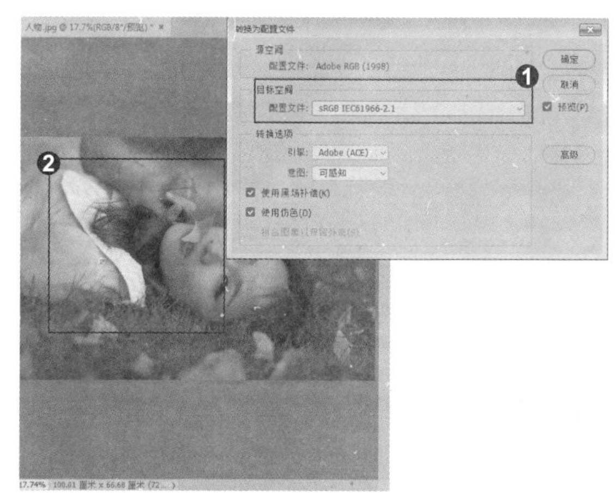

3. 打开素材图像

❶ 单击“调整”面板中“创建新的亮度/对比度调整图层”按钮，打开“亮度/对比度”调整图层，拖动“亮度”滑块，调整图像的亮度。❷ 创建“色相/饱和度”调整图层，拖动“饱和度”滑块，调整图像的饱和度。

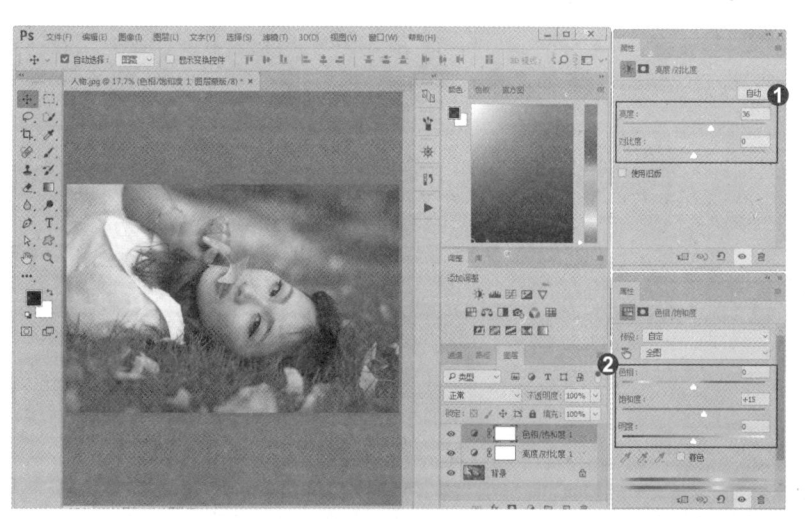

知识拓展

为Web准备图像时，建议使用sRGB，因为它定义了用于查看Web上图像的标准显示器的色彩空间。处理家用数码相机图像时，sRGB也是一个不错的选择，因为大多数相机都将sRGB用作默认色彩空间。准备打印文档时，建议使用Adobe RGB，因为Adobe RGB的色域包括一些无法使用sRGB定义的可打印颜色（特别是青色和蓝色），并且很多专业级数码相机也都将Adobe RGB用作默认色彩空间。

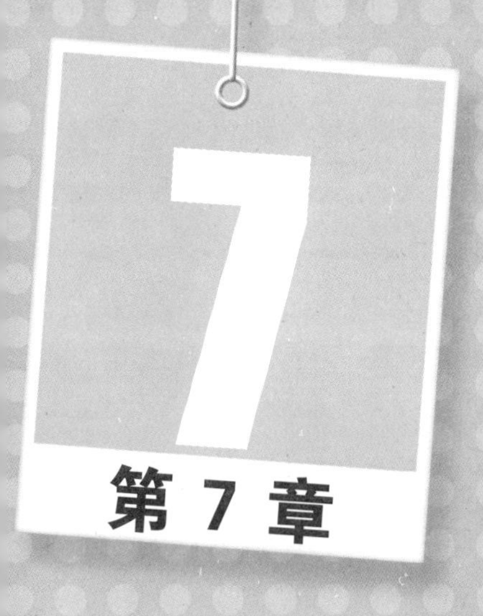

第 7 章 美化与修饰图像画面

图像的美化与修饰是 Photoshop 处理图像恒久不变的两大主题。什么样的图像需要美化与修饰并没有一个特别的定义，全都是凭借着对图像的理解及个人的艺术修为。但是照片的基础处理，如照片的裁剪、校正变形照片、去除背景上多余杂物、去除人物脸上斑点等这些问题却有特定的工具可以使用。本章主要从这些问题出发，讲解各种美化与修饰工具的使用方法。

招式 136 使用裁剪工具裁剪图像大小

Q 裁剪工具作为频繁使用的一个工具，它有哪些作用，又是怎样进行操作的呢?

A 在对数码照片或扫描的图像进行处理时，会使用裁剪工具裁剪图像，删除多余的图像，可以使画面构图更加完美。使用该工具时，设置好裁剪范围，按 Enter 键即可以裁剪图像。

1. 拖动裁剪框

❶ 打开本书配备的“第 7 章 \ 素材 \ 招式 136\ 背影 .jpg”文件。❷ 选择工具箱中的 (裁剪工具)，在画面中单击并拖动鼠标，创建矩形裁剪框。❸ 将光标放置在裁剪框的边界上，当光标变为↕形状时，单击并拖动鼠标可以调整裁剪框的大小。

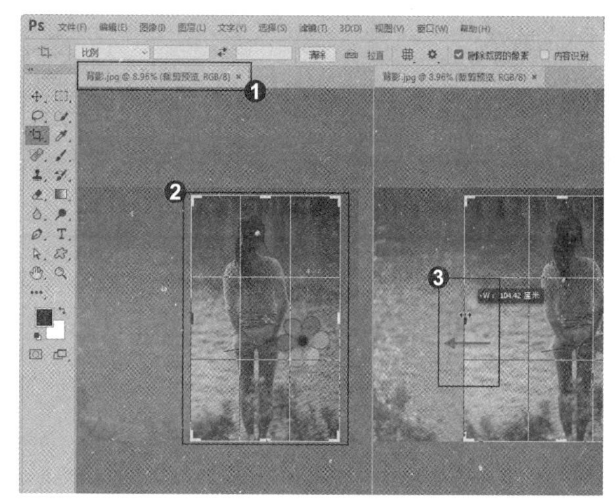

2. 旋转裁剪框

❶ 将光标放置在定界框四周的任意一个角上，当光标变为⤡形状时，按住 Shift+Alt 快捷键的同时拖动鼠标，可进行等比缩放裁剪框。❷ 将光标放置在裁剪框外，当光标变为⤸形状时，单击并拖动鼠标可以旋转裁剪框。

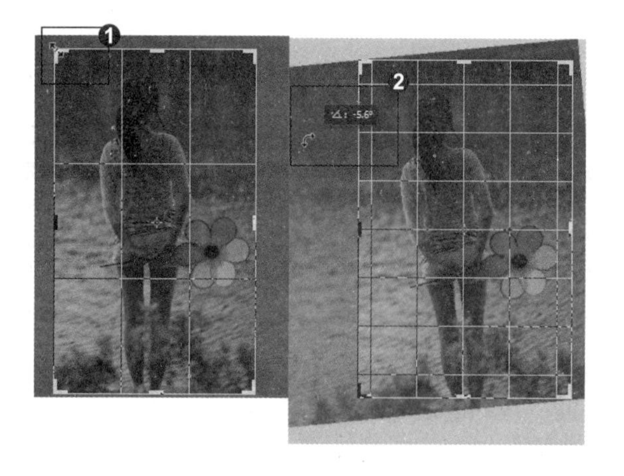

3. 确定裁剪范围

❶ 将光标放在裁剪框内，当光标变为▶形状时，单击并拖动鼠标可以移动裁剪框。❷ 单击工具选项栏中的✓按钮或按 Enter 键，或在范围框内双击鼠标即可完成裁剪操作，裁剪范围框外的图像被去除。

知识拓展

单击(裁剪工具)后面的下三角按钮，❶ 可以在打开的下拉菜单中选择预设的裁剪选项。❷ 选择“比例”选项后可以自由调整裁剪框的大小；❸ 选择“原始比例”选项后，拖动裁剪框时始终会保持图像原始的长宽比例；❹ 选择“高 × 宽 × 分辨率”选项后，在右侧文本框内输入图像的宽度、高度和分辨率值，按 Enter 键即可按照设定的尺寸裁剪图像。

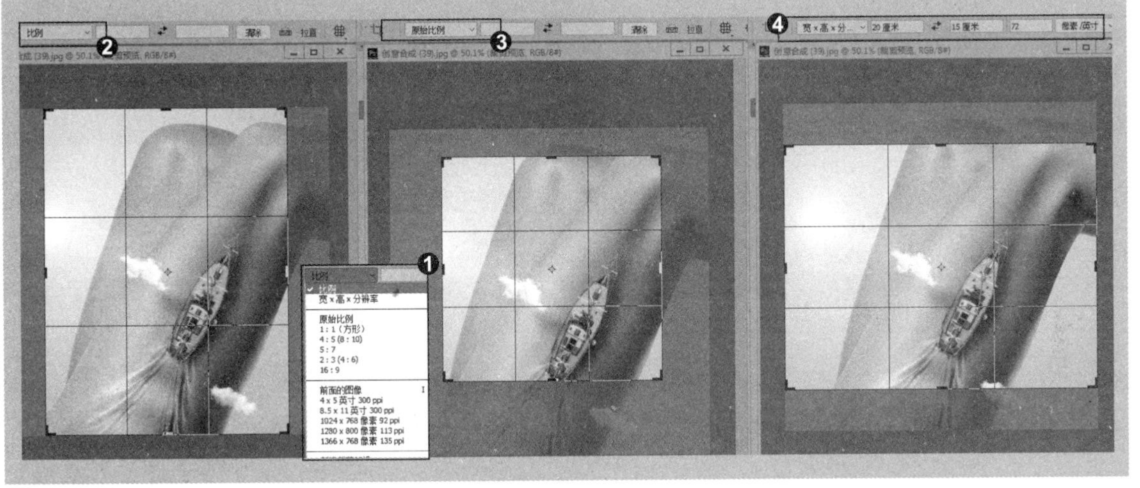

招式 137 使用透视裁剪工具校正透视畸变

Q 在 Photoshop CS6 版本以前并没有透视裁剪这个工具，这个工具在裁剪图像时是如何使用的呢?

A 使用透视裁剪工具时需要在裁剪的图像上制作一个带有透视感的裁剪框，通过拖动裁剪框来校正图像。

1. 矩形裁剪框

❶ 打开本书配备的“第 7 章\素材\招式 137\变形建筑.jpg”文件，❷ 选择工具箱中的(透视裁剪工具)，在画面中单击并拖动鼠标，创建矩形裁剪框。

2. 拖动矩形裁剪框

❶ 将光标放置在裁剪框左上角的控制点上，按住 Shift 键（可以锁定水平方向）单击并向右侧拖动；右上角的控制点向左拖动，让顶部的两个边角与建筑的边缘保持平行，❷ 单击工具选项栏中的按钮✓或按 Enter 键裁剪图像，即可校正透视畸变。

知识拓展

在透视裁剪工具选项栏中，❶ 输入图像的宽度 (W) 和高度值 (H)，可以按照设定的尺寸裁剪图像；单击“宽度和高度互换”按钮⇄，可以对调这两个数值。❷“分辨率”选项可以输入图像的分辨率，裁剪图像后，Photoshop 会自动将图像的分辨率调整为设定的大小。❸ 单击“前面的图像”按钮，可在 W、H 和“分辨率”文本框中显示当前文档的尺寸和分辨率，如果当前同时打开了两个文档，则会显示另外一个文档的尺寸和分辨率。❹ 单击“清除”按钮，可清空 W、H 和“分辨率”文本框中的数值。❺ 勾选“显示网格”复选框，可以显示网格线。

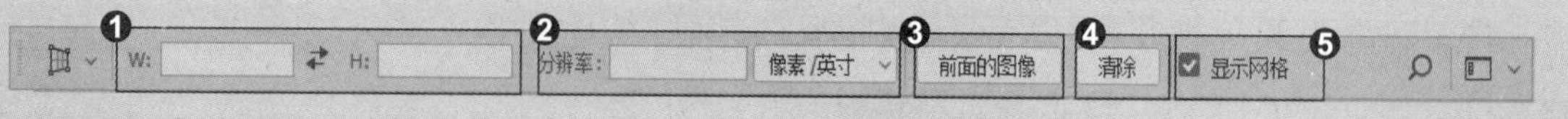

招式 138 裁剪并修齐扫描的照片

Q 在扫描家里的一些老照片时，有时会将多张老照片扫描到一个文件中，但是我输出时想保存为单独的照片，怎么办？

A 使用“裁剪并修齐照片”命令可以自动将各个图像裁剪为单独的文件，快速而方便。

1. 打开素材图像

❶ 打开本书配备的“第 7 章 \ 素材 \ 招式 138\ 花 .jpg”文件。❷ 单击“文件”|“自动”|“裁剪并修齐照片”命令。

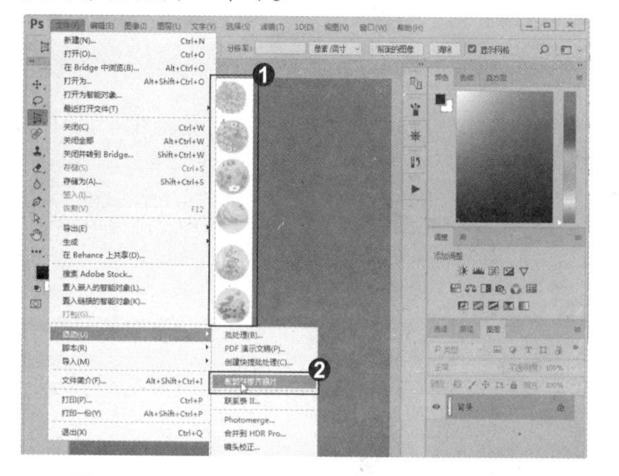

2. 裁剪并修齐照片

Photoshop 会将各个照片分离为单独的文件，单击“文件”|“存储”命令，将它们分别保存。

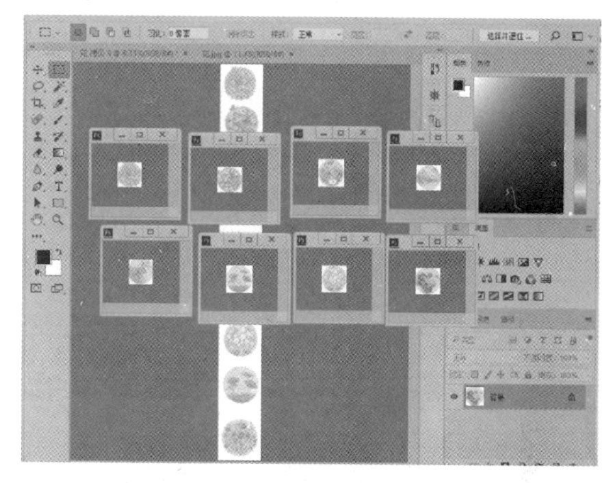

知识拓展

单击“文件”|“自动”|“限制图像”命令可以改变照片的像素数量，将其限制为指定的宽度和高度，但不会改变分辨率。在“限制图像”对话框中可以指定图像的“宽度”和“高度”的像素值。

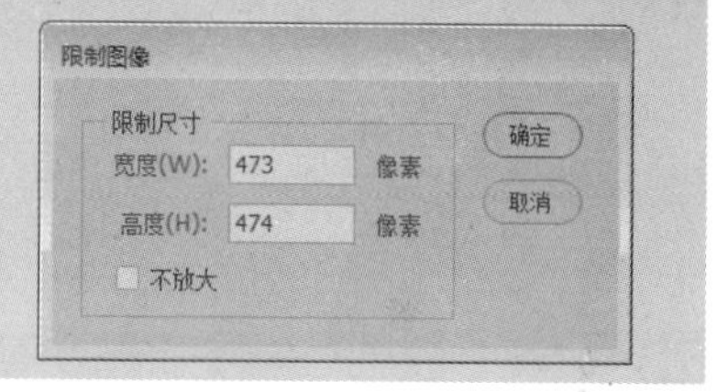

招式 139 使用“裁剪”与“裁切”命令修剪图像

Q “裁剪”命令与“裁切”命令都可以裁剪图像，二者有何区别?

A “裁剪”命令需要创建一个范围，根据这个范围进行裁剪；而“裁切”命令裁切的是透明像素。

1. 利用“裁剪”命令裁剪图像

❶ 打开本书配备的“第 7 章 \ 素材 \ 招式 139\ 海星 .jpg”文件。❷ 选择工具箱中的（矩形选框工具），单击并拖动鼠标创建一个矩形选区，选中要保留的图像。❸ 单击“图像”|“裁剪”命令，可以将选区以外的图像裁剪掉，只保留选区内的图像，按 Ctrl+D 快捷键取消选区。

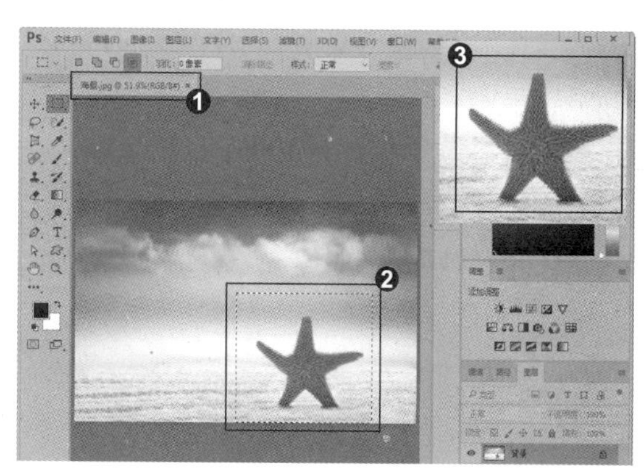

2. 利用"裁切"命令裁切图像

❶ 利用裁剪工具拖出一个白色的边框。❷ 当我们编辑的图片有边框时，单击"图像" | "裁切"命令（此时"裁剪"命令显示为灰色），打开"裁切"对话框，在对话框中选中"左上角像素颜色"单选按钮，并勾选"裁切"选项组内的全部复选框。❸ 单击"确定"按钮关闭对话框即可将图像四周白色框裁掉。

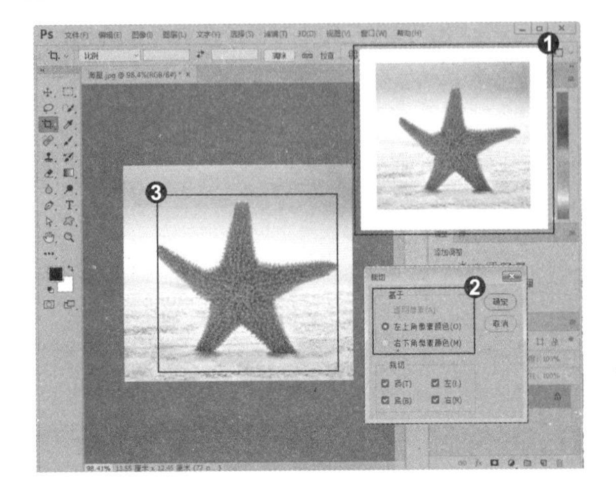

专家提示

如果在图像上创建的是圆形选区或多边形选区，则裁剪后的图像仍为矩形。

知识拓展

选择工具箱中的 (裁剪工具)，在其工具选项栏中，单击"设置裁剪工具的叠加选项"按钮，可以打开一系列参考线选项，能够帮助我们进行合理构图，使画面更加艺术、美观。例如：选择"三等分"选项能够帮助我们以1/3增量放置组成元素；选择"网格"选项可根据裁剪大小显示具有间距的固定参考线。

三等分

网格

对角

三角形

黄金比例

金色螺线

招式 140 使用图案进行绘画

Q 使用仿制图案工具处理图像时，如果面板中没有这种图案，该怎么办呢？

A 单击工具选项栏中"图案拾色器"后的按钮打开面板菜单，选择"图案"命令，加载该图案库即可。

1. 载入图案

❶ 打开本书配备的“第 7 章 \ 素材 \ 招式 140\ 女孩与羊 .jpg”文件，❷ 选择工具箱中的 (魔术棒工具)，在人物白色裙子部分创建选区。❸ 选择工具箱中的 (图案图章工具)，在工具选项栏中打开图案下拉面板，单击 按钮，打开下拉菜单，选择“载入图案”命令。

2. 利用图案绘制

❶ 在对话框中载入素材中的“斜纹 1”，选择黄彩虹条图案，勾选“印象派效果”复选框。❷ 单击“创建新图层”按钮，在人物上方新建图层，使用图案图章工具在选区内单击并拖动鼠标涂抹，绘制图案。❸ 设置该图层的混合模式为“颜色加深”，按 Ctrl+D 快捷键取消选区。

知识拓展

在图案图章工具选项栏中，❶ 勾选“对齐”复选框时可以保持图案与原始起点的连续性，即使多次单击鼠标也不例外。❷ 取消勾选“对齐”复选框时，则每次单击鼠标都重新应用图案。❸ 勾选“印象派效果”复选框后，可以模拟出印象派效果的图案。

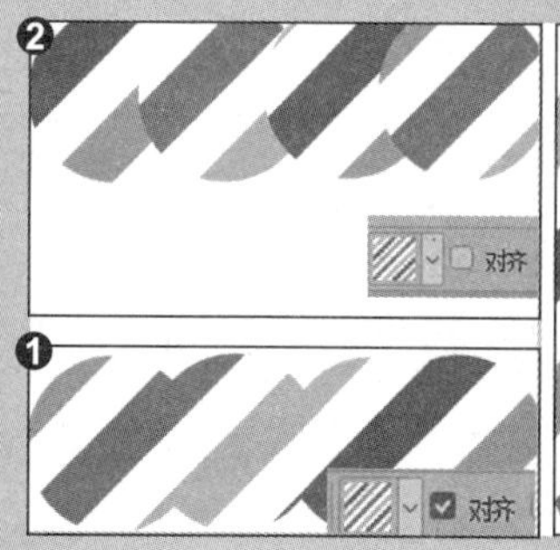

招式 141 使用仿制图章工具去除多余人物

Q 使用仿制图章工具修复图像的原理是什么？什么情况下用这个工具最为合适？

A 仿制图章工具可以从图像中复制信息，将其应用到其他区域或其他图像中。该图像常用于复制图像内容和去除照片中的瑕疵。

1. 打开素材图像

❶ 打开本书配备的“第7章\素材\招式141\人像.jpg”文件。❷ 为了不破坏原图像，按Ctrl+J快捷键复制“背景”图层，选择工具箱中的 （仿制图章工具），在工具选项栏中选择一个柔角笔尖。❸ 将光标放在人物后面绿色画面上。

2. 确定取样范围

❶ 按住Alt键单击进行取样，❷ 然后释放Alt键在人物身上涂抹，用绿色的画面将其遮盖。❸ 为了避免复制的绿色画面出现重复，可在其他位置处的画面上进行取样，然后继续涂抹，将多余人物全部覆盖。

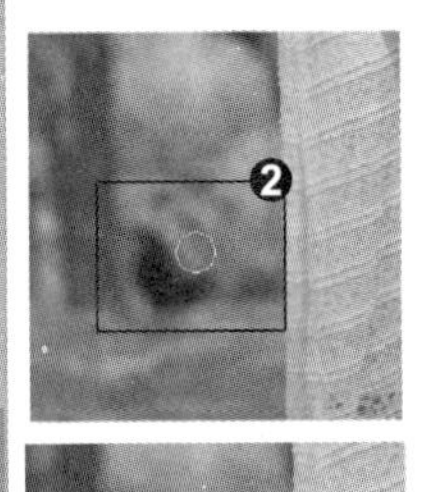

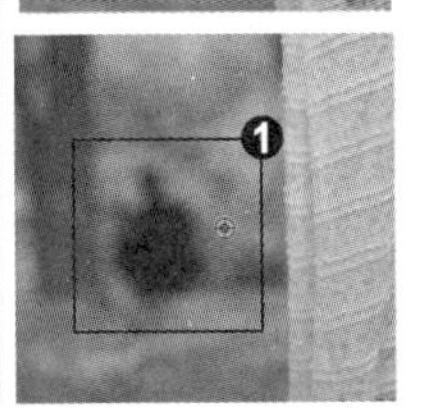

知识拓展

使用仿制图章时，❶ 按住Alt键在图像中单击，定义要复制的内容（称为“取样”），然后将光标放置在其他位置，释放Alt键拖动鼠标，即可将复制的图像应用到当前位置。❷ 与此同时，画面中会出现一个圆形光标和一个十字形光标，圆形光标是我们正在涂抹的区域，而该区域的内容则是从十字形光标所在位置的图像上复制的。在操作时，两个光标始终保持相同的距离，我们只要观察十字形光标位置的图像，便知道将要涂抹出什么样的图像内容。

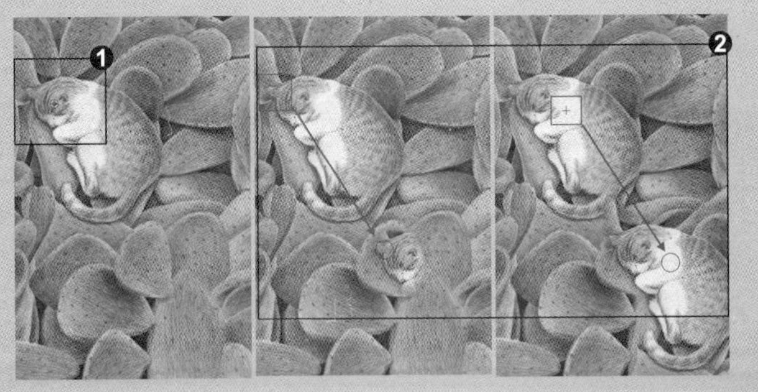

专家提示

在工具选项栏中，如果要从当前图层及其下方的可见图层取样，应选择“当前和下方图层”选项；如果仅从当前图层中取样，可选择“当前图层”选项；如果要从所有可见图层取样，可选择“所有图层”选项；如果要从调整图层以外的所有可见图层中取样，可选择“所有图层”选项，然后单击选项右侧的忽略调整图层按钮。

招式 142 使用修复画笔去除鱼尾纹和发丝

Q “仿制图章”工具与“修复画笔”工具都需要利用取样，在通过复制图像来处理图像，二者用法是不是一样?

A 这两个工具用法上大致相同，不过在使用“修复画笔”工具处理图像时需要注意“源”的设置。

1. 选择笔尖

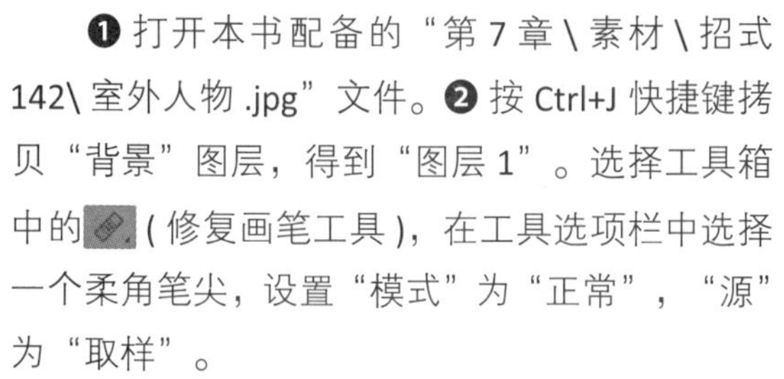

❶ 打开本书配备的“第 7 章 \ 素材 \ 招式 142\ 室外人物 .jpg”文件。❷ 按 Ctrl+J 快捷键拷贝“背景”图层，得到“图层 1”。选择工具箱中的（修复画笔工具），在工具选项栏中选择一个柔角笔尖，设置“模式”为“正常”，“源”为“取样”。

2. 取样去除发丝

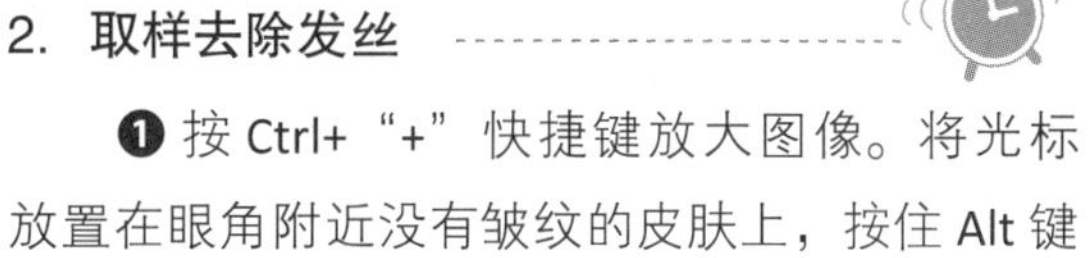

❶ 按 Ctrl+“+”快捷键放大图像。将光标放置在眼角附近没有皱纹的皮肤上，按住 Alt 键单击进行取样。❷ 释放 Alt 键，在眼角皱纹处单击并拖动鼠标进行修复，❸ 继续按住 Alt 键在眼角周围没有皱纹的皮肤上单击取样，然后修复鱼尾纹。在修复的过程中可适当调整工具的大小，修复发丝，

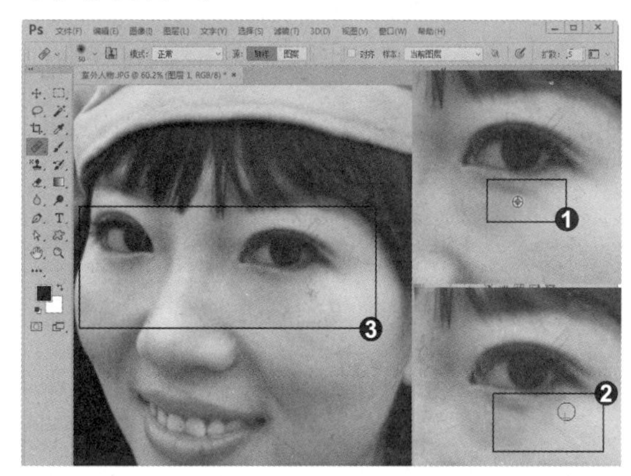

知识拓展

在修复画笔工具选项栏中，“源”选项用来设置修复像素的来源。❶ 选择“取样”选项可以直接在图像上取样。❷ 选择“图案”选项，则可在图案下拉列表中选择一个图案作为取样来源，修复图像。

招式143 使用污点修复画笔去除面部痘印

Q 工具选项栏中的“近似匹配”“创建纹理”“内容识别”这三个类型有何区别?

A “近似匹配”是用选区边缘周围的像素来查找选定区域修补的图像区域；“创建纹理”是用纹理来修复图像；“内容识别”是用周围的像素进行修复。

1. 打开素材图像

❶打开本书配备的“第7章\素材\招式143\人物.jpg”文件。❷放大图像后，选择工具箱中的（污点修复画笔工具），在工具选项栏中选择一个柔角笔尖，将“类型”设置为“内容识别”。

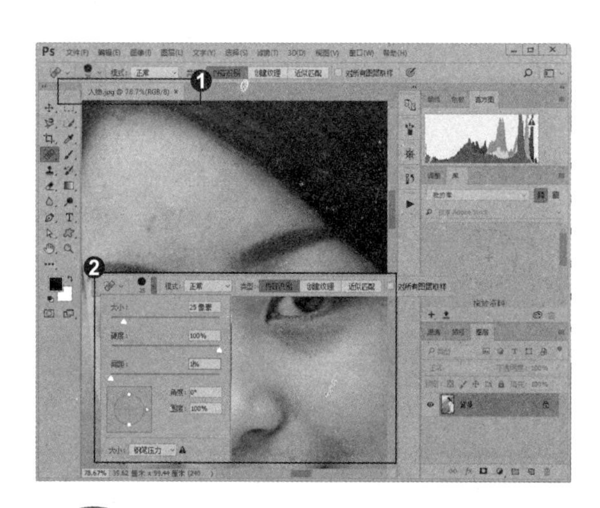

2. 去除人物痘印

❶将光标放在额头上的痘印处，❷单击即可将痘印清除。❸采用同样的方法，修复额头上其他痘印。

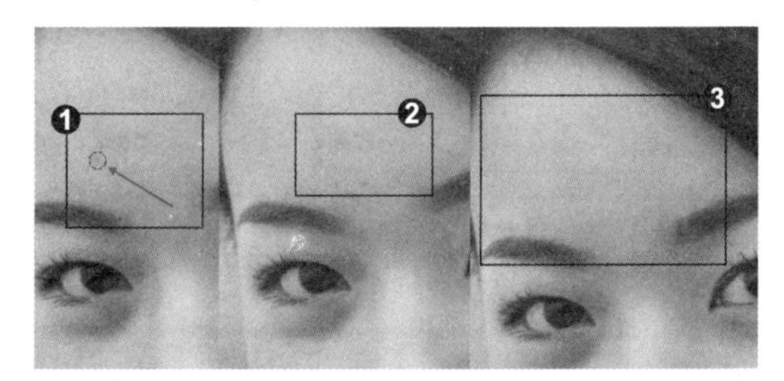

知识拓展

在污点修复画笔的工具选项栏中，❶“模式”选项用来设置修复图像时使用的混合模式。❷“内容识别”选项可使选区周围的像素进行修复；“创建纹理”选项可以使用选中的所有像素创建一个用于修复该区域的纹理，如果纹理不起作用，可以尝试拖过该区域；“近似匹配”选项可以使用选区边缘周围的像素来查找要用作选定区域修补的图像区域，如果该选项的修复效果不能令人满意，可还原修复并尝试“创建纹理”选项。

招式144 使用修补工具去除杂物

Q “修补工具”可以用其他区域或图案中的像素来修复选中的区域，那么在使用该工具时是否可以像选择工具一样加选、减选选区呢?

A 修补工具跟其他选择工具一样，在工具选项栏中提供了选区的运算按钮，使用方法跟选择工具一样。

1. 创建选区

❶ 打开本书配备的“第 7 章 \ 素材 \ 招式 144\ 放飞梦想 .jpg”文件，❷ 放大图像，选择工具箱中的 (修补工具)，选择工具选项栏中“源”选项，❸ 在画面中单击并拖动鼠标创建选区，将桥墩选中。

2. 去除杂物

❶ 将光标放在选区内，当光标变为 形状时；❷ 单击并向左侧拖动，释放鼠标后自动替换选区的图像，按 Ctrl+D 快捷键取消选区，❸ 采用同样的方法，将图片中的桥梁及桥墩进行去除。

专家提示

我们也可以用矩形选框工具、魔棒工具或套索等工具创建选区，然后用修补工具拖动选中的图像进行修补。

知识拓展

在“修补工具”的选项栏中，❶ 如果选择“源”选项，将选区拖至要修补的区域后，会用当前选区中的图像修补原来选中的图像；❷ 如果选择“目标”选项，则会将选中的图像复制到目标区域。❸ 勾选“透明”复选框后，可以使修补的图像与原图像产生透明的叠加效果。❹ 单击“使用图案”按钮，可以在其下拉面板中选择一个图案来修补选区内的图像。

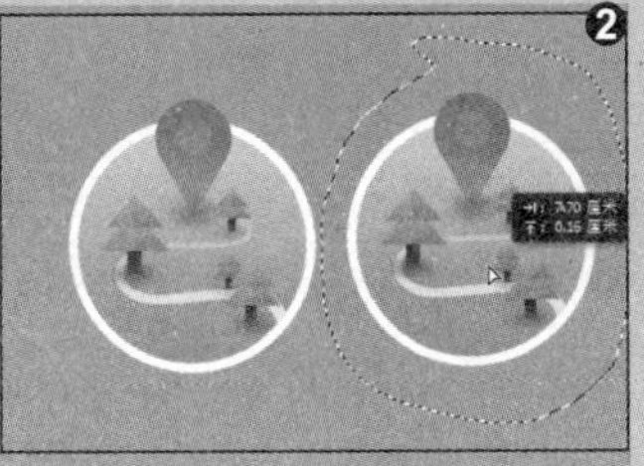

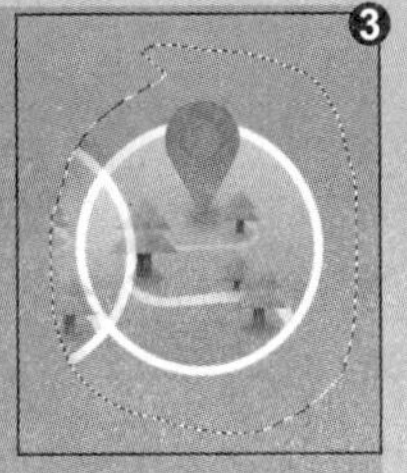

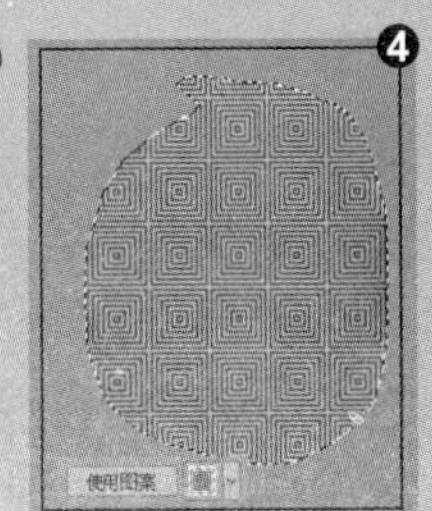

招式 145 使用内容感知移动工具制作双胞胎

Q 内容感知移动工具位于污点修复画笔工具组内，它是一个使用频率较低的工具吗?

A 是的，该工具不经常用到。该工具主要利用重新构图对图像进行智能填充。

1. 创建选区

❶ 打开本书配备的“第 7 章 \ 素材 \ 招式 145\ 儿童 .jpg”文件，❷ 按 Ctrl+J 快捷键复制“背景”图层，得到“图层 1”图层。选择工具箱中的 (内容感知移动工具)，在工具选项栏中将“模式”设置为“扩展”，“结构”设置为 1。❸ 在画面中单击并拖动鼠标创建选区，将儿童选中。

2. 水平翻转图像

❶ 将光标放置在选区内，单击并向画面右侧移动鼠标。❷ 释放鼠标后，Photoshop 便会将儿童移动到新的位置，并显示一个定界框。❸ 将鼠标放在定界框内，单击右键，在弹出的快捷键菜单中选择“水平翻转”命令。

3. 修补残缺图像

❶ 按 Enter 键确认变形操作，Photoshop 会自动复制儿童。❷ 按 Ctrl+D 快捷键取消选区，选择工具箱中的 (套索工具)，在人物手臂上创建选区。❸ 按 Ctrl+J 快捷键拷贝选区的图像至新的图层，按 Ctrl+T 快捷键显示定界框，水平翻转图像。

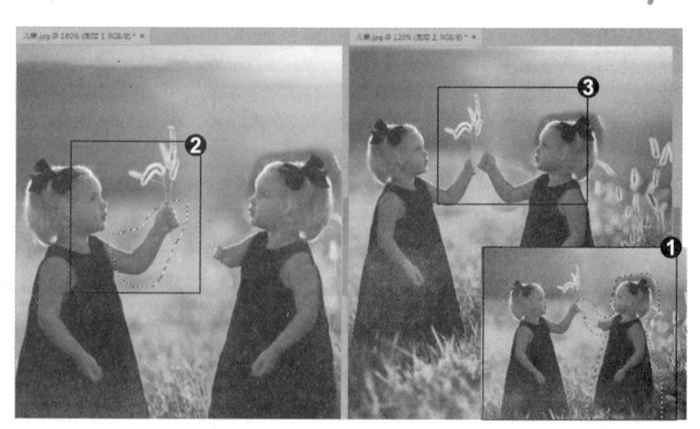

4. 优化图像

❶ 选择工具箱中的（橡皮擦工具），将多余的手臂擦除。❷ 按 Ctrl+E 快捷键合并，选择工具箱中的（污点修复画笔工具），对复制后的图像边缘进行优化。

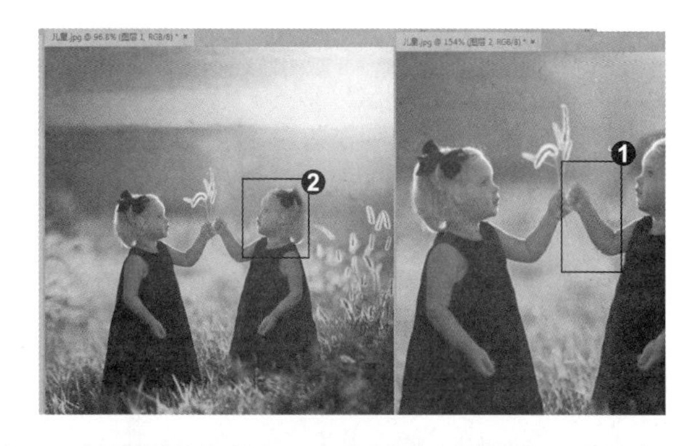

知识拓展

在内容感知移动工具选项栏中，❶ 设置“模式”为“移动”。❷ 在画面中单击创建选区并拖动选区。❸ 释放鼠标后，Photoshop 会将图像移动到新的位置，并填充空缺的部分。

招式 146　使用红眼工具去除人物红眼

Q 为了避免出现红眼，可以用相机的红眼消除功能来消除红眼，除此之外还有没有其他方法去除红眼？

A “红眼”是由于相机闪光灯在主体视网膜上反光引起的，为了避免这一现象，除了在相机上进行设置外，还可以利用 Photoshop 中的红眼工具去除红眼。

1. 打开素材图像

❶ 找到本书配备的“第 7 章 \ 素材 \ 招式 146\ 模特 .jpg”文件。❷ 选择工具箱中的（红眼工具），将光标放在红眼区域上。

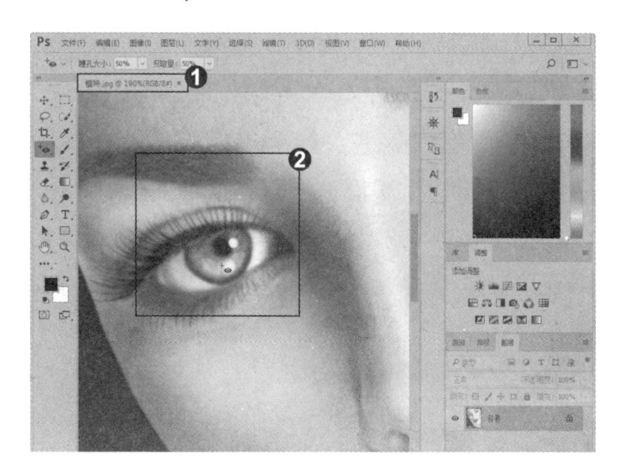

2. 去除人物红眼

❶ 单击即可校正红眼。❷ 另一只眼睛也采用同样方法校正。如果对结果不满意，可单击“编辑”|“还原”命令还原，使用不同的“瞳孔大小”和“变暗量”设置再次去除红眼。

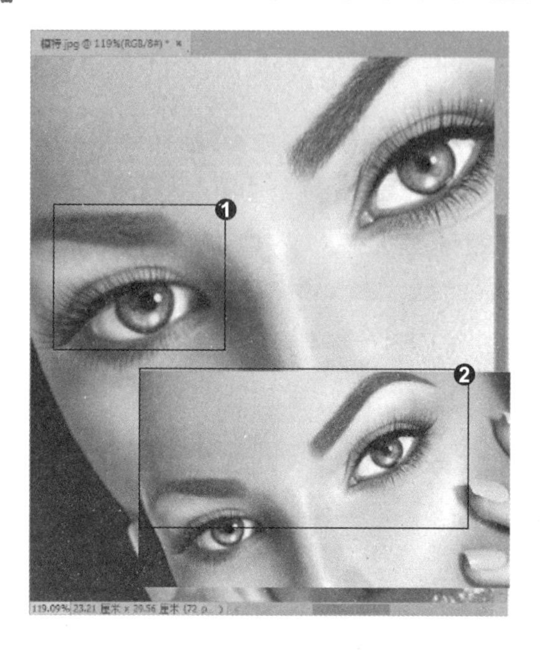

专家提示

红眼工具也可以用框选的方式去除人物红眼。

知识拓展

在红眼工具选项栏中，❶“瞳孔大小”可以设置瞳孔（眼睛暗色的中心）的大小。❷“变暗量”用来设置瞳孔的暗度。

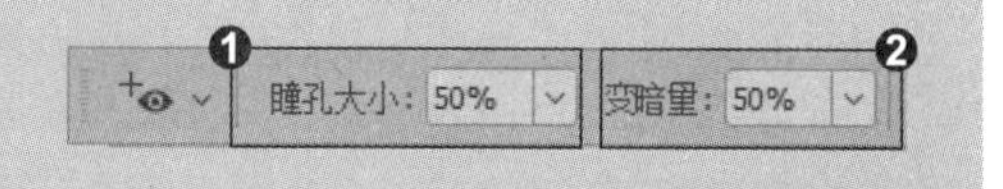

招式 147 增加曝光度修饰图像的色调反差效果

Q 减淡工具和加深工具会经常与中性色结合使用，它们主要作用是什么?

A 它们可以对图像的亮部、中间调和暗调进行光影处理，这两个工具大部分都会用于人物肤色的修饰。

1. 增强画面对比度

❶ 打开本书配备的“第7章\素材\招式147\儿童.jpg”文件。❷ 单击“调整”面板上的“创建新的色阶调整图层”按钮，创建“色阶”调整图层，拖动最左侧的滑块。❸ 增加画面的对比度。

2. 加深图像层次

❶ 按 Ctrl+Shift+Alt+E 快捷键盖印可见图层。选择工具箱中的 (加深工具)，设置工具选项栏中的“范围”为“中间调”，“曝光度”为 20%，❷ 在画面中涂抹，加深人物与环境色的层次。

3. 加深图像高光

❶ 选择工具箱中的 (减淡工具)，设置工具选项栏中的“范围”为“中间调”，“曝光度”为 20%，❷ 在图像的高光区域涂抹，增加画面的对比度。

知识拓展

Photoshop 中的减淡工具和加深工具能够减淡或加深图像，可用于处理照片的曝光。这两个工具的工具选项栏是相同的，其中 ❶“范围”可以选择要修改的色调。选择“阴影”选项可以处理图像中的暗调；选择“中间调”选项可处理图像中的中间调（灰色的中间范围色）；选择“高光”选项则处理图像的亮部色调。❷“曝光度”可以为减淡工具或加深工具指定曝光，该值越高效果越明显。❸ 按下“喷枪”按钮可以为画笔开启喷枪功能。❹ 勾选“保护色调”复选框，可以保护图像的色调不受影响。

招式 148 修改色彩的饱和度

Q 海绵工具可以增加或是降低图像中某个区域的饱和度，如果照片是灰色图像，它改变的是什么呢?

A 如果是灰度图像，海绵工具将通过灰阶远离或靠近中间灰色来增加或降低对比度。

1. 降低发缘饱和度

❶ 打开本书配备的“第7章\素材\招式148\公园人像.jpg”文件，❷ 按Ctrl+J快捷键拷贝“背景”图层，得到“图层1”图层。选择工具箱中的 (海绵工具)，在工具选项栏中设置“模式”为“去色”、“流量”为30%，❸ 在人物头发边缘涂抹，降低头发边缘的高饱和度。

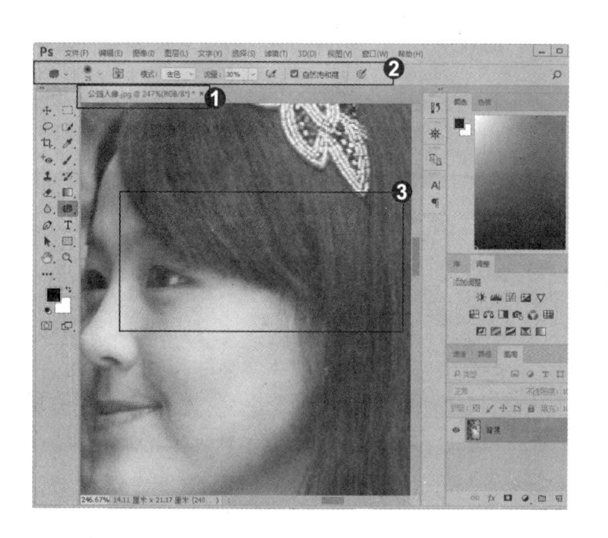

2. 增加环境色饱和度

❶ 设置“模式”为“加色”，在人物嘴唇上涂抹，增加嘴唇的饱和度(这里的饱和度不宜增加的太过，只需要恢复到自然唇色即可)，❷ 设置工具选项栏中的“流量”为50%，在人物红色的裙子及绿色植物上涂抹，增加周围环境色的饱和度。

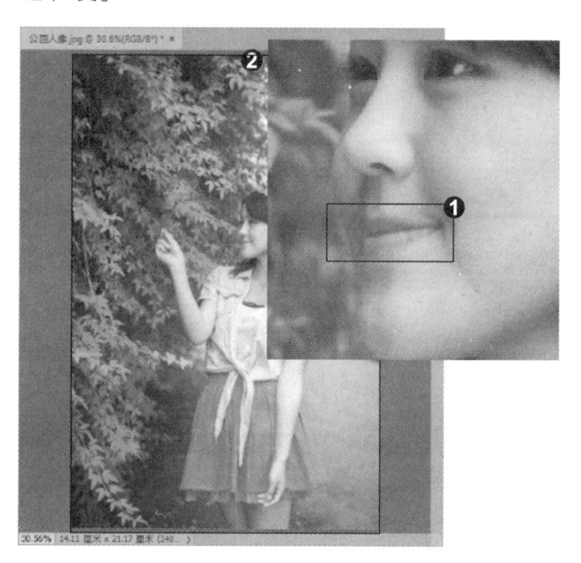

知识拓展

在海绵工具选项栏中，❶ 设置“模式”为“加色”，可以增加色彩的饱和度，如果选择“去色”选项则可降低饱和度。❷“流量”可以为海绵工具指定流量，该值越高，修改强度越大。❸ 勾选“自然饱和度”复选框后，在进行增加饱和度的操作时，可避免颜色过于饱和而出现溢色。

招式149 使用涂抹工具制作泡泡字

Q 涂抹工具的“模式”下拉列表中，使用不同的选项涂抹出来的结果相同吗?

A 使用“正常”模式涂抹，可以模拟手指划过湿油漆产生的效果; 选择“变暗”或“变亮”模式进行涂抹，涂抹的区域会在涂抹的过程中变暗或是变亮; 使用“色相”模式涂抹的内容由色相替代; 使用“饱和度”模式涂抹的是去色图像。

1. 添加文字素材

❶ 启动 Photoshop 软件后，按 Ctrl+N 快捷键打开“新建文档”对话框，输入参数，单击“确定”按钮新建一个空白文档。❷ 双击“背景”图像，将其转换为普通图层，单击面板底部的“创建图层样式”按钮 fx，在弹出的下拉菜单中选择“渐变叠加”选项，设置参数，为图层添加渐变效果。❸ 按 Ctrl+O 快捷键打开“文字 .psd”素材，使用移动工具将其拖动到编辑的文档中，调整大小。

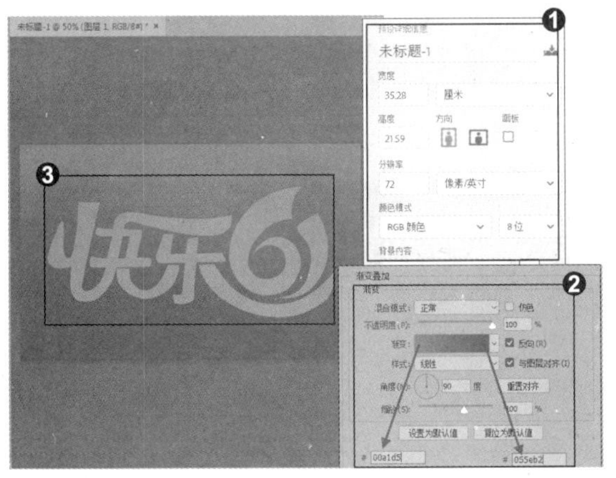

2. 文字描边

❶ 新建图层，按住 Ctrl 键单击文字图层，载入选区，单击“编辑”|“描边”命令，弹出“描边”对话框，设置参数。❷ 单击“确定”按钮，关闭对话框，设置图层的“不透明度”为 50%，按 Ctrl+D 快捷键取消选区，单击文字素材图层前面的眼睛图标，隐藏文字图层。❸ 按 Ctrl+O 快捷键打开“气泡 .psd”素材，使用移动工具将其拖动到编辑的文档中，调整大小。

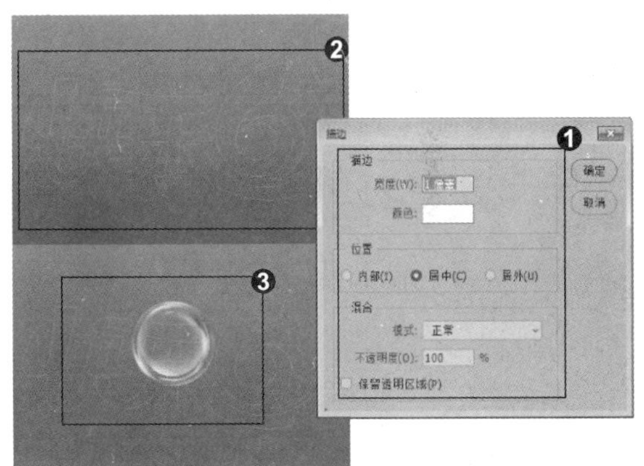

3. 变形气泡

❶ 按 Ctrl+J 快捷键拷贝气泡素材，并隐藏。选择没有隐藏的气泡，移动位置至文字最左侧，按 Ctrl+T 快捷键显示定界框，右击并选择“变形”命令。❷ 拖动变形网格，根据字形变形气泡。❸ 按 Enter 键确认变形操作，选择工具箱中的 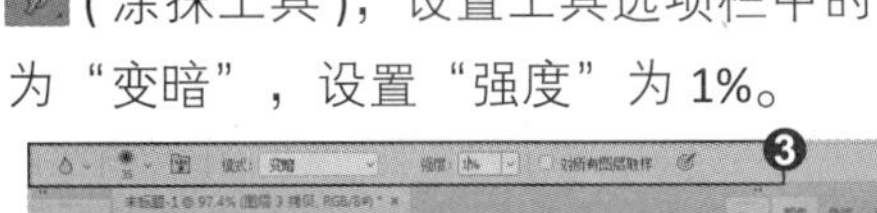 (涂抹工具)，设置工具选项栏中的“模式”为“变暗”，设置“强度”为 1%。

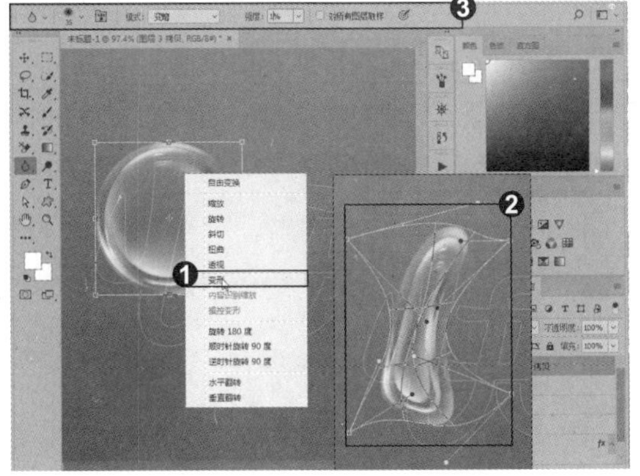

4. 涂抹气泡

❶ 在气泡边缘涂抹，加强气泡的颜色强度。❷ 同方法，拷贝气泡，对其进行变形操作。❸ 隐藏“描边”图层，选择工具箱中的 (涂抹工具)，设置工具选项栏中的“模式”为“正常”，设置“强度”为 30%，在文字结合处涂抹，使结合处融合在一起(在涂抹过程中要选择合适的图层)。

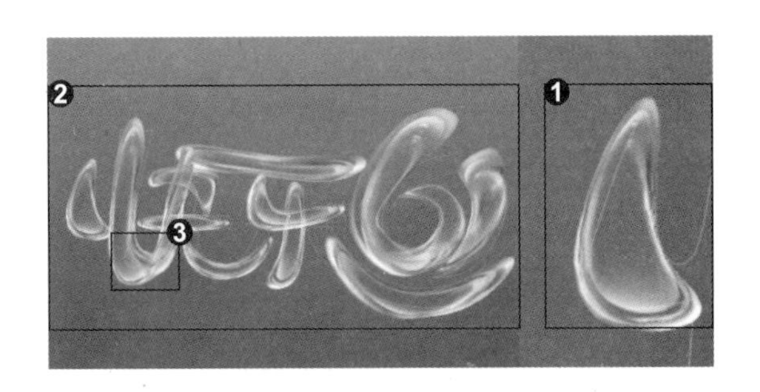

专家提示

涂抹工具适合扭曲小范围图像，图像太大则不容易控制，并且处理速度较慢。如果要处理较大面积的图像，可以使用“液化”滤镜。

知识拓展

在涂抹工具选项栏中，“模式”选项用来设置工具的混合模式。“强度”选项用来设置工具的强度。如果文档中包含多个图层，勾选“对所有图层取样”复选框，表示使用所有可见图层中的数据进行处理，取消勾选，则只处理当前图层中的数据。❶ 勾选“手指绘画”复选框后，可以在涂抹时添加前景色；❷ 取消勾选“手指绘画”复选框，则使用每个描边起点处光标所在位置的颜色进行涂抹。

招式150 使用模糊工具突显主体物

Q 模糊工具与锐化工具常结合在一起使用，它们可以达到什么样的摄影效果呢？

A 这两个工具结合使用可以达到景深效果，景深效果在实际工作中使用频率非常高，常用于图层画面的重点。

1. 模糊素材图像

❶ 打开本书配备的“第7章\素材\招式150\兰花.jpg”文件，❷ 按Ctrl+J快捷键复制“背景”图层，得到“图层1”图层。选择工具箱中的(模糊工具)，设置工具选项栏中的“模式”为“正常”，“强度”为100%，❸ 在花朵以外的绿色叶子和岩石区域进行涂抹，模糊背景区域。

2. 锐化素材图像

❶ 选择工具箱中的 (锐化工具)，设置工具选项栏中的“模式”为“正常”，“强度”为 100%。❷ 在黄色花朵区域进行涂抹，锐化图像，需要注意的是在涂抹的过程中不能反复涂抹同一区域，以防止造成图像失真。

知识拓展

使用模糊工具时 ，如果反复涂抹图像上的同一区域，会使该区域变得更加模糊；使用锐化工具 反复涂抹同一区域，则会造成图像的失真。

专家提示

模糊和锐化工具适合处理小范围内的图像细节，如果要对整幅图像进行处理，最好使用模糊和锐化滤镜。

招式 151 擦除图像制作邮票明信片

Q 用橡皮擦工具在背景图层和普通图层中分别进行擦除，有何区别?

A 用橡皮擦工具在背景图层上擦除的像素变为背景色；在普通图层上擦除的像素则变为透明。

1. 扩展画布

❶ 打开本书配备的“第 7 章 \ 素材 \ 招式 151\ 牡丹 .jpg”文件。❷ 单击“图像”|“画布大小”命令，或按 Ctrl+Alt+C 快捷键打开“画布大小”对话框，勾选“相对”复选框，宽度和高度都设为 50 像素，❸ 单击“确定”按钮关闭对话框，为图片四边都增加 25px 的白色边框。

2. 设置画笔参数

❶ 按 Ctrl+J 快捷键复制图层，选择“背景”图层，按 Ctrl+Alt+C 快捷键打开“画布大小”对话框，勾选“相对”复选框，宽度和高度都设为 200 像素，填充背景色为黑色，❷ 单击“确定”按钮关闭对话框，改变画布大小，填充黑色。❸ 选择工具箱中的（橡皮擦工具），按 F5 键打开“画笔”面板，设置各项参数。

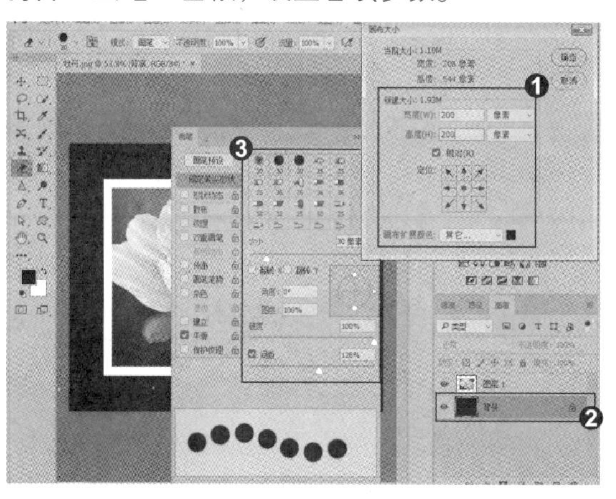

3. 用橡皮擦工具描边

❶ 按住 Ctrl 键单击牡丹图层载入选区，切换至“路径”面板，单击面板底部的“从选区生成工作路径”按钮，生成路径。❷ 选择工具箱中的（钢笔工具），在画面中单击右键，在弹出的快捷键菜单中选择“描边路径”命令，❸ 设置“描边路径”的“工具”为“橡皮擦”，❹ 单击“确定”按钮，即可制作出邮票效果。

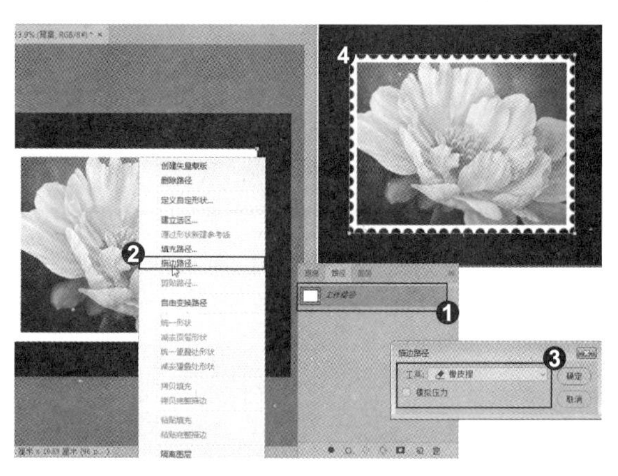

4. 输入文字完善图像

❶ 选择“背景”图层，设置前景色为灰色(#cacaca)，按 Alt+Delete 快捷键填充前景色。❷ 选择牡丹图层，双击该图层打开“图层样式”对话框，在左侧列表中选择“投影”选项，设置参数，为制作的邮票效果添加投影。❸ 选择工具箱中的（横排文字工具），为效果添加面值、出品单位等名称。

知识拓展

打开一个 psd 文件。选择橡皮擦工具，❶ 设置“模式”为“画笔”，可创建柔边擦除效果；❷ 选择“铅笔”选项，可创建硬边擦除效果；❸ 选择“块”选项，擦除效果为块状。

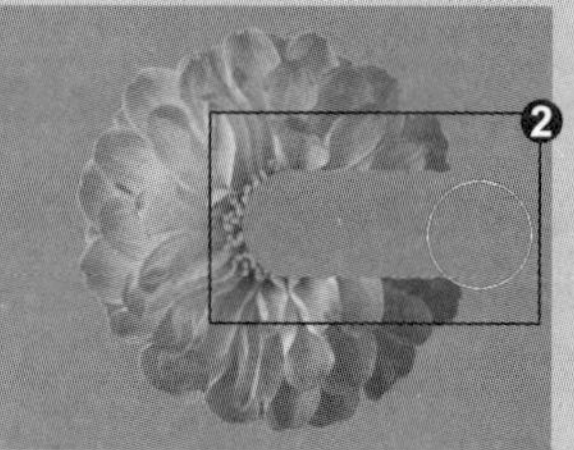

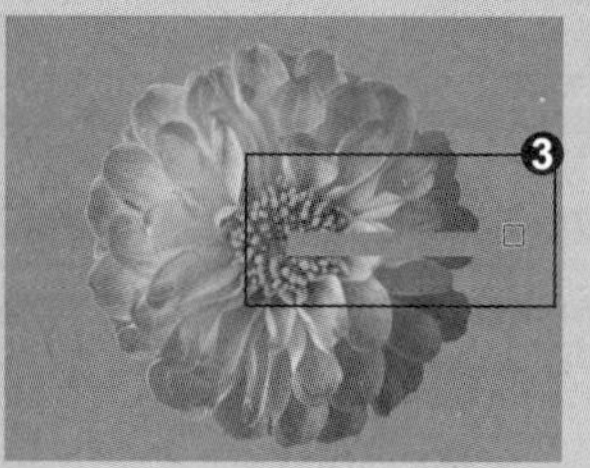

招式 152 使用背景橡皮擦制作杯中看海

Q 背景橡皮擦工具是一种基于色彩差异的智能化擦除工具，它在图像处理中的主要负责什么工作?

A 在图像处理中，背景橡皮擦除了可以用来擦除图像，其最重要的是运用在抠图上。

1. 设置参数

❶ 打开本书配备的“第 7 章 \ 素材 \ 招式 152\ 比基尼美女 .jpg”文件。❷ 选择工具箱中的 (背景橡皮擦工具)，按下“连续”按钮 。设置容差为 30%。❸ 将光标放置在背景上。

2. 擦除背景

❶ 单击并拖动鼠标，将背景擦除。❷ 按住 Ctrl 键单击“图层”底部的“创建新图层”按钮 ，在当前图层下方新建一个图层，填充绿色。在新背景上，很容易观察抠图效果不理想，还残留一层淡淡的背景色。

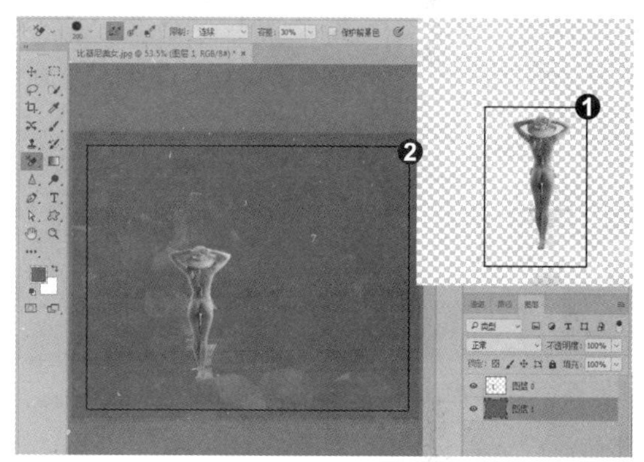

3. 包含前景色擦除图像

❶ 选择“图层 0”图层，勾选工具选项栏中的“保护前景色”复选框，按住 Alt 键切换至吸管工具，吸取人物裸露的肌肤颜色。❷ 释放鼠标，在背景上残留的背景色上单击，去除残留的背景色。

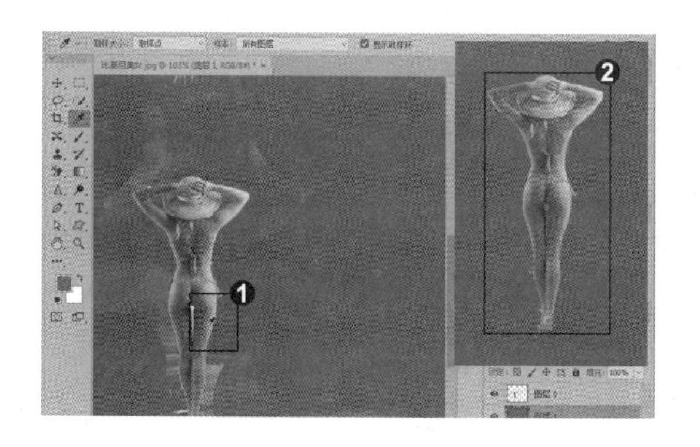

4. 添加背景

❶ 按 Ctrl+O 快捷键打开背景素材。❷ 使用 (移动工具) 将抠选出来的素材拖曳至背景文档中，按 Ctrl+T 快捷键显示定界框，调整人物的大小。选择工具箱中的 (橡皮擦工具)，擦除人物的脚部，将人物与背景融为一体。

知识拓展

在背景橡皮擦工具选项栏中，❶ 单击“连续”按钮，在拖动鼠标时可连续对颜色取样，凡是出现在光标中心十字线内的图像都会被擦除；❷ 按下“一次”按钮，只擦除包含第一次单击点颜色的图像；❸ 按下“背景色板”按钮，只擦除包含背景色的图像。

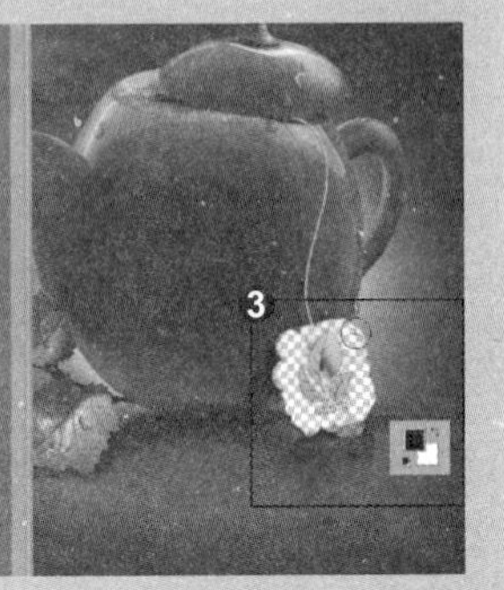

招式 153 使用魔术橡皮擦制作公益海报

Q 魔术橡皮擦工具与魔术棒工具使用方法上有何相似之处?

A 二者都是在抠图方面运用较多。魔术棒工具是建立选区后进行抠图，而魔术橡皮擦工具单击直接可以将相似的像素转换为透明而进行抠图。

1. 去除背景

❶ 打开本书配备的“第 7 章 \ 素材 \ 招式 153\ 大象 .jpg”文件。❷ 按 Ctrl+J 快捷键复制“背景”图层，得到“图层 1”图层，单击“背景”图层前面的眼睛图标，隐藏背景图层。❸ 选择工具箱中的 (魔术橡皮擦工具)，在工具栏中设置“容差”为 32，在背景上单击，删除背景。

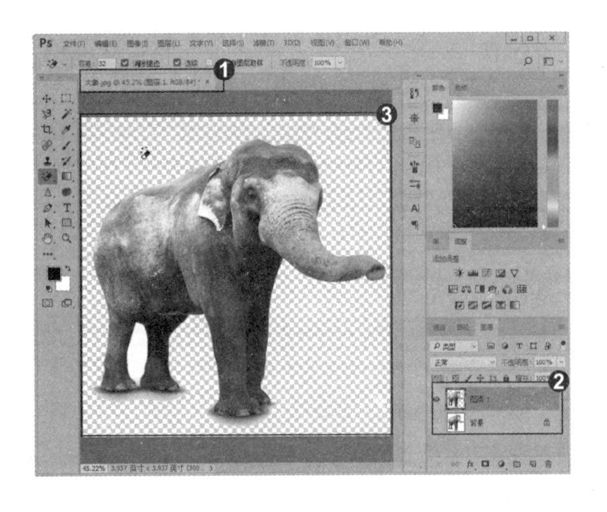

2. 添加素材

❶ 观察图像发现，大象的腿部以及脚下还有背景没有去除干净，继续使用魔术橡皮擦工具在背景上单击，去除背景。❷ 按 Ctrl+O 快捷键打开海报素材，选择工具箱中的 (移动工具)，将抠选出来的大象拖动至海报素材中，按 Ctrl+T 快捷键显示定界框，调整大象的大小及位置。

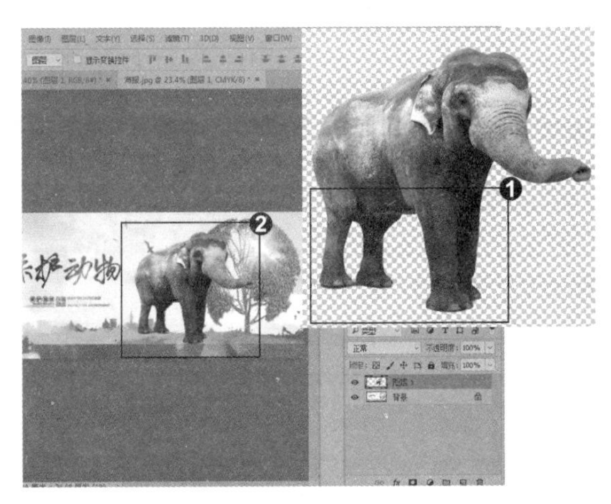

3. 制作公益海报

利用去除大象背景的操作方法，去除长颈鹿素材的背景，并将其添加到海报素材当中，制作保护动物的公益海报。

知识拓展

在魔术橡皮擦工具选项栏中，❶“容差”用来设置可擦除的颜色范围，低容差会擦除颜色值范围内与单击点像素非常相似的像素，高容差可擦除范围更广的像素。❷“消除锯齿”可以使擦除区域的边缘变得平滑。❸勾选“连续”复选框只擦除与单击点像素邻近的像素，取消该复选框时可擦除图像中所有相似的像素。❹“不透明度”用来设置擦除强度，100% 的不透明度将完全擦除像素；较低的不透明度可部分擦除像素。

❶ 容差：32　❷ 消除锯齿　❸ 连续　对所有图层取样　不透明度：100% ❹

招式 154 使用“液化”滤镜制作大头娃娃

Q 人脸识别功能在 Photoshop 中识别人脸后，只能拖动滑块来调整人物的五官吗?

A 将光标放在人物五官的位置，会显示出定界框，拖动这些定界框也可调整五官。

1. 放大头部图像

❶打开本书配备的“第 7 章 \ 素材 \ 招式 154\ 人物 .jpg”文件。❷选择工具箱中的（套索工具），在人物头部创建选区，按 Shift+F6 快捷键，在弹出的对话框中设置“羽化半径”为 5 像素。❸按 Ctrl+J 快捷键复制选区内的内容至新的图层当中，按 Ctrl+T 快捷键显示定界框，放大头部图像。

2. 打开“液化”对话框

❶ 按 Enter 键确认变形操作。❷ 选择工具箱中的 (污点修复画笔工具)，在不同的图层上涂抹马尾巴草，去除照片中的马尾巴草。❸ 选择人物头部图层，单击“滤镜”|“液化”命令，或按 Ctrl+Shift+X 快捷键打开“液化”对话框。

3. 调整单只眼睛

❶ 选择左侧的工具栏中 (脸部工具)，可自动识别图像中人物脸部区域。❷ 在右侧参数栏中单击“眼睛”前面的三角形图标▶，打开“眼睛”参数栏。❸ 拖动一边眼睛参数，调整其中一只眼睛的大小、高度等参数。

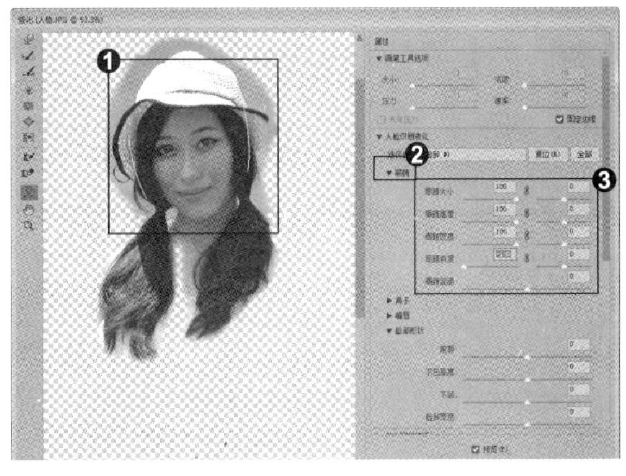

4. 同时调整眼睛

❶ 单击眼睛参数栏后面的“链接”图标按钮，液化滤镜会自动更改另一只眼睛的参数。❷ 取消所有的链接图标，拖动“眼睛斜度”参数，可以同时调整两只眼睛。❸ 同方法，依次单击各个选项前面的三角形图标，调整鼻子、脸型等参数栏的参数。

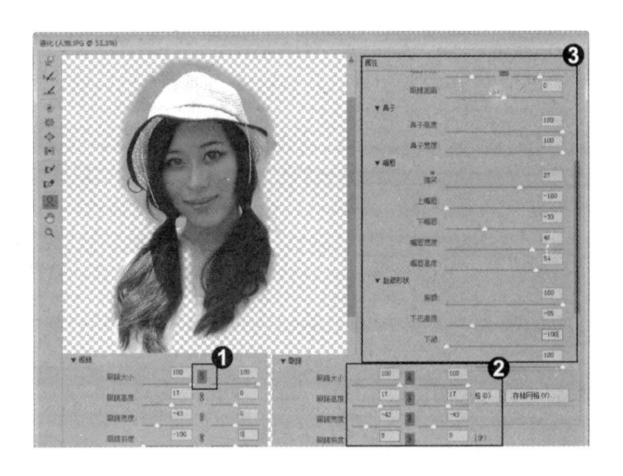

5. 图像效果

单击“确定”按钮关闭对话框，可以在文档中查看大头娃娃的图像效果图。

知识拓展

“液化”滤镜对话框中的“人脸识别”功能为 Photoshop CC 2017 的新增工具，相比于 Photoshop CC 2015.5 版本更加智能。Photoshop CC 2015.5 版本的“人脸识别”功能在调整眼睛参数时，眼睛会随着参数的变化而变化，而在 Photoshop CC 2017 版本中，能更精准地处理单只眼睛，取消中间的链接图标，可以同时调整两只眼睛的参数。

招式 155　在透视状态下复制图像

Q　“消失点”滤镜是一个很强大的工具，可以用“选框工具”选取范围、“图章工具”修复图像，为什么我使用时这些工具都不能用呢？

A　在使用时必须用“创建平面工具”创建一个编辑区域，才能使用这些工具进行处理。

1. 打开“消失点”对话框

❶ 打开本书配备的“第 7 章 \ 素材 \ 招式 155\ 建筑 .jpg”文件。❷ 单击“滤镜”|“消失点”命令，或按 Alt+Ctrl+V 快捷键，弹出“消失点”对话框。❸ 选择工具栏中的 (创建平面工具)。

2. 复制图像

❶ 在图像上单击，添加节点，定义透视平面。❷ 选择工具栏中的 (选框工具) 选择一个窗子。❸ 将光标放在选区内，按住 Alt 键拖动鼠标复制图像。单击“确定”按钮关闭对话框即可在透视状态下复制图像。

专家提示

在操作的过程中，如果出现失误，可按 Ctrl+Z 快捷键还原一次操作；连续按 Alt+Ctrl+Z 快捷键可逐步还原；如果想要撤销全部操作，可按住 Alt 键单击“复位”按钮，对话框中的图像就会恢复为初始状态。

知识拓展

定义透视平面时，❶ 蓝色定界框为有效平面。❷ 红色定界框为无效平面，我们不能从红色平面中拉出垂直平面。❸ 黄色定界框也是无效平面，尽管可以拉出垂直平面或进行编辑，但无法获得正确的对齐结果。

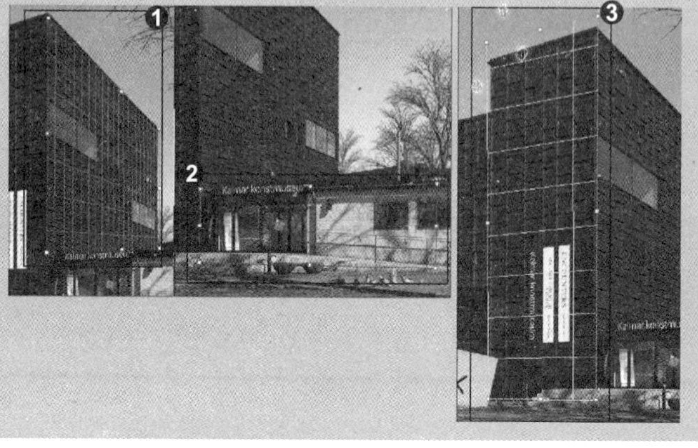

招式 156 多张照片拼接成全景图

Q 利用相机拍摄全景图时，为了节约成本，会拍摄多张在后期软件中进行拼接，那 Photoshop 中有没有快速的拼接方法呢？

A 可以使用 Photomerge 命令根据不同图层中的图像自动对齐图层来拼接图像。

1. 打开 Photomerge 对话框

❶ 打开本书配备的“第 7 章 \ 素材 \ 招式 156\ 风景 (1) ~ (3).jpg”文件。❷ 单击“文件”|“自动”| Photomerge 命令，打开 Photomerge 对话框。

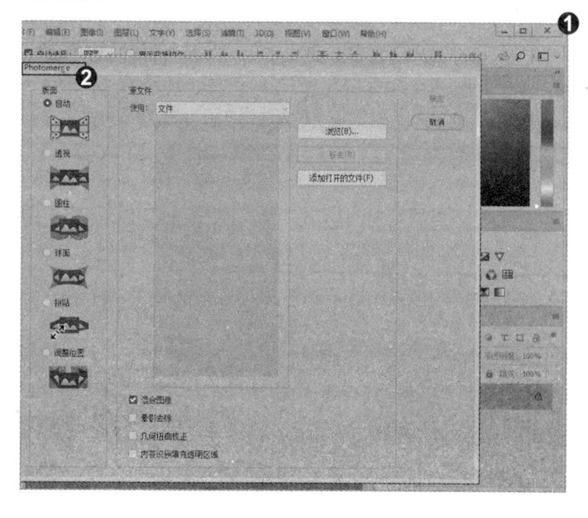

2. 导入照片

❶ 在“版面”选项组中选择“自动”选项，单击“添加打开的文件”按钮，将窗口中打开的 3 张照片添加到列表中。❷ 再勾选“混合图像”复选框，让 Photoshop 自动修改照片的曝光，使它们自然衔接。

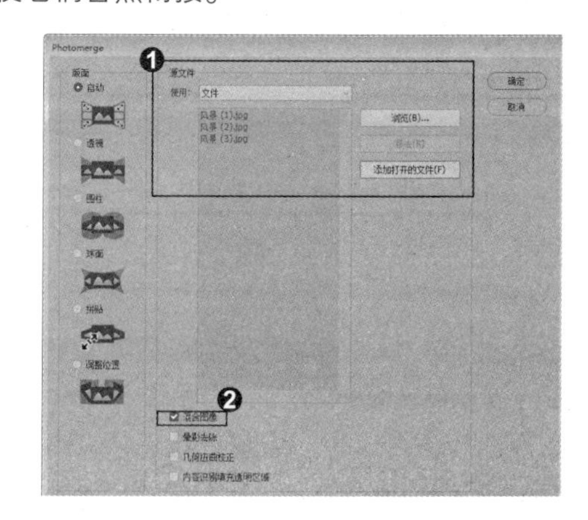

3. 自动拼合图像

❶ 单击“确定”按钮，Photoshop 会自动拼合照片，并添加图层蒙版，使照片之间无缝衔接。❷ 选择工具箱中的 (矩形选框工具)，在照片内容中创建选区。❸ 单击“图像” | “裁剪”命令，将空白区域和多余的图像内容裁掉。

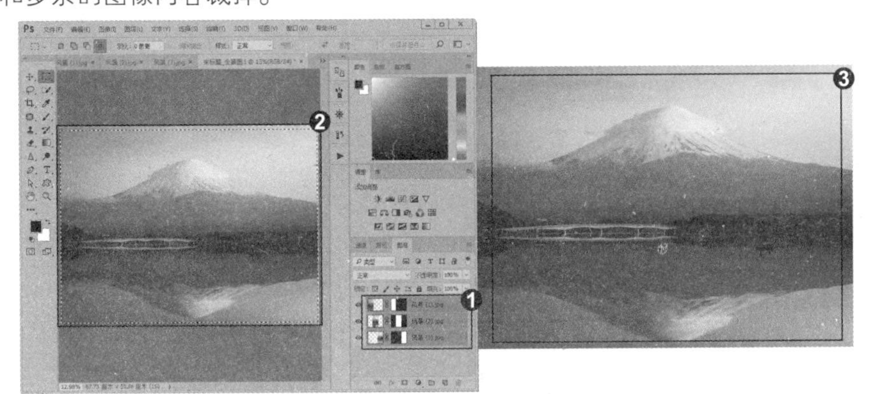

专家提示

在裁剪图像过程中，不要使用裁剪工具进行裁剪，因为使用裁剪工具裁剪图像时，裁剪框会自动吸附到画布边缘，不容易对齐到图像边缘。

专家提示

用于合成全景图的各张照片都要有一定的重叠内容，Photoshop 需要识别这些重叠的地方才能拼接照片，一般来说，重叠处应该占照片的 10%~15%。

知识拓展

❶ 在 Photoshop 中把几张用于合成全景图的照片拖入一个文档，选中全部图层，❷ 单击“编辑” | “自动对齐图层”命令，弹出对话框，❸ 也可以拼合全景照片。“自动对齐图层”命令可根据不同图层中的相似内容（如角和边）自动对齐图层。我们可以指定一个图层作为参考图层，也可以让 Photoshop 自动选择参考图层，其他图层将与参考图层对齐，以便匹配的内容能够自行叠加。

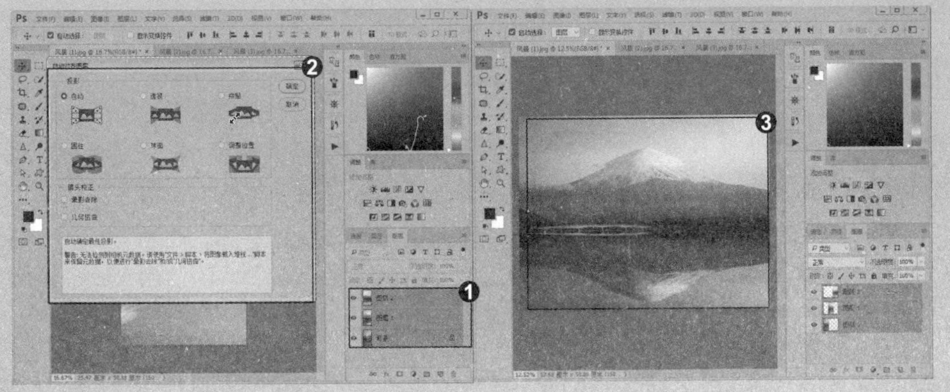

招式 157 多张照片合并为 HDR 图像

Q 什么是 HDR 图像？它主要用途是什么？

A HDR 图像是通过合成多幅以不同曝光度拍摄的同一场景、或同一人物的照片儿创建的高动态范围图片，主要用于影片、特殊效果、3D 作品及某些高端图片。

1. 打开“合并到 HDR Pro”对话框

❶ 启动 Photoshop 软件后，单击“文件”|“自动”|“合并到 HDR Pro”命令，在打开的对话框中单击“浏览”按钮，❷ 弹出“打开”对话框，选择素材文件中的建筑 3 张照片，将它们添加到列表中。

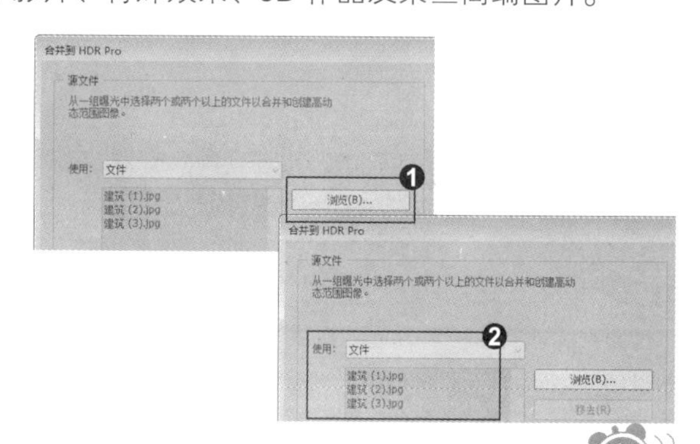

2. 显示合并图像

❶ 单击“确定”按钮，Phtoshop 会对图像进行处理并弹出“合并到 HDR Pro”对话框，显示合并的圆图像、合并结果的预览图、“位深度”菜单以及用于设置白场预览的滑块。❷ 拖动各个滑块，同时观察图像，让建筑侧面显示出细节。

3. 创建 HDR 图像

❶ 单击“确定”按钮关闭对话框，创建 HDR 照片。❷ 按 Ctrl+J 快捷键复制“背景”图层，单击“滤镜”|“风格化”|“查找边缘”命令，将图像处理为线描效果。

4. 制作彩铅效果

❶ 按 Ctrl+Shift+U 快捷键去色，设置该图层的混合模式为“叠加”，“不透明度”为 50%，制作彩铅效果。❷ 单击“调整”面板上的“创建新的照片滤镜调整图层”按钮，创建“照片滤镜”调整图层，设置参数，调整图像的整体色调。

知识拓展

如果要通过 Photoshop 合成 HDR 照片，至少要拍摄 3 张不同曝光度的照片（每张照片的曝光相差一挡或两挡）；其次要通过改变快门速度（而非光圈大小）进行包围式曝光，以避免照片的景深发生改变，并且最好使用三脚架。

招式 158 自动校正镜头缺陷

Q 拍摄的照片当中出现桶形失真或枕形失真是一件很正常的事情，那么如何进行校正呢？

A 在“镜头校正”对话框中设置相机的型号，选择一款镜头，该命令会自动校正图像变形。

1. 打开“镜头校正”对话框

❶ 打开本书配备的“第 7 章 \ 素材 \ 招式 158\ 梧桐树下 .jpg”文件。❷ 单击“滤镜”|“镜头校正”命令，或按 Ctrl+Shift+R 快捷键打开“镜头校正”对话框。

2. 设置相机型号

❶ 在打开的对话框中提供了可以自动校正照片问题的各种配置文件，在“相机制造商”和“相机型号”下拉列表中指定拍摄该数码照片的相机的制造商及相机的型号。❷ 然后在“镜头型号”下拉列表中选择一款镜头。

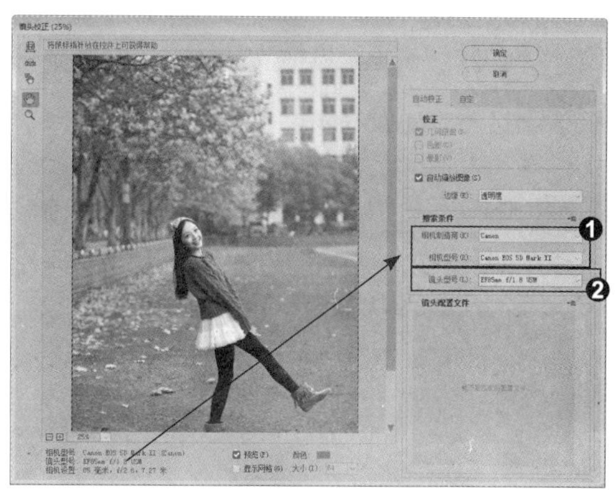

3. 自动校正相机变形

❶ 设定这些参数后，Photoshop 就会给出与之匹配的镜头配置文件，如果没有出现配置文件，则可单击“联机搜索”按钮，在线查找。❷ 设置完毕之后，在“校正”选项组中选择一个选项，Photoshop 就会自动校正照片中的桶形失真或枕形失真。

知识拓展

“自动缩放图像”用来指定如何处理由于校正枕形失真、旋转或透视校正而产生的空白区域。选择“边缘扩展”选项，可扩展图像的边缘像素来填充空白区域；选择“透明度”选项，空白区域保持透明；选择“黑色”或“白色”选项，则使用黑或白色填充空白区域。

招式 159 手动校正照片桶形和枕形失真

Q 如果图像出现的桶形和枕形失真无法自动校正，那该怎么办？

A 可在“镜头校正”对话框中，手动拖动滑块进行校正。

1. 打开“镜头校正”对话框

❶ 打开本书配备的“第7章\素材\招式159\枕形失真照片.jpg”文件。❷ 单击“滤镜”|“镜头校正”命令，或按 Ctrl+Shift+R 快捷键打开“镜头校正”对话框。在“镜头校正”对话框中单击“自定”选项卡。

2. 手动校正变形

显示手动设置面板，❶ 拖动"移去扭曲"滑块，❷ 可以拉直从图像中心往外弯曲或朝图像中心弯曲的水平或垂直线条。

知识拓展

选择"移动扭曲"工具，单击并向画面边缘拖动鼠标可以校正桶形失真；向画面的中心拖动鼠标可以校正枕形失真。

招式 160 校正出现色差的照片

Q 打开图像时根本看不见色差的存在，为什么放大图像了就特别明显？

A 在放大图像的同时将颜色像素也进行了放大，所以色差就非常明显。

1. 放大图像

❶ 打开本书配备的"第 7 章 \ 素材 \ 招式 160\ 湘江草地 .jpg"文件。单击"滤镜"|"镜头校正"命令，或按 Ctrl+Shift+R 快捷键，弹出"镜头校正"对话框。❷ 按 Ctrl+"+"快捷键设置窗口为 100%，便于观察图像效果，观察图像可以看到人物头发发夹周围色差非常明显。

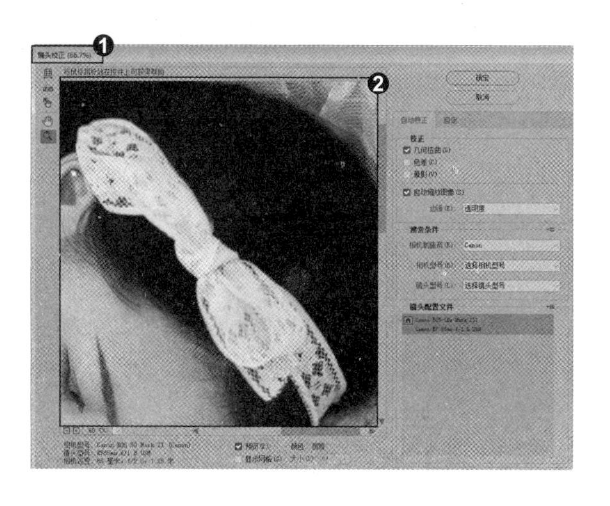

2. 拖动滑块校正色差

❶ 切换至"自定"选项卡，在右侧拖动"修复红 / 青边"滑块，针对红 / 青边进行补偿。❷ 再向左侧分别拖动"修复绿 / 洋红边"与"修复蓝 / 黄边"滑块进行校正即可消除人物发夹上的色差，单击"确定"按钮关闭对话框，即可消除色差。

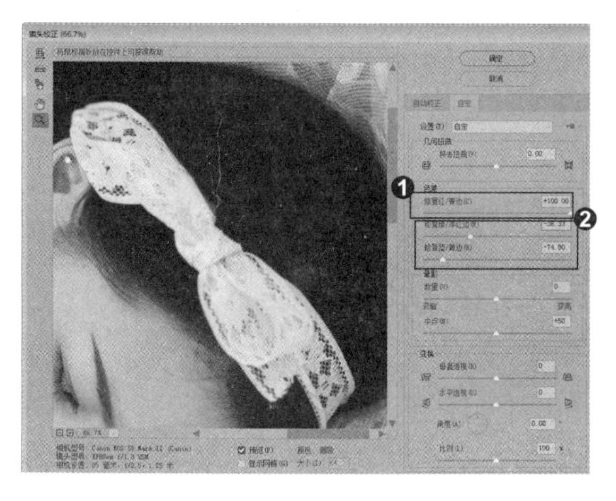

知识拓展

我们进行拍摄时，如果背景的亮度高于前景，就容易出现色差。色差是由于镜头对不同平面中不同颜色的光进行对焦而产生的，具体表现为背景与前景对象相接的边缘会出现红、蓝或绿色的异常杂色。

招式 161 校正出现晕影的照片

Q 晕影照片的特点是什么，我们应该如何进行校正呢？

A 晕影的特点表现为图像的边缘（尤其是角落）比图像中心暗。可以利用“镜头校正”命令中的参数来进行校正。

1. 打开“镜头校正”对话框

❶ 打开本书配备的“第 7 章\素材\招式 161\风景照片.jpg”文件。❷ 单击“滤镜”|“镜头校正”命令，或按 Ctrl+Shift+R 快捷键，弹出“镜头校正”对话框，单击“自定”选项卡。

2. 校正晕影照片

❶ 向右拖动“晕影”选项组的“数量”滑块，将边角调亮（向左拖动则会调暗）；再向右拖动“中点”滑块，调整图像的宽度。❷ 在左侧的缩览图中可直接查看调整效果，即可在 Photoshop 中打开图像。

知识拓展

“中点”用于指定受“数量”滑块所影响的区域的宽度，数值高只会影响图像的边缘；数值小，则会影响较多的图像的区域。

招式 162 使用镜头校正滤镜校正倾斜照片

Q 校正倾斜的照片时需要结合拉直工具来进行，Photoshop 的工具和命令当中哪些包含这个工具呢？

A 在 Photoshop 中的裁剪工具、“镜头校正”命令、Camera Raw 9.7 插件中都有拉直工具的身影。

1. 打开“镜头校正”对话框

❶打开本书配备的“第 7 章 \ 素材 \ 招式 162\ 风光照片 .jpg”文件。❷单击“滤镜”|“镜头校正”命令，或按 Ctrl+Shift+R 快捷键打开“镜头校正”对话框，单击“自定”选项卡。

2. 校正倾斜照片

❶选择工具箱中的（拉直工具），在画面中单击并拖动一条直线。❷释放鼠标后，图像会以该直线为基准进行角度校正。

3. 输入角度校正图像

在“角度”右侧的文本框中输入数值，也可以进行细微的调整。

知识拓展

在“镜头校正”对话框中，“变换”选项组中包含扭曲图像的选项，可用于修复由于相机垂直或水平倾斜而导致的图像透视线性。❶选择“锤子透视/水平透视”选项可用于校正由于相机向上或向下倾斜而导致的图像透视。❷“角度”选项与拉直工具的作用相同，可以选择图像以针对相机歪斜加以校正，或者在校正透视后进行调整。❸“比例”选项可以向上或向下调整图像缩放，图像的像素尺寸不会改变。

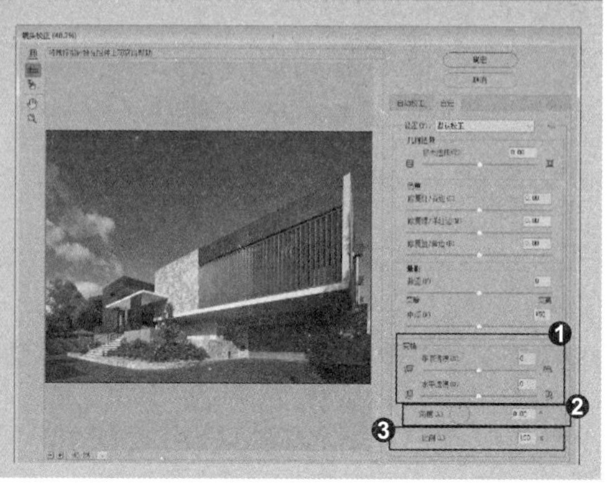

招式163 使用自适应广角滤镜校正照片

Q “自适应广角”对话框中的多边形约束工具有何作用?

A 多边形约束工具可以创建多边的约束线校正图像。

1. “自适应广角”对话框

❶打开本书配备的“第7章\素材\招式163\建筑.jpg”文件。❷单击“滤镜”|“自适应广角”命令，弹出“自适应广角”对话框，Photoshop首先会识别拍摄该照片所使用的相机和镜头，对话框左下角会显示相关信息，并自动对照片进行简单的校正。

2. 创建约束线校正图像

❶如果对自动校正效果不满意，可以在对话框右侧设置校正参数。❷选择工具栏中的(约束工具)，将光标放置在出现弯曲的墙体上，单击鼠标，然后向下方拖动，拖出一条绿色的约束线。❸同方法，在道路两侧创建约束线，将图像完全校正过来。

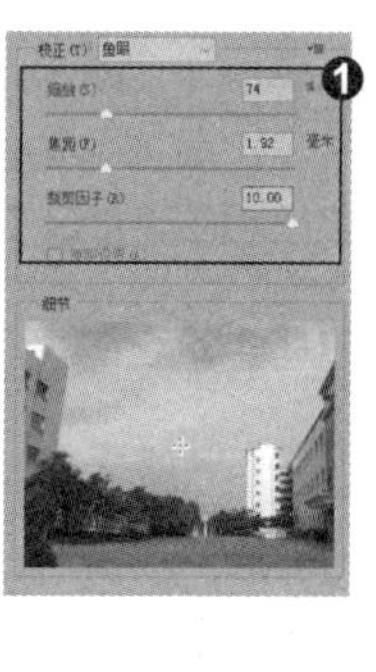

3. 裁剪图像

单击“确定”按钮，关闭对话框。选择工具箱中的 (裁剪工具)，将空白部分裁掉。

知识拓展

在“自适应广角”对话框的滤镜工具栏中，选择 (约束工具)，单击图像或拖动端点，可以添加或编辑约束线。按住 Shift 键单击可添加水平 / 垂直约束线；按住 Alt 键单击可删除约束线。选择 (多边形约束工具)，单击图像或拖动端点，可以添加或编辑多边形约束，按住 Alt 键单击可删除约束线。选择 (移动工具)，可以移动对话框中的图像。选择 (抓手工具)，单击放大窗口的显示比例后，可以用该工具移动画面。选择 (缩放工具)，单击可放大窗口显示比例，按住 Alt 键单击则缩小显示比例。

招式 164 使用自适应广角滤镜制作大头照

Q “自适应广角”命令可以校正哪些变形图像?

A 自适应广角滤镜可以对广角、超广角及鱼眼效果进行变形校正。

1. “自适应广角”对话框

❶ 打开本书配备的“第 7 章 \ 素材 \ 招式 164\ 萌宠 .jpg”文件。❷ 单击“滤镜” | “自适应广角”命令，或按 Ctrl+Shift+Alt+A 快捷键打开“自适应广角”对话框。

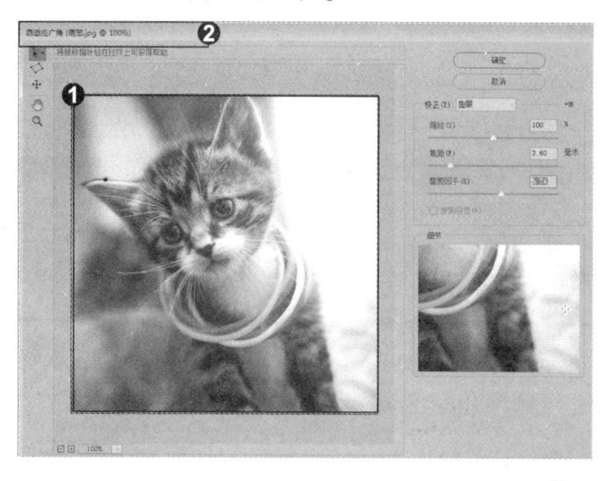

2. 拖动滑块调整参数

❶ 在“校正”下拉列表中选择“透视”选项。❷ 拖动“焦距”滑块扭曲图像，创建膨胀效果；拖动“缩放”滑块，缩小图像的比例。

3. 效果对比度

单击“确定”按钮关闭对话框，可以制作模拟鱼眼镜头所创建的大头照效果。

知识拓展

“自适应广角”对话框右侧参数栏中，❶“校正”下拉列表中可选择投影模型，包括“鱼眼”“透视”“自动”和“完整球面”。校正图像后，设置“缩放”可缩放图像，以填满空缺。“焦距”选项用来指定焦距。“裁剪因子”选项用来指定裁剪因子。❷ 勾选“原照设置”复选框，可以使用照片元数据中的焦距和裁剪因子。❸ 在“细节”选项中会实时显示光标下方图像的细节 (比例为 100%)。使用约束工具和多边形约束工具时，可通过观察该图像来准确定位约束点。❹ 勾选“显示约束”复选框可以显示约束线。勾选“显示网格”复选框可以显示网格。

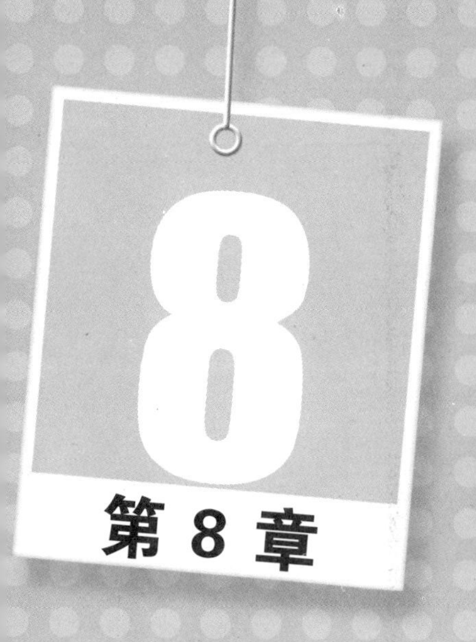

图像处理的高级色调

Camera Raw 是 Adobe Photoshop 的一项增效工具，但就其功能来说，实际上它是一款独立的图像处理软件。由于 Camera Raw 采取无损化处理，所以用它来处理 JPEG 图像文件的优势就非常明显。Camera Raw 不但提供了导入和处理相机原始数据文件的功能，并且也可以用来处理 JPEG 和 TIFF 文件。

招式165 使用白平衡工具纠正偏色画面

Q 白平衡工具主要用于校正白平衡设置不当引起的偏色问题，那该工具该如何使用呢?

A 使用该工具在图像中本应是白色或灰色的区域上单击，就可重新设置白平衡。

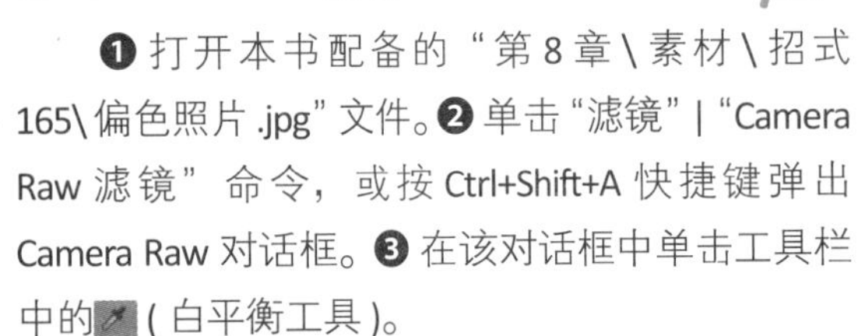

1. Camera Raw 滤镜

❶打开本书配备的“第8章\素材\招式165\偏色照片.jpg”文件。❷单击“滤镜”|“Camera Raw 滤镜”命令，或按Ctrl+Shift+A快捷键弹出Camera Raw对话框。❸在该对话框中单击工具栏中的（白平衡工具）。

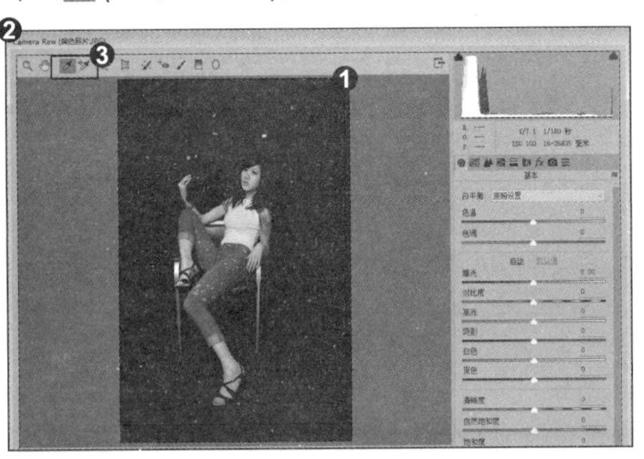

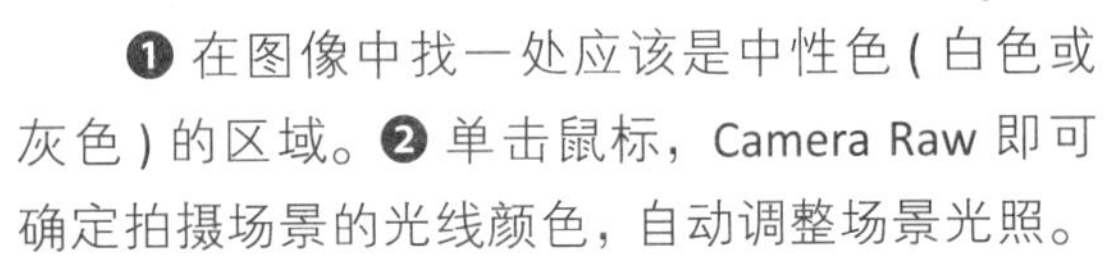

2. 纠正偏色画面

❶在图像中找一处应该是中性色(白色或灰色)的区域。❷单击鼠标，Camera Raw即可确定拍摄场景的光线颜色，自动调整场景光照。❸此时，人物肤色的颜色不再偏蓝，适当拖动右侧“曝光”滑块，调整画面亮度。

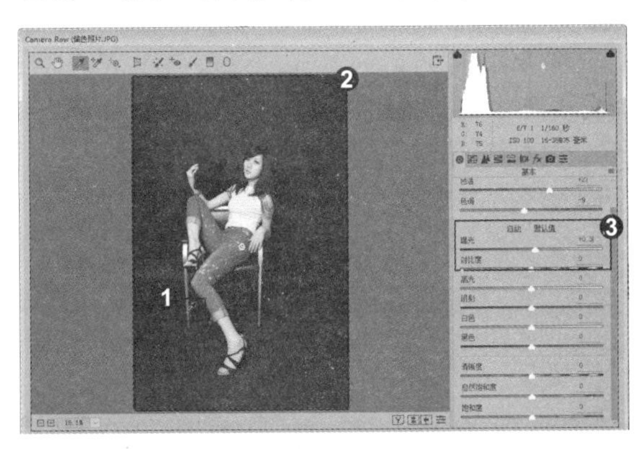

专家提示

要把白平衡快速复位为原照设置，只需要在工具栏中的白平衡工具上双击。按Shift+P快捷键可以快速地开启预览，来查看白平衡编辑前/后的效果。

知识拓展

除了使用白平衡工具校正偏色照片外，❶在右侧参数栏中单击“白平衡”下拉列表，❷选择“自动”选项，也可以自动调整偏色的照片。

招式 166 调整图像的清晰度和饱和度

Q 除了利用右侧的参数栏调整图像外，还有其他调整图像的方法吗?

A 目标调整工具可以直观地在照片上拖动光标来校正色调和颜色，而无须调节面板中的滑块。

1. Camera Raw 滤镜

❶ 打开本书配备的“第 8 章 \ 素材 \ 招式 166\ 郁金香 .jpg”文件。❷ 单击“滤镜” | “Camera Raw 滤镜”命令，或按 Ctrl+Shift+A 快捷键打开 Camera Raw 对话框。❸ 选择工具箱中的 (目标调整工具)。

2. 调整图像清晰度

❶ 按住目标调整工具不放，会弹出其子菜单，❷ 在子菜单中选择“参数曲线”选项，或按 Ctrl+Shift+Alt+T 快捷键切换至“色调曲线”面板。❸ 在面板中调整“阴影”“暗调”“亮调”选项上拖动滑块，调整图像的清晰度。

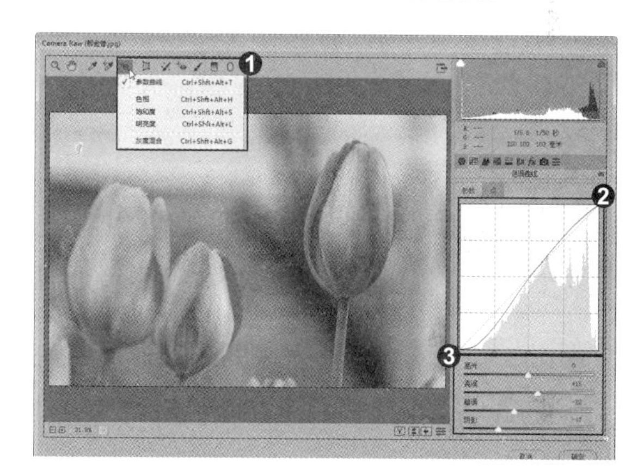

3. 调整图像饱和度

❶ 按住 (目标调整工具) 不放，选择“色相”选项，或按 Ctrl+Shift+Alt+H 快捷键切换至“色相”面板，拖动各种颜色的滑块，调整图像的色相。❷ 使用同样方法，选择“饱和度”选项，或按 Ctrl+Shift+Alt+S 快捷键切换至“饱和度”面板，调整图像的饱和度。

知识拓展

在Camera Raw对话框中，调整图像后，❶按下状态栏上的“在原图/效果图之间切换”按钮Y，图像的预览框会呈现出原图与对比图的图像；❷单击“在原图/效果图之间切换”按钮Y，或按Q键，可以一半原图一半效果图在预览图中显示；❸按Q键，可以水平地显示对比图；❹单击“将当前设置复制到原图”按钮，当前图像的参数就可以复制到原图像当中，单击“在原图/效果图之间切换”按钮Y，发现原图像的颜色发生了变化。

招式 167 修饰人像照片上的斑点

Q Camera Raw滤镜中的污点去除工具和Photoshop中的污点修复画笔工具使用方法一样吗?

A Camera Raw滤镜中的污点去除工具可以设定去除的范围和大小，而Photoshop中的污点修复画笔工具则不能。

1. 打开素材图像

❶ 打开本书配备的“第 8 章 \ 素材 \ 招式 167\ 白裙子女孩 .jpg”文件。❷ 单击“滤镜” | “Camera Raw 滤镜”命令，或按 Ctrl+Shift+A 快捷键，弹出 Camera Raw 对话框。❸ 单击工具栏中的 (缩放工具)，放大图像。

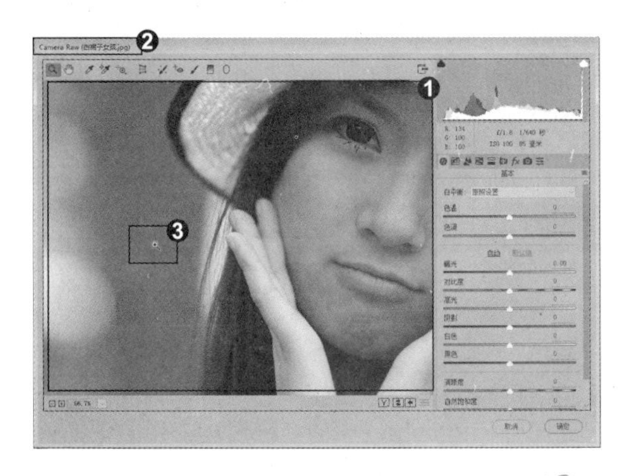

2. 使用污点去除工具

❶ 按住空格键，当光标变为 形状时，单击并拖动鼠标可以移动图像。❷ 选择工具栏中的 (污点去除工具)，在右侧参数栏中设置“大小”为 10，“不透明度”为 100%。❸ 将光标放置在需要修饰的斑点上，单击蓝色的圆将斑点选中。

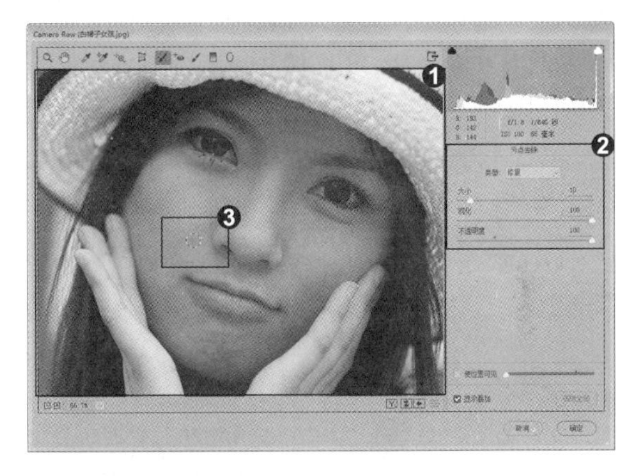

3. 更改取样范围

❶ 释放鼠标，旁边会出现一个绿白相间的圆，Camera Raw 会自动在斑点附近选择一处图像来修复选中的斑点。❷ 将光标放置在绿白相间的取样框上，单击拖动鼠标可以更改取样的样本的范围。

4. 去除脸部斑点

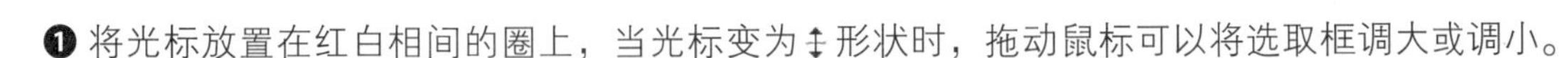

❶ 将光标放置在红白相间的圈上，当光标变为 ↕ 形状时，拖动鼠标可以将选取框调大或调小。❷ 同上述去除斑点的操作方法，一次去除人物脸部的痘印，取消勾选“显示叠加”复选框，可查看图像效果。

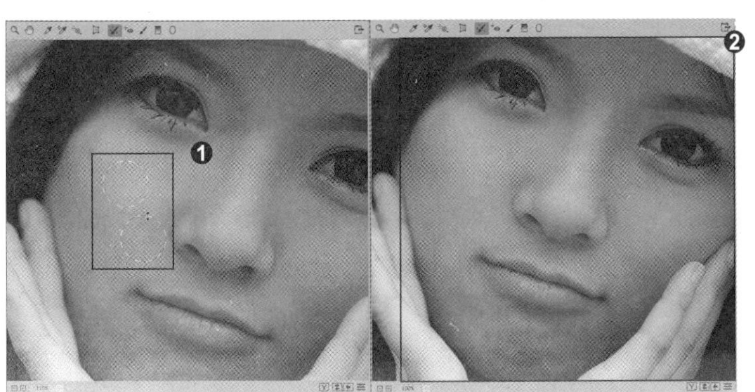

知识拓展

在 Camera Raw 对话框中，❶ 选择工具栏中的（抓手工具），将光标放置在图像上，❷ 滚动鼠标中键的滚轮可放大或是缩小图像。❸ 单击鼠标左键并移动图像即可利用抓手工具移动图像。

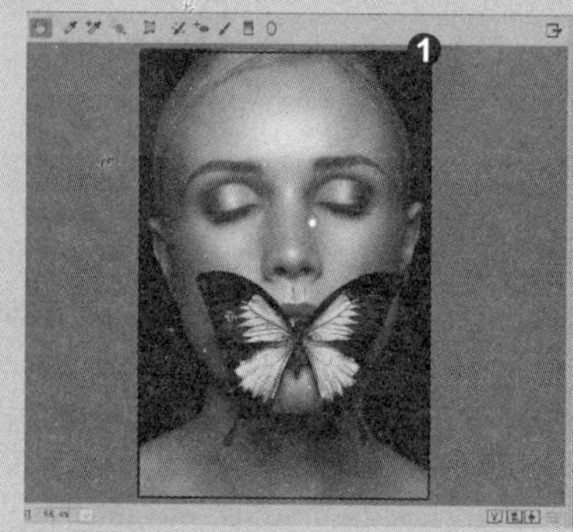

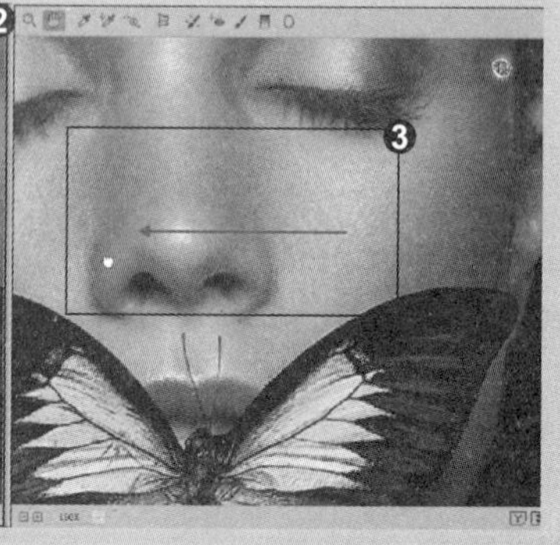

招式 168 快速去除红眼

Q Camera Raw 滤镜中的红眼去除工具和 Photoshop 中的红眼工具使用方法是一样的吗?

A 两种去除红眼的工具使用方法和操作原理都是一样的。

1. 打开素材图像

❶ 打开本书配备的“第 8 章 \ 素材 \ 招式 168\ 人物 .jpg”文件。❷ 单击“滤镜” | “Camera Raw 滤镜”命令，或按 Ctrl+Shift+A 快捷键打开 Camera Raw 对话框。选择工具栏中的（红眼去除工具），放大图像，在人物的一只眼睛上绘制矩形框。

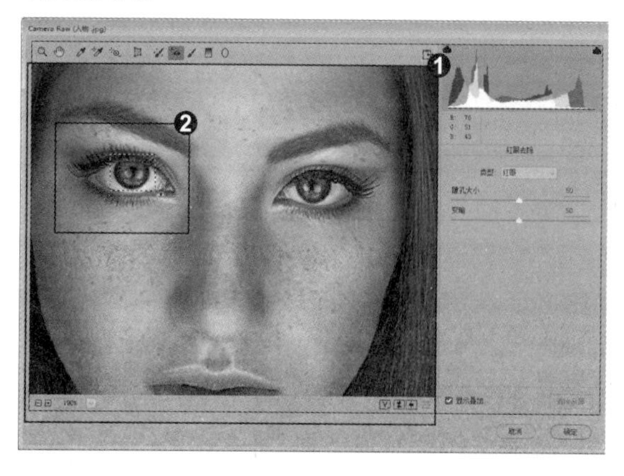

2. 去除人物红眼

❶ 释放鼠标，图像中自动出现一个红白相间的矩形框。❷ 拖动红白相间的矩形框，可重新定义去除红眼的区域。❸ 调整右侧“去除红眼”参数面板中的参数，调整人物的眼睛。❹ 同样方法，去除另一只眼睛中的红色，使双眸更加动人。

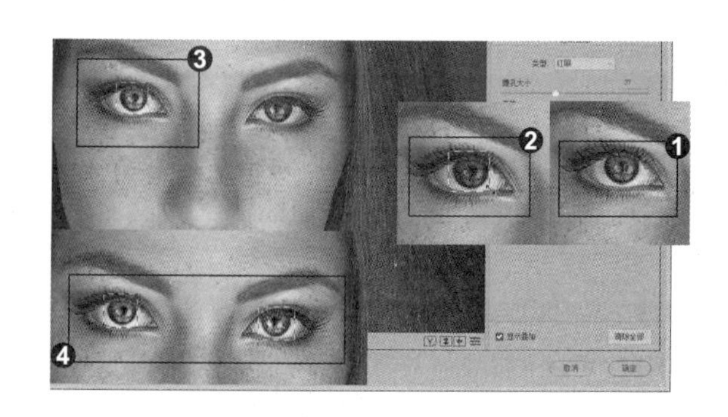

专家提示

调整相机颜色显示的方法只适合可以用 Camera Raw 9.7 插件打开的照片，不适合利用 Camera Raw 滤镜打开的照片。

知识拓展

有些型号的数码相机拍摄的照片总是存在色偏，我们可以在 Camera Raw 中将此类照片的调整参数创建为一个预设文件，以后在 Camera Raw 中打开该相机拍摄的照片时，就会自动对颜色进行补偿。打开一张问题相机拍摄的典型照片，❶ 单击 Camera Raw 对话框中的相机校准按钮显示选项。❷ 如果阴影区域出现色偏，可以移动“阴影”选项中的色调滑块进行校准；如果是各种原色出现问题，则可移动原色滑块，这些滑块可以用来模拟不同类型的胶卷。校正完成后，❸ 单击右上角的按钮，在打开的菜单中选择“存储新的 Camera Raw 默认值”命令将设置保存，以后打开该相机拍摄的照片时，Camera Raw 就会对照片进行自动校正。

招式 169　调整图像的局部色彩

Q Camera Raw 滤镜中的调整画笔工具与 Photoshop 中的那个工具使用方法相同吗？

A 调整画笔这个工具在 Photoshop 中是多个工具的结合体，不仅包含了画笔工具的使用方法，还有蒙版的功能，是个非常便捷的工具。

1. 打开素材图像

❶ 打开本书配备的“第8章\素材\招式169\人物.jpg”文件。❷ 单击“滤镜”|“Camera Raw滤镜”命令，或按Ctrl+Shift+A快捷键打开Camera Raw对话框。选择工具栏中的 (调整画笔工具)，右侧参数面板会显示“调整画笔”选项卡，勾选“蒙版”复选框。

2. 绘制调整区域

❶ 在人物面部单击并拖动鼠标绘制调整区域。如果涂抹到了其他区域，❷ 按住Alt键在这些区域上绘制，将其清除。❸ 涂抹区域覆盖了一层淡淡的灰色，在单击处显示一个图钉图标，取消勾选“蒙版”复选框或按Y键隐藏蒙版。

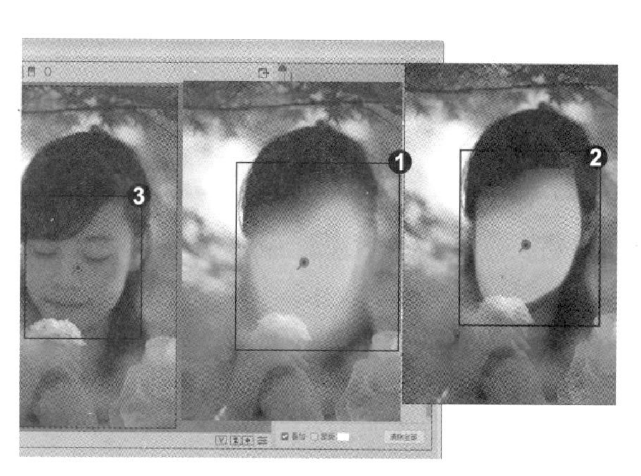

3. 调整图像色调

❶ 向右拖动“曝光”滑块，即可将调整画笔工具涂抹区域的亮度(即蒙版覆盖的区域)提高，其他图像没有受到影响。❷ 继续使用调整画笔工具在人物面部涂抹，可以调整图像色调。

专家提示

光标中的十字线代表了画笔中心，实圆代表了画笔的大小，黑白虚圆代表了羽化范围。

知识拓展

在“调整画笔”参数面板中，❶ 勾选“新建”复选框，在画面中涂抹可以绘制蒙版。❷ 勾选“添加”复选框，可在其他区域添加新的蒙版。❸ 勾选“清除”复选框，在蒙版区域上涂抹可以删除或撤销部分的调整。❹ 若创建多个区域后，如果要删除其中的一个调整区域，单击该区域的图钉图标，按下 Delete 键即可删除。

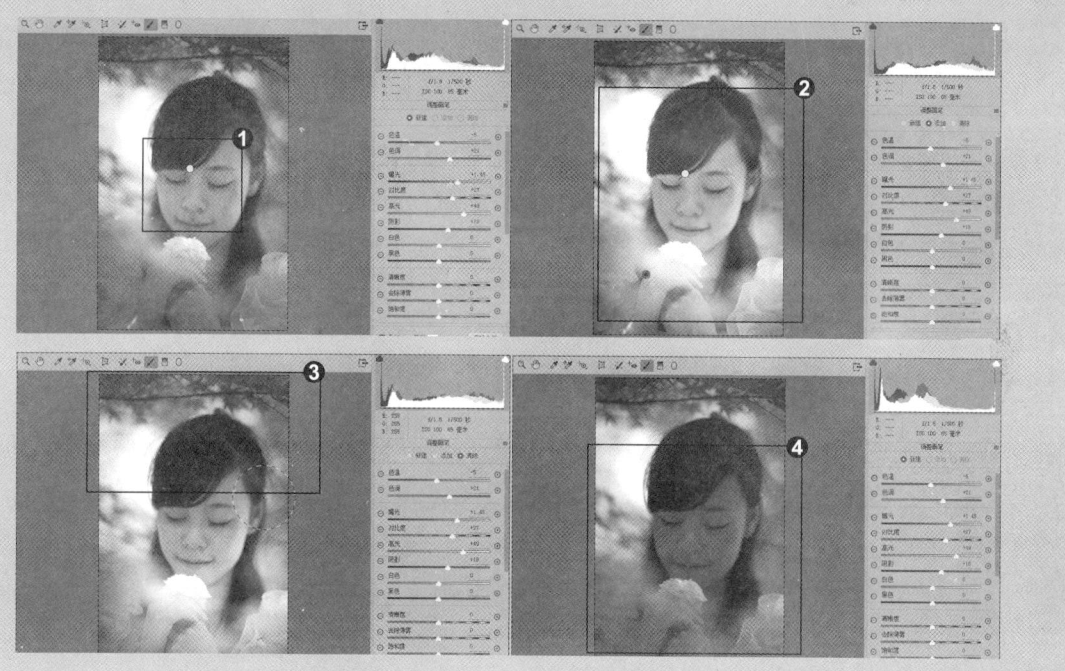

招式 170 使用渐变滤镜打造葱绿草地

Q 渐变滤镜也用于对图像进行局部调整，它与调整画笔工具有何不同?

A 渐变滤镜以渐变的方式将图像分为“两极”，分别是调整后的效果和未调整的效果，两极中间则是过渡带，并且在右侧可进行相应的参数设置。调整画笔工具则是以涂抹的方式进行调整。

1. 打开素材图像

❶ 打开本书配备的“第 8 章 \ 素材 \ 招式 170\ 草地 .jpg”文件。❷ 单击“滤镜”|“Camera Raw 滤镜”命令，或按 Ctrl+Shift+A 快捷键，弹出“Camera Raw 滤镜”对话框。❸ 选择工具栏中的（渐变滤镜工具），从图像的上方往下拖曳鼠标，创建渐变框。

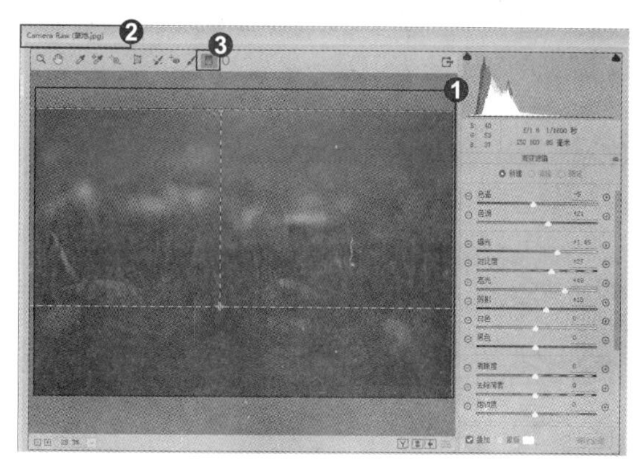

2. 确定渐变滤镜范围

❶ 拖动绿色或红色的圆可以移动渐变框的位置。❷ 向下拖动右侧的参数栏，在“颜色”参数后单击颜色，弹出“拾色器”对话框。❸ 在“拾色器”上单击可随意设置颜色。

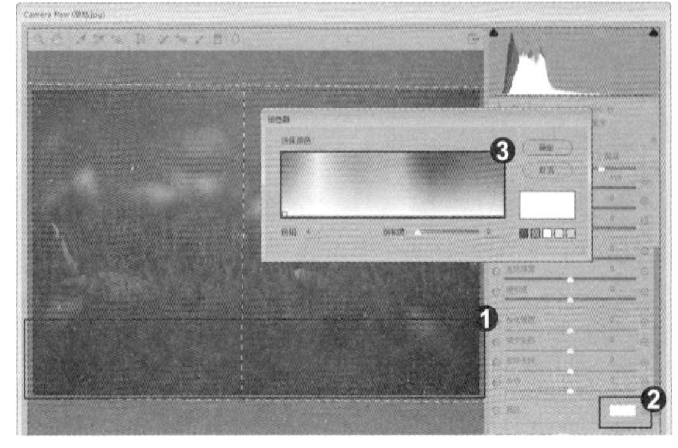

3. 新建渐变滤镜

❶ 在右侧的参数栏中拖动各个滑块，调整参数。❷ 勾选“新建”复选框，从草地下方往上方拖动，添加渐变框，因为之前参数已经设定，添加的渐变框会自动进行调整。❸ 同样方法，在草地中间区域添加渐变滤镜，让草地更加葱绿。

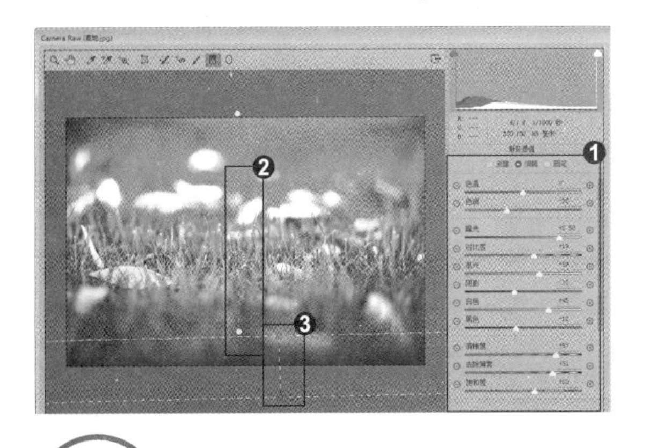

4. 还原部分图像

❶ 勾选“画笔”复选框，单击“使用画笔擦除选定调整”按钮，设置“流动”为13%。❷ 在过度曝光的区域进行涂抹，还原部分图像，让图像过渡自然。单击“确定”按钮关闭对话框，在Photoshop中打开处理后的图像，按Ctrl+Shift+S快捷键另存图像。

知识拓展

渐变滤镜中的“画笔”类似于Photoshop中的蒙版的原理，❶ 单击“使用画笔添加到选定调整”按钮，在画面中涂抹，可以用设置的参数值涂抹图像，提亮图像。❷ 单击“使用画笔擦除选定调整”按钮，在画面中涂抹，可以隐藏提亮后的区域。

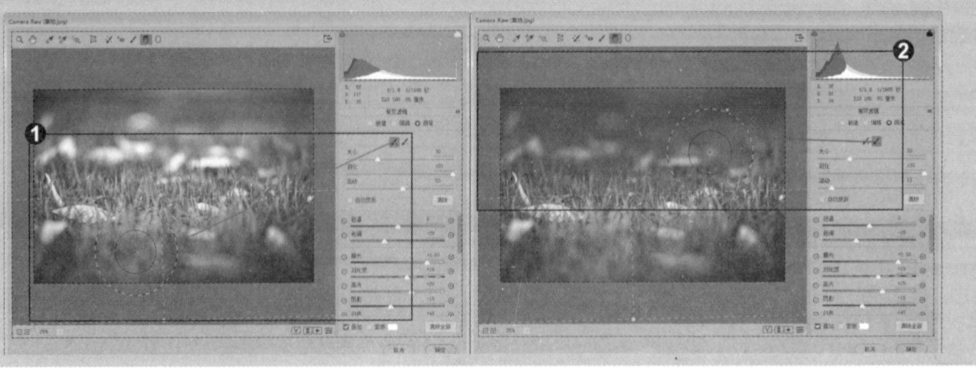

招式 171 使用径向滤镜调亮局部图像

Q 什么样的图像使用径向滤镜最合适呢？

A 当图像曝光过度或是曝光不足时，使用该工具调整图像最为合适。

1. 打开素材图像

❶ 打开本书配备的“第 8 章\素材\招式171\人物.jpg”文件。❷ 单击“滤镜”|“Camera Raw 滤镜”命令，或按 Ctrl+Shift+A 快捷键打开 Camera Raw 对话框。选择工具栏中的 (径向滤镜工具)，单击并拖动鼠标在人物的头部绘制一个椭圆。

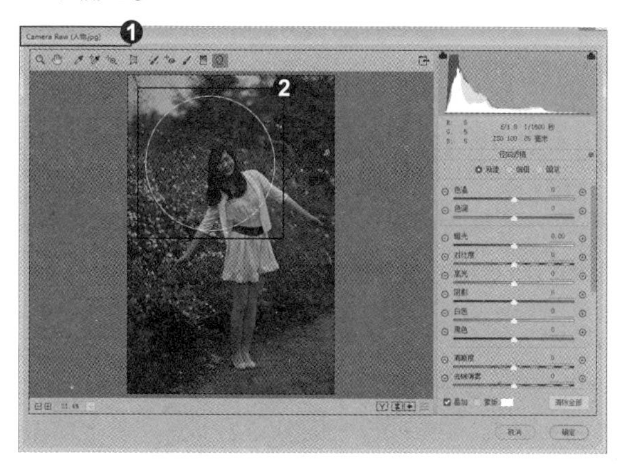

2. 确定径向滤镜范围

❶ 将光标放置在椭圆选框四周的点上，当光标变为↕形状时，单击并拖动鼠标可放大或缩小椭圆框。❷ 在右侧的“径向滤镜”参数栏中设置参数，此时调整的是椭圆框外的图像，拖动参数栏。❸ 在“效果”右侧选中“内部”单选按钮，使径向滤镜效果只显示在椭圆框内。

3. 调整局部色彩

❶ 勾选“新建”复选框，在画面绘制椭圆框，提亮图像，因为之前参数已经设定，添加的渐变框会自动进行调整。❷ 勾选“画笔”复选框，单击“使用画笔添加到选定调整”按钮，在人物脸部进行涂抹，提亮人物脸部肤色。

知识拓展

在 Camera Raw 对话框中提供了各种不同的图像调整选项卡。

- 基本：可调整白平衡，颜色饱和度和色调。
- 色调曲线：可以使用“参数”曲线和“点”曲线对色调进行微调。
- 细节：可对图像进行锐化处理，或者减少杂色。
- HSL/ 灰度：可以使用“色相”“饱和度”和“明亮度”对颜色进行微调。
- 分离色调：可以为单色图像添加颜色，或者为彩色图像创建特殊的效果。
- 镜头校正：可以补偿相机镜头造成的色差和晕影。
- 效果：可以为照片添加颗粒和晕影效果。
- 相机校准：可以校正阴影中的色调以及调整非中性色来补偿相机特性与该相机型号的 Camera Raw 配置文件之间的差异。
- 预设：可以将一组图像调整设置存储为预设并进行应用。

招式 172 调整图像的色相

Q Camera Raw 滤镜中的色相与 Photoshop 中的色相有什么区别?

A Camera Raw 滤镜中的色相分类更加细致，可以通过不同颜色的色相调整来平滑图像的整个色调；而 Photoshop 中的色相调整的是整个图像色调的色相。

1. 打开素材图像

❶ 打开本书配备的“第 8 章 \ 素材 \ 招式 172\ 夜景 .jpg”文件。❷ 单击“滤镜”|“Camera Raw 滤镜”命令，或按 Ctrl+Shift+A 快捷键打开 Camera Raw 对话框。在右侧参数面板中修改“色温”和“曝光”值，让高光区域变暗一点。

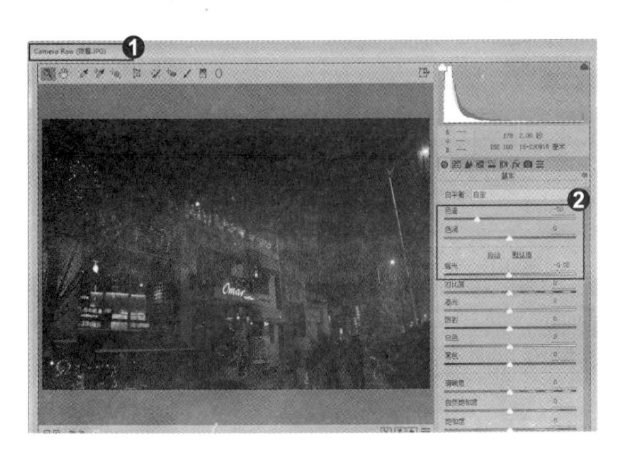

2. 调整各项参数

❶ 提高“阴影”和“黑色”值，将画面的阴影区域调亮。❷ 提高“对比度”和“清晰度”值，让图像的细节更加清晰，提高“自然饱和度”值，让色彩更加鲜艳。提高“高光”和“白色”值，将画面的高光区域调亮。

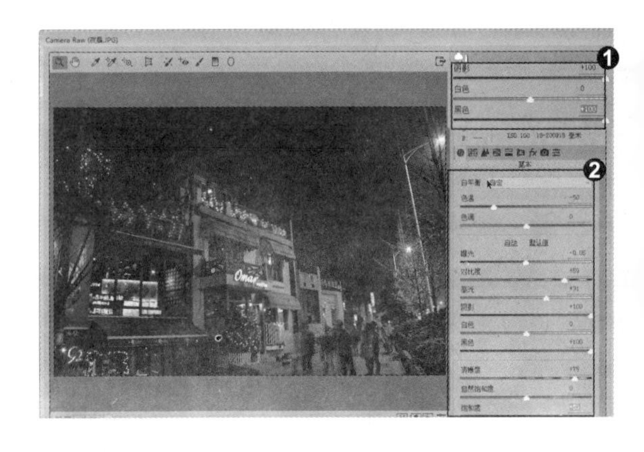

3. 调整各项参数

❶ 单击“色调曲线”按钮，显示色调选项，单击“点”选项，切换到 Photoshop 传统的曲线调整图像。❷ 在“通道”中分别调整“红”“绿”“蓝”通道参数，对色调曲线进行调整。

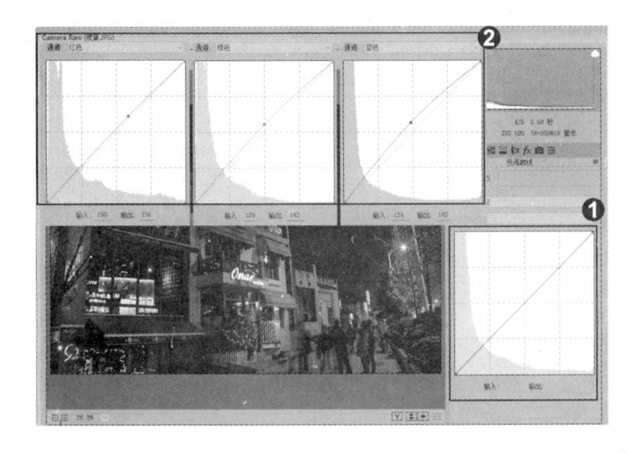

4. 锐化图像细节

❶ 单击“细节”按钮，显示出锐化选项，对图像进行锐化处理，让细节更加清晰。❷ 单击“HSL/灰度”按钮，调整红、橙、黄的色相，让夜景的颜色更加多彩。单击“确定”按钮完成制作。

专家提示

如果习惯使用 Photoshop 传统曲线调整图像，可单击“点”选项，在点选项卡中进行调整。

知识拓展

在调整“色相”参数栏时，“色相”可以改变颜色，如果，可以将蓝色（以及所有其他蓝色对象）由青色变为紫色。要更改哪种颜色就拖动相应的滑块，滑块向哪个方向拖动就会得到哪种颜色；“饱和度”可以调整各种颜色的鲜明度或颜色纯度；“明亮度”可以调整各种颜色的亮度；勾选“转换为灰度”复选框后，可以将彩色照片转换为黑白效果，并显示一个嵌套选项卡“灰度混合”。拖动此选项卡中的滑块可以指定每个颜色范围在图像灰度中所占的比例。

招式 173 为黑白照片上色

Q 在 Photoshop 当中使用画笔工具、颜色调整工具等为黑白照片上色，在 Camera Raw 滤镜中可以为黑白照片上色吗？

A Camera Raw 滤镜中的分离色调可以为黑白照片或灰度图像着色。既可以为整个图像添加一种颜色，也可以对高光和阴影应用不同的颜色，从而创建色调分离的效果。

1. 打开素材图像

❶ 打开本书配备的“第8章\素材\招式173\黑白照片.jpg”文件。❷ 单击“滤镜”|“Camera Raw滤镜”命令，或按Ctrl+Shift+A快捷键打开Camera Raw对话框。单击“分离色调”按钮，显示选项。

2. 调整图像色调

❶ 在“饱和度”为0的情况下，拖动“色相”滑块，看不出任何调整效果。❷ 按住Alt键拖动“色相”滑块，此时“饱和度”显示为100%的彩色图像；确定“色相”参数后释放Alt键，再对“饱和度”进行调整。

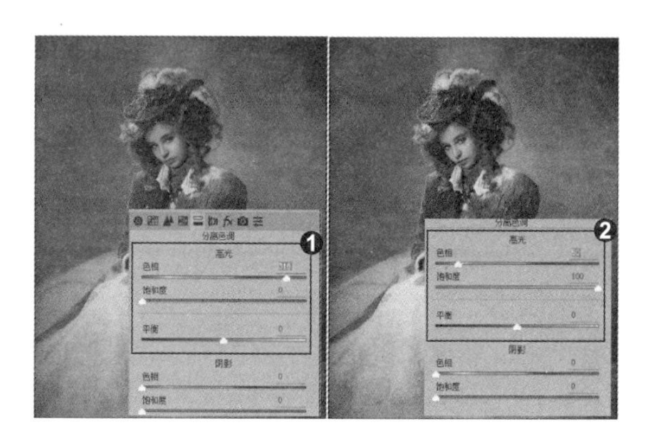

知识拓展

在Camera Raw对话框中，选择工具栏中的（缩放工具），❶ 将光标放置在画面上，当光标变为状时，单击即可放大图像。❷ 按住Alt键，将光标放置在图像上，当光标变为状时，单击图像即可缩小图像。❸ 在工具栏中双击该工具，即可以100%状态显示图像。

招式 174 消除图像的色差

Q 为什么在Camera Raw对话框中没有发现删除的色差选项呢？

A Camera Raw滤镜作为一项增效工具，该对话框中没有该选项显示，如果要使用该选项，要用相机固有的格式打开Camera Raw 9.7插件才能用。

1. 打开素材图像

❶ 找到本书配备的“第 8 章 \ 素材 \ 招式 174\ 照片 .CR2”文件。❷ 单击右键，在弹出的快捷菜单中选择“打开”命令，系统会自动打开 Camera Raw 9.7 插件。单击状态栏上的“选择缩放级别”按钮，在弹出的菜单中选择 100%。放大图像。

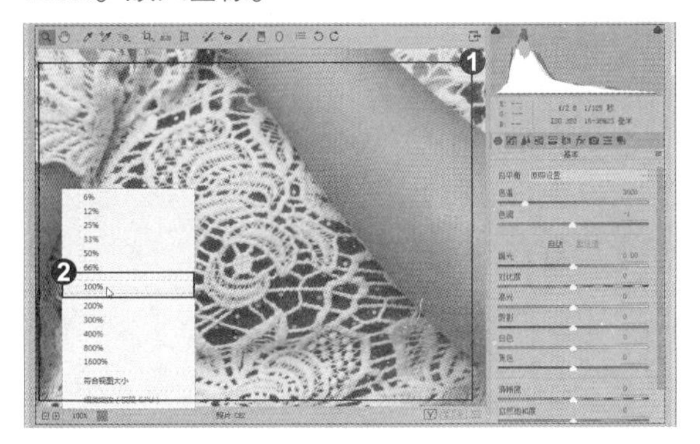

2. 删除图像色差

❶ 观察图像发现，人物衣服上色差很明显。❷ 单击“镜头校正”按钮，显示镜头校正选项。❸ 勾选“删除色差”复选框，即可消除色差。

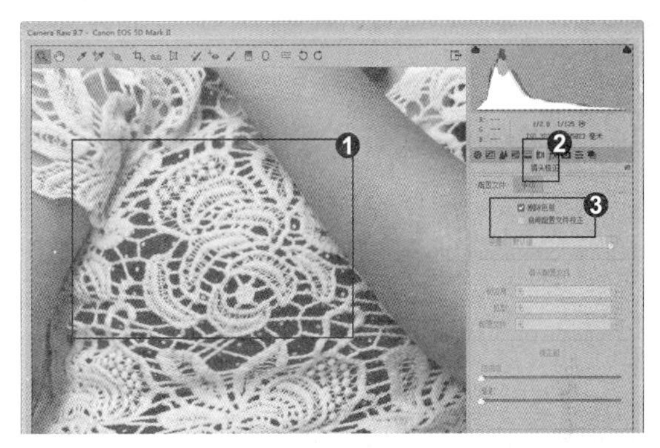

3. 消除图像色差

❶ 观察图像，发现消除色差不明显。单击“手动”选项，弹出“手动”参数栏，在“去边”选项拖动滑块。❷ 去除衣服上的色差，单击“原图 / 效果图之前切换”按钮，可以在缩览图对话框中查看处理前后的效果。

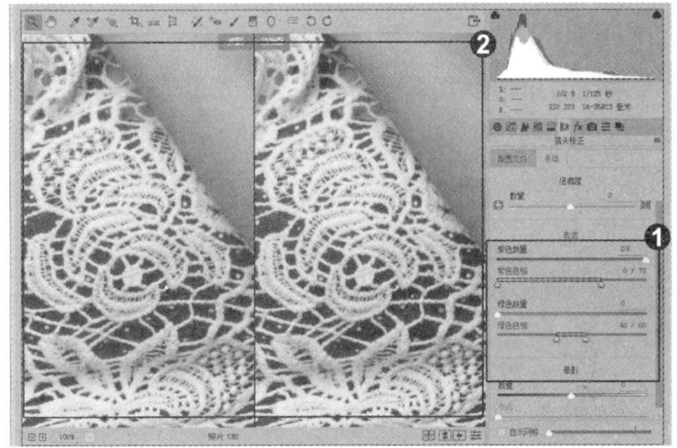

知识拓展

校正色差，只能用 Camera Raw 9.7 这个图像处理插件才能进行，如果使用 Camera Raw 滤镜进行调整，“配置文件”这个选项栏在该对话框中就不存在。另外，在工具栏上也有区别，Camera Raw 9.7 插件中显示有（颜色取样器工具）、（裁剪工具）、（拉直工具）、（打开首选项对话框）、（逆时针旋转图像 90 度）、（顺时针旋转图像 90 度）。

招式175 制作LOMO特效

Q LOMO特效是什么意思，用Camera Raw滤镜可以制作这种特效吗？

A LOMO照片是指用Lomo相机（苏联时期生产的一种35毫米自动曝光旁轴相机）拍摄的照片，这种相机对红、蓝、黄感光特别敏锐，冲出来的照片色泽异常鲜艳，但成像质量不高，且照片暗角较大。

1. 打开图像文件

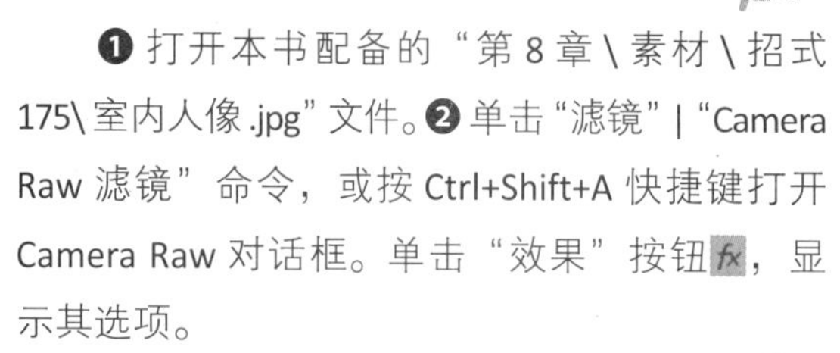

❶打开本书配备的“第8章\素材\招式175\室内人像.jpg”文件。❷单击“滤镜”|“Camera Raw滤镜”命令，或按Ctrl+Shift+A快捷键打开Camera Raw对话框。单击“效果”按钮，显示其选项。

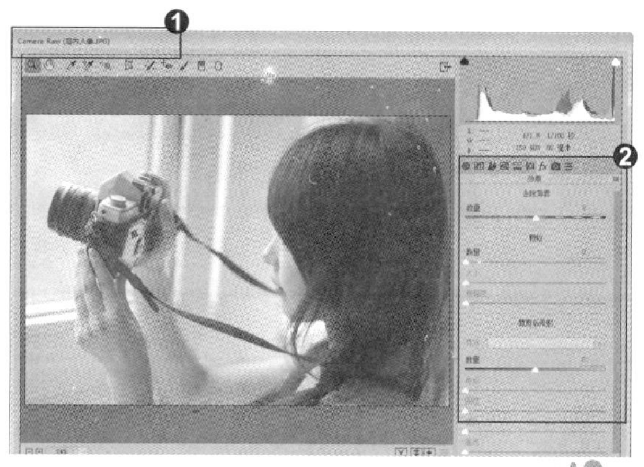

2. 生成LOMO特效

❶设置颗粒数量为100，为照片添加颗粒效果，设置“大小”为51。❷再调整晕影的数量、中点和圆度，在照片中生成朦胧的反白效果、照片边缘添加暗角。

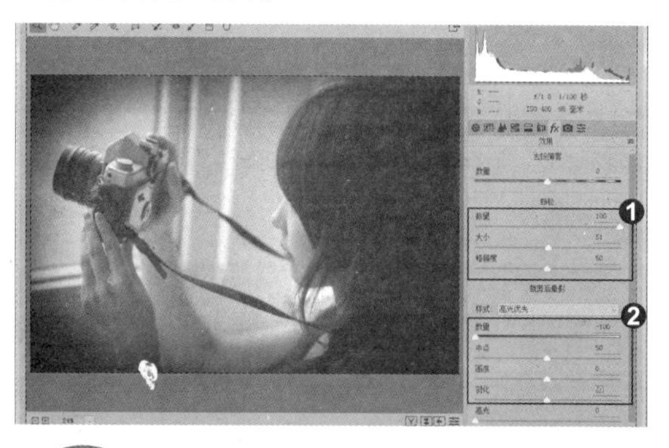

3. 调整图像颜色

❶切换到“基本”选项卡，❷调整照片颜色，并进行锐化。

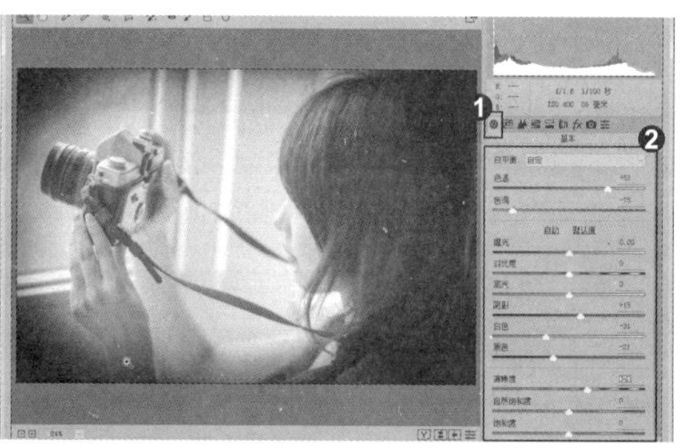

知识拓展

在拍摄RAW照片时，为了能够获得更多的信息，照片的尺寸和分辨率设置得都比较大。如果要使用Camera Raw修改照片的尺寸或者分辨率，❶可单击Camera Raw对话框底部的工作流程选项，❷在“工作流程选项”对话框中设置参数，即可更改图片的分辨率。❸设置完毕后，单击“确定”按钮，然后单击“打开图像”按钮，即可在状态栏中查看分辨率。

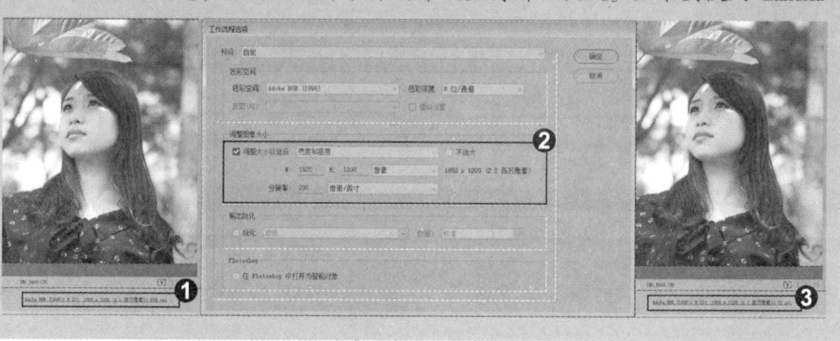

招式 176 校正变形的画面

Q Camera Raw 滤镜工具栏中的（Transform 工具）可以校正哪些变形图像?

A 可以校正图像的透视变形、水平透视变形、水平和纵向方向上校正图像的透视变形等变形图像。

1. 打开素材图像

❶打开本书配备的"第8章\素材\招式176\变形照片.jpg"文件。❷单击"滤镜"|"Camera Raw 滤镜"命令，或按 Ctrl+Shift+A 快捷键打开 Camera Raw 对话框。单击工具栏中的(Transform 工具)，在右侧的参数栏中显示了5种调整模式。

2. 各种校正效果

❶拖动参数栏的滑块，在面板底部勾选"网格"复选框，在图像中会显示网格。❷单击"自动:应用平衡透视校正"按钮，可以校正图像的透视变形。❸单击"水平:仅应用于水平校正"按钮，可以校正图像的水平透视变形。

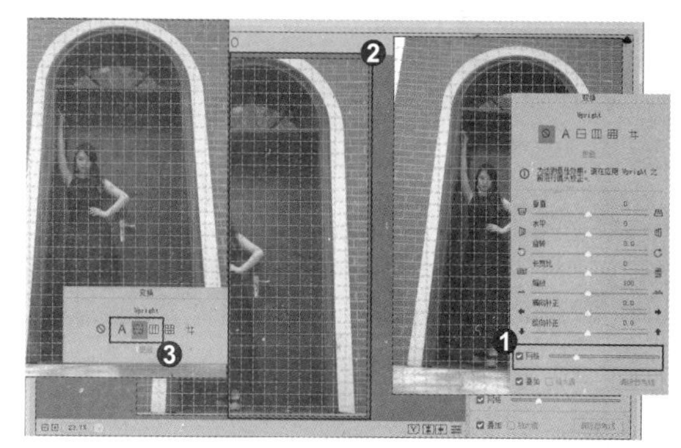

3. 各种校正效果

❶单击"纵向:应用水平和纵向透视校正"按钮，可以从水平和纵向方向上校正图像的透视变形。❷单击"指导:绘制两条或更多的参考线，以自定义校正透视"按钮，可以随意绘制参考线并通过绘制的参考线校正透视图像。

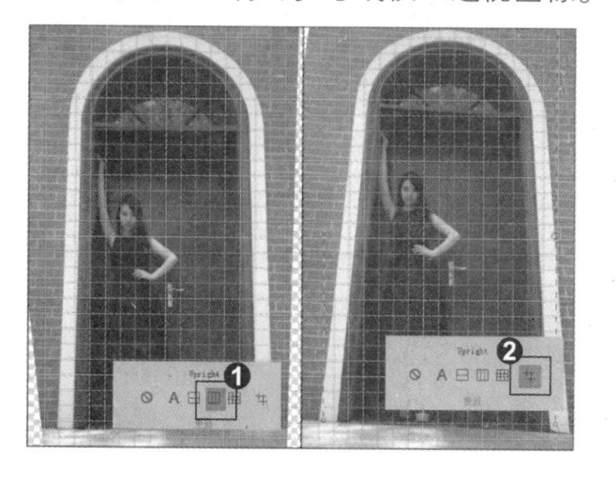

4. 校正变形画面

❶单击"完全:应用水平、横向和纵向透视校正"按钮，校正透视变形图像。❷单击"确定"按钮关闭对话框，选择工具箱中的(裁剪工具)，裁剪多余的图像。

知识拓展

一般情况中，我们从三方面考虑曝光：高光、阴影和中间调，在 Camera Raw 滤镜中它们是曝光（高光）、亮度（中间调）和黑色（阴影）。❶ 在 Camera Raw 滤镜中具有内置的修剪警告，因此不会失去高光细节。在调整照片的曝光度之前，我们观察一下高光及阴影修剪。观察窗口右上角的直方图，右上角纯黑色的三角形按钮为高光修剪，纯白色的三角形按钮为阴影修剪。❷ 单击高光修剪按钮，可以查看哪些区域出现修剪（高光修剪表现为红色、阴影修剪表现为蓝色）。❸ 在窗口右侧设置曝光、高光、阴影、亮光和黑色的参数，直至高光、阴影修剪达到中和位置时为止。

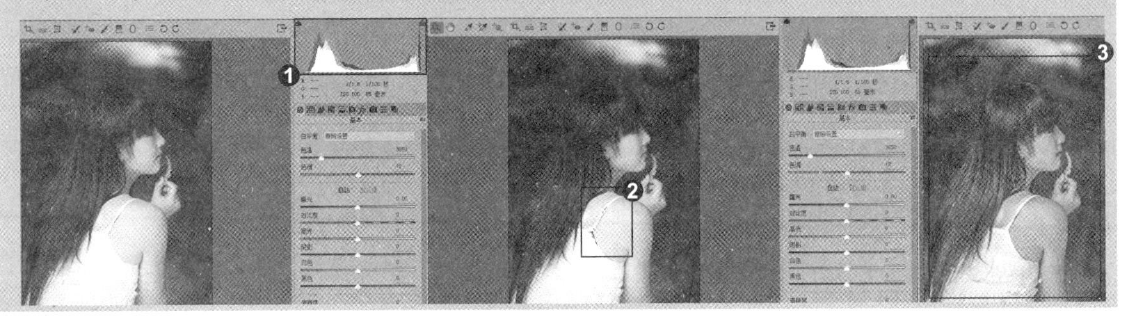

招式 177 校正倾斜照片

Q 拍摄的图像出现了倾斜变形，如何利用 Camera Raw 9.7 插件进行调整呢?

A 在该插件中选择拉直工具就可以校正倾斜的照片。

1. 打开图像文件

❶ 打开本书配备的“第 8 章 \ 素材 \ 招式 177\ 倾斜照片.CR2”文件。❷ 右击，在弹出的快捷菜单中选择“打开”命令，系统会自动打开 Camera Raw 9.7 插件。选择工具栏中的（拉直工具）。

2. 自动旋转照片

❶ 使用拉直工具沿着水平位置拖动，拉出一条直线。❷ 释放鼠标，系统会自动根据拉出直线的角度旋转照片。

3. 在 Photoshop 中打开图像

单击“打开图像”按钮，在 Photoshop 当中打开的是拉直裁剪后的图像。按 Ctrl+Shift+S 快捷键另存图像。

专家提示

拉直工具跟“删除色差”选项一样，只能在 Camera Raw 9.7 插件中才能使用，Camera Raw 滤镜则没有该功能。

知识拓展

在 Camera Raw 9.7 插件对话框中，单击“打开图像”按钮可以在 Photoshop 中打开为普通图像，按住 Alt 键单击可以在不更新元数据的情况下打开图像，按住 Shift 键并单击可将图像打开为智能对象。单击“取消”按钮，可关闭对话框不接受任何图像更改，按住 Alt 键单击可复位对话框。单击“完成”按钮可在不打开图像的情况下应用更改并关闭对话框。

招式 178　使用色调曲线修复偏色图像

Q 在 Camera Raw 滤镜当中如何使用色调曲线来调整图像?

A Camera Raw 滤镜当中的色调曲线用法和 Photoshop 中的曲线用法一样，都可以对 RGB 通道、“红”通道、“绿”通道和“蓝”通道进行调整。

1. 打开素材图像

❶ 打开本书配备的“第 8 章 \ 素材 \ 招式 178\ 偏色照片 .jpg”文件。❷ 单击“滤镜”|“Camera Raw 滤镜”命令，或按 Ctrl+Shift+A 快捷键打开 Camera Raw 对话框。单击“细节”按钮，显示锐化选项。

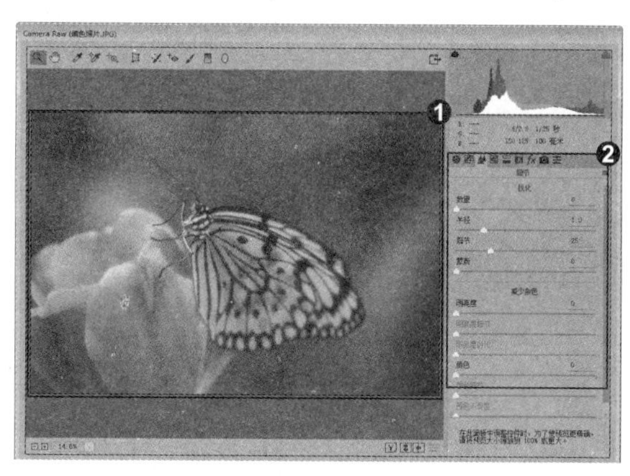

2. 锐化素材图像

❶ 拖动“数量”“细节”和“蒙版”滑块对图像进行锐化。为了使细节更加清晰，将预览视图设置为100%。❷ 单击“在原图/效果图之前切换”按钮Y，在弹出的快捷键菜单中选择“原图/效果图”命令，以便更好地观察锐化程度。

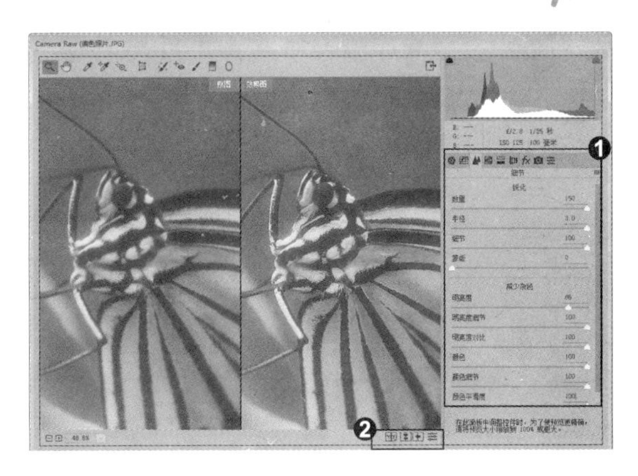

3. 调整色调曲线

❶ 单击“色调曲线”按钮，切换到“色调曲线”参数面板，在面板中选择“点”选项，调整RGB通道的参数。❷ 恢复视图为25%，分别调整颜色通道，调整偏色图像。

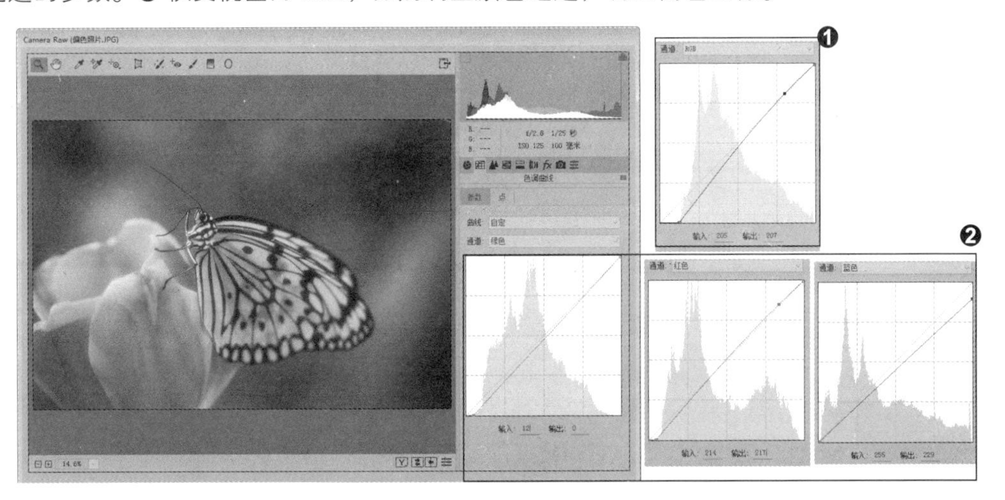

知识拓展

在“锐化”参数面板中，“数量”可以调整边缘的清晰度，该值为0时关闭锐化；“半径”可以调整应用锐化细节的大小，该值过大会导致图像内容不自然；“细节”调整锐化影响的边缘区域的范围，它决定了图像细节的显示程度，较低的值主要锐化边缘，以便消除模糊，较高的值则可以使图像中的纹理更加清楚；“蒙版”Camera Raw是通过强调图像边缘的细节来实现锐化效果的，将“蒙版”设置为0时，图像中的所有部分均接受等量的锐化，设置为100时，可将锐化限制在饱和度最高的边缘附近，避免非边缘区域锐化。

招式 179 使用 Camera Raw 滤镜批处理照片

Q 在 Camera Raw 滤镜当中可以批处理照片吗?

A 使用 Camera Raw 滤镜批处理照片前需要建立一个利用 Camera Raw 滤镜处理照片的动作，然后执行批处理命令即可批处理照片。

1. 打开素材图像

❶ 打开本书配备的“第 8 章 \ 素材 \ 招式 179\ 批处理 \ 儿童照片 (1).jpg”文件。❷ 单击“窗口”|“动作”命令，或按 Alt+F9 快捷键打开“动作”面板。单击“创建新组”按钮，新建动作组，命名为 001。❸ 单击“创建新动作”按钮，新建动作，设置参数。

2. 调整色相参数

❶ 单击“记录”按钮开始记录动作。单击“滤镜”|“Camera Raw 滤镜”命令，或按 Ctrl+Shift+A 快捷键，弹出 Camera Raw 对话框。❷ 在弹出的对话框中调整“色调曲线”“HSL/灰度”等参数栏的参数。单击“文件”|“存储为”命令，将文件存储为 jpg 格式文件，并关闭文件。

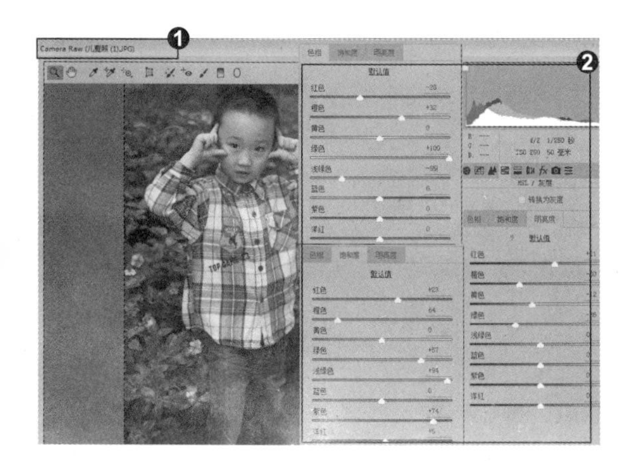

3. 设置批处理参数

❶ 单击“确定”按钮关闭滤镜对话框，单击“停止播放 / 记录”按钮停止记录动作。❷ 单击“文件”|“自动”|“批处理”命令，弹出“批处理”对话框，在“动作”下拉列表中选择要播放的动作。❸ 单击“选择”按钮，打开“浏览文件夹”对话框，选择图像所在的文件夹。

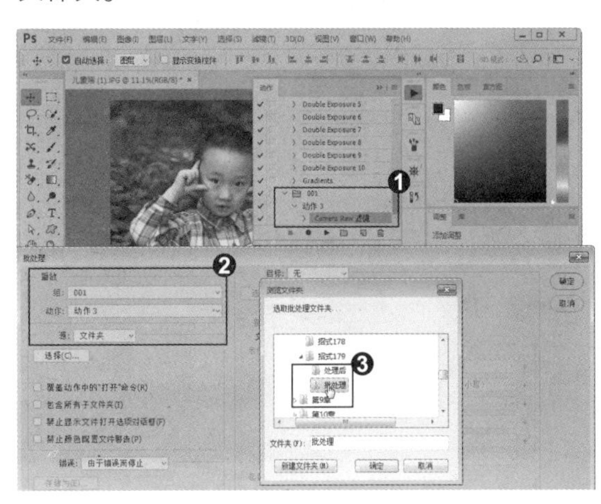

4. 批处理图像

❶ 在“目标”下拉列表中选择“文件夹”选项，单击“选择”按钮，在打开的对话框中指定完成批处理后文件的保存位置。❷ 勾选“覆盖动作中的‘存储为’命令”复选框。❸ 单击“确定”按钮，Photoshop 会使用所选动作将文件夹中的所有图像都处理为 JPG 文件格式。

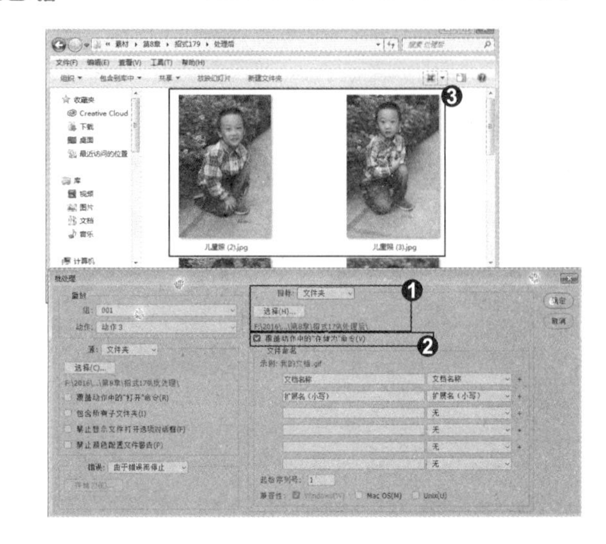

知识拓展

使用“批处理”命令时，需要勾选“覆盖动作中的‘打开’命令”复选框，这样可以确保动作中的“打开”命令对批处理文件进行操作，否则将处理由动作中的名称指定的文件。勾选“禁止显示文件打开选项对话框”复选框，可以防止处理照片时显示 Camera Raw 对话框。如果要使用“批处理”命令中的“存储为”命令，而不是动作中的“存储为”命令保存文件，应勾选“覆盖动作中的‘存储为’命令”复选框。在创建快捷批处理时，需要在“创建快捷批处理”对话框中的“播放”区域中勾选“禁止显示文件打开选项对话框”复选框，这样可防止在处理每个相机原始图像时都会显示 Camera Raw 对话框。

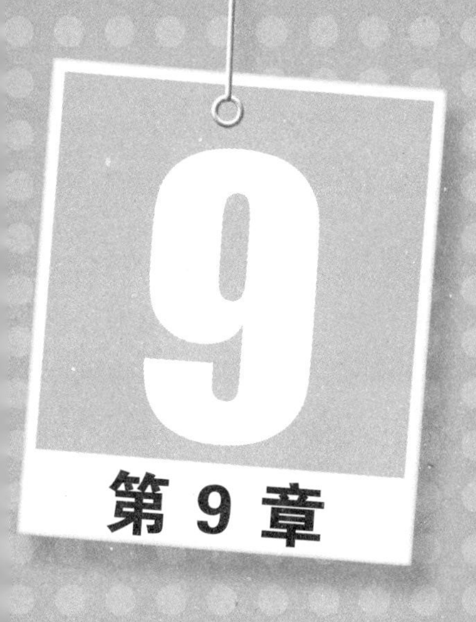

第9章 通道与蒙版的使用

在Photoshop中，蒙版就是选框的外部(选框的内部就是选区)。蒙版通常分为3种，即图层蒙版、矢量蒙版、剪贴蒙版，它主要用于抠图、做图的边缘淡化效果与图层间的融合。

在Photoshop中，在不同的图像模式下，通道是不一样的。通道层中的像素颜色是由一组原色的亮度值组成的，通道实际上可以理解为是选择区域的映射。它主要用于抠图、存储图像的色彩资料与存储和创建选区。

招式 180 创建矢量蒙版制作漂亮日历

Q 在 Photoshop 中，矢量蒙版与图层蒙版两者之间有什么区别?

A 从功能上看矢量蒙版类似于图层蒙版，但两者之间仍然具有许多不同之处，最本质的区别是前者是使用矢量图形来控制图像的显示与隐藏，而后者则是使用像素化的图像来控制图像的显示与隐藏。

1. 打开图像素材

❶ 打开本书配备的“第 9 章 \ 素材 \ 招式 180\ 背景图 .jpg 文件。❷ 继续打开本书配备的“第 9 章 \ 素材 \ 招式 180\ 人像图 1.jpg、人像图 2.jpg 与人像图 3.jpg”文件。

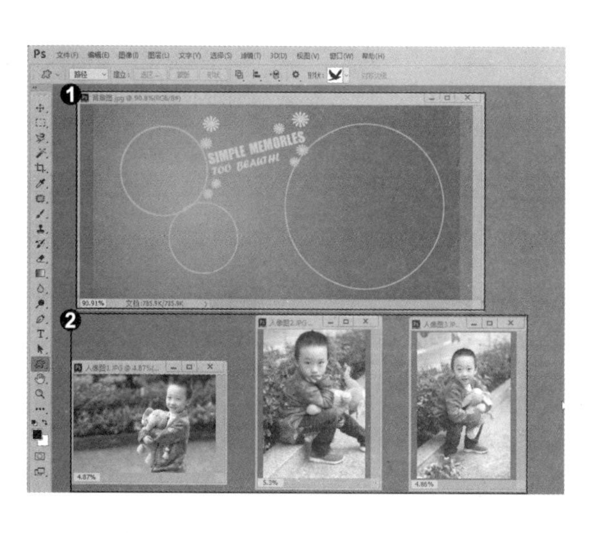

2. 移动图像素材

❶ 选择工具箱中的 (移动工具)，将人像图移动到背景图层中，❷ 按 Ctrl+T 快捷键，按住 Shift 键等比例缩“小人像图 1”，调整位置，放置在浅绿色椭圆里面，❸ 将“人像图 2”与“人像图 3”也移动放置到背景素材上，方法如上。

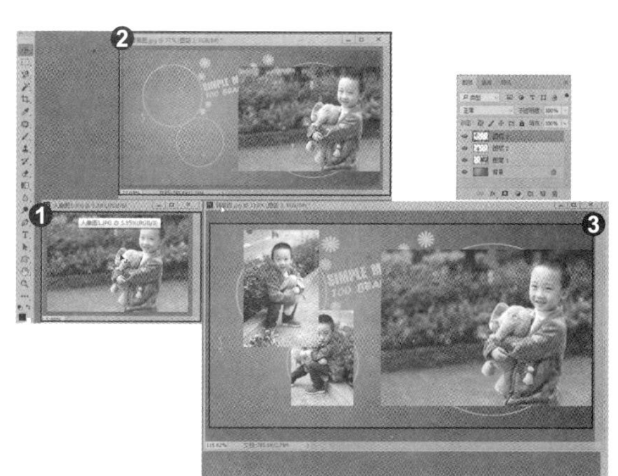

3. 绘制路径

❶ 按 P 键，选择工具箱中的 (椭圆工具)，设置工具选项栏中的“模式”为“路径”。❷ 在图像上单击，按住 Ctrl+Alt 快捷键绘制出等比例的正圆形状，存储为“路径 1”，调整大小与位置。❸ 再绘制出不同大小的两个椭圆形状的工作路径，分别存为“路径 2”与“路径 3”。

4. 创建矢量蒙版

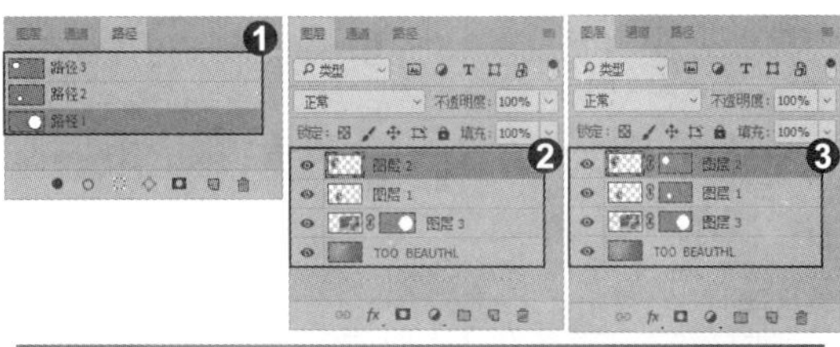

❶ 在“路径”面板上按住 Ctrl 键并单击“路径 1”。❷ 返回到“图层”面板上，单击“图层 1”图层，在“图层”面板中单击“添加矢量蒙版”按钮，给图层添加蒙版。❸ 为“图层 2”与“图层 3”图层添加一个矢量蒙版，方法如上，完成漂亮日历的制作。

知识拓展

单击“图层”|“矢量蒙版”|“显示全部”命令，可以创建一个显示全部图像内容的矢量蒙版；单击“图层”|“矢量蒙版”|“隐藏全部”命令，可以创建隐藏全部图像的矢量蒙版。

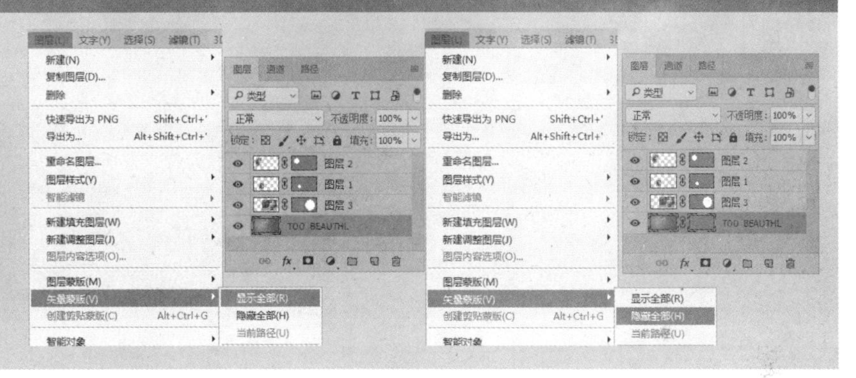

招式 181　使用矢量蒙版添加形状

Q 矢量蒙版的工作原理是什么？可以在矢量蒙版上添加形状吗？

A 矢量蒙版是通过路径和矢量形状控制图像的显示区域，只要使用了该蒙版，就可以得到平滑的轮廓。在矢量蒙版上可以用钢笔工具、形状工具随意的创建形状，制作不同的效果。

1. 打开图像素材

❶ 打开本书配备的“第 9 章 \ 素材 \ 招式 181\ 背景图 .jpg”文件。❷ 按 U 键，选择工具箱中的（矩形形状工具），按 Shift+U 快捷键切换至（自定形状工具），设置工具选项栏中的“模式”为“路径”。

2. 绘制飞鸟形状

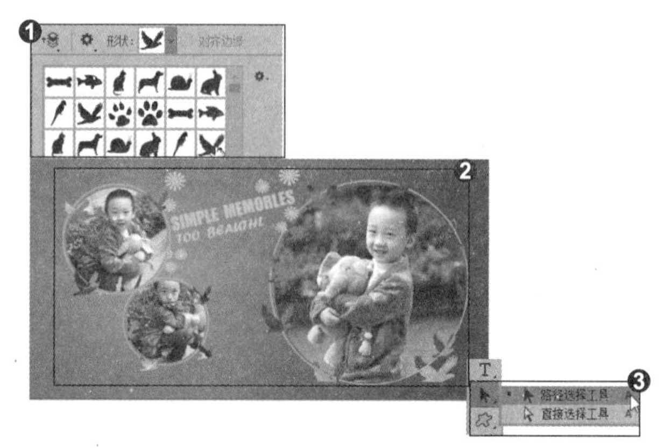

❶打开工具选项栏中的“自定形状拾色器”下拉列表，单击飞鸟形状。❷按住 Shift 键拖动鼠标绘制在矢量蒙版图层上绘制飞鸟。❸按 A 键，选择工具箱的(路径选择工具)，选择“飞鸟”路径，按 Ctrl+T 快捷显示定界框，按 Shift+Alt 快捷键等比例缩放图形，完成矢量蒙版添加图形。

知识拓展

矢量蒙版只能用锚点编辑工具和钢笔工具来编辑，如果想要用绘画工具或滤镜修改蒙版，可选择蒙版，然后单击“图层”|“栅格化”|“矢量蒙版”命令，将矢量蒙版栅格化，使它转换为图层蒙版。

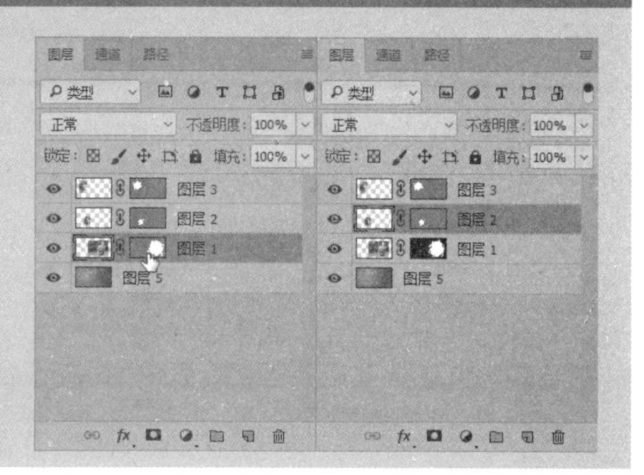

招式 182 控制图层可见内容

Q 怎么一次性隐藏多个图层呢?

A 单击你要选择的第一个图层，按住 Shift 键，单击你要选择的最后一个图层，再单击“图层”前面的眼睛图标就可以隐藏多个图层了。

1. 显示与隐藏图层

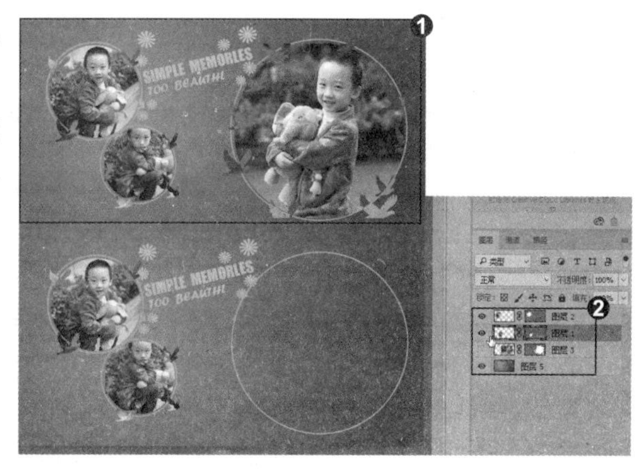

❶打开本书配备的“第 9 章\素材\招式 182\背景图.psd”文件。❷将光标放置在图层的眼睛图标上，则隐藏(或显示)该图层。

2. 显示与隐藏多个图层

❶ 将光标放置在图层的眼睛图标上，单击并在眼睛图标列拖动鼠标，可以快速隐藏（或显示）多个相邻的图层。❷ 单击“图层”|“隐藏图层”命令，可以隐藏当前图层，如果选择了多个图层，则执行该命令可以隐藏所有被选择的图层。

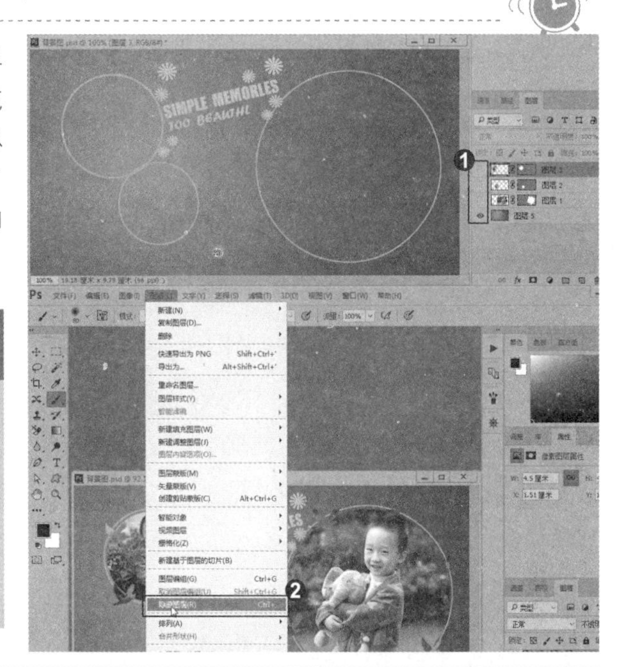

专家提示

矢量蒙版缩览图与图像缩览图之间有一个链接图标，它表示蒙版与图像处于链接状态，此时进行任何变换操作，蒙版都与图像一同变换。单击“图层”|“矢量蒙版”|“取消链接”命令，或单击该图标取消链接，然后就可以单独变换图像或蒙版了。

知识拓展

按住 Alt 键单击一个图层的眼睛图标按钮，可以将除该图层外的所有图层都隐藏；按住 Alt 键再次单击同一眼睛图层图标按钮，可恢复其他图层的可见性。

招式 183 使用剪贴蒙版制作放大镜

Q 在 Potoshop 中，剪贴蒙版有什么作用？图层蒙版与剪贴蒙版有什么区别？

A 剪贴蒙板是由多个图层组成的群体组织，最下面的一个图层叫作基底图层（简称基层），位于其上的图层叫作顶层。基层只能有一个，顶层可以有若干个，剪贴蒙版是一个可以用其形状遮盖其他图层的对象。图层蒙版只能用于一个图层，而剪贴蒙版则可以控制多个图层。在剪贴蒙版组中，一个基底图层可以控制其上方多个图层的显示范围，前提是这些图层必须是上下相邻的。

1. 打开图像素材

❶ 打开本书配备的“第9章\素材\招式183\素材.jpg”文件。❷ 按Shift+Ctrl+N快捷键将背景转换为普通图层。❸ 选择工具栏箱中的(魔棒工具)，在放大镜的镜片与阴影处单击，创建选区，按Delete键将选区内的对象删除，按Ctrl+D快捷键取消选区。

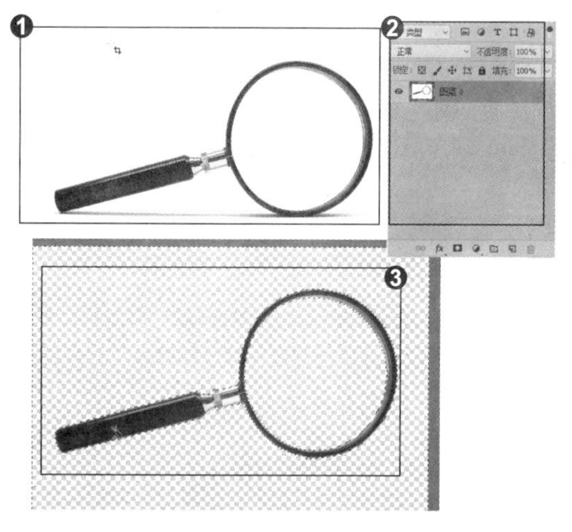

2. 绘制放大镜

❶ 新建一个图层，选择工具箱中的(魔棒工具)，在放大镜的镜片单击，创建选区，按Ctrl+Delete快捷键将选区内填充背景色(白色)，按Ctrl+D快捷键取消选区。❷ 按住Ctrl键单击“图层0”与“图层1”，将它们选择，单击“链接图层”按钮，将两个图层链接在一起。

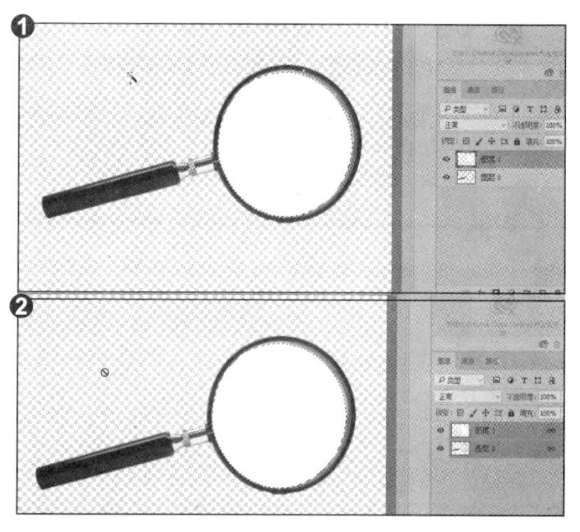

3. 复制图像

❶ 打开本书配备的“第9章\素材\招式183\背景图.jpg”文件。❷ 按Ctrl+J快捷键即可复制当前图层。❸ 选择“滤镜”菜单下的“滤镜库”命令，将复制图层纹理化。

4. 创建剪贴蒙版

❶ 使用移动工具将抠出来的放大镜拖入该文档中。❷ 将白色圆形所在的图层拖动到人形图层下方。❸ 按住Alt键，在分割“图层3”和“图层1”的线上方单击，创建剪贴蒙版，完成放大镜的制作。

5. 移动放大镜

选择 (移动工具)，在画面中单击并拖动鼠标 (移动图层 0) 制作放大镜效果。

知识拓展

在“图层”面板中，将光标放置在分隔两个图层的线上，按住 Alt 键 (光标为形状)，单击即可创建剪贴蒙版；按住 Alt 键 (光标为形状) 再次单击则可释放剪贴蒙版。

招式 184 创建图层蒙版

Q 在 Photoshop 中，填充图层蒙版后，画笔工具可以擦蒙版吗?

A 当然可以，将前景色设置为黑色，用画笔工具在蒙版上擦，则是隐藏擦拭的部分；将前景色设置为白色，则是显示擦拭的部分；将前景色设置为灰色，则会使擦拭的部分更加透明。

1. 打开图像素材

❶ 打开本书配备的“第 9 章 \ 素材 \ 招式 184\ 素材 .jpg”文件。❷ 选择工具箱中的 (魔棒工具)，将人物选中。

2. 绘制路径

❶ 打开本书配备的"第 9 章 \ 素材 \ 招式 184\ 背景 .jpg"文件。❷ 使用移动工具 将抠出来的人像拖入该文档中。

3. 添加图层蒙版

❶ 按 Ctrl+T 快捷键显示定界框，当光标变为 形状时，旋转对象，放置在合适位置。❷ 单击"图层"面板中的"添加图层蒙版"按钮 ，为图层 1 添加图层蒙版，选择工具箱中的 (油漆桶工具)，将前景色填充为灰色，填充创建的图层蒙版。

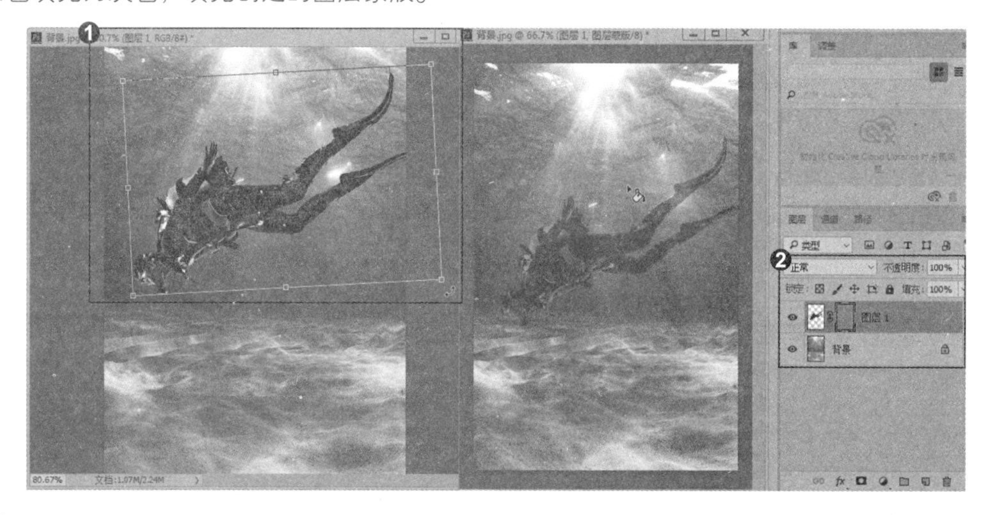

知识拓展

单击"图层" | "图层蒙版" | "显示全部"命令，可以创建一个显示图层内容的白色蒙版；单击"图层" | "图层蒙版" | "隐藏全部"命令，可以创建一个隐藏图层内容的黑色蒙版；如果图层中包含透明选区，则单击"图层" | "图层蒙版" | "从透明选区"命令，可将透明选区隐藏。

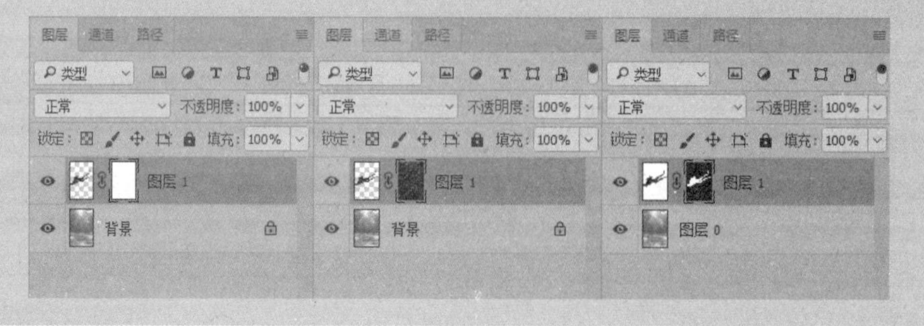

招式 185 从选区中生成蒙版

Q 在 Photoshop 中，蒙版怎么转换为选区?

A 按住 Ctrl 键，然后单击蒙版图层即可导入选区。

1. 打开图像素材

❶ 打开本书配备的“第 9 章 \ 素材 \ 招式 185\ 素材 .jpg”文件。❷ 选择工具箱中的 (快速选择工具)，在海雕上涂抹，选中海雕。

2. 变成选区

❶ 单击“选择”|“修改”|“收缩”命令，将选区收缩 2 个像素。❷ 按 Shift+F6 快捷键(执行“羽化”命令)设置“羽化半径”为 2 个像素。❸ 在“图层”面板中单击“添加矢量蒙版”按钮，给图层添加蒙版。

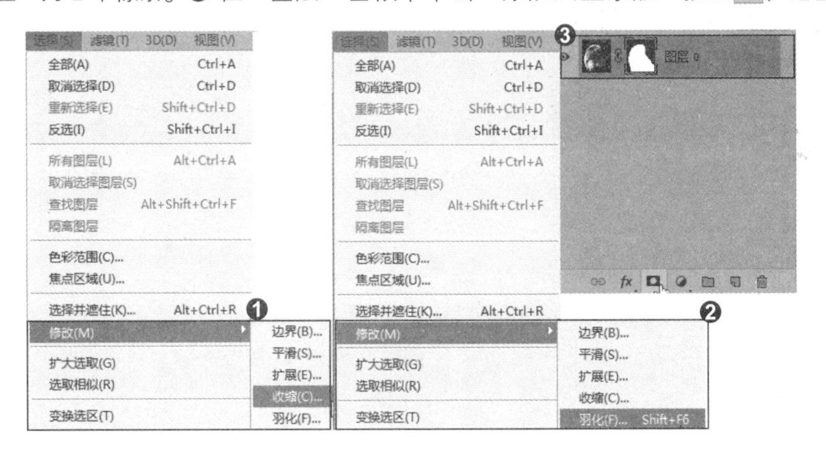

3. 移动素材图

❶ 打开本书配备的“第 9 章 \ 素材 \ 招式 185\ 背景图 .jpg”文件。❶ 使用 (移动工具) 将抠出来的海雕拖入到该文档中。

知识拓展

创建选区后，单击“图层”|“图层蒙版”|“显示选区”命令，基于选区创建图层蒙版；如果单击“图层”|“图层蒙版”|“隐藏选区”命令，则选区内的图像将被蒙版遮盖。

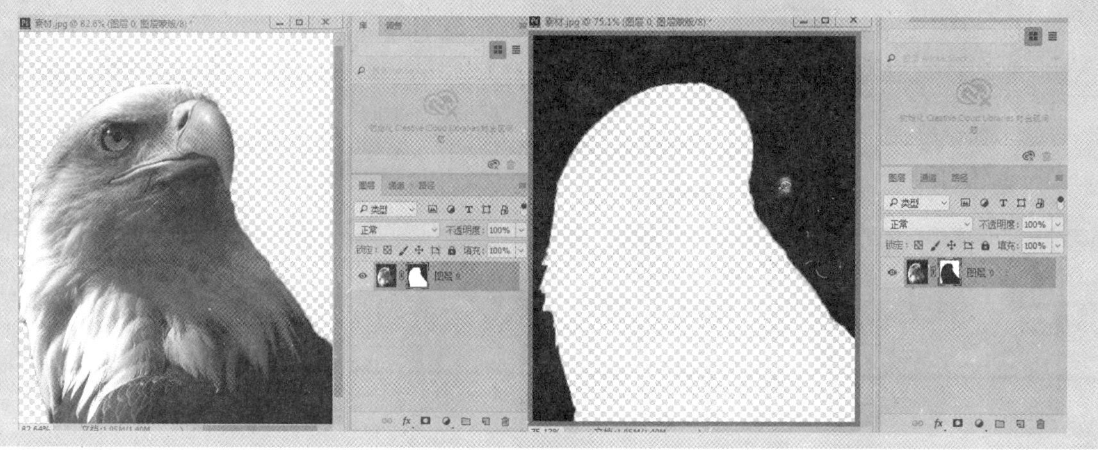

专家提示

剪贴蒙版可以应用于多个图层，但有一个前提，就是这些图层必须相邻。

招式 186 从通道中生成蒙版

Q 在 Photoshop 中，通道中编辑蒙版有几种方式？

A 有3种方式，第一种，在蒙版通道中编辑蒙版；第二种，在蒙版通道和复合通道（即双通道）中编辑蒙版；第三种，在复合通道中编辑蒙版。

1. 添加矢量蒙版

❶打开本书配备的“第9章\素材\招式186\素材1.jpg”文件。❷打开“通道”板面，将“蓝”通道拖动到“创建新通道”按钮上复制，得到蓝副本通道。❸按W键，选择工具箱中的（快速选择工具），在蓝副本通道上选择黑色区域，在“通道”面板上单击按钮，生成一个新的Alpha 1通道。❹返回“图层”面板单击“添加矢量蒙版”按钮。❺将冰棒抠出来的方法如上。

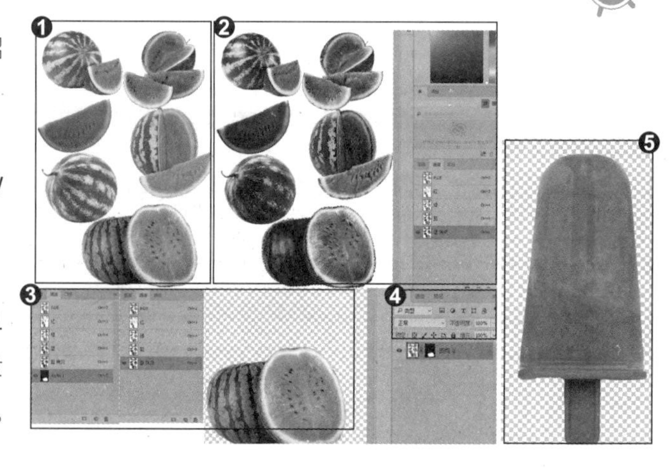

2. 填充背景

❶ 按 Ctrl+N 快捷键打开“新建文档”对话框，新建一个大小为 11cm × 14cm 的背景图。❷ 按 G 键，选择工具箱中的（渐变工具），在工具选项栏里按下“径向渐变”按钮。❸ 将前景色填充一个白色，背景色填充一个绿色，单击渐变颜色条，打开“渐变编辑器”对话框，在“预设”选项中选择一个预设的渐变。❹ 将背景图填充一个径向渐变的颜色。

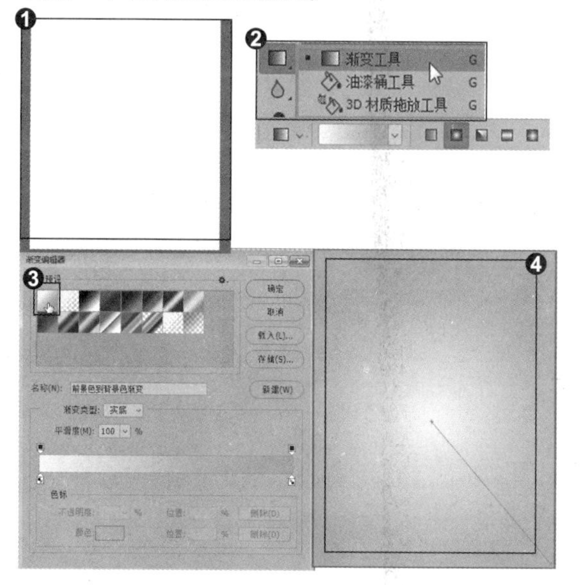

3. 移动图像素材

❶ 使用移动工具将“素材 1”与“素材 2”移动到背景图中。❷ 按 Ctrl+T 将素材 1 与素材 2 变换到合适大小，将素材 2 放到素材 1 上。❸ 按 W 键，选择工具箱中的（快速选择工具），选中冰棒。❹ 按 Shift+Ctrl+J 快捷键将选中的选区剪贴成一个新的图层。

4. 添加图层样式

❶ 返回到“图层 1”图层，按 Shift+Ctrl+J 快捷键将选中的选区剪贴成一个新的图层，按 Ctrl+D 快捷键取消选区，单击“图层 3”图层，按 Delete 键删除该图层。❷ 双击“图层 1”图层，在弹出的“图层样式”对话框左侧勾选“投影”复选框，设置参数单击“确定”按钮即可为图层添加效果。

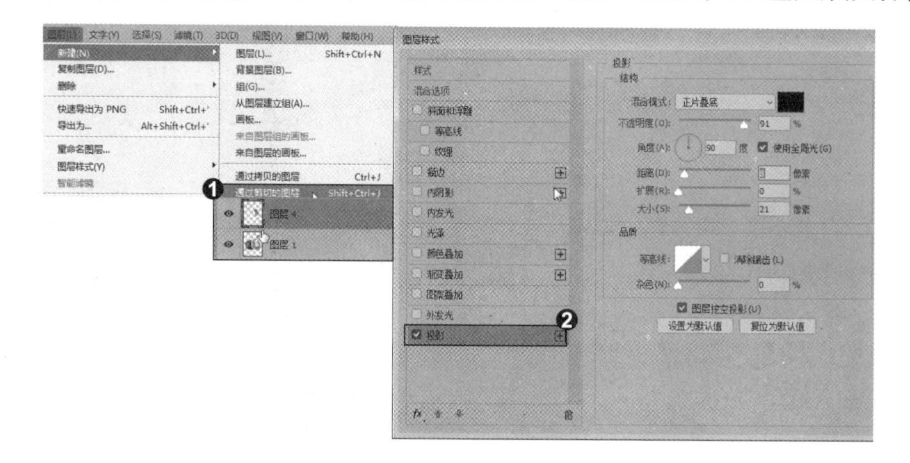

5. 添加图层样式

❶ 在“图层”面板中单击“图层 4”图层，然后单击该图层底部的“添加图层样式”按钮fx，打开“图层样式”对话框并进入相应效果的设置面板，勾选“内发光”“投影”和“光泽”效果，设置完效果参数以后，单击“确定”按钮即可为图层添加效果。❷ 双击“图层 2”图层，在对话框左侧勾选“投影”复选框，单击“确定”按钮即可为图层添加效果。

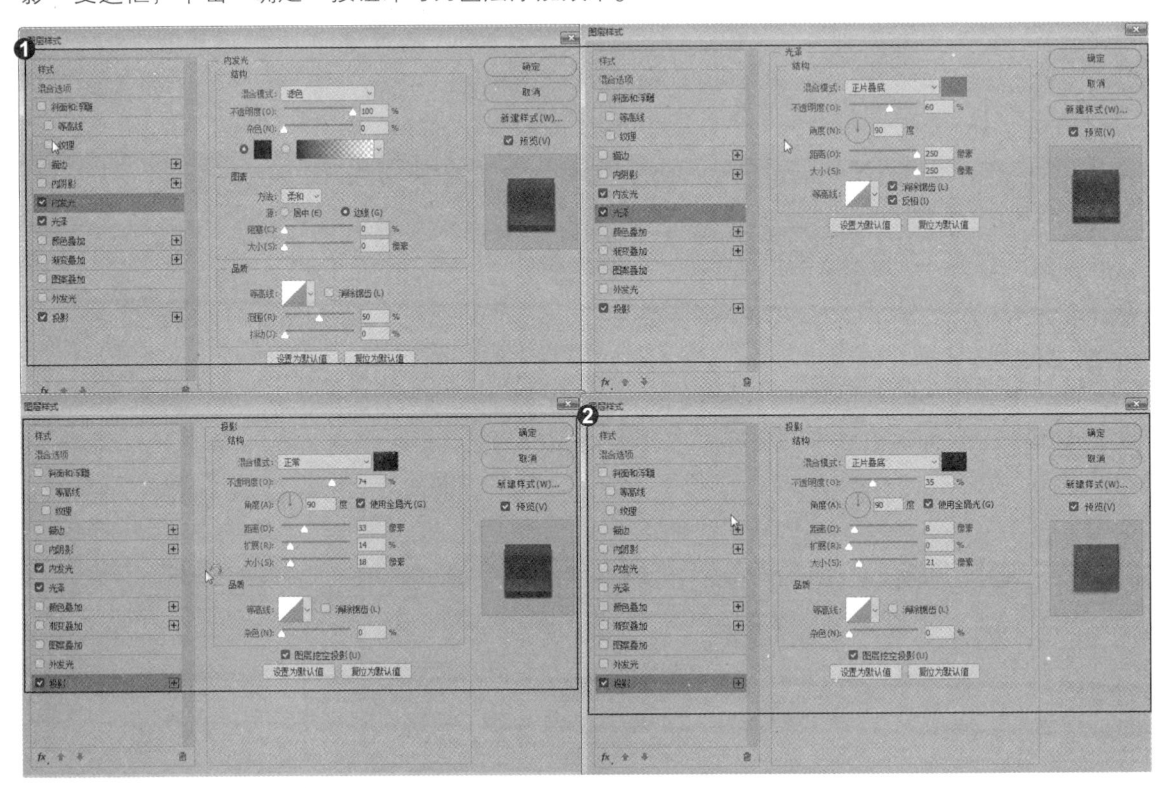

知识拓展

选择图层蒙版所在的图层，单击“图层”|“图层蒙版”|“应用”命令，可以将图层蒙版应用到图像中，并删除原先被蒙版遮盖的图像；单击“图层”|“图层蒙版”|“删除”命令，可以删除图层蒙版。

招式 187　使用通道对比制作圣诞贺卡

Q 在 Photoshop 中，怎么快速选择通道?

A 按 Ctrl+3 快捷键、Ctrl+4 快捷键、Ctrl+5 快捷键分别可以选择红、绿、蓝通道，如果要返回 RGB 复合通道查看色彩图像，可以按 Ctrl+2 快捷键。

1. 打开图像素材

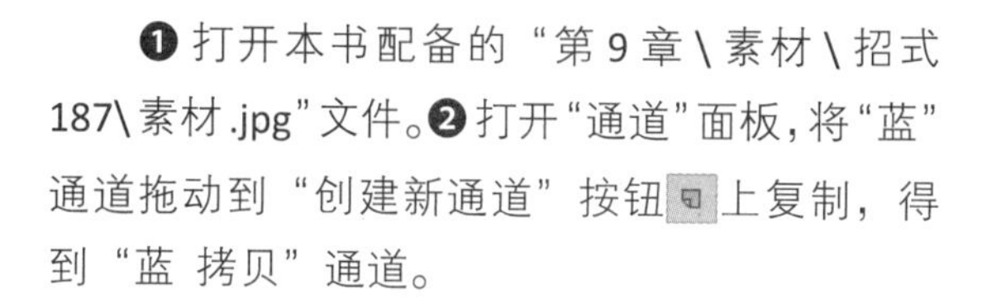

❶ 打开本书配备的“第 9 章 \ 素材 \ 招式 187\ 素材 .jpg”文件。❷ 打开“通道”面板，将“蓝”通道拖动到“创建新通道”按钮上复制，得到“蓝 拷贝”通道。

2. 径向模糊

❶ 按 Ctrl+L 快捷键打开“色阶”对话框，将阴影滑块和高光滑块向中间移动，增加对比度。❷ 按 W 键，选择工具箱中的（快速选择工具），选中白色区域，按 Crtl+Shift+I 快捷键反选，❸ 在“通道”面板上单击按钮，生成一个新的 Alpha 1 通道。❹ 返回到“图层”面板，单击“添加矢量蒙版”按钮。

3. 移动图像素材

❶ 打开本书配备的“第 9 章 \ 素材 \ 招式 187\ 背景图 .jpg”文件。❷ 使用移动工具将素材图移动到背景图上。❸ 按 Ctrl+T 快捷键显示定界框，按 Shift+Alt 快捷键将素材等比列缩小，放置在合适位置。

4. 添加图层样式

❶按Ctrl+T快捷键显示定界框，当光标变为↻形状时，旋转对象，放置在合适位置。❷在“图层”面板中单击“添加图层样式”按钮fx，打开“图层样式”对话框并进入相应效果的设置面板，选择阴影效果，设置完效果参数以后，单击“确定”按钮即可为图层添加效果，完成圣诞贺卡图像的制作。

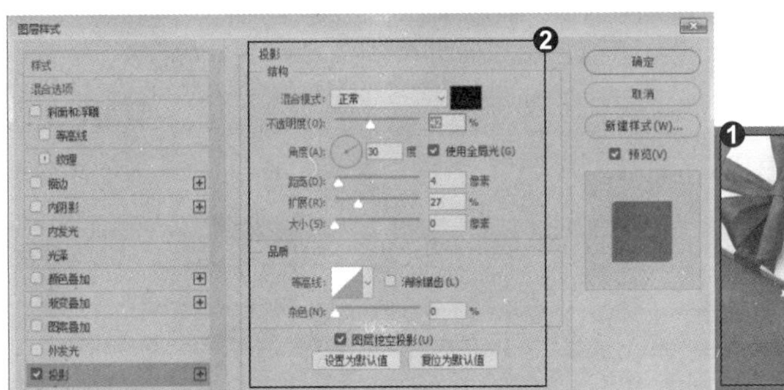

知识拓展

在“通道”面板中，单击各个通道进行查看，要注意查看哪个通道的图像边缘更加清晰，以便于抠图。除了运用上述方法复制通道外，还可以选中某个通道后，右击，在弹出的快捷菜单中选择“复制通道”命令。

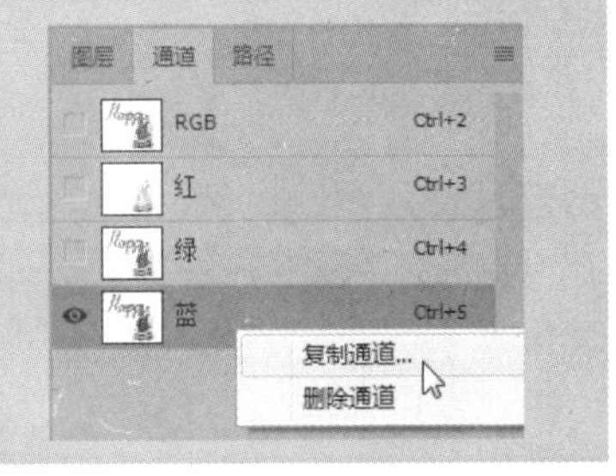

招式188 使用通道差异性合成音乐会海报

Q 利用通道的差异性合成图像，它的工作原理是什么呢？

A “通道”面板中每个通道代表不同的颜色通道，所呈现的图像明暗程度也会不一样。可以利用通道的明暗程度来抠图，再进行合成。

1. 打开图像素材

❶打开本书配备的“第9章\素材\招式188\素材2.jpg”文件。❷切换到“通道”面板上中。

2. 在“红”通道中创建选区

❶ 单击“红”通道，按 W 键，选择工具箱中的（快速选择工具），❷ 在工具栏中单击“添加到选区”按钮，在深色部位单击。

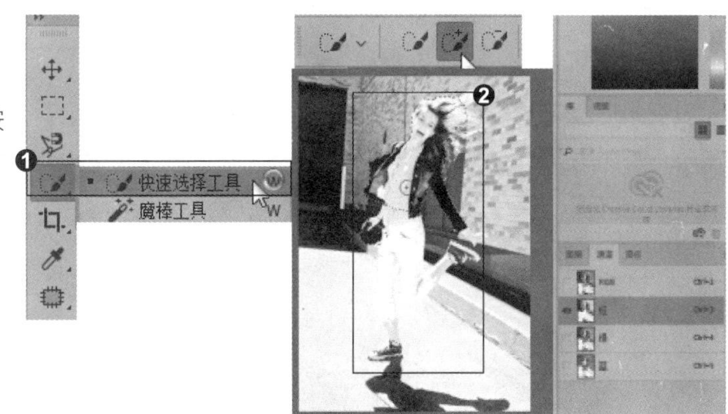

3. 在其他通道中创建选区

❶ 切换至“蓝”通道，同样地在深色部位单击，选中深色的人物。❷ 同理，在“绿”通道中选择深色人物。❸ 在“通道”面板中单击 RGB 通道，退出通道模式，返回 RGB 模式。

4. 在通道中抠取人物

❶ 打开本书配备的“第 9 章 \ 素材 \ 招式 188\ 素材 1.jpg、素材 3.jpg”文件。❷ 利用通道的差异性将“素材 1”与“素材 3”上的人物抠取出来，方法同上。

5. 移动素材图像

❶ 打开本书配备的“第 9 章 \ 素材 \ 招式 188\ 背景图 .jpg”文件。❷ 选择移动工具，将素材 1、素材 2 与素材 3 中选区内的内容拖动到该文档中。❸ 按 Ctrl+T 快捷键显示定界框，按住 Shift 键等比例缩小图像。❹ 使用移动工具，将素材 1、素材 2 和素材 3 移动到合适的位置。

知识拓展

图像的颜色模式不同，颜色通道的数量也不相同。RGB 图像包含红、绿、蓝和一个用于编辑图像内容的复合通道；CMYK 图像包含青色、洋红色、黄色、黑色和一个复合通道；Lab 图像包含明度、a、b 和一个复合通道；位图、灰度、双色调和索引的图像都只有一个通道。

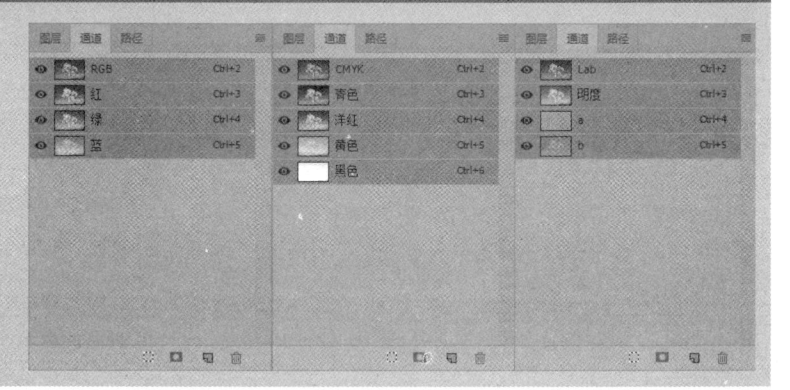

招式 189 使用“应用图像”命令制作沙滩海报

Q 在 Photoshop 中，“应用图像”命令有几种控制混合范围的方法?

A 两种，一种是勾选“保留透明区域”复选框，将混合效果限定在图层的不透明区域内；第二种方法是勾选“蒙版”复选框，显示出隐藏的选项，然后选择包含蒙版的图像和图层。

1. 打开图像素材

❶ 打开本书配备的“第 9 章 \ 素材 \ 招式 189\ 素材图 .jpg”文件。❷ 打开“通道”面板，将“蓝”通道拖动到“创建新通道”按钮上复制，得到“蓝 拷贝”通道。

2. 应用图像

❶ 单击“图像” | “应用图像”命令，在弹出的对话框中设置参数，❷ 单击“确定”按钮关闭对话框，按 Ctrl+L 快捷键，弹出“色阶”对话框，将阴影滑块和高光滑块向中间移动，增加对比度。

3. 创建选区

❶ 按 W 键，选择工具箱中的 (快速选择工具)。❷ 在工具栏中单击“添加到选区”按钮，在深色部位单击创建选区。

4. 移动素材图像

❶ 打开本书配备的“第 9 章 \ 素材 \ 招式 189\ 背景图 .jpg”文件。❷ 单击移动工具，将素材中选区内的内容拖动到该文档中。

5. 添加图层样式

❶ 在“图层”面板中单击“添加图层样式”按钮，打开“图层样式”对话框。❷ 选择阴影效果，设置相应的效果参数以后，单击“确定”按钮即可为图层添加效果。

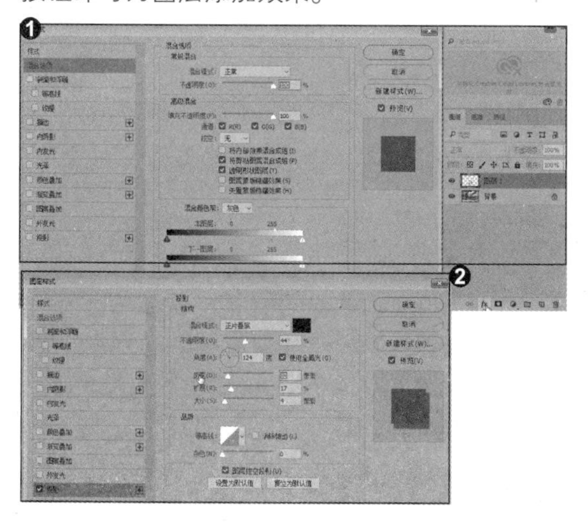

6. 扭曲图像素材

❶ 右击，在弹出的快捷菜单中选择“创建图层”命令，将阴影效果以图层展示。❷ 选择创建的阴影图层。按 Ctrl+T 快捷键显示定界框，单击鼠标右键切换到扭曲，将光标放置在定界框四周的控制点上，单击拖动鼠标扭曲对象。

知识拓展

“应用图像”命令包含“图层”面板中没有的两个混合模式：“相加”和“减去”。“相加”命令可以对通道（或图层）进行相加运算；“减去”命令可以对通道（或图层）进行相减运算。

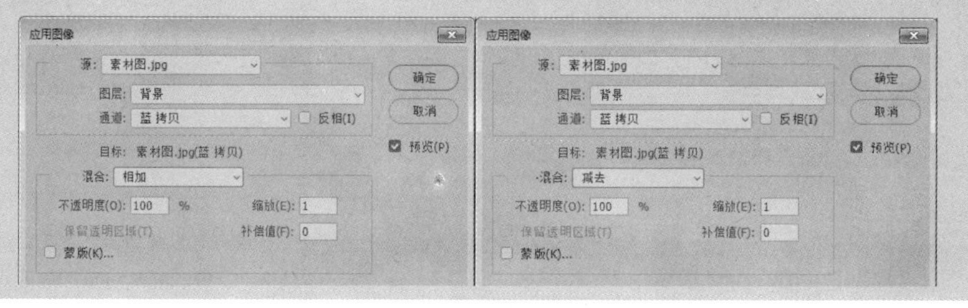

招式190 使用通道混合器合成冰雪世界

Q 在 Photoshop 中，专色通道与 Alpha 通道的区别是什么？

A Alpha 通道将选区存储为灰度图像。可以添加 Alpha 通道来创建和存储蒙版，这些蒙版用于处理或保护图像的某些部分。专色通道是在 CMYK 或 RGB 原有颜色的基础上再增加新的颜色。

1. 打开图像素材

❶ 打开本书配备的“第 9 章 \ 素材 \ 招式 190\ 素材 .jpg”文件。❷ 单击“调整”面板按钮，显示各个调整工具，单击“通道混合器”调整面板，勾选“单色”复选框。❸ 向左侧拖动红色滑块，减少输出通道中的红色；向右拖动蓝色滑块，增加输出通道中的蓝色。

2. 添加选区

❶ 单击“创建新的填充或调整图层”面板按钮，显示各个调整工具，单击“色阶”选项，调整面板，将阴影和高光滑块向中间移动，增强色调的对比度。❷ 按住 Ctrl 键单击“通道”面板中的 RGB 通道，载入树素材的选区。❸ 按住 Alt 键双击“背景”图层，将它转换为普通图层，单击按钮添加图层蒙版。❹ 单击其他图层前面的眼睛图标，隐藏调整图层，只显示树图层。

3. 移动图像素材

❶ 打开本书配备的“第 9 章\素材\招式 190\背景图.jpg”文件。❷ 使用移动工具，将抠出来的树拖入该文档中。❸ 单击工具箱中的（橡皮擦工具），将多余白色雪地给擦拭掉。

4. 旋转与缩放

❶ 按 Ctrl+T 快捷键显示定界框，按住 Shift 键缩小树。❷ 按 Ctrl+T 快捷键显示定界框，单击鼠标右键切换到扭曲，将光标放置在定界框四周的控制点上，单击拖动鼠标扭曲对象。

5. 调整色调

❶ 按 Ctrl+B 快捷键设置图像的色彩平衡。❷ 在“图层”面板中单击“添加图层样式”按钮，在弹出的快捷菜单中选择“混合选项”命令。

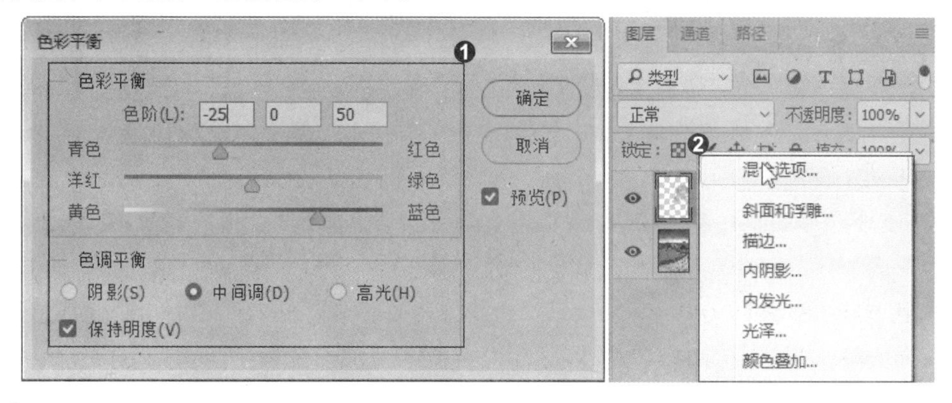

6. 添加图层样式

❶勾选“投影”复选框，设置相应的效果参数以后，单击“确定”按钮即可为图层添加效果。❷勾选“内发光”复选框，设置参数，沿图层内容的边缘向内创建发光效果。❸按 Ctrl+J 快捷键复制图层。

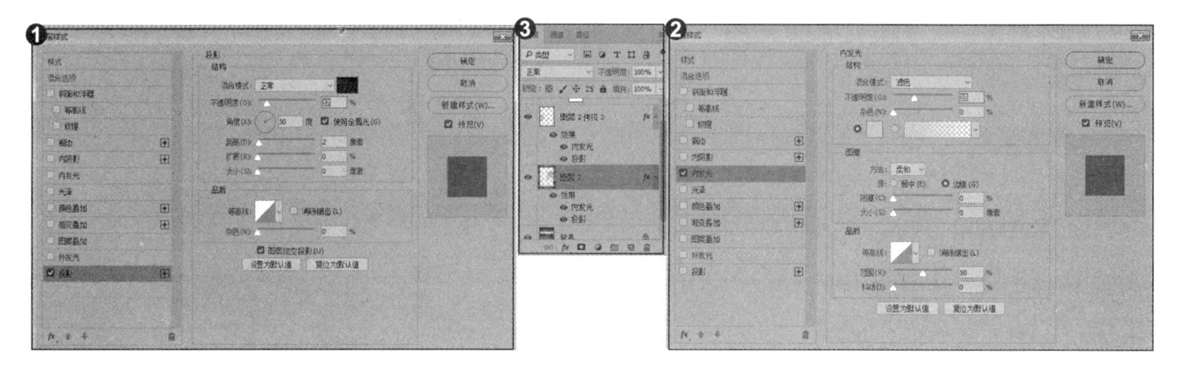

7. 调整色调

❶单击“创建新的填充或调整图层”按钮，显示各个调整工具，单击“曲线”选项。❷打开“曲线”对话框，单击曲线可添加控制点，拖动控制点，改变曲线的形状以调亮图像的色调。

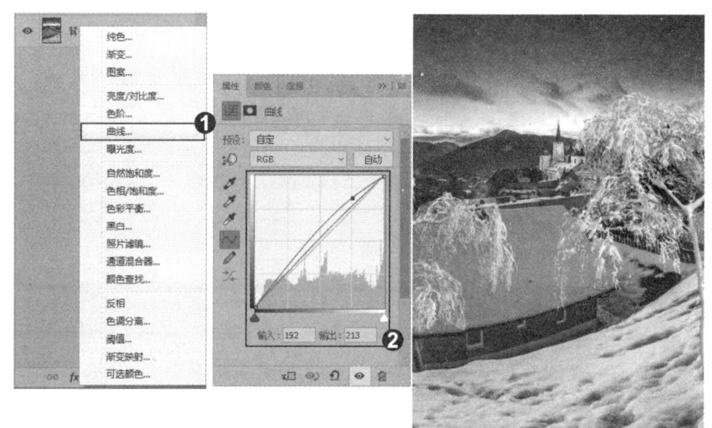

知识拓展

编辑 Alpha 通道时，文档窗口中只显示通道中的图像，这使得我们某些操作，如描绘图像边缘时会看不到色彩而不够准确。单击复合通道前的眼睛图标按钮，Photoshop 会显示图像并以一种颜色替代 Alpha 通道的灰度图像。

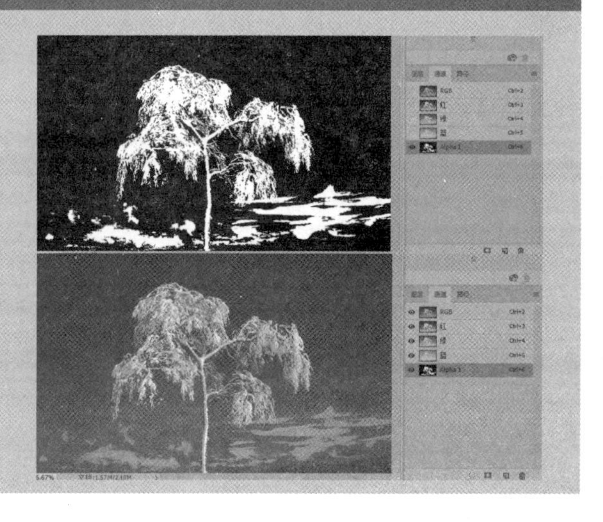

招式 191 使用“计算”命令抠取人物发丝

Q 在 Photoshop 中，“应用图像”命令与“计算”命令有何区别?

A “应用图像”命令需要先选择要被混合的目标通道，之后再打开“应用图像”对话框指定参与混合的通道。“计算”命令不会受到这些限制，打开“计算”对话框以后，可以任意指定目标通道。因此，“计算”命令更加灵活。

1. 计算命令

❶ 打开本书配备的“第 9 章 \ 素材 \ 招式 191\ 素材 .jpg”文件。❷ 切换至“通道”面板，单击“蓝”通道，选择“图像”|“计算”命令，将通道进行重叠运算，得到一个新通道。

2. 设置色调

❶ 按 Ctrl+M 快捷键，打开“曲线”对话框，分别选择“在图像中取样以设置白场”和“在图像中取样以设置黑场”，分别吸取背景和头发。❷ 选择工具箱中的（画笔工具），将笔尖的硬度设置为 80%，前景色设置为黑色，在人物面部涂抹。

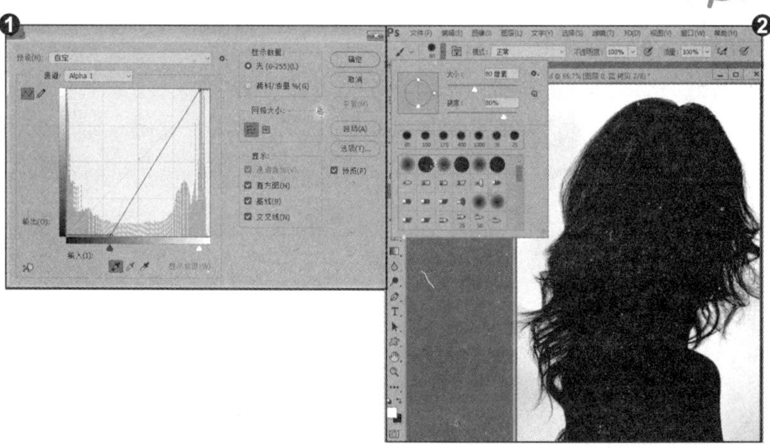

3. 载入选区

❶ 单击“通道”面板底部的“将通道作为选区”按钮，载入制作好的选区。❷ 按 Alt 键双击“背景”图层，将背景图层转化为普通图层，单击“图层”面板底部的“添加图层蒙版”按钮，将背景隐藏。

4. 移动素材图像

❶ 打开本书配备的“第 9 章 \ 素材 \ 招式 191\ 背景图 .jpg”文件。❷ 使用移动工具，将抠出来的人像拖入该文档中。

知识拓展

使用通道抠图时，不管使用什么样的命令与工具(如色阶、曲线、应用图像、计算等)，目的只有一个，就是加强黑白对比，将要抠取部分处理为白色，其他部分处理为黑色。

专家提示

计算”对话框中的“图层”“通道”“混合”“不透明度”“蒙版”等选项与“应用图像”命令相同。

招式 192 使用高级蒙版抠闪电

Q 在 Photoshop 中，高级蒙版与图层蒙版、剪贴蒙版和矢量蒙版有什么区别?

A 混合颜色带是一种特殊的高级蒙版，它可以快速隐藏像素。图层蒙版、剪贴蒙版和矢量蒙版都只能隐藏一个图层中的像素，而混合颜色带不仅可以隐藏一个图层中的像素，还可以使下面图层中的像素穿透上面的图层显示出来。

1. 打开图像素材

❶ 打开本书配备的“第 9 章 \ 素材 \ 招式 192\ 背景图 .jpg”文件。❷ 选择工具箱中的(移动工具)，将素材图拖入到背景图上。

2. 创建高级蒙版

❶ 双击“图层 1”图层，打开“图层样式”对话框。❷ 按住 Alt 键单击“图层样式”中的黑色滑块，将它分开，将右半边滑块向右侧拖至靠近白色滑块处。

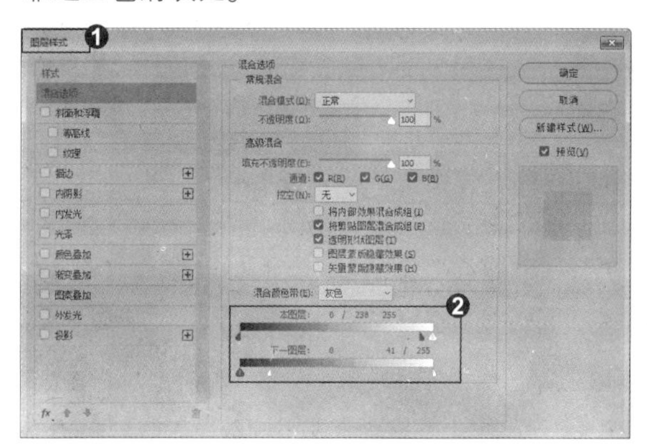

3. 添加图层蒙版

❶ 单击“图层”面板中的“添加图层蒙版”按钮，为“图层 1”图层添加图层蒙版。❷ 选择（渐变工具），按住 Shift 键在交界处单击并向上拖动鼠标，填充黑白线性渐变。❸ 按 Ctrl+J 快捷键，复制闪电图层。

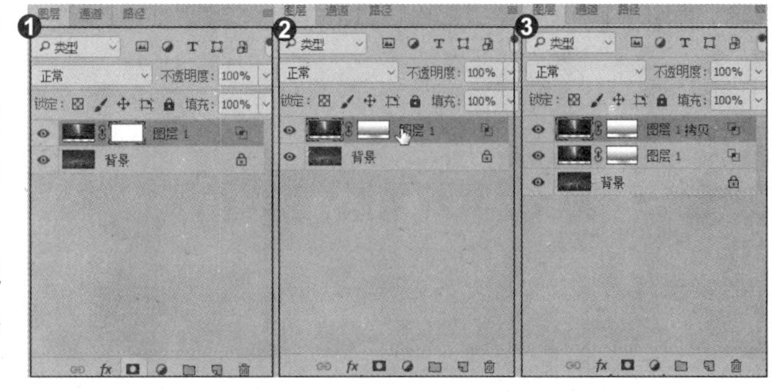

专家提示

将滑块分开以后，可以在透明与非透明区域之间创建半透明的过渡区域。

知识拓展

如果同时调整了本图层和下一图层的滑块，则图层的盖印结果只能是删除本图层滑块所隐藏的区域中的图像。

招式 193　使用混合颜色带抠烟花

Q 在 Photoshop 中，怎么用混合颜色带将隐藏的像素显示出来?

A 重新打开“图层样式”对话框后，将滑块拖回原来的起始位置，便可以将隐藏的像素显示出来。

1. 移动图像素材

❶ 打开本书配备的“第 9 章 \ 素材 \ 招式 193\ 背景图 .jpg、素材 1.jpg、素材 2.jpg”文件。❷ 使用 (移动工具) 将素材图 1 与素材图 2 移动到背景图上。

2. 旋转与缩放

❶ 按 Ctrl+T 快捷键显示定界框，按住 Shift+ Alt 快捷键等比例缩小烟花。❷ 按 Ctrl+T 快捷键显示定界框，单击鼠标右键切换到扭曲，将光标放置在定界框四周的控制点上，单击拖动鼠标扭曲对象。

3. 创建高级蒙版

❶ 双击“图层 1”图层，弹出“图层样式”对话框，按住 Alt 键拖动本图层中的黑色滑块，将滑块分开，将右半部分定位在色阶 72 处。❷ 双击“图层 2”图层，弹出“图层样式”对话框，按住 Alt 键拖动本图层中的黑色滑块，将滑块分开，将右半部分定位在色阶 68 处。

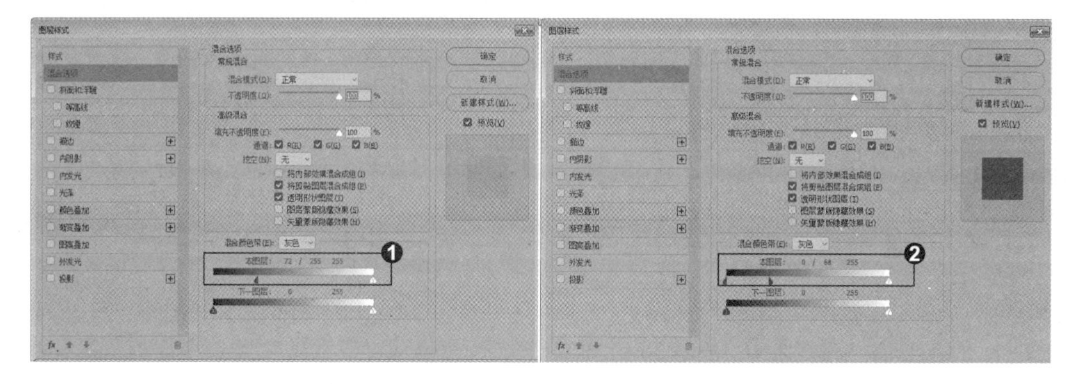

4. 添加矢量蒙版

❶ 按住 Alt 键，单击背景图层上的眼睛图标，只显示该图层，隐藏其他图层。❷ 单击工具箱中的 (快速选择工具)，在工具栏中勾选“对所有图层取样”复选框，然后选中铁塔的上半部分。

5. 调整图像色调

❶ 单击“创建新的填充或调整图层”面板按钮，显示各个调整工具，单击“色相/饱和度”选项，拖动滑块调整颜色，增强饱和度。❷ 按 Alt+Ctrl+G 快捷键，创建剪贴蒙版，使色调只对“背景图”有效，不影响其他图层的色调。

知识拓展

混合颜色带是一种非常特殊的蒙版。它的独特之处体现在，既可以隐藏当前图层中的图像，也可以让下面层中的图像穿透到当前层显示出来，或者同时隐藏当前图层和下面层中的部分图像。混合颜色带只有在对象与背景之间色调差异较大时，混合颜色带才能发挥效果，而且背景尽量要简单、没有烦琐的内容才好。混合颜色带常用来抠火焰、烟花、云彩、闪电等。

专家提示

使用混合滑块只能隐藏像素，而不是真正删除像素。重新打开“图层样式”对话框后，将滑块拖回原来的起始位置，便可以将隐藏的像素显示出来。

路径与文本的应用

在 Photoshop 中，路径是指使用贝塞尔曲线构成的一段闭合或开放的曲线段，它主要用于绘制光滑线条、图像区域选择以及在选择区域之间进行转换。路径主要由锚点、方向点、平滑点、角点等元素组成。锚点标记路径段的端点。通过编辑路径的锚点，可以修改路径的形状。

招式 194 绘制转角曲线

Q 在 Photoshop 中使用钢笔工具可绘制曲线，但是如何绘制一些弧度或者精确的心形等转角曲线呢?

A 在绘制转角曲线时，打开“网格”与“标尺”功能，再用钢笔工具，可以绘制出精确的转角曲线。

1. 打开图像素材

❶ 打开本书配备的“第 10 章 \ 素材 \ 招式 194\ 背景图 .jpg”文件。❷ 单击“图层”面板底部的“创建新图层”按钮，新建图层。

2. 显示网格

❶ 单击“视图”|“显示”|“网格”命令，❷ 在画布中显示网格。

3. 显示标尺

❶ 单击“视图”|“标尺”命令，❷ 在 Photoshop 中的视图边缘会出现尺子一样的工具，❸ 将鼠标放在标尺上，按住鼠标左键往画布中拖动到需要的地方 (有吸附作用)，作为辅助线。

4. 绘制路径

❶ 按 P 键，选择工具箱中的 (钢笔工具)，设置工具选项栏中的“模式”为“路径”，❷ 在图像上单击，大致绘制出爱心形状的工作路径。

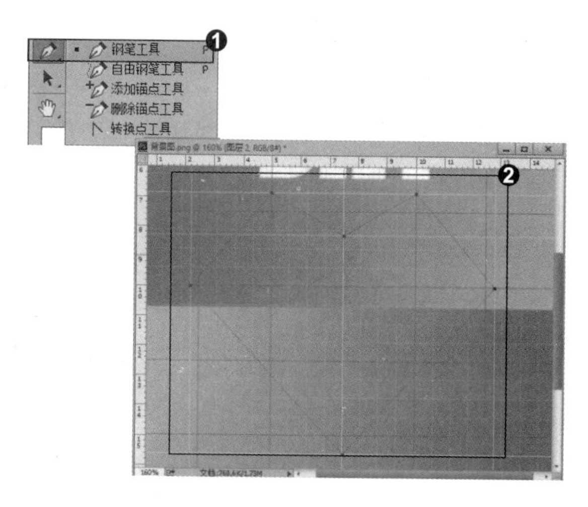

5. 选择转换点工具

❶ 选择工具箱中的 (转换点工具)，❷ 将光标放置在需要更改的路径锚点上，出现一个小尾巴一样的方向线，可以将直线转换为曲线。❸ 拖动方向线，调整所有路径锚点。

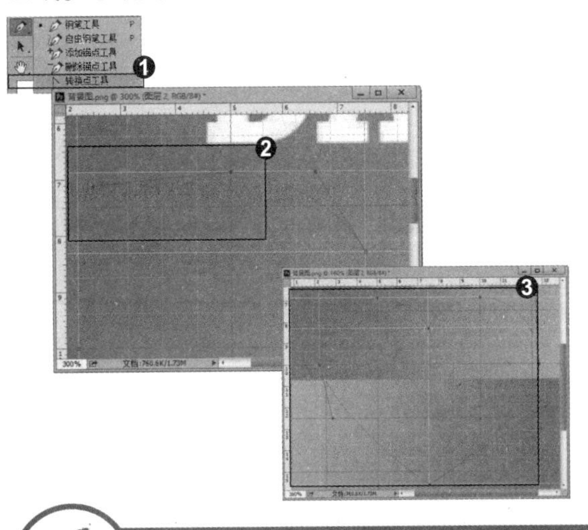

6. 转角曲线绘制完成

❶ 按住 Ctrl 键，在画布上单击，可隐藏路径锚点。❷ 在"路径"面板单击"用前景色填充路径"按钮，给路径填充颜色。❸ 爱心形状的绘制完成，添加文字，复制爱心，调整大小与位置，完成海报制作。

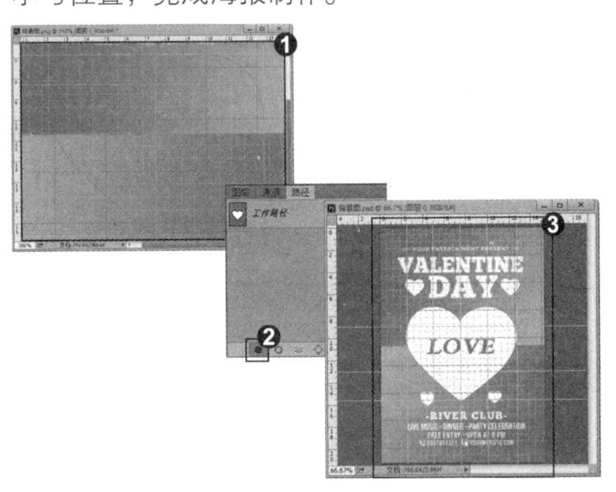

知识拓展

选择工具箱中的 (钢笔工具)，在工具选项栏中选择"路径"选项。❶ 将光标移至画面中，当光标变为 状时，单击可创建一个锚点。❷ 释放鼠标，将光标移至下一处单击，创建第二个锚点，两个锚点会连接成一条由角点定义的直线路径。❸ 在其他区域单击可继续绘制直线路径。❹ 将光标放置在路径的起点，当光标变为 状时，单击即可闭合路径。

专家提示

直线的绘制方法比较简单，在操作时只能单击，不要拖动鼠标，否则将创建曲线路径。如果要绘制水平、垂直或 45 度角 Wie 增量的直线，可以按住 Shift 键操作。

专家提示

在绘制矩形、圆形、多边形、直线和自定义形状时，创建形状的过程中按住空格键并拖动鼠标，可以移动形状。

招式 195 创建自定义形状

Q 如果自定义形状工具中预设的形状没有所需要的，那么可以自己创建新的自定义形状吗？

A 我们可以将一些可重复使用的形状创建为自定义形状，保存在自定义形状工具中方便使用。

1. 打开图像素材

❶ 打开本书配备的“第 10 章 \ 素材 \ 招式 195\ 自定义形状 .jpg”文件。❷ 按 U 键，选择工具箱中的（矩形形状工具），按 Shift+U 快捷键切换至（椭圆形状工具）。

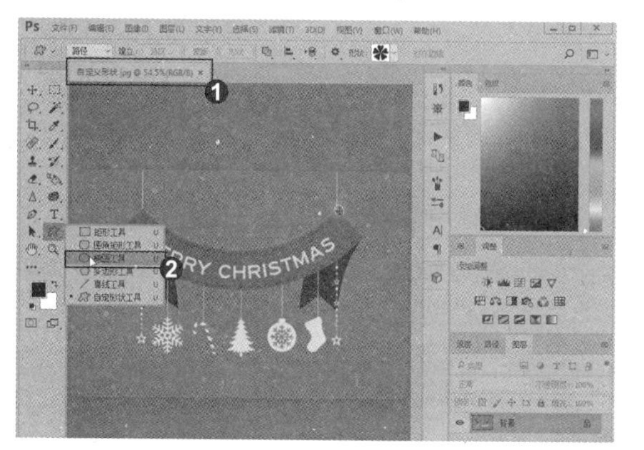

2. 绘制花朵形状

❶ 在图像上单击，拖动鼠标绘制椭圆形状，按住 Shift 键绘制的椭圆形状变为等比例的正圆形状。❷ 单击拖动鼠标绘制椭圆形状。

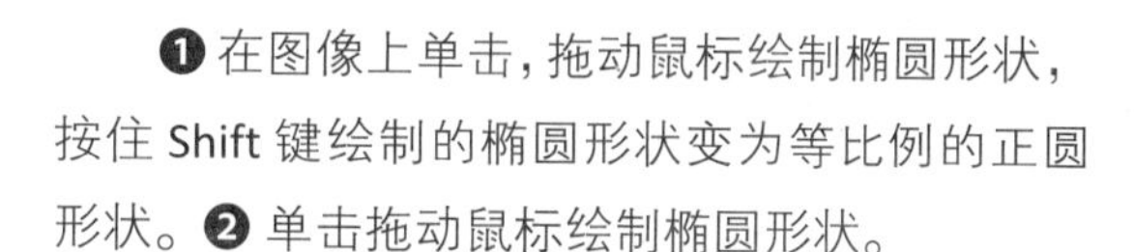

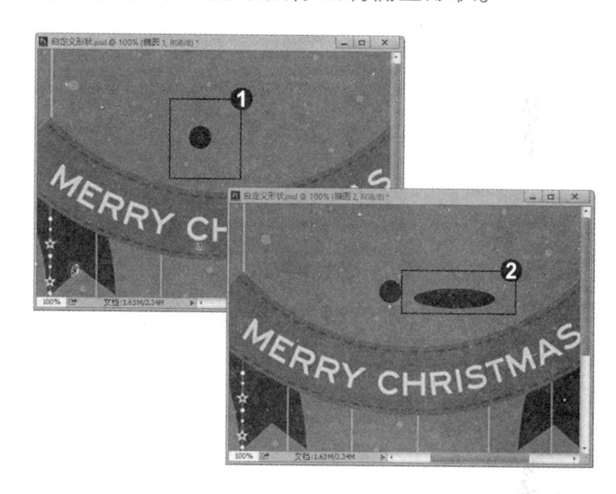

3. 旋转椭圆

❶ 按 Ctrl+J 快捷键复制椭圆形状，按 Ctrl+T 快捷键旋转形状。❷ 按住 Alt 键将旋转中心点移到正圆的中心位置，❸ 在工具选项栏中设置旋转角度，按 Enter 键确认。

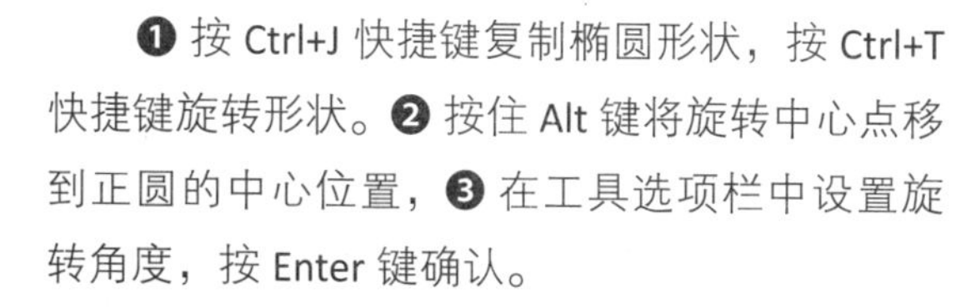

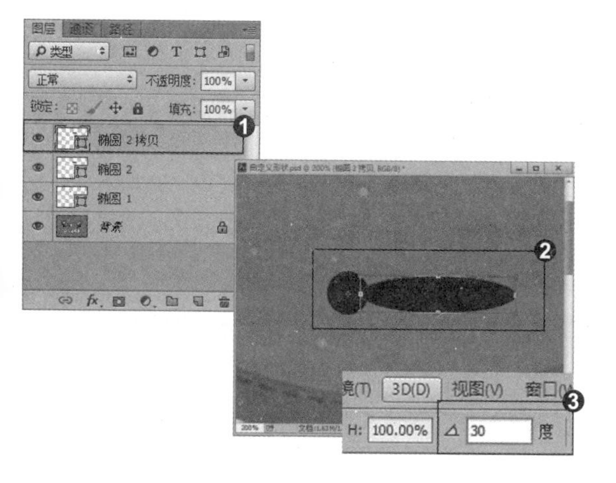

4. 复制旋转椭圆

❶ 按 Ctrl+J 快捷键复制形状，按 Ctrl+Shift+Alt+T 快捷键，则自动出现旋转图形的新图层，重复按 Ctrl+Shift+Alt+T 快捷键再制作图形。❷ 在“图层”面板中选择所要隐藏的图层，单击指示图层可见性按钮，隐藏辅助椭圆。

5. 合并形状

❶ 在“图层”面板按 Shift 键加选需要合并的图层。❷ 右击弹出面板，选择“合并形状”命令，或按 Ctrl+E 快捷键合并形状。

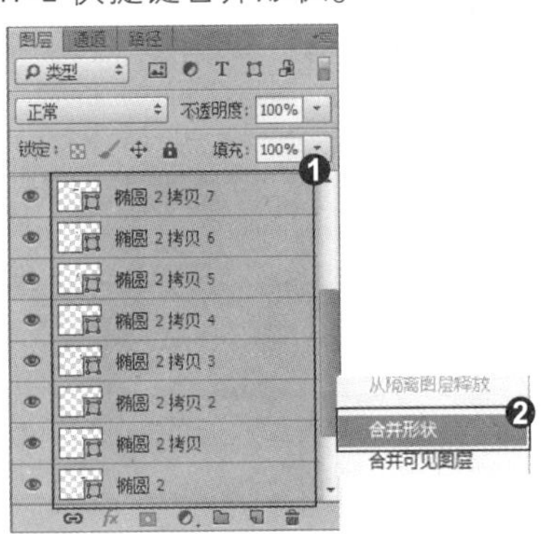

6. 自定义形状

❶ 单击“编辑”｜“定义自定形状”命令。❷ 在弹出的“形状名称”对话框中设置名称，单击“确定”按钮。

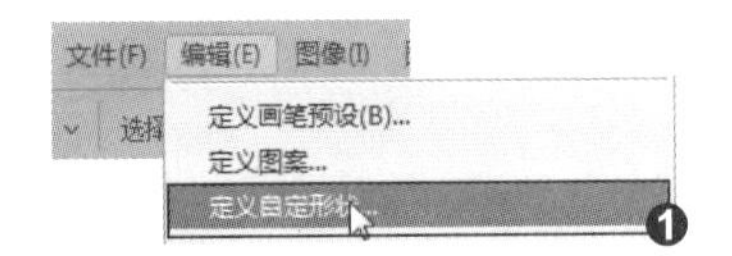

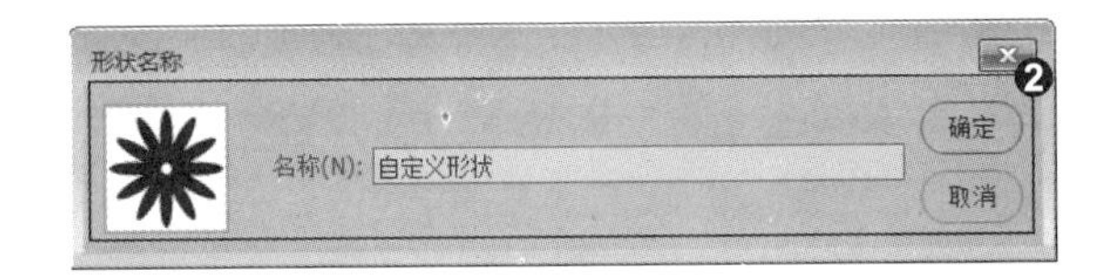

7. 自定义形状创建完成

❶ 按 U 键，选择工具箱中的（矩形形状工具），按 Shift+U 快捷键切换至（自定形状工具），❷ 打开工具选项栏的“自定形状拾色器”下拉列表，单击创建的花朵形状，❸ 按 Shift 键拖动鼠标绘制出图形，按 Shift+T 快捷键改变图形的大小和位置。

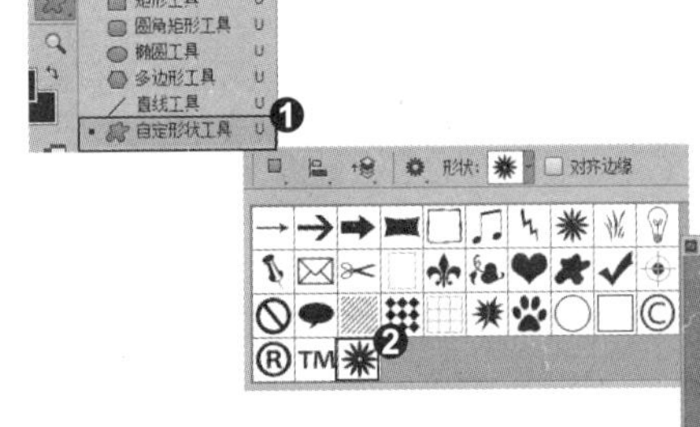

知识拓展

选择钢笔工具，在工具选项栏中单击自定形状右侧的按钮，❶ 打开下拉面板，勾选“橡皮带”复选框。❷ 在绘制路径时，可以预先看到将要创建的路径段，从而判断出路径的走向。

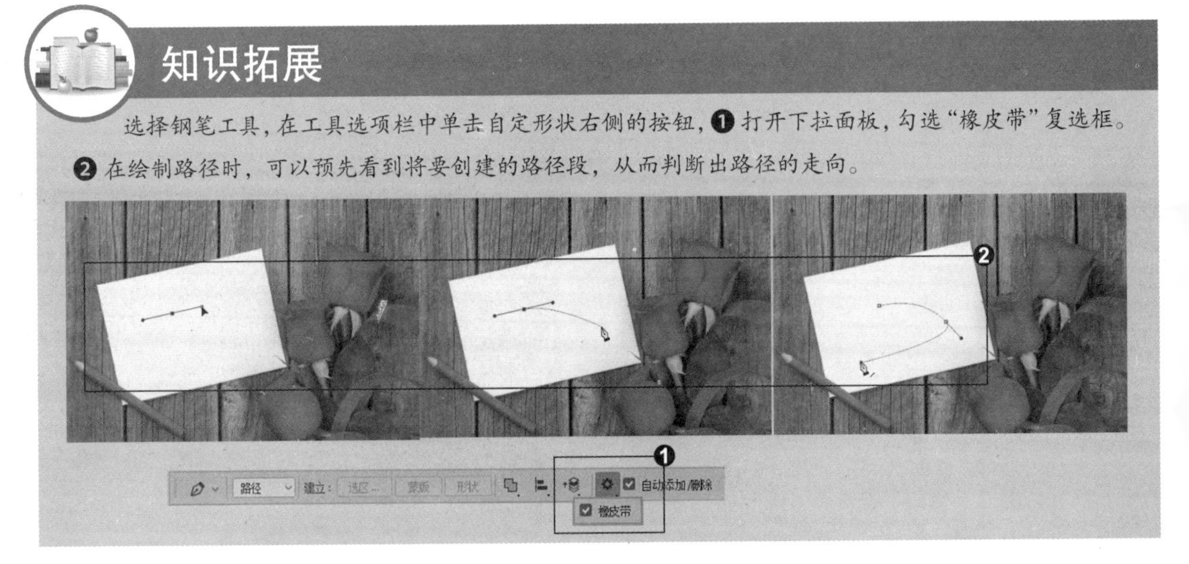

招式 196 使用钢笔工具绘制 LOGO

Q Photoshop 中的钢笔工具可以绘制曲线和不规则的图形，那么是否适合用于绘制 LOGO 呢？

A 钢笔工具绘制的图形称为路径，创建路径之后还可以再编辑路径，是用于绘制 LOGO 很好的工具。

1. 新建文档

❶ 启动 Photoshop 软件后，按 Ctrl+N 快捷键打开“新建文档”对话框，设置参数，❷ 单击“确定”按钮，新建一个深蓝色的文档。❸ 按 P 键，选择工具箱中的（钢笔工具），在工具选项栏中设置钢笔类型为“路径”。

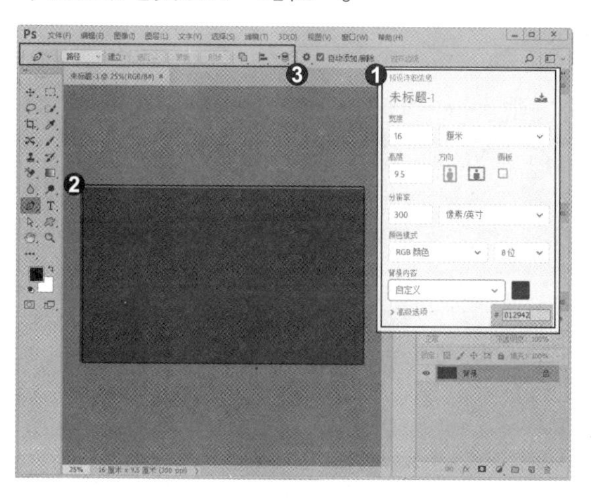

2. 调整路径

❶ 新建锚点，将 LOGO 的轮廓勾勒出来。❷ 按住 Alt 键调整锚点，将直线转换成曲线，或选择工具箱中的（钢笔工具），使用转换点工具调整路径。❸ 右击选择“建立选区”命令，弹出“建立选区”对话框。

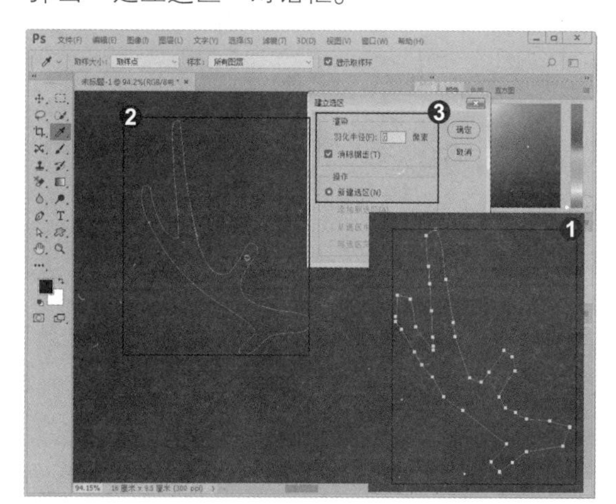

3. 填充颜色

❶ 将前景色设置为金黄色 (#f6ff00)，按 Alt+Delete 快捷键填充前景色，按 Ctrl+D 快捷键取消选区。❷ 按 Ctrl+J 快捷键拷贝填充图层，按 Ctrl+T 快捷键显示定界框，水平翻转图像。❸ 按 Enter 键确认。选择工具箱中的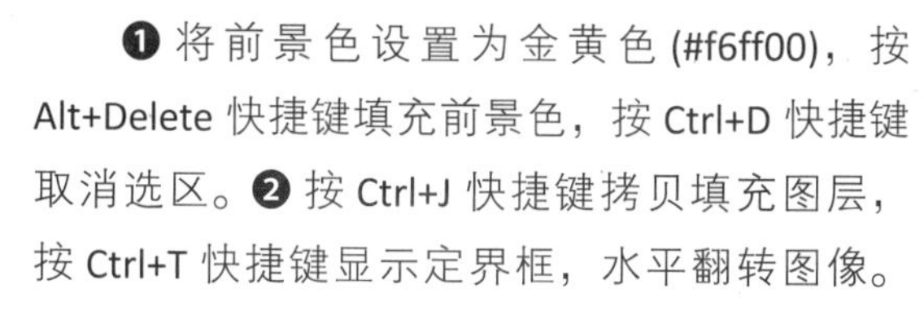（横排文字工具），输入文字。

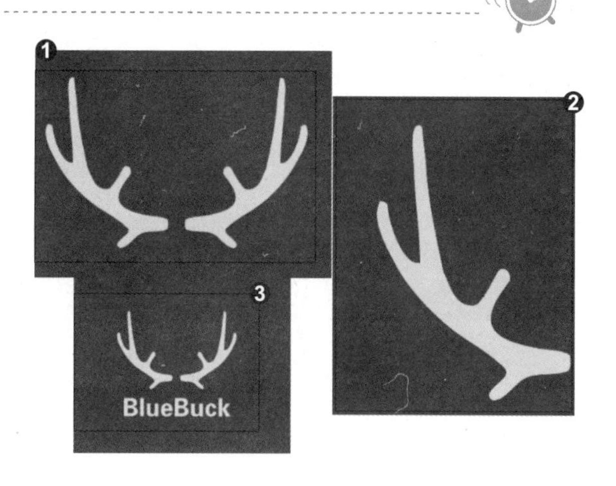

知识拓展

使用路径工具绘制路径后，选择工具箱中的（添加锚点工具），❶ 将光标放在路径上，当光标变为形状时，单击可以添加一个角点；❷ 单击并拖动鼠标，可以添加一个平滑点。选择（删除锚点工具），❸ 将光标放在锚点上，当光标变为形状时，单击可删除该锚点；❹ 使用（直接选择工具）选择锚点后，按 Delete 键也可以将其删除，但该锚点两侧的路径也会同时删除；如果路径是闭合式路径，则会变为开放式路径。

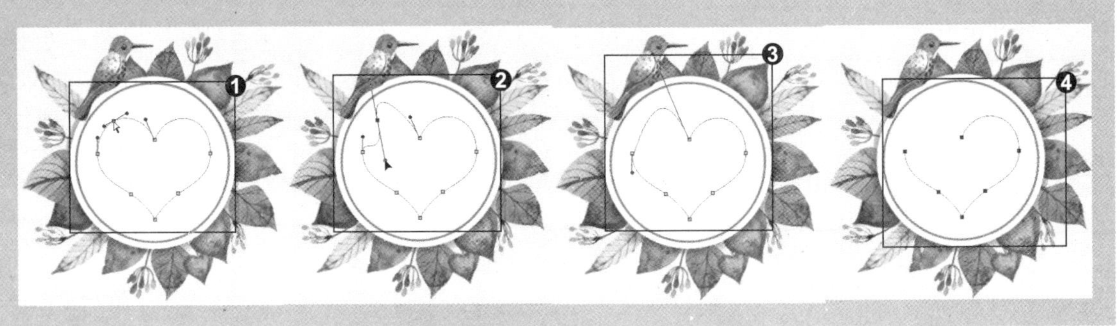

专家提示

使用（直接选择工具）时，按住 Ctrl+Alt 快捷键（可切换为转换点工具）单击并拖动锚点，可将其转换为平滑点；按住 Ctrl+Alt 快捷键单击平滑点可将其转换为角点。使用（钢笔工具）时，将光标放置在锚点上时，按住 Alt 键（可切换为转换点工具）单击并拖动角点可将其转换为平滑点；按住 Alt 键单击平滑点则可将其转换为角点。

专家提示

使用钢笔工具时，按住 Ctrl 键单击路径可显示锚点，单击锚点则可选择路径；按住 Ctrl 键拖动方向点可以调整方向线。

招式 197 复制和删除路径

Q 在 Photoshop 中可以通过钢笔工具或矩形工具绘制路径，那么绘制好的路径是否可以复制到另外一个图像当中呢？

A 在工具箱中选择路径选择工具，可以用于路径的复制或删除。

1. 打开图像素材

❶ 打开本书配备的“第 10 章 \ 素材 \ 招式 197\ 背景图 .jpg”文件。❷ 单击“图层”面板底部的“创建新图层”按钮，新建图层。

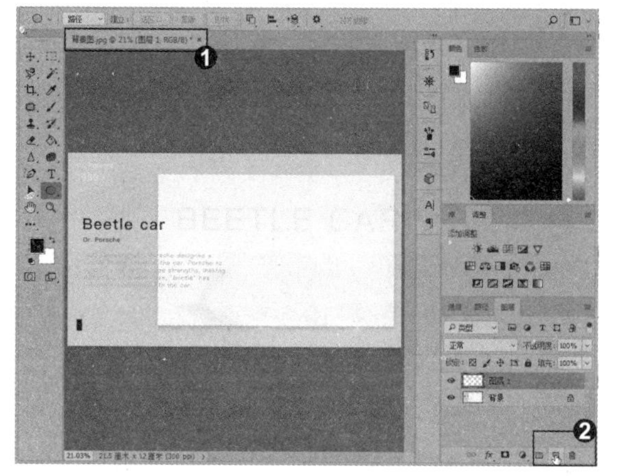

2. 绘制路径

❶ 按 P 键，选择工具箱中的（钢笔工具），在工具选项栏中设置钢笔类型为“路径”。❷ 在图像中绘制出汽车的路径。

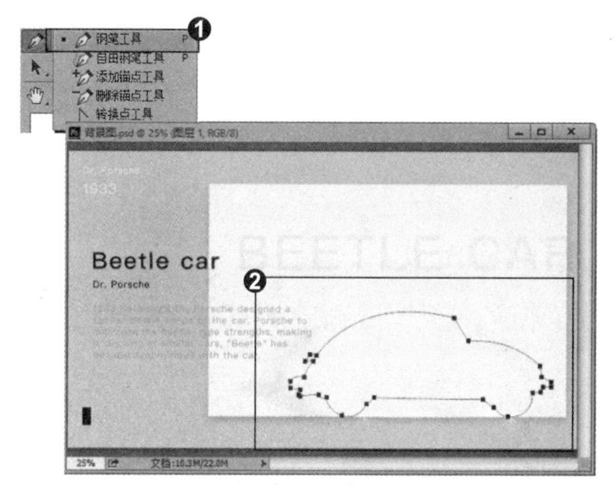

3. 复制路径到同一图像

❶ 按 A 键，选择工具箱中的（路径选择工具），在图像中单击路径，可选中路径，右击选择“描边路径”命令。❷ 按住 Alt 键拖动图像，复制路径。

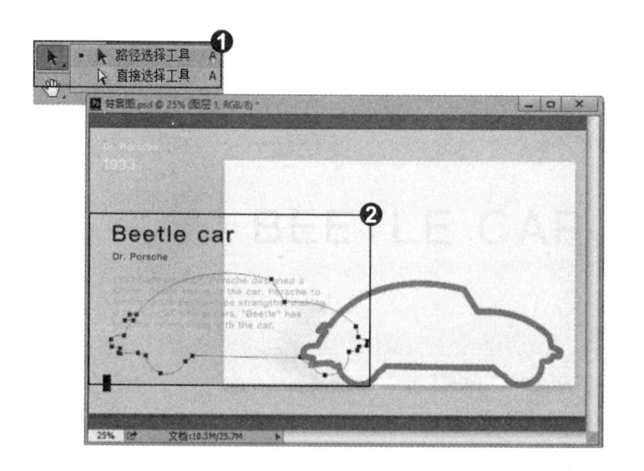

4. 复制路径到另一图像

❶ 单击“文件”|“新建”命令，新建文件。❷ 按住鼠标左键在图像中将路径向上拖动至标题栏处的新建图像，❸ 则在新建图像中显示复制的路径，右击选择“描边路径”命令，对路径进行描边。

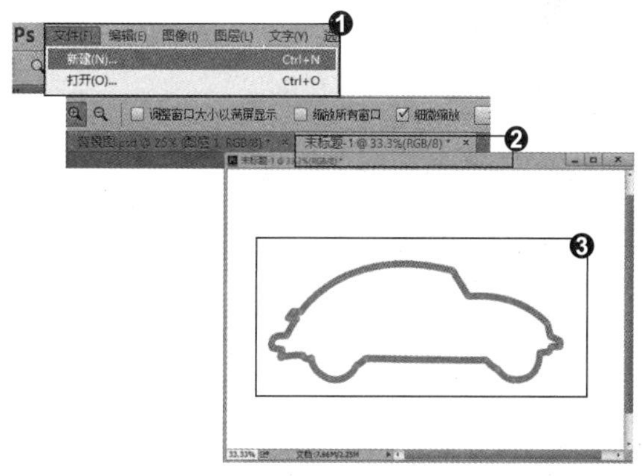

5. 删除路径

❶ 按 A 键，选择工具箱中的（路径选择工具），在图像中单击路径，按 Delete 键可直接删除路径。❷ 在“路径”面板，在“工作路径”上单击右键，在弹出的快捷菜单中选择“删除路径”命令，可直接删除路径。❸ 选择“工作路径”，按住鼠标拖曳到底部的“删除路径”按钮上，❹ 或直接选择“删除路径”命令，即可删除路径。

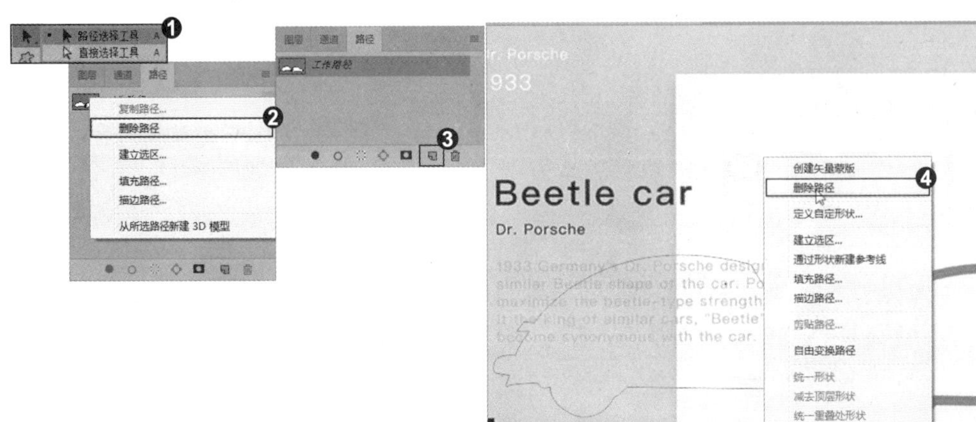

知识拓展

如果文档中包含多条路径，选择工具箱中的 (路径选择工具) 选择多个子路径，单击工具选项栏中的对齐与分布按钮，可以对所选路径进行对齐与分布操作。单击对齐按钮 (包括顶对齐、垂直居中对齐、底对齐、左对齐、水平居中对齐和右对齐) 可按不同的对齐方式对齐。单击分布按钮 (顶分布、垂直居中分布、按底分布、按左分布、水平居中分布和按右分布) 可按不同的分布方式分布，要分布路径，应至少选择三个路径组件，然后单击工具选项栏中的一个分布选项即可进行路径的分布操作。

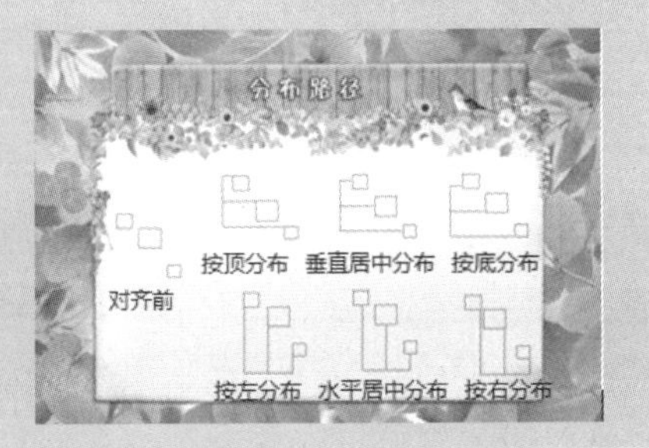

招式 198 填充和描边路径

Q Photoshop 中用钢笔工具绘制好的路径，如何进行路径的填充和描边呢？

A 在选择路径状态下，可以直接在“路径”面板中选择填充或描边路径。

1. 打开图像素材

❶ 打开本书配备的“第 10 章 \ 素材 \ 招式 198\ 背景图 .jpg”文件。❷ 单击“图层”面板底部的“创建新图层”按钮，新建图层。

2. 绘制路径

❶ 按 P 键，选择工具箱中的（钢笔工具），在工具选项栏中设置钢笔类型为“路径”。❷ 在图像中绘制出云朵的路径。

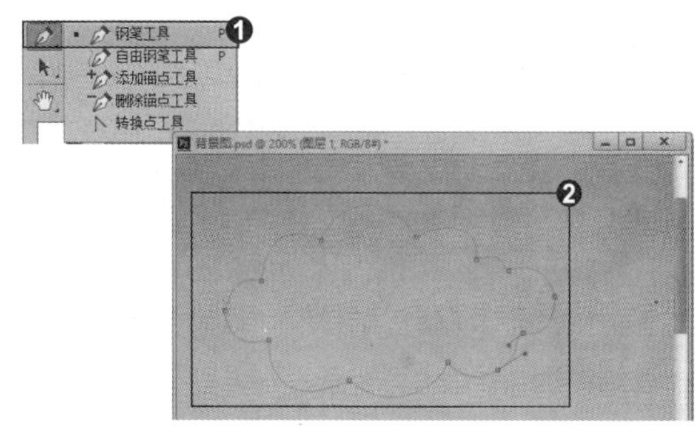

3. 填充路径

❶ 在图像上右击，弹出快捷菜单，选择“填充路径”命令，或者在“路径”面板中选择“工作路径”，右击选择“填充路径”命令。❷ 在弹出的“填充路径”对话框中，可设置填充颜色，单击“确定”按钮。❸ 图像中的路径填充了白色的效果。

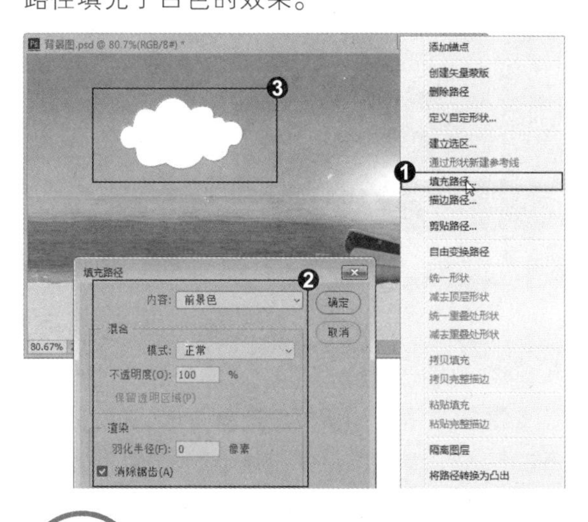

4. 描边路径

❶ 单击“编辑”|“描边路径”命令，进行描边的设置。❷ 按 B 键切换至（画笔工具），更改前景色。❸ 在“路径”面板底部单击“用画笔描边路径”按钮也可对路径进行描边。

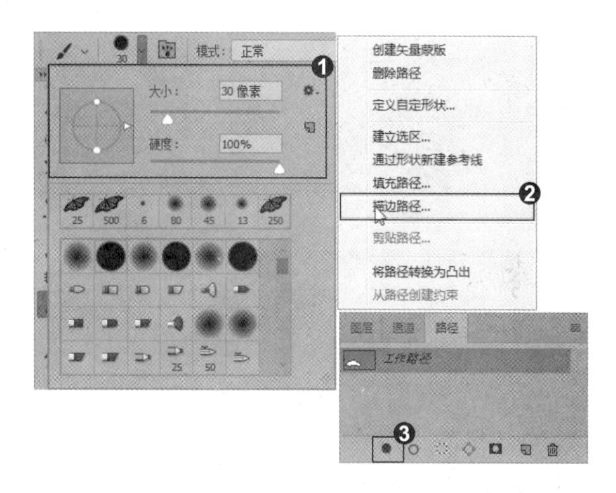

知识拓展

❶ 单击“路径”面板中的路径即可选择该路径；❷ 在面板的空白处单击，可取消选择的路径，同时也会隐藏文档窗口的路径。单击“面板”路径中的路径后，画面中会始终显示该路径，即使是使用其他工具进行图像处理也是如此。如果要保存路径的选择状态，但不希望路径对视线造成干扰，可按 Ctrl+H 快捷键隐藏画面中的路径，再次按该快捷键可重新显示路径。

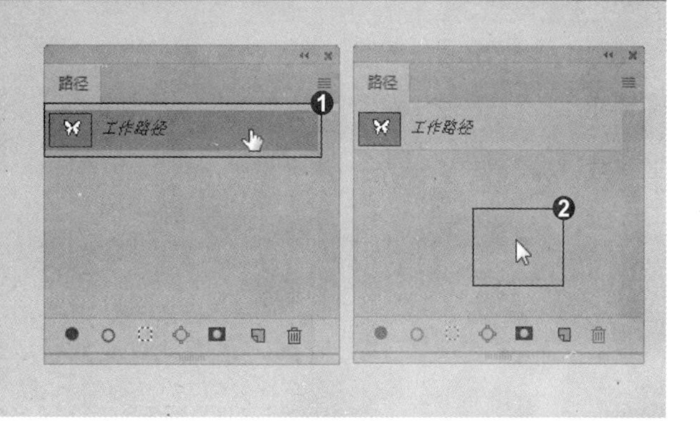

招式 199 路径和选区的转换

Q Photoshop 绘制的路径可以转换成选区，再进行操作，那么选区是否可以快速转换成路径呢?

A 在“路径”面板下方有个“从选区生成工作路径”按钮，可以快速将路径转换成选区。

1. 打开图像素材

❶ 打开本书配备的“第 10 章 \ 素材 \ 招式 199\ 素材图 .jpg”文件。❷ 按 Ctrl+J 快捷键复制图层。

2. 变成选区

❶ 按 W 键，选择工具箱中的 (魔棒工具)。❷ 在图像上的白色部分单击创建选区 (蚂蚁线为选区)。❸ 单击“选择” | “反选”命令，或者按 Ctrl+Shift+I 快捷键进行反选。

3. 选区转换成路径

❶ 选择“路径”面板，在底部单击“从选区生成工作路径”按钮。❷ 在“图层”面板底部单击 “创建新图层”按钮，新建图层，填充背景色。❸ 选区的蚂蚁线转换成了工作路径。

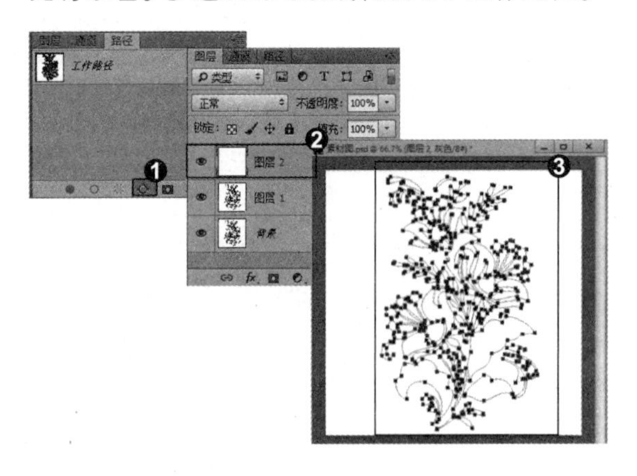

4. 路径转换成选区

❶ 在“路径”面板底部单击“将路径作为选区载入”按钮。❷ 图像中的工作路径转换成了选区，或者按 Ctrl+Enter 快捷键，将路径转换成选区使用。

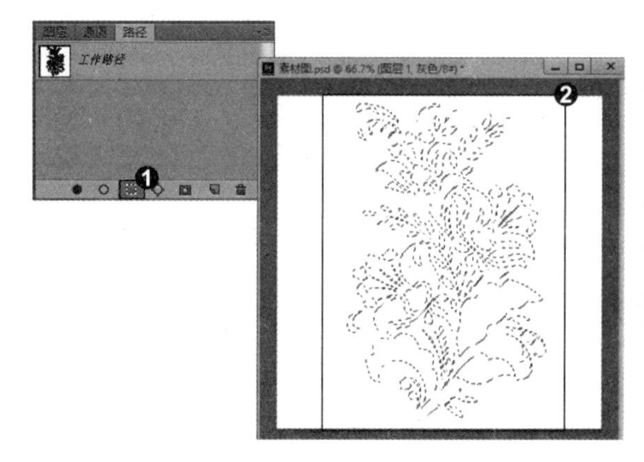

知识拓展

使用钢笔工具或形状工具绘图时，❶ 如果单击“路径”面板中的“创建新路径”按钮，新建一个路径层，再绘制可创建路径。❷ 如果没有按下“创建新路径”按钮而直接绘图，则创建的是工作路径。工作路径是出现在“路径”面板中的临时路径，用于定义形状的轮廓。❸ 将绘制的路径拖至“创建新路径”按钮上，则变为路径。❹ 双击“路径”面板中的路径缩览图，在打开的“存储路径”对话框中输入一个名称，可以存储并重命名路径。

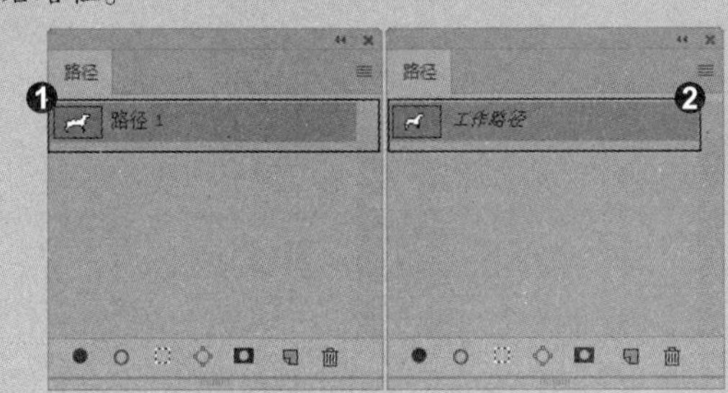
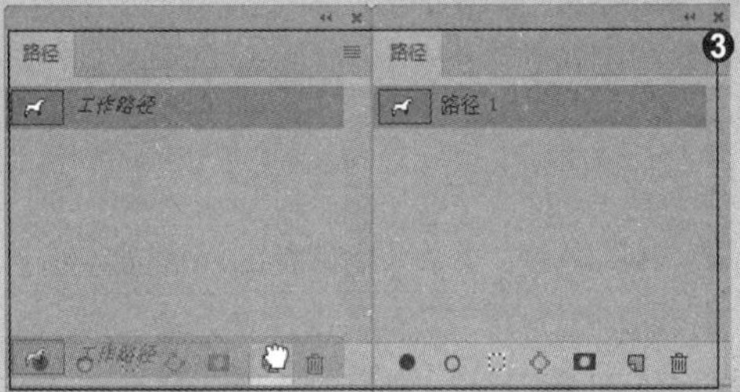

专家提示

双击面板中的路径名称，可以在显示的文本框中修改路径名称。

招式 200 根据图像编辑和绘制路径

Q 钢笔工具可以绘制图形，那么对于复杂的图像怎么样快速地绘制出路径呢？

A 钢笔工具中的自由钢笔工具可以快速地根据图像绘制出路径，再对路径锚点进行编辑。

1. 打开图像素材

❶ 打开本书配备的“第 10 章 \ 素材 \ 招式 200\ 素材图 .jpg”文件。❷ 在“图层”面板底部单击“创建新图层”按钮，新建图层。❸ 按 Z 键，选择工具箱中的（缩放工具），在图像上单击，放大图像。

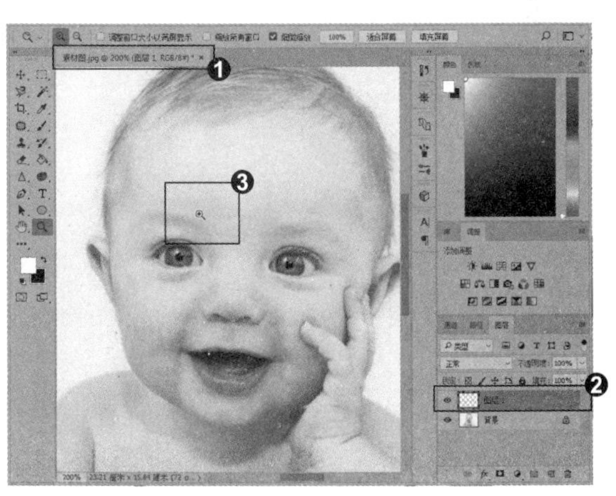

2. 绘制路径

❶ 选择工具箱中的（自由钢笔工具），在工具选项栏中勾选“磁性的”复选框，单击按钮，在弹出的面板中设置“宽度”为10像素、“对比”为10%，此值越高，创建路径锚点越少，路径越简单。❷ 按住鼠标左键沿着图像轮廓拖动鼠标。

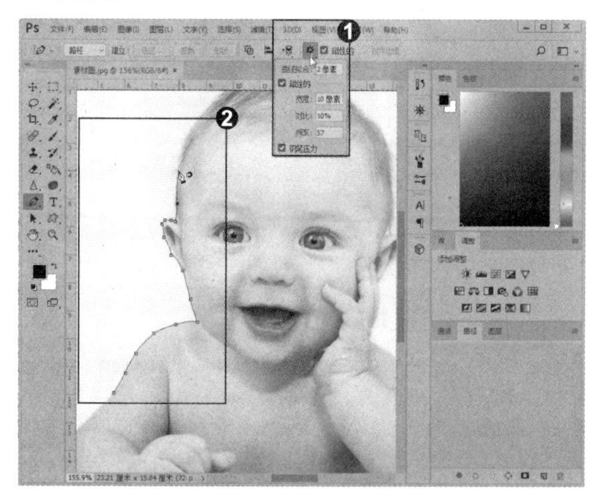

3. 添加锚点

❶ 继续拖动鼠标沿着人物轮廓绘制路径，按Enter键结束开放路径，回到起点，闭合路径。❷ 选择工具箱中的（添加锚点工具），在需要添加锚点的路径上单击，添加锚点。

4. 绘制路径

❶ 按Alt键调整锚点，将直线转换成曲线，调整路径，按Ctrl键可移动锚点位置。❷ 按Ctrl+Enter快捷键可将路径转换为选区，按Ctrl+O快捷键打开一张背景素材，将抠选出来的小孩拖曳至背景图中。

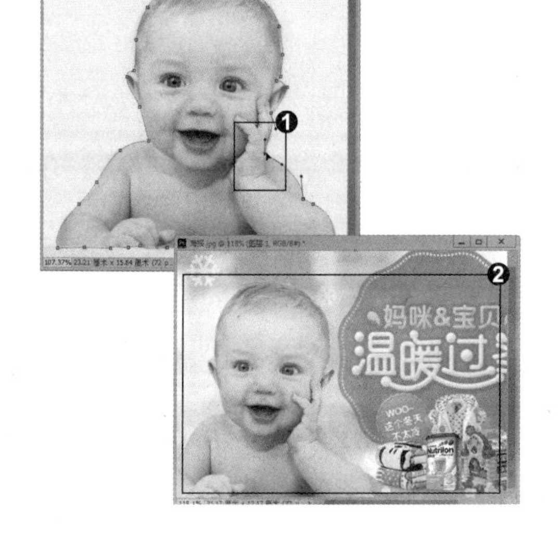

5. 编辑路径

❶ 隐藏小孩图层，选择工具箱中的（磁性套索工具）将海报图中的波浪形选中。❷ 显示并选择小孩图层，按Delete键删除选区内的图像内容，按Ctrl+D快捷键取消选区，完成海报制作。

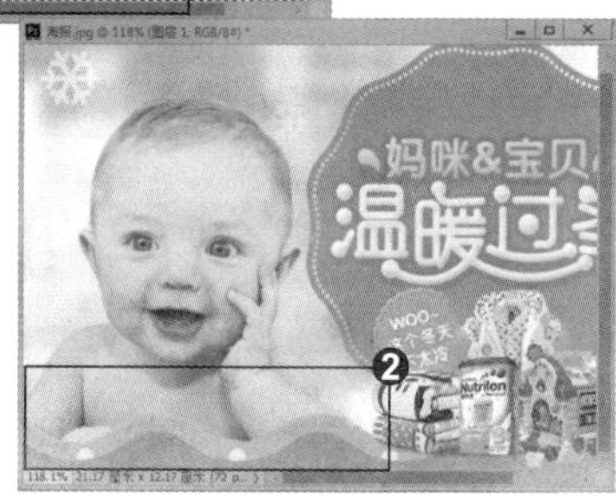

知识拓展

（转换点工具）用于转换锚点的类型。❶ 选择该工具后，将光标放置在锚点上，❷ 如果当前锚点为角点，单击并拖动鼠标可将其转为平滑点；❸ 如果当前为平滑点，则单击可将其转换为角点。

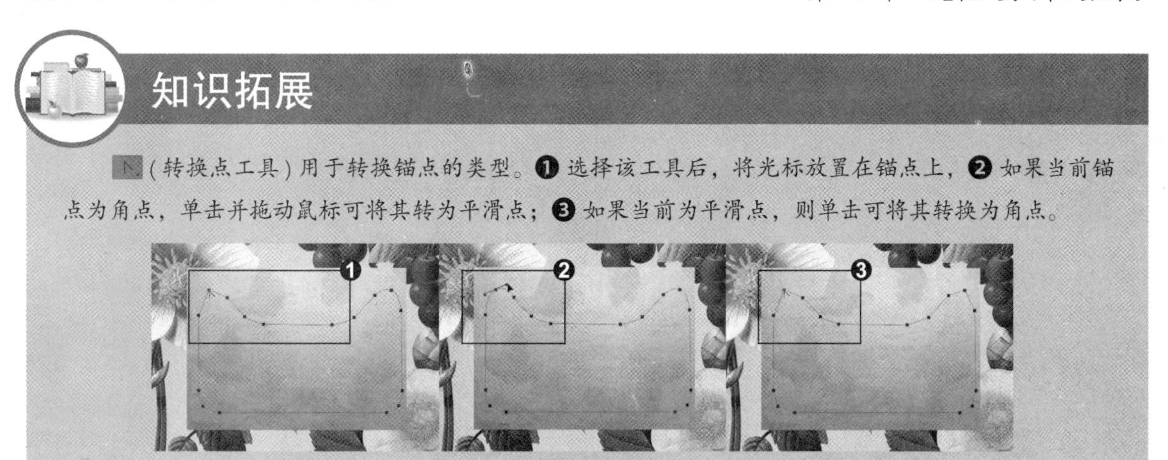

招式 201 使用历史记录填充路径区域

Q 在 Photoshop 中，钢笔绘制的工作路径除了可以填充颜色，还可以填充图案或者其他内容吗？

A 在填充路径面板中可以选择“历史记录”命令，将历史记录中操作过的效果填充到路径区域。

1. 打开图像素材

❶ 打开本书配备的“第 10 章 \ 素材 \ 招式 201\ 素材图 .jpg”文件。❷ 单击“窗口”|“历史记录”命令，打开“历史记录”面板。

2. 径向模糊

❶ 单击“滤镜”|“模糊”|“径向模糊”命令，弹出“径向模糊”对话框，❷ 设置“数量”值，此值越高，模糊力度越大，❸ 单击确定，图像显示径向模糊效果。

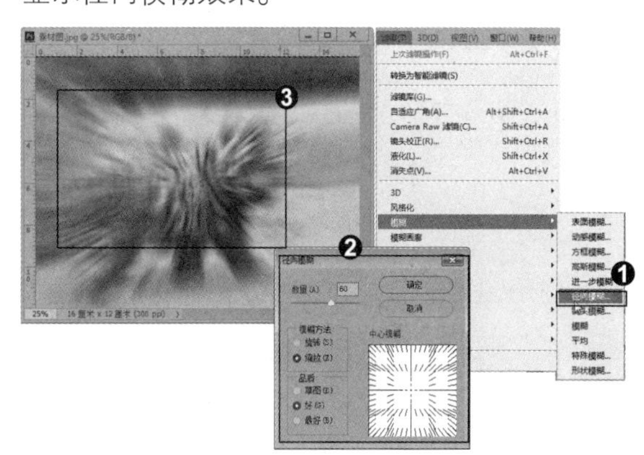

3. 创建新快照

❶ 在“历史记录”面板中单击底部的“创建新快照”按钮。❷ 选择“快照 1”，显示打开状态。

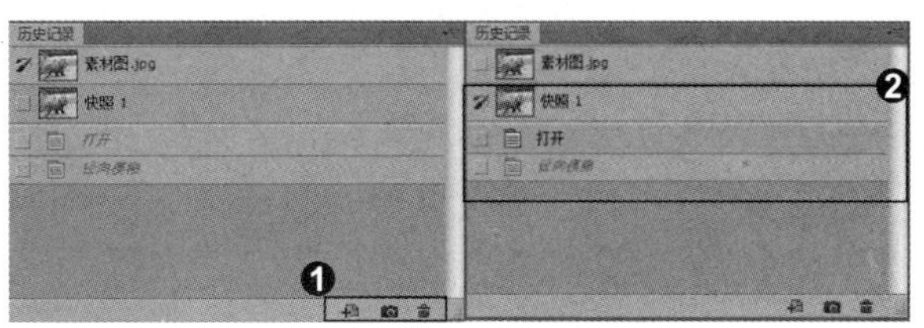

4. 填充路径

❶ 按P键，选择工具箱中的（钢笔工具），拖动鼠标在素材边框周围绘制路径。❷ 单击工具选项栏上的“减去顶层形状”按钮。❸ 选择工具箱中的（自由钢笔工具），在老虎上创建路径。

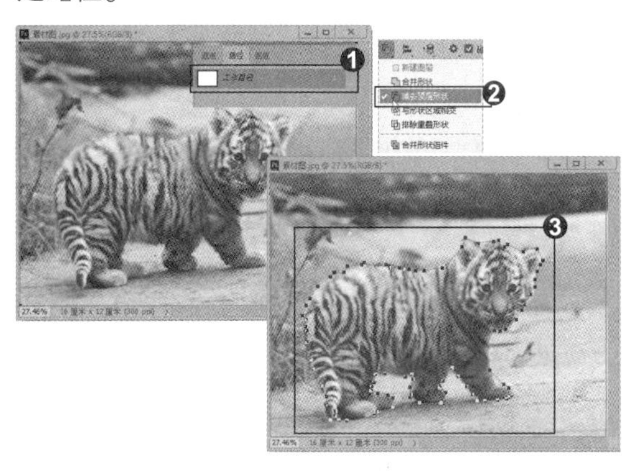

5. 填充历史记录

❶ 选中路径图层，右击并在弹出的快捷菜单中选择“填充子路径”命令。❷ 在弹出的“填充子路径”对话框中将“内容”设置为“历史记录”。❸ 在图像上绘制的路径区域显示为历史记录“径向模糊”的效果。

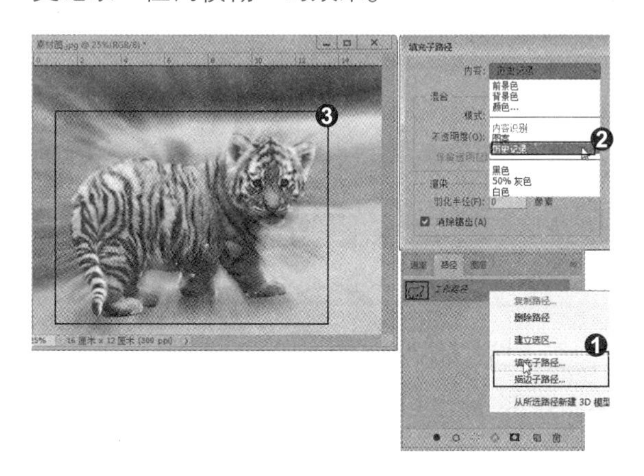

知识拓展

在“填充路径”对话框中可以设置填充内容和混合模式。❶ 在“使用”下拉列表中可选择用前景色、背景色、黑色、白色或其他颜色填充路径；若选择“图案”，可在“自定图案”的下拉面板中选择一种图案来填充路径。❷“模式 / 不透明度”选项可以选择填充效果的混合模式和不透明度。❸ 勾选“保留透明区域”复选框，仅限于填充包含像素的图层区域。❹ 在“羽化半径”文本框中输入参数，可为填充设置羽化参数。❺ 勾选“消除锯齿”复选框，在填充选区时对选区的像素和周围像素之间创建精细的过渡。

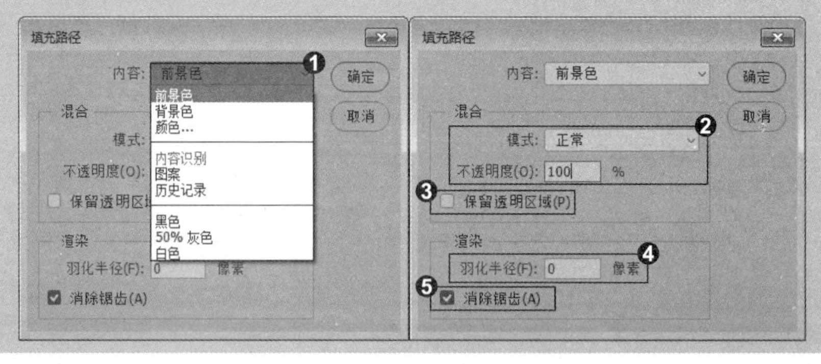

招式 202 使用画笔描边路径

Q 通常情况下，钢笔工具绘制路径，一般都需要描边，那么如何让描的边沿着路径来显示呢？

A 钢笔工具绘制好的路径，可以设置画笔属性，然后单击“画笔描边路径”按钮应用到路径。

1. 打开图像素材

❶ 打开本书配备的“第 10 章 \ 素材 \ 招式 202\ 背景图 .jpg”文件。❷ 按 B 键，选择工具箱中的 (画笔工具)。

2. 设置画笔

❶ 单击“窗口”|“画笔”命令，或按 F5 键打开“画笔”面板，❷ 设置画笔的笔尖形状、大小、间距。

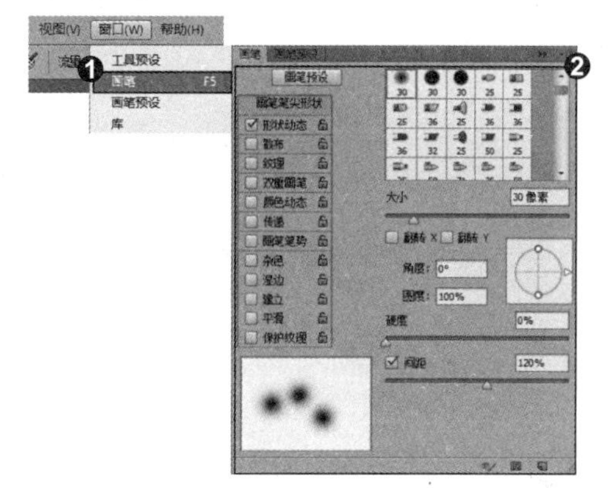

3. 绘制路径

❶ 按 P 键，选择工具箱中的 (钢笔工具)，在图像上绘制出一只海豚的路径。❷ 选择“快照 1”，显示打开状态。

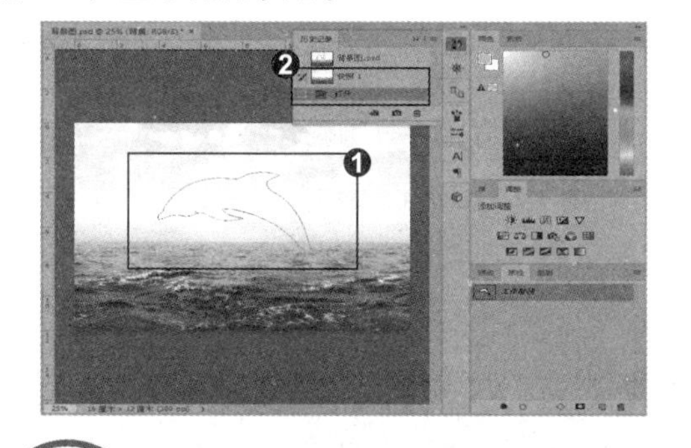

4. 描边路径

❶ 在“路径”面板底部单击“用画笔描边路径”按钮。❷ 在图像上路径显示预设画笔的描边，画笔颜色为前景色 (#1975fe)。

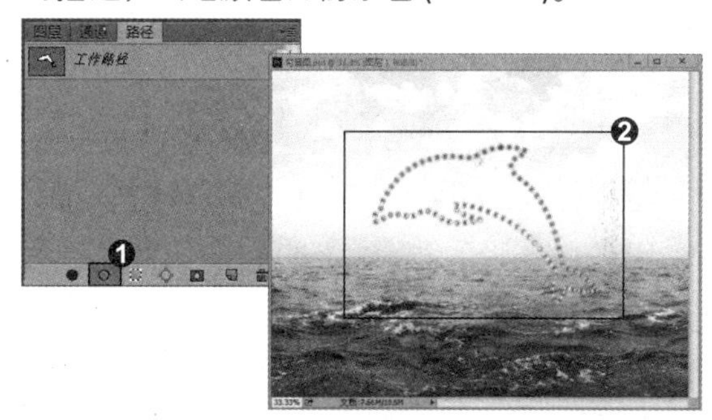

知识拓展

在“描边路径”对话框中可以选择画笔、铅笔、橡皮擦、背景橡皮擦、仿制图章、历史记录画笔、加深和减淡等工具描边路径，如果勾选“模拟压力”复选框，则可以使描边的线条产生粗细变化。在描边路径前，需要先设置好工具的参数。

招式 203 使用自用钢笔工具制作复古邮票

Q Photoshop 中的画笔工具有强大的功能，那么如何用画笔工具制作邮票的锯齿边缘呢？

A 可对画笔的大小、间距等属性设置，然后单击“用画笔描边路径”按钮，在路径边缘绘制邮票的锯齿。

1. 打开图像素材

❶ 打开本书配备的“第 10 章 \ 素材 \ 招式 203\ 素材图 .jpg”文件。❷ 单击“图像”|“画布大小”命令，在弹出的“画布大小”对话框中勾选“相对”复选框。

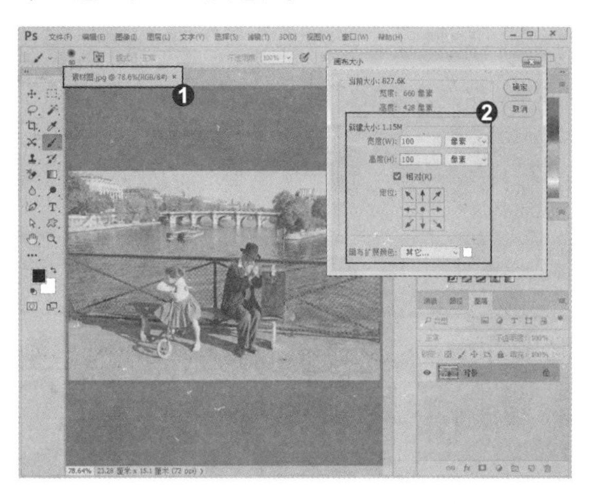

2. 修改画布大小

❶ 修改宽度和高度，背景色填充为白色，素材四周增加了白色部分。❷ 再次修改宽度和高度，背景色填充为黑色，素材四周增加了黑色部分。

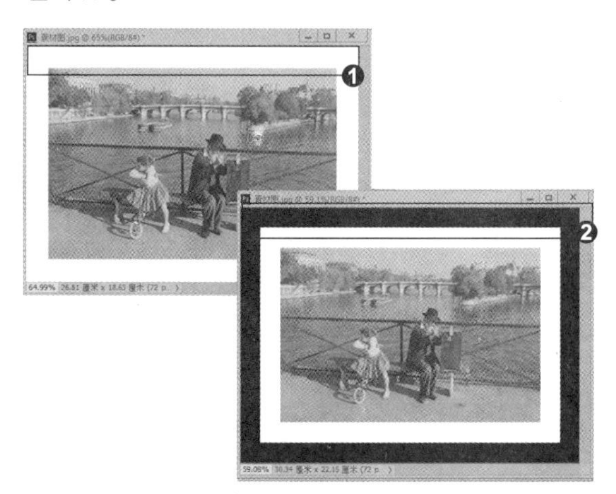

3. 设置路径

❶ 按 W 键，选择工具箱中的 (魔棒工具)，在图像上的黑色部分单击，按 Ctrl+Shift+I 快捷键反选剩下部分。❷ 按 Ctrl+J 快捷键复制图层，❸ 单击图层缩览图，得到选区，在“路径”面板底部单击“从选区生成工作路径”按钮，转换成路径。

4. 设置画笔

❶ 按 B 键，选择工具箱中的 (画笔工具) 在“画笔”面板中，更改画笔形状、大小、硬度和间距，前景色设置为黑色，❷ 在“路径”面板底部单击“用画笔描边路径”按钮，❸ 邮票制作完成。

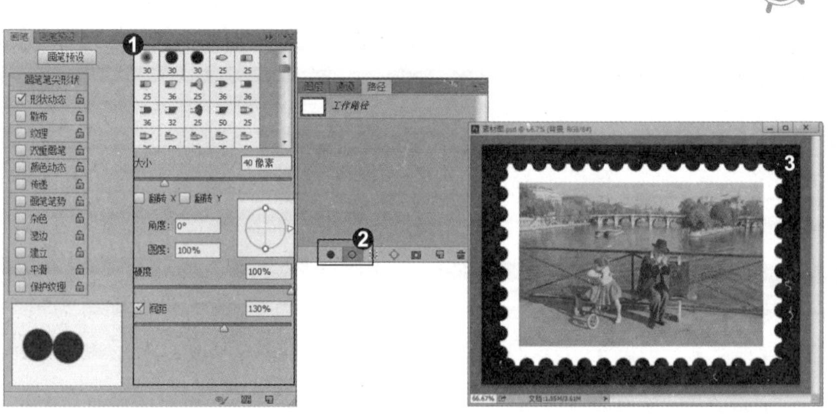

知识拓展

在“画布大小”对话框中，❶ 单击“画布扩展颜色”后的三角形按钮，在弹出的下拉列表中可以选择填充新画布的颜色。❷ 如果图像的背景是透明的，❸ 则“画布扩展颜色”选项将不可用。

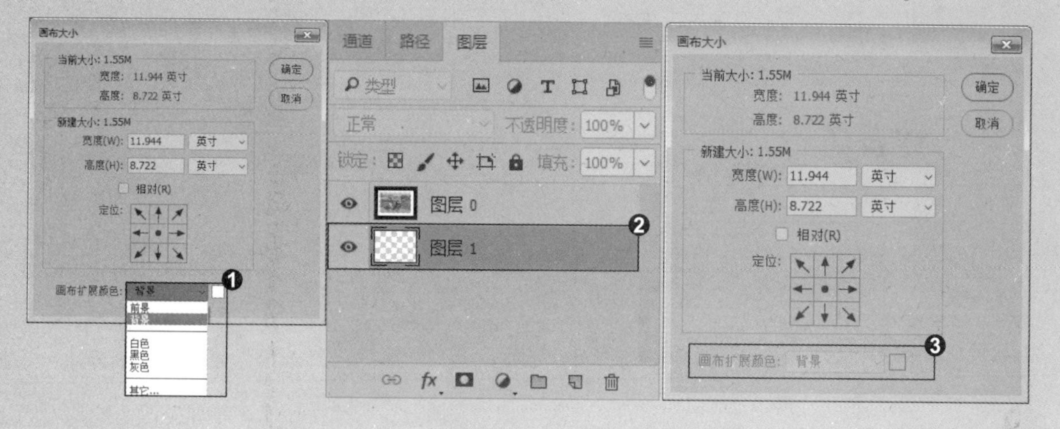

专家提示

在使用画笔工具绘画时，按住 Shift+0~9 的数字键可以快速设置流量数值。

招式 204 绘制几何矢量图形

Q 其实在 Photoshop 中也可以绘制出矢量图形，那么怎么绘制简单的几何矢量图形呢？

A 在绘制形状时，选择形状工具，然后在形状的工具选项栏中选择“路径”，绘制矢量形状。

1. 打开图像素材

❶ 打开本书配备的“第 10 章 \ 素材 \ 招式 204\ 背景图 .jpg”文件。❷ 选择工具箱中的（钢笔工具），选择（转换点工具），在“图层”面板底部单击“创建新图层”按钮，新建图层。

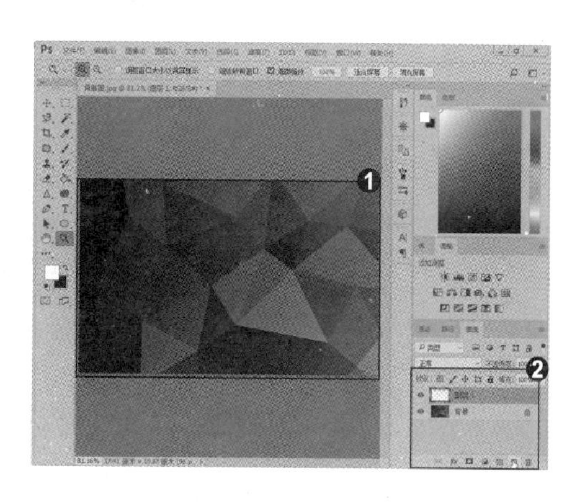

2. 绘制路径

❶ 按U键，选择工具箱中的(矩形工具)，❷ 在矩形工具选项栏中将模式设置为“路径”。❸ 在图像上按住鼠标左键绘制出矩形路径，按Shift键控制比例，绘制出正方形。

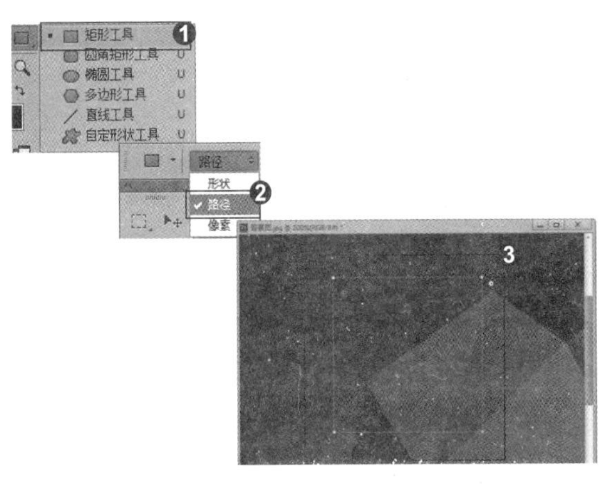

3. 操作路径

❶ 在图像上绘制出矩形路径后，自动弹出“属性”面板，可以设置圆角的参数。❷ 在“图层”面板底部单击“创建新的填充或调整图层”按钮。❸ 选择“纯色”命令调整图层，填充颜色。

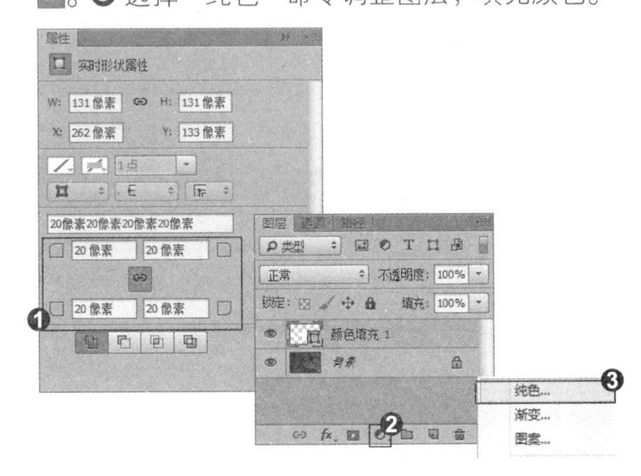

4. 填充路径

❶ 绘制的矩形工作路径可以继续编辑。❷ 按住Alt键拖动复制矩形工作路径或按Ctrl+T快捷键进行旋转并输入文字。

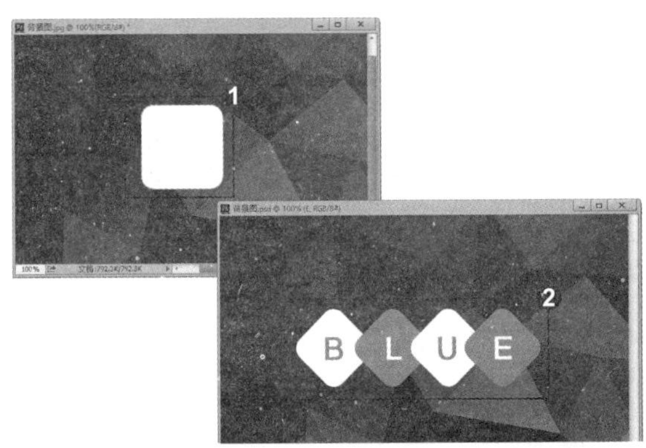

知识拓展

使用矩形工具、圆角矩形工具、椭圆工具绘制图形时，单击工具选项栏中的按钮，打开一个下拉面板，❶ 在其面板中勾选“不受约束”复选框，拖动鼠标可以创建任意大小的图形；❷ 勾选“方形”/“圆形”复选框，拖动鼠标智能创建任意大小的正方形或正圆形。❸ 勾选“从中心”复选框，拖动鼠标图形将由中心向外扩展绘制图形。❹ 勾选“固定大小”选项并在右侧输入数值，单击鼠标可创建预设大小的图形。❺ 勾选“比例”复选框并在右侧输入数值，拖动鼠标时无论创建多大的图形，图形的高度和宽度都保持预设的比例。

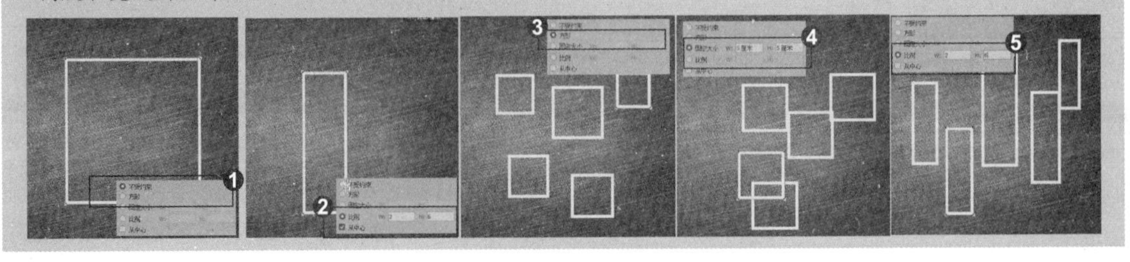

招式 205 载入形状库

Q Photoshop 中的自定义形状库中预设形状比较少，那么是否可以载入外部形状库呢？

A 在形状工具选项栏中选择“载入形状”命令，可以添加外部 CSH 文件的形状到形状库中。

1. 打开图像素材

❶ 打开本书配备的“第 10 章 \ 素材 \ 招式 205\ 背景图 .jpg”文件。❷ 按 U 键，选择工具箱中的 (矩形工具)，选择工具箱中的 (自定形状工具)。

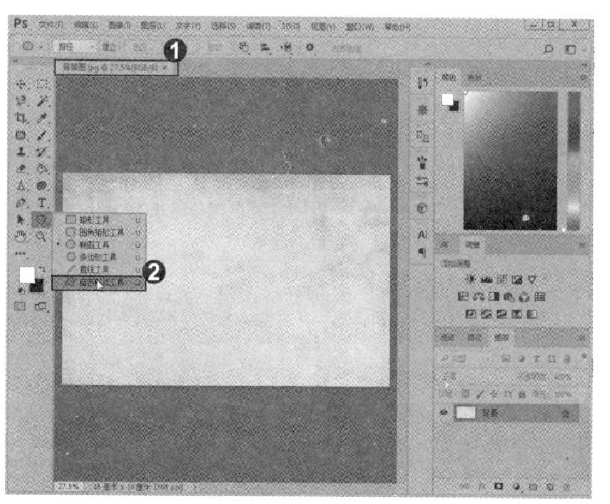

2. 打开形状库

❶ 在工具选项栏中，单击“形状”右边的小三角按钮，弹出图形显示窗口。❷ 在图形窗口的右侧，单击按钮。❸ 在弹出快捷菜单选择“载入形状”命令。

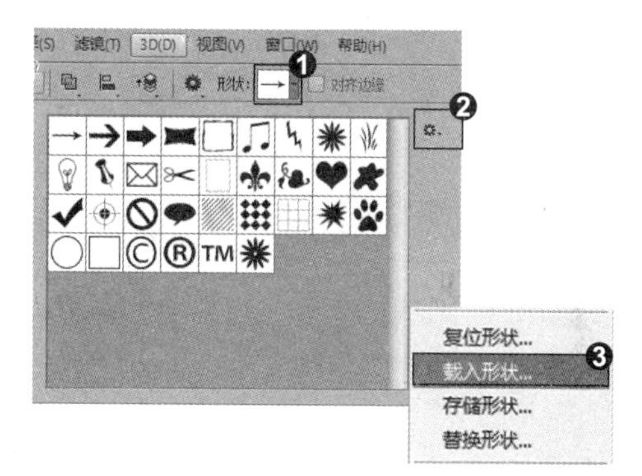

3. 载入形状

❶ 选择“载入形状”命令后，弹出“载入”对话框，选择下载好的 CSH 格式的形状文件，单击“载入”按钮，❷ 图形显示窗口中增加了载入的形状。

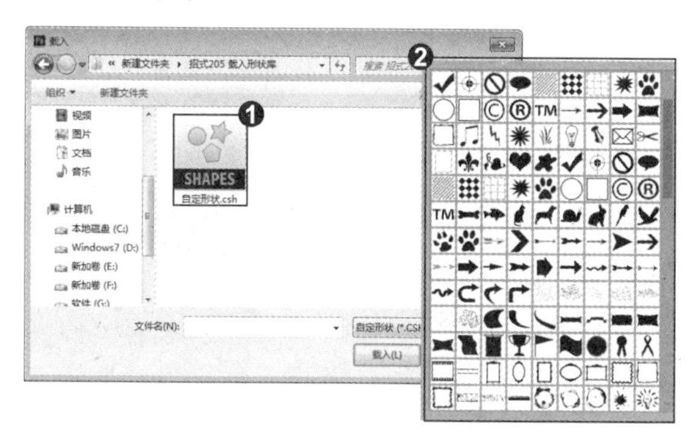

4. 使用形状

❶ 图形显示窗口中增加了载入的形状。❷ 在图像上按住鼠标左键拖动绘制出选中的形状，按住 Shift 键可以约束形状的比例。

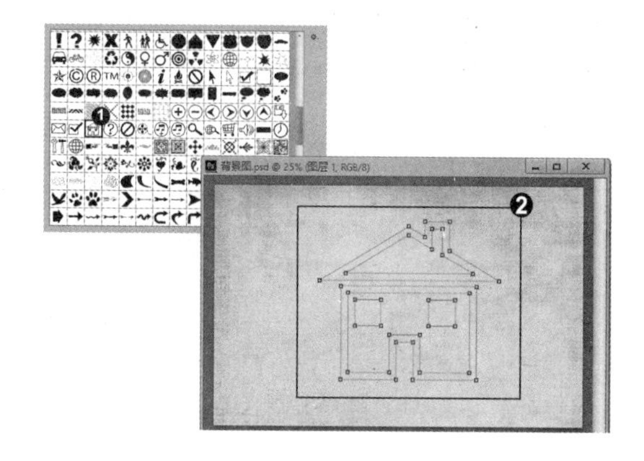

知识拓展

使用自定形状工具可以创建Photoshop预设的形状、自定义的形状或者是外部提供的形状。选择该工具后，❶单击工具选项栏中的按钮，在打开的形状下拉面板中选择一种形状，然后单击并拖动鼠标即可创建该图形。如果要保持形状的比例，可以按住Shift键绘制图形。❷如果要使用其他方法创建图形，可以在“自定形状选项”下拉面板中设置。

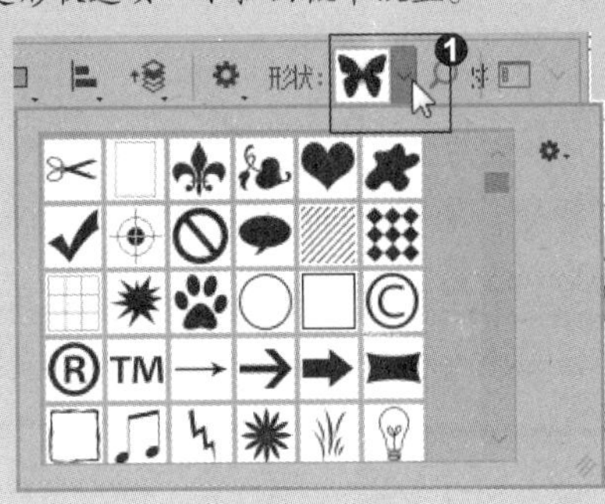

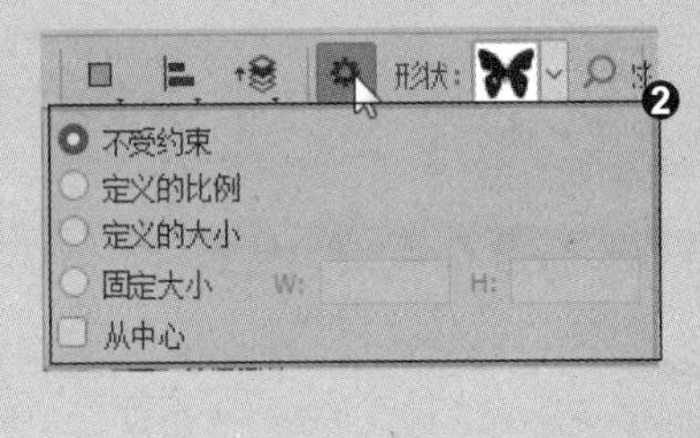

招式206 使用文字工具组编写书籍内容

Q 对于书籍内容的编辑，常常使用AI、CDR等软件，那么Photoshop是否也可以用于书籍的文字编写呢？

A Photoshop中的文字工具组分为“横排文字工具”和“直排文字工具”，也能够很好地用于书籍内容编写。

1. 打开图像素材

❶打开本书配备的“第10章\素材\招式206\背景图.jpg”文件。❷按T键，选择工具箱中的T（横排文字工具）。

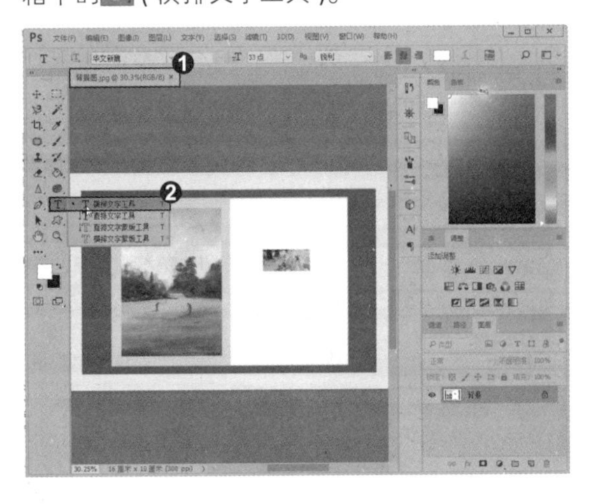

2. 横排文字工具

❶在图像上单击，显示光标符号，❷输入文字，❸选择工具箱中的（移动工具），将鼠标放在文字上，按住鼠标左键拖动文字到合适的位置。

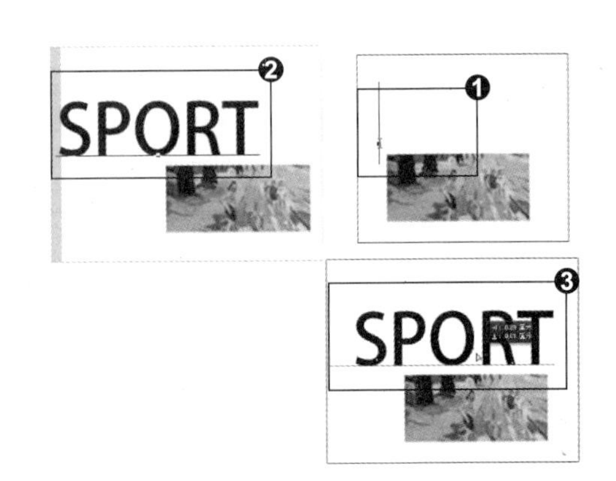

3. “字符”面板

❶ 菜单栏单击“文字”|“面板”|“字符面板”命令，弹出设置字符的面板。❷ 在“字符”面板中，可以更改文字的字体和字号。❸ 也可以更改字体颜色、间距等。

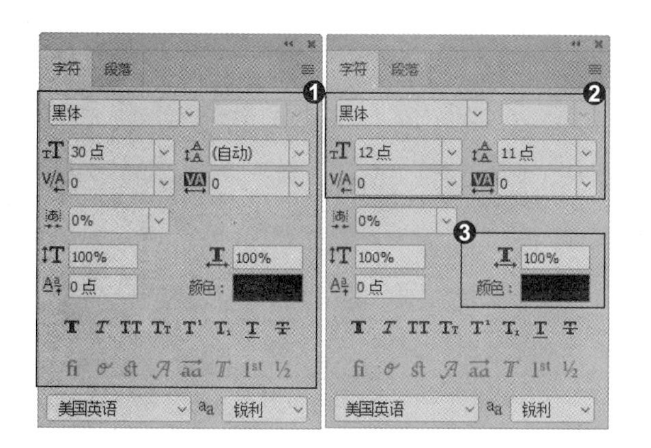

4. 设置字符

❶ 编辑好的文字在“图层”面板显示文字图层。❷ 选择工具箱中的 IT（直排文字工具），❸ 在图像上单击，出现光标符号，输入文字，更改文字属性，完成文字编辑。

知识拓展

单击“编辑”|“首选项”|“常规”命令或按 Ctrl+K 快捷键，可以打开“首选项”对话框，在对话框左侧列表中选择“文字”选项，切换到文字面板。“使用智能引号”选项可以设置在 Photoshop 中是否显示智能引号；勾选“启用丢失字形保护”复选框，如果文件中丢失了某种字体，Photoshop 会弹出警告提示；勾选“以英文显示字体名称”复选框，在字体列表中只能以英文的方式来显示字体的名称；勾选“使用 Esc 键来提交文本”复选框，可以按 Esc 键确定文本的编写。

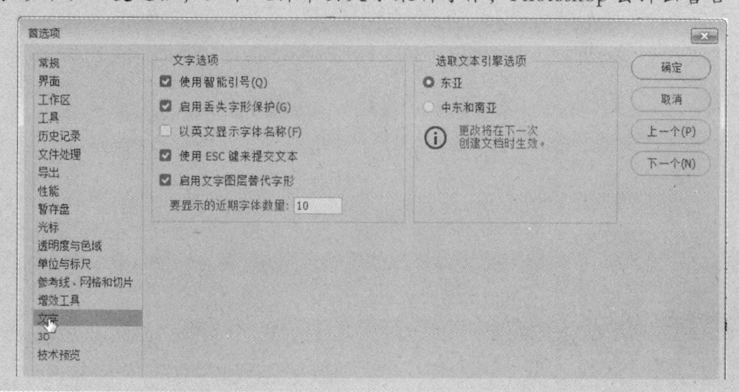

招式 207 编辑字符面板制作时尚名片

Q 现在的名片都十分高大上，名片上的文字也十分重要，在 Photoshop 中怎么在名片上制作出好看的文字呢？

A 在 Photoshop 中输入文字后，可以打开“字符”面板，对文字的字体、字号、字间距等进行设置。

1. 打开图像素材

❶ 打开本书配备的“第 10 章\素材\招式 207\名片素材图.jpg”文件。❷ 按 T 键，选择工具箱中的 T（文字工具），选择“横排文字工具”。

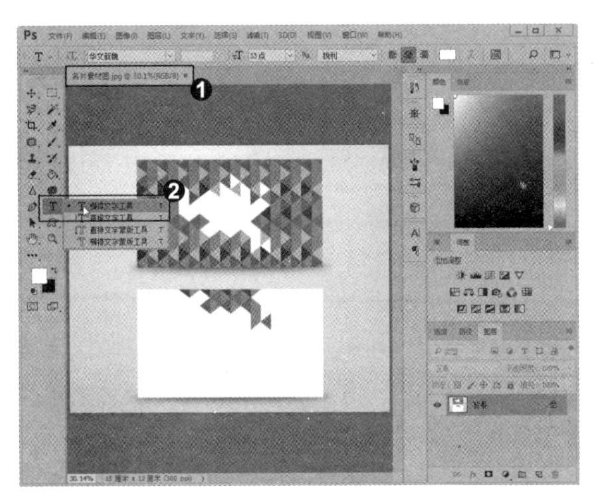

2. 输入文字

❶ 在图像上单击，在光标处输入文字。❷ 选择“文字”|“面板”|“字符面板”命令，弹出“字符”面板。

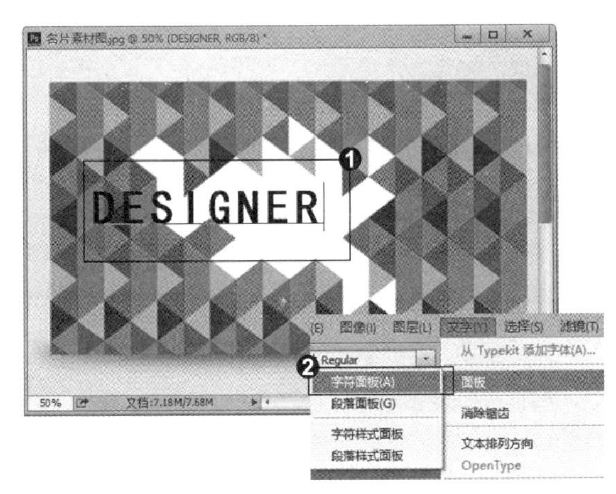

3. 设置字符

❶ 在弹出的“字符”面板中，单击字体旁边的小三角，可以选择字体，单击 T（设置字体大小）按钮旁边的小三角，设置字体大小，❷ 单击 VA（设置所选字符的字距调整）按钮旁边的小三角，设置字体大小。❸ 选择工具箱中的 ✥（移动工具），将文字移到合适的位置。

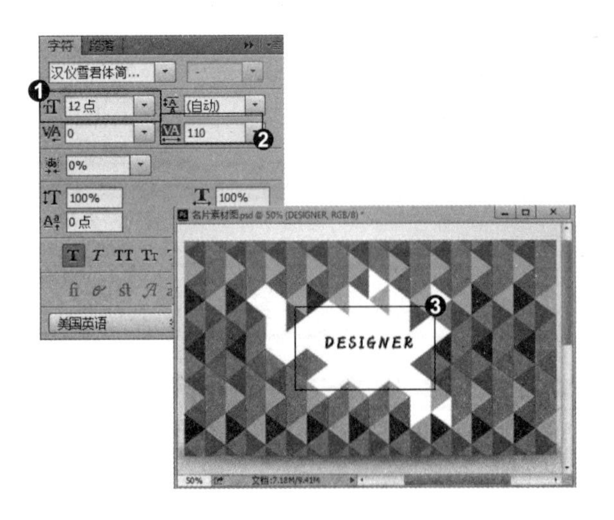

4. 编辑文字

❶ 按 T 键，选择工具箱中的 T（文字工具），在图像上输入文字。❷ 在“字符”面板上按住 ‡A（设置行距）按钮，往左边拖动，减小行距，往右边拖动增大行距。❸ 将文字移到合适位置，文字编辑完成。

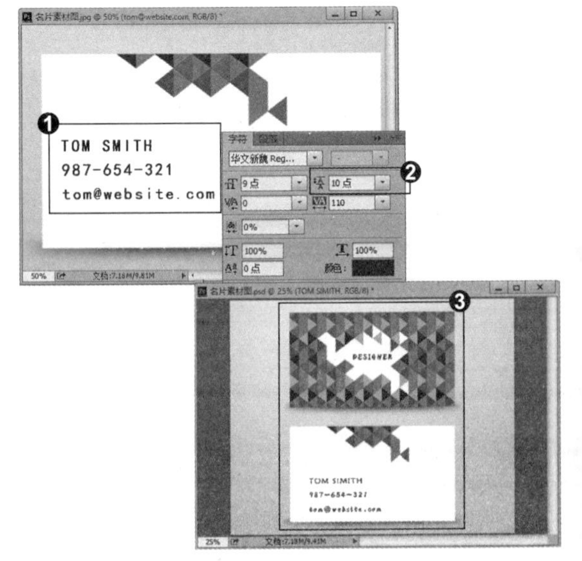

知识拓展

在实际工作中，为了达到特效效果，经常需要使用各种各样的字体，这时就需要用户自己安装额外的字体。Photoshop 中所使用的字体其实是调用操作系统中的系统字体，所以用户只需要把字体文件安装在操作系统的字体文件下即可。目前比较常用的字体安装方法有以下几种。

- 光盘安装：打开光驱，放入字体光盘，光盘会自动运行安装字体程序，选中所需要安装的字体，按照提示即可安装到指定目录下。
- 自动安装：很多时候我们使用的字体文件是 EXE 格式的可执行文件，这种字库文件的安装比较简单，双击运行并按照提示进行操作即可。
- 手动安装：当遇到没有自动安装程序的字体文件时，选择需要安装的字体，单击鼠标右键，在弹出的快捷菜单选择“安装”命令即可将选中的文字安装到指定的目录下。

安装好字体以后，重新启动 Photoshop 就可以在选项栏中的字体系列中查找到安装的字体。

招式 208 创建变形文字

Q Photoshop 的文字工具除了可以对文字基本属性进行设置外，怎么创建变形的文字呢?

A 在文字工具选项栏中，打开“创建字体变形”面板，可以更改文字样式，创建出变形的文字。

1. 打开图像素材

❶ 打开本书配备的“第 10 章 \ 素材 \ 招式 208\ 背景图 .jpg”文件。❷ 按 T 键，选择工具箱中的 T（横排文字工具）。

2. 输入文字

❶ 在工具选项栏中设置字体、字号和颜色。❷ 在图像上单击，出现光标符号，输入文字。❸ 在工具选项栏中单击“创建文字变形”按钮。

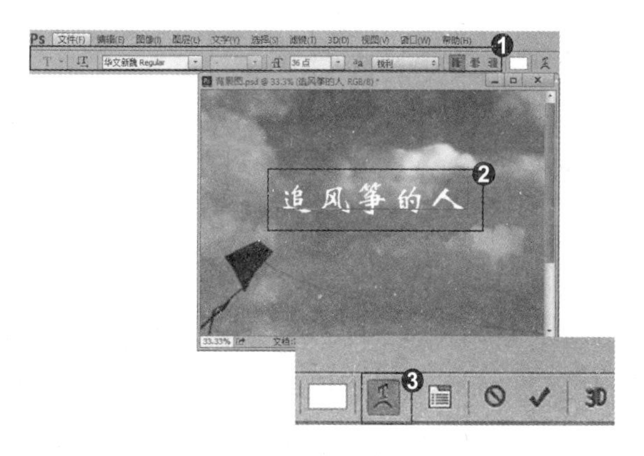

3. 创建文字变形

❶ 打开“变形文字”对话框，默认样式为“无”。❷ 在“变形文字”对话框的“样式”下拉列表中选择“扇形”选项。❸ 图像上的文字产生了扇形的变形。

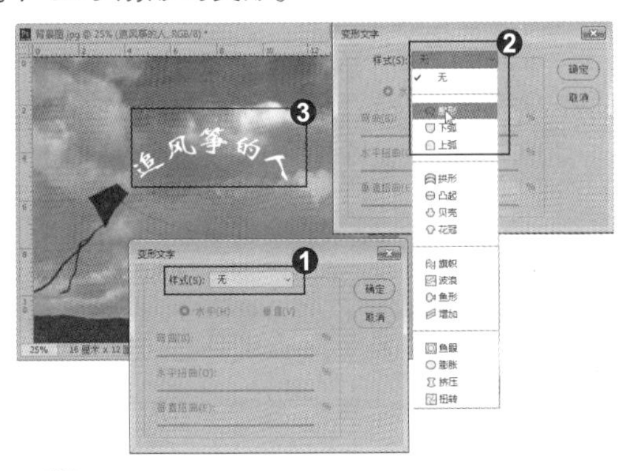

4. 文字变形调整

❶ 在“变形文字”对话框中，拖动滑块，可以对变形进行调整，调节弯曲、水平扭曲等滑块参数或者直接输入参数。❷ 完成变形文字的编辑。

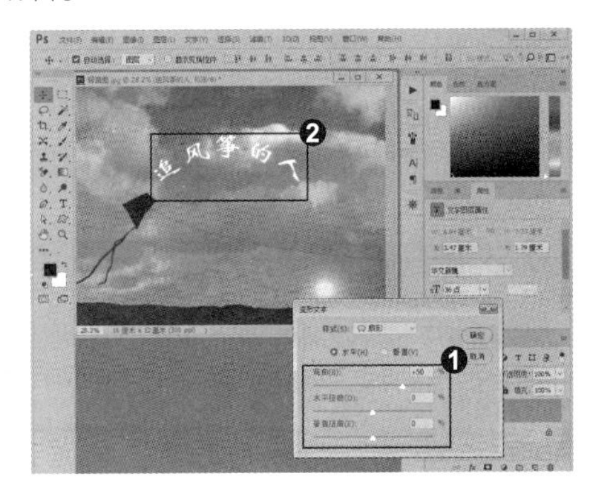

知识拓展

“变形文字”对话框用于设置变形选项，包括文字的样式和变形程度。❶ 在“样式”下拉列表中可以选择 15 种变形样式来变形文字。❷ 选择“水平”选项，文本扭曲的方向为水平方向。❸ 选择“垂直”选项，文本扭曲的方向为垂直方向。❹“弯曲”选项用来设置文本的弯曲程度。❺“水平扭曲 / 垂直扭曲”可以对文本应用透视。

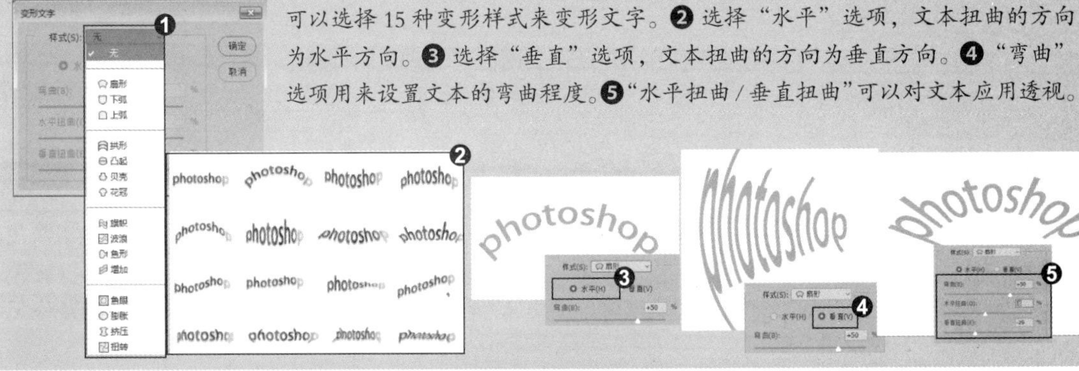

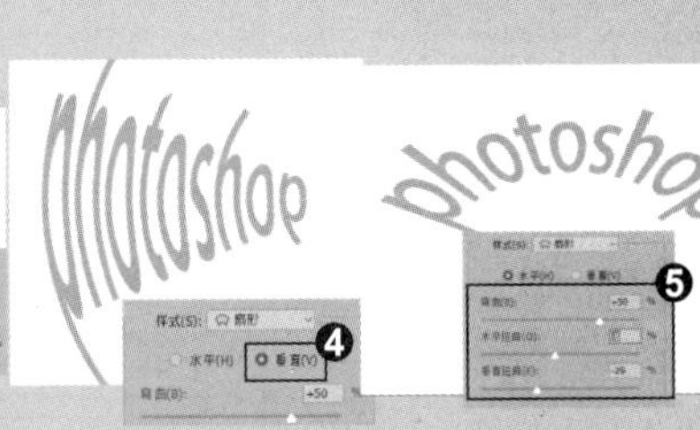

专家提示

使用横排文字蒙版工具和直排文字蒙版工具创建选区时，在文本输入状态下同样可以进行变形操作，这样就可以得到变形的文字选区。

招式 209 设置路径文字

Q 在 Photoshop 中可不可以让输入的文字跟随着路径的方向变化呢?

A 绘制路径后，选择文字工具，在路径上单击出现光标，输入文字则沿着路径的方向出现。

1. 打开图像素材

❶ 打开本书配备的"第 10 章 \ 素材 \ 招式 209\ 背景图 .jpg"文件。❷ 按住工具箱中的 (矩形工具) 不放，在弹出的子菜单中选择 (椭圆工具)。

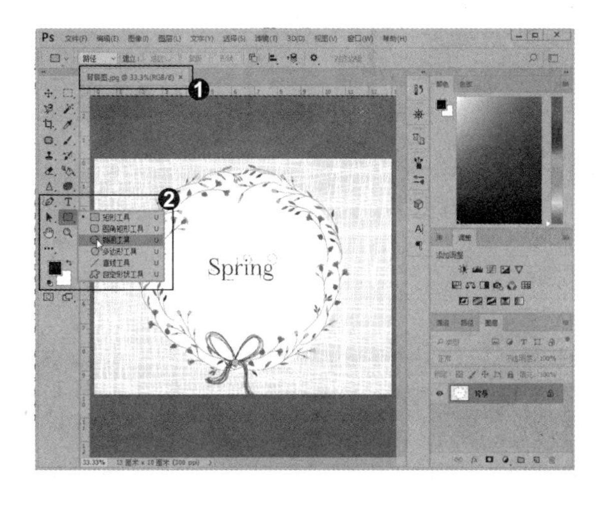

2. 绘制路径

❶ 单击"图层"面板底部的"创建新图层"按钮，新建图层。❷ 按住 Shift 键拖动鼠标左键，在图像上绘制一个正圆。❸ 按住 Ctrl 键将路径移到合适位置，按 Ctrl+T 快捷键，对圆形路径进行缩放，按 Enter 键确认。

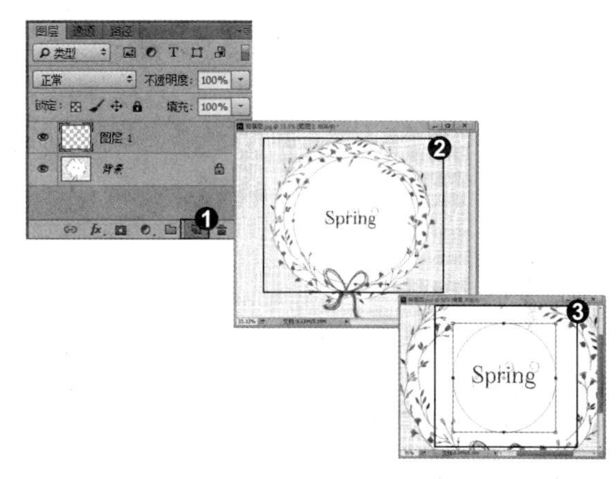

3. 输入文字

❶ 按 T 键，选择工具箱中的 (横排文字工具)。❷ 将光标移到路径上任意一个地方作为起点，光标出现一条波浪线，❸ 输入的文字沿着路径方向出现。

4. 调整路径

❶ 继续输入文字，当输入完成时，起点处会出现一个叉，终点处会出现一个实心点。❷ 选择工具箱中的 (路径选择工具)。❸ 在路径上可以调整起点和终点的位置，路径文字设置完成。

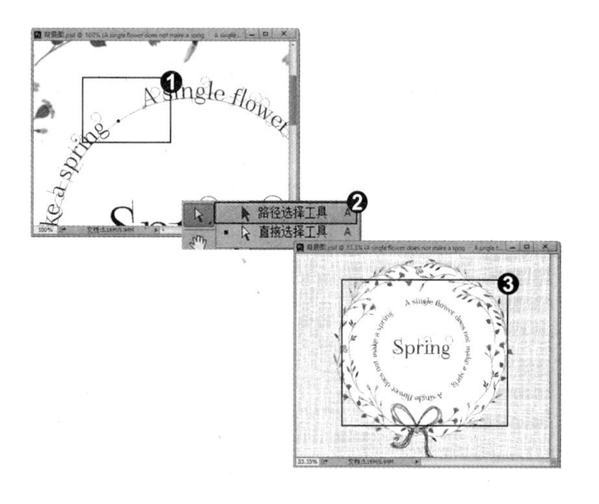

知识拓展

当我们使用文字工具在图像中单击设置文字插入点时，会出现一个闪烁的 I 形光标，光标中的小线条标记的就是文字基线（文字所依托的假想线条）的位置。在默认情况下，绝大部分文字位于基线之上，小写的 a、b、c 位于基线之下。调整字符的基线可以上升或下降字符，以满足一些特殊文本的需要。

招式 210 设置特殊字体样式

Q 在 Photoshop 中自己编辑字体的样式会比较麻烦，有什么方法可以快速地设置特殊的字体样式呢？

A 输入文字后，在窗口中打开“样式”面板，有一些预设的文字样式，可以单击选择直接应用到文字上。

1. 打开图像素材

❶ 打开本书配备的“第 10 章 \ 素材 \ 招式 210\ 背景图 .jpg”文件。❷ 按 T 键，选择工具箱中的 T（横排文字工具）。

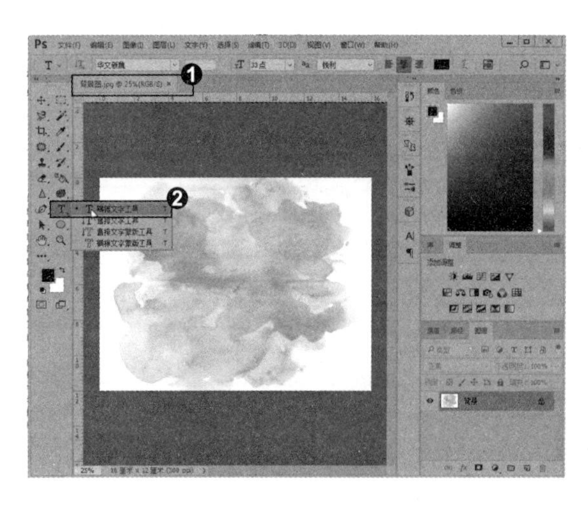

2. 输入文字

❶ 在图像上单击，出现光标符号，输入文字。❷ 单击“文字”|“面板”|“字符面板”命令，❸ 弹出“字符”面板，设置字体、字号、颜色等。

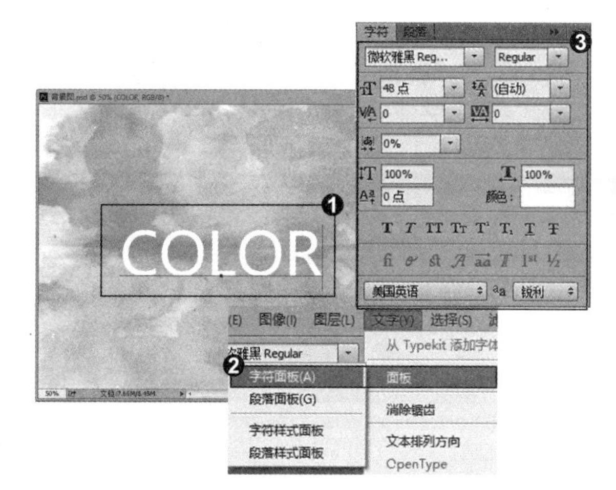

3. 打开“样式”面板

❶ 单击“窗口”|“样式”命令。❷ 弹出“样式”面板，其中的默认样式为“无”。

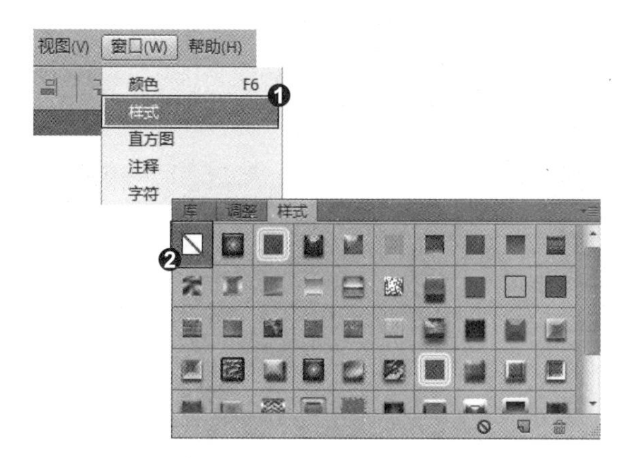

4. 设置样式

❶ 将鼠标移到每个样式按钮上，显示样式名称。❷ 单击“带底纹红色斜面”按钮，字体则显示所选样式的效果。❸ 弹出在“图层”面板上的文字图层显示样式效果。

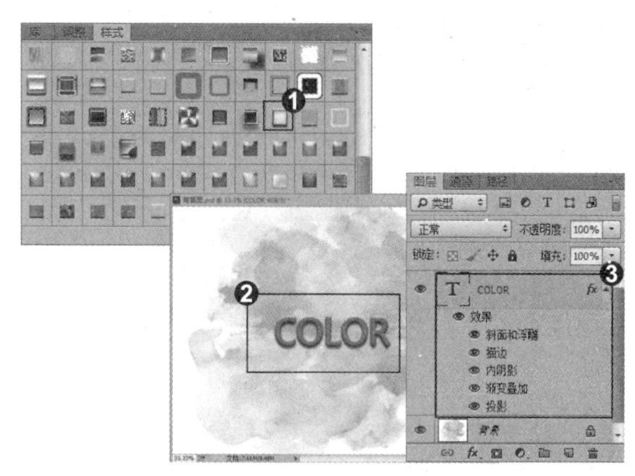

知识拓展

智能识别并匹配字体作为 Photoshop CC 2015.5 版本的新增功能，无须在网站或是字体样式中查找字体，❶ 单击“文字”|“匹配字体”命令，弹出“匹配字体”对话框，❷ 此时文档中会出现一个定界框。❸ 拖动定界框可以 ❹ 自动识别定界框中的字体样式。不过该功能只适用于拉丁字母，而 CC 2017 版本中还增加了智能识别电脑上安装的字体。

招式 211 制作文字转换路径招聘海报

Q 现在的招聘海报都十分有设计感，很多文字是在字体中找不到的，那么是如何制作的呢？

A 在“图层”面板中右击文字图层并选择“新建工作路径”命令，将文字转换成路径，然后进行编辑。

1. 打开图像素材

❶ 打开本书配备的“第 10 章 \ 素材 \ 招式 211\ 海报图 .jpg”文件。❷ 按 T 键，选择工具箱中的 T（横排文字工具）。

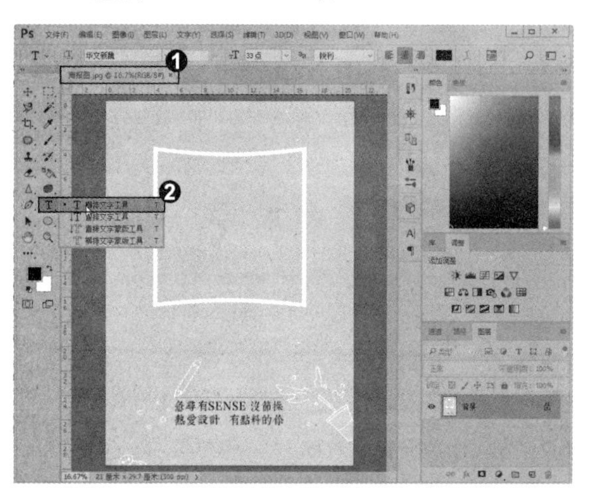

2. 输入文字

❶ 在图像上单击，出现光标符号，输入文字。❷ 单击“文字”|“面板”|“字符面板”命令，❸ 弹出“字符”面板，设置字体、字号、颜色等。

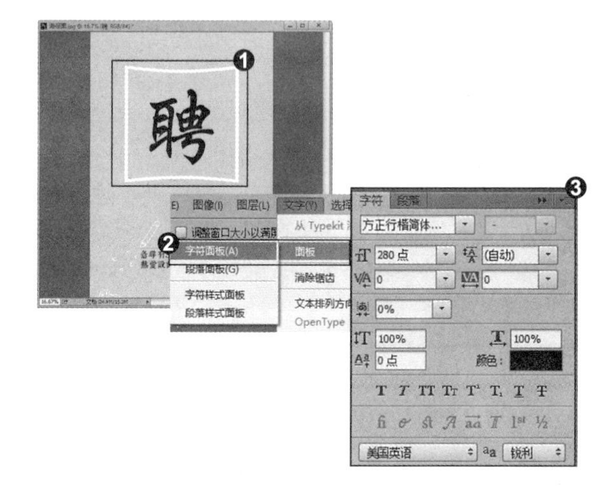

3. 将文字转换为路径

❶ 在“图层”面板中选择字体图层，❷ 单击鼠标右键，在弹出的快捷菜单中选择“创建工作路径”命令，❸ 将字体转换成工作路径。

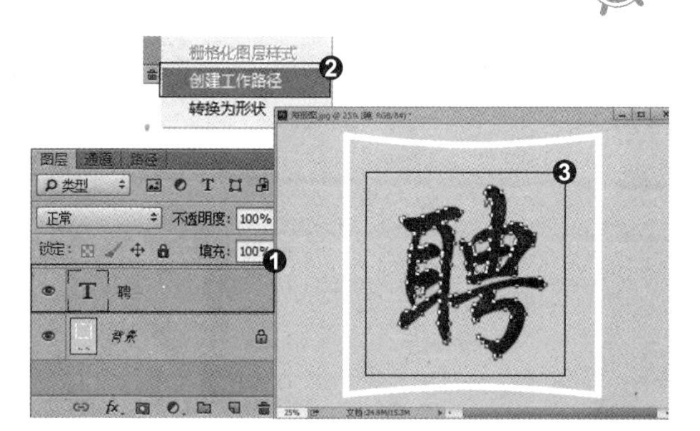

4. 编辑路径

❶ 按 P 键，选择工具箱中的（钢笔工具）。❷ 在路径上调整锚点，按住 Ctrl 键移动锚点，按住 Alt 键在锚点上拖动小尾巴调整曲线。❸ 在“图层”面板中选择字体图层并右击，在弹出的快捷菜单中选择“栅格化文字”命令。

5. 填充颜色

❶ 在“路径”面板底部单击“将路径作为选区载入”按钮，❷ 文字路径转换成选区。❸ 按 G 键，选择工具箱中的（油漆桶工具），❹ 在需要填充颜色的位置单击填充颜色，按 Ctrl+D 快捷键取消选区，字体制作完成。

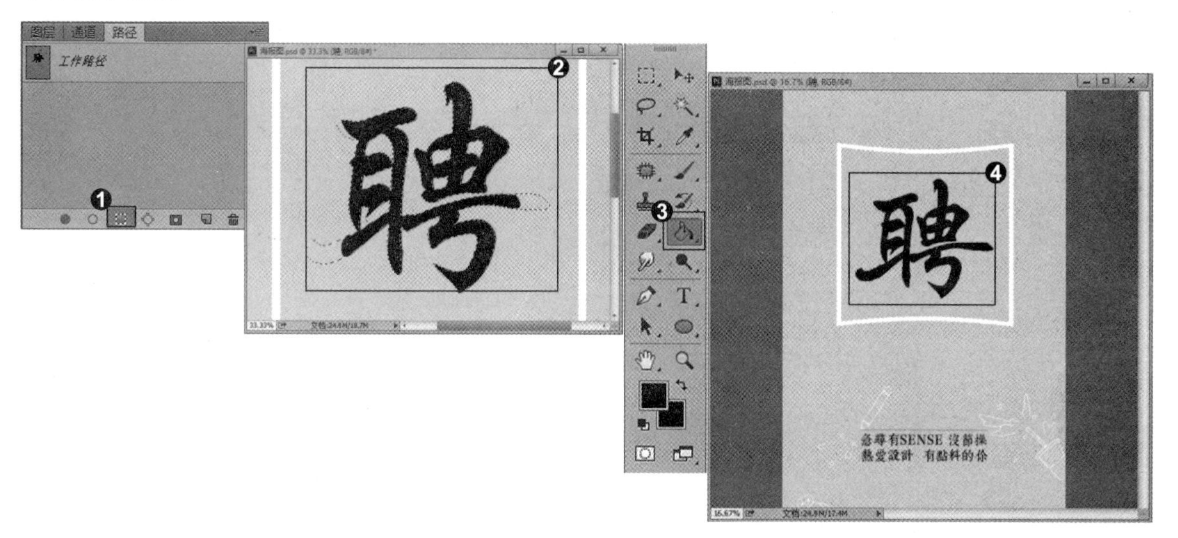

知识拓展

在 Photoshop CC 2017 版本中，可以将表情包当作文字添加到编辑的图像中。❶ 需要将 EmojiOne 文字打开。❷ 在“字形”面板中选择任一表情包。❸ 双击即可在图像中添加表情包。❹ 在图像中先输入国家英文的前一个英文缩写。❺ 后输入另一个英文缩写。❻ 系统会自动合成为该国家的国旗图标。

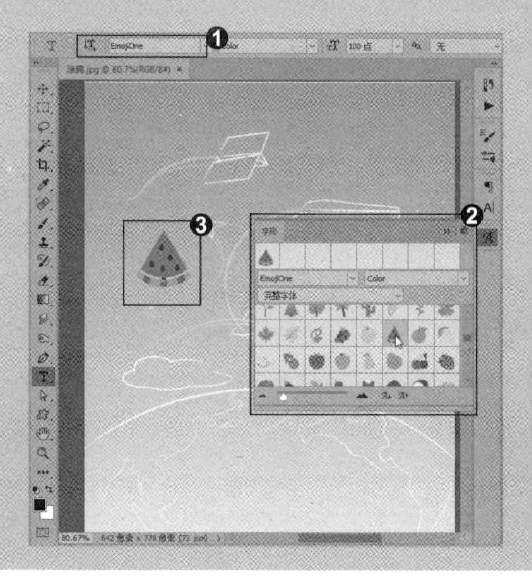

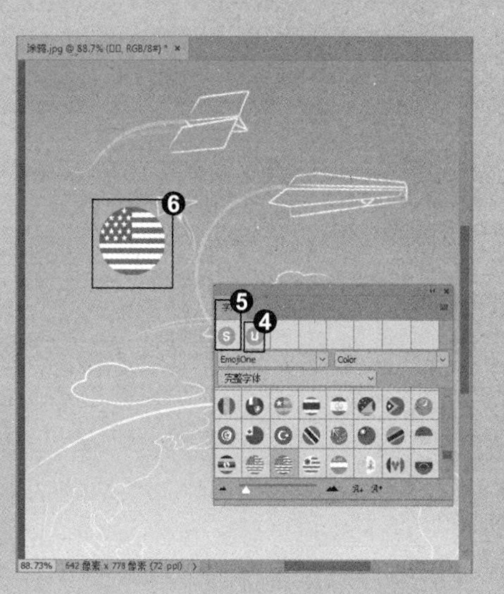

第 11 章 神奇的滤镜

滤镜主要是用来实现图像的各种特殊效果的。它在 Photoshop 中具有非常神奇的作用。滤镜的操作非常简单。滤镜通常需要同通道、图层等联合使用，才能取得艺术效果。所有的滤镜都按分类放置在菜单中，使用时只需要从该菜单中执行相应的命令即可。

招式 212 使用智能滤镜制作网点照片

Q 我们都知道 Photoshop 的滤镜可以制作出很多效果，那么如何使用智能滤镜制作网点照片呢？

A 在 Photoshop 的滤镜库里选择“素描”|“半调图案”命令，设置参数，就可以将照片制作成网点的效果。

1. 打开图像素材

❶ 打开本书配备的“第 11 章 \ 素材 \ 招式 212\ 照片 .jpg”文件。❷ 单击“滤镜”|“转换为智能滤镜”命令，在弹出的信息框中单击“确定”按钮。

2. 设置前景色

❶ 按 Ctrl+J 快捷键复制一个图层，❷ 将前景色设置为蓝色 (#66ffff)，背景色为白色。

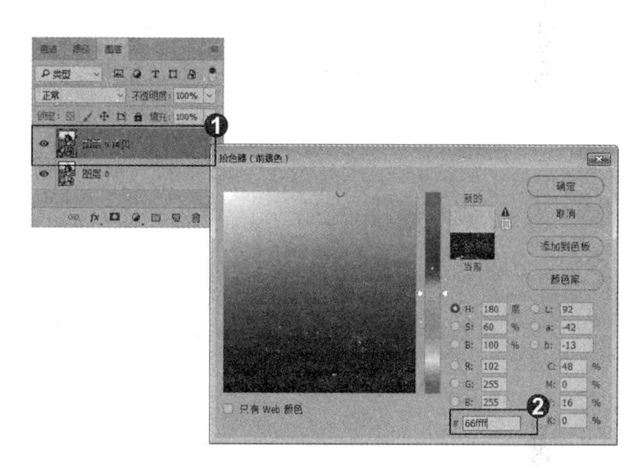

3. 打开滤镜库

❶ 单击“滤镜”|“滤镜库”命令，❷ 弹出滤镜库对话框，选择“素描”|“半调图案”选项，❸ 调节“半调图案”参数，单击“确定”按钮。

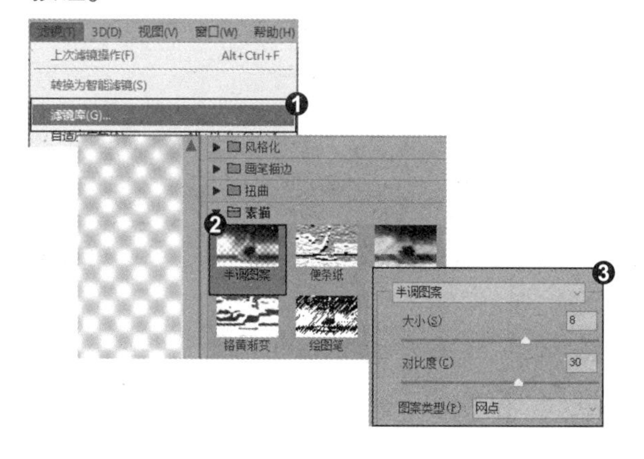

4. 锐化图像

❶ 单击“滤镜”|“锐化”|“USM 锐化”命令，❷ 弹出“USM 锐化”对话框，调节参数，使网点变得清晰，❸ 并将图层的混合模式设置为“正片叠底”。

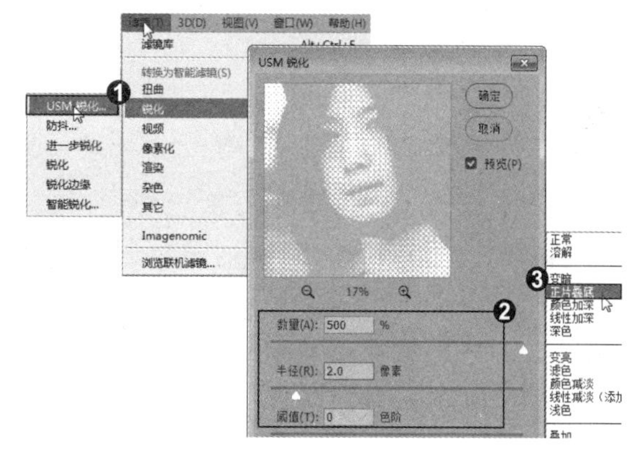

5. 应用滤镜

❶ 将前景色更改为想要的颜色，这里为黄色 (#f3f15f)。❷ 单击“素描” | “半调图案”选项，调节“半调图案”参数，单击“确定”按钮。❸ 单击“滤镜” | “锐化” | “USM 锐化”命令，调节“锐化”参数，单击“确定”按钮。

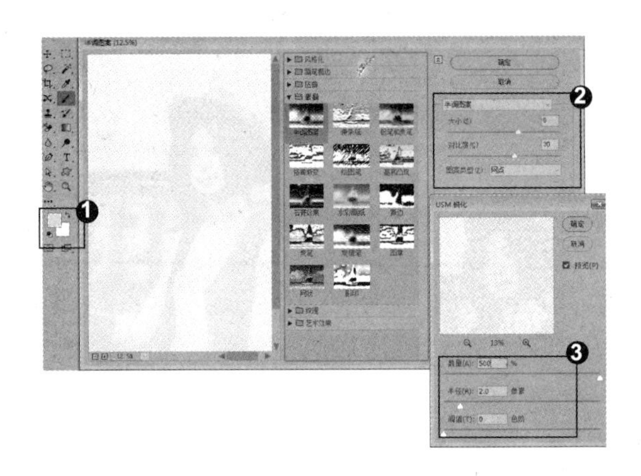

6. 完成网点照片

❶ 按 V 键，选择工具箱中的 (移动工具)，❷ 将图层 0 移到合适的位置。❸ 按 C 键，选择工具箱中的 (裁剪工具)，将边缘裁切整齐，按 Enter 键确认，网点照片制作完成。

知识拓展

如果“滤镜”菜单中的某些滤镜命令显示为灰色，就表示它们不能使用。通常情况下，这是由于图像模式造成的问题。RGB 模式的图像可以使用全部滤镜，一部分滤镜不能用于 CMYK 图像，索引和位图模式的图像不能使用任何滤镜。如果要对位图、索引或 CMYK 图像应用滤镜，可以先执行“图像” | “模式” | “RGB 颜色”命令，将它们转换为 RGB 模式，再使用滤镜处理。

专家提示

在应用滤镜的过程中如果要终止处理，可以按 Esc 键。

招式 213 修改智能滤镜

Q Photoshop 中常常使用滤镜做一些效果，但是如果效果不是很好，那么可以再返回修改滤镜吗?

A 只要先将图层转换为对象，再添加滤镜，就是智能滤镜，就可以随时修改滤镜的效果了。

1. 打开图像素材

❶ 打开本书配备的“第 11 章 \ 素材 \ 招式 213\ 风景图 .jpg”文件。❷ 单击“滤镜”|“转换为智能滤镜”命令，在弹出的信息框中单击“确定”按钮。

2. 模糊图像

❶ 单击“滤镜”|“模糊”|“高斯模糊”命令，❷ 弹出“高斯模糊”对话框，调节参数，单击“确定”按钮。

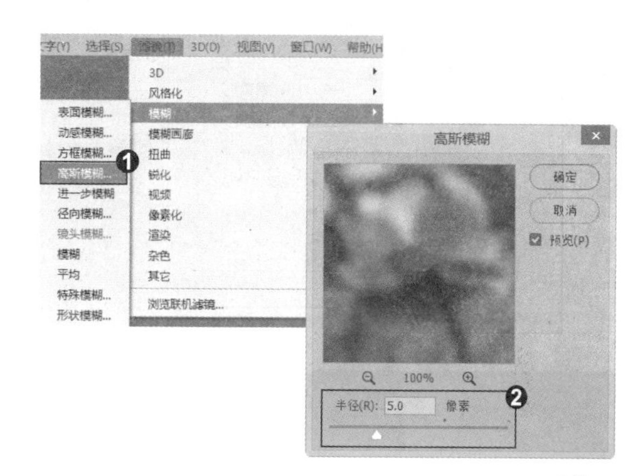

3. 修改滤镜

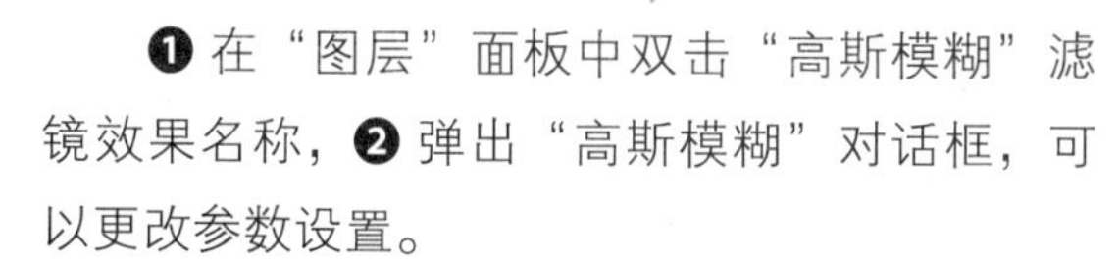

❶ 在“图层”面板中双击“高斯模糊”滤镜效果名称，❷ 弹出“高斯模糊”对话框，可以更改参数设置。

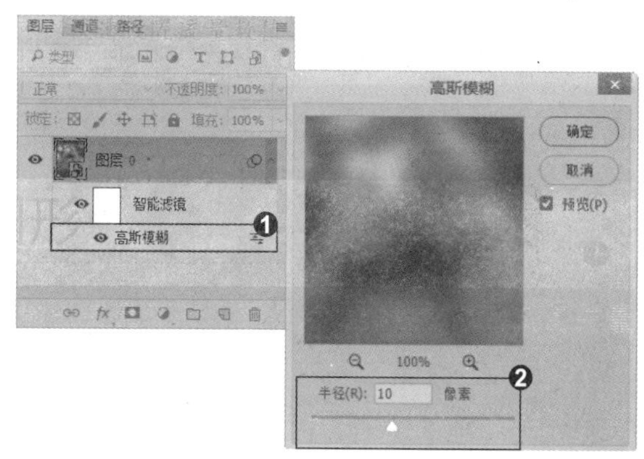

4. 隐藏滤镜效果

❶ 在“图层”面板中单击“高斯模糊”前面的“切换单个智能滤镜的可见性”按钮，❷ 图像则隐藏滤镜效果，可以重新编辑滤镜效果。

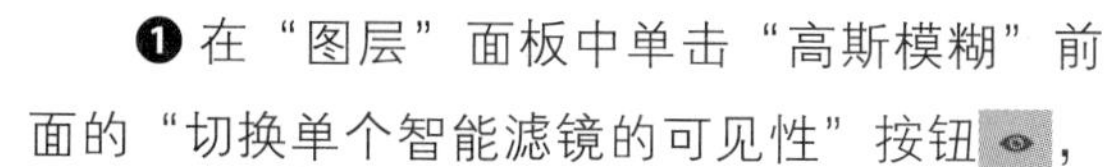

知识拓展

在Photoshop中，普通的滤镜是通过修改像素来生成效果的。❶从“图层”面板中可以看到，“背景”图层的像素被修改了。❷如果将图像保存并关闭，就无法恢复为原来的效果了。❸智能滤镜是一种非破坏性的滤镜，它将滤镜效果应用于智能对象上，不会修改图像的原始数据。❹智能滤镜包含一个类似于图层样式的列表，列表中显示了我们使用的滤镜，只要单击智能滤镜前面的眼睛图标，将滤镜效果隐藏或者将它删除，即可恢复原始图像。

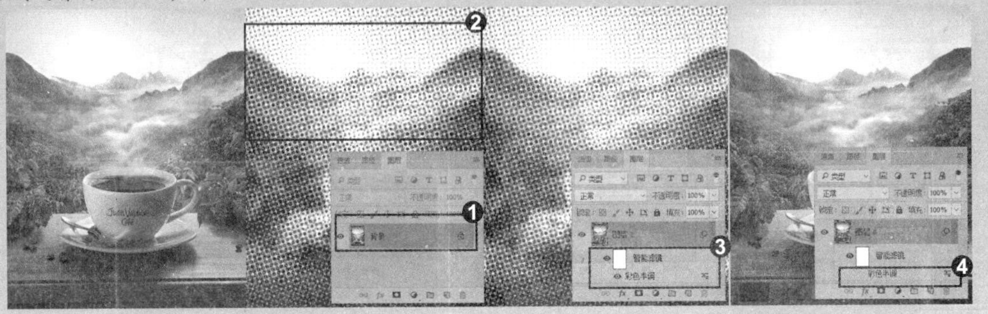

招式214 遮盖智能滤镜

Q Photoshop的智能滤镜效果不需要应用到整个图像，那么怎么样遮盖住图像的部分智能滤镜效果呢?

A 在“图层”面板选择“智能滤镜”的“蒙版缩览图”，用黑色对蒙版进行绘制则可遮盖部分智能滤镜效果。

1. 打开图像素材

❶打开本书配备的“第11章\素材\招式214\风景图.jpg”文件。❷单击“滤镜”|“转换为智能滤镜”命令，在弹出的信息框中单击“确定”按钮。

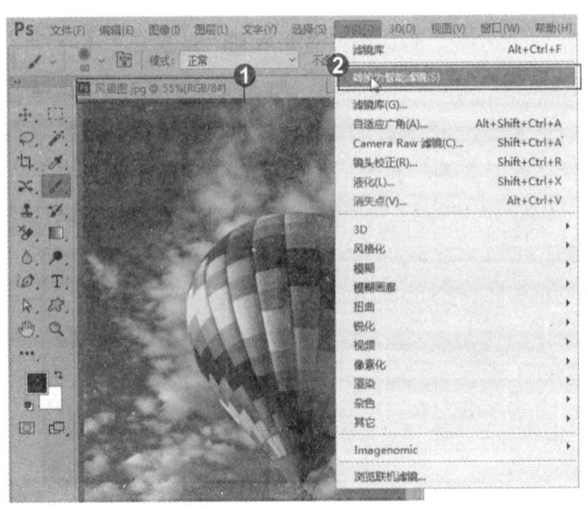

2. 模糊图像

❶单击“滤镜”|“模糊”|“高斯模糊”命令，❷弹出“高斯模糊”对话框，调节参数，单击“确定”按钮。

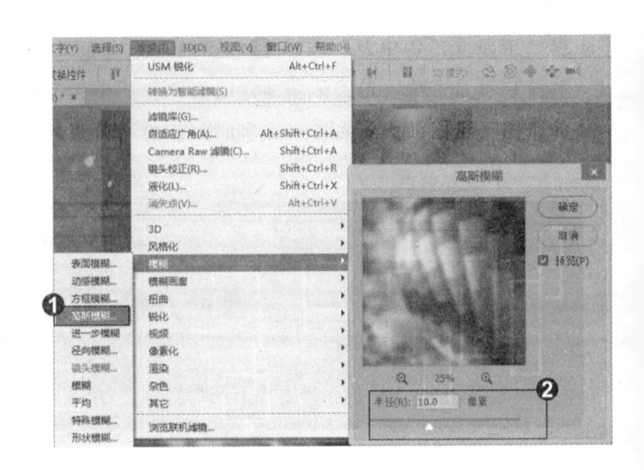

3. 添加滤镜蒙版

❶ 在“图层”面板单击“智能滤镜”前面空白（白色）蒙版缩览图，“蒙版缩览图”周围将出现一个边框。❷ 将前景色设置为黑色。

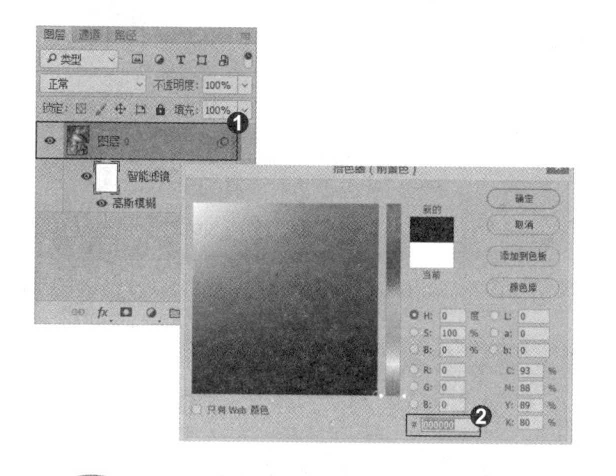

4. 遮盖智能滤镜

❶ 按 B 键，选择工具箱中的（画笔工具）。❷ 在图像上按住鼠标左键，在热气球上绘画，则热气球的滤镜效果被遮盖。❸ 在“图层”面板的“智能滤镜”的蒙版缩览图显示黑色部分则是遮盖智能滤镜效果部分。

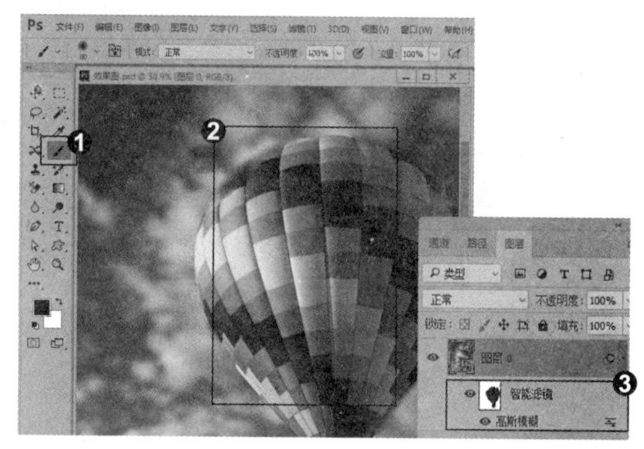

知识拓展

遮盖智能滤镜时，蒙版会应用于当前图层中的所有的智能滤镜，因此，单个智能滤镜无法遮盖。执行“图层”|“智能滤镜”|“停用滤镜蒙版”命令，可以暂时停用智能滤镜的蒙版，蒙版上会出现一个红色的“x”；执行“图层”|“智能滤镜”|“删除滤镜蒙版”命令，可以删除蒙版。

专家提示

在 Photoshop 中，滤镜、绘画工具、加深、减淡、涂抹、污点修复画笔等修饰工具只能处理当前选择的一个图层，而不能同时处理多个图层。而移动、缩放、旋转等变换操作则可以对多个选定的图层同时处理。

招式 215　使用滤镜制作抽丝效果照片

Q 抽丝效果是一种具有艺术感的后期效果，那么在 Photoshop 中如何给照片制作抽丝效果呢？

A 在滤镜库里选择“素描”|“半调图案”，将“图案类型”设置为“直线”，就可以制作出抽丝效果。

1. 打开图像素材

❶ 打开本书配备的“第 11 章 \ 素材 \ 招式 215\ 照片 .jpg”文件。❷ 将前景色设置为蓝色 (#23678a)，背景色设置为白色。❸ 按 Ctrl+J 快捷键复制一个图层。

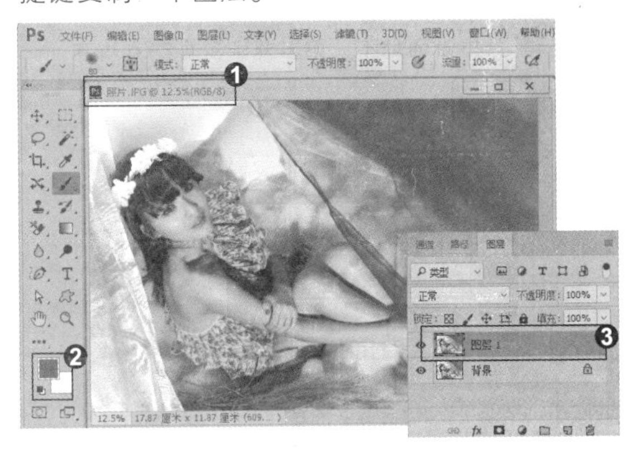

2. 打开滤镜库

❶ 单击“滤镜” | “滤镜库”命令。❷ 弹出滤镜库对话框，选择“素描” | “半调图案”。❸ 调节“半调图案”参数，将“图案类型”设置为“直线”，单击“确定”按钮。

3. 镜头校正

❶ 单击“滤镜” | “镜头校正”命令，❷ 弹出镜头校正对话框，单击“自定”选项卡，❸ 调节“晕影”参数，将“数量”的滑块拖到最左侧。

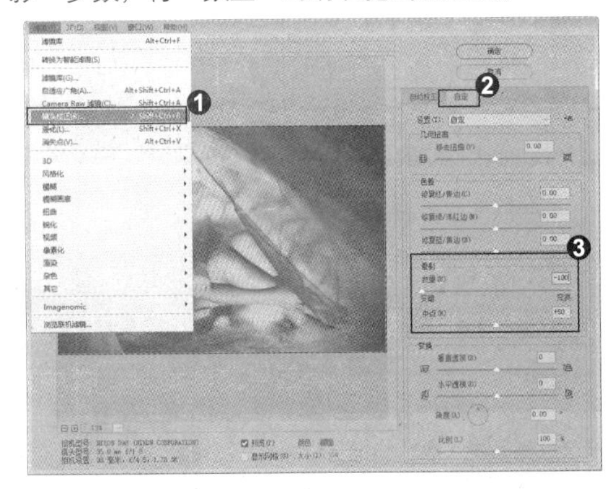

4. 设置渐隐

❶ 单击“编辑” | “渐影镜头校正”命令，❷ 弹出“渐隐”对话框，将“模式”更改为“叠加”，❸ 抽丝效果制作完成。

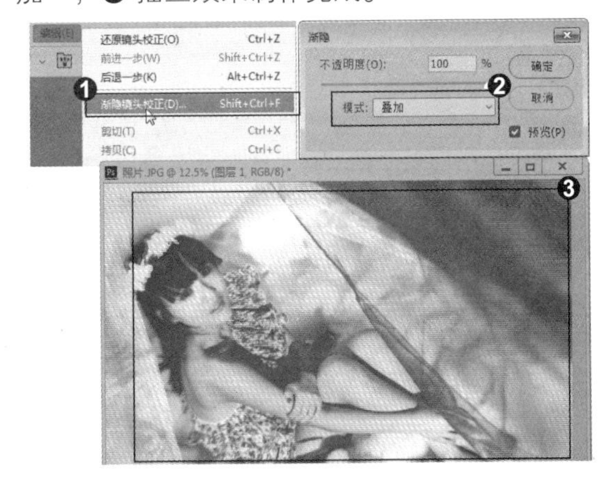

知识拓展

❶ 当我们对一个图层应用了多个滤镜以后，可以在智能滤镜列表上下拖动这些滤镜。❷ 重新排列它们的顺序，Photoshop 会按照由下而上的顺序应用滤镜。

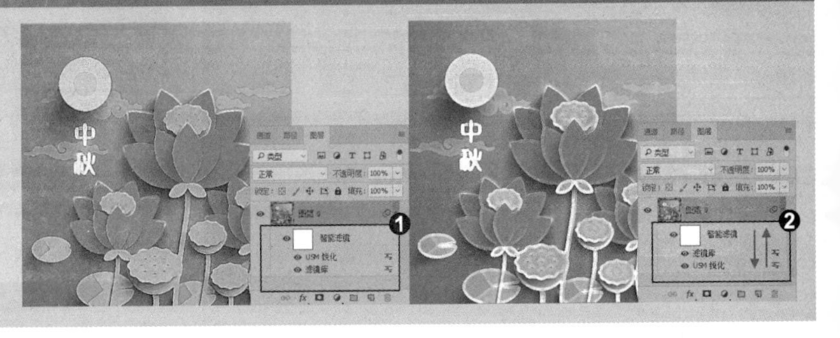

招式 216 使用液化滤镜为人物瘦身

Q 现在大家拍完照片都要用手机软件把自己修瘦一点，但是手机软件常常会破坏照片质量，那么如何用 Photoshop 快速为人物瘦身呢？

A Photoshop 滤镜中的“液化”滤镜，可以快速地为人物瘦身，并且不会破坏照片的质量。

1. 打开图像素材

❶ 打开本书配备的“第 11 章 \ 素材 \ 招式 216\ 照片 .jpg”文件。❷ 按 Ctrl+J 快捷键复制一个图层，❸ 单击“滤镜”|“转换为智能滤镜”命令，在弹出的信息框中单击“确定”按钮。

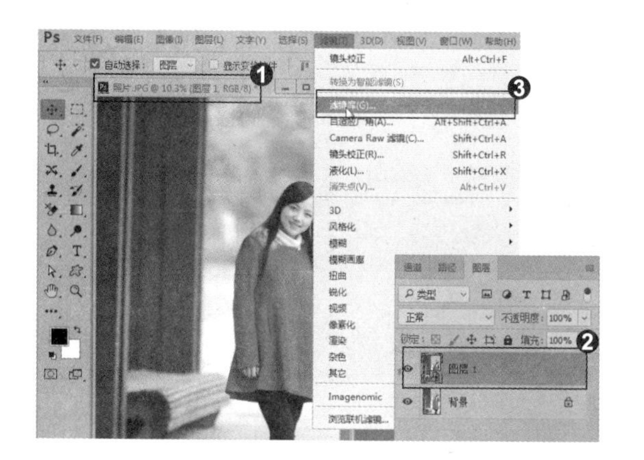

2. 放大人物脸部

❶ 单击“滤镜”|“液化”命令，弹出“液化”对话框，❷ 选择 (缩放工具)，或按 Z 键，光标变成加号放大镜，❸ 单击人物脸部将其放大。

3. 设置画笔参数

❶ 选择 (向前变形工具)，❷ 在属性栏里设置“画笔工具选项”的参数。❸ 鼠标移到图像上的时候显示一个圈，可以按“[”键，缩小画笔，按“]”键，放大画笔。

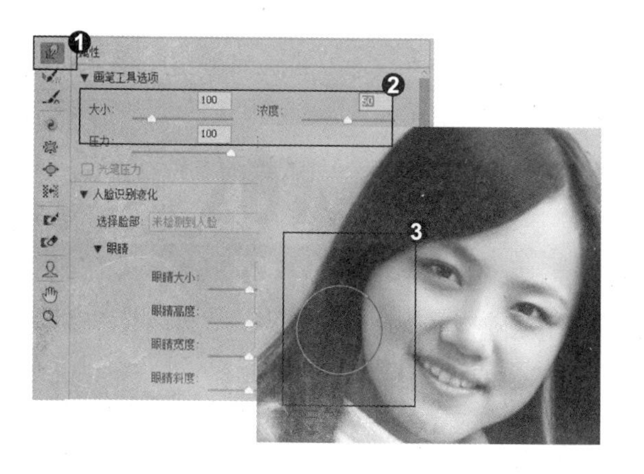

4. 液化图像

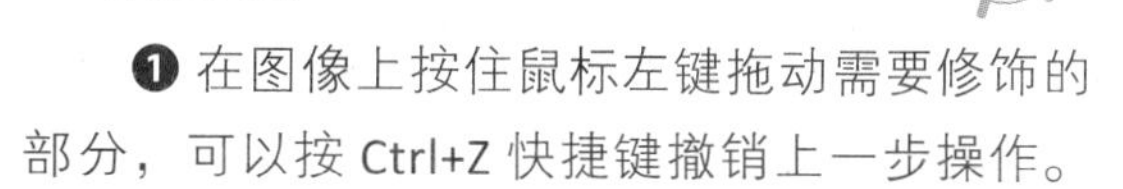

❶ 在图像上按住鼠标左键拖动需要修饰的部分，可以按 Ctrl+Z 快捷键撤销上一步操作。❷ 勾选“液化”面板右下角的“预览”复选框，预览液化的滤镜效果。❸ 操作完成后，单击“确定”按钮，人物瘦身效果完成。

知识拓展

滤镜是Photoshop中最具吸引力的功能之一，它就像是一个魔术师，可以把普通的图像变为非凡的视觉艺术作品，因此，滤镜在使用过程当中也是有规则可循的。

- 使用滤镜处理图层中的图像时，需要选择该图层，并且图层必须是可见的（其缩览图前有图标）。
- ❶如果创建了选区，滤镜只处理选区内的图像。❷没有创建选区，则处理当前图层中的全部图像。
- 滤镜的处理效果是以像素为单位进行计算的，因此，相同的参数处理不同分辨率的图像，其效果也会不同。
- 滤镜可以处理图层蒙版、快速蒙版和通道。
- 只有"云彩"滤镜可以应用在没有像素的区域，其他滤镜都必须应用在包含像素的区域，否则不能使用。但外挂滤镜除外。

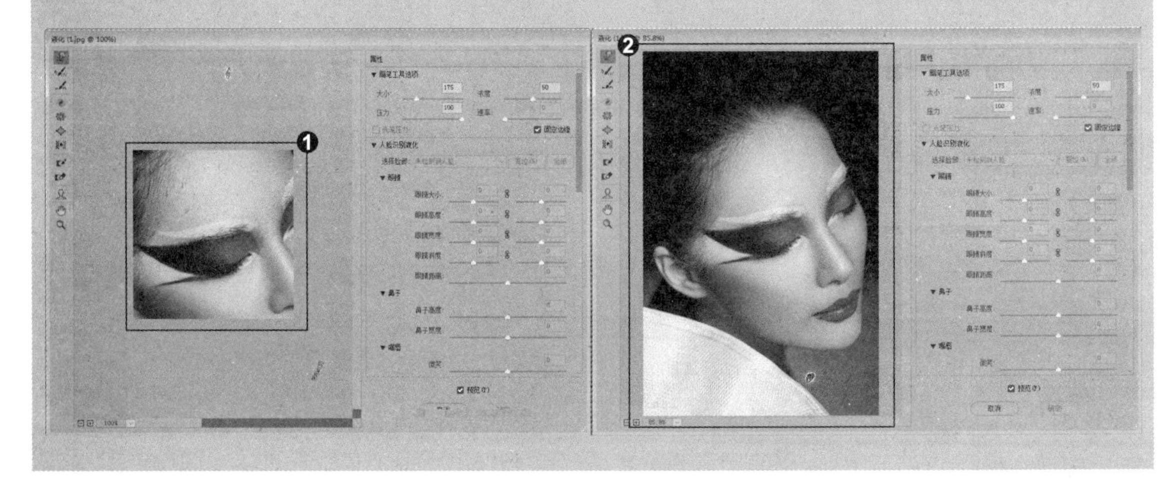

专家提示

除"液化"和"消失点"之外，任何滤镜都可以作为智能滤镜应用，这其中也包括支持智能滤镜的外挂滤镜。此外，"图像"|"调整"菜单中的"阴影/高光"命令也可以作为智能滤镜来应用。

招式 217 呈现油画效果

Q Photoshop滤镜怎么样以假乱真，可以把照片变成油画一样的效果呢？

A 单击"滤镜"|"风格化"|"油画"命令，设置参数，就可以快速让图片呈现油画的效果。

1. 打开图像素材

❶ 打开本书配备的“第 11 章\素材\招式 217\图片 .jpg”文件。❷ 单击“滤镜”|“转换为智能滤镜”命令，在弹出的信息框单击“确定”按钮。

2. 弹出对话框

❶ 单击“滤镜”|“风格化”|“油画”命令，❷ 弹出“油画”对话框。

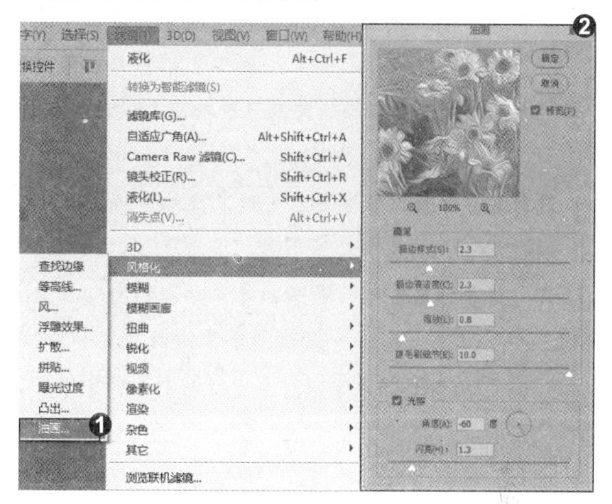

3. 设置参数

❶ 勾选“预览”复选框，可以预览油画的滤镜效果。❷ 勾选“光照”复选框，将光照效果打开。❸ 调节“画笔”的“描边样式”“描边清洁度”“缩放”和“硬毛刷细节”4 个参数。

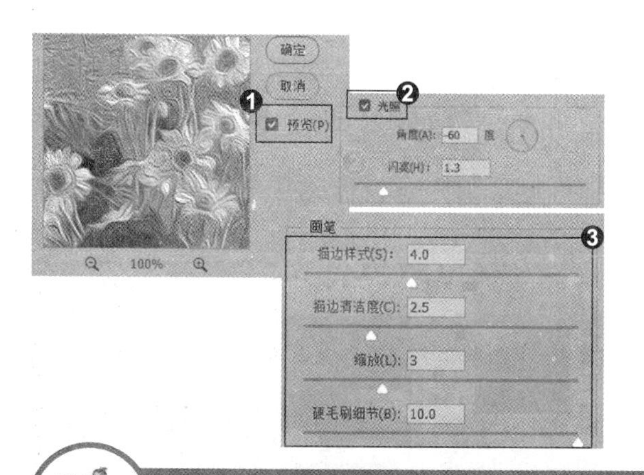

4. 完成光照效果

❶ 设置“光照”的“角度”和“闪亮”参数。❷ 操作完成后，单击“确定”按钮，油画效果完成。❸ 在“图层”面板中双击“油画”图层，可以重新编辑油画滤镜。

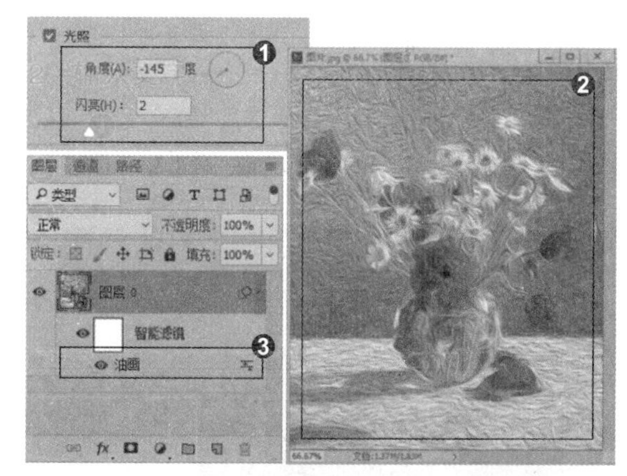

知识拓展

关于“画笔”的参数设置，参数不是一定值，应根据图片来进行调整。“描边样式”可以给予画面具有油画笔触的效果，粗糙或平滑；“描边清洁度”控制的是画笔边缘效果，低设置值可以获得更多的纹理和细节，高设置可以得到更加清洁的效果；“缩放”控制画笔大小，小比例缩放就是小较浅的笔刷，大比例缩放就是大较厚的笔刷；“硬毛刷细节”是控制画笔笔毛的软硬程度，低设置就是轻软的笔触效果，高设置就是硬重的笔触效果。

“光照”效果的“角度”数值设置是根据图像的光照而设置的；“闪亮”调整的是光照强度，从而影响整体画面的光影效果。关闭“光照”效果就会去掉增强对比度和光源，图像就会显得柔和平滑。

专家提示

应用于智能对象的任何滤镜都是智能滤镜，因此，如果当前图层为智能对象，可直接对其应用滤镜，而不必将其转换为智能滤镜。

招式 218 呈现绘画和印象派风格效果

Q Photoshop 滤镜怎么样可以把图像处理成印象派风格的绘画效果呢?

A 在 Photoshop 的滤镜库里，选择“艺术效果”，进行设置，就可以快速让图片呈现绘画和印象派风格的效果。

1. 打开图像素材

❶ 打开本书配备的“第 11 章 \ 素材 \ 招式 218\ 图片 .jpg”文件。❷ 单击“滤镜”|“转换为智能滤镜”命令，在弹出的信息框中单击“确定”按钮。

2. 设置“色相 / 饱和度”参数

❶ 在“图层”面板底部单击“创建新的填充或调整图层”按钮，❷ 选择“色相 / 饱和度”命令。❸ 弹出“属性”面板，调节“色相 / 饱和度”参数。

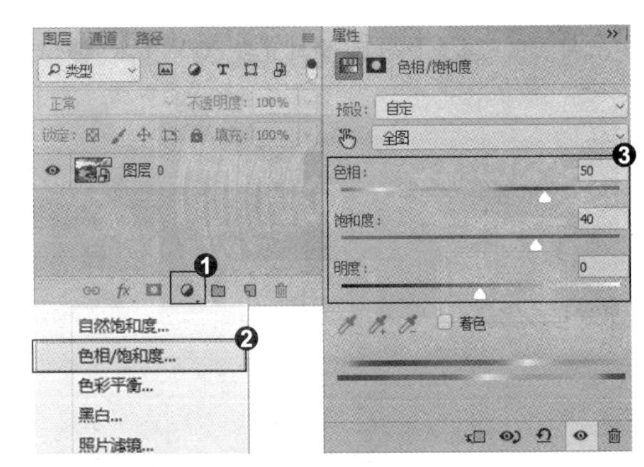

3. 设置“亮度 / 对比度”参数

❶ 在“图层”面板底部单击“创建新的填充或调整图层”按钮，选择“亮度 / 对比度”命令。❷ 弹出“属性”面板，调节“亮度 / 对比度”参数。❸ 在“图层”面板选中所有图层，按 Ctrl+J 快捷键复制，再按 Ctrl+E 快捷键合并图层，将图层转换为智能对象。

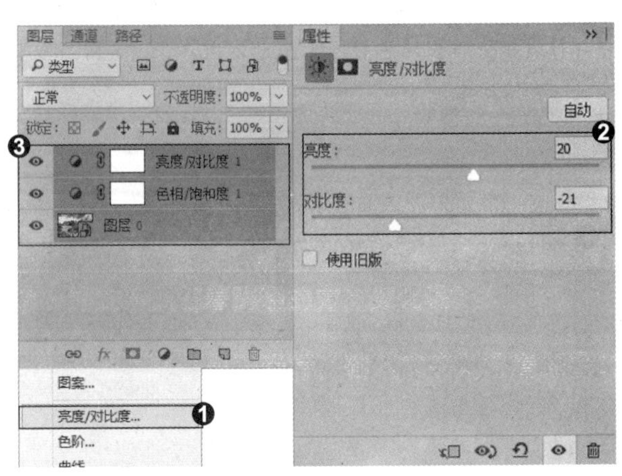

4. 打开滤镜库

❶ 单击“滤镜” | “滤镜库”命令。❷ 弹出滤镜库对话框，选择“艺术效果” | “塑料包装”。❸ 调节参数，先不要单击“确定”按钮，还需要再添加滤镜。

5. 添加滤镜

❶ 在滤镜库右下角单击“新建效果图层”按钮，添加一个滤镜层，❷ 将滤镜改为“绘画涂抹”，调节参数；❸ 继续添加一个滤镜层，将滤镜改为“纹理化”，调节参数；❹ 再添加一个滤镜层，将滤镜改为“玻璃”，调节参数，❺ 单击“确定”按钮，图像效果完成。

知识拓展

❶ 在“图层”面板中，按住 Alt 键，将智能滤镜从一个智能对象拖动到另一个智能对象上，或拖动到智能滤镜列表中的新位置，释放鼠标后，可以复制智能滤镜；❷ 如果要复制所有智能滤镜，可按住 Alt 键并拖动在智能对象图层旁边出现的智能滤镜图标。

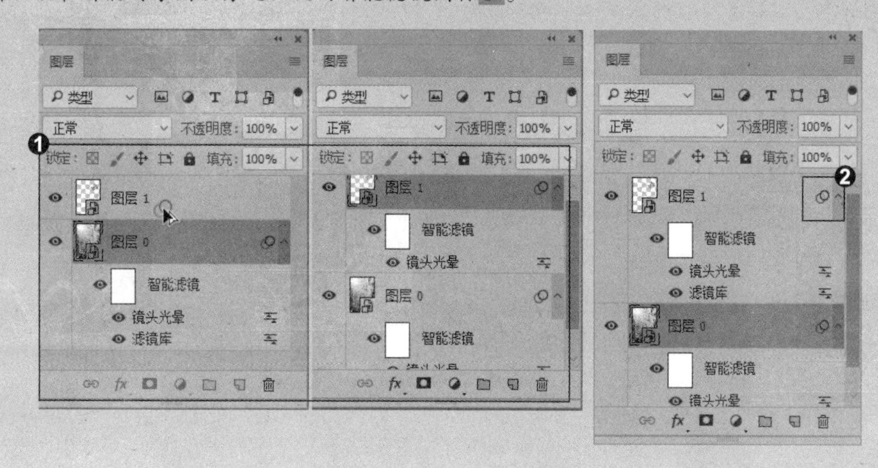

招式 219 特殊的3D人像

Q Photoshop 滤镜是否可以把人像照片变成一根根的立方体飞射而出的特殊 3D 效果呢?

A 单击“滤镜”|“风格化”|“凸出”命令，设置参数，就可以快速把人像照片处理成 3D 效果。

1. 打开图像素材

❶打开本书配备的“第 11 章\素材\招式 219\照片.jpg”文件。❷单击“图像”|“画布大小”命令，将画布的宽和高适当放大。❸单击“滤镜”|“转换为智能滤镜”命令，在弹出的信息框中单击“确定”按钮。

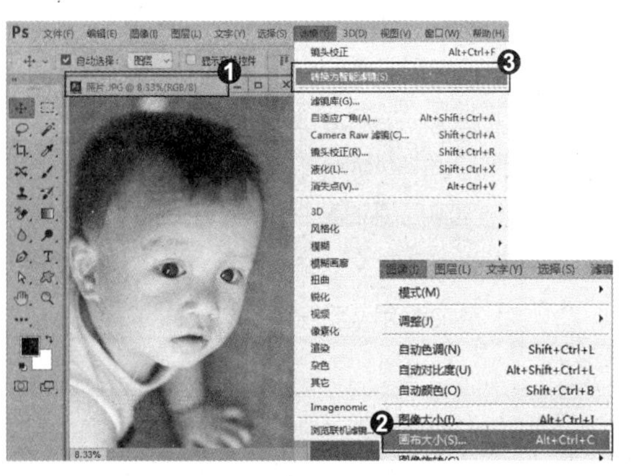

2. 移动中心点

❶按 Ctrl+J 快捷键，复制一个图层。❷按 Ctrl+T 快捷键自由变换图像，会看到一个交叉的线条，交叉点就是整张图片的中心。❸把照片人物中心移动到这个交叉点上，按 Enter 键确认。

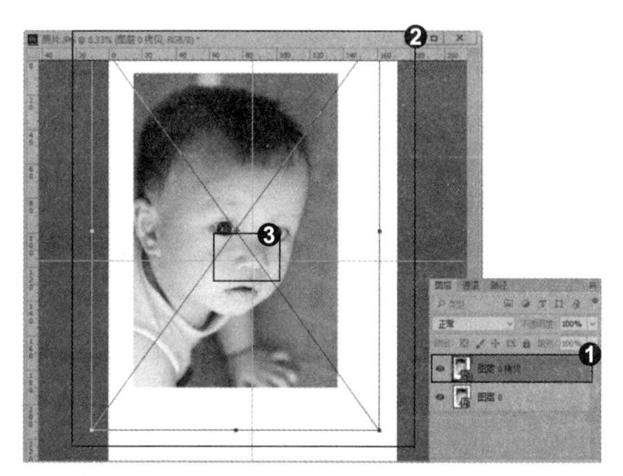

3. 高斯模糊图像

❶单击“滤镜”|“模糊”|“高斯模糊”命令，❷弹出“高斯模糊”对话框，调节参数，❸单击“确定”按钮。

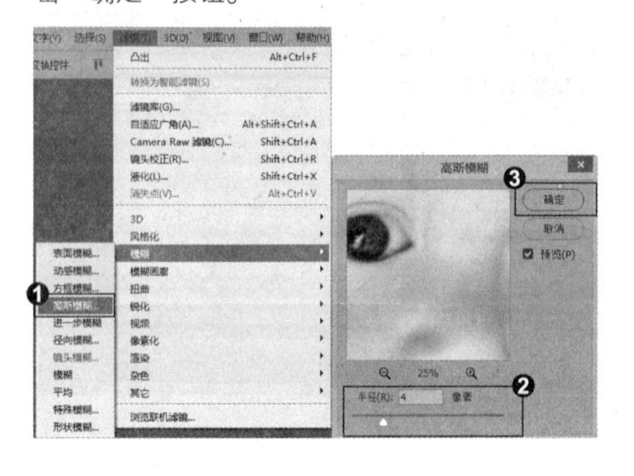

4. 凸出滤镜

❶单击“滤镜”|“风格化”|“凸出”命令，❷弹出“凸出”对话框，调节参数，❸单击“确定”按钮。

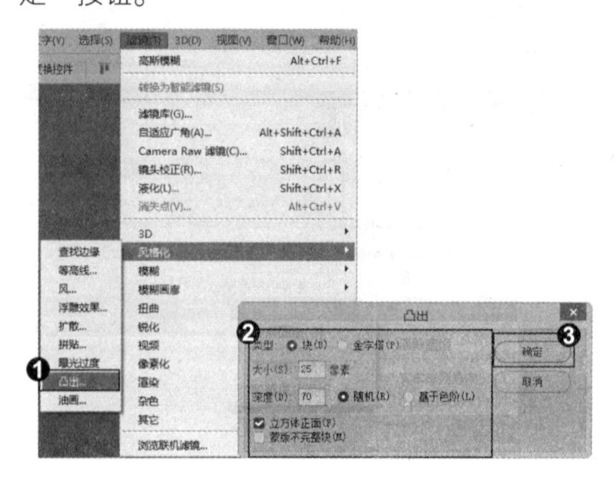

5. 完成 3D 人像效果

❶ 在“图层”面板中单击“创建新的填充或调整图层”按钮，❷ 选择“曲线”命令，❸ 打开“曲线”面板，调节明暗，❹ 完成 3D 人像效果。

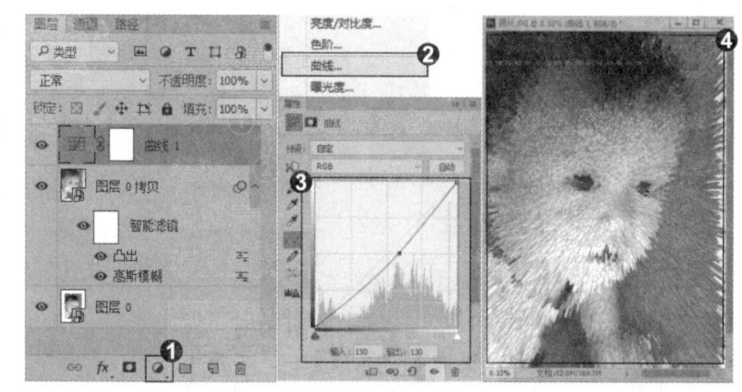

知识拓展

“凸出”滤镜可以将图像分成一系列大小相同且有机重叠放置的立方体或锥体，产生特殊的3D效果。“类型”用来设置图像凸起的方式，选择“块”可以创建具有一个方形的正面和四个侧面的对象；选择“金字塔”则创建具有相交于一点的四个三角形侧面的对象。“大小”用来设置立方体和金字塔地面的大小，该值越高，生成的立方体和锥体越大。“深度”用来设置凸出对象的高度。“随机”表示为每个块或金字塔设置一个任意的深度；“基于色阶”则表示使每个对象的深度与其亮度对应，越亮凸出得越多。勾选“立方体正面”复选框后将失去图像整体轮廓，生成的立方体上只显示单一的颜色。“蒙版不完整块”隐藏所有延伸出选区的对象。

专家提示

当我们使用一个滤镜后，可以单击“编辑”|“渐隐”命令，修改滤镜的不透明度和混合模式。但该命令必须是在应用滤镜以后马上执行，否则不能使用。而智能滤镜则不同，我们可以随时双击智能滤镜旁边的编辑混合选项图标 来修改透明度和混合模式。

招式 220 半调网纹风格体育海报

Q 半调网纹风格的体育海报十分夺目，那么在 Photoshop 中如何制作呢?

A 在素描滤镜里的“半调图案”，将图案类型设置为“网点”，就可以制作出半调网纹风格的体育海报。

1. 打开图像素材

❶打开本书配备的“第11章\素材\招式220\素材图.jpg”文件。❷按Ctrl+J快捷键，复制一个图层。

2. 建立选区

❶按W键，选择工具箱中的（魔棒工具）。❷在图像上单击黄色背景，建立选区，按Ctrl+Shift+I快捷键进行反选操作，建立人物选区。❸按Ctrl+J快捷键，复制一个图层，按Ctrl+D快捷键取消选区。

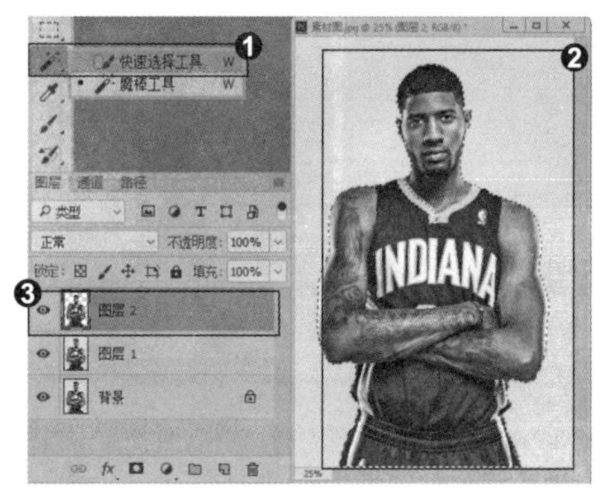

3. 调节“亮度/对比度”参数

❶单击“图像”|“调整”|“亮度/对比度”命令，❷弹出“属性”面板，调节“亮度/对比度”参数，❸单击“确定”按钮。

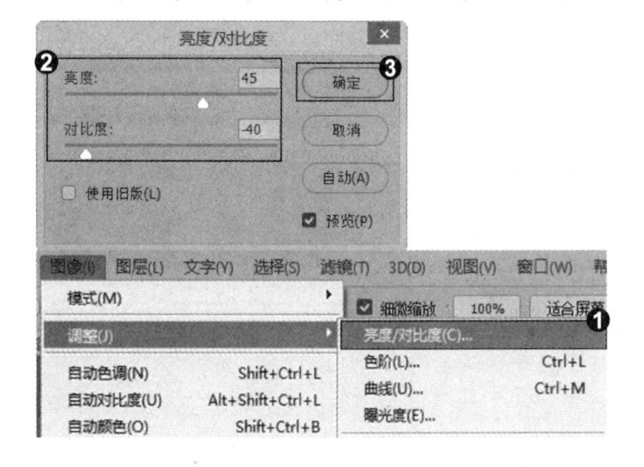

4. 调节“曲线”参数

❶单击“图像”|“调整”|“曲线”命令，❷打开“属性”面板，调节“曲线”参数，❸单击“确定”按钮。

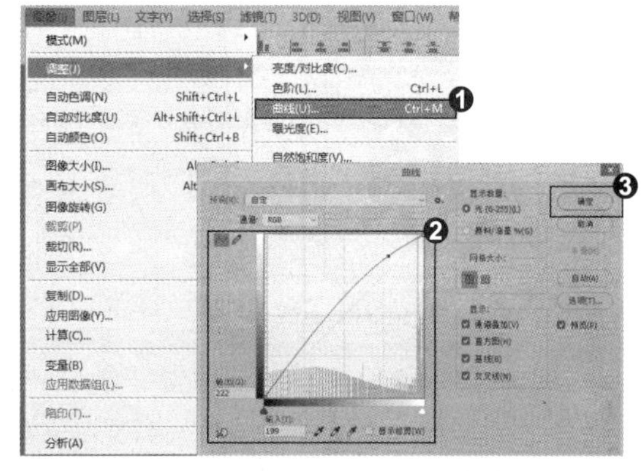

5. 打开滤镜库

❶单击“滤镜”|“滤镜库”|“素描”命令，❷弹出“滤镜库”对话框，选择“素描”|“半调图案”，❸将“图案类型”设置为“网点”，调节参数，单击“确定”按钮。

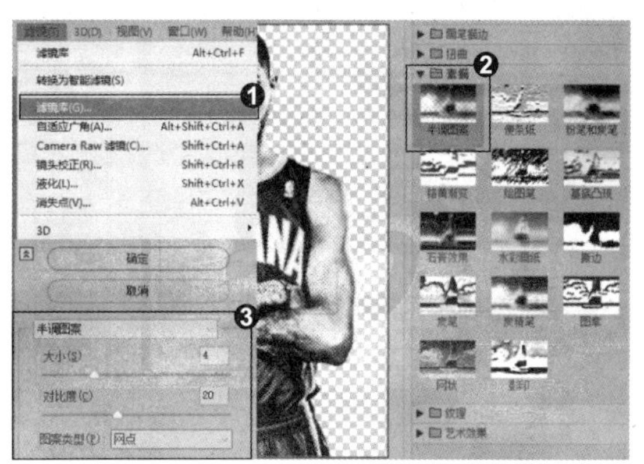

6. 添加文字

❶ 在“图层”面板中新建图层，填充纯色，放置在图层 2 下面。❷ 按 T 键，选择工具箱中的 T（横排文字工具），输入文字，❸ 半调网纹风格的体育海报制作完成。

知识拓展

滤镜库是一个整合了多种滤镜的对话框，它可以将一个或多个滤镜应用于图像，或者对同一图像多次应用同一滤镜，还可以使用对话框中的其他滤镜替换原有的滤镜。执行“滤镜”|“滤镜库”命令，可以打开“滤镜库”对话框。对话框左侧是预览区，中间是 6 组可供选择的滤镜，右侧是参数设置区。

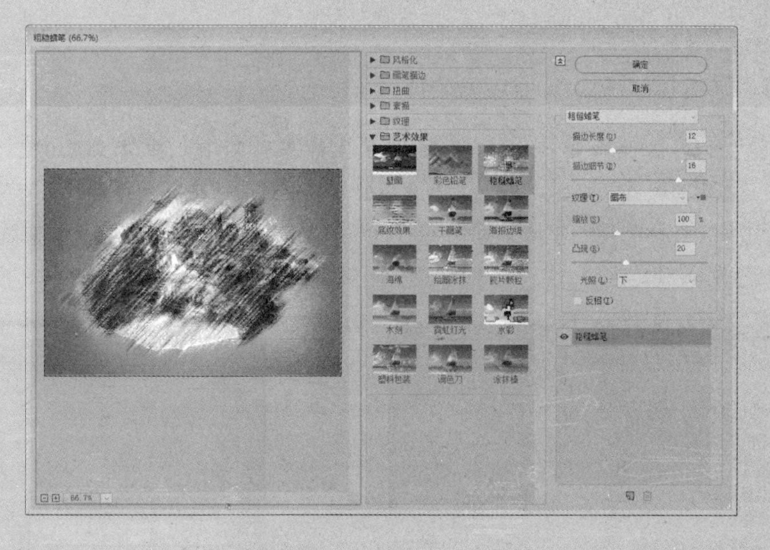

招式 221 使用模糊滤镜制作倒影图形

Q 我们经常在一些图片中看到玲珑剔透的倒影，那么 Photoshop 是否可以给图形制作倒影的效果呢？

A 在 Photoshop 中使用模糊滤镜，就可以快速给图形制作出倒影的效果。

1. 打开图像素材

❶ 打开本书配备的“第 11 章\素材\招式 221\素材图.jpg”文件。❷ 按 M 键，选择工具箱中的 (矩形选框工具)。

2. 绘制图形

❶ 在图像上按住鼠标左键拉动框选花的部分。❷ 在按 Ctrl+J 快捷键复制选区图层。❸ 按 Ctrl+J 快捷键，再次复制一个图层。

3. 变换图形

❶ 单击“编辑”|“变换”|“垂直翻转”命令。❷ 选择工具箱中的 (移动工具)，❸ 按住 Shift 键并往下移动，使两个图层的花尖处首尾相接。

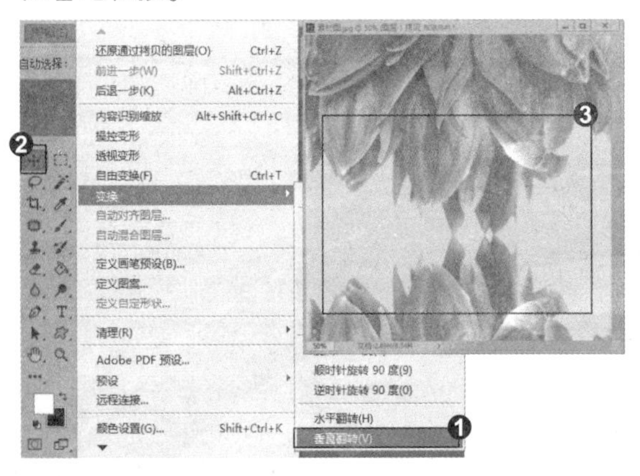

4. 动感模糊图形

❶ 单击“滤镜”|“模糊”|“动感模糊”命令，❷ 弹出“属性”面板，将“角度”调为 90 度，调节“距离”像素值，单击“确定”按钮。

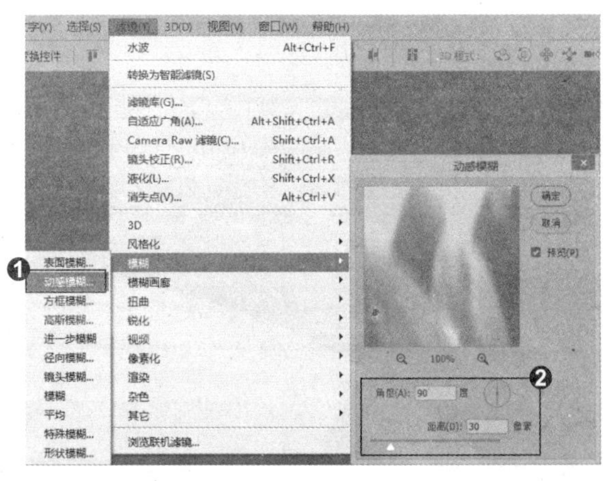

5. 添加矢量蒙版

❶ 在“图层”面板中单击“添加矢量蒙版”按钮，添加矢量蒙版。❷ 选择工具箱中的 (渐变工具)，❸ 在工具选项栏中单击“线性渐变”按钮，❹ 在图层蒙版上拖出渐变，完成倒影效果。

知识拓展

扭曲滤镜包括波浪、海洋波纹、极坐标、球面化、切变等 12 个滤镜，它们通过创建三维或其他形体效果对图像进行几何变形，创建 3D 或其他扭曲效果。❶“波浪”滤镜可以在图像上创建波浪起伏的图案，生成波浪效果。❷“波纹”滤镜和“波浪”滤镜的工作方式相同，但提供的选项较少，只能控制波纹的数量和波纹大小。❸“极坐标”滤镜以坐标轴为基准，将图像从平面坐标转换到极坐标，或将极坐标转换为平面坐标。❹“挤压”滤镜可以将整个图像或选区内的图像向内或向外挤压。❺“切变”滤镜是比较灵活的滤镜，我们可以按照自己设定的曲线来扭曲图像。❻“球面化”滤镜通过将选区折成球形，扭曲图像以及伸展图像以适合选中的曲线。❼“水波”滤镜可以模拟水池中的波纹，在图像中产生类似于向水池中投入石子后水面的变化形态。❽“旋转扭曲”滤镜可以使图像产生旋转的风轮效果，旋转会围绕图像中心进行，中心旋转的程度比边缘大。

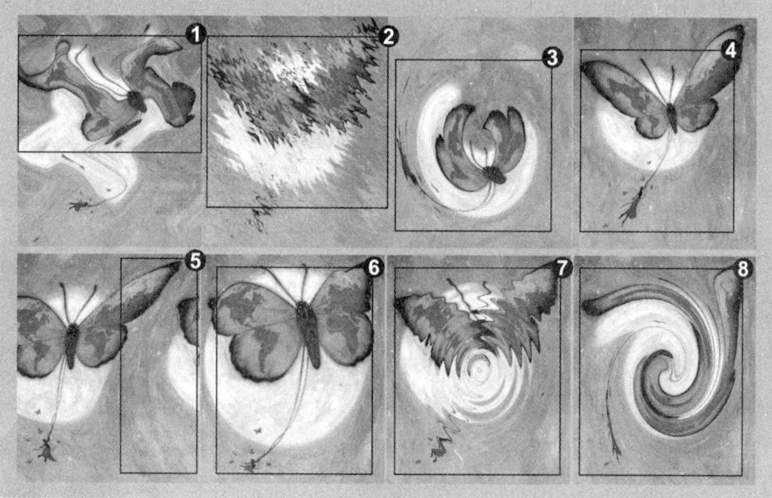

招式 222 将图像进行几何扭曲

Q 有时候也会用 Photoshop 对图像进行变形或扭曲，那么如何用 Photoshop 滤镜将图像进行几何扭曲呢？

A 在 Photoshop 里的“扭曲”滤镜，可以快速地给图像制作扭曲的效果。

1. 打开图像素材

❶打开本书配备的“第 11 章 \ 素材 \ 招式 222\ 素材图 .jpg”文件。❷按 Ctrl+J 快捷键，复制一个图层。

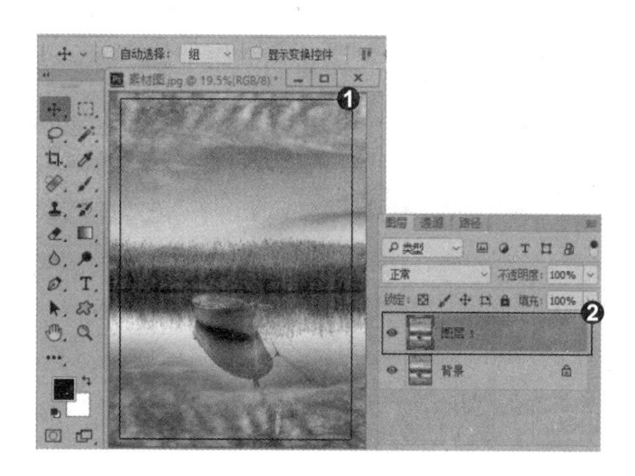

2. 建立选区

❶ 选择工具箱中的 (矩形选框工具)，❷ 将图像的天空部分选中，按 Delete 键删除。❸ 用钢笔工具抠出小船，建立选区，按 Delete 键删除，按 Ctrl+D 快捷键取消选区。

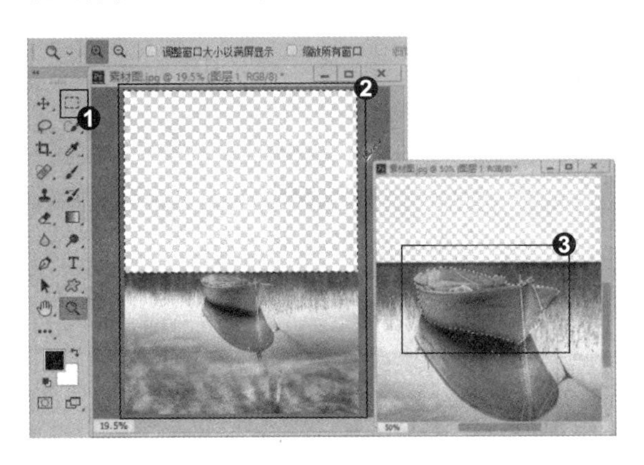

3. 扭曲图像

❶ 单击“滤镜”|“转换为智能滤镜”命令。❷ 单击“滤镜”|“扭曲”|“波浪”命令。❸ 弹出“波浪”对话框，调节参数，单击“确定”按钮。

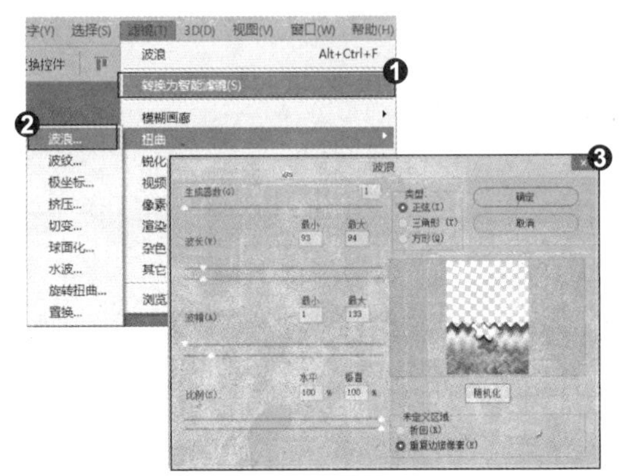

4. 添加图层蒙版

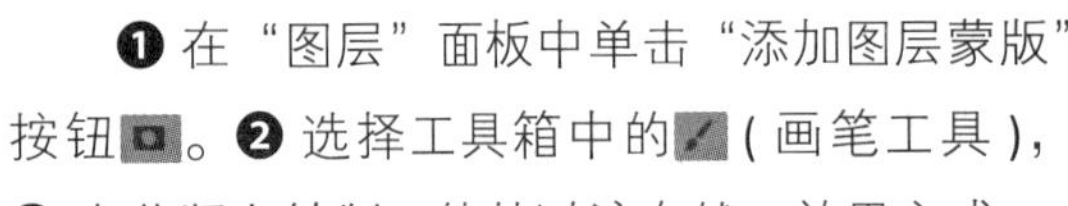

❶ 在“图层”面板中单击“添加图层蒙版”按钮。❷ 选择工具箱中的 (画笔工具)，❸ 在蒙版上绘制，使其过渡自然。效果完成。

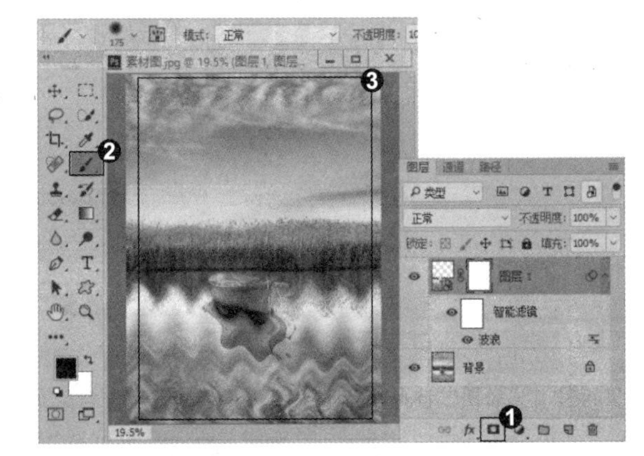

知识拓展

像素化滤镜包括彩色半调、点状化、马赛克、铜版雕刻等 7 种滤镜，它们可以使单元格中颜色值相近的像素结成块状。“彩块化”滤镜可以使纯色或相近颜色的像素结成像素块；❶“彩色半调”滤镜可以使图像变为网点状效果，它将图像划分为矩形，并用圆形替换每个矩形；❷“点状化”滤镜可以将图像中的颜色分散为随机分布的网点，如同点状绘画效果，背景色将作为网点之间的画布区域，使用该滤镜时，可通过“单元格大小”来控制网点的大小；❸“晶格化”滤镜可以使图像中颜色相近的像素结块形成多边形纯色，使用该滤镜时，可通过“单元格大小”来控制多边形色块的大小；❹“马赛克”滤镜可以使像素结成方块状，模拟像素效果，使用该滤镜时，可通过“单元格大小”来调整马赛克大小；❺“碎片”滤镜可以将图像中的像素拷贝 4 次，然后将拷贝的像素平均分布，并使其相互偏移，使图像产生一种类似于相机没有对准焦距所拍摄出的效果模糊的照片；❻“铜版雕刻”滤镜可以在图像中随机生成各种不规则的直线、曲线和斑点。

专家提示

使用“径向模糊”滤镜处理图像时，需要进行大量的计算，如果图像的尺寸较大，可以先设置较低的“品质”来观察效果，在确认最终效果后，再提高“品质”来处理。

招式 223 通过颜色相似单元格定义选区

Q 在一张图像上有多种相似的颜色，Photoshop 怎么样可以把颜色相似的部分快速建立选区呢?

A 在“选择”菜单里的“色彩范围”可以快速把相似颜色建立选区，再使用“选区相似”进行完善。

1. 打开图像素材

❶ 打开本书配备的“第 11 章 \ 素材 \ 招式 223\ 素材图 .jpg”文件。❷ 按 Ctrl+J 快捷键，复制一个图层。

2. 自由变换图像

❶ 按 Ctrl+T 快捷键打开自由变换。❷ 在工具选项栏中将角度倾斜度改为 45 度，按 Enter 键确认。

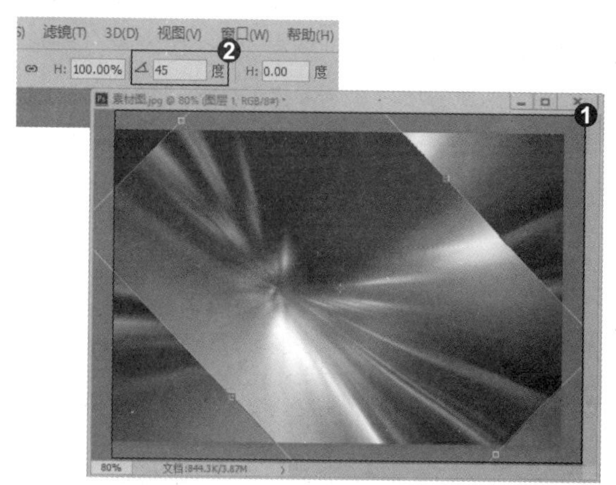

3. 设置图像角度

❶ 选择“滤镜”|“像素化”|“马赛克”命令，❷ 弹出“马赛克”对话框，设置“单元格大小”参数，单击“确定”按钮，❸ 按 Ctrl+T 快捷键，打开自由变换框，在工具选项栏中将角度改为 −45 度，按 Enter 键确认。

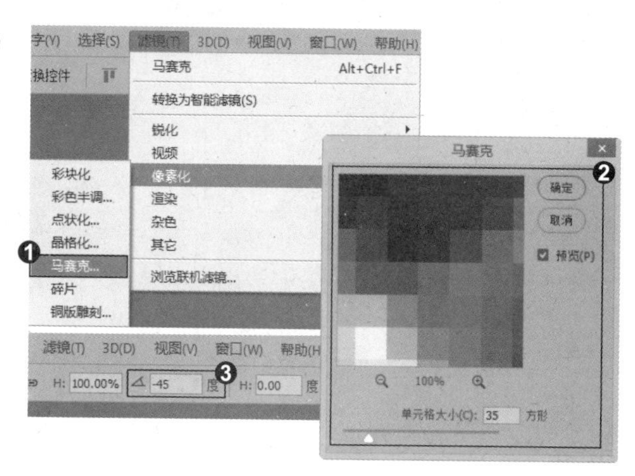

4. 设置色彩范围

❶ 按T键，选择工具箱中的T（横排文字工具），输入文字。❷ 单击“选择”|“色彩范围”命令，❸ 在弹出的“色彩范围”对话框中，点击图片中红色的地方，并设置好颜色容差和范围属性，单击“确定”按钮。

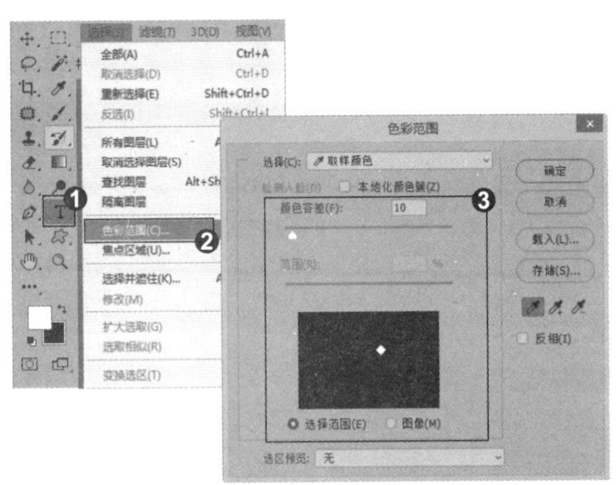

5. 选取相似颜色

❶ 单击“选取”|“选取相似”命令，❷ 选中所有相似颜色，颜色相似选区完成。

知识拓展

杂色滤镜包含减少杂色、添加杂色、蒙尘与划痕、去斑和中间值5种滤镜，它们可以添加或去除杂色或一些带有随机分布色阶的像素，创建特殊的图像纹理和效果。❶“减少杂色”滤镜对于去除使用数码相机拍照的照片中的杂色是非常有效的；❷“蒙尘与划痕”滤镜通过更改图像中有差异的像素来减少杂色、灰尘、瑕疵等；“去斑”滤镜可以检测图像的边缘，并模糊那些边缘外的所有区域，同时会保留图像的细节；❸“添加杂色”滤镜可以将随机的像素应用于图像，以模拟在高速胶片上拍摄所产生的颗粒效果，也可以用来减少羽化选区或渐变填充中的条纹；“中间值”滤镜可以混合选区中像素的亮度来减少图像的杂色，该滤镜会搜索像素选区的半径范围以查找亮度相近的像素，并且会扔掉与相邻像素差异太大的像素，然后用搜索到的像素的中间亮度值来替换中心像素。

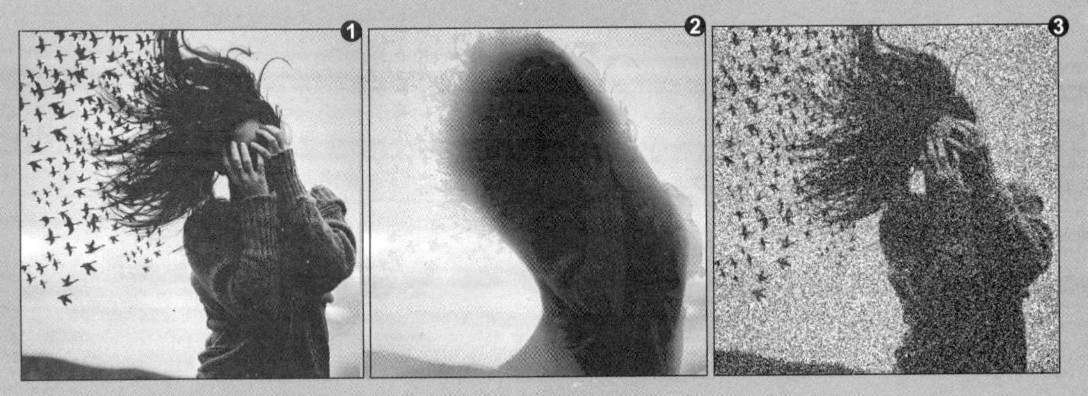

招式 224 使用杂色滤镜制作素描图像

Q 在 Photoshop 中如何才能将照片转换成素描一样的效果呢?

A 使用杂色滤镜，简单几步就可以把图像制作成逼真的素描效果。

1. 打开图像素材

❶ 打开本书配备的“第 11 章 \ 素材 \ 招式 224\ 照片 .jpg”文件。❷ 按 Ctrl+J 快捷键，复制一个图层。❸ 单击“图像” | “调整” | “去色”命令，或按 Ctrl+Shift+U 快捷键，执行“去色”命令。

2. 反相图像

❶ 按 Ctrl+J 快捷键，再次复制图层。❷ 单击“图像” | “调整” | “反相”命令。❸ 将图层的混合模式更改为“颜色减淡”。

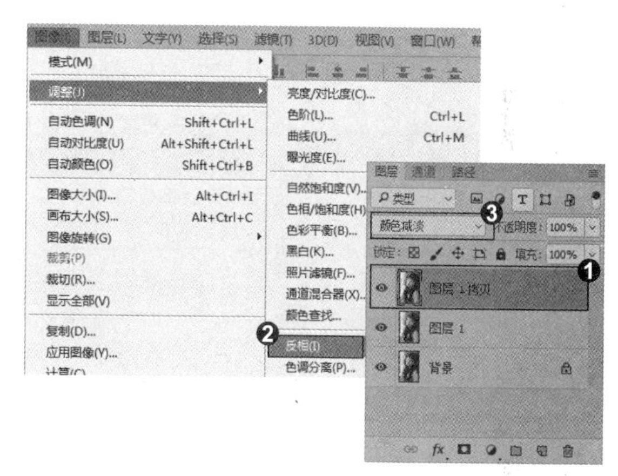

3. 添加滤镜

❶ 单击“滤镜” | “其他” | “最小值”命令。❷ 弹出“最小值”对话框，调节“半径”参数，单击“确定”按钮。

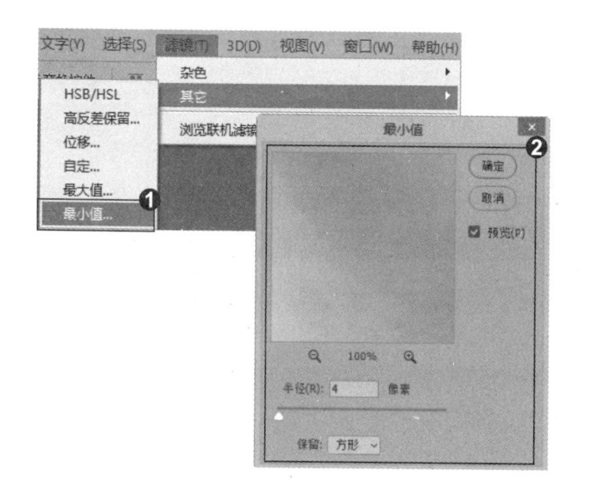

4. 混合选项

❶ 在“图层”面板中双击“图层 1”图层，弹出“图层样式”对话框，在“混合选项”选项组的“下一图层”，按住 Alt 键再移动鼠标向右拖动。❷ 将“图层 1 拷贝”图层向下合并至“图层 1”图层。

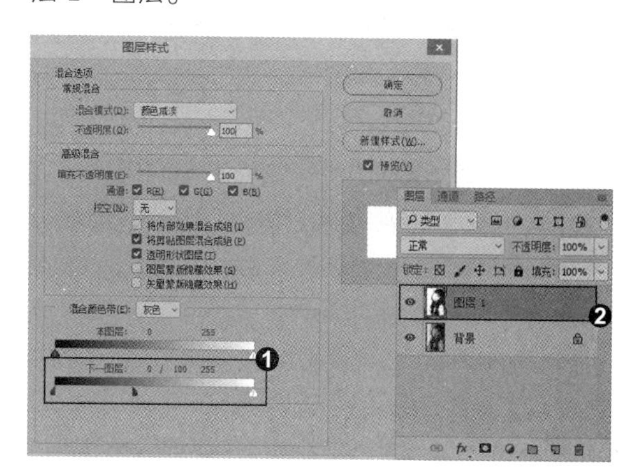

5. 添加杂色

❶单击“滤镜”|“杂色”|“添加杂色”命令，❷弹出“添加杂色”对话框，调节参数，单击“确定”按钮。

6. 动感模糊图像

❶单击“滤镜”|“模糊”|“动感模糊”命令，❷弹出“动感模糊”对话框，调节参数，单击“确定”按钮，❸制作完成素描效果。

知识拓展

渲染滤镜包括分层火焰、图片框、树、云彩、光照效果、镜头光晕、纤维、云彩8种滤镜，它们可以使图像产生三维、云彩或光照效果，以及添加模拟的镜头折射和反射效果。其中❶“火焰”、❷“图片框”、❸“树”为新增滤镜，能够在图像中添加火焰、图片框及树。

专家提示

使用数码相机拍照时，如果用很高的ISO设置、曝光不足或者用较慢的快门速度在黑暗区域中拍摄，就可能导致出现杂色。“减少杂色”滤镜对于除去照片中的杂色非常有效。

招式 225 巧用渲染滤镜制作岩石效果

Q Photoshop 怎么样用滤镜来制作出逼真的岩石效果呢?

A 用渲染滤镜里的云彩、光照效果等滤镜就可以制作出岩石的效果。

1. 新建文件

❶ 打开 Photoshop 软件，新建画布，命名为“岩石”。❷ 在“图层”面板中右击，选择“转换为智能对象”命令。❸ 设置前景色为灰色 (#4d4d4d)，背景色为土色 (#795b32)。

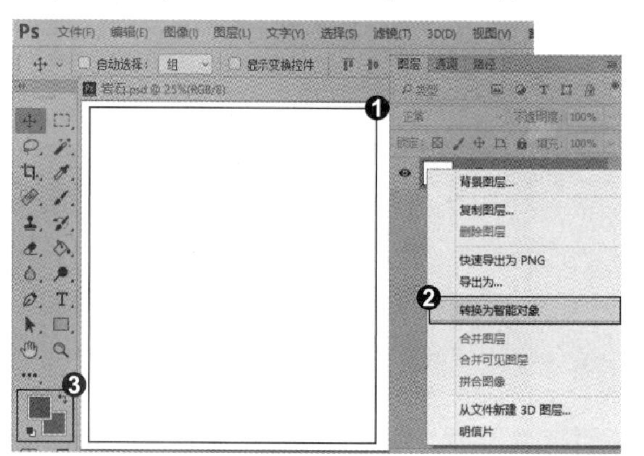

2. 添加杂色

❶ 单击“滤镜”|“渲染”|“云彩”命令。❷ 单击“滤镜”|“杂色”|“添加杂色”命令，❸ 弹出“添加杂色”对话框，调节参数，单击“确定”按钮。

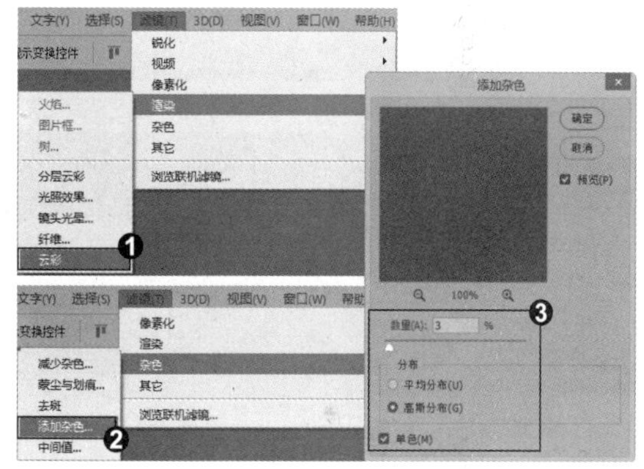

3. 新建通道

❶ 在“通道”面板中单击“创建新通道”按钮，新建一个 Alpha 1 通道。❷ 单击“滤镜”|“渲染”|“云彩”命令。❸ 单击“滤镜”|“杂色”|“添加杂色”命令，参数不变，单击“确定”按钮。

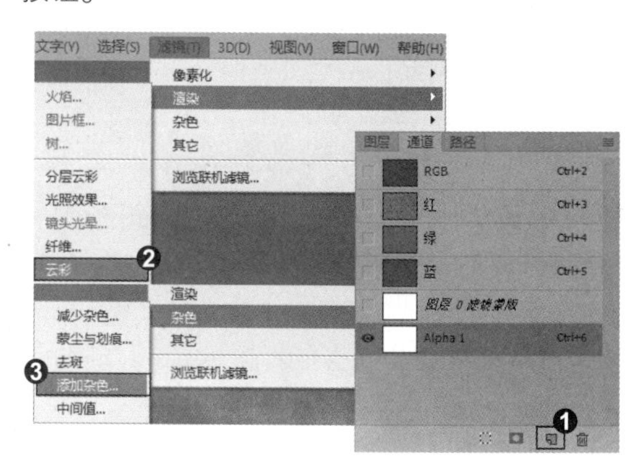

4. 渐隐添加杂色

❶ 单击“编辑”|“渐隐添加杂色”命令。❷ 在弹出的“渐隐”对话框中，调节“不透明度”参数，单击“确认”按钮。

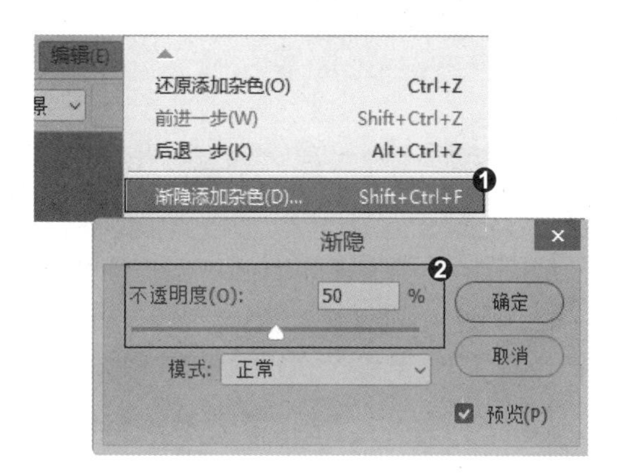

5. 添加光照效果

❶ 返回到“图层”面板，单击“滤镜”|“渲染”|“光照效果”命令，❷ 弹出“属性”面板，调节参数，❸ 点击光照环，变成黄色环，按住鼠标左键往外拉动，单击“确定”按钮。

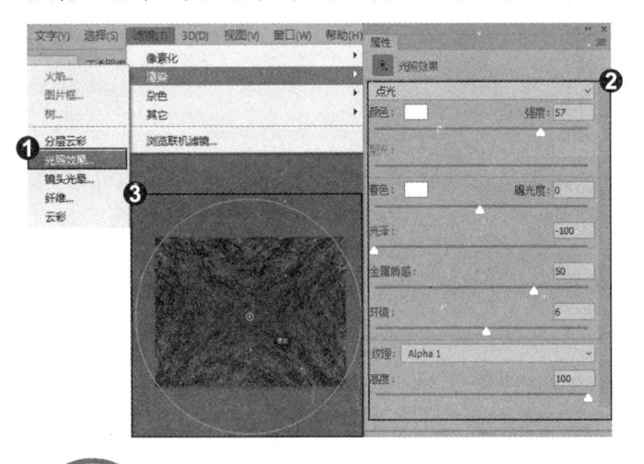

6. 设置“亮度/对比度”参数

❶ 在“图层”面板中单击“创建新的填充或调整图层”按钮，选择“亮度/对比度”命令，❷ 弹出面板，调节亮度/对比度参数，❸ 完成岩石效果。

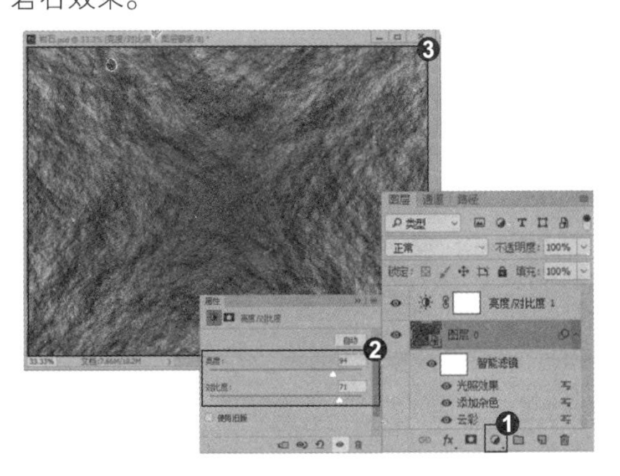

知识拓展

在滤镜库中选择一个滤镜后，❶ 该滤镜就会出现在对话框右下角的已应用滤镜列表中。❷ 单击“新建效果图层”按钮，可以添加一个效果图层。❸ 添加效果图层后，可以选取要应用的另一个滤镜，重复此过程可添加多个滤镜，图像效果会变得更加丰富。❹ 滤镜效果图层与图层的编辑方法相同，上下拖动效果图层可以调整它们的堆叠顺序，滤镜效果也会发生改变；单击按钮可以删除效果图层。

招式 226 模仿介质效果贴近绘画和艺术效果

Q Photoshop里用什么滤镜可以模仿介质效果，让图像的效果更加贴近绘画和艺术效果呢？

A 在滤镜库里的“艺术效果”滤镜，可以给图像制作出模仿介质效果，让图像贴近绘画和艺术效果。

1. 打开图像素材

❶ 打开本书配备的“第 11 章 \ 素材 \ 招式 226\ 素材图 .jpg”文件。❷ 单击“滤镜”|“转换为智能滤镜”命令。

2. 添加艺术效果

❶ 单击“滤镜”|“滤镜库”命令。❷ 弹出滤镜库对话框，选择“艺术效果”|“绘画涂抹”，❸ 调节“绘画涂抹”参数，单击“确定”按钮。

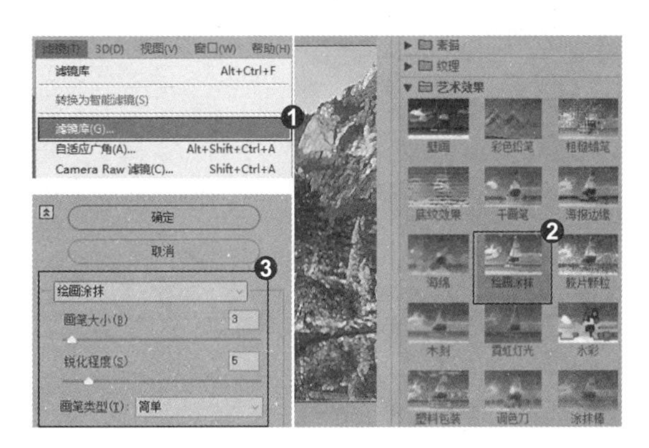

3. 设置色相 / 饱和度

❶ 在“图层”面板中单击“创建新的填充或调整图层”按钮，❷ 选择“色相 / 饱和度”命令，❸ 弹出面板，调节“色相 / 饱和度”参数。

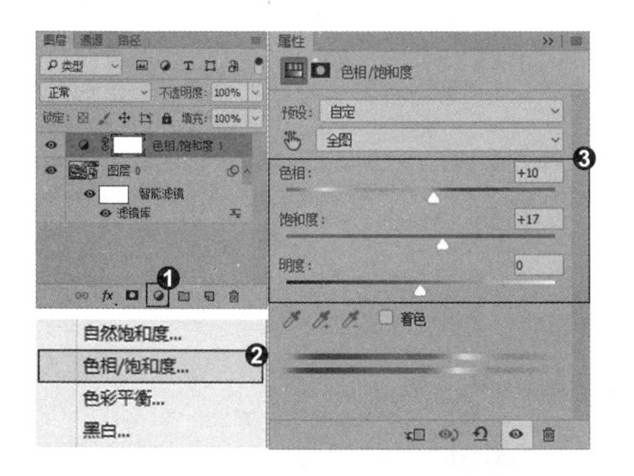

4. 调节“曲线”参数

❶ 在“图层”面板中单击“创建新的填充或调整图层”按钮，选择“曲线”命令，❷ 弹出“曲线”面板，调节“曲线”参数，❸ 效果完成。

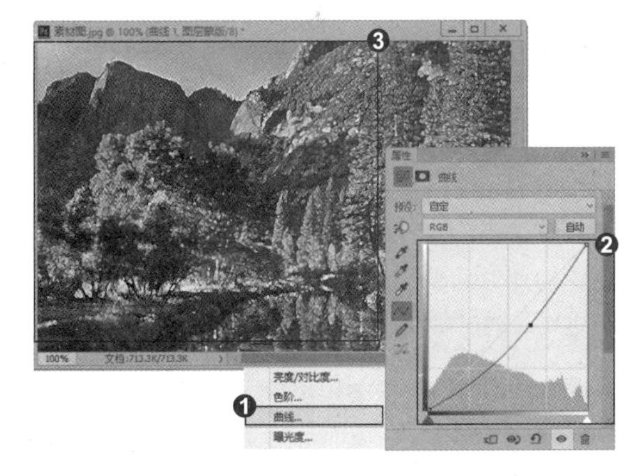

知识拓展

Photoshop 中一部分滤镜在使用时占用大量的内存，如光照效果、木刻、染色玻璃等，特别是编辑高分辨率的图像时，Photoshop 的处理速度会变得特别慢。如果遇到这种情况，可以先在一部分图像上尝试设置效果，找到合适的设置后，再将滤镜应用于整个图像。或者在使用滤镜前单击“编辑”|“清理”命令释放内存，也可以退出其他应用程序，为 Photoshop 提供更多的可用内存。

招式227 使用画笔描边滤镜强化突出图像

Q Photoshop里面用什么滤镜可以强化图像并且突出图像呢？

A 在滤镜库里的“画笔描边”滤镜，可以强化图像边缘，并突出图像。

1. 打开图像素材

❶ 打开本书配备的“第11章\素材\招式227\素材图.jpg”文件。❷ 按Ctrl+J快捷键，复制一个图层。

2. 设置亮度/对比度

❶ 单击“图像”|“调整”|“亮度/对比度”命令，❷ 弹出“亮度/对比度”对话框，调节亮度/对比度参数，单击“确定”按钮。

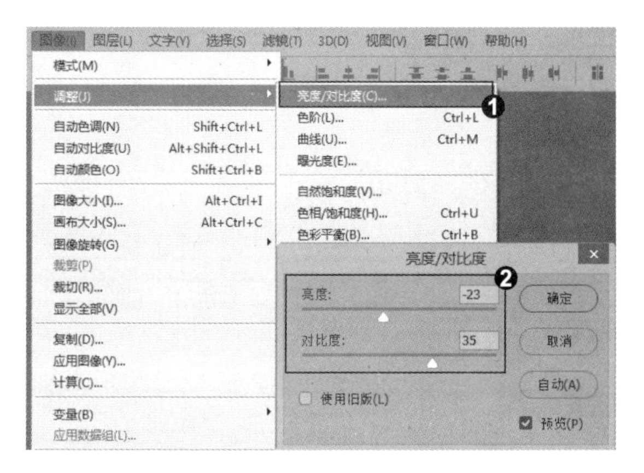

3. 画笔描边滤镜

❶ 单击“滤镜”|“滤镜库”命令，❷ 弹出滤镜库对话框，选择“画笔描边”|“强化的边缘”，❸ 调节参数，单击“确定”按钮。

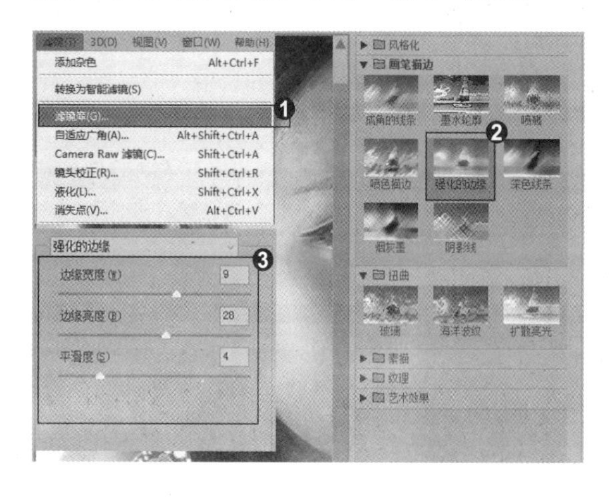

4. 设置曲线

❶ 单击“图像”|“调整”|“曲线”命令，❷ 弹出“曲线”对话框，调节“曲线”参数，❸ 单击“确定”按钮。

知识拓展

我们单击完一个滤镜命令后，“滤镜”菜单的第一行便会出现该滤镜的名称；单击它或按 Alt+Ctrl+F 快捷键可以快速应用这一滤镜。

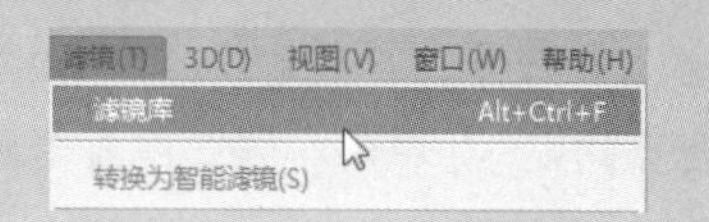

招式 228 模拟具有深度感和物质感的外观

Q Photoshop 如何给图像制作出模拟具有深度感和物质感外观的效果呢？

A 在 Photoshop 中的“纹理”滤镜组中的滤镜可以给图像制作出模拟具有深度感和物质感外观的效果。

1. 打开图像素材

❶ 打开本书配备的“第 11 章 \ 素材 \ 招式 228\ 素材图 .jpg”文件。❷ 单击“滤镜”|“转换为智能滤镜”命令。❸ 接着单击“滤镜”|“滤镜库”命令。

2. 添加龟裂缝

❶ 弹出“滤镜库”对话框，选择“纹理”|“龟裂缝”选项，❷ 调节参数，先不用单击“确定”按钮，❸ 显示效果。

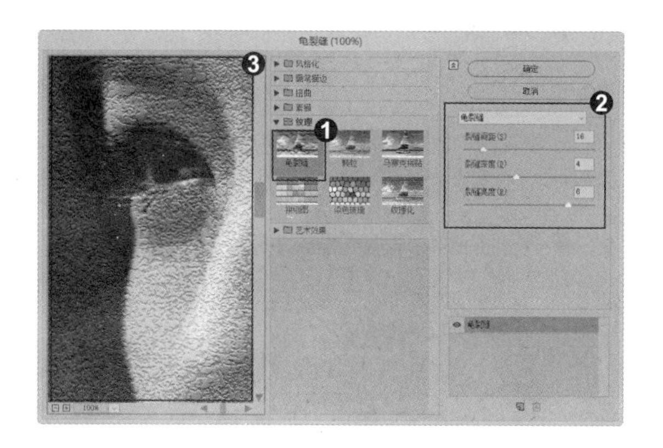

3. 添加颗粒

❶ 在“滤镜库”对话框右下角，单击“新建图层效果”按钮，将“龟裂缝”更改为“颗粒”，单击小眼睛图标隐藏“龟裂缝”效果，❷ 调节参数，❸ 显示效果。

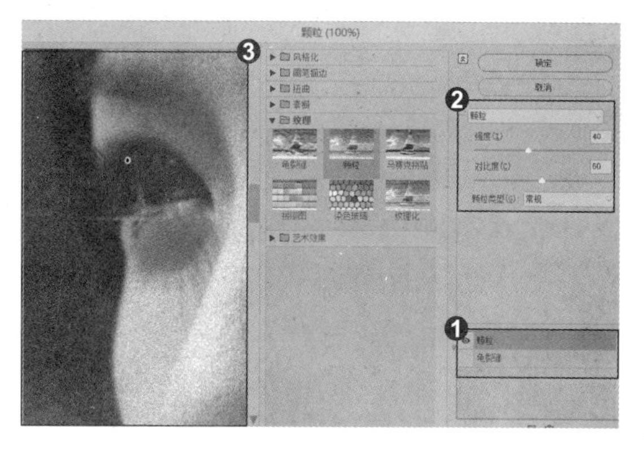

4. 添加马赛克拼贴

❶ 在“滤镜库”对话框右下角，单击“新建图层效果”按钮，将“颗粒”更改为“马赛克拼贴”，单击小眼睛图标隐藏“颗粒”效果，❷ 调节参数，❸ 显示效果。

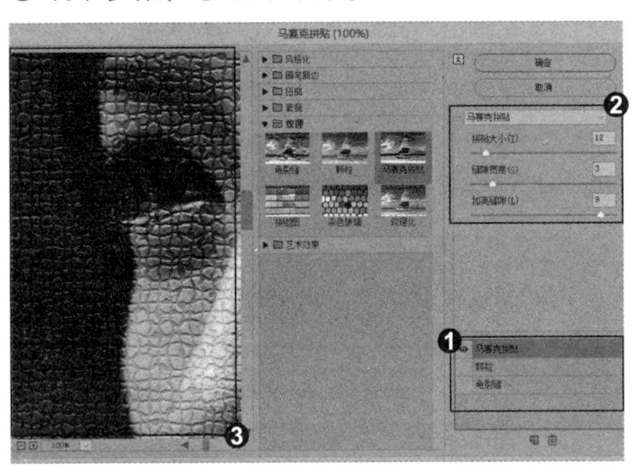

5. 添加拼缀图

❶ 在“滤镜库”对话框右下角，单击“新建图层效果”按钮，将“马赛克拼贴”更改为“拼缀图”，单击小眼睛图标隐藏“马克赛拼贴”效果，❷ 调节参数，❸ 显示效果。

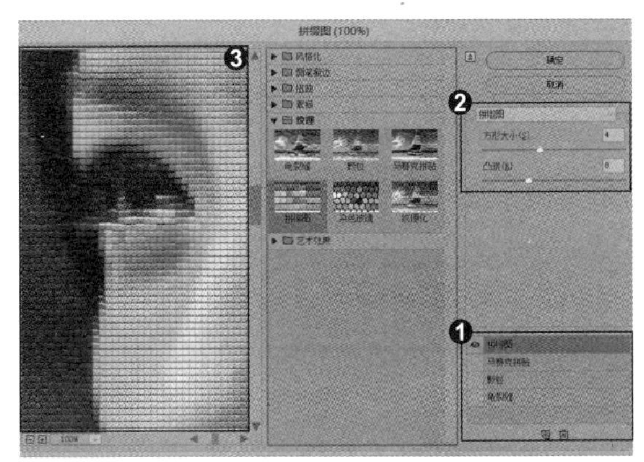

6. 添加染色玻璃

❶ 在“滤镜库”对话框右下角，单击“新建图层效果”按钮，将“拼缀图”更改为“染色玻璃”，单击小眼睛图标隐藏“拼缀图”效果，❷ 调节参数，❸ 显示效果。

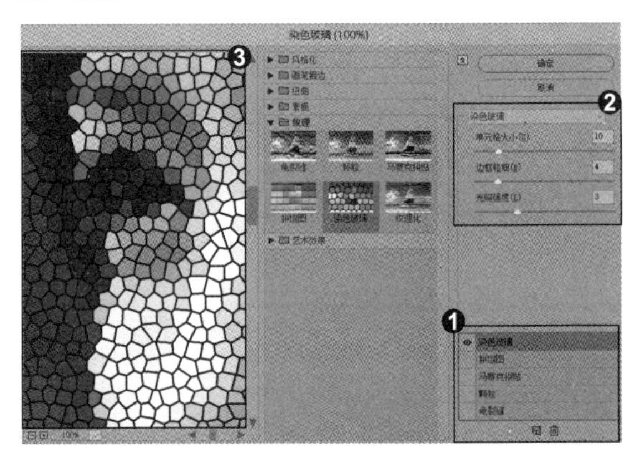

7. 添加纹理化

❶ 在“滤镜库”对话框右下角，单击“新建图层效果”按钮，将“染色玻璃”更改为“纹理化”，单击小眼睛图标隐藏“染色玻璃”效果，❷ 调节参数，❸ 显示效果，❹ 在“图层”面板中双击“滤镜库”，可以重新编辑滤镜。

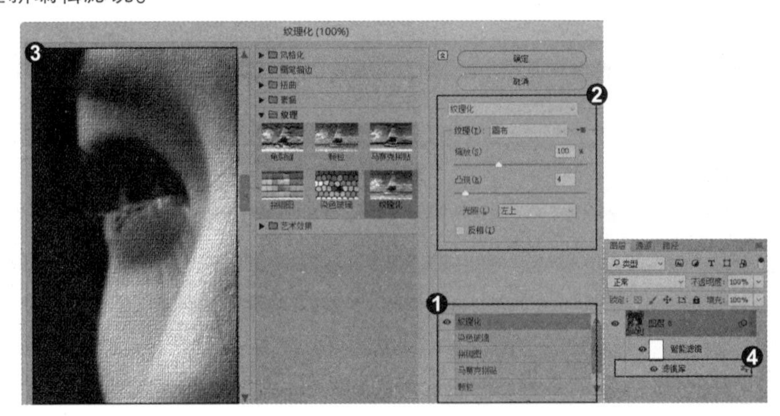

知识拓展

使用滤镜时通常会打开滤镜库或者相应的对话框，在预览框中可以预览滤镜效果，单击🔍和🔍按钮可以放大或缩小显示比例；❶单击并拖动预览框内的图像，可以移动图像。❷如果想要查看某一区域内的图像，可在文档中单击，滤镜预览框中就会显示单击处的图像。

专家提示

“马赛克拼贴”滤镜与“马赛克”滤镜有什么不同？

“像素化”滤镜组中也有一个“马赛克”滤镜，它可以将图像分解成各种颜色的像素块，而“马赛克拼贴”滤镜则用于将图像创建为拼贴块。

招式 229　添加纹理模拟素描和速写效果

Q Photoshop 如何将图像模拟成素描或者速写的效果呢？

A 运用“纹理化”滤镜给图像添加纹理，就可以模拟素描或者速写的效果。

1. 打开图像素材

❶打开本书配备的“第 11 章\素材\招式 229\素材图 .jpg”文件。❷单击“滤镜”|“转换为智能滤镜”命令。

2. 影印图像

❶单击“滤镜”|“滤镜库”命令。❷弹出滤镜库对话框，选择“素描”|“影印”。❸调节“影印”参数，单击“确定”按钮。

3. 设置混合模式

❶按 Ctrl+J 快捷键，复制一个图层。❷在“图层”面板中将图层混合模式更改为“正片叠底”。❸单击“滤镜”|“滤镜库”命令。

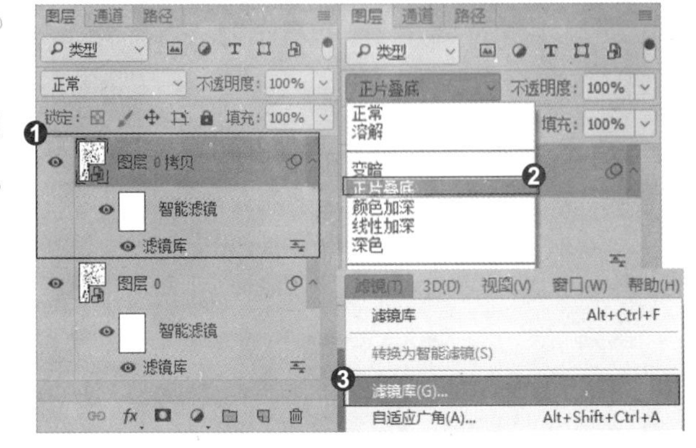

4. 添加纹理化

❶弹出“滤镜库”对话框，选择“纹理”|“纹理化”选项。❷调节“纹理化”参数，单击“确定”按钮，❸完成图像效果。

知识拓展

在“帮助”|“关于增效工具”菜单中包含了 Photoshop 所有滤镜和增效工具的目录，选择任意一个，就会显示它的详细信息，如滤镜版本、制作者、所有者等。

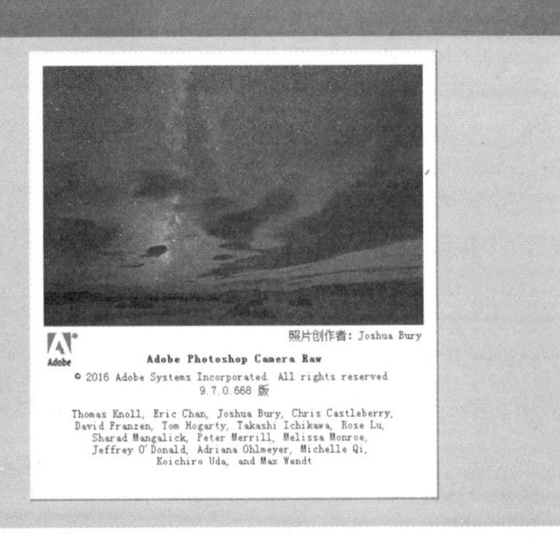

招式 230 使用其他滤镜制作重影图像

Q 常常在海报上看到重影效果的图像，那么使用 Photoshop 中的滤镜能否给图像制作重影的效果呢？

A 使用“其他”滤镜组中的“位移”滤镜，可以快速给图像制作出重影的效果。

1. 打开图像素材

❶ 打开本书配备的“第 11 章 \ 素材 \ 招式 230\ 素材图 .jpg”文件。❷ 按 Ctrl+J 快捷键，复制一个图层。

2. 抠取人物图像

❶ 选择工具箱中的（钢笔工具）。❷ 在人物轮廓上创建路径，右击建立选区。❸ 按 Ctrl+J 快捷键复制一个图层，按 Ctrl+D 快捷键取消选区，将人物抠选出来。

3. 添加滤镜

❶ 单击“滤镜”|“其他”|“位移”命令，❷ 弹出“位移”对话框，调节参数，单击“确定”按钮，❸ 在“图层”面板中将图层“不透明度”改为 50%。

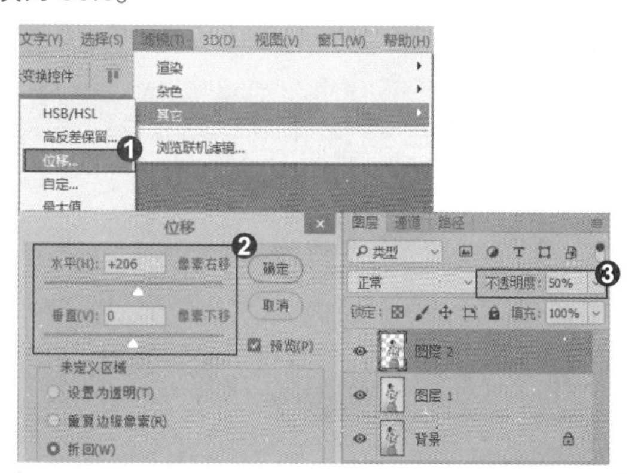

4. 高斯模糊图像

❶ 单击“滤镜”|“模糊”|“高斯模糊”命令，❷ 弹出“高斯模糊”对话框，调节参数，单击“确定”按钮，❸ 完成重影效果。

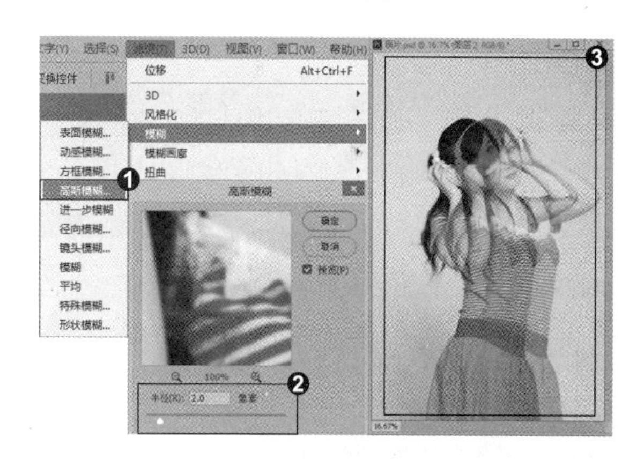

知识拓展

使用滤镜处理图像后，单击“编辑”|“渐隐”命令或按 Ctrl+Shift+F 快捷键，可以修改滤镜效果的混合模式和不透明度。“渐隐”命令必须是在进行了编辑操作后立即执行，如果这中间又进行了其他操作，则无法执行该命令。

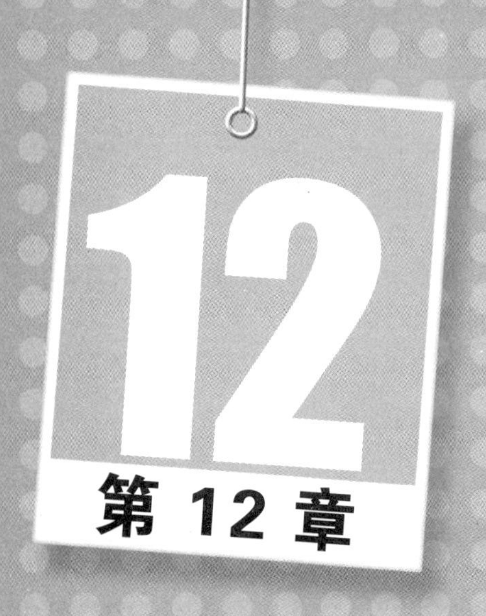

第 12 章 图像文件的立体效果

从 Photoshop CS3 开始，Photoshop 分为两个版本：标准版和扩展板（Extended），在扩展版本中包含了 3D 功能。在 Photoshop 中打开（创建或编辑）3D 文件时，会自动切换到 3D 界面中。Photoshop 能够保留对象的纹理渲染和光照信息，并可以通过移动 3D 模型或对其制作动画、更改渲染模式、编辑或添加光照等操作编辑 3D 文件。

招式 231 使用材质吸管设置椅子材质

Q 在编辑 3D 图像时，如果要更改某个区域的材质纹理，该如何进行操作呢?

A 可以使用“3D 材质吸管”工具吸取某个地方的材质，然后在“材质”面板中进行设置即可。

1. 打开素材图片

❶ 启动 Photoshop 软件后，单击“窗口”|“工作区”| 3D 命令，将工作区设置为 3D 工作区。❷ 单击“文件”|“打开”命令，或按 Ctrl+O 快捷键打开“打开”对话框，选择素材文件夹中的 3D 文件。

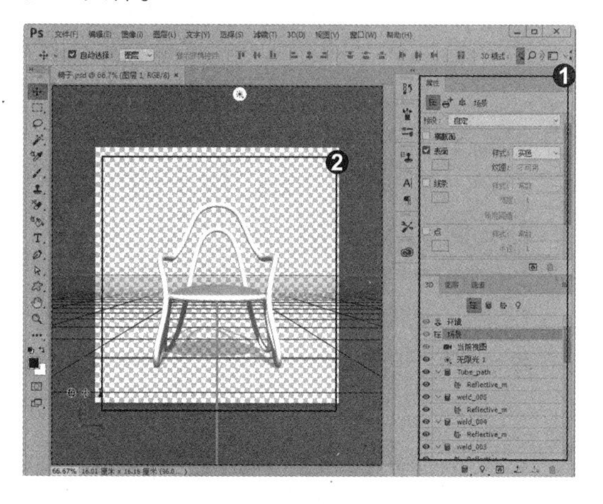

2. 材质取样

❶ 选择工具栏上的“旋转 3D 对象”工具，旋转模型。❷ 选择工具箱中的 (3D 材质吸管工具)，将光标放在椅子坐垫上，单击鼠标，对材质进行取样。❸ 此时，“属性”面板中会显示所选材质。

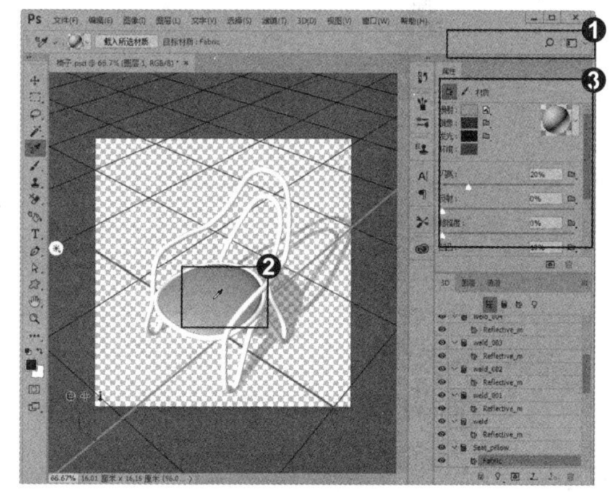

3. 更改图像材质

❶ 单击材质球右侧的三角按钮，打开下拉列表，选择“趣味纹理 3”材质。❷ 将它贴在椅子坐垫上。❸ 用“3D 材质吸管”工具单击椅子扶手，拾取材质，为它设置“金属 - 黄铜 (实心)”材质。

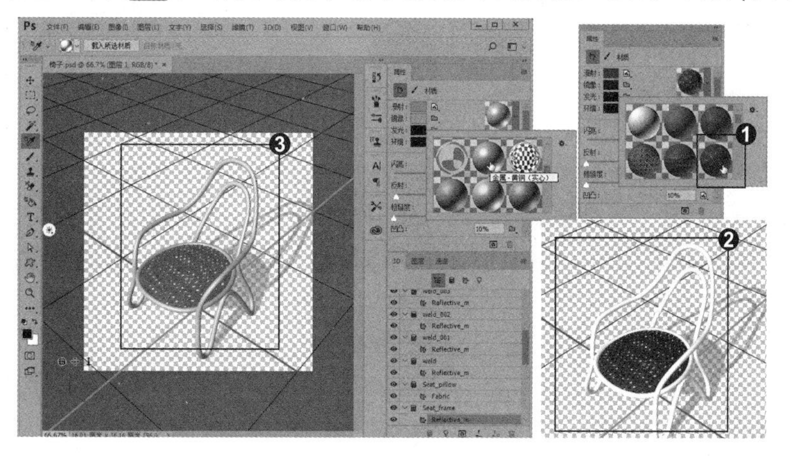

专家提示

按住 Shift 键并进行拖动，可将旋转、平移、滑动或缩放操作限制为沿单一方向移动。

专家提示

Photoshop 可以编辑哪种 3D 文件？在 Photoshop 中可以打开和编辑 U3D、3DS、OBJ、KMZ、DAE 格式的 3D 文件。

知识拓展

在 Photoshop 中打开 3D 文件后，选择移动工具，在工具选项栏中包括一组 3D 工具。❶ 选择“旋转 3D 对象”工具，在 3D 模型上单击，选中模型，上下拖动可以使模型围绕其 y 轴旋转。❷ 两侧拖动可围绕其 x 轴旋转；按住 Alt 键的同时拖动则可以滚动模式。❸ 使用“滚动 3D 对象”工具在 3D 对象两次拖动可以使模型围绕其 z 轴旋转。❹ 使用“拖动 3D 对象”工具在 3D 对象两次拖动可沿水平方向移动模型；上下拖动可沿垂直方向移动模型；按住 Alt 键的同时拖动可沿 x/y 方向移动。❺ 使用“滑动 3D 对象”工具在 3D 对象两侧拖动可沿水平方向移动模型，上下拖动可将模型移近或移远，按住 Alt 键的同时拖动可沿 x/y 方向移动。❻ 使用 3D 缩放工具单击 3D 对象并上下拖动可放大或缩小模型，按住 Alt 键的同时拖动可沿 z 方向缩放。

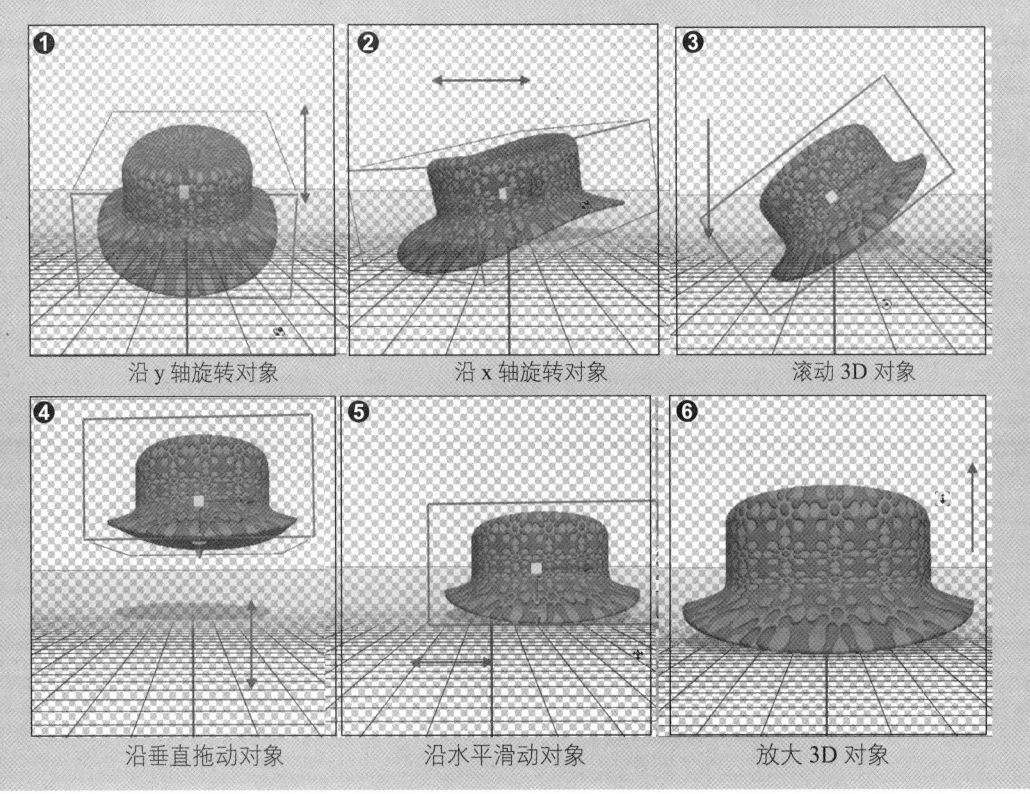

❶ 沿 y 轴旋转对象　❷ 沿 x 轴旋转对象　❸ 滚动 3D 对象

❹ 沿垂直拖动对象　❺ 沿水平滑动对象　❻ 放大 3D 对象

招式 232 通过材质拖放设置 3D 模型材质

Q 在 Photoshop 中，3D 文件主要由哪几个部分组成？

A 主要由网格、材质和光源组成。

1. 设置材质

❶ 打开本书配备的“第 12 章 \ 素材 \ 招式 232\ 海绵宝宝 .3ds”文件。❷ 选择工具箱中的 (3D 材质拖放工具)，在工具选项栏中打开材质下拉列表，选择“有机物 (橘皮)”材质。

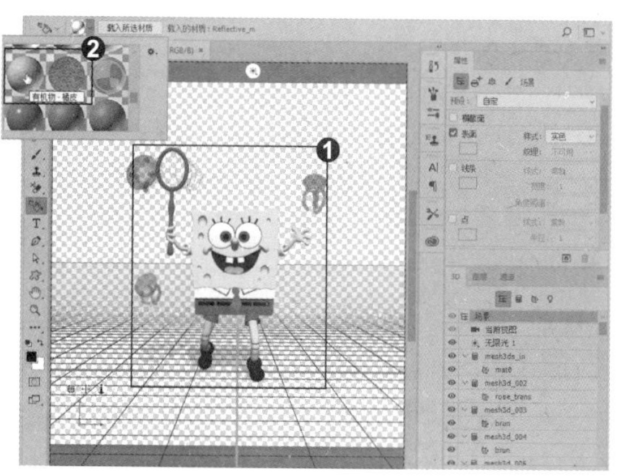

2. 更改模型材质

❶ 将光标放在模型上，❷ 单击鼠标，即可将所选材质应用到模型上。

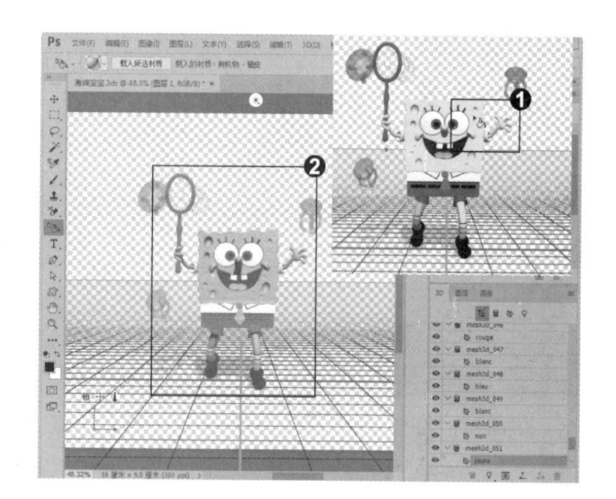

知识拓展

❶ 单击 3D 面板底部的材质按钮，面板中会列出在 3D 文件中使用的材质，此时在“属性”面板中可以设置材质属性。❷ 单击材质球右侧的 按钮可以打开一个下拉面板，在该面板中可以选择一种材质。❸“漫射”选项可以更改材质的颜色，它可以使用实色或任意的 2D 内容，单击按钮可以打开一个下拉菜单，❹ 选择“编辑纹理”命令，可以使图像作为纹理贴在模型表面。“镜像”选项可以为镜面属性设置显示的颜色；“发光”选项定义不依赖于光照即可显示的颜色，可创建从内部照亮 3D 对象的效果；“环境”选项可存储 3D 模型周围环境的图像。

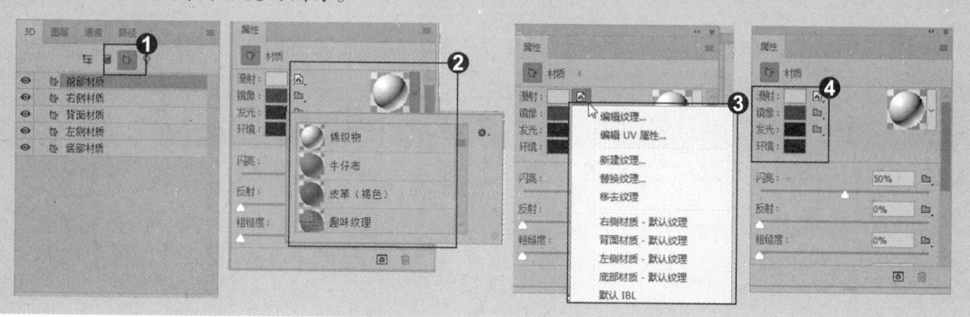

招式 233 创建 3D 立体文字

Q 在 Photoshop 中，只能打开后缀名为 U3D、3DS、OBJ、KMA、DAE 格式的 3D 文件吗？

A 当然不是，在 Photoshop 中除了能打开上述格式的 3D 文件外，还能创建 3D 图像，打开 PSD 格式的 3D 对象。

1. 输入文字

❶ 启动 Photoshop 后，单击“文件”|“新建”命令，打开“新建文档”对话框，在右侧的参数栏中设置参数。❷ 单击“创建”按钮，新建一个空白文档。选择工具箱中的 T（横排文字工具），设置字体样式为 Insaniburger with C、字号为 244 点，字体颜色为黑色，在文档中输入大写的英文字母。

2. 删除锚点

❶ 在“图层”面板中右击并选择“转换为形状”命令，将文字图层转换为路径图层。❷ 选择“删除锚点”工具，在 O 字中间的圆环上单击，删除中间的锚点。❸ 选择“自定形状”工具，在工具选项栏中设置“工具模式”为形状、填充为黑色、描边为无，选择“心形”形状，路径操作选择“排除重叠形状”按钮。

3. 建立文字 3D 模型

❶ 在黑色圆形上拖曳出黑色心形，减去重叠区域。❷ 切换至 3D 面板，在面板中设置各项参数，单击“创建”按钮，即可创建 3D 对象。❸ 单击“视图”|“标尺”命令，显示标尺，将光标放置在标尺上右击，在弹出的快捷菜单中选择“厘米”命令，将尺寸设置为厘米。设置右侧“属性”面板中的“凸出深度”为 1.5 厘米，并旋转 3D 字体的位置。

4. 设置材质参数

❶ 在“属性”面板中单击“盖子”按钮，切换至“盖子”参数栏，设置参数。❷ 切换至 3D 面板，选择“GOOD 前膨胀材料”选项，在“属性”面板中单击“漫射”后面的按钮，弹出的菜单中选择“移去纹理”命令，移除前面膨胀的材料。

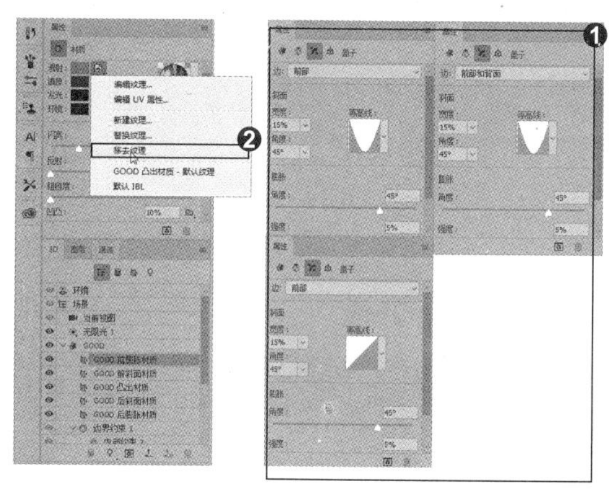

5. 新建材质

❶ 单击“设置漫射颜色”颜色块，在弹出的“拾色器 (漫射颜色)”对话框中设置 R、G、B 的参数为 175，将漫射颜色设置为灰色。❷ 单击“设置镜面颜色”颜色块，设置 R、G、B 的参数都为 141，设置“属性”面板中的各项参数。❸ 单击“材质拾色器”按钮，单击按钮，在弹出的菜单中选择“新建材质”命令，并重命名新建材质的名称。

6. 应用新材质

❶ 打开“历史记录”面板，选择“设置纹理路径”步骤，返回该步骤。❷ 切换 3D 面板，选择“GOOD 前斜面材质”选项，移去该选项的材质，在“材质拾色器”中选择新建的材质预设。❸ 同方法，将“GOOD 后斜面材质”与“GOOD 后膨胀材质”选项原有的材质除去，将材质替换成新建的材质预设。

7. 载入纹理

❶ 选择“GOOD 前膨胀材质”选项，单击“镜像”后面的按钮，在弹出的菜单中选择“载入纹理”命令，选择素材中的纹理素材。❷ 单击“漫射”后面的按钮，选择“编辑 UV 属性”命令，打开“纹理属性”对话框。❸ 切换至“图层”面板，单击鼠标右键并在弹出的快捷菜单中选择“转换为智能对象”命令，将图层转换为智能对象。

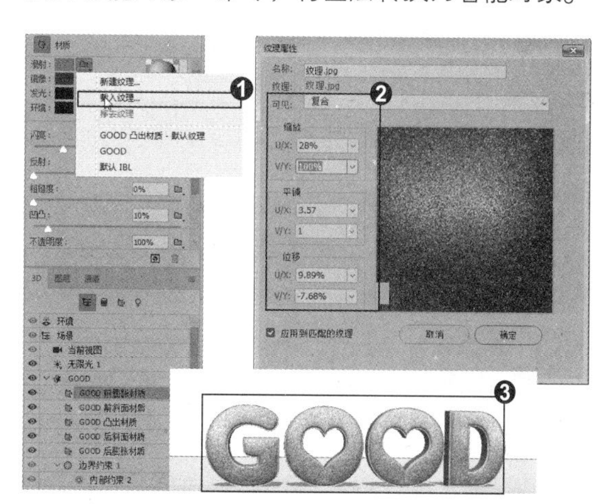

8. 在 Photoshop 中打开 3D 对象

❶ 在“图层”面板中右击，选择“转换为智能对象”命令，在 Photoshop 中打开 3D 文件。❷ 按 Ctrl+O 快捷键打开“背景”素材，使用“移动”工具将文字拖至绿色展台上。❸ 新建图层，填充黑色，设置图层混合模式为“滤色”，设置“不透明度”为 50%，单击“滤镜”|“渲染”|“镜头光晕”命令，设置参数，为文字添加光线效果。

专家提示

打开一个 2D 文档，单击 3D |“从文件新建图层”命令，在打开的对话框中选择一个 3D 文件，并将其打开，即可将 3D 文件植入到 2D 文件合并；如果同时打开了一个 2D 文件和一个 3D 文件，即可以直接将一个图层拖入另一个文件中。

知识拓展

编辑 3D 文件后，如果要保留文件中的 3D 内容，包括位置、光源、渲染模式和横截面，可单击“文件”|“存储”命令，选择 PhotoshopD、PDF 或 TIFF 作为保存格式。❶ 在“图层”面板中选择要导出的 3D 图层。❷ 单击 3D |“导出 3D 图层”命令，打开“导出属性”对话框，在“格式”下拉列表中可以选择将文件导出为 Collada DAE、Flash 3D、WAvefront/OBJ、U3D 和 Google Earth 4KMZ 格式。❸ 选择两个或多个 3D 图层，单击 3D |“合并 3D 图层”命令，可将它们合并到一个场景中，合并后，可以单独处理每一个模型，或者同时在所有模型上使用位置工具和相机工具。❹ 在“图层”面板中选择 3D 图层，单击“图层”|“栅格化”| 3D 命令，可以将 3D 图层转换为普通的 2D 图层。❺ 在“图层”面板中选择 3D 图层，在面板菜单中选择“转换为智能对象”命令，可以将 3D 图层转换为智能对象。

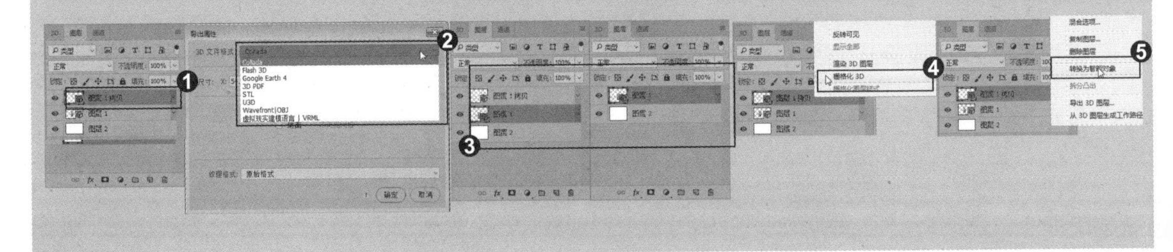

招式 234 使用 3D 凸出创建闹钟

Q 在编辑图像时，能不能根据选区的范围创建 3D 模型呢？

A 创建选区后，执行“从当前选区新建 3D 模型”命令就可以创建 3D 模型。

1. 创建选区

❶ 打开本书配备的“第 12 章 \ 素材 \ 招式 234\ 闹钟 .jpg”文件。❷ 选择工具箱中的（快速选择工具），在橙色背景上单击，选中背景。❸ 按 Ctrl+Shift+I 快捷键反选选区。

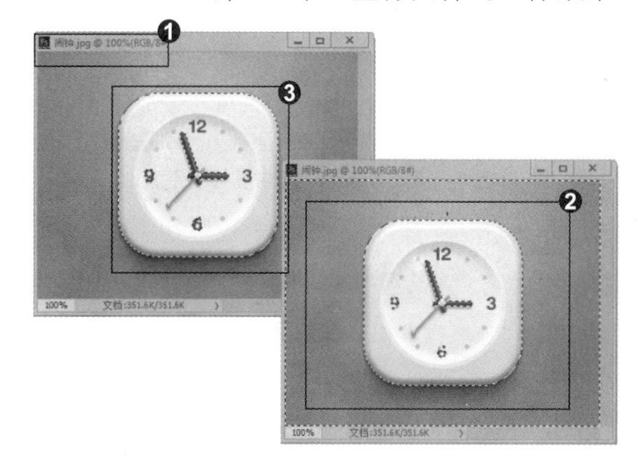

2. 添加光源效果

❶ 单击 3D |“从当前选区新建 3D 模型”命令，可以从图像选区中生成 3D 对象。❷ 选择工具栏中的（旋转 3D 对象工具），调整对象的角度。❸ 单击“光源”图标，在“预设”下拉列表中选择“狂欢节”光源效果。

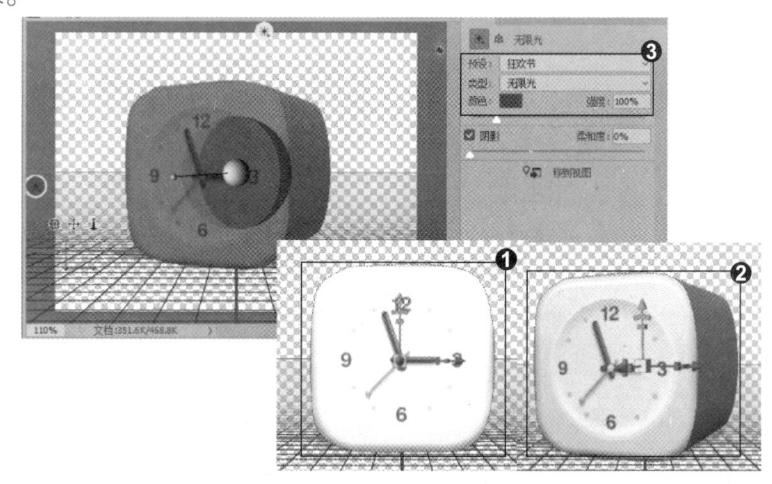

知识拓展

Photoshop 可将灰度图像转换为深度映射，基于图像的明度值转换出深度不一的表面。较亮的值生成表面上凸起的区域，较暗的值生成凹下的区域，进而生成 3D 模型。例如，打开一张云彩素材，单击 3D |“从图层新建网格”|“深度映射到”子菜单中的命令，可基于该图像生成制 3D 山脉。

招式 235 从所选路径创建立体对象

Q 从选区中创建 3D 对象和从所选路径创建 3D 对象有何区别?

A 从选区中生成的 3D 对象会自动地带有该图像的特征，如材质；而从路径生成的 3D 对象则需要重新设置材质。

1. 创建路径

❶ 打开本书配备的“第 12 章 \ 素材 \ 招式 235\ 金发美女 .psd”文件。❷ 单击“图层”面板底部的“创建新图层”按钮，新建一个图层。❸ 切换至“路径”面板，单击蝴蝶结路径在画面中显示该路径。

2. 设置 3D 对象深度

❶ 单击 3D |“从所选路径新建 3D 模型”命令，在弹出的提示框中单击“是”按钮，基于路径生成 3D 对象。❷ 选择工具选项栏中的 (旋转 3D 对象工具)，调整对象的角度，设置“凸出深度”为 0.6 厘米。

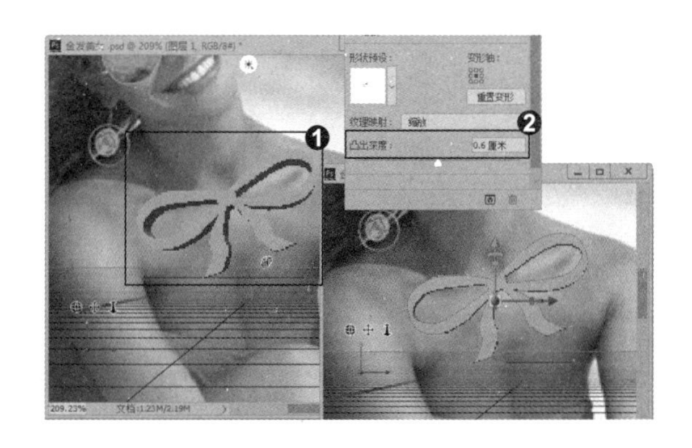

3. 设置材质

选择工具箱中的 (3D 材质吸管工具)，在模型正面单击，选择材质，设置“属性”面板中的材质为“趣味纹理”。

专家提示

选择 3D 对象所在的图层，单击 3D |“从 3D 图层生成工作路径”命令，可基于当前 3D 对象生成工作路径。

知识拓展

❶ 点光在 3D 场景中显示为小球状，它就像灯泡一样，可以向各个方向照射。❷ 使用拖动 3D 对象工具和滑动 3D 对象工具可以调整点光位置。❸ 聚光灯在 3D 场景中显示为锥形。能照射出可调整的锥形光线。❹ 使用拖动 3D 对象工具和滑动 3D 对象工具可以调整聚光灯的位置。❺ 无限光在 3D 场景中显示为半球状。它像太阳光，可以从一个方向平面照射。❻ 使用拖动 3D 对象工具和滑动 3D 对象工具可以调整无限光的位置。无限光只有“颜色”“强度”“阴影”等基本属性，没有特殊属性。

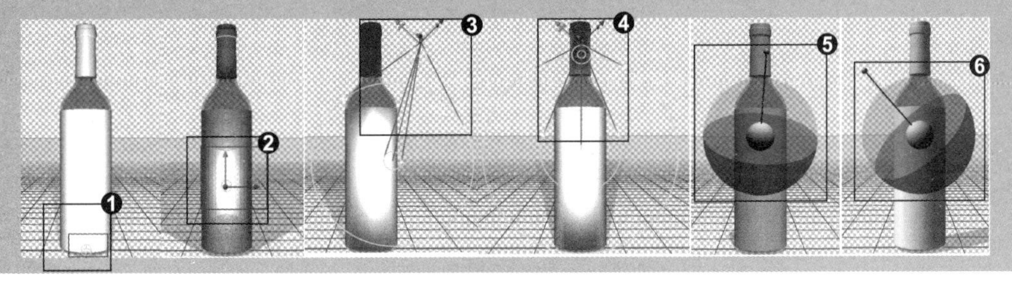

招式 236 拆分凸出制作散开 3D 字体

Q 在 Photoshop 中创建了 3D 文件对象，想将连接在一起的立体字体进行拆分，有没有好的操作方法?

A 执行“拆分凹凸”命令，就可将文字进行拆分，单独对文字进行操作。

1. 打开素材图像

❶ 打开本书配备的“第 12 章 \ 素材 \ 招式 236\ 立体字体 .psd”文件。❷ 选择工具栏中的（选择 3D 对象工具），旋转对象，可以看到所有文字是一个整体。

2. 拆分 3D 对象

❶ 单击 3D|“拆分凹凸”命令，将文字拆分。❷ 随意单击文字并选择该文字，❸ 拖动 3D 轴，可以移动、缩放和旋转 3D 对象。

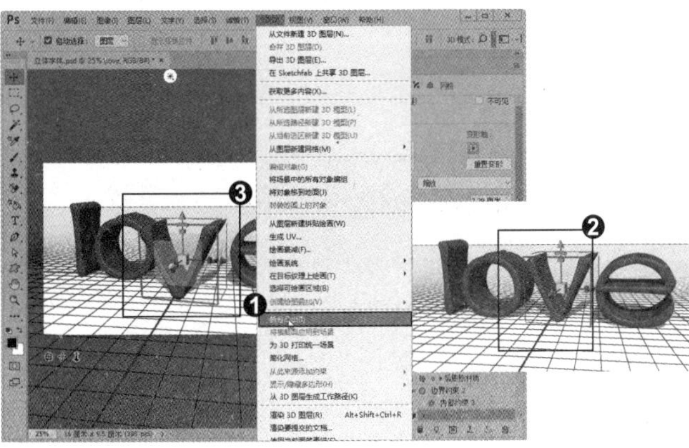

专家提示

可用的轴控件随当前编辑模式（对象、相机、网格或光源）的变化而变化，因此，3D 轴处理除了可以调整模型外，还能用来调整相机、网格和光源。

知识拓展

选择 3D 对象后，画面中会出现 3D 轴。❶ 将光标放在任意轴的锥尖上，向相应的方向拖动，可沿 x/y/z 轴移动对象。❷ 将光标放在尖内弯曲的旋转线段上，此时会出现旋转屏幕的黄色圆环，围绕 3D 轴中心沿顺时针或逆时针方向拖动即可旋转模型。❸ 将光标放在中间长方形形状上，可以向上或向下拖动 3D 轴中的中心立方体。❹ 将光标放在锥尖后的正方形块上，可以将某个彩色的变形立体朝中心立方体拖动，或向远离中心立方体的位置拖动。

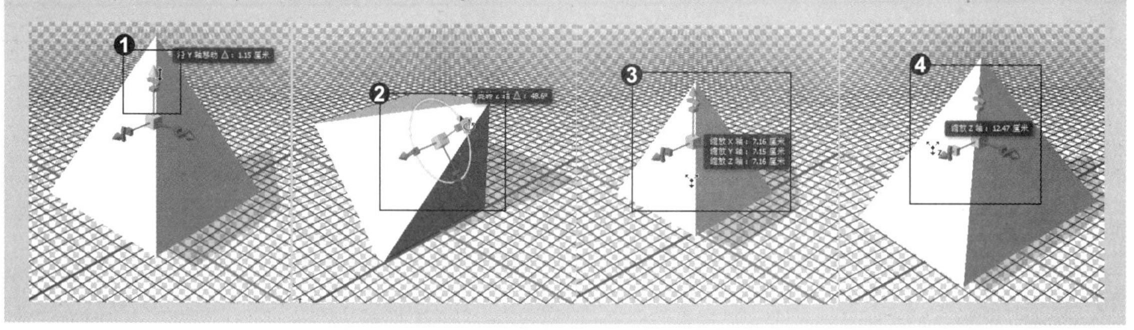

招式 237 编辑纹理层为圆环贴图案

Q 编辑 3D 对象时，发现材质面板中的预设材质太少了，我想将 JPG 格式的图片作为材质编辑该如何制作呢？

A 在编辑材质前需要将 3D 对象的原有材质作为一个智能对象打开，然后将想要的材质拖入保存后，就可以载入 JPG 格式的材质。

1. 创建 3D 对象

❶ 启动 Photoshop 后，按 Ctrl+N 快捷键打开“新建文档”对话框，设置参数，新建一个空白文档。❷ 单击 3D |“从图层新建网格”|“网格预设”|“圆环”命令，创建一个 3D 对象。

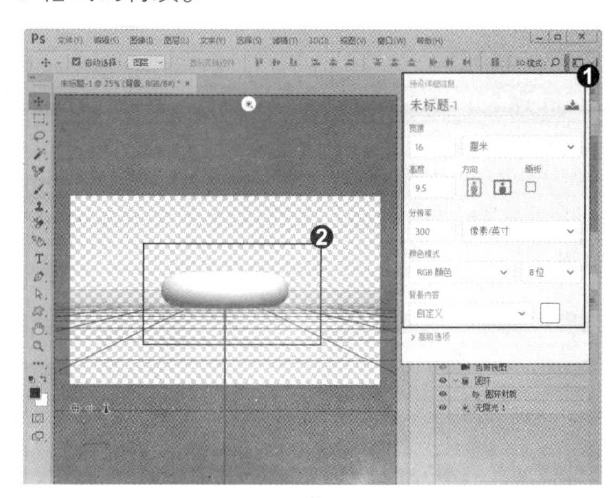

2. 打开纹理图层

❶ 选择工具栏中的 (选择 3D 对象工具)，旋转对象。❷ 在“图层”面板中双击纹理层，❸ 纹理会作为智能对象打开。

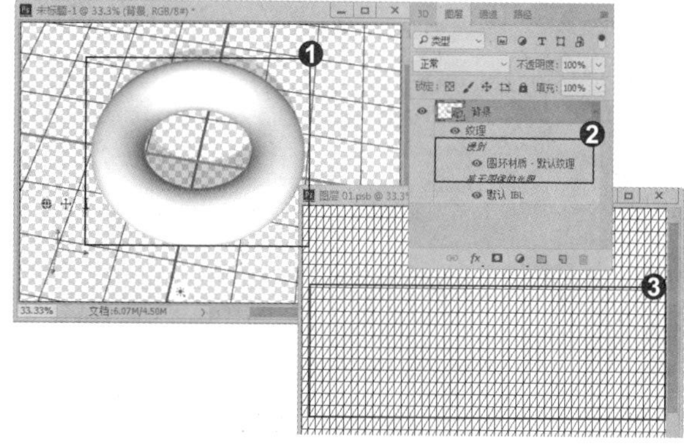

3. 编辑纹理图层

❶ 按 Ctrl+O 快捷打开“纹理”素材图，使用移动工具将图像拖动到 3D 纹理文档中，按 Ctrl+T 快捷键显示定界框，按住 Shift+Alt 快捷键的同时拖动定界框，等比例放大图像。❷ 关闭该窗口，弹出一个提示框，单击“是”按钮。❸ 存储对纹理所做的修改并将其应用到模型中。

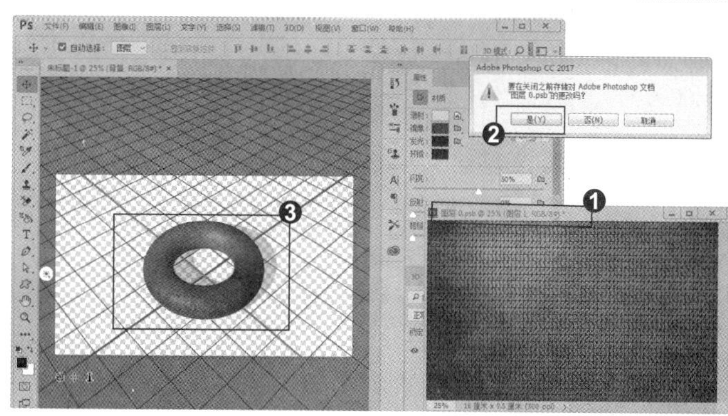

专家提示

某些纹理映射(如“漫色”和“凹凸”)，通常依赖于 2D 文件来提供创建纹理的特定颜色或图案。材质所使用的 2D 纹理映射也会作为“纹理”出现在“图层”中。

知识拓展

选择一个图层(可以是空白图层)，打开 3D |“从图层新建网格”|“网格预设”子菜单中的子命令，选择其中一个命令，即可生成立方体、球体、金字塔等 3D 对象。

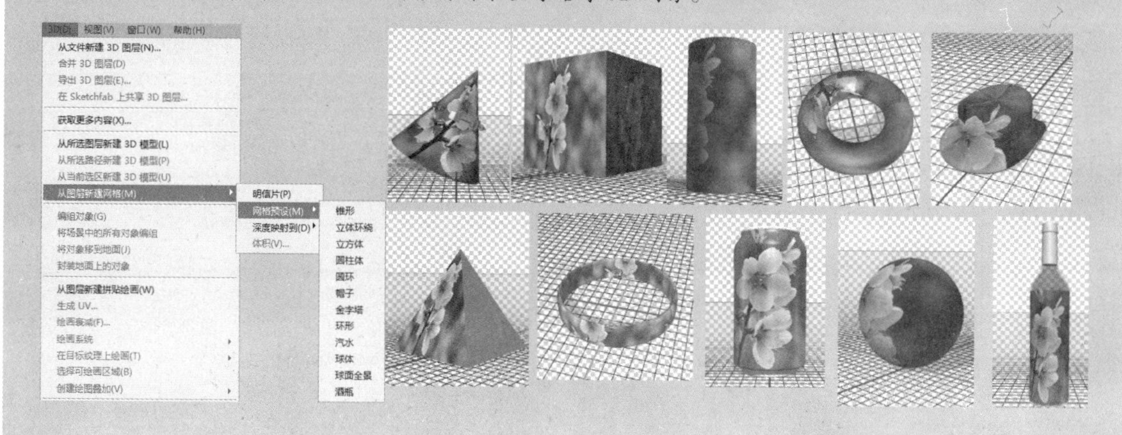

招式 238 通过在目标纹理上绘画制作涂鸦

Q 在 3D 工作界面中，可不可以像在 Photoshop 基本功能界面中一样随心所欲地用画笔进行涂鸦?

A 随着 3D 功能的不断完善，利用绘画工具进行涂鸦，是可行的。只需要执行“在目标纹理上绘画”命令就可以了。

1. 创建汽水 3D 对象

❶ 启动 Photoshop 后，单击“文件”|“新建”命令，或按 Ctrl+N 快捷键打开“新建文档”对话框，在右侧参数栏中设置参数。❷ 单击“确定”按钮新建一个浅蓝色的文档。单击 3D |“从图层新建网格”|“网格预设”|“汽水”命令，创建一个 3D 对象。

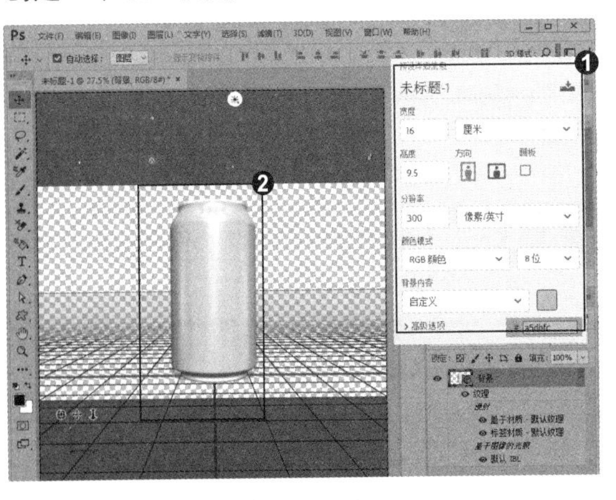

2. 利用画笔涂抹

❶ 单击 3D|“在目标纹理上绘画”命令，在子菜单中选择一种映射类型。❷ 单选择工具箱中的 (画笔工具)，打开画笔下拉面板，选择枫叶图形。❸ 设置前景色为深蓝色 (#0293d7)，在模型上涂抹即可进行绘画。

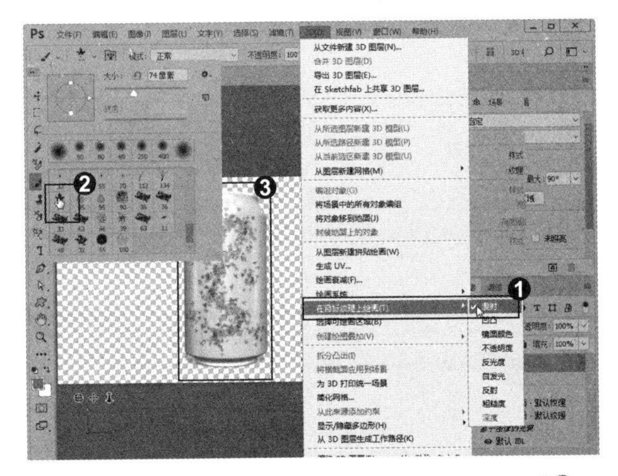

3. 涂抹汽水其他面

❶ 将光标放在左下角的球形图标上，向左拖动鼠标，即可旋转汽水 3D 对象的位置。❷ 继续用画笔工具在汽水 3D 对象上涂抹，绘制涂鸦。❸ 用同样的方法，涂抹其他的 3D 面。

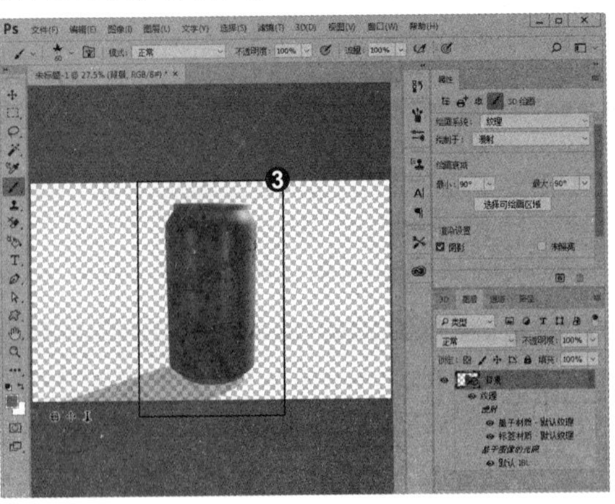

知识拓展

在模型上绘画时，绘画衰减角度可以控制表面在偏高正面视图弯曲时的油彩使用量。衰减角度是根据朝向我们的模型表现突出部分的直线来计算的。单击 3D | “绘画衰减”命令，可打开“3D 绘画衰减”对话框设置衰减角度。“最小角度”选项设置绘画随着接近最大衰减角度而渐隐范围；“最大角度”选项指定最大绘画衰角度在 0~90 度之间，0 度时，绘画仅应用于正对前方的表面，没有减弱角度。90 度时，绘画可沿弯曲的表面 (如球面) 延伸至其可见边缘。

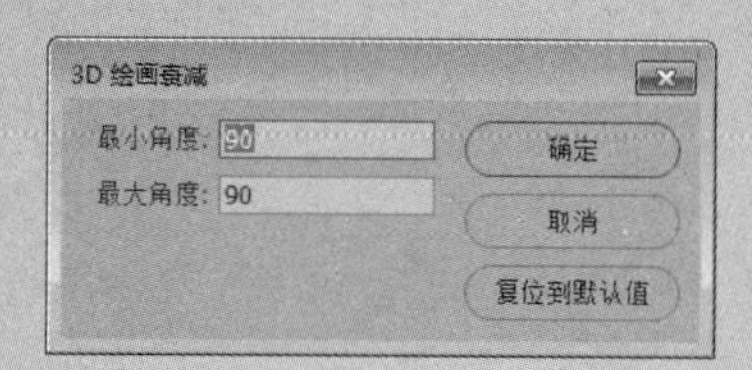

视频、动作与任务自动化

随着 Photoshop 版本的升级和功能增强，其智能化程度也越来越高，其中动作与自动化是其智能工具的集中体现。灵活使用动作和自动化功能，可以减少重复劳动、降低工作强度、提高工作效率。

招式 239 从视频中获取静帧图像

Q Photoshop 从视频文件中获取的静帧图像有何作用？

A 从视频文件中获取的静帧图像，可以将其应用到网络或是印刷中。

1. 导入视频素材

❶ 启动 Photoshop 后，单击“文件”|“导入”|“视频帧到图层”命令，❷ 弹出“打开”对话框，选择光盘中的视频文件。❸ 单击“打开”按钮，弹出“将视频导入图层”对话框。

2. 获取静帧图像

❶ 在对话框中选中“仅限所选范围”单选按钮，❷ 拖动时间滑块，定义导入的帧的范围（如果要导入所有帧，可以选中“从开始到结束”单选按钮），❸ 单击“确定”按钮即可将指定范围的视频帧导入图层中。

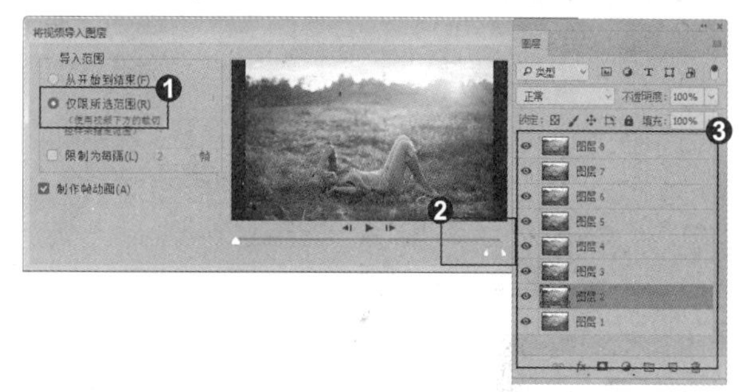

知识拓展

执行“窗口”|“时间轴”命令，单击“创建视频时间轴”按钮，可以打开“视频时间轴”面板。面板中显示视频的持续时间，使用面板底部的工具可以浏览各个帧，放大或缩小时间显示，删除关键帧和预览视频。

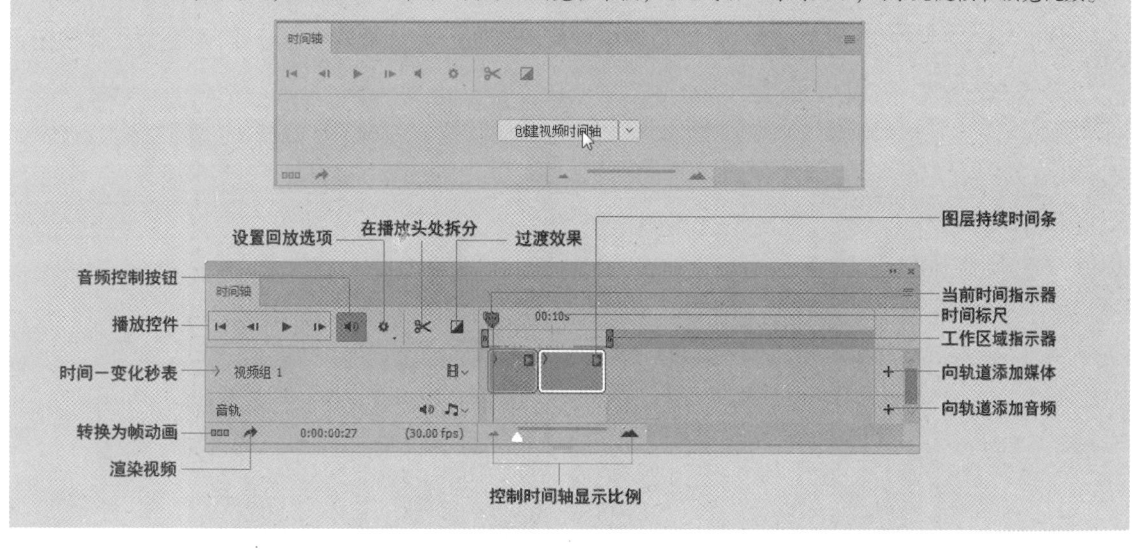

招式 240 为视频图层添加效果

Q 在 Photoshop 的视频图层当中可以利用图层样式为视频添加效果吗?

A 在“样式”轨道前的时间 - 变化秒表上单击，添加一个关键帧，双击“图层”面板中的视频图层就可以添加图层样式了。

1. 添加关键帧

❶ 打开本书配备的“第 13 章 \ 素材 \ 招式 240\ 创意风 .mp4”文件。❷ 单击“窗口”|“时间轴”命令，打开“时间轴”面板。❸ 单击“样式”轨道前的时间 - 变化秒表按钮，添加一个关键帧。

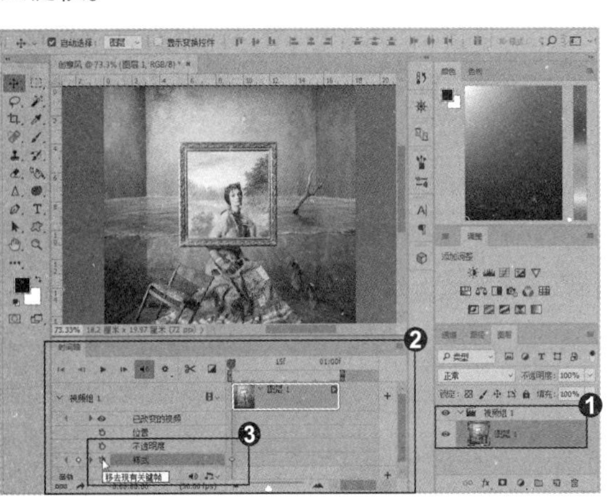

2. 设置图层样式

❶ 将指示器拖动到图片右边位置。❷ 双击“图层”面板中的视频图层，打开“图层样式”对话框，添加“斜面和浮雕”效果。❸ 此时该时间段会自动添加一个关键帧。

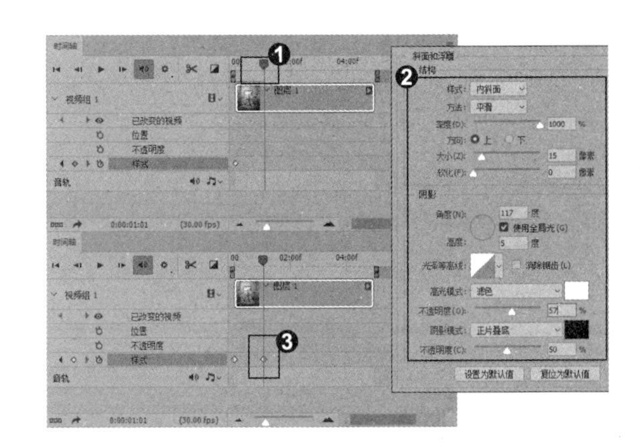

3. 播放视频动画

单击“播放”按钮，或按空格键，播放视频文件，可以看到，播放到关键帧处，换变为立体按钮状。

知识拓展

创建视频图层的方法有两种，一种是创建空白的视频图层；另一种是以类似导入的方式将其他视频文件作为现有的文件的图层。新建一个文档，❶ 单击“图层”|“视频图层”|“新建空白视频图层”命令，❷ 可以新建一个空白的视频图层。❸ 或单击“图层”|“视频图层”|“从文件新建视频图层”命令，❹ 可以将视频文件或图像序列以视频图层的形式导入到打开的文档中。

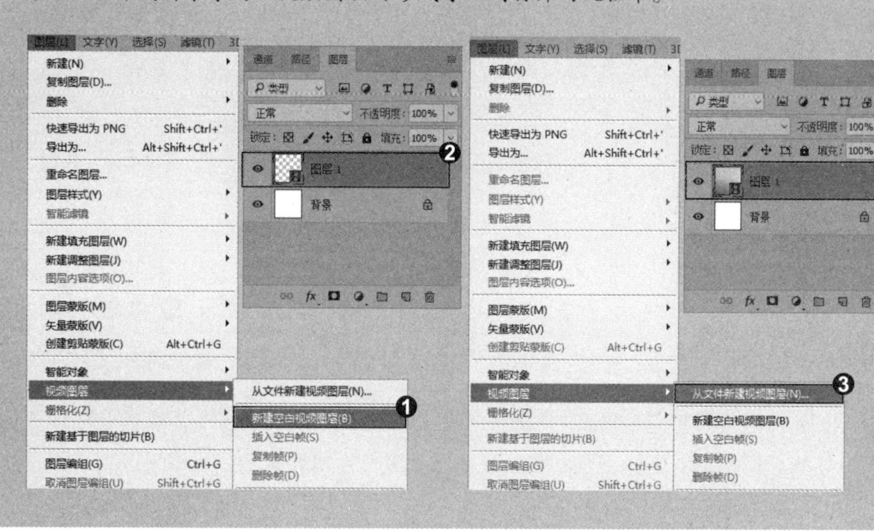

招式 241 制作铅笔素描风格视频短片

Q 在 Photoshop 中，我想制作一个铅笔素描风格的视频短片，该怎样操作呢？

A 制作铅笔素描风格的视频短片前要先保证打开的是一个视频文件，才能进行操作。下面是具体的操作过程，我们一起来学习一下吧。

1. 打开视频素材

❶ 打开本书配备的“第 13 章 \ 素材 \ 招式 241\ 儿童 .mp4”文件。❷ 在“图层”面板中选择“图层 1”图层，右击，在弹出的快捷菜单中选择“转换为智能对象”命令，将视频图层转换为智能对象。❸ 观察图层可以看到，图标已经由视频图标变为智能图标。

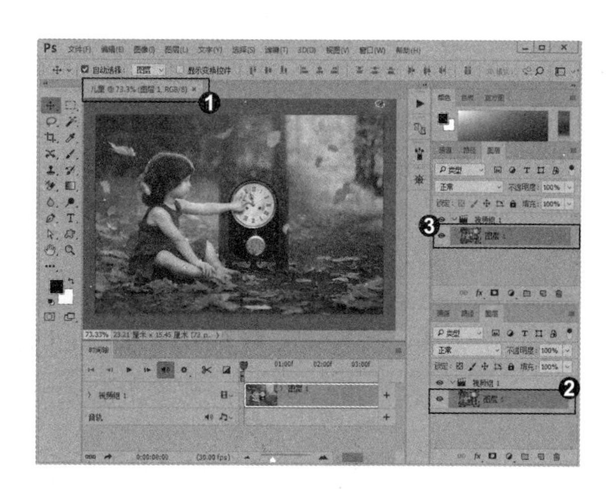

2. 添加铅笔素描效果

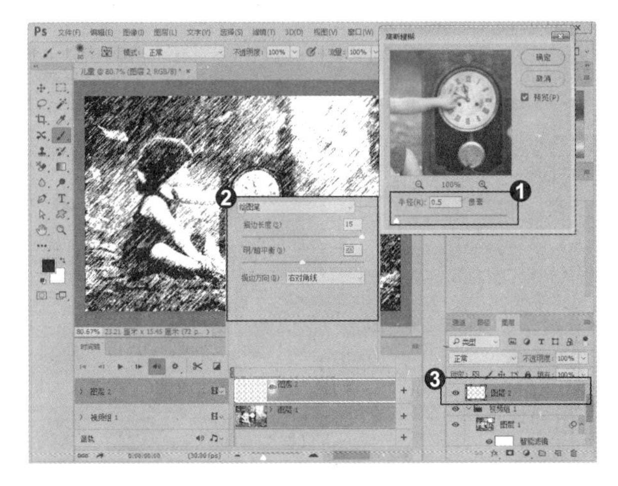

❶ 单击“滤镜”|“模糊”|“高斯模糊”命令，弹出“高斯模糊”对话框，设置参数，模糊图像。❷ 单击“滤镜”|“滤镜库”命令，在弹出的对话框选择“绘图笔”滤镜，调整参数，将视频处理为铅笔素描效果。❸ 关闭视频组，单击“图层”面板底部的“创建新图层”按钮，新建一个普通的空白图层。

3. 播放视频短片

❶ 填充前景色，按 Ctrl+Alt+F 快捷键对该图层应用“绘图笔”滤镜。❷ 单击“添加图层蒙版”按钮，为该图层添加一个蒙版，选择工具箱中的（画笔工具），适当降低画笔的不透明度，在画面的中心涂抹黑色，显示视频图层中的儿童。按空格键播放视频。通过视频可以看到，原来很普通的视频短片，用 Photoshop 处理后变成了充满复古感的艺术作品。❸ 单击“渲染视频”按钮，将视频渲染出来。

专家提示

如果在不同的应用程序中修改了视频图层的源文件，则需要在 Photoshop 中单击“图层”|“视频图层”|“重新载入帧”命令，在“时间轴”面板中重新载入和更新当前帧。

知识拓展

如果我们使用了包含 Alpha 通道的视频，就需要指定 Photoshop 如何解释 Alpha 通道，以便获得所需结果。在“时间轴”面板或“图层”面板中选择视频图层，单击“图层”|“视频图层”|“解释素材”命令，弹出“解释素材”对话框，对话框中的❶“Alpha 通道”选项组是指，当视频素材包含 Alpha 通道时，选中“忽略”单选按钮，表示忽略 Alpha 通道；选中“直接－无杂边”单选按钮，表示将 Alpha 通道解释为直接 Alpha 透明；选中“预先正片叠加－杂边”单选按钮，表示使用 Alpha 通道来确定有多少杂边颜色与颜色通道混合。❷“帧速率”选项指用指定的每秒播放的视频帧数。❸可以用“颜色配置文件”选项选择一个配置文件，对视频图层中的帧或图像进行色彩管理。

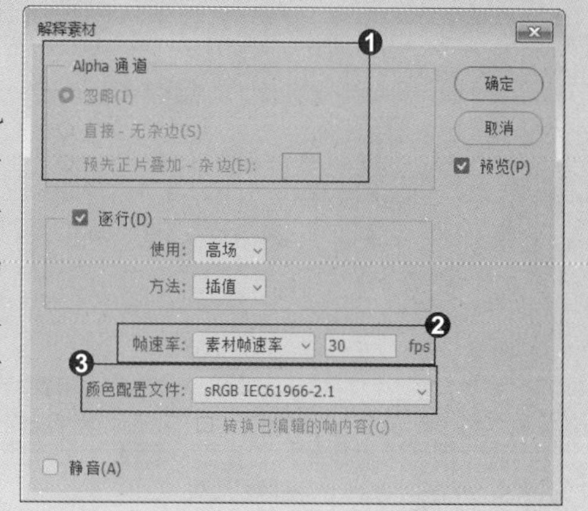

专家提示

帧速率也称为 FPhotoshop，是指每秒刷新的图片的帧数，也可以理解为图形处理器每秒钟能够刷新几次。对影片内容而言，帧速率是指每秒所显示的静止帧格数。要生成平滑连贯的动画效果，帧速率一般不小于 8fPhotoshop；而电影的帧速率为 24fPhotoshop。捕捉动态视频内容时，此数越大越好。

招式 242 在视频中添加文字和特效

Q 视频图层添加的文字效果是静止不动的吗？我想制作动感的文字动画效果，应该注意些什么呢？

A 文字的动作效果根据文件本身的需求而定。如果要制作动感的文字动画效果，要注意关键帧动画的添加，合理地利用关键帧动画就可以制作出独特的动画效果。

1. 制作凸出效果

❶打开本书配备的“第 13 章 \ 素材 \ 招式 242\ 运动 .mp4”文件。❷单击“滤镜”|“智能滤镜”命令，将视频图层转换为智能对象，单击“滤镜”|“风格化”|“凸出”命令，在弹出的对话框中设置参数。❸单击“确定”按钮，制作柱状特效人像效果。

2. 输入文字

❶ 单击“视频组 1”后面的按钮，在弹出的下拉菜单中选择“新建视频组”命令，新建视频组。❷ 选择工具箱中的T(横排文字工具)，设置字体样式为黑体、字体颜色为黑色、字号为 40px。❸ 在图像上单击，输入“[”符号，同理输入另一个“]”符号。

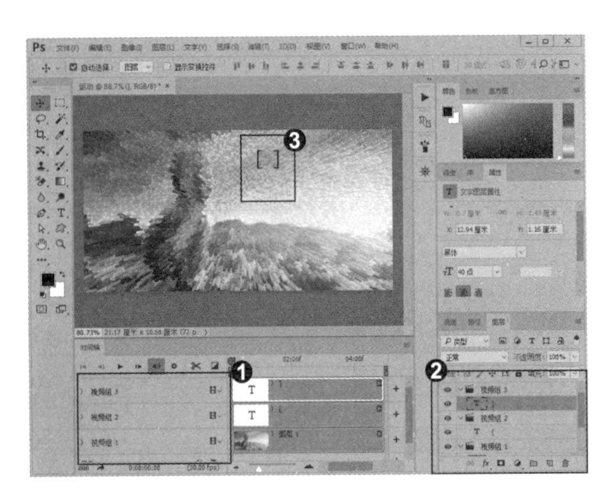

3. 启动关键帧动画

❶ 按住 Ctrl 键选中“图层”面板中的文字图层，移动位置并在“时间轴”面板中移动时间条的位置。❷ 使用“移动”工具，将文字图层移至顶端并栅格化图层。❸ 在视频时间轴面板中选择“]”图层，单击前面的按钮打开下拉菜单，单击“启动关键帧动画”按钮，在“]”图层持续时间条上创建关键帧。

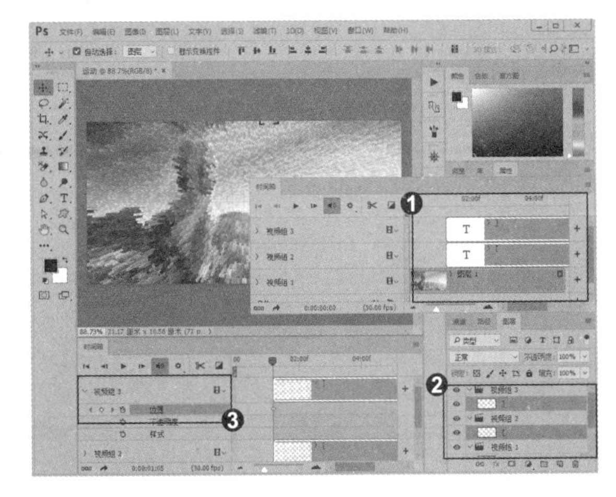

4. 设置关键帧

❶ 将“当前时间指示器”图标拖曳至图层持续时间条的中间，按住 Shift 键将“]”文字图层垂直向下移动。❷ 将“当前时间指示器”图标拖曳至图层持续时间条的尾端，在图像中按住 Shift 键将“]”文字图层水平向右移动。

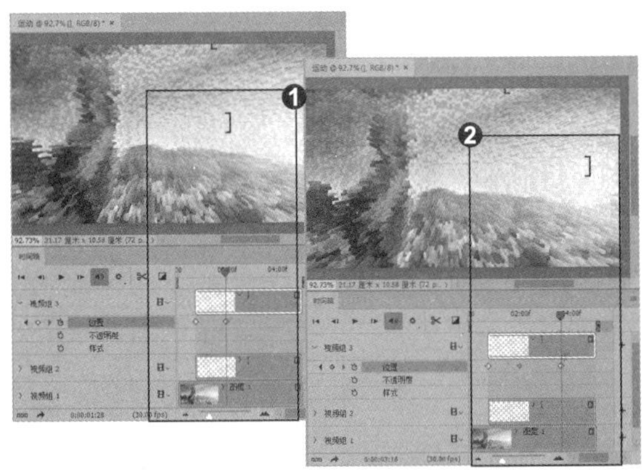

5. 再次输入文字并设置关键帧

❶ 用同样的方法，将“[”图层向相反的方向设置。❷ 再次新建两个视频组，使用T(横排文字工具)在不同的视频组中输入文字。❸ 同理，添加“[”与“]”动画效果一样，将后输入的文字也进行编辑。

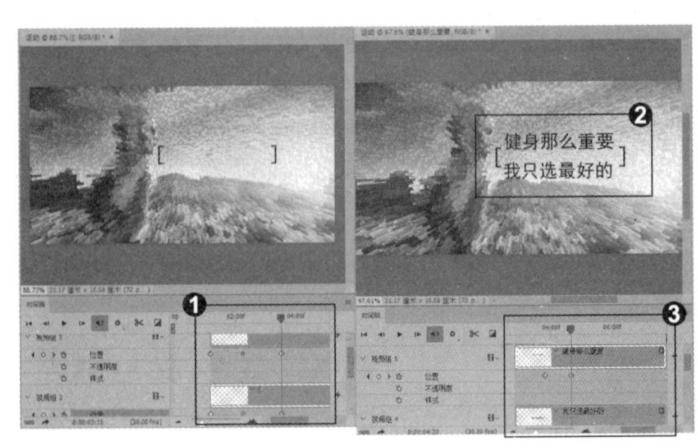

6. 添加音乐

❶ 单击右下角的按钮，在弹出的下拉菜单中选择“添加音频”命令。选择 Always On My Mind 音乐文件，单击“打开”按钮，即可添加音乐至动画中。❷ 按空格键即可播放动画，单击“渲染视频”按钮，将视频进行渲染。

知识拓展

在 Photoshop 中可以像打开图片文件一样直接打开视频文件，❶ 单击“文件”|“打开”命令，❷ 选择一个 Photoshop 支持的视频文件，❸ 此时打开的文件中会自动生成一个视频图层。除了可以直接打开视频文件，也可将视频文件导入像已有文件中，打开已有的文件。❹ 单击“文件”|“导入”|“视频帧到图层”命令，若是要导入所有视频帧，可选中“从开始到结束”单选按钮，若只是导入部分视频帧，选中“仅限所选范围”单选按钮，按住 Shift 键同时拖曳时间滑块，可以设置导入帧范围。

专家提示

在 Photoshop 中可以打开多种 QuickTime 视频格式的视频文件和图形序列，如 MPEG-1(.mpg 或 .mpeg)、MPEG-4(.mp4 或 .m4v)、MOV、AVI 等。如果计算机中安装了 MPEG-2 编码，还支持 MPEG-2 格式。注意，在 QuickTime 版本过低或没有安装 QuickTime 的情况下会出现视频文件无法打开的现象。

招式243 制作蝴蝶飞舞的动画

Q 有时候在朋友圈中可以看到翩翩飞舞的蝴蝶动画，我想利用Photoshop将其制作出来，可以吗？

A 当然可以，在制作飞舞的蝴蝶动画时要注意帧动画延迟时间的设置以及图层与帧动画的建立。

1. 打开帧动画面板

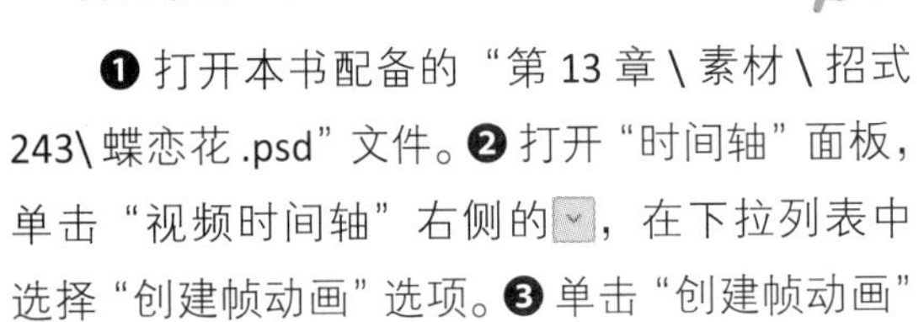

❶打开本书配备的"第13章\素材\招式243\蝶恋花.psd"文件。❷打开"时间轴"面板，单击"视频时间轴"右侧的▾，在下拉列表中选择"创建帧动画"选项。❸单击"创建帧动画"按钮，打开"时间轴"面板。

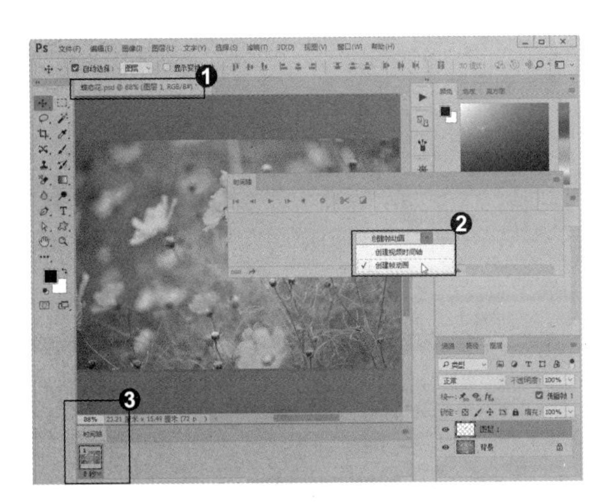

2. 设置帧动画延迟时间

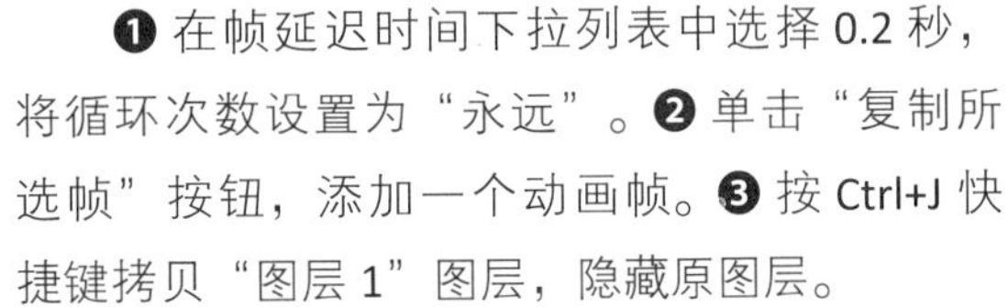

❶在帧延迟时间下拉列表中选择0.2秒，将循环次数设置为"永远"。❷单击"复制所选帧"按钮，添加一个动画帧。❸按Ctrl+J快捷键拷贝"图层1"图层，隐藏原图层。

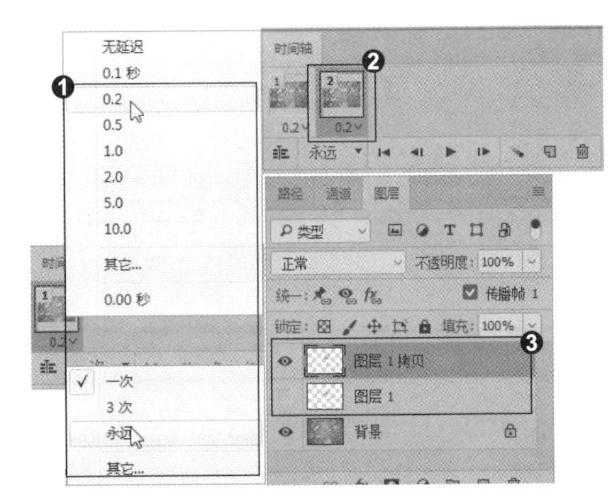

3. 制作飞舞蝴蝶

❶按Ctrl+T快捷键显示定界框，按住Shift+Alt快捷键拖曳中间的控制点，将蝴蝶向中间压偏。❷单击"播放动画"按钮，播放动画，画面中的蝴蝶会不停地扇动翅膀。❸再次单击该按钮可停止播放，也可按空格键切换。单击"文件"|"存储为"命令，将动画保存为Photoshop格式，以后可以随时对动画进行修改。

知识拓展

打开"时间轴"面板，如果面板为视频模式，可单击 按钮，切换为帧模式。"时间轴"面板会显示动画中的每个帧的缩览图，使用面板底部的工具可浏览各个帧，设置循环选项，添加和删除帧以及预览动画。

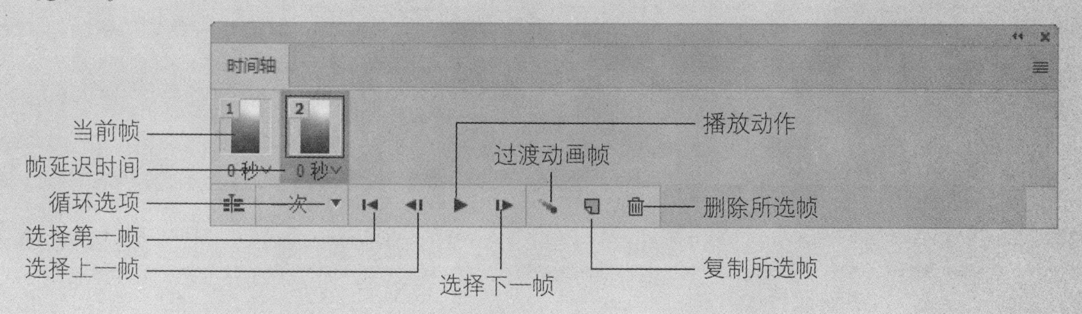

招式 244 制作图层演示动画

Q 在电商网站上，经常会看到商品闪闪发光，这种动画是怎么制作出来的呢？

A 这种动画在 Photoshop 当中，只要修改了它的图层样式，再结合帧动画就可以制作出来。

1. 绘制星光

❶ 打开本书配备的"第 13 章\素材\招式 244\情人节海报 .jpg"文件。❷ 选择工具箱中的 (画笔工具)，载入"星光"笔刷，新建图层，在画面中单击绘制星光。❸ 双击绘制的星光图层，弹出"图层样式"对话框，设置"外发光"参数。

2. 修改星光图层样式

❶ 单击"创建帧动画"按钮，创建帧动画，将帧的延迟时间设置为 0.2 秒，循环次数设置为"永远"。❷ 单击"复制所选帧"按钮，添加一个动画帧。❸ 在"图层"面板中双击"图层 1"图层的外发光效果，弹出"图层样式"对话框，修改外发光的参数。

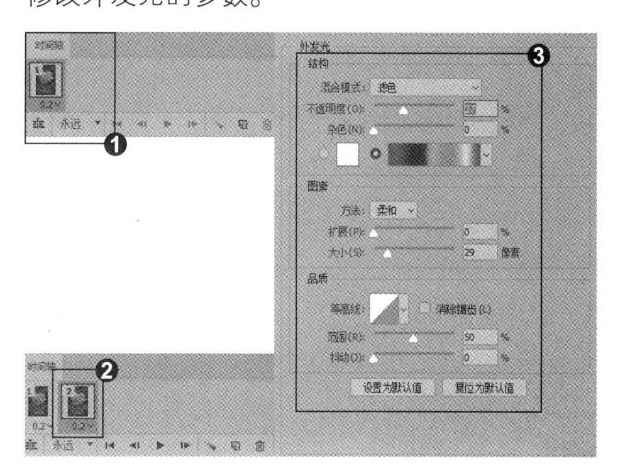

3. 添加动画帧

❶ 单击“时间轴”面板中的“复制所有帧”按钮，再添加一个动画帧。❷ 重新打开“图层样式”对话框，添加“渐变叠加”和“外发光”效果。

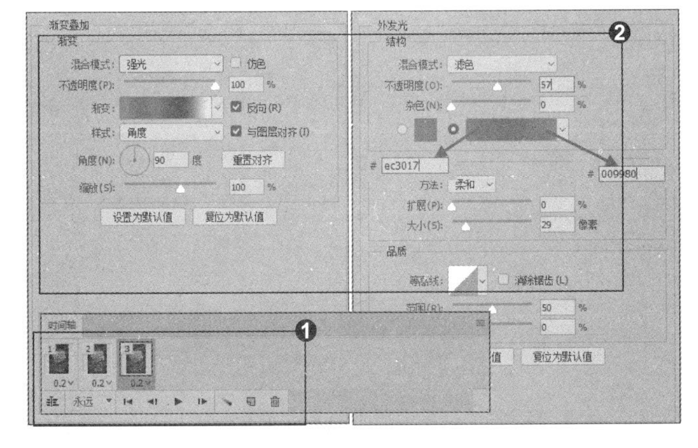

4. 制作闪烁灯光动画

❶ 单击“播放动画”按钮，播放动画，绘制的星形会变换出不同的颜色。❷ 用同样的方法，在海报文字上其他地方也添加闪烁的星形。

专家提示

动画文件制作完成后，可以使用“存储为 Web 和设备所用格式”命令将它存储为 GIF 格式，并进行适当的优化。也可以用 PSD 格式存储动画，以便以后能够对动画进行更多的修改。

知识拓展

打开动画帧面板后，“图层”面板发生了一些变化，出现了“统一”按钮组以及“传播帧 1”复选框。❶“统一”按钮组包括“统一图层位置”、“统一图层可见性”、“统一图层样式”，使用这些按钮将决定如何对现用动画帧所做的属性更改应用于同一图层中的其他帧。当单击某个“统一”按钮时，将在现用图层的所有帧中更改属性，再次单击该按钮时，更改将用于现有帧。❷“传播帧 1”用于控制是否将第一帧中的属性的更改应用于同一图层中的其他帧；勾选该复选框，更改第一帧中的属性后，现用图层中的所有后续帧都会出现与第一帧相关的更改，并保留已创建的动画。

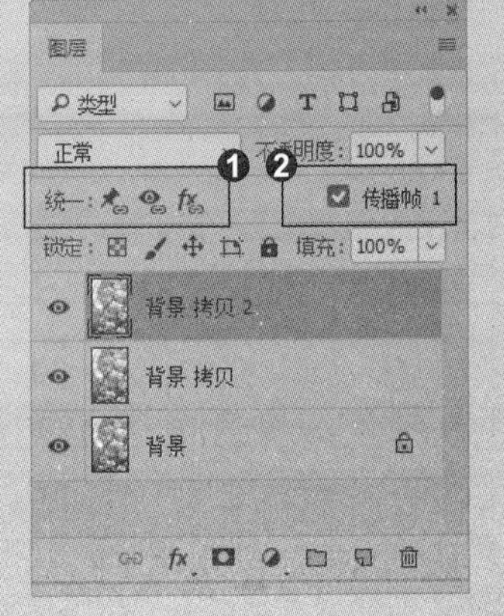

招式 245 录制用于处理照片的动作

Q 在 Photoshop 中，将图像的处理过程通过动作记录下来，以后处理其他图像时可进行相同的处理，那动作一般用于哪些照片的处理呢?

A 动作是用于处理单个文件或一批文件的一系列命令，单击动作便可自动完成操作任务，省事又快速。

1. 新建动作组

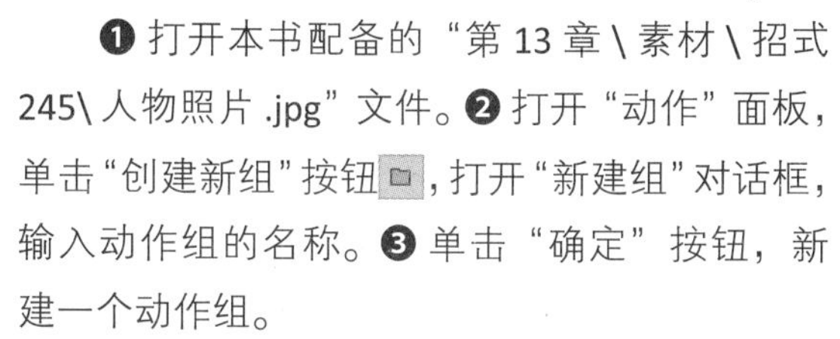

❶ 打开本书配备的“第 13 章 \ 素材 \ 招式 245\ 人物照片 .jpg”文件。❷ 打开“动作”面板，单击“创建新组”按钮，打开“新建组”对话框，输入动作组的名称。❸ 单击“确定”按钮，新建一个动作组。

2. 录制调色动作

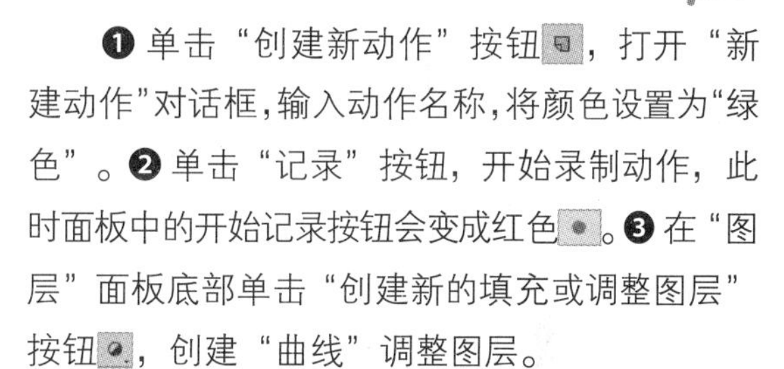

❶ 单击“创建新动作”按钮，打开“新建动作”对话框，输入动作名称，将颜色设置为“绿色”。❷ 单击“记录”按钮，开始录制动作，此时面板中的开始记录按钮会变成红色。❸ 在“图层”面板底部单击“创建新的填充或调整图层”按钮，创建“曲线”调整图层。

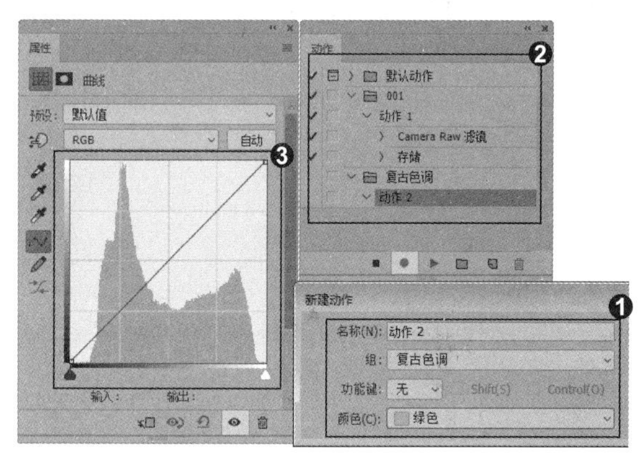

3. 设置颜色参数

❶ 单击 RGB 通道后的按钮，在其下拉列表中选择“蓝”“红”通道，调整图像的整体颜色。❷ 调整 RGB 通道参数，加强图像的对比度。❸ 创建“色相 / 饱和度”调整图层，在弹出的对话框中调整参数，加强图像的饱和度，让图像颜色更加艳丽。

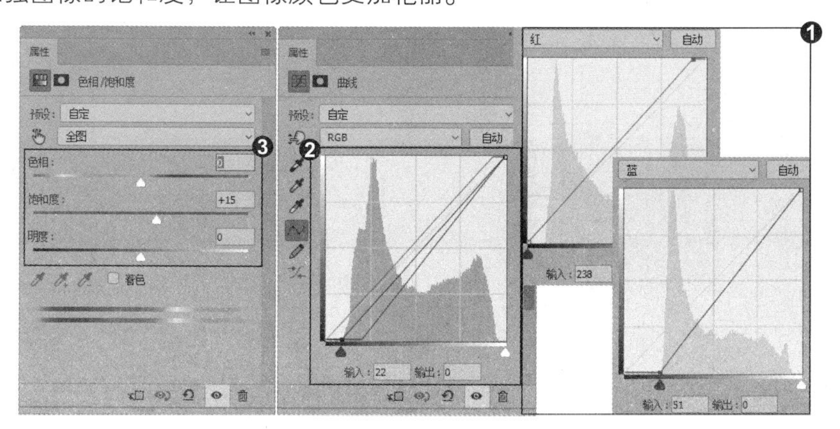

4. 调整高光颜色

❶ 按 Ctrl+Alt+2 快捷键载入图像高光区域。❷ 创建“曲线”调整图层，调整 RGB 通道参数，降低画面高光区域的亮度，让画面协调感更强。❸ 切换至“绿”通道，在曲线最顶端拖动曲线，增加高光区域的洋红色调。

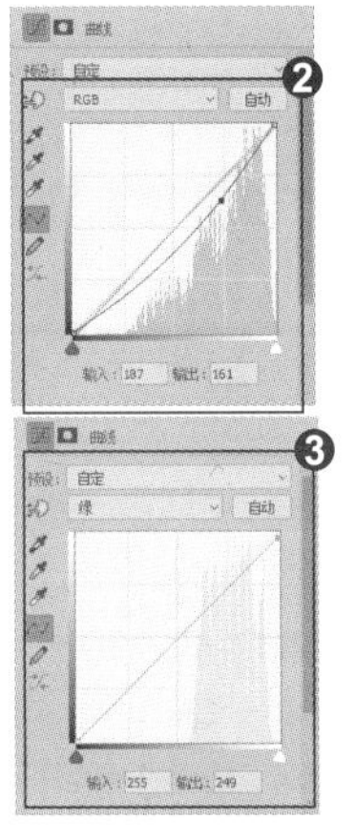

5. 添加杂色

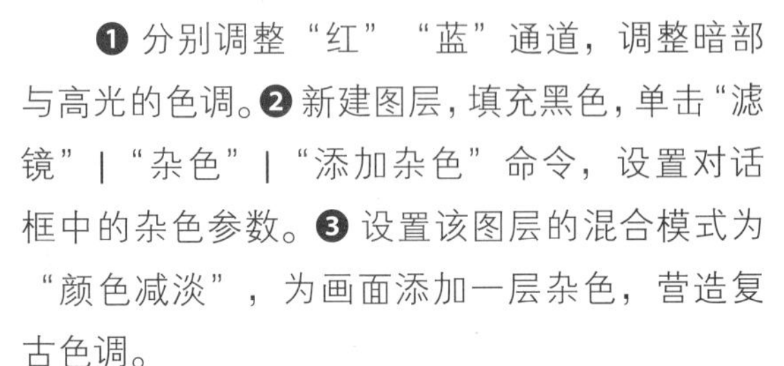

❶ 分别调整“红”“蓝”通道，调整暗部与高光的色调。❷ 新建图层，填充黑色，单击“滤镜”|“杂色”|“添加杂色”命令，设置对话框中的杂色参数。❸ 设置该图层的混合模式为“颜色减淡”，为画面添加一层杂色，营造复古色调。

6. 停止动作

❶ 按 Ctrl+Shift+S 快捷键，将文件另保存，然后关闭，单击“动作”面板中的“停止播放 / 记录”按钮■，完成动作的录制。❷ 由于我们在“新建动作”对话框中将动作设置为“绿色”，因此，按钮模式下新建的动作便显示为绿色。

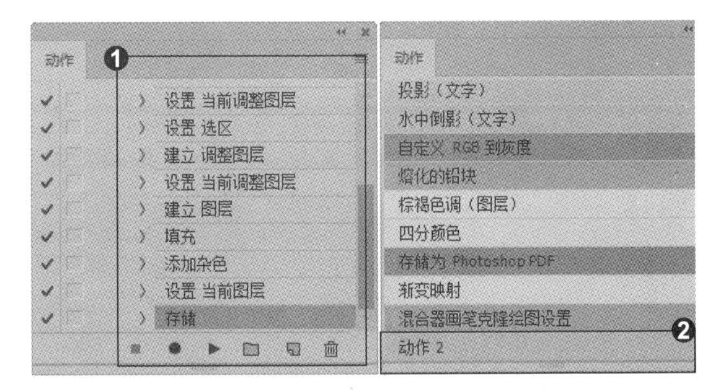

7. 将动作应用到其他图层

❶ 打开儿童照片素材。❷ 选择“动作 2”动作，单击“播放”按钮。❸ 将录制的“动作 2”应用到图像素材中。

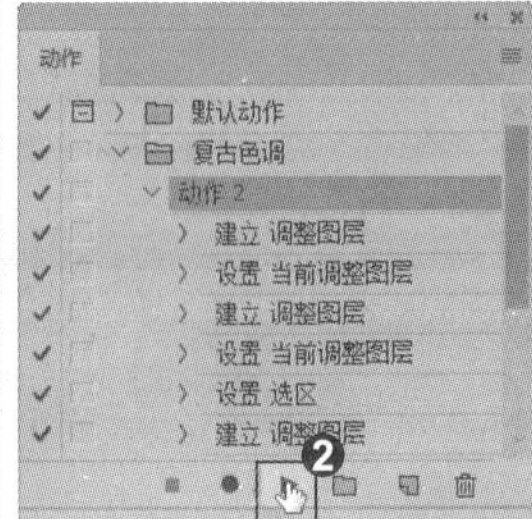

知识拓展

动作是用于处理单个文件或一批文件的一系列命令，如菜单命令、面板选项、具体动作等。比如可以创建一个这样的动作，首先更改图像大小，然后对图像应用效果，最后按照所需要的格式存储文件。“动作”面板是建立、编辑和执行动作的主要场所，单击“窗口”|“动作”命令，在图像窗口中显示“动作”面板。

招式 246 在动作中插入命令锐化人物图像

Q 建立动作后，可以在动作的操作步骤中插入其他命令吗?

A 可以的。插入其他命令将开启开始记录状态，这样才能将插入的命令记录到动作中。

1. 开始录制动作

❶ 打开本书配备的“第 13 章 \ 素材 \ 招式 246\ 风景照片 .jpg”文件。❷ 单击“动作”面板中的“建立调整图层”命令，将该命令选择。❸ 单击“开始记录”按钮●，录制动作。

2. 插入“USM 锐化”命令

❶ 执行“滤镜”|“锐化”|“USM 锐化”命令，对图像进行锐化处理。❷ 单击“停止播放 / 记录”按钮■，停止录制，即可将锐化图像的操作插入到“建立调整图层”命令后面。

知识拓展

在“动作”面板中双击动作或组的名称，可以显示文本输入框，在输入框中可以修改它们的名称。双击“动作”面板中的一个命令，可以打开该命令的选项设置对话框。在对话框中可以修改命令的参数。

★★★★★ 招式 247 在动作中插入路径

Q 插入路径指的是将路径作为动作的一部分包含在动作内，那插入的路径可以为哪些呢?

A 插入的路径可以是用钢笔和形状工具创建的路径，或者是从 Illustrator 中粘贴的路径。

1. 创建工作路径

❶ 打开本书配备的“第 13 章 \ 素材 \ 招式 247\ 绿色草地 .jpg”文件。❷ 选择工具箱中的 T（横排文字工具），在草地上输入文字。❸ 在文字图层上右击，选择“创建工作路径”命令，创建文字路径。

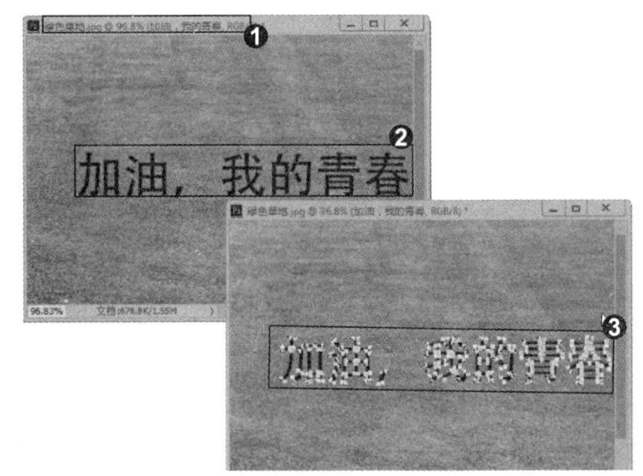

2. 在动作中插入路径

❶ 单击文字图层前面的眼睛图标，隐藏图层内容。❷ 在“动作”面板中选择“USM 锐化”命令。❸ 单击面板菜单中的“插入路径”命令，在该命令后插入路径。❹ 双击“路径”面板中创建的工作路径，在弹出的对话框中单击“确定”按钮，存储路径。

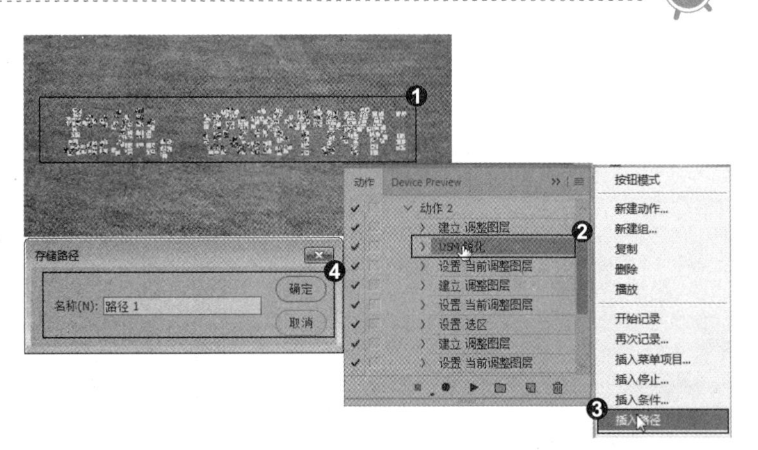

3. 应用路径

❶ 关闭草地素材，打开背景素材。❷ 单击“播放 / 停止”按钮，工作路径将被设置为所记录的路径。

知识拓展

在 Photoshop 中，使用选框、移动、多边形、套索、魔棒、裁剪、切片、魔术橡皮擦、渐变、油漆桶、文字、形状、注释、吸管和颜色取样器等工具进行的操作均可录制为动作。另外，在“色板”“颜色”“图层”“样式”“路径”“通道”“历史记录”和“动作”面板中进行的操作也可以录制为动作。对于有些不能被记录的操作，可以插入项目或者停止命令。

招式 248 载入外部动作制作艺术照片

Q 我在网上下载了许多喜欢的动作，该怎样载入到“动作”面板当中呢？

A 在“动作”面板中打开右上角的按钮，选择“载入动作”命令，载入具有动作后缀名的文件就可以了。

1. 复制粘贴图像

❶ 打开本书配备的“第 13 章 \ 素材 \ 招式 248\ 城市夜景 .jpg、人物 .jpg”文件。❷ 选择“人物”文档，按 Ctrl+A 快捷键全选图像，按 Ctrl+C 快捷键复制选区的图像，切换至“城市夜景”文档，按 Ctrl+V 快捷键粘贴复制的图像。❸ 按 Ctrl+T 快捷键显示定界框，按住 Ctrl+Shift 快捷键拖动鼠标等比例缩放图像。

2. 应用外部载入动作

❶ 按 Enter 键确认操作。打开“动作”面板，单击面板右上角的按钮。❷ 在打开的菜单中选择“载入动作”命令，选择光盘中提供的二次曝光的动作。❸ 单击“载入”按钮将它载入到“动作”面板中。选择其中任意一个动作，单击“播放选定的动作”按钮 ▶ 播放动作，❹ 用该动作处理照片，处理过程中需要一定的时间。

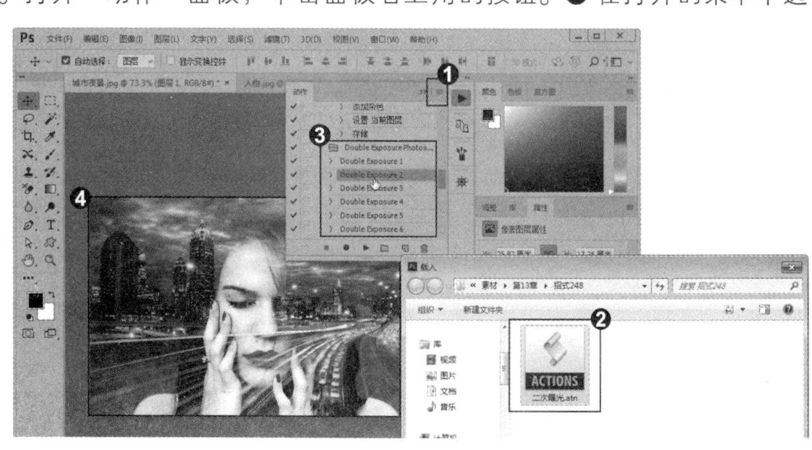

招式 249 用批处理制作一组黑白人像

Q 我在处理图像时想使用“批处理”这个命令，使用这个命令有何注意事项?

A 在进行批处理前，要将需要批处理的文件保存在一个文件夹中，然后在“动作”面板中录制好动作就可以使用“批处理”命令。

1. 打开“批处理”对话框

❶ 对图像进行批处理之前，将文件全保存在一个文件内。❷ 在“动作”面板中录制好动作。❸ 单击“文件”|“自动”|“批处理”命令，打开“批处理”对话框，在“播放”选项组中设置要播放的动作。

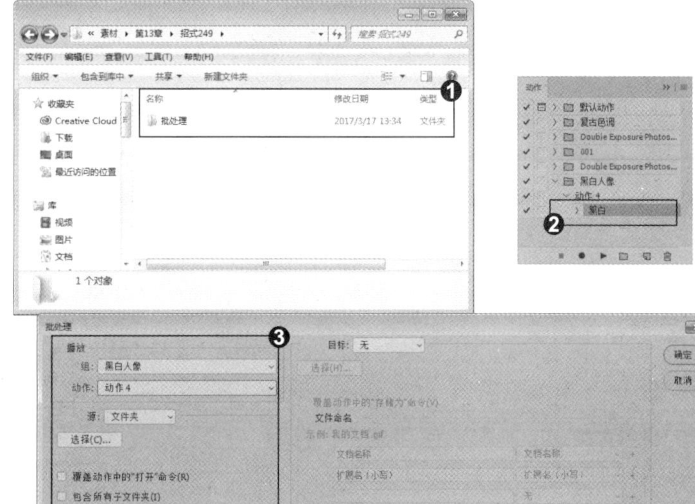

2. 设置文件位置

❶ 单击“选择”按钮，打开“浏览文件夹”对话框，选择图像所在的文件夹。❷ 在“目标”下拉列表中选择“文件夹”选项，单击“选择”按钮，选择指定完成批处理后文件的保存位置。❸ 勾选“覆盖动作中的‘存储为’命令”复选框。

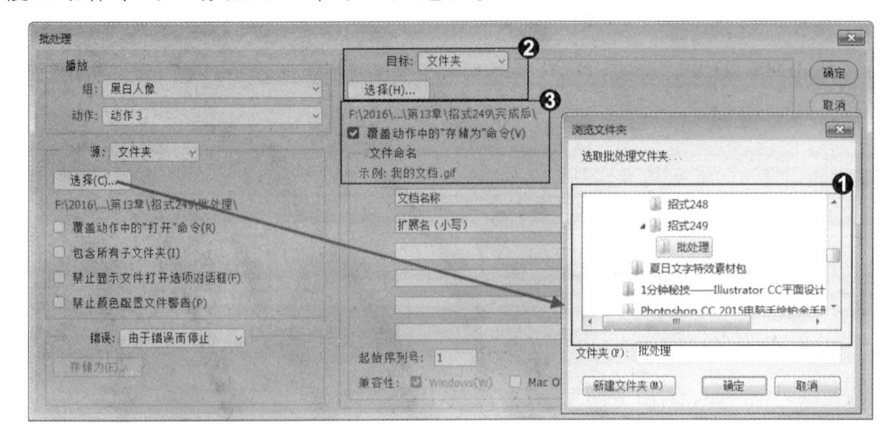

3. 批处理图像

单击“确定”按钮，Photoshop 就会使用所选动作将文件夹中的所有图像都处理为黑白效果。处理过程中，如果要终止操作，按 Esc 键即可。

招式 250 创建快捷批处理程序

Q 创建快捷批处理程序是什么意思，它有什么作用?

A 快捷批处理是一个能够快速完成批处理的小的应用程序，它可以简化批处理操作的过程。创建快捷批处理之前，也需要在“动作”面板中创建所需的动作。

1. 打开“创建快捷批处理”对话框

❶ 执行“文件”|“自动”|“创建快捷批处理”命令，打开“创建快捷批处理”对话框，它与“批处理”对话框基本相似。❷ 选择一个动作，然后在“将快捷批处理存储为”选项组中单击“选择”按钮。

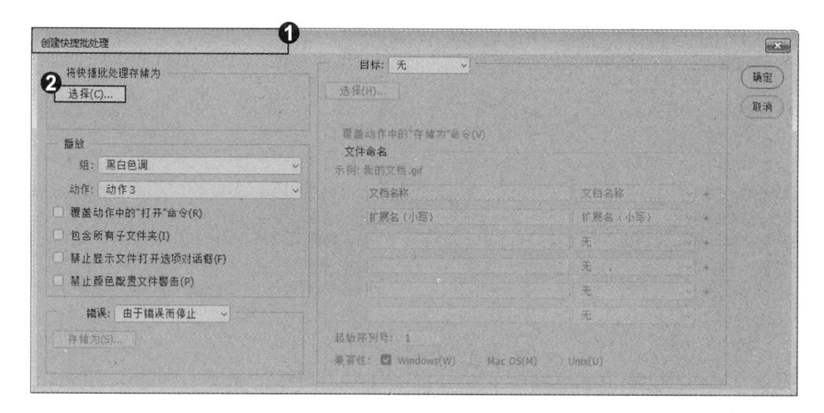

2. 指定保存位置

❶ 单击“保存”按钮关闭对话框，返回到“创建快捷批处理”对话框中，此时“选择”按钮的下方会显示快捷批处理程序的保存位置。❷ 单击“确定”按钮即可创建快捷批处理程序并保存到指定位置。

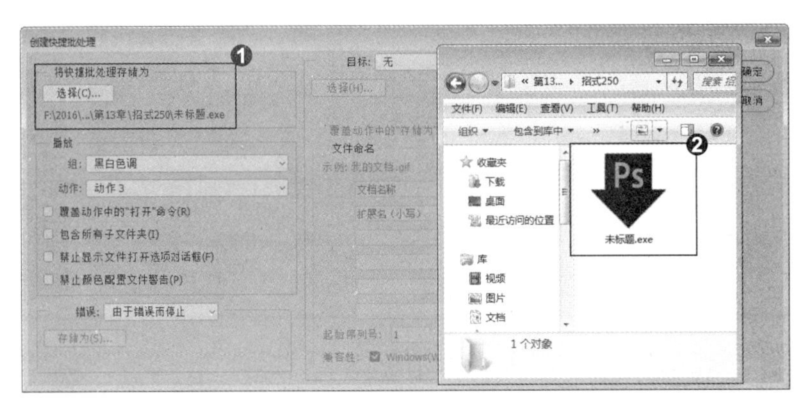

3. 对图像进行批处理

快捷批处理程序的图标为形状。❶ 只需要将图像或文件夹拖动到该图标上，❷ 便可以直接对图像进行批处理，即使没有运行 Photoshop，也可以完成批处理操作。